KLINISCHE PHYSIOLOGIE

VON

PROF. DR. BERNHARD STUBER

DIREKTOR DER STÄDTISCHEN KRANKENANSTALT KIEL

DRITTER (SCHLUSS-) TEIL

MIT 37 ABBILDUNGEN IM TEXT

MÜNCHEN · VERLAG VON J. F. BERGMANN · 1931

ISBN-13: 978-3-642-90450-9   e-ISBN-13: 978-3-642-92307-4
DOI: 10.1007/978-3-642-92307-4

Inhaltsübersicht.

Die Funktion der Niere[1].

Die Nieren sind die wichtigsten exkretorischen Organe des Körpers. Es fällt ihnen vor allem die Aufgabe zu, die Stoffwechselendprodukte und körperfremde Substanzen auszuscheiden. Damit ist aber die Funktion der Nieren noch keineswegs erschöpft. Ihre Fähigkeit, einen stark sauren Urin zu produzieren, bedingt eine Ersparung an Hydroxylionen und macht sie zu einem mächtigen Faktor für die Aufrechterhaltung der im physiologischen Geschehen so bedeutsamen Konstanz der H·-Ionenkonzentration des Blutes. Dadurch, daß die Nieren dem Blute auch das überschüssige Wasser und Salze entnehmen, wirken sie außerdem als mächtige Regulatoren des osmotischen Gleichgewichts des Organismus.

Die Nomenklatur sowohl der makroskopisch sichtbaren Teile der Nierensubstanz als auch der einzelnen Abschnitte der Harnkanälchen — letztere von Braus als Nephrone bezeichnet — ist leider nicht einheitlich. Wir folgen den ausgezeichneten Darstellungen von Peter. In der Abb. 21 ist seine anatomische Einteilung an Hand seines Schemas wiedergegeben. Peter teilt die Marksubstanz der Niere nach dem Verhalten der Harnkanälchen in eine Innenzone und eine Außenzone ein. Letztere zerfällt wieder in einen Innenstreifen und einen Außenstreifen, da in beiden Teilen verschiedene Abschnitte der Harnkanälchen gelegen sind, so daß oft schon eine makroskopische Differenzierung möglich ist. Das Nephron beginnt mit der Bowmanschen Kapsel und verläuft in verschiedenen Windungen, denen histologisch differente Teile entsprechen, zu dem am weitesten distal gelegenen Foramen papillare. Die einzelnen Abschnitte der Harnkanälchen unterscheiden sich sowohl durch ihren Verlauf als auch durch das Aussehen ihres Zellbelages. Auf den Glomerulus mit der Bowmanschen Kapsel (Malpighisches Körperchen) folgt das „Hauptstück" (früher Tubulus contortus I), das in die in der Rinde gelegene Pars convoluta (corticalis) und die im Mark befindliche Pars recta (medullaris) zerfällt. Letztere bildet den Anfang des proximalen Teiles der Henleschen Schleife. Diese Teile des Harnkanälchens sind mit hohem, trübem Epithel ausgekleidet. Auf das Hauptstück folgt nun der „helle dünne Teil" der Henleschen Schleife, der sich durch niedere, helle Zellen auszeichnet und nur dem proximalen (absteigenden) Teil der Henleschen Schleife angehört,

---

[1] Abderhalden, Lehrb. d. Physiol. **2** (1925). — Barcroft, Erg. Physiol. **7** (1908). — Bayliss, Grundriß d. allg. Physiol. Berlin, Julius Springer 1926. — Cushny, Die Absond. d. Harns. 1926. — Hamburger, Erg. Physiol. **23** (1924). — Heidenhain, im Handb. d. Physiol. v. Hermann **5** (1883). — Höber, Physik. Chemie der Zelle. 1926. — Krehl, Pathol. Physiol. 1923. — Lichtwitz, Die Praxis der Nierenkrankh. 2. Aufl. Berlin, Julius Springer 1925. — Lindemann, Erg. Physiol. **14** (1914). — Ludwig, im Handb. d. Physiol. v. Wagner **2** (1844). — Magnus, im Handb. d. Biochem. **3** (1910). — Metzner, im Handb. d. Physiol. v. Nagel **2** (1907). — Meyer-Gottlieb, Exper. Pharmakologie. 1925. — v. Möllendorff, Erg. Physiol. **18** (1920). — Noll, Erg. Physiol. **6** (1907). — Peter, Bau und Entwicklung der Niere. Jena 1909 u. 1927. — Pincussen, Handb. d. Biochem. **5** (1925). — Pütter, Die Drei-Drüsen-Theorie der Harnbereitung. Berlin 1926. — Schade, Physikal. Chemie. 1923. — Schulz, Handb. d. Biochem. **5** (1925). — Spiro und Vogt, Erg. Physiol. **1** (1902). — Suzuki, Morphologie der Nierensekretion. Jena 1912. — Volhard, im Handb. d. inn. Med. v. Mohr-Staehelin **3** (1918).

oder aber noch auf den distalen (aufsteigenden) Teil der Schleife übergreift. Je nach der Länge dieses hellen, dünnen Teils geht nun der Zellbelag entweder schon vor oder erst nach Umbiegung der Schleife in ein hohes und trübes Epithel über. Dieser Abschnitt entspricht dem „dicken, trüben Schleifenstück". Es

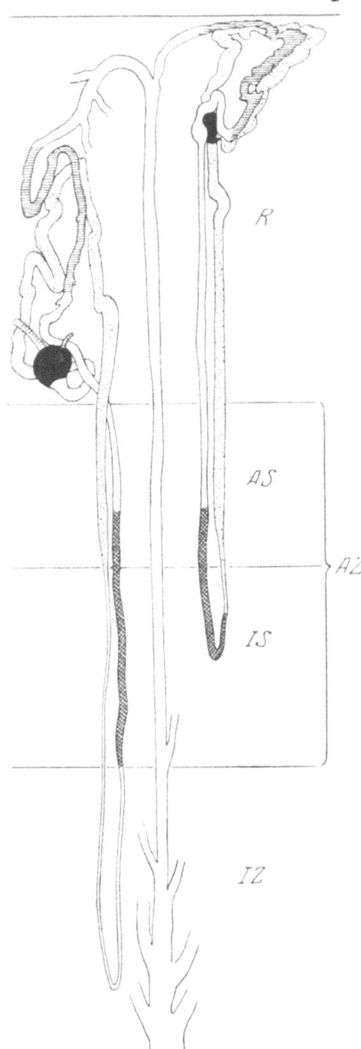

besitzt auch ein größeres Kaliber. Ebenso der folgende Abschnitt, der „helle, dicke Teil" der Henleschen Schleife, der in das „Schaltstück", aus „Zwischenstück" und „eigentlichem Schaltstück" bestehend, übergeht (früher Tubulus contortus II). Letzteres mündet in das Sammelrohr ein. Es ist bemerkenswert, daß je nach der Lage der Umbiegestelle der Henleschen Schleifen „Rindenschleifen" und „Markschleifen" zu unterscheiden sind. Letztere zerfallen weiter in lange Schleifen, die bis in die Innenzone des Markes reichen, und in kurze Schleifen, die schon in der Außenzone umbiegen. Beide Arten zeigen auch differenten Bau. In der menschlichen Niere sind die kurzen den langen Schleifen an Zahl weit überlegen, das Verhältnis beider beträgt 7 : 1. Bei den langen Schleifen liegt der Schleifenscheitel im Bereiche des hellen, dünnen Abschnittes, bei den kurzen Schleifen aber schon im dicken trüben Teil der Schleife. Die Länge eines ganzen Kanälchens beträgt beim Menschen 52—58 mm nach Peter. Nach Traut[1] beträgt die Anzahl der Glomeruli in der menschlichen Niere 450000.

Die Niere hat eine sehr reichliche Gefäßversorgung. Die Arteria renalis tritt meist schon in Äste geteilt in den Hilus der Niere ein. Selten verläuft ein Ast schon vor dem Hilus direkt zur Niere. Die arteriellen Zweige verlaufen dann zwischen den Pyramiden in den Columnae Bertini bis zur Mark-Rindengrenze, um dort rechtwinklig als Arteriae arciformes umzubiegen. Von diesen entspringen wieder in rechtem Winkel die Arteriae interlobulares. Gegen diese übliche Darstellung hatte schon Virchow Zweifel. Ferner wurden schon von Steinach und Golubew direkte Anastomosen von Arterien und Venen an der Grenze der Rinden-Markschicht beschrieben. Vor allem zeigten aber auf Veranlassung von Elze

Abb. 21. Schema des Verlaufs der Harnkanälchen der Säuger. *AS* Außenstreifen. *AZ* Außenzone. *IS* Innenstreifen. *IZ* Innenzone. *R* Rinde. Schwarz: Nierenkörperchen. Punktiert: Hauptstück. Gestrichelt: eigentliches Schaltstück. Mit Kreuzlinien ausgefüllt: dicker, trüber Teil der Henleschen Schleife. Hell: heller dünner Teil und dicker heller Teil der Schleife, Zwischenstück, Sammelrohr (nach Peter).

durch Dehoff[2] ausgeführte Untersuchungen, daß die alte Anschauung über den Gefäßverlauf in der Niere irrig ist. Darnach teilen sich die in den Columnae Bertini gerade aufsteigenden Arterien in der Mark-Rindengrenze einfach in mehrere Äste, die sich dann nach allen Seiten baumförmig ver-

[1] Carnegie Inst. Contr. to embryol. **15** (1923).   [2] Virchows Arch. **228** (1920).

zweigen. Diese Äste bilden die Arteriae interlobulares, die sich dann weiterhin noch öfters teilen. Von den senkrecht zur Nierenoberfläche verlaufenden Endästen gehen nach allen Seiten die Vasa afferentia ab. Das Vas afferens teilt sich gewöhnlich beim Eintritt in den Glomerulus in drei Äste, um durch weitere zahlreiche Aufsplitterungen das „Wundernetz" zu bilden. Alle diese Ästchen vereinigen sich beim Austritt in dem Vas efferens des Glomerulus. Das Vas efferens bildet dann zahlreiche Kapillaren, welche die Harnkanälchen umspinnen. Physiologisch nicht unwichtig ist die Tatsache, daß das Vas afferens ein größeres Kaliber besitzt als das Vas efferens.

Wir wissen nun, daß auch bei Blockierung des Glomerulus die Funktion der Harnkanälchen noch erhalten bleibt. Letztere müssen also trotzdem noch Blut zugeführt bekommen. Es kann somit das Vas efferens des Glomerulus nicht die alleinige Quelle der Blutversorgung der Harnkanälchen sein. Schon Ludwig beschrieb einen besonderen arteriellen Ast, der vom Vas afferens vor seinem Eintritt in den Glomerulus abzweigt und zu den Kanälchen zieht. Die Dehoffschen Untersuchungen haben nun hierüber weiteren Aufschluß gebracht. Die Abb. 22, welche der Dehoffschen Arbeit entnommen ist, zeigt in übersichtlicher Weise die Blutversorgung des tubulären Systems. Nach diesem Schema sind verschiedene Wege für die Blutversorgung der Rinde vorhanden, nämlich, entsprechend den Zahlen der Abb. 22:

1. der Weg durch sämtliche Glomerulusschlingen;

2. durch nur eine Schlinge des Glomerulus, wenn die anderen gesperrt sind;

3. bei Ausschaltung der Glomeruli durch den Ludwigschen Ast und durch den direkten Endast der Arteria interlobularis.

So wird verständlich, und das ist klinisch bedeutsam, daß auch bei weitgehender Verödung der Glomeruli die Blutversorgung der Rinde trotzdem noch möglich ist. Der Übergang des tubulären Kapillarsystems in die Venen erfolgt ziemlich unvermittelt.

Die Niere besitzt eine sehr ausgedehnte nervöse Innervation[1]. Und zwar erfolgt dieselbe sowohl vom Vagus als auch vom Splanchnikus aus unter Vermittlung des Ganglions coeliacum. Diese verschiedenen Nervenäste bilden den Plexus renalis, der die Nierengefäße begleitet und seine Fäserchen bis zu den feinsten Kapillaren vorschickt. Auch zwischen den Zellen und den Harnkanälchen und in der Kapsel sind feine Nervenfasern gefunden worden. Zahlreiche Ganglienzellen finden sich im Nierenplexus, einesteils in größeren Ganglienknoten, anderen-

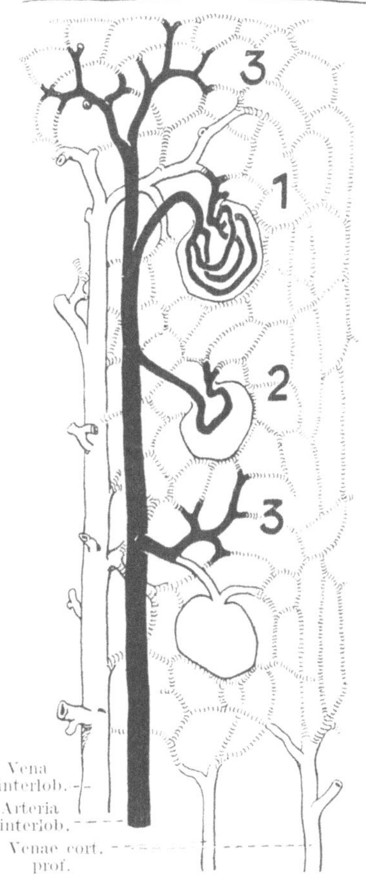

Abb. 22. Blutversorgung des tubulären Kapillarsystems (nach E. Dehoff).

---

[1] Cushny, l. c. — Schulz, Fr. N., l. c. — Schilf, Das autonome Nervensystem. Leipzig 1926. — Renner, in L. R. Müller, Die Lebensnerven. Berlin 1924. — Toeniessen, Erg. inn. Med. **23** (1923).

teils im Verlauf der Nerven selbst. Innerhalb des Nierenparenchyms konnten
jedoch von Renner Ganglienzellen nicht mehr festgestellt werden. Ferner
wurde von Jost[1] ein vom Bauchsympathikus an die Niere herantretender
Nervenstrang beschrieben. Aber erst die Untersuchungen von Hirt[2] haben
Klarheit über die überaus verwickelten Innervationsverhältnisse der Niere
gebracht. Danach sind an der Innervation der Niere mehr Nerven beteiligt,
als man bisher vermutet hat. Nach Hirt müssen vier Nerven unterschieden

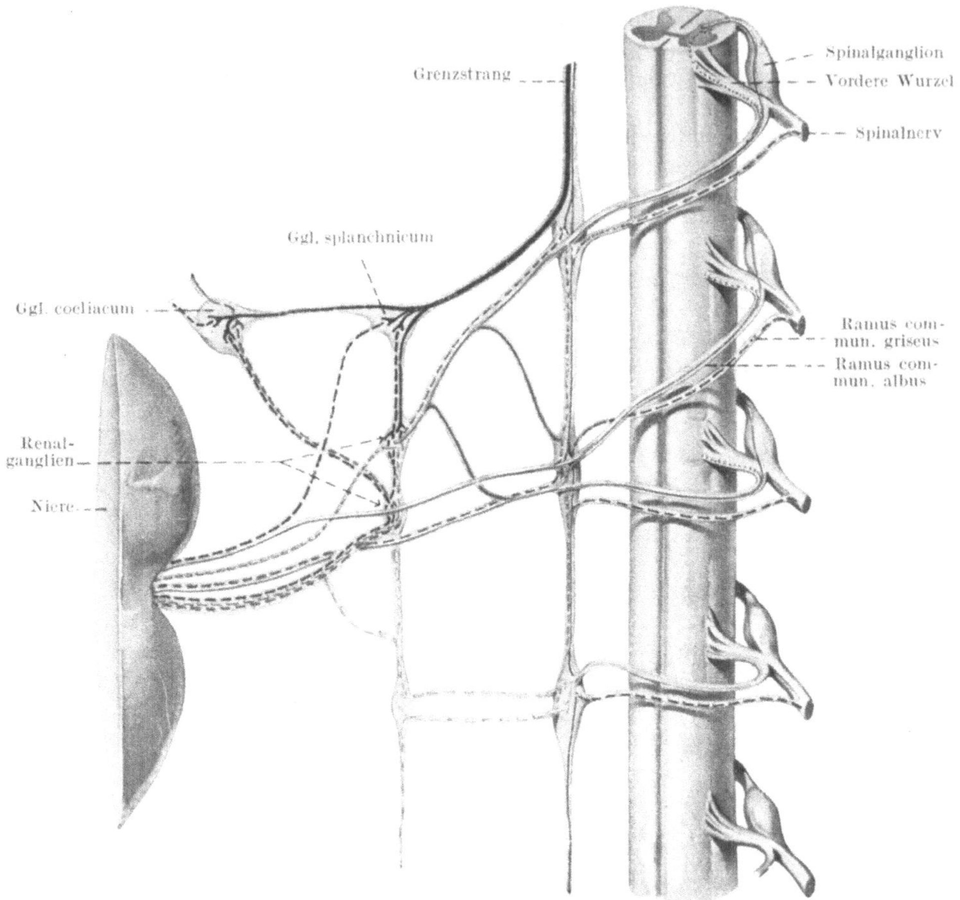

Abb. 23. Schematische Darstellung der Niereninnervation des Hundes. Präganglionäre Fasern ausgezogen,
postganglionäre Fasern gestrichelt. Splanchnicus major schwarz, Splanchnici minores rot. Untere Bauchsympathikusfasern gelb. Grenzstrangfasern und Ramus communicans griseus blau. Vagus grün. (Nach A. Hirt.)

werden, die auch bezüglich der Beeinflussung der Nierenfunktion voneinander
zu trennen sind, nämlich: 1. der N. splanchnicus maior, 2. die Splanchnici minores
oder obere Bauchsympathikusfasern, 3. die unteren Bauchsympathikusfasern,
und 4. der N. vagus. Wir geben in Abb. 23 das Schema von Hirt wieder, das
in instruktiver Weise die komplizierten Innervationsverhältnisse darlegt. In
diesem Schema sind die präganglionären Fasern, d. h. bis zur ersten Unter-
brechungsstelle, ausgezogen, die postganglionären Fasern gestrichelt. Insoweit

---

[1] Z. Biol. **64** (1914).   [2] Z. Anat. **73** (1924); **78** (1926).

der präganglionäre Faserverlauf unsicher ist, wurde er punktiert. Funktionell zusammengehörende Nerven sind in gleicher Weise gezeichnet. Die Abbildung zeigt, daß der Splanchnicus maior und die Bauchsympathikusfasern durch Ganglien (Grenzstrang, periphere Ganglien) unterbrochen werden, also in präganglionäre und postganglionäre Fasern zerfallen. Sie sind also im eigentlichen Sinne sympathische Nerven. Von besonderer Bedeutung ist nun der von Hirt erbrachte Nachweis, daß die Splanchnici minores — mit Ausnahme des Splanchnicus minor I, der wahrscheinlich in den Renalganglien eine Umschaltung erfährt — weder im Grenzstrang noch in den peripheren Ganglien unterbrochen werden. Die Splanchnici minores II und III sind also gar keine sympathischen Nerven, sondern spinale Nerven, die vom Rückenmark direkt zur Niere verlaufen. Ihr Verlauf in den hinteren Wurzeln läßt vermuten, daß sie sensible Reize von der Niere zum Rückenmark leiten. Da sie aber wahrscheinlich auch Fasern aus den vorderen Wurzeln beziehen, so dürfte es sich um Reflexbahnen mit afferenten und efferenten Fasern in demselben Nerven handeln. Die zu der Niere ziehenden Vagusfasern werden im Ganglion coeliacum unterbrochen. Diese sehr sorgfältigen Untersuchungen von Hirt sind nun deshalb besonders bedeutsam, weil auf diese Weise die nervöse Beeinflussung der Nierentätigkeit einwandfreier als bisher experimentell geprüft werden kann. Die sich vielfach diesbezüglich widersprechenden Angaben früherer Autoren dürften auf die damals noch ungenau bekannten anatomischen Unterlagen des Faserverlaufes der Nierennerven zu beziehen sein. Auch weist Hirt auf die großen Verschiedenheiten in der Innervation zwischen den einzelnen Tiergattungen hin. Ja sogar bei ein und demselben Tiere kann die nervöse Versorgung der beiden Nieren untereinander different sein.

Die überaus reichliche Nervenversorgung der Niere läßt eine nervöse Beeinflussung ihrer Tätigkeit vermuten. Da aber die Harnabsonderung auch von der Durchblutung der Niere abhängig ist, so mußte diese Frage enger präzisiert dahin gestellt werden, ob eine direkte Einwirkung des nervösen Apparates auf die sekretorische Funktion der Niere stattfindet unter sicherer Vermeidung sekundärer Änderungen der Blutdurchströmung infolge experimenteller Alteration der nervösen Bahnen. Dabei kam als weitere Schwierigkeit in der Beurteilung hinzu, daß auch die völlig entnervte und sogar transplantierte Niere ihre Funktion durchführen kann. Schon Claude Bernard sah nach Splanchnikusdurchschneidung eine Polyurie auftreten, eine Beobachtung, die seither vielfach bestätigt wurde. Splanchnikusreizung bewirkt eine Hemmung der Nierenabsonderung. Wir wissen aber auch durch Bradford[1], daß dieser Nerv vor allem gefäßverengernde und vereinzelt auch gefäßerweiternde Fasern der Niere zuführt, so daß die beobachteten Änderungen in der Nierensekretion vorwiegend vasomotorischen Effekten zuzuschreiben sein dürften. Eine experimentelle Studie Joshimuras[2] kommt zu den gleichen Schlußfolgerungen, denen sich Cushny anschließt. Asher und seine Schüler[3] versuchten dann in ausgedehnten Arbeiten die Existenz echt sekretorischer Nierennerven zu erbringen. Dem Vagus soll danach ein fördernder Einfluß auf die Wasserausscheidung, desgleichen auf die absoluten Mengen der ausgeschiedenen Elektrolyte und der H˙-Ionen zufallen. Der Splanchnikus dagegen hemmt die Tätigkeit der Niere. Die Versuchsdifferenzen, die zwischen Splanchnikus- und Vagusdurchschneidung einerseits und totaler Nierenentnervung andererseits festgestellt wurden, führt Jost auf die Wirkung der oben erwähnten, von ihm aufgefundenen Bauchsympathikus-

---

[1] J. of Physiol. **10** (1889).   [2] Tohoku J. exper. Med. **1** (1920).
[3] Z. Biol. **63** (1913); **64** (1914); **68** (1918) — Klin. Wschr. **4** (1925).

fasern zurück. Untersuchungen von Ellinger[1] lassen die Frage nach sekretorischen Nervenfasern zunächst offen. Nachdem durch Hirt die Frage der Nervenversorgung der Niere anatomisch im wesentlichen geklärt war, schien eine erneute experimentelle Bearbeitung der nervösen Beeinflussung der Nierenfunktion aussichtsreicher. Ellinger und Hirt[2] haben dann auf Grund dieser neuen anatomischen Grundlage sehr sorgfältige Untersuchungen durchgeführt, wobei unter Durchschneidung der einzelnen Nerven auch verschiedene Partialfunktionen der Niere geprüft wurden. Wir geben die sehr bemerkenswerten Schlußfolgerungen dieser Arbeit wieder (s. dazu Abb. 23):

„1. Die Splanchnici minores (obere Bauchsympathikusfasern) regeln Wasser- und Elektrolytausscheidung ohne Beeinflussung der übrigen Fixa, voraussichtlich durch Beeinflussung der Nierendurchblutung, für die sie die Vasokonstriktoren darstellen.

2. Die unteren Bauchsympathikusfasern regulieren ohne Mengenbeeinflussung die Wasserstoffionenkonzentration, sie hemmen die Ammoniakbildung, die Gesamtsäure- und Phosphatausscheidung, sie fördern in geringem Maße die Gesamtstickstoffausfuhr.

3. Der Splanchnicus maior wirkt als Antagonist der unteren Bauchsympathikusfasern. Er reguliert ebenfalls ohne Mengenbeeinflussung die Wasserstoffionenkonzentration, fördert die Ammoniakbildung, die Gesamtsäure- und Phosphatausschwemmung und hemmt, zum Teil beträchtlich, die Gesamtstickstoffausscheidung.

4. Der Vagus besitzt einen Einfluß auf die Wasserausscheidung, ohne daß der Mechanismus völlig aufgeklärt ist, und hemmt die Ausfuhr des Gesamtstickstoffs.“

Die diesen Bahnen übergeordneten Zentren sind schon seit Claude Bernard bekannt. Er konnte zeigen, daß durch Stichverletzung des verlängerten Marks etwas oberhalb von dem Ort des Zuckerstiches eine Polyurie auftritt, und zwar unabhängig von der Wasserzufuhr. Kahler[3] wies ein derartiges Zentrum im Kleinhirn nach. Aschner[4] beschrieb eine Polyurie nach Verletzung des Zwischenhirns in der Gegend des Thalamus opticus. Erich Meyer und Jungmann[5] konnten dann zeigen, daß der Stich in der Rautengrube nicht nur zu einer Polyurie, sondern auch zu einer prozentualen Steigerung des Kochsalzgehaltes des Urins führt. Dabei waren sowohl die Wasser- als auch die Kochsalzausschwemmung von dem jeweiligen Zustande des Gesamtorganismus in weitgehendem Maße unabhängig. Zwischen Größe der Wasserausscheidung und Vergrößerung der Kochsalzausfuhr im Urin bestand keine Parallelität. Der Chlorgehalt des Blutes änderte sich dabei nicht. Es handelt sich deshalb nach Ansicht der Autoren um eine Funktionsänderung der Niere durch den Stich. Dabei rief der Stich, nur auf einer Seite der Medulla oblongata ausgeführt, in beiden Nieren dieselben Störungen hervor. Nach Durchschneidung des Splanchnikus einer Seite wirkt die Piqûre nur noch auf die Seite mit erhaltenem Splanchnikus. Nach Brugsch, Dresel und Lewy[6] liegt das Zentrum für den Salz- und Wasserstich in der Formatio reticularis an der medialen Seite des Corpus restiforme. Außerdem scheint auch noch vom Zwischenhirn aus die Nierenfunktion beeinflußbar. So soll nach Leschke[7] ein Stich in das Tuber cinereum von unten her immer eine Polyurie bedingen, und zwar scheint zum Zustandekommen dieser Polyurie die Intaktheit der Nierennerven nicht Bedingung zu

---

[1] Arch. f. exper. Path. **90** (1921).　　[2] Arch. f. exper. Path. **106** (1925).
[3] Prag. Z. Heilk. **7** (1886).　　[4] Wien. klin. Wschr. **25** (1912).
[5] Arch. f. exper. Path. **73** (1913).　　[6] Z. exper. Path. u. Pharm. **21** (1920).
[7] Z. klin. Med. **87** (1919).

sein. Vermutlich spielen also dabei innersekretorische Einflüsse auf dem Blutwege mit. Wissen wir doch, daß die Entfernung des Hypophysenhinterlappens immer eine Polyurie, allerdings nur von kurzer Dauer, hervorruft, und daß das Pituitrin eine ausgesprochene Diuresehemmung bewirkt. Desgleichen ist die regulatorische Beeinflussung des Wasserhaushaltes durch das Schilddrüsenhormon bekannt. Diese Fragen der innersekretorischen Beeinflussung der Niere werden uns bei Besprechung der Genese des Diabetes insipidus noch genauer beschäftigen. Zweifelsohne kann auch von der Großhirnrinde aus die Harnsekretion variiert werden; so kennen wir das Auftreten einer Diurese nach epileptischen Anfällen, nach Angstzuständen und nach Migräneattacken. Inwieweit hierbei die Reize über das Zwischenhirn verlaufen, wissen wir nicht. Bei Asphyxie sehen wir durch direkte Reizung des Gefäßzentrums in der Medulla oblongata die Harnsekretion versiegen. Dementsprechend können auch die verschiedensten Reflexe, welche das Lumen der Blutgefäße beeinflussen, die Harnabsonderung modifizieren. So wissen wir, daß durch kurzdauernde Abkühlung der Haut, durch reflektorische Verengerung der Arteriolen, die Nierenabsonderung vermindert wird. Auch von den ableitenden Harnwegen (Uretheren, Blase) nehmen derartige Reflexe auf die Nierentätigkeit ihren Ausgang. So kann durch einen Nierenstein oder durch Einführung eines Katheters, die Funktion beider Nieren sistieren, also eine völlige Anurie auftreten. Dasselbe kann durch Eröffnung der Bauchhöhle, vor allem bei mechanischer Läsion der Därme, der Fall sein. Unvollständige Verlegung eines Harnleiters führt häufig zu einer Polyurie, desgleichen starker Schmerz.

Es geht also aus dem Gesagten zur Genüge hervor, wie bedeutsam der nervöse Einfluß auf die Nierenfunktion ist. Wir sind aber nicht der Meinung, daß dadurch die Existenz rein sekretorischer Nervenfasern für die Niere eindeutig erbracht ist. Wir möchten unseren Standpunkt vielmehr dahin präzisieren, daß den Nierennerven die Aufgabe zufällt, die Nierenfunktion regulatorisch zu überwachen und die Nieren damit dem korrelativen Verband der übrigen Organe des Organismus so einzufügen, daß sie befähigt sind, den jeweils sich ändernden vitalen Bedingungen des Organismus sich rasch funktionell anzupassen. Zweifelsohne spielt dabei der nervös variierbare Wechsel der Blutversorgung eine wesentliche Rolle.

Der eigenartige anatomische Aufbau der Niere ließ vermuten, daß den histologisch differenten Abschnitten auch verschiedene Funktionen entsprechen, so kam es zur Aufstellung mehrerer

Theorien der Nierensekretion.

Diese Theorien sind so zahlreich, daß ihre vollständige Erwähnung den Rahmen dieses Buches überschreiten würde. Wir beschränken uns deshalb auf die Darstellung derjenigen von ihnen, welche die verwickelte Funktion der Harnabsonderung am klarsten auf Grund umfassender experimenteller Durcharbeitung darzulegen vermögen. Bowman[1] erkannte zuerst die differente Funktion des Malpighischen Körperchens und des Kanälchensystems. Und zwar verlegte er die Sekretion des Harnwassers in den Glomerulus, während Harnsäure und Harnstoff von den Kanälchenepithelien abgesondert werden sollten. Die Salze und körperfremden Substanzen läßt Bowman ebenfalls durch die Glomeruli zur Ausscheidung bringen. Diese Theorie von Bowman fand ihren experimentellen Ausbau und ihre Weiterführung durch Heidenhain[2]. Nach ihm werden die Harnbestandteile durch die Lebenstätigkeit der Epithelien

---

[1] Phil. Trans. roy. Soc. 1842.   [2] Im Handb. d. Physiol. v. Herrmann (1883).

der Kapsel und der Harnkanälchen ausgeschieden. Und zwar sezernieren die
Glomeruli das Wasser und die Salze, welche, wie das Kochsalz, überall im Organismus das Wasser begleiten, ebenso den Zucker bei Glykosurie und Eiereiweiß.
Dagegen wird durch die Epithelien der gewundenen Harnkanälchen und die
breiten Abschnitte der Henleschen Schleife die Hauptmasse der festen Harnbestandteile, wie Harnstoff, Harnsäure, Hippursäure und Farbstoffe, und auch
eine größere Menge der Salze abgesondert. Letztere sind unter normalen Bedingungen von wenig Wasser begleitet, unter dem Einfluß der Harnstoff- oder
Salzdiurese wird jedoch die Hauptmenge des Wassers ebenfalls vom Kanälchen-
epithel, und nicht vom Glomerulus, geliefert. Das Wesentliche der Heiden-
hainschen Vorstellung liegt also darin, daß normalerweise das Harnwasser
durch die spezifische Zelltätigkeit im Glomerulus abgeschieden wird, und ebenso
die festen Harnbestandteile durch die Epithelien der Harnkanälchen aktiv
ausgeschieden werden. Man hat in diesem Sinne die Heidenhainsche Auffassung
als die „Sekretionstheorie" bezeichnet, da in ihr sowohl dem Glomerulus
als auch den Kanälchen eine wirklich sekretorische Rolle zugeschrieben wird.

Die „vitalistische" Theorie Heidenhains fand ihren schroffsten Gegensatz in der „mechanischen" Erklärung der Nierenfunktion durch Carl Ludwig[1]. Er sah in dem Glomerulus ein einfaches Filter, das, abgesehen vom Eiweiß, alle Plasmabestandteile durchtreten läßt. Dieses Filtrat sollte dann beim
Durchtritt durch die Kanälchen durch osmotische Vorgänge, im besonderen
durch Rückresorption des Wassers, konzentriert werden. Für Ludwig war
also die Harnabsonderung ein rein physikalischer Vorgang. Beide Theorien
haben nun zu zahlreichen Erörterungen geführt, ohne daß bis heute eine restlose
Klärung der Streitfragen ermöglicht wurde. Die gerade unter den Bedingungen
einer gesteigerten Diurese überaus unklare vitalistische Basis der Heidenhain-
schen Theorie war wenig befriedigend, aber ebenso lehrten die neuen Errungen-
schaften der physikalischen Chemie, daß ein Verständnis der Nierenfunktion
auf Grund rein physikalischer Kräfte im Sinne Ludwigs nicht zu erreichen ist.
Wohl scheint die Idee einer Filtration und Rückresorption auch heute immer
mehr in den Vordergrund zu treten, aber von dem Gesichtspunkte aus, daß es
sich dabei um komplexe Vorgänge handelt, die keineswegs einfachen
physikalischen Gesetzen unterliegen. Fraglos besteht zur Zeit das Bestreben, beide Theorien auf einer gewissen mittleren Linie zu vereinigen. Sieht
man mit Volhard das Charakteristische der normalen Nierenfunktion in der
„großen Variabilität der Leistung", so drängt sich zunächst die Frage
auf, inwieweit eine experimentelle Zergliederung dieses summarischen Funktions-
begriffes bezüglich seiner Entstehungsweise aus Teilfaktoren heute möglich ist.
Bevor wir deshalb in der Besprechung der neueren Theorien der Harnabsonderung
weiterfahren, mögen einige wichtige experimentelle Befunde Erwähnung finden.

Die Abhängigkeit der Nierentätigkeit vom Blutdruck und der Durchströmungsgeschwindigkeit ist schon lange bekannt und hat zu vielerlei
Kontroversen in dem Für und Wider der einzelnen Theorien geführt. Ein Steigen
des Blutdrucks vermehrt im allgemeinen die Harnmenge, das Gegenteil bewirkt
die Senkung des Blutdrucks. Voraussetzung dafür ist, daß das Gefäßlumen
sich nicht wesentlich dabei ändert. Kommt es zu einem vollständigen Verschluß
der Nierenarterie, so sistiert die Harnabsonderung völlig. Dauert dieser Verschluß nicht länger als etwa 20 Minuten, so kann sich nach Wiederherstellung
der Zirkulation im Verlauf von einigen Stunden die Niere wieder völlig erholen.
In der ersten Zeit ist jedoch der Urin eiweißhaltig, und die Relation der Schlacken-

---

[1] In Wagners Handwörterbuch d. Physiol. **2** (1844) — Lehrb. d. Physiol. **2** (1861).

bestandteile ist gegen die Norm verschoben. Die Anämie führt also nicht nur zu Schädigungen der Kapsel, sondern auch der Epithelien der Kanälchen. Kompression resp. Verschluß der Nierenvene verringert bzw. hebt die Urinsekretion ebenfalls völlig auf, da die gestauten Venen die Harnkanälchen zusammenpressen und so die Sekretion mechanisch verhindern. Es kommt noch hinzu, daß die durch die Stauung bedingte Drucksteigerung in den Glomeruli eine Stromverlangsamung und Eindickung des Blutes bedingt, wodurch weiterhin ungünstige Bedingungen für die Sekretion geschaffen werden. Nun treten in diesen Versuchen mit Steigerung des Blutdrucks meist auch Zunahmen in der Gefäßweite auf, so daß die Durchströmung der Niere rascher erfolgt. Andererseits ist es leicht verständlich, daß ein langsames Strömen des Blutes in den Glomeruluskapillaren leicht zu einer zu starken Anreicherung der kolloidalen Plasmasubstanzen, und damit zu einer Herabsetzung der Sekretion führen muß. Außerdem wissen wir, daß die zelligen Nierenelemente gegen Sauerstoffmangel sehr empfindlich sind. Es ist also für eine optimale Funktion der Malpighischen Körperchen nicht nur eine gewisse Höhe des Blutdrucks, sondern auch eine bestimmte Strömungsgeschwindigkeit erforderlich, das haben alle Experimente übereinstimmend ergeben.

Für die Filtration in den Glomeruli ist aber nicht der Druck in den großen Arterien, sondern der in den Glomeruli selbst maßgebend. Wir besitzen nun keine Methode, um diesen Druck einwandfrei zu messen, er soll um etwa 20% niedriger sein als der in der Karotis[1]. Diese Angabe beruht auf Berechnung und der Annahme eines maximalen Druckes in den Uretheren von 60 mm Hg. Letzterer zeigt eine gewisse Abhängigkeit vom Blutdruck. Für die Filtration durch die Bowmansche Kapsel ist, wie schon betont, der Kapillardruck entscheidend. Nur wenn letzterer größer ist als der Uretherendruck, kann eine Filtration stattfinden. Unter Zugrundelegung der obigen Daten wurde dieser Kapillardruck mit im Mittel etwa 40 mm Hg berechnet. Es fragt sich nun, ob dieser Druck genügt, um ein eiweißfreies Filtrat durch die Glomeruluskapsel abzupressen. Da die Bowmansche Kapsel als eine semipermeable Membran zu betrachten ist, die nur den kristalloiden Substanzen den Durchtritt erlaubt, nicht aber den kolloidalen, so handelt es sich um eine Ultrafiltration. Nun ist aber das Wasser im Blute nicht frei, sondern zum größten Teil an Kolloide gebunden, und wird dementsprechend von letzteren mit einer gewissen Kraft festgehalten. Diese muß also vom Kapillardruck überwunden werden, um eine Filtration überhaupt zu ermöglichen. Dieser „kolloidosmotische Druck" der Plasmaeiweißkörper wurde nun von Starling[2] zu 25—30 mm Hg bestimmt. Es würde also tatsächlich die oben angegebene Höhe des Kapillardruckes genügen, um ein eiweißfreies Filtrat zu liefern. Es konnte damit übereinstimmend auch nachgewiesen werden, daß bei einem Sinken des Blutdruckes unter 30 bis 40 mm Hg die Nierensekretion aufhört bei normaler Blutbeschaffenheit. Verdünnt man jedoch das Blut durch Infusion von Salzlösungen und setzt man damit den kolloidosmotischen Druck der Eiweißkörper herab, so kann nach Starling und Verney[3] die Sekretion auch noch bei niedrigeren Drucken vor sich gehen. Gottlieb und Magnus[4] beobachteten unter diesen Bedingungen noch bei 13 mm Karotisdruck Harnabsonderung. Die Kolloidkonzentration des Plasmas ist also wesentlich für die Beurteilung der Filtrationsfrage. So genügt bei der Froschniere ein weit niederer Kapillardruck zur Filtration als

[1] Hill u. Mc Queen, Brit. J. exper. Path. 2 (1921).
[2] Starling, J. of Physiol. 24 (1899).
[3] Starling u. Verney, J. of Physiol. 56 (1922).
[4] Gottlieb u. Magnus, Arch. f. exper. Path. 5 (1901).

bei der Säugetierniere, da nach White[1] der kolloidosmotische Druck des Froschplasmas nur 7—9 mm Hg beträgt. Es kommt aber noch hinzu, worauf H. H. Meyer mit Recht hinweist, daß es gar nicht so sehr der osmotische Druck der Eiweißkörper ist, den der Kapillardruck zu überwinden hat, als vielmehr der Quellungsdruck derselben. Letzterer folgt aber anderen Gesetzen als ersterer. Vor allem geht der Quellungsdruck nicht proportional der Verdünnung, wie der osmotische Druck. Er fällt vielmehr bei der Verdünnung nahezu kritisch ab und steigt im umgekehrten Falle viel rascher an als die Kolloidkonzentration, wie die Untersuchungen von Posnjak[2] zeigten. Der Quellungsdruck reagiert also auf minimale Änderungen des Wassergehaltes des Blutes mit großen Ausschlägen. Er fällt schon bei geringen Verdünnungsgraden, und das ist physiologisch besonders wichtig, bis auf nahezu Null ab, so daß also schon ein sehr kleiner Kapillardruck die Filtration unter Umständen ermöglichen kann. Neuere Untersuchungen zeigten nun, daß, vor allem bei der Koffein- und Salzdiurese, eine direkte Abhängigkeit von Durchblutung und Sekretion der Niere nicht besteht. Die Zirkulationsgröße spielt also sicherlich nicht das entscheidende Moment für die Harnabsonderung. Wohl aber scheint eine gewisse Proportionalität zwischen Blutdruck und Sekretion zu bestehen. So konnten Richards und Plant[3] zeigen, daß bei konstanter Durchströmungsgeschwindigkeit und variierendem Blutdruck die Harnabsonderung letzterem entsprechend wechselt. Auch Starling und Verney[4] fanden eine Abhängigkeit von Blutdruck und Harnmenge. Diese experimentellen Tatsachen sprechen entschieden für die Möglichkeit einer Ultrafiltration im Glomerulus. Besonderes Interesse beanspruchen aber die Untersuchungen von Wearn und Richards[5] an der Froschniere. Es gelang ihnen mit erstaunlicher Technik, die Bowmansche Kapsel zu punktieren und die Flüssigkeit in zu Analysezwecken ausreichenden Mengen zu sammeln. Sie konnten nun zeigen, daß die Flüssigkeit der Glomeruluskapsel eiweißfrei ist, aber die wesentlichsten filtrierbaren Bestandteile des Plasmas, wie Chlor, Natrium, Kalium, Harnstoff und Zucker, in Abhängigkeit von deren Konzentration im Plasma enthält. Man muß Cushny schon zustimmen, wenn er darin einen sicheren Beweis für seine Anschauung von der Ultrafiltration im Glomerulus erblickt. Nach der neuen Theorie von Cushny findet in der Bowmanschen Kapsel eine Filtration aller nicht kolloidalen Plasmabestandteile statt. „Die Kapsel liefert den Kanälchen eine Flüssigkeit, wie sie im Kreislauf vorhanden ist.‟ In den Kanälchen findet eine Rückresorption statt, aber nicht einfach nach physikalischen Gesetzen, wie die Ludwigsche Ansicht fordert, sondern nach auswählenden biologischen Gesichtspunkten. Um eine derartige Resorption durchzuführen, muß die Niere Konzentrationsarbeit leisten. Es wurde versucht, die dabei von der Niere verbrauchte Energie formelmäßig auszudrücken, so in den Untersuchungen von Dreser und Galeotti. Auf diese Arbeiten kann hier nicht näher eingegangen werden, wir verweisen auf deren Kritik durch v. Rohrer[6]. Von Barcroft und Brodie[7] wurde dann der Gaswechsel der Niere bestimmt. Danach hat die Niere einen sehr lebhaften Gaswechsel. Nach Tangl[8] entfallen 8,2% des Gesamtumsatzes auf die Nierenarbeit. Nach Barcroft und Brodie steigert die Diurese durch Harnstoff, Natriumsulfat und Phlorrhizin den Umsatz auf das 4—5fache, während

---

[1] White, Amer. J. Physiol. **68** (1924).   [2] Kolloidchem. Beih. **3** (1912).
[3] Amer. J. Physiol. **59** (1922).   [4] Proc. roy. Soc. Lond. **97** (1925).
[5] Amer. J. Physiol. **71** (1924).   [6] Pflügers Arch. **109** (1905).
[7] J. of Physiol. **32** (1904); **33** (1905) — Erg. Physiol. **7** (1908).
[8] Biochem. Z. **34** (1911); **53** (1913).

nach Barcroft und Straub[1] die Diurese durch Kochsalz und Ringerlösung den Gaswechsel unbeeinflußt läßt, obwohl die Harnmenge um den nahezu 20-fachen Betrag in die Höhe ging. Nach den Untersuchungen von Cserna und Kelemen[2] aus dem Tanglschen Institut an Tieren mit experimenteller Nephritis ist die Arbeit der kranken, funktionierenden Niere größer als die der gesunden. Nur bei hochgradiger Ischurie resp. Anurie ist der O_2-Verbrauch und die CO_2-Produktion in der kranken Niere geringer als in der gesunden.

Der von Nussbaum erbrachte Nachweis, daß in der Froschniere die Glomeruli fast ausschließlich von der Aorta, die Harnkanälchen aber vorwiegend von der Vena portae aus mit Blut versorgt werden, schien besonders geeignet, an diesem Objekt die Funktion der Glomeruli und Kanälchen durch experimentelle Eingriffe getrennt zu verfolgen. So wurde versucht, durch Einbringung körperfremder Substanzen (Farbstoffe) in die erwähnten Gefäßgebiete die topischen Verhältnisse der Sekretion klarzulegen. Es kann auf diese zahlreichen Untersuchungen nicht näher eingegangen werden. So viel dürfte aber heute als sicher erwiesen gelten, vor allem durch die Arbeiten von v. Moellendorff und der Aschoffschen Schule, im besonderen von Suzuki, daß die frühere Deutung der histologischen Bilder im Sinne einer Farbstoffsekretion vom Blute aus durch die Epithelien nach dem Lumen der Harnkanälchen zu, falsch ist. Die Farbstoffe werden vielmehr durch die Kapsel ins Lumen der Kanälchen ausgeschieden, und von hier aus durch die Epithelien zurückresorbiert. Inwieweit und ob überhaupt die Farbstoffspeicherung mit Harnabsonderung in Parallele gesetzt werden kann, soll hier nicht weiter erörtert werden; wir verweisen auf die erwähnten Arbeiten. Die eigenartige Blutversorgung der Froschniere gestattete aber weiterhin noch besonders eindrucksvolle Experimente, indem durch gesonderte Durchströmung der beiden Gefäßgebiete und unter Zusatz von Giften (Phenylurethan, KCN, Sublimat u. a.) zur Durchströmungsflüssigkeit eine elektive Schädigung der funktionell differenten Teile der Niere erzielt werden konnte und so ein Ausscheidungsdefizit Schlüsse auf die Funktion dieser Teile zuließ. Derartige Untersuchungen wurden besonders eingehend von Höber und seinen Schülern[3] ausgeführt. Durchströmt man nun eine Froschniere von diesen beiden Gefäßgebieten aus mit einer physiologischen Salzlösung, am zweckmäßigsten mit der nach Barkan, Broemser und Hahn[4] modifizierten Ringerlösung, so scheidet dieselbe einen Urin ab, der die wesentlichen Merkmale des normalen Urins zeigt. Vergiftet man nun die Tubuli reversibel durch Zufügen von Phenylurethan zur Durchströmungsflüssigkeit von der Vene aus, so wird ein Urin abgesondert, der die Zeichen der typischen Nierenarbeit vermissen läßt. Nach Wegnahme des Narkotikums tritt die normale Funktion wieder ein. Nach Ausschaltung der Tubuli durch Narkose hat also der Urin die Eigenschaften eines einfachen Filtrats. Unter Berücksichtigung der früher erwähnten Ergebnisse aus den Experimenten von Wearn und Richards muß man daraus den Schluß ziehen, daß die typische Nierenfunktion, die Verdünnung und Konzentration, von den Epithelien der Harnkanälchen geleistet wird. Die einzelnen Stoffe des Glomerulusfiltrates erfahren bei ihrem Durchgang durch die Tubuli eine jeweils verschiedene Anreicherung. Die im folgenden gegebene tabellarische Übersicht, welche der Arbeit von Cushny entnommen ist, läßt dieses Verhalten am deutlichsten erkennen. (Vgl. die folgende Tabelle.)

---

[1] J. of Physiol. **41** (1911).   [2] Biochem. Z. **53** (1913).

[3] Zusammenfassend dargestellt in Höbers Lehrb. d. physik. Chemie d. Zelle u. d. Gewebe; außerdem Klin. Wschr. **1927**, Nr 15.

[4] Z. Biol. **74** (1921).

	Blutplasma %	Harn %	Konzentrations-änderung in der Niere
Wasser	90—93	95	—
Eiweiß, Fett und andere Kolloide	7—9	—	—
Glykose	0,1	—	—
Na	0,30	0,35	1
Cl	0,37	0,6	2
Harnstoff	0,03	2,0	60
Harnsäure	0,004	0,05	12
K	0,020	0,15	7
NH_4	0,001 (?)	0,04	40
Mg	0,0025	0,006	2
Ca	0,008	0,015	2
PO_4	0,009	0,15	16
SO_4	0,002	0,18	90
Kreatininkörper	0,001 (?)	0,075	75

Nahezu sämtliche Plasmabestandteile werden durch die Niere konzentriert, wobei schon geringfügige Änderungen in der Zusammensetzung des Plasmas relativ große Ausschläge im Urin bedingen können. Dementsprechend finden wir auch in der Norm die Gefrierpunktserniedrigung im Harn viel tiefer, $\varDelta = -1$ bis $-2,5°$, im Gegensatz zum Blute $\varDelta = -0,56°$. Zweifelsohne sind für das differente Verhalten in der Ausscheidung der Plasmabestandteile durch die Niere weniger chemische Kräfte als vielmehr physikalische Vorgänge maßgebend. Wie aus der obenstehenden Tabelle ersichtlich ist, werden physiologischerweise die Kolloide (Eiweiß u. a.) im Plasma zurückgehalten. Auch der Zucker tritt erst, wenn seine Konzentration im Plasma eine gewisse Höhe erreicht hat, ungefähr 0,18%, in den Harn über. Es besteht also ein gewisser Schwellenwert für seine Ausscheidung im Urin. Auch für Natrium, Chloride und Bikarbonate, weniger ausgesprochen für Kalium, Harnstoff, Phosphate und Urate scheinen jeweils bestimmte Schwellenwerte für ihren Übergang in den Harn gegeben zu sein. Cushny unterscheidet dementsprechend „hochschwellige" Körper, dazu gehören Zucker, NaCl, Bikarbonat und Aminosäuren, ferner „mittelschwellige" Körper, zu denen Kalium, Harnstoff und Urate zu rechnen wären, dann „niedrigschwellige" Substanzen, welche die Phosphate betreffen, und schließlich Körper, die keine Schwelle bezüglich ihrer Ausscheidung besitzen, als solche wären Kreatinin und Fremdsubstanzen zu betrachten. Unter Berücksichtigung des jeweiligen Schwellenwertes läßt sich die Konzentration eines Harnbestandteils im Verhältnis zu seinem Plasmawert nach der Formel $\dfrac{C_B - T}{C_U} = K$ berechnen, wobei C_B und C_U den Prozentgehalt des betreffenden Körpers im Plasma und Urin, T dessen Schwellenwert im Plasma bedeuten, und K eine Konstante. Die Konzentrationsfähigkeit der Niere ist eine begrenzte, da zur Ausscheidung der festen Bestandteile eine bestimmte Wassermenge unbedingt erforderlich ist.

Wie schon oben dargelegt, sind zur Erklärung der Diurese die mechanischen Faktoren des Kreislaufes nicht allein ausreichend, sondern es spielt die chemische Zusammensetzung des Plasmas eine wesentliche und mitbestimmende Rolle. Es ist früher schon darauf hingewiesen worden, daß eine Verminderung der Plasmakolloide, und damit eine Herabsetzung des kolloidosmotischen Druckes, bei gleichbleibenden .Kreislaufverhältnissen eine Begünstigung der Glomerulusfiltration verursachen muß. Die dadurch bedingte Sekretionssteigerung bezeichnet Cushny als „Verdünnungsdiurese", aber ebenso muß nach den Vorstellungen Cushnys eine Substanz, die für die Epithelien der Harnkanälchen impermeabel ist („Permeabilitätsfaktor"), da sie ein gewisses Wasservolumen zu ihrer Ausscheidung verlangt, zu einer Diurese führen („tubuläre Diurese"). Die intravenöse Injektion größerer Wasser- bzw. Salzlösungen (Verdünnungs- bzw. Salzdiurese) ruft eine lebhafte Urinsekretion hervor. Neben der chemischen Natur und Quantität des eingeführten Salzes und der Größe des Flüssigkeitsvolumens ist die Schnelligkeit des Einfließens für das Ausmaß der Diurese von Bedeutung. Es hat sich aber auf Grund der zahlreich darüber angestellten Untersuchungen, auf die hier nicht näher eingegangen werden kann, ergeben, daß die bei derartigen Infusionen zuerst auftretende Blutdrucksteigerung und Erhöhung der Durchströmungsgeschwindigkeit der Niere der Diurese durchaus nicht immer parallel gehen. Der mechanische Faktor ist also, wie schon betont, nicht ausreichend zum Verständnis der unter diesen Bedingungen auftretenden Harnflut. Wohl aber dürfte die durch die Verdünnung des Plasmas hervorgerufene Senkung des kolloidosmotischen Druckes einen wichtigen Faktor bedeuten. Das geht schon aus Versuchen hervor, in denen zur Infusionsflüssigkeit Kolloide hinzugesetzt wurden und eine deutliche Verminderung der Diurese dadurch eintrat. Bei sehr langsamer Infusion von Salzlösungen tritt ein Austausch von Salzen und Wasser zwischen Blut und Gewebe ein. Ähnlich wie die intravenöse Flüssigkeitseinverleibung wirkt die Verabfolgung auf subkutanem Wege. Gibt man größere Flüssigkeitsmengen per os, so scheint die Leber regulierend einzugreifen. Nach den Untersuchungen von Mautner und Pick[1], desgleichen von Molitor und Pick[2], ist die Leber für den Wasserhaushalt von besonderer Bedeutung. Dabei besteht schon anatomisch ein prinzipieller Unterschied zwischen der Leber des Fleischfressers und der des Pflanzenfressers, indem erstere infolge der stark entwickelten glatten Muskulatur der Venae hepaticae durch Sperrung der venösen Abflußbahn intensiv in den Wasserwechsel eingreifen kann. Molitor und Pick konnten dann zeigen, daß der Verlauf der Wasserdiurese bei Hunden, deren Leber durch Anbringung einer Eckschen Fistel ausgeschaltet war, ein anderer ist als bei Normaltieren. Bei den Tieren mit Eckfisteln setzt die Wasserdiurese sehr rasch unter jähem Anstieg ein und fällt ebenso rasch ab, während bei normalen Tieren die Diurese durch per os zugeführtes Wasser sich gleichmäßig über einen längeren Zeitraum verteilt. Bei Fröschen führt die Leberexstirpation je nach der Jahreszeit zu mehr oder weniger ausgesprochenem Ödem. Die Bildung des letzteren wird auf den Wegfall eines Leberhormons zurückgeführt. Die Leber hat also in doppelter Weise Beziehungen zu dem Wasserhaushalt. Sie regelt nicht nur auf mechanischem Wege durch venöse Sperrung die Wasserausfuhr, sondern sie beeinflußt auch hormonal den Quellungszustand der Gewebe und damit den Wasserwechsel des gesamten Organismus.

Im allgemeinen sind während der Verdünnungsdiurese alle Harnbestandteile pro Zeiteinheit absolut vermehrt. Bei den „niedrigschwelligen" Stoffen ist diese Zunahme gering, bei den „hochschwelligen" Substanzen ist jedoch die Gesamtausscheidung pro Minute deutlich erhöht. Dieses verschiedene Verhalten der einzelnen Harnbestandteile während der Diurese, und das differente Ausmaß der letzteren unter dem Einfluß auch qualitativ variierter Salze, wurde gerade von den Anhängern der Sekretionstheorie in ihrem Sinne verwertet. Jedoch scheinen mir die experimentellen Tatsachen und deren Deutung mehr für die Filtration-Rückresorptionstheorie zu sprechen, besonders in der Begründung, wie sie von Cushny gegeben wurde. Danach werden diejenigen Blutbestandteile, die nur nach Erreichung ihrer Schwelle in das Glomerulus-

---

[1] Münch. med. Wschr. 1915, Nr 34 — Biochem. Z. 127 (1922).
[2] Arch. f. exper. Path. 97 (1923).

filtrat übertreten, von den Epithelien der Harnkanälchen rückresorbiert, während die Stoffe, welche keine Schwelle besitzen, keiner Rückresorption unterliegen und dementsprechend direkt zur Ausscheidung gelangen. Die Resorption der Schwellensubstanzen erfolgt jedoch nicht gleichmäßig, sondern nach biologischen Gesichtspunkten. Maßgebend dafür ist das physiologisch optimale Mengenverhältnis der einzelnen Stoffe im Plasma. Nach den früher schon erwähnten Untersuchungen von Wearn und Richards liefert der Glomerulus ein Filtrat, das alle nicht kolloidalen Plasmabestandteile in physiologischer Konzentration enthält. Aus diesem Filtrat werden die für den Organismus wertollen Stoffe, vor allem die „hochschwelligen", wie Zucker, Natrium, Chlorid u. a., in physiologisch optimaler Konzentration rückresorbiert. Diese neue, von Cushny begründete Theorie der Harnabsonderung definiert die Nierenfunktion „als Filtration nicht kolloidaler Bestandteile durch die Kapsel und als Resorption einer vollkommenen Lockeschen Flüssigkeit durch die Kanälchenzellen". Treten Stoffe dadurch, daß ihre Konzentration im Plasma ihren Schwellenwert überschreitet, in das Glomerulusfiltrat über, so erfolgt ihre Rückresorption in den Kanälchen in dem quantitativen Verhältnis einer physiologisch äquilibrierten Salzlösung, der Überschuß geht durch die Uretheren nach außen. Das trifft auch für die Wasserausscheidung zu. Dabei ist die Anwesenheit nicht resorbierbarer Stoffe im Glomerulusfiltrat für die Resorption des Wassers in den Kanälchen entscheidend. Der osmotische Widerstand einer derartigen Salzlösung kann die aufsaugende Kraft der Epithelien der Harnkanälchen mehr oder weniger aufheben. So ist die Sulfatdiurese eine „tubuläre Diurese", da die Epithelien der Harnkanälchen die Sulfate nicht zu resorbieren vermögen. Normalerweise scheint dem Harnstoff eine bedeutsame Rolle für die Wasserresorption in den Tubuli zuzufallen. Aber auch die leicht resorbierbaren hochschwelligen Stoffe können, wenn sie in stärkerer als optimaler Konzentration im „provisorischen" Harn vorhanden sind, der Wasserresorption in den Kanälchen einen Widerstand entgegensetzen. Es kommt aber noch ein weiterer Faktor für den Resorptionseffekt hinzu, das ist die Geschwindigkeit, mit der das Glomerulusfiltrat die Harnkanälchen passiert. Je rascher das Filtrat die Kanälchen durchfließt, um so weniger wird resorbiert, und umgekehrt. Und so sehen wir, daß der Harn bei überstürzten Diuresen in seinen Eigenschaften immer mehr dem Glomerulusfiltrat ähnlich wird. Da aber die Rückresorption fernerhin noch eine vitale Funktion der Zellen ist, so wird sie auch noch von dem momentanen Funktionszustand der Zellen, sozusagen ihrem Tonus, beeinflußt. Man muß annehmen, daß dementsprechend durch die verschiedensten chemischen Agenzien, endokrine Stoffe und nervöse Einflüsse, die auf den Stoffwechsel der Zellen selbst einwirken und so ihre Funktionen variieren können, auch Änderungen in der resorptiven Tätigkeit der Zellen auftreten. Man wird in diesem Sinne auch die Filtration durch die Bowmansche Kapsel nicht als einen rein passiven physikalischen Vorgang betrachten dürfen. Wir möchten glauben, daß Höber recht hat, wenn er sagt, daß „die Zellen des Glomerulus die Durchströmungsflüssigkeit durch sich hindurchtreiben, aber offenbar ohne ihre Partialkonzentrationen merklich zu verändern". Wir fassen also auch das Epithel der Bowmanschen Kapsel nicht als eine Membran im physikalischen Sinne auf, sondern als eine lebende Membran, die ebenso wie die Epithelien der Harnkanälchen durch die verschiedensten chemischen, physikalischen und nervösen Faktoren in ihrer Funktion, einer Art aktiver Filtration oder Sekretion, wie man das auch nennen mag, beeinflußbar ist. So scheint uns die Filtration-Rückresorptionstheorie nach Cushny-Höber mit den experimentellen Tatsachen am besten in Einklang zu stehen und heute die bestbegründete Theorie der Nierenfunktion zu sein. Die von Lindemann und vor allem von französischen Autoren (Lamy und Mayer, Mayer und Rathéry[1]) vertretene Anschauung, daß den Harnkanälchen allein eine sekretorische Rolle zufalle, während der Glomerulus „un organe uniquement propulseur" sei, scheint mir mit den experimentellen Tatsachen nicht mehr vereinbar zu sein, denn daß der Glomerulus ein Ultrafiltrat des Plasmas liefert, ist nicht mehr zu bezweifeln. Von Pütter[2] wurde in jüngster Zeit eine neue Theorie der Harnbereitung aufgestellt, indem die Ausscheidung der stickstoffhaltigen Endprodukte, der Salze und des Wassers, in verschiedene histologische Abschnitte der Niere verlegt wird (Drei-Drüsentheorie der Harnbereitung). Die „Stickstoffdrüse" entspricht den Tubuli contorti, die „Wasserdrüse" der Bowmanschen Kapsel und die „Salzdrüse" dem dicken Teile der Henleschen Schleife. Die obenerwähnten experimentellen Befunde von Wearn und Richards sprechen aber meines Erachtens unbedingt gegen diese Anschauung.

Über die Physiologie und Pathologie des „Wasserhaushaltes"[3].

Das Wasser zählt zu den wichtigsten Bausteinen des Organismus, das drückt sich einerseits schon quantitativ darin aus, daß das Wasser alle anderen Körperbestandteile an Masse weitaus übertrifft und andererseits der Durst viel schlechter ertragen wird als der Hunger. Die Verteilung des Wassers im Organismus auf die einzelnen Organe ist sehr verschieden. Wir geben zur Orientierung im folgenden eine tabellarische Übersicht von W. H. Veil wieder (s. S. 310).

Der Wassergehalt des Organismus schwankt beträchtlich mit dem Alter des Individuums. Der Neugeborene ist wasserreicher als der Erwachsene, ebenso ist der Wasserbedarf des ersteren drei- bis viermal größer als der des letzteren. Dabei ist der Fettgehalt zu berücksichtigen. Fette Individuen haben infolge der Wasserarmut des Fettgewebes im Verhältnis zu ihrem Körpergewicht prozentual einen geringeren Wassergehalt. Betrachten wir die Zahlen der folgenden Tabelle, so ist der Wassergehalt der inneren Organe, Nerven und Muskeln relativ hoch. Nach Veil ist die „spezifische Tätigkeit dieser Organe auf einen höheren Wassergehalt angewiesen". Vor allem kann die Muskulatur bei ihrer großen Masse die größten Wassermengen deponieren. Unter normalen Bedingungen halten Wasserein- und -ausfuhr sich das Gleichgewicht, wobei nicht nur die renale, sondern auch die extrarenale Wasserausfuhr durch Haut und Lungen zu berücksichtigen ist. Diese Regulation des mittleren Wassergehaltes wird vom erwachsenen Organismus zäh behauptet, während

---

[1] Traité de Physiol. norm. et path. **3**. Paris 1928.

[2] Die Drei-Drüsentheorie der Harnbereitung. Berlin 1926.

[3] Zusammenfassende Darstellungen: Eppinger, Zur Pathologie und Therapie des menschlichen Ödems. Berlin 1917. — Morawitz u. Nonnenbruch, im Handb. d. Biochem. **8** (1925). — Nonnenbruch, Erg. inn. Med. **26** (1924) — Handb. d. norm. u. path. Physiol. **17** (1926). — Oehme, Erg. inn. Med. **30** (1926). — Parnas, Handb. d. norm. u. path. Physiol. **17** (1926). — Siebeck, ebenda. — Schade, Handb. d. Biochem. **8** (1925) — Erg. inn. Med. **32** (1927). — Veil, ebenda **23** (1923). — Volhard, im Handb. d. inn. Med. von Mohr-Staehelin **3** (1918).

Über Lymphbildung: Asher, Biochem. Zbl. **4** (1905). — Ellinger, Erg. Physiol. **1** (1902). — Höber, im Handb. d. physik. Chemie u. Medizin von Korányi-Richter **1** (1907). — Klemensiewicz, im Handb. d. allg. Path. von Krehl-Marchand **2** (1912). — Meyer-Bisch, Erg. Physiol. **25** (1926). — Schulz, im Handb. d. Biochem. **4** (1925).

Prozentualer Wassergehalt der hauptsächlichen Organe des Menschen und
Wasserverteilung auf die einzelnen Organe.
(58% Wassergehalt des Erwachsenen = 100%.)

Organe	Wassergehalt %	Körpergewicht %	Anteil am Wassergehalt %
Blut	77,9—83	4,9	4,7—9
Fett	29,9	23	12,3
Haut	31,9—73,9	6,2	6,6—11
Skelet	22 —34	16	9—12,5
Muskeln	73 —75,7	37	47,7—50,8
Nervensubstanz	75 —82	2,7	2,7
Darm	73,3—77	—	3,2
Herz	79,2—80,2	—	2,5
Leber	68,3—79,8	—	1,8
Lunge	78 —79	—	2,4
Milz	75,8—86	—	0,4
Nieren	77 —83,7	—	0,6
Rest	—	—	11,0

der Neugeborene und das Kind sich in dieser Hinsicht labiler verhalten.
Dieses Gleichgewicht im Wasserhaushalt des Erwachsenen ist auch die wesentlichste Ursache für die Konstanz des Körpergewichts. Wir haben schon
betont, daß das Wasser zu den wichtigsten Zellbausteinen zu rechnen ist. Wir
wissen auch, daß der gesunde Säugling stets Wasser retiniert, da er es zum Aufbau
seiner Gewebe benötigt. Eine Zellfunktion ohne Wasser ist nicht denkbar.
Es ist aber, wie Veil mit Recht betont, „der Wassergehalt des Gesamtorganismus
wie seiner einzelnen Teile" keine „Größe an sich, sondern er ist ein Ausdruck
für die Beschaffenheit, die Konsistenz des Protoplasmas, ist unlöslich mit dessen
hauptsächlichen anderen Bausteinen verbunden und muß es auch immer in
unserer Vorstellung sein". Hier kommt dem Wasser als Lösungsmittel eine
besondere biologische Bedeutung zu. Wir kennen kein indifferentes Lösungsmittel, das dem Wasser an Lösungsvermögen den verschiedensten Substanzen
gegenüber gleichkommt. Dabei sind die Beziehungen von Lösungsmittel zum
Gelösten beim Wasser von besonderer Bedeutung. So kann eine Hydratbildung
auftreten, eine Anlagerung von H_2O-Molekülen an solche des gelösten Stoffes.
Nun enthält aber das Wasser nicht nur einfache H_2O-Moleküle, sondern nach
Schade[1] auch assoziierte Moleküle $(H_2O)n$ vom Ausmaß kolloidaler Teilchen.
Vor allem ist es aber auch in H·- und OH⁻-Ionen dissoziiert. Gerade aber
die H·-Ionen sind die biologisch agilsten Stoffteilchen. Dazu kommt noch, daß
unter physiologischen Bedingungen in Anbetracht des Vorhandenseins von
Salzen schwacher Säuren oder schwacher Basen, bei deren Auflösung in Wasser
sich die hydrolytische Dissoziation Geltung verschafft. In besonderem
Maße kommt aber unter vitalen Bedingungen dem Wasser als Quellungsmittel ein dominierender Einfluß auf das Zelleben zu. Nur ein kleiner Teil
des Wassers ist im tierischen Organismus „frei" vorhanden, der weitaus größte
Teil desselben ist als „Quellungswasser" an Kolloide „gebunden". Das Zell-
protoplasma ist nichts anderes als ein quellendes Gel, dessen Stoffaustausch,
sehen wir jetzt von membranartigen Gebilden ab, zum großen Teil durch Quel-
lungs- und Entquellungsvorgänge beherrscht wird. Zum genaueren Studium
der physikalisch-chemischen Gesetze der Quellung müssen wir auf die Arbeiten
von Freundlich[2] und Katz[3] verweisen. So ist es verständlich, wie fundamental
das Wasser die Zellfunktion beherrscht. Es wäre aber falsch, die Bezeichnung

---

[1] Kolloid-Z. **7** (1910).   [2] Kapillarchemie. Leipzig 1922.
[3] Kolloidchem. Beih. **9** (1917).

„gebundenes“ Wasser ausschließlich im Sinne eines Depotstoffes aufzufassen. Gerade die wesentlichen Eigenschaften des Wassers als Lösungs- und Quellungsmittel schließen seine Bewegung in sich. Nur das Fließen des Wassers bedeutet vitales Geschehen. Dabei finden wir niemals reines Wasser im Organismus, sondern die Körperflüssigkeiten, welche die Zellen umspülen, enthalten sowohl organische als anorganische Bestandteile. Während aber die organischen Bestandteile in der Tierreihe in qualitativer und quantitativer Hinsicht beträchtliche Unterschiede aufweisen, ist das Verhältnis der mineralischen Bestandteile ein auffallend konstantes. So kommt es, daß bei allen Tieren die Reaktion der die Zellen umspülenden Flüssigkeit eine nahezu neutrale ist. Das Charakteristikum der physiologischen Flüssigkeiten liegt dementsprechend in ihrer osmotischen Isotonie und in ihrer Isoionie. Diese Konstanz in der Zusammensetzung der Mineralien der Körperflüssigkeiten hat aber unbedingt auch einen richtunggebenden Einfluß auf den Zustand der in diesem Milieu lebenden Protoplasmakolloide, der sich nach Schade vor allem in einem bestimmten Quellungsdruck derselben äußert. Milieuwirkung und Organfunktion stehen so in einem engen, sich gegenseitig beeinflussenden Verhältnis. Hier als ausgleichender Faktor zu wirken und die Summe von Organfunktionen zu einer funktionellen Einheit zu gestalten, ist eine der wesentlichsten Aufgaben des Wassers.

Der Wasserstrom des Körpers fließt in den Blut- und Lymphbahnen, aber nur die kleinere Menge des Gesamtwassers ist darin enthalten, die weitaus größere Menge befindet sich im Gewebe. Ob zwischen den Zellen vorgebildete Saftkanälchen normalerweise vorhanden sind, ist noch eine ungelöste Frage. Jedenfalls muß das Bestehen von kapillaren Flüssigkeitsräumen zwischen den Zellen als möglich zugegeben werden, wenn auch durch unsere relativ groben Methoden deren Existenz nicht mit Sicherheit festgestellt werden kann. Näheres hierüber findet sich in der Arbeit von Hueck[1]. Danach wäre die Vorstellung berechtigt, daß nicht nur in den durch Endothel umschlossenen Blut- und Lymphbahnen Flüssigkeit frei zirkuliert, sondern auch zwischen den Gewebselementen frei bewegliche „Zwischenflüssigkeit“ vorhanden ist, aber die Hauptmasse des Wassers findet sich „gebunden“ in den Zellen und in der Zwischensubstanz.

Wasserverschiebungen im Organismus, seien es negative oder positive Bilanzen, gehen meist, aber nicht immer, mit einer entsprechenden Änderung im Kochsalzbestand einher. Tobler[2] hat dementsprechend denjenigen Teil des Wassers, der mit Kochsalz zusammen zum Verlust oder Ansatz kommt, als Reduktionswasser bezeichnet, während der Teil des Wassers, der unabhängig vom Kochsalz Änderungen erfahren kann, als Konzentrationswasser bezeichnet wird. Ferner sehen wir bei starker Einschmelzung von Körpergewebe erhebliche Wasserverluste auftreten, dabei handelt es sich infolge destruierender Prozesse um Freiwerden von Gewebswasser (Destruktionswasser nach Tobler). Es bildet sich aber auch Wasser ständig im Organismus im intermediären Stoffwechsel als Endprodukt (Oxydationswasser). Die Hauptmasse des Wassers wird durch die Nieren ausgeschieden. Über die dabei maßgebenden Faktoren haben wir beim Mechanismus der Harnsekretion schon eingehend gesprochen. Neben dieser renalen Wasserausscheidung kommt die extrarenale durch Haut, Lungen und Darm in Betracht. Sie zeigt beträchtliche Schwankungen[3] schon unter normalen Bedingungen. Dasselbe gilt für die Wasserabscheidung

---

[1] Beitr. path. Anat. **66** (1920).
[2] Arch. f. exper. Path. **62** (1910) — Allgemeine pathologische Physiologie der Ernährung und des Stoffwechsels im Kindesalter. Wiesbaden 1914.
[3] Doll u. Siebeck, Dtsch. Arch. klin. Med. **116** (1914).

durch die Haut, wie die Arbeiten von Schwenkenbecher und seinen Schülern[1] dargetan haben. Diese extrarenalen Faktoren werden wesentlich durch die Umgebungstemperatur, körperliche Arbeit, Durchblutung der Haut, Schweißsekretion u. a. beeinflußt. Dasselbe gilt für die Wasserabgabe durch die Lunge, wofür die Atmungsmechanik wesentlich mitbestimmend ist. Der Wasserverlust durch den Darm ist unter normalen Bedingungen gering, bei Störungen der Darmfunktion, wie Diarrhöen, kann er sehr beträchtlich werden.

Die Wasseraufnahme ist unter normalen Bedingungen individuell überaus verschieden, neben Berufsart spielt hier die Gewohnheit eine ausschlaggebende Rolle. Neben der direkten Flüssigkeitszufuhr ist auch die Art und Zubereitung der Speisen von Bedeutung. Der Wassergehalt der einzelnen Nahrungsmittel zeigt recht große Schwankungen. Werden Einseitigkeiten in der Ernährung vermieden, so wird die Wasserzufuhr den Bedürfnissen des Organismus unbewußt angepaßt. Ungleichheiten im Wasserbestande des Körpers werden durch das Durstgefühl zum Bewußtsein gebracht. Dabei scheint für die Auslösung der Durstempfindung nach Erich Meyer[2] weniger die Wasserarmut, sondern die Zunahme osmotisch wirksamer Substanzen im Blute maßgebend zu sein. So konnte auch Veil[3] zeigen, daß bei schweren Durstzuständen der Gefrierpunkt des Blutserums erheblich unter die Norm herabsinken kann. Nach Leschke[4] ruft schon die intravenöse Injektion von wenigen Kubikzentimetern hypertonischer Kochsalzlösung ein heftiges Durstgefühl hervor. Daß die Austrocknung der Mund- und Rachenschleimhaut teilweise für die Entstehung der Durstempfindung in Betracht kommt, ist wohl fraglos. Nach den Untersuchungen von L. R. Müller[5] führt die Ösophagusmuskulatur im Durstzustande viel häufigere und lebhaftere Kontraktionen als in der Norm aus. Nach Müller ist deshalb die „Durstempfindung, die in die Gegend der Schlundröhre verlegt wird, als eine „Kontraktionsempfindung" oder eine „Spannungsempfindung" aufzufassen. Diese Kontraktionen werden zentral ausgelöst, wahrscheinlich vom Zwischenhirn aus. Wir müssen uns also vorstellen, daß bei Zunahme der osmotisch wirksamen Stoffe im Blute diese Stelle gereizt wird und diese Impulse durch die viszeralen Vagusbahnen zur Ösophagusmuskulatur geleitet werden und dort die „Durstkontraktionen" bewirken. Letztere werden dann auf zentripetalen sympathischen Bahnen dem Gehirn zugeführt und kommen als Durstempfindung zum Bewußtsein. Starke Durstzustände führen aber auch zu Allgemeinempfindungen, vor allem zu Müdigkeitsgefühlen und Verstimmungen. Es beruht also die Durstempfindung sicher auf komplexen Vorgängen, die nicht nur im lokalen Organgeschehen begründet sind, sondern ebenso in der psychischen Gesamtlage des Individuums.

Wie schon betont, wird im Gegensatz zum Neugeborenen und Kinde der Wasserhaushalt des Erwachsenen, normale Ernährungsbedingungen vorausgesetzt, mit einer gewissen Zähigkeit im Gleichgewicht gehalten. Nur Zufuhr von größeren Flüssigkeitsmengen (etwa 1 Liter) in kurzer Zeit, wie im „Wasserversuche", führen Änderungen herbei. Nach Siebeck tritt stets nach dem Trinken derartiger Flüssigkeitsmengen eine deutliche Blutverdünnung, be-

---

[1] Dtsch. Arch. klin. Med. 79 (1903) — Handb. d. allg. Path. von Krehl-Marchand 2 II. Leipzig 1913. — Kongr. inn. Med. 1908 — Arch. f. exper. Path. 55, 56 (1907) — Z. exper. Med. 25 (1921).

[2] Zur Pathologie und Physiologie des Durstes. Schr. wiss. Ges. Straßburg 1918, H. 33.

[3] Biochem. Z. 91 (1918).

[4] Z. klin. Med. 87 (1919) — Arch. f. Psychiatr. 59 (1918).

[5] Die Lebensnerven. Berlin 1924.

urteilt nach der Hämoglobinabnahme, ein. Die Diurese verläuft aber keineswegs parallel dieser Blutverwässerung. Fette Individuen scheiden geringere Mengen Wasser aus als magere. Von wesentlichem Einfluß ist die Ernährung. Der Wasserversuch ist in seinem Effekt individuell sehr variabel. Er hängt nicht nur vom Alter und dem Gesamtzustand des betreffenden Organismus ab, sondern auch von der Ernährung, vor allem der Wasser- und Salzzufuhr in der Vorperiode. Sicher sind diese Verschiedenheiten nicht nur renal bedingt, sondern sie haben ihre wesentliche Ursache im intermediären Wasserwechsel, in dem Austausch zwischen Blut und Gewebe. Das haben auch die experimentellen Untersuchungen Oehmes[1] ergeben. Es „muß ein wesentlicher Faktor der Regulation in vom Stoffwechsel abhängigen Zustandsänderungen der Niere liegen, die analogen, den Wasserwechsel bedingenden Vorgängen in den Geweben parallel laufen". In den Versuchen von Veil und Regnier[2] mit abundanter Flüssigkeitszufuhr über längere Zeit hin, trat nach wenigen Tagen eine Anpassung ein. Nach 2 Tagen war der Wasserhaushalt wieder im Gleichgewicht, dabei trat nur eine kurze Blutverdünnung ein, die von einer Eindickung gefolgt war. Nach Absetzen der großen Flüssigkeitszufuhr trat starkes Durstgefühl auf, die Gefrierpunktsdepression im Serum stieg sogar bis auf $-0{,}64°$. Daß aber auch hier wieder individuelle Momente mitspielen, zeigten die Untersuchungen von Strauss[3], die unter denselben Bedingungen zu wesentlich abweichenden Ergebnissen führten. Der Wasserversuch Volhards beruht auf der Verwendung reinen Wassers, das bei seiner Resorption im Darm erst isotonisch bzw. isoosmotisch gemacht werden muß. Dementsprechend führt der Wasserversuch immer zu einer Demineralisation. Benutzt man für den Trinkversuch eine physiologische Salzlösung, so verläuft die Wasserausfuhr wesentlich anders, da die Salze die Ausscheidung hemmen. Für den Erfolg der Diurese ist die Art der Wassereinfuhr von Bedeutung. Intravenöse oder subkutane Einführung von Wasser ruft keine Diurese hervor, wohl aber tritt eine solche ein bei gleich großen Wassergaben per os. Die Darm-Leberpassage ist also für den diuretischen Effekt erforderlich. Wir haben früher schon eingehend auf die Bedeutung der Leber für den Wasserwechsel hingewiesen. Es ist möglich, daß hormonartige Stoffe dabei im Spiele sind. Wesentlich mitbestimmend für den Ausschlag der Diurese ist neben dem Wasser- der Salzbestand des Organismus und der Kochsalzgehalt der Nahrung. Das lehrten die „Salzwasserversuche" von Schittenhelm und Schlecht[4]. Größere Wassermengen, zusammen mit Salz gegeben, werden langsamer ausgeschieden als reines Wasser. Bei intravenösen Salzwasserinjektionen tritt sehr rasch ein Austausch zwischen Blut und Gewebe ein, wie aus den bekannten Versuchen von Magnus[5] hervorgeht. Die experimentellen Bedingungen waren allerdings durch Verwendung sehr großer Flüssigkeitsmengen extrem gewählt. Bei Infusion physiologischer Kochsalzlösung werden Wasser und Kochsalz in annähernd gleichen Mengen ausgeschieden, bei hypotonischen Lösungen wurde mehr Salz ausgeschwemmt, bei hypertonischen Lösungen kam es zu einer Retention von Kochsalz, es wurde relativ mehr Wasser ausgeschieden. Dabei zeigte in allen Versuchen das Blut das Bestreben, Überschüsse rasch abzuführen. Der größte Teil des Wassers geht zunächst in die Muskeln, das Kochsalz wandert dagegen vorwiegend in die Haut. Der Zustand dieser Wasser- und Salzdepots ist für das Ausmaß der Ausfuhr bedeutungsvoll. Schon Magnus hat auf Grund seiner Versuche auf eine Eiweißwanderung zwischen Blut und Gewebe geschlossen. Er benützte dabei die Hämo-

[1] Arch. f. exper. Path. **89** (1921).   [2] Z. exper. Path. u. Ther. **18** (1916).
[3] Klin. Wschr. **1922**.   [4] Z. exper. Med. **9** (1919).
[5] Arch. f. exper. Path. **44** (1900); **45** (1901); **51** (1904).

globinwerte als Maßstab für Änderungen der Gesamtblutmenge. Diese Ansicht fand eine Bestätigung in den Untersuchungen Nonnenbruchs[1]. Er konnte zeigen, daß die Erythrocytenzahl uns über die Änderungen der Blutmenge zuverlässig orientiert, während die vielfach üblichen Refraktometerbestimmungen der Serumeiweißwerte zu Täuschungen Veranlassung geben können, vor allem dann, wenn Eiweißverschiebungen zwischen Blut und Gewebe unter den Versuchsbedingungen stattfinden. Das scheint in der Tat so zu sein. Bei Wasserverlusten scheint der Gesamteiweißgehalt zuzunehmen (Hyperproteinämie). Es findet also ein Einstrom von Eiweiß vom Gewebe ins Blut statt. Das Umgekehrte ist der Fall bei vermehrtem Wasserbestand des Körpers. Die Blutmenge braucht sich dabei nicht zu ändern, da der Organismus das Bestreben hat, diese konstant zu halten. Nonnenbruch sieht gerade in dieser quantitativen Variationsmöglichkeit des Serumeiweißes je nach dem Wasserbestand des Körpers „eine wichtige Regulation nicht nur für den Wasseraustausch, sondern auch den Austausch der Mineralien zwischen Blut und Gewebe und zwischen Blut und Niere". Veil dagegen fand unter Salzzulagen einen Flüssigkeitsstrom vom Gewebe ins Blut, wobei der Chlorgehalt des Serums unverändert bleiben oder zunehmen kann. Veils Angaben beruhen auf Refraktometerbestimmungen, deren Zuverlässigkeit von Nonnenbruch bestritten wird. Ein endgültiges Urteil ist also nicht möglich. Wichtig scheint aber auch das Verhältnis der einzelnen Ionen zueinander zu sein. Die diesbezüglichen Untersuchungen sind jedoch noch spärlich. Schon lange bekannt ist es, daß bei der diabetischen Azidose das therapeutisch gegebene Natriumbikarbonat öfters Ödeme hervorruft. Es scheint vor allem das Natriumion in dieser Hinsicht von Bedeutung zu sein. Natrium begünstigt im allgemeinen die Wasserretention, während das Kalium entwässernd wirkt. Der Einfluß des Calciumions ist noch umstritten. Die vielfachen Widersprüche in der Literatur dürften durch sehr sorgfältige Untersuchungen Oehmes[2] eine teilweise Erklärung finden. Oehme konnte nämlich zeigen, „daß die Wirkung zugeführter Salze völlig abhängt von dem Äquivalentverhältnis der gleichzeitig in der Nahrung eingenommenen Ionen und sich bei verschiedenen Kostarten umkehren kann". Das zeigt zur Genüge die großen Schwierigkeiten in der Beurteilung des Wasserwechsels. Dazu kommt noch der Einfluß der Stoffwechsellage. Wir haben früher schon darauf hingewiesen, daß sich bei den im Körper sich abspielenden chemischen Prozessen „Oxydationswasser" bildet. Ferner geht der Ansatz von Körpersubstanz mit Wasserbindung einher. Dementsprechend sind ja auch die kindlichen Gewebe wasserreicher als die des Erwachsenen. Aber auch die qualitative Seite des Stoffwechsels spielt eine Rolle. Fleischkost begünstigt nach Staehelin[3] die Wasserausfuhr mehr als rein vegetarische Diät. Neben einer Beeinflussung des Mineralstoffwechsels scheinen dafür die Extraktivstoffe des Fleisches von Bedeutung zu sein. Ebenso wie kohlehydratreiche Kost bedingt auch Fettkost eine Neigung zu Wasserretention. Ganz allgemein scheint der Wasserwechsel bei reichlicher Ernährung ein anderer zu sein als bei dürftiger resp. Unterernährung. Das zeigte das „Kriegsödem" unter dem Einfluß der insuffizienten Blockadeernährung in nur zu drastischer Weise. Auch die Untersuchungen von Schittenhelm und Schlecht[4] haben die Bedeutung einer qualitativ insuffizienten Nahrung für den Wasserhaushalt deutlich zutage treten lassen. Vor allem scheint der Eiweißbestand des Zellprotoplasmas für das intermediäre Geschehen im Wasserwechsel maßgebend zu sein. Diese beabsichtigter-

---

[1] Verh. dtsch. Ges. inn. Med. **34** (1922) — Arch. f. exper. Path. **89/91** (1921).
[2] Arch. f. exper. Path. **104** (1924).   [3] Z. Biol. **49** (1907).
[4] Die Ödemkrankheit. Berlin 1919.

weise nur summarische Betrachtung läßt zur Genüge erkennen, daß der Wasserwechsel ein überaus komplexer Vorgang ist, dessen Auflösung in verschiedene Komponenten im einzelnen Versuche schon aus technisch-methodischen Gründen kaum durchführbar ist. Es ist eben nicht allein die Arbeitsleistung der Niere, welche dieses komplizierte Getriebe regulatorisch im Gange hält, sondern weit wesentlicher sind die Austauschvorgänge zwischen Blut und Gewebe und die Funktionsbereitschaft des letzteren selbst. Das zwingt zu besonderer Vorsicht in der klinischen Auswertung von Bilanzversuchen, auch im einfachen „Wasserversuch". Nicht nur Alter und Konstitution des Individuums, sondern auch die Ernährung, die gesamte Stoffwechsellage, inbegriffen den Mineralstoffwechsel, ebenso klimatische Einflüsse und Beruf, sind für die Beurteilung in Rechnung zu setzen, dazu kommen, das Bild noch weiter komplizierend, nervöse und endokrine Momente hinzu, die uns im folgenden noch beschäftigen werden.

Fragen wir nun nach den Ursachen der normalen Wasserbewegung, so hat lange Zeit die Ludwigsche Filtrationstheorie im Vordergrund gestanden. Danach sollte der Kapillardruck maßgebend sein für den Durchtritt des Lymphserums aus dem Gefäßsystem. Dafür sprach, daß Zunahme des Kapillardruckes auch den Lymphstrom steigerte. Wir wissen aber heute, daß die hämodynamische Theorie Ludwigs zur Erklärung der Flüssigkeitsverschiebungen keineswegs ausreicht. Zunächst wirkt dem Kapillardruck der mechanische Druck der Gewebe[1] („Gewebespannung") entgegen. Außerdem zeigen aber die Kapillaren in den einzelnen Organgebieten ein differentes funktionelles Verhalten. Von der Eiweißdurchlässigkeit der Leberkapillaren haben wir früher schon gesprochen, ebenso haben wir dort den nervösen Einflüssen unterstehenden Sperrmechanismus der Lebervenen bei bestimmten Tieren erwähnt, der für den Flüssigkeitstransport von Bedeutung werden kann. Dazu kommt noch, daß wir durch die Kroghschen Untersuchungen[2] kennengelernt haben, wie unter dem Einfluß der Funktion die Kapillardurchblutung eines Organs mächtig zunehmen kann, indem in der Ruhe nur ein Teil der Kapillaren geöffnet ist, bei der Arbeit aber die Kapillaroberfläche um einen vielfachen Betrag vergrößert wird.

Der Zellstoffwechsel führt aber dauernd zu Konzentrationsgefällen, die zum Ausgleich Diffusionsdrucke hervorrufen, und gerade unter physiologischen Bedingungen entstehen können. Wir stoßen ferner im Organismus überall auf semipermeable Membranen, und damit kommt es zum Auftreten von osmotischen Drucken, worunter wir nach Schade jene Abart des Diffusionsdruckes verstehen, „die sich beim Vorhandensein einer semipermeablen Membran in der Wirkung einer dem Konzentrationsgefälle entgegengesetzt gerichteten Wasserbewegung geltend macht".

Die Fähigkeit der Kolloide, in verschiedenem Maße Wasser zu binden, drückt sich in der Größe ihres „Quellungsdruckes" (onkotischer Druck nach Schade) aus. Die leichte Beeinflußbarkeit dieses Quellungsdruckes durch Variation der $H^{\cdot}$-$OH^{\cdot}$-Ionenkonzentration, durch Salzwirkung, Eiweißkonzentration u. a. macht ihn zu einem wesentlichen Faktor der Wasserbewegung. Dabei muß immer berücksichtigt werden, daß diese physikalisch-chemischen Triebkräfte von beiden Seiten her, vom Blute und ebenso vom Gewebe aus, wirksam sein können. Gerade für die Lymphbildung ist von Asher in seiner bekannten Theorie auf die Bedeutung der Tätigkeit der Organe und Zellen hingewiesen worden. Heidenhain hat zuerst zwei Gruppen von Stoffen unterschieden,

---

[1] Landerer, Die Gewebespannung. Leipzig 1884.
[2] Anatomie und Physiologie der Kapillaren. Berlin 1924.

welche den Lymphfluß steigern, die Zusammensetzung der Lymphe aber gegensätzlich ändern. Die Lymphagoga I. Ordnung, wozu nach Heidenhain Pepton, Hühnereiweiß, Extrakte von Krebsmuskeln, Blutegeln u. a. zu rechnen sind, vermehren den Lymphfluß unter Zunahme des Eiweißgehaltes der Lymphe. Die Lymphagoga II. Ordnung, die osmotisch aktive kristalloide Substanzen umfassen, wie Zucker, Harnstoff und Salze, steigern zwar auch den Lymphfluß, sie setzen aber den Eiweißgehalt der Lymphe herab. Asher konnte nun zeigen, daß alle Lymphagoga unter bestimmten Bedingungen die Tätigkeit der Organe steigern. Dabei scheint den Eiweißabbauprodukten eine besonders stimulierende Wirkung zuzufallen. Sehr wahrscheinlich wirken aber alle diese Stoffe auch noch auf die Endothelzellen selbst ein. Wir wissen ja auch vom Histamin, daß es nicht nur kapillarerweiternd wirkt, sondern auch die Durchlässigkeit der Kapillaren erhöht. Man hat dabei nicht nur an eine Erweiterung der Spalträume zwischen den Endothelien zu denken, sondern auch an eine direkte Beeinflussung der Zelltätigkeit selbst, um so mehr, als wir

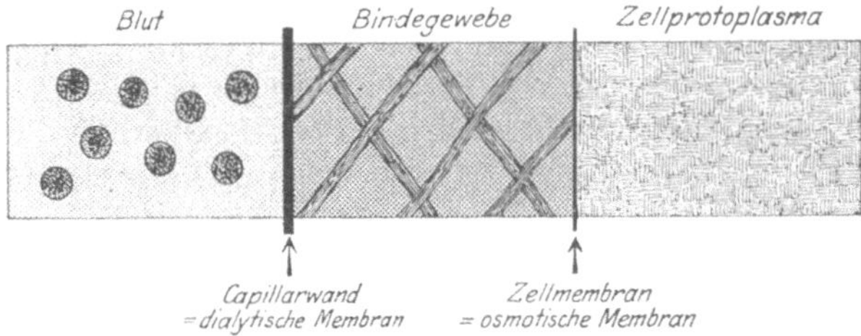

Abb. 24. Dreikammersystem des menschlichen Körpers (nach H. Schade.)

den Kapillarendothelien eine aktive Tätigkeit im Sinne einer Sekretion wohl zusprechen müssen. In welchem Ausmaß diese Funktion jedoch in Erscheinung tritt, darüber können wir heute noch nichts Bestimmtes aussagen.

Interessanterweise scheint der Lymphfluß auch hormonalen und nervösen Einflüssen zu unterliegen. Adrenalin steigert den Lymphfluß, ebenso den Eiweißgehalt der Lymphe, und bewirkt eine Verschiebung im relativen Ionengehalt der Lymphe. Hypophysin und Insulin scheinen dem Adrenalin gegenüber antagonistisch zu wirken. Das Fehlen des Pankreashormons kann außerdem die lymphagoge Wirkung einer hypertonischen Kochsalzlösung illusorisch machen. Wegen weiterer Einzelheiten müssen wir auf die eingangs erwähnte zusammenfassende Darstellung von Meyer-Bisch verweisen.

Die ausgezeichneten Untersuchungen von Schade und seinen Mitarbeitern[1] haben uns aber noch weitere Gesichtspunkte gegeben, die für das Zustandekommen der Wasserbewegung sowohl unter normalen als auch unter pathologischen Bedingungen besonders instruktiv sein dürften. Überall im Organismus findet sich zwischen Blutgefäß und Gewebe das Bindegewebe eingeschaltet. Es handelt sich um ein „Dreikammersystem", wie aus der Abb. 24, die einer Arbeit von Schade entnommen wurde, ersichtlich ist. Das Bindegewebe grenzt somit einerseits an die Kapillarwand, andererseits an die Zellmembran. Erstere ist aber nach Schade bezüglich ihrer Durchlässigkeit physikalisch-chemisch einer Dialysiermembran verwandt, sie ist nur für Eiweißkolloide undurchlässig, während die letztere, sieht man von der Durchtrittsmöglichkeit für lipoidlösliche Stoffe ab, nur dem Wasser und einzelnen Ionen den Durchgang gestattet, also wesentlich osmotischen Gesetzen folgt. Es leuchtet ein, daß dem zwischen diesen beiden Scheidewänden eingelagerten Bindegewebe eine besondere Aufgabe für den wechselseitigen Flüssigkeitstransport zufallen muß. Es ist ein besonderes Verdienst von Schade, diese biologisch bedeutsame Rolle des Bindegewebes zuerst klar erkannt und physikalisch-chemisch begründet zu haben. Dabei ist

---

[1] Zusammenfassende Darstellung in Erg. inn. Med. **32** (1927).

die anatomische Struktur des Bindegewebes gerade bezüglich seiner Quellbarkeit insofern bemerkenswert, als es aus nur wenigen Zellen, aber sehr reichlichen extrazellulären Kolloidmassen besteht, die das Bindegewebe zu einem ausgesprochenen Wasserdepot stempeln. Das Bindegewebe ist nun aber — wir folgen weiterhin der Darstellung Schades — im Organismus nicht im Zustand der Quellungssättigung, weil vor allem zwei Faktoren dem entgegentreten, nämlich: die Quellung der Nachbargewebe und die mechanische Gewebsspannung. So besteht ein „physiologisches Defizit der Quellungssättigung" des Bindegewebes. Dadurch ist das Bindegewebe für die Flüssigkeitsverschiebung nach beiden Seiten hin besonders geeignet. Quellung und Entquellung sind die treibenden Faktoren dieses Flüssigkeitsaustausches, und sie unterliegen den früher geschilderten kolloidchemischen Gesetzen. Auch für die Quellung des Bindegewebes gilt die Beeinflussung durch die $H^{\cdot}$-OH^{-}-Ionen und die Salze. Auch hier stoßen wir auf die Hofmeistersche Reihe. Es gilt nach Schade die Anionenreihe: Jodid > Nitrat > Chlorid > Sulfat > Tartrat > Phosphat. Unter pathologischen Verhältnissen zeigen sich jedoch Änderungen in diesem Verhalten. Die Verhältnisse liegen aber insofern noch weit komplizierter, als sich kollagene Bindegewebsfasern und nicht differenzierte Grundsubstanz bezüglich der Quellung bei Alkali- bzw. Säureeinwirkung antagonistisch verhalten und außerdem das Bindegewebskolloid als Ganzes den Zellen gegenüber sich weiterhin gegensätzlich verhält. Bei Säuerung quillt die Organzelle, das Bindegewebe dagegen entquillt. Bei alkalischer Reaktion zeigt sich das umgekehrte Verhalten. Gibt also das eine Kolloid Wasser ab, so nimmt das benachbarte Kolloid zwangsläufig Wasser auf und umgekehrt. Es ist darin ein „Prinzip der Wassersparung" gelegen. Es gelang auch Schade, die diesem Mechanismus zugrunde liegenden kolloidchemischen Gesetze zu präzisieren. Jedes Kolloid hat seinen spezifischen isoelektrischen Punkt und in diesem ein Minimum der Quellung. Zwei verschiedene Kolloide haben immer auch zwei differente Puncta minima ihrer Quellung. Es ist nun diese Strecke zwischen beiden Quellungsminima auch die Strecke der antagonistischen Quellung, diesseits und jenseits derselben ist kein Antagonismus mehr vorhanden.

Der Flüssigkeitswechsel durch das „Dreikammersystem" des Organismus ist also ein komplizierter Vorgang, den wir in einzelne Teile aufzulösen noch weit entfernt sind. Im Zellstoffwechsel bilden sich dauernd Stoffe, die kolloidchemisch aktiv sind, vor allem Säuren, die zunächst vom Bindegewebe abgefangen werden. Maßgebend für den Weitertransport ist aber vor allem der „onkotische Druck" der Bluteiweißkörper. Wir haben schon früher erfahren, mit welcher Konstanz der Körper den onkotischen Druck des Blutplasmas festhält („Isoonkie"). Seine Regulierung ist, wie wir schon betont haben, eine wesentliche Aufgabe der Niere. Und so ist es verständlich, daß die Niere auch den intermediären Wasserwechsel beeinflussen muß. Die Untersuchungen Schades haben uns aber auch über physiko-chemische Einflüsse auf die Flüssigkeitsbewegung in den Kapillaren so wichtige Aufschlüsse gegeben, daß sie hier eingehend dargelegt werden müssen. Auf Grund von „Modellkapillaren"[1] konnten diese eigenartigen Verhältnisse der Kapillarströmungen, für die mechanische Faktoren zur Erklärung nicht ausreichen, von kolloidchemischen Gesichtspunkten aus klar dargestellt werden. Dabei wurden die experimentellen Bedingungen den Verhältnissen im Organismus möglichst angepaßt. Die künstlichen Kapillaren müssen dementsprechend bei großer Enge gute Dialysierfähig-

---

[1] Z. klin. Med. **100** (1924).

keit ihrer Wandungen besitzen, zur Durchströmung muß eine kolloidale Lösung benützt werden und der Durchströmungsdruck muß dicht oberhalb des Null-

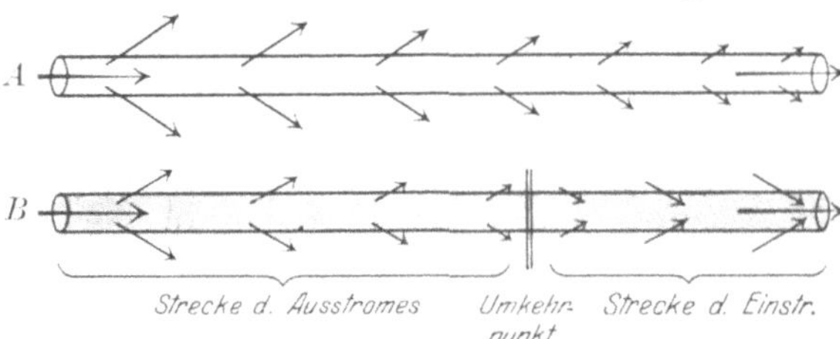

wertes liegen. Unter diesen Umständen treten Gesetzmäßigkeiten auf, die an Hand der Abb. 25, 26 und 27 leicht verständlich sind. Die Seitenpfeile geben die Richtung der Dialysierströmung an. Abb. 25 zeigt, wie bei Durchströmung mit kolloidfreier Lösung der Durchtritt der Flüssigkeit durch die

Abb. 25. Unterschied der dialytischen Wandströmung an engen Dialysierröhren bei kolloidfreier (A) und kolloidhaltiger (B) Lösung (nach H. Schade).

Kapillarwand gleichmäßig mit sinkendem Innendruck abnimmt. Ganz anders sind jedoch die Verhältnisse, sobald man mit einer kolloidhaltigen Lösung durchströmt (Kapillare B, Abb. 25). Hier zeigt sich zunächst ebenfalls ein Flüssigkeitsaus-

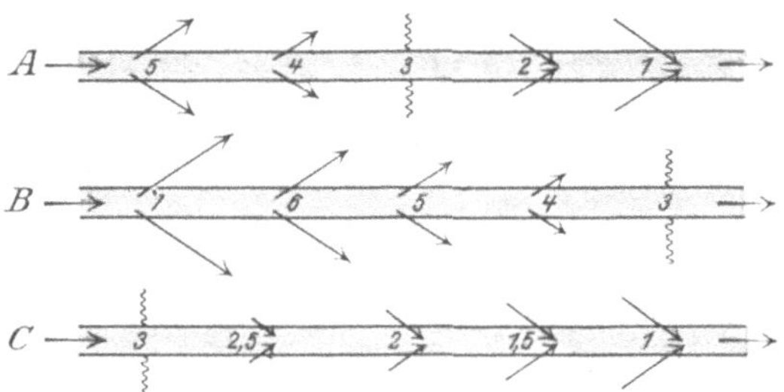

tritt vom Kapillarinnern durch die Kapillarwand nach der umspülenden Flüssigkeit, d. h. dem Gewebe zu, aber dann kommt es bald zu einer Umkehr des Flüssigkeitsstromes vom Gewebe nach dem Kapillarinnern zu. Es zeigen sich also drei Etappen: „Strecke des Wandausstromes, Umkehrpunkt, Strecke des Wandeinstromes". Der Umkehrpunkt ist dadurch cha-

Abb. 26. Abhängigkeit der dialytischen Wandströmungen vom mechanischen Druck der Durchströmung (nach H. Schade).

rakterisiert, daß an dieser Stelle mechanischer Druck und onkotischer Druck sich das Gleichgewicht halten. Von da ab gewinnt die wasseranziehende Kraft der Kolloide das Übergewicht, und so kommt es zum Einstrom von Flüssigkeit

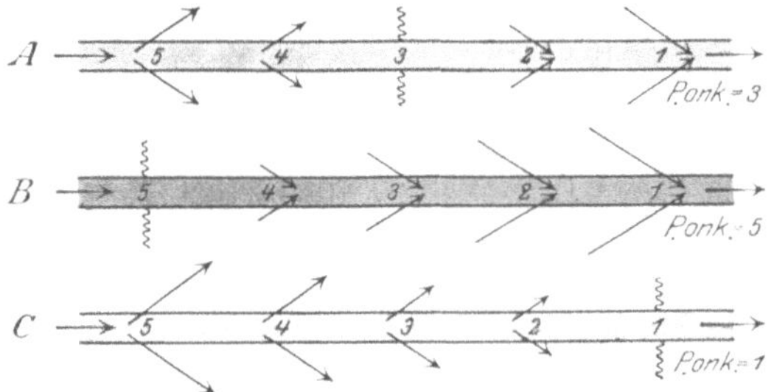

ins Kapillarinnere. Durch geeignete Wahl der Strecken gelingt es, den Wandausstrom genau so groß zu gestalten wie den Wandeinstrom. Der Umkehrpunkt liegt dann in der Mitte. Derartige Strecken bezeichnet Schade als „Strecken von summarischem Flüssigkeitseinstand". Es läßt sich nun mit diesem „System der onkodynen Röhren" sehr eindrucksvoll die Abhängigkeit der dialytischen

Abb. 27. Abhängigkeit der dialytischen Wandströmungen vom onkotischen Druck der durchströmenden Flüssigkeit (nach H. Schade).

Wandströmung vom mechanischen Durchströmungsdruck und vom onkotischen Druck der durchströmenden Flüssigkeit demonstrieren. In den Abb. 26 und 27 sind diese Verhältnisse wiedergegeben. Die Zahlen im Innern der Kapillare (Abb. 26) geben die örtlich zugehörigen Strömungsdrucke in Zentimeter Hg an. Kapillare A zeigt bei 3 den Umkehrpunkt, Wandaus- und Wandeinstrom sind nahezu gleich. Steigert man den Druck (Kapillare B), so kommt es unter sonst gleichen Bedingungen nur zu einem Ausstrom, setzt man aber den Druck herab (Kapillare C), so kehrt sich das Bild geradezu um, jetzt liegt der Umkehrpunkt ganz nach der linken Seite, und die Kapillare zeigt nur Wandeinstrom. Dasselbe Verhalten finden wir in der Abb. 27, wo bei gleichbleibendem mechanischem Druck der onkotische Druck verändert wird. Auch hier zeigt sich, je nachdem der onkotische Druck steigt oder fällt, nur Wandeinstrom bzw. nur Wandausstrom. Daß diese Bedingungen auch im Organismus gegeben sind, ist fraglos. Bei der Konstanz des onkotischen Druckes im Blute kommt dem Kapillardruck in dieser Hinsicht besondere Bedeutung zu.

Die Angaben über die Höhe des letzteren schwanken sehr infolge der Unsicherheit der Bestimmungsmethoden. Zweifelsohne liegt der Kapillardruck, wenn man auch die vielfachen Schwankungen zugeben muß, im allgemeinen sehr nieder. Die Werte von Krogh[1] bewegen sich zwischen 4,5—32 cm Wasser. Das sind Werte, die mit den obigen experimentellen Daten gut vergleichbar sind. Es kommt aber, worauf Schade noch besonders hinweist, eine spezielle Eigenart der Blutflüssigkeit, die an die korpuskulären Elemente gebunden ist, hinzu. Während der Kapillarströmung werden Sauerstoff abgegeben und Kohlensäure, ebenso andere im Stoffwechsel sich bildende Säuren, aufgenommen. Die roten Blutkörperchen erfahren dadurch eine „Säureschwellung". Eiweißkonzentration und onkotischer Druck werden auf diese Weise um einen „Extrabetrag" erhöht. Dementsprechend wächst auch der dialytische Einstrom. Die Abb. 28 veranschaulicht diese Veränderungen unter dem Einfluß des Stoffwechsels auf die Kapillarströmung.

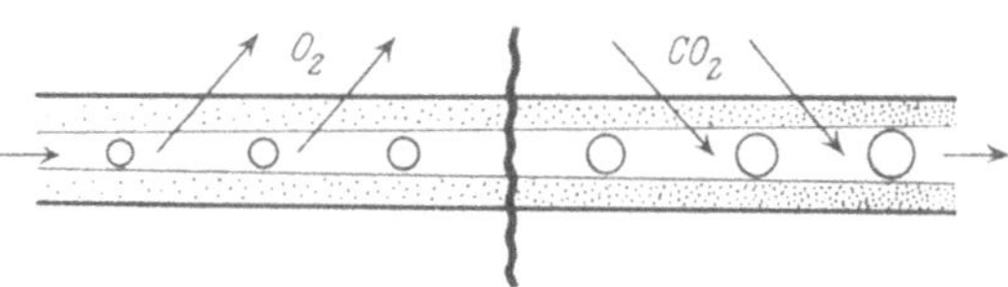

Abb. 28. Schema der Wirkungssteigerung durch die Quellungsbesonderheit beim Gesamtblut (nach H. Schade).

Daß das Gleichgewicht im Wasserhaushalt durch nervöse Zentren regulatorisch ausbalanciert wird, haben wir schon eingehend besprochen. Wir verweisen, um Widerholungen zu vermeiden, auf das Seite 299 ff. über die zentrale Regulierung der Nierenfunktion Gesagte, und auf die Seite 312 ff. hervorgehobenen Tatsachen über die Entstehung des Durstgefühles. Es sei hier aber betont, daß der Wasserstich auch bei entnervter Niere zur Hydrämie führt, wie die Untersuchungen von W. H. Veil gezeigt haben. Die nervöse Regulation des Wasserwechsels verläuft also weitgehend unabhängig von der Niere. Schade vermutet sogar in den Vater-Paccinischen Körperchen, die ausnahmslos nur im Bindegewebe vorhanden sind, natürliche Osmometer. „Es ist sehr auffallend, wie sehr der Bau der Vaterschen Körperchen dem Grundtypus eines Osmometers entspricht." Dieselben schrumpfen in hypertonischen und schwellen in hypotonischen Lösungen, und zwar beteiligen sich daran auch die tieferen Innenschichten. Es muß also jede Änderung der osmotischen Isotonie der Gewebsflüssigkeit zu einer Druckänderung des Innenkolbens und damit zu einer Beeinflussung des im Innern desselben gelegenen sensiblen Nerven führen. Bedenkt man, daß gerade das Bindegewebe das Hauptwasserdepot darstellt, so könnten die Vaterschen Körperchen sehr wohl als die Vermittler einer nervösen Regulation des Wasserwechsels im Bindegewebe aufgefaßt werden.

Nicht minder bedeutsam ist die Einwirkung bestimmter innersekretorischer Produkte auf den Wasserwechsel. Schon Magnus-Levy[2] fiel die Steigerung der Diurese unter dem Einfluß der Schilddrüsenmedikation auf. Aber erst durch Eppinger[3] erfuhr diese Frage durch experimentelle und klini-

<hr>

[1] Anatomie und Physiologie der Kapillaren. Berlin 1924.
[2] Handb. d. Path. d. Stoffw. **2** (1907).
[3] Zur Pathologie und Therapie des menschlichen Ödems. Berlin 1917.

sche Untersuchungen eine eingehende Bearbeitung. Die klinisch erhärtete Tatsache, daß manche Formen von allgemeiner Wassersucht durch Zufuhr von Schilddrüsensubstanz rasch entwässert werden, läßt an der Beziehung der Schilddrüse zum Wasserwechsel keinen Zweifel mehr aufkommen. Die experimentellen Untersuchungen Eppingers haben weiterhin gezeigt, daß aber nicht nur die Wasser-, sondern auch die Kochsalzausfuhr durch Zufuhr von Thyreoidea beschleunigt werden kann. In diesem Sinne sind klinisch zwei gegensätzliche Typen zu betrachten. Auf der einen Seite die Basedowsche Krankheit mit ihrem leicht ansprechbaren Salz-Wasserwechsel, auf der andern Seite das stoffwechselträge Myxödem. Dazwischen stehen, wie Eppinger wahrscheinlich gemacht hat, in weiter Variationsbreite die Fälle von Hypothyreoidismus. Sicher greift die Schilddrüse nicht direkt an der Niere an, sondern wohl dort, „wo physiologischerweise das Kochsalz und wahrscheinlich auch das Wasser zurückgehalten werden, nämlich in den Depots der Haut". Oder sagen wir besser ganz allgemein: im Gewebe, also jedenfalls extrarenal. Das haben auch auf meine Veranlassung von Schaal[1] durchgeführte experimentelle Untersuchungen bestätigt. Die wesentliche Ursache der durch die Schilddrüsenzufuhr bedingten gesteigerten Salz- und Wasserausfuhr sieht Eppinger in der allgemeinen Anregung des Zellstoffwechsels durch das Schilddrüseninkret. Er greift in diesem Sinne die früher schon erwähnte Ashersche Theorie der Lymphbildung auf. Ich möchte dieser Anschauung zustimmen. Es kann meines Erachtens kein Zweifel darüber bestehen, daß eine raschere oder vermehrte Zelltätigkeit mehr Abbauprodukte entstehen läßt, die im Gegensatz zu den hochmolekularen Stoffen, physikalisch-chemisch aktiver sind und dementsprechend auch den Flüssigkeitsstrom beleben. Wir haben schon im vorstehenden eingehend darauf hingewiesen, daß normalerweise gewisse Gewebe, vor allem Bindegewebe und Muskulatur, Salz- und Wasserdepots darstellen; wir müssen uns dementsprechend vorstellen, daß gerade auf dieses „Schwammorgan" die Schilddrüse stimulierend einwirkt.

Auch dem Adrenalin wurde vielfach eine Einwirkung auf den Salz-Wasserwechsel zugeschrieben. Die Angaben sind aber sehr widersprechend. Im allgemeinen scheint nach Adrenalinapplikation, wohl infolge der Vasokonstriktion, zunächst eine Verminderung der Diurese einzutreten, der dann eine Polyurie folgt. Die Unsicherheit, die dem Adrenalinproblem anhaftet, die sehr berechtigten Zweifel an seiner Inkretnatur lassen seine Bedeutung für den Flüssigkeitswechsel mehr als zweifelhaft erscheinen.

Sicher kommt der Hypophysis ein bedeutsamer Einfluß auf den Salz-Wasserwechsel zu. Die wirksame Substanz findet sich im Hinterlappen. Sie wirkt ausgesprochen diuresehemmend und steigert außerdem die molare Konzentration des Urins. Diese Wirkungen der Hypophysenhinterlappenextrakte im Experiment sind jedoch nach P. Trendelenburg[2] an gewisse Voraussetzungen geknüpft. Narkose kehrt die Wirkung um, es tritt Polyurie ein. Bei intravenöser Einverleibung ist ferner die Einflußgeschwindigkeit von Bedeutung. Je langsamer die Injektion erfolgt, um so intensiver tritt die Diuresehemmung zutage. Außerdem ist der Wasser- und Kochsalzbestand des Versuchstieres von Einfluß auf den Effekt. Je wasserreicher der Organismus, um so stärker ist die Verminderung der Diurese. Letztere kann unter diesen Bedingungen so stark sein, daß es unter dem Einfluß des Hinterlappenhormons zu einer „Wasservergiftung" kommt. Ein Symptomenbild, das unter klonisch-tonischen Krämpfen zum Tode führen kann. Zahlreich

---

[1] Biochem. Z. **132** (1922).   [2] Erg. Physiol. **25** (1926).

und vielfach sich widersprechend sind die Versuche, den Angriffspunkt des diuresehemmenden Hypophysenhormons aufzudecken. Es ist hier nicht der Ort, näher darauf einzugehen. Nach dem Urteil des auf diesem Gebiet zur Zeit wohl erfahrensten Autors, Paul Trendelenburg, kommen neben einer unmittelbaren Wirkung der Hypophysenhinterlappenextrakte auf die Niere selbst auch extrarenale Faktoren, die den intermediären Wasserwechsel betreffen, in Frage. Nach den Untersuchungen von W. H. Veil scheinen auch Ovarialextrakte bei länger dauernder Verabreichung Veränderungen im Salz-Wasserhaushalt hervorzurufen.

Nach diesen physiologischen Darlegungen gehen wir nun dazu über, die

Pathologie des Wasserhaushaltes

näher zu betrachten.

Zunächst wären hier die negativen Wasserbilanzen zu erwähnen. Sie äußern sich subjektiv in einem mehr oder weniger ausgesprochenen Durstgefühl. Die Wasserverluste durch den Schweiß können mehrere Kilogramm betragen, auch beträchtliche Kochsalzmengen können dabei ausgeschieden werden. Die qualvollsten Durstformen sehen wir aber bei schweren Wasserverlusten durch den Darm, wie sie bei der akuten Gastroenteritis und besonders bei der Cholera auftreten. Hier finden wir auch die objektiven Symptome des Verdurstenden in besonders eindringlicher Form, so den hochgradigen Verfall dieser Patienten, die äußerst schmerzhaften Muskelkrämpfe, motorische Reizerscheinungen, Bluteindickung, und in schweren Fällen treten psychische Störungen hinzu. Durch Versagen der Nierenfunktion kann es zu einer Anhäufung von Stoffwechselschlacken kommen. Ähnliche Durstzustände, wenn auch auf anderer ätiologischer Basis, finden wir beim Diabetes insipidus, in weniger markanter Form auch beim Diabetes mellitus, ferner im Fieber, bei bestimmten Formen von Nierenerkrankungen, die mit einer Zwangspolyurie einhergehen, und auch dann, wenn ohne Flüssigkeitsverlust nach außen es aus irgendwelchen Gründen zu Flüssigkeitsansammlungen in den serösen Körperhöhlen und im Unterhautzellgewebe (Ascites, Hydrothorax, Ödeme) kommt. Ausgesprochene Durstformen führen zu einer negativen Stickstoffbilanz, also zu einer Einschmelzung von Körpergewebe. Das ist verständlich, wenn man bedenkt, daß der für die vitalen Prozesse optimale kolloidale Zustand des Eiweißes an eine bestimmte Menge von Wasser gebunden ist. So erklärt es sich auch, daß der Hunger viel leichter ertragen wird, wenn gleichzeitig genügend Flüssigkeit getrunken werden kann. Zweifellos spielt auch die Veränderung in den mineralen Bestandteilen eine Rolle. Wir haben früher schon darauf hingewiesen, daß die Erhöhung der molaren Konzentration des Blutes für die Auslösung des Durstgefühls mit in Betracht zu ziehen ist.

Als weiteres wesentliches ätiologisches Moment für die Vorgänge, die krankhafterweise zu negativen Wasserbilanzen führen, kommen die Polyurien in Frage, und zwar nur solche primärer Natur. Wird viel Flüssigkeit aufgenommen und dadurch der Wasserbestand des Organismus vermehrt, oder wird durch medikamentöse Mittel der Wasserbestand künstlich vermindert, bzw. kommt es zur Ausschwemmung pathologischer Flüssigkeitsansammlungen, so ist die Folge davon eine Polyurie, diese Polyurie ist aber sekundärer Art. Die primäre Polyurie hat dagegen ihre Ursache in einer Änderung der normalen Regulation des Wasserwechsels, in einer Verschiebung des physiologischen Gleichgewichts nach der Ausfuhrseite, ohne daß etwa durch zu reichliches Trinken von außen her ein Anstoß dazu gegeben wäre. Differentialdiagnostisch ist also davon auch die Polyurie auf Grund einer primären Polydipsie, wie sie sich häufig bei Psychosen und auch bei Hysterischen findet, abzutrennen. Gelingt es hier, die aus anormaler psychischer Einstellung heraus entstehende Polydipsie zu beseitigen, so tritt sofort das Gleichgewicht im Wasserwechsel wieder ein. Besonders häufig finden wir die Polyurie beim Diabetes mellitus. Die Konzentrationsfähigkeit der Niere dem Zucker gegenüber hat eine bestimmte Grenze. Größere Zuckermengen bedürfen zu ihrer Ausfuhr dementsprechend auch größere Wassermengen. So kann es zwangsläufig zur Polyurie kommen. Die Rückresorption in den Harnkanälchen kann bei größerem Zuckergehalt der sie passierenden Harnflüssigkeit nicht mehr möglich sein, da die wasserbindende Kraft der starken Zuckerlösung die resorptiven Fähigkeiten des Epithels übertrifft. So kommt es schließlich zur Austrocknung der Gewebe und zum Durstempfinden des Diabetikers. Aber nicht immer gehen Glykosurie und Polyurie einander parallel. Nicht jede Glykosurie ist von einer Polyurie begleitet. Es spielen hierbei sicher noch andere Faktoren mit. Vor allem die Arbeiten von Meyer-Bisch[1] haben uns nun gezeigt, daß die Störung des Kohlehydratstoffwechsels immer eng mit Änderungen im Mineralstoffwechsel verbunden ist, im besonderen mit einer Alteration der Chlorausscheidung, im Sinne einer Hypochlorurie. Auch das Ionengleichgewicht zeigt Abweichungen von der Norm, indem der Quotient K : Ca nach der Kaliumseite hin verschoben ist. Die hormonale Funktion des Pankreas bezieht sich also nicht nur auf den Zuckerstoffwechsel, sondern sie scheint auch regulatorisch in den Mineralstoffwechsel einzugreifen und damit aber auch indirekt in den Wasserhaushalt. So ist verständlich, daß die Abhängigkeit der Polyurie von der Glykosurie keine absolute sein kann, wobei ferner noch zu berücksichtigen ist, daß bei der benachbarten Lage von Zucker- und Wasserstichzentrum zentrale Einflüsse weiterhin mitspielen können.

Auch auf nervöser Grundlage, sei es funktioneller oder organischer Natur, sehen wir Polyurien auftreten, so bei der Migräne, Epilepsie und nach Apoplexien. Von Veil wurden Fälle mitgeteilt, wo Rhythmusstörungen des Herzens während ihrer anfallsweisen Verstärkung von Polyurie begleitet waren. Auch im Verlauf und in der Rekonvaleszenz von Infektionskrankheiten (z. B. Typhus abdominalis) sind Polyurien nicht so selten. Auch das Tuberkulin spielt hier eine Rolle. Wir haben im vorstehenden schon auf dessen lymphagoge Eigenschaften hingewiesen. Nach Meyer-Bisch bewirkt eine Tuberkulininjektion beim Tuberkulösen eine Wasserretention und Blutverdünnung, nicht aber beim Gesunden. Schon Saathoff[2] hat darauf hingewiesen, daß in prognostisch günstigen Fällen das Tuberkulin gewichtssteigernd durch Wasserretention wirkt. Es scheinen also gewisse Infekte in ganz bestimmter Weise auf den intermediären Wasserwechsel einzuwirken. So sehen wir diese Polyurien gewöhnlich ohne Gewichtsverluste einhergehen, es müssen sich also entgegengesetzte Wasserbewegungen im Gewebe kompensatorisch geltend machen.

Bei der Polyurie von Nierenkranken handelt es sich, insofern nicht eine Ausschwemmung von retiniertem Wasser in Frage kommt, im Sinne Volhards um eine Zwangspolyurie. Das direkt auslösende Moment für die Polyurie ist entweder die durch den krankhaften Prozeß bedingte Reduktion des sezernierenden Parenchyms der Niere, oder aber ein reflektorischer Reiz bei Erkrankungen der ableitenden Harnwege. Dabei kann, und gerade bei der essentiellen Hypertonie sieht man das öfters, die Polyurie vorübergehenden Charakter zeigen, so daß man den Eindruck hat, daß hier zentral nervöse Einflüsse mitspielen. In all diesen Fällen wird ein dünner Harn ausgeschieden. Die bezüglich ihres Parenchyms eingeschränkte Niere benötigt eine größere Menge

---

[1] Erg. inn. Med. **32** (1927).   [2] Münch. med. Wschr. **1909.**

von Wasser zur Entfernung der gesamten Schlacken. Die Polyurie ist also nach Volhard eine kompensatorische. Dabei ist aber immer zu berücksichtigen, daß die renale Störung nicht ohne Rückwirkung auf den intermediären Wasserwechsel bleibt und die Wasserretention im Gewebe begünstigt. Auch im ausklingenden Stadium von Glomerulonephritiden zeigen sich öfters, ohne daß noch wesentliche Parenchymschädigungen nachzuweisen sind, Polyurien. Man könnte in diesen Fällen, einem Gedanken Schlayers[1] folgend, an eine noch bestehende Überempfindlichkeit der Nierengefäße als Ursache denken oder überhaupt an eine leichte Reizbarkeit des gesamten sekretorischen Nierenapparates.

Die prägnanteste Form einer primären Polyurie bei intakten Nieren repräsentiert der

Diabetes insipidus[2].

Die Hauptsymptome des Diabetes insipidus sind die Polyurie und Polydipsie. Daß Mengen von 10—20 l Wasser täglich getrunken werden, ist keine Seltenheit. Dementsprechend sind die Harnmengen sehr groß, wobei vielfach die extrarenale Wasserabgabe vermindert ist. Besonders bemerkenswert ist es, daß trotz dieser großen zirkulierenden Flüssigkeitsmengen die Blutmenge nicht vermehrt ist und es nie zu einer Hypertrophie des Herzens und zu einer Blutdrucksteigerung kommt. Die schon im vorstehenden geschilderten verschiedenen Formen von Polyurie, die alle mehr oder weniger eine Polydipsie im Gefolge haben, lassen ohne weiteres erkennen, daß nicht jede länger dauernde vermehrte Ausscheidung eines zuckerfreien Urins einfach als Diabetes insipidus aufzufassen ist. Auch die Frage, ob die Polyurie oder die Polydipsie das „Primäre" sei, muß von Fall zu Fall entschieden werden. Unter normalen Bedingungen reguliert sich die Flüssigkeitsaufnahme auf Grund des Durstgefühls. Über die Entstehung des letzteren haben wir schon ausführlich gesprochen. Diese Regulation vollzieht sich physiologischerweise unter der Schwelle des Bewußtseins. Störungen in der molaren Zusammensetzung der Körpersäfte können aber, worauf Erich Meyer besonders hingewiesen hat, wenn sie einen genügend starken Reiz auslösen und sich öfters wiederholen, zu krankhaften Triebhandlungen führen und, unter den vorliegenden Gesichtspunkten betrachtet, eine gesteigerte Flüssigkeitsaufnahme und damit eine Polyurie bedingen. Wir wissen auch durch das Veil-Régniersche Experiment, daß das Vieltrinken zu Salzretention und damit zu gesteigertem Durstgefühl führt. So kann es zu einem Circulus vitiosus kommen und zu einer gewohnheitsmäßigen Stabilisierung dieses Zustandes, wenn nicht eigener Wille oder von anderer Seite wirkende Suggestion diesen Kreis durchtrennt. So wird die Polyurie bei Psychosen und Psychopathen verständlich. Den Diabetes insipidus in diesem Sinne aber als eine Geisteskrankheit zu betrachten, wie es Reichardt[3] will, als eine primäre psychische Anomalie mit sekundärer Polyurie, das ist sicher falsch. Derartige Fälle gehören nicht zum Bilde des eigentlichen Diabetes insipidus. Sicher ist es nicht immer leicht, in solchen Fällen eine Entscheidung zu treffen, da, wie Erich Meyer sehr richtig betont, „eine zunächst freiwillige übermäßige Zufuhr von Flüssigkeit zu einer zwangsmäßigen werden kann, falls sie nicht rechtzeitig unterbrochen wird, und umgekehrt kann sich auf eine primäre Polyurie eine den Bedarf weit überschreitende Flüssigkeitsaufnahme aufpfropfen, die nun ihrer-

---

[1] Dtsch. Arch. klin. Med. **102** (1911).

[2] Baer, J., im Handb. d. inn. Med. von Mohr-Staehelin **3**, 1. Aufl. (1918). — Meyer, E., ebenda 2. Aufl., **4** (1926) — Handb. d. norm. u. path. Physiol. **17** (1926). — Umber, in Spez. Path. u. Ther. von Kraus-Brugsch **1** (1919). — Veil, l. c.

[3] Arb. psych. Klin. Würzburg **1908/1912**.

seits wieder zu weiteren Störungen führt". Man unterscheidet deshalb klinisch am zweckmäßigsten einen symptomatischen von dem eigentlichen oder idiopathischen Diabetes insipidus. Wir sehen dementsprechend die Symptome des Diabetes insipidus bei den verschiedensten zerebralen Störungen auftreten, so bei Schädeltraumen, Hirntumoren, luetischen Hirnerkrankungen, Enzephalitiden u. a. Vor allem wurden ätiologisch Erkrankungen der Hypophysis verantwortlich gemacht, darauf werden wir später noch genauer zurückkommen. Vielfach zeigen sich aber gerade beim idiopathischen Diabetes insipidus klinisch keinerlei Beziehungen zum Zentralnervensystem bzw. zur Hypophysis. Wir kennen auch Fälle von familiärem Auftreten. Von Erich Meyer wurde dann zuerst eine für die Pathogenese des Diabetes insipidus besonders wichtige Erscheinung erkannt, daß nämlich die molare Konzentration des Urins unter der Norm liegt, auch bei Flüssigkeitseinschränkung. Von Lichtwitz[1] konnte dann der Nachweis erbracht werden, daß es vorwiegend das Cl-Ion ist, was selbst bei vermehrter NaCl-Zufuhr im Urin nicht die Konzentration erreicht, in der es im Blut vorhanden ist. Auch heute noch ist die von Erich Meyer zuerst nachgewiesene Konzentrationsschwäche der echten Diabetes insipidus-Niere ein wesentlicher diagnostischer Faktor. Weitere Untersuchungen haben aber gezeigt, daß außer dieser Nierenstörung auch eine solche im intermediären Wasserwechsel, also im Austausch zwischen Blut und Gewebe, vorliegt. Vor allem die Arbeiten von W. H. Veil haben hier Klarheit gebracht. Veil konnte zwei Formen des Diabetes insipidus abgrenzen, und damit scheinen die vielfachen Widersprüche in der Literatur ausgeglichen. Beide Formen unterscheiden sich wesentlich im Chloridgehalt des Blutes. Veil unterscheidet eine hyperchlorämisch-hypochlorurische und eine hypochlorämisch-hyperchlorurische Form des Diabetes insipidus.

Führt man dem hyperchlorämischen Diabetes eine größere Menge Kochsalz zu, so verdünnt sich sein Blut nicht wie beim Gesunden, sondern der Eiweißgehalt erhöht sich (,,pathologische Kochsalzreaktion"). Es tritt also keine Wasserzufuhr vom Gewebe aus ins Blut ein. Schränkt man in solchen Fällen die Wasserzufuhr ein, so erhöht sich die Blutkonzentration. Der Wasserbestand wird im Durstversuch maximal erschöpft. Kochsalzarme Kost bessert diese Fälle, und was besonders bemerkenswert ist, durch Injektion von Hypophysenhinterlappenextrakten verschwinden die Symptome. Zusammenfassend ist also diese hyperchlorämisch-hypochlorurische Form charakterisiert durch die Labilität des gesamten Wasserhaushalts, mangelnde Regulation der molaren und Kochsalzkonzentration im Blute, Störung des Wasser-Kochsalzwechsels zwischen Blut und Gewebe, Polyurie mit Herabsetzung der Ausscheidungsfähigkeit des Kochsalzes. Therapeutisch ist diese Form beeinflußbar durch kochsalzarme Kost und vor allem durch Hypophysenhinterlappenextrakte.

Wesentlich anders verhält sich die hypochlorämisch-hyperchlorurische Form des Diabetes insipidus. Hier ist die Blutzusammensetzung normal bzw. der Chlorgehalt herabgesetzt. Die Kochsalzausscheidung im Urin ist ebenfalls normal. Sie kann sogar reichlich sein. Jedenfalls zeigt die Urinkonzentration ein viel wechselnderes Verhalten als in den Fällen der ersten Art. Normal ist die Konzentrationsfähigkeit jedoch nicht. Dementsprechend hat die Entziehung des Kochsalzes in der Nahrung keinen Einfluß. Trotz der Polyurie ist nach Veil die Wasserbilanz stabil. Im Durstversuch fehlen die starken Gewichtsverluste der erstgenannten Form, und die Blutkonzentration ändert sich wenig,

---

[1] Arch. f. exper. Path. **65** (1911) — Dtsch. Arch. klin. Med. **116** (1914) — Klin. Wschr. **1922**.

und, was besonders auffallend ist, die Hypophysenextrakte sind in diesen Fällen wirkungslos.

Es handelt sich demnach bei der ersten Form um die schwerere, die mit renalen und Gewebsstörungen einhergeht, während die zweite Form die leichtere und renal bedingt ist.

Beide Gruppen unterscheiden sich also von den primären Polydipsien durch die „unternormale Konzentrationsbreite des polyurischen Harns".

Daß in der Tat beim echten Diabetes insipidus außer der renalen auch eine extrarenale Störung vorliegt, konnten Erich Meyer und Meyer-Bisch sehr instruktiv an Hand des Aderlasses nachweisen. Normalerweise zeigt sich danach ein Zustrom von Wasser und Kochsalz aus dem Gewebe ins Blut, der im Verlauf von 24 Stunden wieder abklingt. Ganz andere Verhältnisse ergaben sich beim Diabetes insipidus. Wurde in einem solchen Fall nach dreistündigem Dürsten ein Aderlaß von 300 ccm vorgenommen, so trat sogar eine Eindickung des Blutes ein. Es genügte also der kurzdauernde Wasserentzug, um die Wasserdepots zu erschöpfen. Erst nach Wasserzufuhr kam es zu einer Blutverdünnung, aber die Kochsalzwerte gingen zurück. Die nachfließende Gewebsflüssigkeit war also kochsalzärmer als in der Norm. Auch daraus ergibt sich eine der Niere parallele Störung zwischen Gewebe und Blut. Es sei noch erwähnt, daß unter dem Einfluß des Fiebers die Symptome des Diabetes insipidus verschwinden.

Die Pathogenese des Diabetes insipidus hat in den letzten Jahren zu zahlreichen Kontroversen geführt. Die experimentelle Auslösung von Polyurien durch Läsion der verschiedensten Stellen des Zentralnervensystems haben wir schon eingehend besprochen. Wir erinnern an den Wasserstich von Claude Bernard und entsprechende Befunde von Kahler, an den Salz-Wasser-stich von Erich Meyer und Jungmann. Brugsch, Dresel und Lewy[1] konnten von einer Stelle der Formatio reticularis aus Polyurie hervorrufen. Aber eindeutige Beziehungen zum klinischen Bilde des Diabetes insipidus sind damit noch nicht gegeben. Interessanterweise gelang es Camus und Rousty[2] durch Verletzung des Zwischenhirns bei Hunden Polyurien von jahrelanger Dauer zu erzeugen. Diese Polyurien kamen auch nach Entnervung der Niere zustande. Schon Finkelnburg[3] hatte in seinen ausgezeichneten Arbeiten auf diesem Gebiete auf die Bedeutung der Hypophysis für die Genese des Diabetes insipidus hingewiesen. E. Frank[4] machte dann im Jahre 1912 auf Grund eines entsprechenden Falles den Versuch, die Veränderungen der Hypophysis pathogenetisch in den Mittelpunkt des Krankheitsbildes zu stellen. Hinzu kamen zustimmende Mitteilungen von anatomischer Seite, vor allem durch Simmonds[5] und durch Berblinger[6]. Besonders aber schien die Entdeckung der diurese-hemmenden Wirkung des Hypophysenhinterlappenextraktes in Fällen von echtem Diabetes insipidus durch van den Velden[7] diese Anschauung zu be-stätigen. Es war also zunächst, auch im Hinblick auf anatomische Befunde mit Zerstörung des Hypophysenhinterlappens in Fällen von Diabetes insipidus, naheliegend, den Wegfall dieses Hinterlappenhormons für die Harnflut ver-antwortlich zu machen. Der Widerspruch ließ aber nicht lange auf sich warten, da Fälle von Diabetes insipidus bekannt wurden, bei denen der Hypophysen-hinterlappen intakt war, wohl aber Veränderungen an der Basis des Mittelhirns

[1] Z. exper. Path. u. Ther. **21** (1920) — Z. exper. Med. **25** (1921).
[2] Zit. nach E. Meyer, Handb. d. norm. u. path. Physiol. **17** (1926).
[3] Dtsch. Arch. klin. Med. **91** (1907); **100** (1910) — Sitzgsber. niederrhein. Ges. Natur- u. Heilk. Bonn **1910**.
[4] Berl. klin. Wschr. **1010** — Klin. Wschr. **3** (1924).   [5] Münch. med. Wschr. **1913**.
[6] Verh. dtsch. path. Ges. **1913**.   [7] Berl. klin. Wschr. **1913**.

nachweisbar waren. Auch weitere experimentelle Untersuchungen sprachen nicht im Sinne der Frankschen Theorie; man fand nach Entfernung der Hypophysis nicht regelmäßig Polyurie. Dieselbe geht vielfach rasch vorüber, oder sie fehlt ganz. Ferner konnte gezeigt werden, daß Verletzungen am Boden des 3. Ventrikels in der Gegend des Tuber cinereum bei erhaltener Hypophysis zu langdauernden Polyurien führen. Nun hat Greving[1] im menschlichen Zwischenhirn ein dichtes Nervenfaserbündel, das aus dem Tuber cinereum in den Hypophysenstiel zieht, nachgewiesen. Dieses „Hypophysenbündel" ließ sich im Tuber cinereum bis zum Nucleus supraopticus verfolgen. Er hat dieses Bündel als Tractus supraoptico-hypophyseus bezeichnet. Er erblickt im Nucleus supraopticus ein Zentrum für den Wasserhaushalt. Es erscheint also durchaus wahrscheinlich, daß der Hypophysenhinterlappen ein übergeordnetes Zentrum im Nucleus supraopticus besitzt. Es wäre dementsprechend möglich, daß durch Verletzungen des Tuber cinereum die Abgabe des Hinterlappenhormons aufgehoben würde, um so mehr, als auch bei Herausnahme der Hypophysis derartige Läsionen leicht eintreten. Man müßte dann eine sekretorische Beeinflussung des Hypophysenhinterlappens von dieser Stelle aus postulieren. Dafür spricht auch, daß nach Befunden von Bourguin[2] eine Verletzung dieser zentralen Stelle auch nach Durchtrennung des Rückenmarks im oberen Brustteil noch zur Polyurie führt. Vor allem haben aber die ausgezeichneten experimentellen Untersuchungen aus dem Trendelenburgschen Institut durch Sato[3] weitere Aufklärung gebracht. Sato konnte zeigen, daß das Tuber cinereum nach Entfernung der Hypophyse eine harnhemmende und chloridausschüttende Substanz enthält. Während bei normalen Hunden der Gehalt des Tuber cinereum an wirksamer Substanz gering ist, nimmt er nach Exstirpation der Hypophysis sehr zu, so daß im gesamten Tuber cinereum so viel aktiven Stoffes enthalten ist, wie in 3—4 mg Hinterlappen. Damit tritt aber die Bedeutung dieser Gegend des Zwischenhirns für die Pathogenese des Diabetes insipidus immer mehr in den Vordergrund. Das scheint um so berechtigter, als gezeigt werden konnte, daß auch nach vollständiger Entfernung der Hypophysis eine Läsion des Hypothalamus noch eine Polyurie mit Konzentrationsverminderung des Urins erzeugt. Auch Biedl[4] erkennt dem Tuber cinereum eine entscheidende Bedeutung für die Wasserregulation zu. Daß die Hypophysenhinterlappensubstanz auf die Diurese einwirkt, das haben Versuche von Verney[5] sicher erwiesen. Er änderte das Starlingsche Herz-Nieren-Lungenpräparat so ab, daß das durchfließende Blut zeitweise noch durch den Kopf eines Hundes geleitet werden konnte. Der bei diesem Präparat normalerweise polyurische Urin wird nun konzentrierter und nimmt an Menge ab, sobald der Kopfkreislauf eingeschaltet wird. Dieser Einfluß fällt aber weg, wenn aus dem Kopfpräparat die Hypophyse entfernt wird.

Diese Untersuchungen, und vor allem die erwähnten Satoschen Versuche lassen doch an eine hormonale Genese des Diabetes insipidus denken. Und dies um so mehr, als die experimentellen Befunde Janssens[6] keinen Anhaltspunkt für das Bestehen nervöser Bahnen im Sinne einer zentralen Wasserregulation ergaben. Janssen konnte zeigen, daß der antidiuretische Effekt des Hypophysenhinterlappenextrakts bestehen bleibt trotz Halsmarkdurchschneidung und Vagotomie. Narkotika heben die antidiuretische Wirkung der Hinterlappenextrakte auf. Auch dafür konnte Janssen den Beweis erbringen, daß es sich

[1] Verh. dtsch. Ges. inn. Med. **38** (1926).   [2] Amer. J. Physiol. **79** (1927).
[3] Arch. f. exper. Path. **131** (1928).
[4] Referat auf dem 34. Kongreß dtsch. Ges. inn. Med. **1922**.
[5] Proc. roy. Soc. Lond. **99** (1926).   [6] Klin. Wschr. **1928**, Nr 36.

nicht um einen zerebralen Angriffspunkt handelt. Auch Dezerebration mit Ausräumung bis zu den Vierhügeln ließ die Hinterlappenwirkung unbeeinflußt. Dagegen konnte Janssen den Angriffspunkt des Hinterlappenhormons direkt in der Niere experimentell sicherstellen und ebenso die Aufhebung dieser Wirkung durch Urethan. Danach scheint also eine direkte extrarenale Wirkung des Hypophysenhinterlappenhormons wenig wahrscheinlich. Man könnte sich somit nach den neuesten Angaben Trendelenburgs[1] die Pathogenese des Diabetes insipidus so vorstellen, daß nach Ausfallen des Hinterlappenhormons zunächst das Tuber cinereum vikariierend mit Hormonabgabe eintritt, und „erst nach dessen Zerstörung bildet sich der maximale, nicht mehr reparable Diabetes insipidus aus". Auch die oben diskutierte nervös regulatorische Beeinflussung des Hypophysenhinterlappens durch das Tuber cinereum ist damit nicht widerlegt, aber immerhin nicht gerade wahrscheinlich. Es scheint vielmehr der Wegfall des Hormons selbst die Ursache zu sein. Wenn also tatsächlich das Hinterlappenhormon direkt auf die Niere einwirkt und eine Zwischenschaltung nervöser Zentren und Bahnen nicht nachweisbar ist, so ist damit keineswegs gesagt, daß die Sekretion des Hormons selbst in loco nicht etwa nervösen Einflüssen unterliegt. Nach allem, was wir über die Tätigkeit endokriner Drüsen wissen, muß eine derartige Regulation ihrer sekretorischen Funktion durch höher gelegene nervöse Zentren angenommen werden, dafür sprechen auch die oben angeführten histologischen Befunde Grevings, die an menschlichen Gehirnen gewonnen sind. Inwieweit aber etwa nervöse Störungen der sekretorischen Funktion der Hypophysis vorkommen, und ob solche für die Pathogenese des Diabetes insipidus eine Rolle spielen, wissen wir nicht. Daß schließlich im vollentwickelten klinischen Bilde des Diabetes insipidus auch extrarenale Faktoren nachweisbar sind, spricht nicht gegen die renale Wirkung des Hinterlappenhormons, da eine derartige, länger bestehende funktionelle Nierenschädigung auch unbedingt sekundär den gesamten intermediären Salz- und Wasserwechsel störend beeinflussen muß.

Von besonderem klinischen Interesse sind die Polyurien, die durch Diuretika[2] hervorgerufen werden. Von einer Erklärung ihrer Wirkungsweise sind wir noch weit entfernt. Auch hier stoßen wir auf ähnliche Streitfragen wie beim Versuch, die Funktion der Niere im einzelnen klarzulegen. Die Ursachen der harntreibenden Wirkung dieser Mittel können vielseitig sein, um so mehr, als die chemisch differentesten Körper zu dem gleichen Endeffekte führen. Ihr primärer Angriffspunkt kann im Gewebe liegen und durch vermehrten Zustrom von Wasser zum Blut eine Hydrämie bedingen, oder es kann der Quellungsdruck der Plasmaeiweißkörper beeinflußt werden. Die vermehrte Wasserabgabe durch die Niere wäre dann eine Folge dieser Veränderungen. Oder aber diese Stoffe können auf die Niere selbst einwirken, sei es, daß sie deren Gefäßsystem alterieren im Sinne einer Erweiterung des Lumens bzw. zu einer Steigerung der Nierendurchblutung Veranlassung geben. Schließlich kann die Nierenzelle selbst durch Reiz zu einer vermehrten Arbeitsleistung angeregt, oder die Rückresorption in den Kanälchen gestört werden. Es ist sehr wahrscheinlich, daß jedem dieser Mittel als auslösender Faktor mehrere dieser Angriffs-

---

[1] Ebenda.

[2] Zusammenfassende Darstellungen: Höber, Physikalische Chemie der Zelle und der Gewebe. Leipzig 1926. — Meyer-Gottlieb, Experimentelle Pharmakologie. Berlin-Wien 1925. — Nonnenbruch, Erg. inn. Med. **26** (1924) — Handb. d. norm. u. path. Physiol. **17** (1926). — Romberg, Lehrb. d. Krankh. d. Herzens u. d. Blutgefäße. Stuttgart 1925. — Volhard, in Mohr-Staehelins Handb. d. inn. Med. **3**. Berlin 1918.

punkte zugleich zukommen. Sicheres wissen wir darüber nicht. Eine der Schwierigkeiten in der Beurteilung liegt vor allem auch darin, daß für die optimale
Wirkung jedes dieser Stoffe, ich möchte sagen eine bestimmte Reaktionsbereitschaft des Organismus Voraussetzung ist. Es ist für den Erfolg nicht
gleichgültig, wie der betreffende Organismus vorher ernährt wurde, also seine
Stoffwechsellage hat Einfluß, vor allem aber sein momentaner Salz-
Wasserbestand. Darin liegen teilweise kaum übersehbare individuelle
Momente. So ist es auch verständlich, daß die Wirkung jedes einzelnen dieser
Stoffe verschieden ist, je nachdem dieselbe im Tierexperiment, am gesunden
oder am kranken Menschen beobachtet wird.

Die normale Diurese ist nie eine reine Wasserflut, sondern immer wird auch
Kochsalz mit ausgeschwemmt. Eine strenge Parallelität beider Vorgänge besteht
aber nicht. Schon eine kochsalzarme Ernährung wirkt als Diuretikum. Für
den Erfolg ist der Wasserbestand des Organismus wichtig; je geringer derselbe
ist, desto schlechter ist die Diurese. Auch therapeutisch machen wir uns diese
Tatsachen zunutze. Die stark entwässernde Wirkung einer kochsalzarmen Kost,
wie sie von Widal und Straus bei den Ödemen Nierenkranker eingeführt wurde,
ist hinreichend bekannt. Auch reines Wasser wirkt diuretisch. Dabei scheint
die Leberpassage von Bedeutung zu sein. Subkutan und intravenös zugeführtes
reines Wasser hat keinen Erfolg, es wird im Gewebe festgehalten. Das Wasser
wird bei seinem Durchgang durch die Leber „harnfähig". Sicher spielt dabei
das Kochsalz eine Rolle, da ein geringer Salzzusatz zum Wasser auch die
intravenöse und subkutane Einverleibung wirksam macht. Zweifelsohne kommt
es dabei auf den osmotischen Druck der Salzlösung an, der dem Quellungsdruck
der Gewebeeiweißkörper entgegenwirkt[1]. So ist es auch verständlich, daß eine
isotonische Salzlösung langsamer ausgeschieden wird. Jede Zufuhr größerer
Wassermengen bedingt eine Hydrämie. Letztere kann aber nur dann ihren
Zweck im Sinne einer Entwässerung verfolgen, wenn sie auf Kosten des Gewebswassers erfolgt. Auf diese Weise wirkt ja auch ein großer Aderlaß diuretisch,
weil durch den Einstrom der relativ eiweißarmen Gewebeflüssigkeit der Quellungsdruck der Bluteiweißkörper vermindert wird. Dieser Teil der diuretischen Salzwirkung ist also extrarenal bedingt. Außerdem wird aber durch die Salze die
Entquellung der Plasmaeiweißkörper begünstigt und dadurch „freies" Wasser
gebildet, das leichter durch die Glomeruluskapsel hindurchtritt. Vor allem
muß aber ein salzreiches Glomerulusfiltrat, je mehr es entsprechend seinem
Salzgehalt das Wasser festhält, also je osmotisch wirksamer es ist, die Rückresorption in den Harnkanälchen verzögern („tubuläre Diarrhöe"). Es handelt
sich hier also um einen rein renalen Faktor der Salzwirkung, wobei die physikalischen und chemischen Eigenschaften der Salze bzw. ihrer Komponenten
bedeutsam sind. Bei der großen Affinität des SO_4''-Ions zum Wasser und der
geringen Diffusionsfähigkeit des Natriumsulfats ist die dadurch besonders ausgeprägte Störung der Rückresorption und damit der nachhaltige diuretische
Effekt dieses Salzes verständlich. Aber auch die Kationen sind nicht ohne
Einfluß auf die Stärke der Diurese. So wirkt das Na'-Ion hydropigen, während
das K'-Ion und die zweiwertigen Ca''-, Mg''- und Sr''-Ionen eine anhydropigene
Tendenz zeigen. Auch für die Harnstoffdiurese ist die Frage, inwieweit renale
und extrarenale Angriffspunkte vorliegen, noch nicht sicher entschieden. Die
Hydrämie ist auch hier, wie bei den anderen Diuretizis, nicht das Ausschlaggebende, da sie nur kurz vorhanden ist und ebenso auch fehlen kann. Harnstoff
wird von den Zellen sehr leicht aufgenommen, so daß es auch sehr unwahrschein-

---

[1] Loewi, Arch. f. exper. Path. **48** (1902); **50** (1904); **53** (1905).

lich ist, daß osmotische Vorgänge für den diuretischen Effekt größere Bedeutung
haben. R. Schmidt[1] konnte an der überlebenden Froschniere zeigen, daß
die Diurese durch Harnstoff bis zum fünffachen Wert über die Norm gesteigert
werden kann. Ein strenger Parallelismus zwischen Maß der Diurese und Durch-
flußgeschwindigkeit der Nährlösung bestand nicht. Auch die Versuche von
Becher und Janssen[2] ergaben eine direkte Niereneinwirkung des Harnstoffs,
wobei allerdings eine Beteiligung extrarenaler Faktoren nicht auszuschließen
war. Die Untersuchungen von Molitor und Pick[3] wollen aber mit Bestimmtheit auch einen Gewebefaktor für die Harnstoffwirkung nachgewiesen haben,
vor allem der Durchbruch der nach Ansicht dieser Autoren vorwiegend extrarenal
bedingten Pituitrinhemmung durch NaCl, Traubenzucker und Harnstoff, wobei
letzterer am stärksten wirkt, soll in diesem Sinne sprechen. Man muß aber immer
auch bedenken, daß der Strom in der Niere, im Gegensatz zu den übrigen Geweben, „gerichtet" (Lichtwitz) ist und ein größeres kolloidosmotisches Gefälle
nach der Niere zu die Diurese begünstigen muß, weil dadurch eine Wasser-
verschiebung vom Gewebe über das Blut zur Niere zu einsetzt. Sicher spielt
aber nach Bechhold[4] beim Harnstoff auf Grund seiner Beeinflussung kolloidaler Systeme auch eine dadurch bedingte Auflockerung des Nierenfilters eine
Rolle. Für die diuretische Wirkung von Traubenzuckerlösung dürften dagegen
wesentlich extrarenale Angriffspunkte in Frage kommen. Selbstverständlich
spielen bei diesen Salz-, Harnstoff- und Zuckerdiuresen die Mengenverhältnisse
mit, da quellende oder entquellende Wirkung in kolloidalen Systemen vielfach
durch Quantitätsänderungen ein und derselben Substanz umkehrbar sind.
Dazu kommt, daß die Zellen eines Organes nicht immer gleichsinnig auf Diuretika
reagieren. So konnte ich mit Nathansohn[5] zuerst zeigen, daß die Quellung
der Nierenrinde unter dem Einfluß verschiedener Diuretika vielfach antagonistisch zum Nierenmark verläuft. Immer zeigte sich unter diesen Bedingungen
eine Quellung der Rinde, während das Mark eine Entquellung nachweisen ließ,
oder die Quellung des letzteren war gehemmt bzw. nicht so intensiv wie an der
Rinde. Die Purindiurese erweckte ein ganz besonderes experimentelles Interesse. v. Schröder sah die Koffeinwirkung in einer Erregung der sezernierenden
Nierenzellen zu vermehrter Tätigkeit. Ich finde nicht, daß für diese Anschauung
zwingende Beweise vorliegen. Für den Effekt der Diurese durch die Purinkörper ist der Wasser-Mineralbestand des Organismus von Wichtigkeit.
Neben der gesteigerten Wasserausfuhr zeigt sich vor allem eine prozentuale und
absolute Vermehrung der Kochsalzausscheidung. Nach v. Monakow[6]
verlaufen jedoch Wasser- und Kochsalzausscheidung unabhängig voneinander.
Auch beim Diabetes insipidus kann durch Theocin, wie Erich Meyer zeigte,
die Kochsalzausfuhr gesteigert werden, ohne die Diurese zu beeinflussen. Regelmäßig fanden wir[7] auch in Fällen ohne Ödeme neben der vermehrten Wasser-
und Kochsalzausscheidung eine sehr ausgesprochene Steigerung der Basen-
ausfuhr, und zwar unabhängig davon, ob eine Kost mit Säure- oder Basen-
überschuß gegeben wurde. Wie intensiv die Purinderivate in den Kochsalz-
wechsel eingriffen, geht daraus hervor, daß auch nach kochsalzfreier Ernährung
mit nur noch minimalen Mengen von NaCl im Urin durch Zufuhr von Purin-
körpern eine Steigerung der Kochsalzausfuhr im Urin erzwungen werden kann.
Es lag nahe, die Gefäßwirkung der Purinderivate für die Erklärung der
Diurese heranzuziehen. Die Gefäßerweiterung durch Koffein bedingt eine Zu-

---

[1] Arch. f. exper. Path. **95** (1922).   [2] Arch. f. exper. Path. **98** (1923).
[3] Wien. klin. Wschr. **1922**, Nr 17 — Arch. f. exper. Path. **101** (1924).
[4] Die Kolloide in Biologie und Medizin. 1920.   [5] Arch. f. exper. Path. **98** (1923).
[6] Dtsch. Arch. klin. Med. **122** (1917).   [7] Dtsch. Arch. klin. Med. **146**, 25 (1925)

nahme des Nierenvolumens. Aber auch wenn man die Niere an dieser Zunahme durch Eingipsen hindert (Loewi[1]) tritt trotzdem Diurese ein; aber es zeigte sich, daß die Durchströmung der Niere unter dem Einfluß des Koffeins gesteigert wird und infolgedessen das Venenblut mit arterieller Farbe abfließt. Diese Wirkung tritt auch an der entnervten Niere auf. Daß eine vermehrte Blutströmung die Harnabsonderung begünstigt, ist selbstverständlich. Sie ist aber sicher nicht das alleinige Moment für das Zustandekommen der Purindiurese. Daß aber eine renale Wirkung der Purinkörper angenommen werden muß, ergaben auch die oben schon erwähnten Versuche von R. Schmidt, nur wissen wir nichts über den näheren Mechanismus. Es muß dabei auch an die Untersuchungen von Richards und Schmidt[2] erinnert werden, daß in der Niere nur ein Teil der Glomeruli durchblutet wird, und daß unter dem Einfluß von Diuretizis (Koffein, Harnstoff, Salzen u. a.) deren Zahl wesentlich erhöht werden kann. Nach unseren eigenen oben erwähnten Untersuchungen mit Nathansohn befördern die Purine in dem Maße die Quellung, in dem sie sich an der Grenzfläche Wasser/Gelatine anreichern. Dabei zeigen sich bezüglich der einzelnen Purinderivate im Effekt Unterschiede insofern, als das Quellungsoptimum jeweilig verschiedenen Konzentrationen der einzelnen Stoffe entspricht. Es ist aber ferner zu beachten, daß die Purine amphotere Elektrolyte sind, also sowohl Wasserstoff- als auch Hydroxylionen abdissoziieren können. Das scheint mir bisher zu wenig beachtet und ist sicher nicht gleichgültig für die diuretische Wirkung, weil dadurch beim Eindringen der Körper in die Zelle eine Entladung der Zellkolloide möglich ist. Es wäre also wohl denkbar, daß eine derartige Einwirkung auf die Epithelien in den Harnkanälchen zu einer Störung der Rückresorption Veranlassung geben könnte, wie das von anderen Gesichtspunkten aus schon von Sobieranski[3] betont wurde; damit käme ein weiterer renaler Faktor für die Entstehung der Purindiurese hinzu. Nun spielen aber sicher für deren Zustandekommen auch extrarenale Angriffspunkte eine Rolle. Das haben die erwähnten Untersuchungen von Molitor und Pick schon gezeigt. Vor allem ist aber Ellinger[4] mit seinen Mitarbeitern auf Grund ausgedehnter Versuche dafür eingetreten. In Durchspülungsversuchen am Läwen-Trendelenburgschen Froschpräparat, in Ultrafiltrationsversuchen, in vergleichenden Untersuchungen über die Viskosität und Ultrafiltrationsgeschwindigkeit von Serum und in Viskosimeteruntersuchungen auf der Höhe der Koffeindiurese wurde der Einfluß der Purinderivate auf Eiweißsolen und Wasserbindung festgestellt. Besonders betont wurden die Ultrafiltrationsversuche. Läßt man Serum unter Druck ein Ultrafilter passieren, so wächst die Filtrationsgeschwindigkeit bei Zusatz von Koffein in einer Konzentration von 1 : 7000 um 30%, bei 1 : 50000 um 20% gegenüber reinem Serum. Nach Ellinger ist die Diurese — und in gleicher Weise das Ödem — abhängig vom Kolloidzustand der Eiweißkörper. Erhöhter Quellungsdruck, d. h. erhöhtes Wasserbindungsvermögen der Blut- und Gewebskolloide, und parallelgehend eine erhöhte Viskosität, bedeuten für das Gewebe Ödem, für die Niere erschwerte Ultrafiltration. „Alle untersuchten Diuretika verschiedenster Konzentration setzen im gleichen Sinne den Quellungsdruck der Eiweißsole herab." Auch Schilddrüsen-, Hypophysen-, Epiphysen- und Epithelkörperchenextrakte wirken wie Koffein. Die Diuretika bedingen also nach Ellinger eine Entquellung der Eiweißkolloide und setzen damit günstige Bedingungen für die Diurese. Auch diese Theorie ist nicht unangefochten geblieben. Laufberger[5] bestreitet die Bedeutung der

---

[1] Arch. f. exper. Path. **53** (1905).   [2] Amer. J. Physiol. **59** (1922).
[3] Arch. f. exper. Path. **35** (1895).   [4] Arch. f. exper. Path. **90/91** (1921).
[5] Arch. f. exper. Path. **99** (1923).

physikalisch-chemischen Vorgänge im Sinne Ellingers für die Diurese. Er sieht vielmehr das wesentliche Moment der Purindiurese in der von ihm unter dem Einfluß dieser Stoffe nachgewiesenen Erhöhung des Kreatin- und Kreatininspiegels. Becher[1] findet zwar auch eine Abnahme der Viskosität und Zunahme der Ultrafiltrierbarkeit des Serums unter dem Einfluß der Diuretika. Er bestreitet aber die von Ellinger postulierte ursächliche Beziehung zur Begünstigung der Diurese, da er eine solche auch bei künstlicher Steigerung der Viskosität des Serums durch Gelatine erzielen konnte. Für das Versagen der Purinwirkung in manchen klinischen Fällen könnte der Nachweis von Riesser und Neuschloss[2] herangezogen werden, daß nämlich die Viskositätsbeeinflussung durch Koffein von der Höhe der Dosis und der Wasserstoffionenkonzentration abhängig ist. Kleine Dosen setzen die Viskosität herab, größere steigern sie. Bei steigender H˙-Ionenkonzentration steigt auch die Viskosität. Während nach Günzburg[3] eine an und für sich unwirksame Theobromindosis dann Diurese erzeugt, wenn vorher verdünnte Salzsäure per os verabreicht wird. Auch Oehme[4] und Schulz[5] kommen zu einer Ablehnung der kolloidchemischen Vorstellungen Ellingers. Nach den Beobachtungen Veils tritt aber unter Koffein eine Zunahme der extrarenalen Wasserabgabe ein. Veil und Spiro[6] fanden nach Puringaben eine Bluteindickung. Wassergehalt und Kochsalzkonzentration fielen ab. Diese Veränderungen im Blute traten auch bei entnierten Tieren auf. Auch Nonnenbruch[7] kam zu ähnlichen Resultaten. Es kam unter Purineinwirkung zunächst zu einer Wasserabnahme im Blut, die von einem Wassereinstrom gefolgt war. Vor allem trat aber ein Einstrom von Eiweiß ins Blut auf, so daß beträchtliche Zunahmen des Serumeiweißes resultierten. Auch diese Wirkung trat bei entnierten Tieren auf.

Die überaus zahlreiche experimentelle und klinische Literatur auf diesem Gebiete kann, dem Rahmen des Buches entsprechend, nicht weiter erörtert werden, um so weniger, als es kaum möglich ist, die Ergebnisse auf einen gemeinsamen Nenner zu bringen. Aber so viel geht auch für die Wirkungsweise der Diuretika der Purinreihe aus diesen Arbeiten hervor, daß der Angriffspunkt nicht ausschließlich renal gelegen ist, sondern daß auch der intermediäre Wasser- und Salzwechsel mit in ihren Wirkungsbereich fällt und dementsprechend Wasser- und Mineralbestand der Gewebe und des Blutes für den diuretischen Effekt bedeutungsvoll sind. Nach dieser etwas ausführlicheren Besprechung der theoretischen Wirkungsmöglichkeiten der Diuretika auf Grund experimenteller Befunde kann ich mich im folgenden kürzer fassen, um Wiederholungen zu vermeiden.

Die therapeutische Verwendung der Quecksilbersalze als Diuretika ist schon sehr alt. Durch die Einführung des Novasurols, einer organischen, nicht ionisierten Hg-Verbindung, hat aber dieses Gebiet nicht nur praktisch, sondern auch theoretisch erneutes Interesse gefunden. Das Novasurol ist das stärkste Diuretikum, das wir zur Zeit besitzen. Es kommt unter seiner Einwirkung zu ganz enormen Wasser- und vor allem Kochsalzverlusten. Es greift weit stärker als die Purinderivate in den Wasser-Salzstoffwechsel ein, so daß auch bei verminderten diesbezüglichen Beständen noch eine Wirkung zu erzielen ist. Das Novasurol hat nach den Untersuchungen von R. Schmidt eine direkt renale diuretische Wirkung, aber zweifelsohne steht die Gewebebeeinflussung im Vordergrund. Vor allem scheint es hier in besonderer Weise die Bedingungen zu schaffen,

[1] Münch. med. Wschr. 71 (1924).   [2] Arch. f. exper. Path. 94 (1922).
[3] Biochem. Z. 129 (1922).   [4] Arch. f. exper. Path. 102 (1924).
[5] Z. exper. Med. 31 (1923).   [6] Münch. med. Wschr. 1918.
[7] Arch. f. exper. Path. 91 (1921).

das Kochsalz frei zu machen und dadurch auch die Wasserdiurese einzuleiten. Besonders bemerkenswert erscheint mir aber die von Saxl und Heilig[1] nachgewiesene Hemmung der Novasuroldiurese durch Atropin. Es muß also das Novasurol eine Nervenwirkung, und zwar auf den Vagus, entfalten, die durch Atropin aufhebbar ist. Sicher ist die extrarenale Angriffsfläche für die diuretische Wirkung des Schilddrüsenhormons nachgewiesen. Eppinger[2] konnte zeigen, daß subkutan zugeführte Salzlösungen bei schilddrüsenlosen Hunden viel länger liegenbleiben als bei normalen Tieren oder gar solchen, die mit Schilddrüsensubstanz gefüttert wurden. Je größer das zugeführte Quantum an Schilddrüse war, um so rascher vollzog sich die Ausscheidung. Die Wirkung der Schilddrüsensubstanz zeigt sich bei der Behandlung von Ödemen oft erst nach einiger Zeit, öfters besteht auch eine Nachwirkung nach Absetzung des Mittels. Es dürfte also nicht das wirksame Prinzip der Schilddrüse direkt eine Diurese veranlassen, sondern die durch das Hormon bedingte regere Stoffwechseltätigkeit mit der Bildung tieferer Abbauprodukte, wie das schon von Eppinger vermutet wurde, die eigentliche Ursache des beschleunigten Wasser-Salzstoffwechsels sein, da eine direkte Nierenwirkung von Eppinger nicht nachgewiesen werden konnte. Übrigens ist nach unserer Erfahrung ein voller Effekt nur mit Verabfolgung der ganzen Drüse zu erreichen, nicht aber durch Thyroxin.

Zusammenfassend können wir also sagen, daß die mächtige Wirkung auf den Salz-Wasserstoffwechsel durch die Diuretika sowohl experimentell als auch klinisch in ihrem Endeffekt sichergestellt ist, aber die Auflösung dieser Wirkung in ein folgerichtiges stufenweises Geschehen sowohl unter normalen als auch pathologischen Bedingungen ist noch nicht geglückt. Wir haben nur einen summarischen Überblick, und der lehrt uns, daß die Diuretika — sie alle zu besprechen liegt nicht im Sinne dieses Buches — nicht nur auf die Niere selbst, sondern auch auf den Salz-Wasseraustausch zwischen Gewebe und Blut Einfluß haben. Diese Forderung ist a priori gegeben, wenn man überhaupt eine allgemeine Beeinflussung der Zellen durch diese Stoffe annimmt, und das ist experimentell begründet. Nur ist das Ausmaß dieser Wirkung nach der chemischen und physikalischen Eigenart der einzelnen Stoffe verschieden, und auch die Zellen werden, je nachdem sie im Zellverband eines Organs in einer bestimmten funktionellen Richtung festgelegt sind, nicht alle in gleichgerichtetem Sinne auf den Reiz antworten. So ist verständlich, daß der momentane Zustand des Gewebes für die Wirkungsweise der Diuretika mitbestimmend ist und daß ein und dasselbe Diuretikum im gesunden Organismus anders wirken kann als in einem kranken Körper. Hier spielen individuelle Verhältnisse um so eher mit, als wir gesehen haben, daß auch nervöse und innersekretorische Momente mit beteiligt sind, wodurch das unter dem Einfluß eines Diuretikums funktionell abgeänderte Geschehen den gesamten Organismus betrifft und bei dem korrelativen Ineinanderspiel der einzelnen Teile, generell betrachtet, zu einem schwer deutbaren und bunten Bilde sich zusammenfügt.

Wir gehen nun zu den positiven Bilanzen des Wasserhaushaltes über und versuchen,

die Pathogenese des Ödems[3]

näher zu erörtern. Die vermehrte Wasseransammlung im Körper bezeichnen wir allgemein als Ödem und benennen weiter im speziellen Flüssigkeitsansamm-

---

[1] Wien. Arch. inn. Med. 3 (1922) — Wien. klin. Wschr. **1920**.

[2] Zur Pathologie und Therapie des menschlichen Ödems. Berlin 1917.

[3] Zusammenfassende Darstellungen: Eppinger, Zur Pathologie und Therapie des menschlichen Ödems. Berlin 1917. — Fischer, M. H., Kolloidchemie der Wasserbindung. 1 u. 2. Dresden-Leipzig 1927/28. — Klemensiewicz, im Handb. d. allg. Path. von Krehl-

lungen in der Haut als Anasarka, solche in den serösen Höhlen als Hydrops. Wir sehen solche Ödeme bei den mannigfaltigsten Krankheiten, so bei Kreislaufstörungen, Nierenleiden, im Hunger (Inanitionsödeme), bei Diabetikern, ferner bei Störungen der inneren Sekretion (Myxödem), ebenso im Fieber, dann unter dem Einfluß bestimmter Gifte (Tuberkulin, Reizkörpertherapie), und schließlich mehr lokal bei entzündlichen Prozessen und neurogen bedingt, auftreten. Bei dieser Vielheit der auslösenden Momente ist es schwierig, gemeinsame Punkte für die allgemeine und lokale Entstehungsweise herauszuschälen. So ist es zu verstehen, daß die Arbeiten auf diesem Gebiete überaus zahlreich sind, und nicht weniger die Theorien der Ödementstehung. Es kann an dieser Stelle dementsprechend nur eine kurze Zusammenfassung gegeben werden.

Bright sah die Ursache des Ödems Nierenkranker in dem Eiweißverlust durch den Urin, wodurch eine Hydrämie bedingt sein sollte, und dadurch ein leichterer Übertritt von Flüssigkeit aus den Blutgefäßen ins Gewebe. Diese Vorstellung hat heute eigentlich nur noch historisches Interesse. Die Anschauung früherer Jahre, daß für das Auftreten von Ödemen vorwiegend ein dauernder Strom von Blut in die Gewebe statthaben müßte, brachte es mit sich, daß die verschiedenen Theorien der Lymphbildung auch für die Ödemgenese ausschlaggebend wurden. Um Wiederholungen zu vermeiden, müssen wir auf die entsprechenden Darstellungen in früheren Kapiteln verweisen. So wurden die Ludwigsche Filtrationstheorie und die Heidenhainsche Sekretionstheorie der Lymphbildung auch zur Erklärung der Ödementstehung herangezogen. Ihre Anhänger dürften heute wohl kaum mehr zahlreich sein, da es sich gezeigt hat, daß diese einseitige Betrachtungsweise nicht zum Ziel führen kann.

Es waren die klassischen Untersuchungen von Cohnheim und Lichtheim[1], die zuerst einen bedeutsamen Schritt weitergingen. Sie konnten zeigen, daß eine Hydrämie, bedingt durch intravenöse Einverleibung größerer Flüssigkeitsmengen bei Tieren, noch kein Ödem hervorruft. Auch die Druckvermehrung im Gefäßsystem bringt keine stärkere Transsudation der zirkulierenden Flüssigkeit durch die Gefäße nach dem Gewebe zu hervor. Wurden aber in diesen Versuchen die Gefäße vorher lädiert, so trat Hautödem auf. Es muß also nach Cohnheim, um unter diesen Bedingungen ein Ödem zu erzeugen, noch eine „vermehrte Permeabilität der Blutgefäßwände" hinzukommen. Die unter pathologischen Bedingungen einsetzende vermehrte Durchlässigkeit der Kapillarwand nimmt auch heute noch einen breiten Raum in der Ödemgenese ein. Man dachte dabei vornehmlich an einen Durchtritt von Eiweiß. Wir haben schon früher betont, daß schon physiologischerweise die einzelnen Kapillargebiete bezüglich ihrer Permeabilität sich verschieden verhalten. In der Peripherie scheinen aber normalerweise die Kapillaren für Eiweiß nahezu undurchlässig zu sein. Unter dem Einfluß pathologischer Prozesse kann sich das ändern. Die Ödemtheorie Eppingers basiert auf diesen Vorstellungen. Die Permeabilitätsänderung führt nach ihm zu einer „Albuminurie ins Gewebe". In der Norm ist die Gewebsflüssigkeit eiweißarm, so daß die unter den erwähnten Umständen sich einstellende Eiweißvermehrung infolge Quellung zu einer Wasser- und Salzanreicherung führen muß und damit zum Ödem. Gerade die

---

Marchand 2. Leipzig 1912 — Referat Ges. dtsch. Naturforsch., Münster i. W. 1912. — Lubarsch, Referat ebenda. — Lichtwitz, Nierenkrankheiten. Berlin, Julius Springer 1925. — Morawitz u. Nonnenbruch, Handb. d. Biochem. 8. Jena 1925. — Nonnenbruch, Handb. d. norm. u. path. Physiol. 17. Berlin 1926. — Oehme, Erg. inn. Med. 30 (1926). — Schade, ebenda 32 (1927). — Veil, ebenda 23 (1923). — Volhard, im Handb. d. inn. Med. von Mohr-Staehelin 3. Berlin 1917. — Ziegler, K., Verh. Ges. dtsch. Naturforsch., Münster i. W. 1912 — Beitr. path. Anat. 36 (1914).
[1] Virchows Arch. 69 (1877).

Kroghschen Untersuchungen haben uns auch gezeigt, daß jede Kapillar-
erweiterung, ganz gleichgültig, wodurch sie hervorgerufen wird, zu einer
Durchlässigkeit von Plasmakolloiden führt. Aber sicher handelt es sich
dabei nur um eines der verschiedenen, die Ödembildung begünstigenden Momente.
Von Jacques Loeb[1] wurde dann eine osmotische Theorie des Ödems aufgestellt. Er stellte sich vor, daß durch einen vermehrten osmotischen Druck
des Zellinhalts eine stärkere Wasseradsorption der Zellen bedingt wurde. Auch
K. Ziegler[2] sieht in den von der Norm abgeänderten osmotischen Verhältnissen
einen Faktor der Ödementstehung. Wie aber Overton[3] zeigen konnte, sind
auch unter optimalen Bedingungen die osmotischen Drucke im Gewebe niemals
so stark, um damit deren Wasserverbindungsfähigkeit im Zustande des Ödems
erklären zu können.

Waren so Hämodynamik, Diffusion und Osmose nicht imstande, als
alleinige Faktoren die Ödemgenese zu erklären, so war es eigentlich nur folge-
richtig, mit dem raschen Aufkommen der Kolloidchemie auch das Ödem unter
diesen Gesichtspunkten zu betrachten.

Martin H. Fischer war der erste, und das ist sein bleibendes Verdienst,
in konsequenter Weise die kolloidchemischen Gesetze der Quellung auf
die Wasserverbindung in den Geweben unter normalen und krankhaften
Verhältnissen übertragen zu haben. Vor allem hat die Martin H. Fischersche
Ödemtheorie zum ersten Male in bewußter Weise den Schwerpunkt für die Entwicklung des Ödems ins Gewebe verlegt. M. H. Fischer hat in eingehenden
experimentellen Untersuchungen den Nachweis erbracht, daß alle diejenigen
Faktoren, welche die Ödementstehung begünstigen, einerlei ob lokal oder allgemein, zu einer Alteration des Gewebestoffwechsels führen. Seien es
nun mechanische Einflüsse, seien es Störungen der Zirkulation, seien es schließlich chemische oder physikalische Faktoren, immer kommt es bei genügend
intensiver Einwirkung, genau wie beim absterbenden Gewebe, zu einer Säuerung, zu einer abnormen Anhäufung und Bildung von Kohlensäure, Milchsäure und anderen Säuren. Dadurch wird das Hydratationsvermögen der
Gewebskolloide gesteigert, und so tritt zwangsmäßig ein vermehrtes An-
saugen von Wasser aus den Blut- und Lymphräumen ein, und damit die Bildung des Ödems, vorausgesetzt, daß ein normaler Wasserbestand im Organismus vorhanden ist. Martin H. Fischer hat dann diese Vorstellung noch dahin
erweitert, daß auch andere Stoffe, nicht nur solche von Säurecharakter, nämlich insofern sie die Hydratation der Gewebskolloide begünstigen, die Entstehung eines Ödems fördern können. Dazu gehören Alkalien, Harnstoff und,
was mir besonders wichtig erscheint, Amine. Wir wissen, daß gerade letztere
unter krankhaften Bedingungen, vor allem durch bakterielle Keime, sich im
Körper bilden können. Es ist übrigens bemerkenswert, daß, wie Adler[4] zeigen
konnte, gerade die biologisch wichtigsten Säuren (Phosphorsäure, Milchsäure,
β-Oxybuttersäure u. a.) das Wasserbindungsvermögen des Serums am meisten
fördern.

Die Martin H. Fischersche Theorie, vor etwa 20 Jahren schon aufge-
stellt, hat zunächst wenig Beachtung und dann vorwiegend Ablehnung gefunden.
Gerade aber in den letzten Jahren ist ihr mehr Anerkennung zuteil geworden.
Man versteht deshalb die leicht gereizte Ironie, die M. H. Fischer in der jüngst
erschienenen Neuauflage seiner Monographie seinen Gegnern gegenüber zum
Ausdruck bringt. Ich glaube, der Kernpunkt der Martin H. Fischerschen
Lehre, daß für den intermediären Wasserwechsel weder die hydrodynamischen

---

[1] Pflügers Arch. **69, 71, 75** (1898).   [2] l. c.
[3] Pflügers Arch. **92** (1902).   [4] Kolloid-Z. **43** (1927).

Faktoren noch die Gesetze der Diffusion und Osmose allein ausschlaggebend sind, sondern daß das wechselnde Wasserbindungsvermögen der Gewebskolloide wesentlich ins Gewicht fällt, ist heute nicht nur unerschüttert, sondern gewinnt immer mehr an Geltung. Es ist einer der markantesten Gedanken in der Entwicklung der Ödemlehre. Der Einwand gegen die Fischersche Lehre, daß eine erhöhte Bildung von Säuren beim Ödem nicht nachweisbar sei, beweist meines Erachtens recht wenig, um so mehr, als Fischer gezeigt hat, daß auch andere Faktoren, wie sie unter pathologischen Bedingungen im Körper verifizierbar sind, zu Ödem führen können. Außerdem muß betont werden, daß wir keine einwandfreie Methode besitzen, in der lebenden Zelle die Reaktion festzustellen, vor allem wäre hier das Stadium des Präödems wichtig. Die Reaktion der Ödemflüssigkeit ist nicht gleichbedeutend. Deshalb scheint mir auch der Einwurf, daß das Bindegewebe im ganzen durch Säure entquillt und durch Alkali quillt, wenig zu besagen. Fischer hat übrigens besonders darauf hingewiesen, daß nur bis zu einem gewissen Grade die Säuren eine Wasseraufnahme der Zellen herbeiführen, bei starken Säurekonzentrationen tritt Entquellung ein. Und wenn schließlich, wie von Oehme nachgewiesen wurde, eine saure Ernährung die Fähigkeit zur Wasserbindung herabsetzt, eine basische Ernährung das Gegenteil bewirkt, so dürfte die intermediäre Stoffwechsellage unter diesen Bedingungen meines Erachtens maßgebender sein, und darüber wissen wir nichts Sicheres, als nur den summarischen Einfluß saurer oder basischer Valenzen. Es handelt sich bei der Ödemfrage um so komplexe intermediäre Vorgänge, die wir heute noch nicht im entferntesten übersehen. Die Experimente M. H. Fischers mit ihren eindeutigen Resultaten scheinen mir jedenfalls bis jetzt nicht widerlegt. Wir stoßen im intermediären Geschehen immer wieder auf neue Momente, die einesteils wieder andere Deutungen ermöglichen, anderenteils bisher Unwahrscheinliches verständlich machen. Ob dem Donnan-Gleichgewicht ein so großer Wert für die Quellung zukommt, wie Jacques Loeb[1] behauptet, erscheint nach den Bedenken Wo. Paulis[2] mehr als zweifelhaft. Vielleicht fällt den verdienstvollen Untersuchungen R. Kellers[3] eine größere Bedeutung zu. Bisher wenig beachtet, hat er in zahlreichen Arbeiten mit seinen Schülern auf die biologische Bedeutung der Dielektrizitätskonstante[4] hingewiesen. Wir wissen, daß die Dissoziation der Salze um so höher ist, je höher die Dielektrizitätskonstante (DEK.) des Lösungsmittels ist. Die DEK. des Wassers ist etwa 82, die des Blutes 85,5. Auch die Oberflächenaktivität ist von der Höhe der DEK. abhängig. Wenn die Angaben richtig sind, daß das in der Umgebung von hydratisierten Ionen in Dipolstellung befindliche Wasser die DEK. = 1 hat, gegenüber dem gewöhnlichen Wasser mit einer DEK. = 82, so müssen durch solche Differenzen auch die Bedingungen der Aufnahme von Stoffen in die Zelle grundlegend geändert werden, um so mehr, als wir wissen, daß das Wasser nicht etwa durch Poren der Zellmembran in die Zelle eindringt, sondern von Kolloidschicht zu Kolloidschicht wandert[5]. Dazu kommt noch, daß unter pathologischen Bedingungen, wie v. Gaza[6] gezeigt hat, die Beeinflussung der Quellung durch Kationen eine umgekehrte Reihe zeigt, wie normal, dann setzen die Na·-Ionen die Quellung herab, und zweiwertige Ionen fördern sie. Zweifelsohne kommt auch nicht nur den Eiweißsolen der Zelle eine Rolle für die Wasserbindung zu, sondern auch anderen Kolloiden. Bekannt ist die Quellbarkeit bestimmter Lipoide, so des Lezithins,

---

[1] Die Eiweißkörper. Berlin 1924.   [2] Kolloid-Z. **40** (1926).
[3] Biochem. Z. **115** (1921); **128** (1922); **136** (1923) — Kolloid-Z. **29** (1921).
[4] Zusammenfassende Darstellung bei E. A. Hafner, Erg. Physiol. **24** (1925).
[5] Wertheimer, Protoplasma (Berl.) **2** (1927).   [6] Z. exper. Med. **32** (1923).

das gerade als Bestandteil der Zellmembran nicht zu vernachlässigen ist. Man sieht, sobald man den Versuch macht, experimentelle Ergebnisse zu zergliedern, stößt man auf eine solche Menge von möglichen Einzelfaktoren, daß eine Erklärung des Geschehens heute noch nicht möglich ist.

Auch die Ödemtheorie von Fodor[1] enthält ähnliche Gedanken, wie sie von M. H. Fischer geäußert wurden. Auch bei Fodor finden w‘r primär das gequollene Säureprotein, das dann durch vermehrte Salzzufuhr in das Stadium der Entquellung übergeführt wird. Dadurch kommt es zum Abströmen der Ödemflüssigkeit, vor allem auch deshalb, weil die Wände der Lymph- und venösen Blutkapillaren sich an diesem Entquellungsprozeß beteiligen. In diesem Zusammenhange scheint es wichtig, auf Untersuchungen von Atzler[2] und seinen Mitarbeitern hinzuweisen. Danach wird das Lumen der Gefäße wesentlich durch Quellungserscheinungen beeinflußt. Im isoelektrischen Punkt des Eiweißes besteht maximale Gefäßerweiterung. Eine Verschiebung der Reaktion der Durchströmungsflüssigkeit nach der alkalischen Seite ruft eine Verengerung des Lumens durch Quellung der Gefäßwände hervor, eine Verschiebung nach der sauren Seite bedingt Entquellung der Wände, also Erweiterung des Lumens. Nach Krogh müssen mit diesen Lumenänderungen auch solche der Permeabilität verknüpft sein. Es ist zu betonen, daß diese Quellungs- und Entquellungserscheinungen der Gefäßwände mit der Innervation nichts zu tun haben. Damit dürfte zum Ausdruck kommen, wie allein schon kolloidchemische Änderungen in der vielseitigsten Weise in den Flüssigkeitstransport im Gewebe eingreifen.

In den letzten Jahren ist nun durch Schade[3] und seine Mitarbeiter die kolloidchemische Seite des Ödemproblems eingehend experimentell geprüft worden. Gerade weil diese Untersuchungen zu einer genauen Analyse der Einzelphasen der Ödementstehung geführt haben, erscheinen sie mir so besonders wertvoll. Diese Arbeiten geben heute wohl die klarste Darstellung der Ödemgenese. Auf die Kräfte der Wasserbewegung, wie sie von Schade an Hand von Modellen für physiologische Verhältnisse dargelegt wurden, haben wir bei der Physiologie des Wasserhaushaltes eingehend hingewiesen. Um Wiederholungen zu vermeiden, muß auf dort verwiesen werden. Wir erinnern nur an das dort erwähnte „Dreikammersystem“ Schades. Das Ödem ist nun vorwiegend im Bindegewebe lokalisiert. Auch hier stoßen wir wieder auf die drei Faktoren der Wasserbewegung, auf den mechanischen, onkotischen und osmotischen Druck. Die Formulierung Schades ist eindeutig. Bei der Umstellung des Ganzen nach der Ödemseite müssen auf der Blutseite wirken: 1. „ein Steigen des mechanischen Druckes in der Kapillare, 2. ein Sinken des onkotischen Blutdruckes und 3. ein Sinken des osmotischen Blutdruckes“. Auf der Seite des Bindegewebes dagegen muß vorhanden sein: „1. ein Sinken der mechanischen Gewebsspannung, 2. ein Steigen des onkotischen Druckes und 3. ein Steigen des osmotischen Druckes“. Da für die Austauschprozesse durch die Kapillarwand hindurch das Energiegefälle maßgebend ist, so ist die Beschaffenheit der Kapillarwand für die Größe der „aktuell werdenden Energiebeträge“ entscheidend. Für den mechanischen Druck in den Kapillaren ist die Form der letzteren wichtig. Auch die oben erwähnten Atzlerschen Untersuchungsergebnisse müssen hier wieder als wertvoll berücksichtigt werden. Auch für die übrigen Faktoren, vor allem den onkotischen Druck, ist die Permeabilität der Kapillarwand ausschlaggebend. Es ist ohne weiteres verständlich, daß, je mehr Eiweiß durch die Kapillarwand hindurchtreten kann, um

---

[1] Kolloidchem. Beih. **18** (1923).   [2] Dtsch. med. Wschr. **40** (1923).
[3] Zusammenfassend in Erg. inn. Med. **32** (1927).

so mehr der onkotische Druck des Blutes fallen muß. In diesem Sinne spricht Schade von einer „membranogenen Hypoonkie". Dasselbe trifft für den osmotischen Druck zu. Auf Grund dieser physikalisch-chemischen Energetik gibt Schade für die Ödementstehung folgende Möglichkeiten:

A. Hämatogene Lokalursachen des Ödems:
1. Vermehrter mechanischer Blutströmungsdruck in den Kapillaren.
2. Verminderter onkotischer Blutdruck in den Kapillaren.
3. Verminderter osmotischer Blutdruck in den Kapillaren.

B. Histogene Lokalursachen des Ödems:
1. Verminderter mechanischer Spannungsdruck der Gewebsseite.
2. Vermehrter onkotischer Druck der Gewebsseite.
3. Vermehrter osmotischer Druck der Gewebsseite.

C. Membranogene Lokalursachen des Ödems:
1. Steigerung der Quote des mechanischen Seitenwanddruckes, bedingt durch Formbesonderheiten der Kapillaren.
2. Herabsetzung der onkotischen Druckwirkung, bedingt durch Eiweißdurchlässigwerden der Kapillarmembran.

D. Lymphogene Ursachen des Ödems:
Abflußhemmung auf den Bahnen des Lymphsystems.

Von diesen Gesichtspunkten ausgehend, sind die Stauungsödeme, wie wir sie vor allem bei der Kreislaufinsuffizienz vorfinden, mechanisch bedingt, wobei für die Steigerung des Kapillardruckes die rückläufige Stauung vom Venensystem her auslösend wirkt. Die von Schade übernommene Abb. 29 illustriert das Werden dieser Ödemform sehr instruktiv.

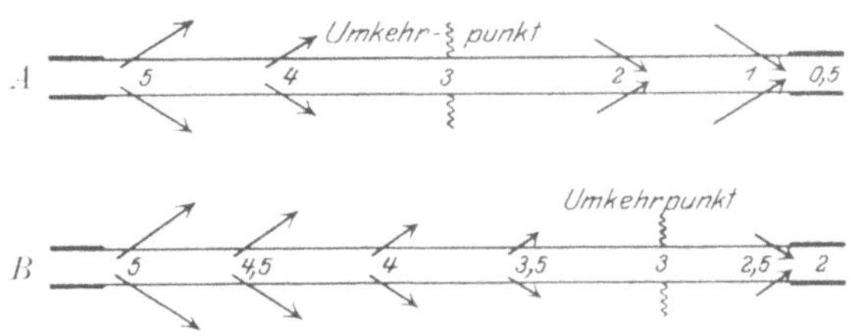

Abb. 29. Schema der Entstehung der Stauungsödeme. A Normalverhalten. B Verhalten bei erhöhtem Venendruck (nach H. Schade).

Die Ödeme bei Nierenkranken lassen in der Formulierung Schades zwei Formen abtrennen. Der in diesen Fällen, im besonderen bei Nephrosen, nachgewiesene niedere onkotische Blutdruck (1,98—1,10 cm Hg, gegen den Normalwert von 2,5 cm Hg) bedeutet erleichterten Übertritt von Flüssigkeit aus dem Blut ins Gewebe. Es handelt sich somit um eine Entstehung aus „wahrer Hypoonkie". Die Abb. 30 nach Schade stellt diese Verhältnisse klar dar. Diese Ödeme werden besonders leicht da auftreten, wo die Gewebsspannung normalerweise am kleinsten ist. So erklärt sich ihre besondere Lokalisation. Eine weitere Form der kolloidchemischen Ödementwicklung finden wir bei Nierenkranken mit Gefäßalterationen. Wenn die Ka-

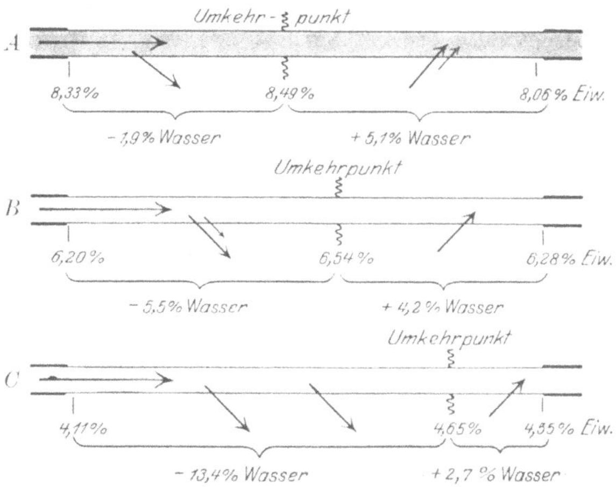

Abb. 30. Modellversuch über Ödementstehung zufolge Bluthypoonkie (nach H. Schade).

pillaren dadurch für Eiweiß durchlässiger werden, so muß das Ödem eiweißreicher sein. Diese Ödeme aus „membranogener Hypoonkie" finden wir hauptsächlich bei den Glomerulonephritiden, während die zuerst genannte Form vor allem bei Nephrosen, aber auch bei Glomerulonephritiden festgestellt wurde, um so mehr, als bekanntlich Mischformen häufig sind. Reine Quellungsödeme scheinen vorwiegend unter Elektrolyteinflüssen aufzutreten, dazu gehören die Alkaliödeme, die Jodsalzödeme und die Kochsalzödeme der Säuglinge. Es ist ferner die Frage zu entscheiden, ob das Zuviel von Wasser durch die Quellung gebunden ist oder ob es frei in den Gewebsräumen liegt. Hülse[1] hat diese Frage durch Studium des „Präödems" zu lösen versucht. Derartige Zustände machen sich in starker Gewichtszunahme geltend, ohne daß es zunächst zu einem durch Dellenbildung sichtbaren Ödem kommt. Hülse bestreitet das Vorhandensein interzellulärer Flüssigkeitsansammlungen beim Präödem. Er sieht die Ursache des Ödems vielmehr in dem gesteigerten Quellungsgrad der Gewebselemente selbst. Erst bei der weiteren Entwicklung des Ödems sammelt sich das Wasser in Gewebslücken an. Letzteres ist ein sekundärer Vorgang. Primär ist immer die Quellung, wie das ja die M. H. Fischersche Theorie verlangt. Auch die wichtige Frage, warum das Wasser liegenbleibt, findet darin eine Erklärung, daß an dieser Quellung auch die Endothelien der Blut- und Lymphkapillaren teilnehmen, und infolge dieser Blockierung ein Abströmen der Flüssigkeit unmöglich wird. Die Kritik dieser Anschauung durch Dietrich[2] erscheint mir nicht ganz berechtigt. Ich stimme in dieser Hinsicht Hülse zu, daß der Pathologe eben nur das ausgebildete Ödem und nicht das Stadium des Präödems zu sehen bekommt.

Für die Entstehung der entzündlichen Ödeme dürfte die osmotische Hypertonie an erster Stelle stehen, wobei Gefäßschädigungen und dadurch die membranogene Hypoonkie fördernd hinzutreten.

Daß die Schadesche Lehre der Ödementstehung nicht alle Faktoren, wie sie sich in dem komplizierten Spiel von Reaktion und Gegenreaktion im Organismus widerspiegeln, berücksichtigt, ist selbstverständlich. Das will sie auch gar nicht. Aber sie ist zur Zeit zweifelsohne die am besten durchgearbeitete kolloidchemische Auffassung der Ödemgenese, vor allem, weil sie die Dynamik physikalisch-chemischen Geschehens unter vitalen Bedingungen klar präzisiert. Darin erblicke ich ihren großen Wert.

Das Ödem Nierenkranker zeigt meist lokalisatorische Besonderheiten gerade im Gegensatz zu den kardial bedingten Schwellungen. Es tritt mit Vorliebe im Gesicht, Hals und den oberen Extremitäten auf. Besonders das lockere Bindegewebe um die Augenlider wird davon befallen. Mitunter zeigt sich der Anfang auch in dem lockeren Unterhautzellgewebe der Genitalien. Während die Kreislaufödeme mehr von der Lage bedingte Abhängigkeiten zeigen. Auch die Blässe der Haut ist für das renale Ödem charakteristisch. Im weiteren Verlauf kann es zu einer allgemeinen Ausbreitung des Ödems kommen und zu ganz enormen Graden von Wasserretention führen.

Der Eiweißgehalt der Ödemflüssigkeit[3] ist im allgemeinen gering, es bestehen aber zwischen den einzelnen Ödemformen beträchtliche Unterschiede. Die Höchstwerte liegen bei etwa 1%, und finden sich bei Glomerulonephritiden, die niedersten Werte bis auf Spuren bei dem Ödem der Nephrosen. Sicher stammt das Eiweiß nicht ausschließlich aus dem Blute, sondern zum Teil, worauf schon M. H. Fischer hingewiesen hat, auch aus dem Gewebe. Eine Parallelität zwischen Eiweißgehalt und Größe des Ödems ist nicht vorhanden[4]. Der NaCl-Gehalt der Ödemflüssigkeit liegt in der Regel höher als der

---

[1] Zbl. inn. Med. **41** (1920) — Klin. Wschr. **1923**, Nr 2.   [2] Virchows Arch. **251** (1924).
[3] Beckmann, Dtsch. Arch. klin. Med. **135** (1921).
[4] Haas, Z. exper. Path. u. Ther. **22** (1921).

des Blutes. ⌐Auch führen, wie Thannhauser[1] zeigen konnte, Kochsalzzulagen
bei ödematösen Nierenkranken zu einem stärkeren Anstieg des Kochsalzes im
Ödem als im Blut. Wir lernten durch die Untersuchungen Thannhausers
kennen, daß in frischen Fällen von Kriegsnephritis der Kochsalz- und Wassergehalt des Blutes erhöht war. Ob die Gesamtblutmenge auch gesteigert sein
kann, wissen wir nicht sicher. Aber es gibt sicher auch Fälle mit Eindickung
des Blutes[2]. Irgendeine Proportionalität zwischen Hydrämie und Größe
des Ödems braucht also nicht zu bestehen. Typischer scheinen die Blutveränderungen bei den eigentlichen Nephrosen zu sein, wie vor allem die Untersuchungen von Starlinger[3] ergeben haben. Hier ist das Gesamteiweiß sehr
stark erniedrigt, das Fibrinogen absolut und relativ sehr stark vermehrt, desgleichen das Globulin. Das Albumin ist absolut und relativ
stark vermindert. Diese Verschiebungen prägen sich um so stärker aus, je
größer das Ödem. Gerade in diesen Fällen nephrogener Ödeme wurde von
Schade ein auffallend niederer onkotischer Druck festgestellt. Bei den
Nephritiden zeigt sich 'nach Starlinger im akuten Stadium normales
Gesamteiweiß, absolute und relative Fibrinogenvermehrung, Albumin und
Globulin normal. Im chronischen Stadium findet sich tiefnormales bis
erniedrigtes Gesamteiweiß, stärker vermehrtes Fibrinogen, relativ hoch-
normales bis vermehrtes Globulin, absolut und relativ tief normales bis ver-
mindertes Albumin. Übrigens ergaben entsprechende Untersuchungen an Exsu-
daten und Transsudaten bezüglich der relativen Verteilungszahlen der Eiweißkörper eine sehr gute Übereinstimmung mit den Blutwerten. Da die Star-
lingersche Methode sehr exakt arbeitet, spricht dieses Ergebnis nicht für eine
Sekretion der Kapillarendothelien, sondern eher für einen Filtrations-
vorgang auch beim geschädigten Kapillarsystem, oder vielleicht gerade deshalb. Man hat auch die Kochsalzretention in Beziehung zu den Ödemen gebracht.
Störungen der Salzausscheidung kommen bei Nierenkranken auch vielfach vor.
Es gibt aber auch eine Kochsalzretention ohne entsprechende Wasserein-
sparung („trockenes Ödem"). Ein völliges Parallelgehen beider Stoffe
ist also nicht anzunehmen. Daß eine gewisse Abhängigkeit besteht, zeigt schon
der Einfluß einer kochsalzarmen Kost auf die Ausschwemmung der Ödeme und
deren Zunahme durch Salzzulagen. Zweifelsohne begünstigt die Kochsalzretention die Ödementstehung Nierenkranker. Wir haben schon früher darauf
hingewiesen, daß es Ödeme verschiedenster Provenienz gibt, Ödeme den nephro-
genen vergleichbar, ohne daß eine Nierenstörung nachweisbar ist, und andererseits kann das Ödem der Nierenerkrankung vorauseilen. Zudem ist das Ödem
nicht an eine bestimmte Form der Nierenerkrankung gebunden, obwohl die
tubulären Formen besonders dazu neigen. Wenn es auch zweifelsohne eine mehr
oder weniger ausgeprägte Insuffizienz der Niere für die Wasserausscheidung gibt,
so reicht sie keineswegs zur Entstehung des Ödems aus. Wir müssen also für
das sogenannte renale Ödem die Ursache mit im Gewebe suchen. Warum
aber das Gewebe in diesen Fällen eine Neigung zu Wasserretention zeigt, das
wissen wir nicht. Da die Funktionsstörung der Niere als alleiniger Faktor
die Ödementstehung nicht erklären kann, so hat man auch an Gifte gedacht,
die in der kranken Niere entstehen und im Sinne von Kapillargiften zu einer
allgemeinen Läsion der Kapillaren führen sollten. Hauptsächlich in der aus-
ländischen Literatur[4] stoßen wir viel auf diese sogenannten Nephrotoxine

---

[1] Z. klin. Med. **89** (1919).   [2] Nonnenbruch, Dtsch. Arch. klin. Med. **136** (1920).
[3] Z. klin. Med. **99** (1924) — Z. exper. Med. **60** (1928).
[4] Zusammenfassende Darstellung: Ratheri, Traité de Physiol. norm. et path. **3.** Paris:
Masson et Cie.

(Hetero-, Iso- und Autonephrotoxine). Aber die vorgebrachten Beweise sind meines Erachtens noch keineswegs gesichert. Immerhin haben doch Nachprüfungen von Biedl[1] gewisse Daten bestätigt. Es scheinen danach die Extrakte aus gesunden Nieren, im Gegensatz zu anderen Organextrakten, eine lymphagog wirkende Substanz zu enthalten. Außerdem hat das Serum von Tieren mit Urannephritis eine besonders stark lymphtreibende Wirkung. Damit scheint also doch die Möglichkeit einer Schädigung der Kapillarwände durch derartige Gifte denkbar, wenn sie in den Kreislauf gelangen. Solche Giftstoffe können naturgemäß erst recht bei bakteriellen Schädigungen der Niere auftreten. Auch bei ungenügender Durchblutung der Niere muß mit dem Auftreten solcher Kapillargifte gerechnet werden. Lichtwitz denkt vor allem an die Bildung von proteinogenen Aminen. Wie schon erwähnt, liegen experimentelle Befunde von M. H. Fischer mit dem Nachweis vor, daß derartige Amine die Quellung von Eiweißsolen stark fördern. Also nicht nur eine Wirkung auf die Kapillarwand im Sinne einer vermehrten Permeabilität können derartige Amine entfalten, sondern sie müßten als allgemeine hydropigene Gifte betrachtet werden. Damit wäre die Hydropsietendenz der Gewebe bei renalen Ödem gut erklärt. Allerdings würde es sich dann mehr um eine „Fernwirkung" der erkrankten Niere handeln, als um rein extrarenale Faktoren. Wir betonen aber, daß diese Vorstellung experimentell noch nicht so sicher steht, um sie als Tatsache annehmen zu können. Von einer sicheren Erklärung der „Ödembereitschaft" kann noch keine Rede sein.

Bei Nephrosen treten die Gefäßschädigungen mehr in den Hintergrund. Wie schon betont, ist das nephrotische Ödem, im Gegensatz zum nephritischen, überaus eiweißarm. Wir finden auch hier vielfach milchiges Blutserum, in der Niere zeigen sich besonders reichlich doppelbrechende Lipoide. Munk nimmt bei diesen Ödemformen ätiologisch eine kolloidchemische Abartung aller Kolloide des Organismus an, wobei allerdings über das primäre Moment nichts ausgesagt wird. Die Ansicht Volhards, daß bei der lipoiden Degeneration der Niere ödemfördernde Stoffe sich bilden, ist mir wahrscheinlicher.

Schließlich muß noch auf die Vorstellung, die meines Erachtens am meisten für sich hat, hingewiesen werden, daß Kapillarläsion resp. Gewebsveränderung und Nirenschädigung einander koordiniert verlaufen. Dasselbe Gift bedingt danach die renalen und extrarenalen Störungen. Vielfach wurde auch in diesem Sinne von einer allgemeinen Kapillarerkrankung gesprochen. Zwingende Beweise liegen bis jetzt jedoch nicht vor.

Bei den kardial bedingten Ödemen steht das Stauungsmoment sicher im Vordergrund, wie es auf Grund der Schadeschen Anschauung schon früher besprochen wurde. Aber auch hier dürfte neben der Zirkulationsstörung ein Gewebsfaktor in Frage kommen. Es ist ja auch gut verständlich, daß die mangelnde Zirkulation zu einer Schädigung des Zellstoffwechsels, auch in der Niere, führen muß. Daß dadurch eine hydropigene Tendenz entstehen kann, haben wir vorstehend ausführlich erörtert.

Die Ursache der Wasserretention mancher Diabetiker ist nicht bekannt. Eine renale Entstehung kommt nicht in Frage. Es muß also die diabetische Stoffwechselstörung selbst die günstigen Bedingungen für die Ödemtendenz im Gewebe schaffen. Aber wie diese zustande kommt, das wissen wir nicht. Inwieweit auch hier Veränderungen im Mineralstoffwechsel, und solche sind beim schweren Diabetiker immer vorhanden, mitspielen, weiß ich nicht. Die Möglichkeit liegt aber vor, da die relativen Mengenverhältnisse der einzelnen Ionen,

---

[1] Innere Sekretion 2. Berlin-Wien 1913.

vor allem der Antagonismus Natrium, Kalium einerseits, Kalzium andererseits, nicht nur für die dichtende Wirkung der Kapillarwand, sondern auch für die Quellung der Gewebe von Bedeutung ist. Unter den Ursachen einer Ödementstehung haben wir oben schon den Hunger resp. die Unterernährung angeführt (Inanitionsödem). In früheren Jahren hauptsächlich in Gefangenenlagern beobachtet, zeigte es sich in gehäuftem Maße auch unter der Zivilbevölkerung in den letzten Kriegsjahren. Im besonderen haben uns die Untersuchungen von Schittenhelm und Schlecht[1] über die Entstehung dieser Ödemform Aufklärung gebracht. Sie konnten zeigen, daß die Niere für Wasser und Kochsalz getrennt eine normale Funktion darbot. Wird aber Wasser und Kochsalz zusammen in großen Mengen gegeben, so tritt eine erheblich verlangsamte Ausscheidung des Wassers und Kochsalzes zutage. Kardiale Erscheinungen spielten in der Mehrzahl der Fälle nicht mit. Thyreoidin wirkt in diesen Fällen auf die Salz-Wasserausscheidung. Die Kost der Zivilbevölkerung in der zweiten Kriegshälfte bestand vorwiegend aus Kohlehydraten, sie war also wasserreich, aber äußerst arm an Eiweiß und Fetten. Schittenhelm und Schlecht erbrachten den Nachweis, daß die quantitative Minderwertigkeit der Kost die wesentlichste Ursache einer „Ödemkrankheit“ ist. Auch der Mangel an Eiweiß, Fetten und Lipoiden spielt dabei eine wichtige Rolle. Inwieweit Vitaminmangel noch hinzukommt, blieb unentschieden. Die quantitative und qualitative Unterernährung führt also zu einer Kapillarschädigung und damit zum Ödem. Die Autoren betrachten „Ödemkrankheit“ und Mehlnährschaden der Kinder als verwandte Krankheitsbilder.

Die Wasserretentionen, die man öfters im Fieber, nach Tuberkulineinverleibung und bei der unspezifischen Reizkörpertherapie beobachtet, scheinen nach den erwähnten Untersuchungen von Meyer-Bisch vorwiegend durch die von diesen Faktoren bedingten Gewebsveränderungen im Sinne einer Umstimmung der Stoffwechsellage bedingt zu sein. Daß für die Genese der entzündlichen Ödeme die Gewebssäuerung und die osmotische Hypertonie das wesentliche Moment darstellen, haben wir bei Besprechung der Schadeschen Untersuchungen schon betont. Betrachten wir das über das Ödem Gesagte zusammenfassend, so müssen wir sagen, daß sich, trotz der Vielseitigkeit der Krankheitsbilder, die ein Ödem veranlassen können, pathogenetisch viel Gemeinsames herausschälen läßt. Allen Formen, auch der renalen, gemeinsam ist die Hydropsietendenz des Gewebes, die immer primär eine vermehrte Quellung der Gewebszelle bedeutet. Diese physikochemische Umstellung des Gewebes, von deren einzelnen Entwicklungsstadien sehen wir jetzt ab, kann letzten Endes primär in den verschiedensten Faktoren verankert sein, seien es Stauungsmomente, Stoffwechseländerungen, inbegriffen Mineralstoffwechsel, Toxine, endokrine Ausfallserscheinungen, Funktionsstörungen der Niere oder schließlich nervöse Einflüsse, immer werden solche Alterationen generell angreifen und in diesem Sinne auch zu Schädigungen der Kapillarwände führen, so daß das Ödem schließlich das summarische Endprodukt verschiedener Teileffekte ist.

Die Niereninsuffizienz.

Wir verstehen unter Niereninsuffizienz eine unvollständige oder zu langsame Ausscheidung von solchen festen Stoffen, deren Entfernung aus dem Körper zur Erhaltung des Lebens wichtig ist. Man hat früher geglaubt, vor allem die Koranyische Schule, unter Berücksichtigung der Störungen in den Partialfunktionen der Niere sozusagen eine Topik der Niereninsuffizienz aufstellen zu

---

[1] Die Ödemkrankheit. Berlin 1919.

können. Dann haben vor allem Schlayer und seine Mitarbeiter[1] auf Grund zahlreicher experimenteller Befunde bei toxischen Nierenschädigungen funktionelle Ausfälle mit bestimmten histologischen Veränderungen des Nierengewebes in Beziehung zu setzen, und daraus auch klinische Parallelen zu ziehen versucht. So wertvoll die dabei erhobenen Tatsachen für die Erkenntnis der Funktion der kranken Niere in vielen Beziehungen waren, so hat sich doch gezeigt, daß auch diese Methoden eine örtliche Diagnose partieller Insuffizienzerscheinungen nicht ermöglichen. Es ist hier nicht der Ort, auf das Für und Wider einer derartigen Fragestellung einzugehen, wir verweisen diesbezüglich auf die kritischen Betrachtungen von Aschoff[2] und Volhard[3]. Die Schwierigkeiten sind vor allem dadurch gegeben, daß einerseits auch eine anatomisch erkrankte Niere noch durchaus gut funktionieren kann, und andererseits Teilstörungen keinen unbedingten Schluß auf eine Erkrankung der Niere zulassen, sobald extrarenale Momente mitsprechen. Gerade Volhard, dem wir die größten Fortschritte auf diesem Gebiete verdanken, hat darauf mit besonderem Nachdruck hingewiesen, und vor allem die Forderung aufgestellt, die mögliche Höchstleistung der Niere als funktionelles Maß klinisch einzustellen. „Die tatsächliche Leistung ist nicht identisch mit der möglichen Höchstleistung, und nur nach dieser können wir das Leistungsvermögen beurteilen." Wir müssen also ein Urteil darüber zu gewinnen suchen, ob das, was die Niere im ganzen leistet, den Forderungen des Organismus gerecht wird. Hatte die Koranyische Schule für die Beurteilung der Funktionsleistung die Methoden der physikalischen Chemie, die Kryoskopie und die Bestimmung des elektrischen Leistungswiderstandes, herangezogen, so ist man vor allem unter dem Einfluß der Volhardschen Anschauung heute davon völlig abgekommen, da der durch diese Verfahren gewonnene Einblick in die rein osmotischen Veränderungen uns ein zu einseitiges Urteil über die Nierenfunktion gibt. Gerade das Charakteristikum der normalen Funktion der Niere ist ihre rasche und weitgehende Anpassung an die sehr variablen Anforderungen des Organismus. Diese auch unter pathologischen Bedingungen kennenzulernen, im besonderen die Veränderung der Reaktionsbreite, das ist für die Beurteilung insuffizienter Leistungen besonders wichtig. Der Volhardsche Wasser- und Konzentrationsversuch trägt diesen Forderungen weitgehend Rechnung. Wenn wir einem nierengesunden Menschen morgens nüchtern eine größere Menge Flüssigkeit, z. B. $1^1/_2$ Liter, zuführen, so scheidet die normale Niere diese Menge quantitativ in 4 Stunden aus, wobei das spezifische Gewicht in einzelnen Harnportionen bis auf 1001 oder sogar 1000 abfällt. Und zwar wird die größere Menge der Flüssigkeit, über die Hälfte, in den ersten 2 Stunden ausgeschieden. Es kommt also bei der Einschätzung des Wasserversuches nicht nur darauf an, daß die vorgelegte Wassermenge in der entsprechenden Zeit quantitativ zur Ausfuhr gelangt, sondern vor allem auch, worauf Volhard mit Nachdruck hinweist, auf die maximale Sekretionsgeschwindigkeit. Manchmal kann sowohl bei Gesunden als auch bei leichter Nierenschädigung die Wasserausscheidung überschießend verlaufen. Es werden mehr als 1500 ccm, vielleicht 1800 oder 2000 ccm, ausgeschieden. Ob es sich dabei um eine Überempfindlichkeit der Niere im Sinne Schlayers handelt, mag dahingestellt sein. Bei tiefer gehenden Störungen sehen wir nun im Wasserversuch nicht selten noch eine gute quantitative Ausfuhr innerhalb 4 Stunden, aber die einzelnen Urinportionen zeigen nicht mehr den charakteristischen steilen Verlauf der Ausscheidung in den ersten Stunden, die

---

[1] Dtsch. Arch. klin. Med. **90** (1907); **98** (1910); **101** (1911) — Pflügers Arch. **102** (1911) — 29. Kongr. inn. Med. **1912**.

[2] Med. Klin. **1913**.   [3] Im Handb. von Mohr-Staehelin **3** (1918).

Ausfuhr verläuft gleichmäßiger über die 4 Stunden verteilt, und das spezifische Gewicht sinkt nicht so tief ab wie in der Norm. Je schwerer die Störung, um so geringer fallen dann gewöhnlich die Einzelportionen aus, und auch die Gesamtmenge geht entsprechend zurück. Vor allem aber hält sich dann das spezifische Gewicht auf einer gewissen Höhe, 1010—1012. Es entspricht also ungefähr dem spezifischen Gewicht des enteiweißten Blutplasmas. Es ist selbstverständlich, daß der Wasserversuch nur dann eine funktionelle Einschätzung zuläßt, wenn keine extrarenalen Faktoren (z. B. Ödeme, Kreislaufstörungen, Durchfälle) die Wasserausscheidung beeinflussen.

Eine weitere, besonders wichtige Funktion der Niere ist ihre Konzentrationsfähigkeit. Wenn wir letztere prüfen wollen, so geben wir 24 Stunden lang eine stark flüssigkeitsbeschränkte Nahrung. Die gesunde Niere produziert dann eine geringe Harnmenge, und das spezifische Gewicht steigt bis auf 1025—1030 an. Bei geschädigtem Konzentrationsvermögen geht das spezifische Gewicht weniger in die Höhe, die Harnmenge nimmt zu, und es zeigt sich eine Körpergewichtsabnahme. In schweren Fällen ist die Harneindickung überhaupt nicht mehr möglich, es wird ein nahezu blutisotonischer Harn ausgeschieden, das spezifische Gewicht bleibt bei etwa 1010, wobei, falls die Wasserausscheidung noch einigermaßen erhalten ist, eine Polyurie eintritt. Die Niere arbeitet sozusagen nur noch wie ein Filter im physikalischen Sinne. Man hat diesen Zustand als „Nierenstarre" bezeichnet.

Wir betrachten den Ausfall des Konzentrationsversuches als bestes Kriterium einer eventuellen Niereninsuffizienz, und zwar desjenigen Teiles des Nierenapparates, der die Konzentrationsarbeit zu leisten hat, nämlich der Tubuli. Sehr häufig zeigt sich bei Nierenkranken eine Polyurie, öfters in Form der Nykturie. Trotz großer Urinmengen kann in solchen Fällen im Wasserversuch eine erhebliche Ausscheidungsverzögerung mit entsprechender Körpergewichtszunahme auftreten. Wir müssen deshalb nach Volhard zwischen Wasserausscheidung und Wasserausscheidungsvermögen unterscheiden. In derartigen Fällen handelt es sich meist um Schrumpfnieren, die auf eine Mehrleistung nicht mehr prompt antworten können.

Wir haben schon darauf hingewiesen, daß der Konzentrationsversuch, oft entgegen dem Verhalten des Gesunden, nicht mit einer geringen und hochkonzentrierten Harnmenge einhergeht, sondern vielfach eine Polyurie mit großen Mengen eines sehr dünnen Harnes auftritt. Man hat die in solchen Fällen meist vorhandene Hypertonie und Herzhypertrophie als Ursache der Polyurie betrachtet. Das scheint aber doch zweifelhaft. Sicher kommen aber auch Fälle ohne wesentliche Hypertonie vor, und zudem scheint es fraglich, das haben wir schon im physiologischen Teil erwähnt, ob sich der arterielle Hochdruck, bei der Selbständigkeit des Kapillarsystems in diesem in derselben Stärke als Filtrationsdruck äußert. Nach Volhard kommt die tubuläre Insuffizienz vor:

1. durch Verkleinerung der Niere, also quantitativ bedingt,

2. durch primär qualitative Veränderungen der Harnkanälchen, wie bei den eigentlichen Epithelerkrankungen der Niere, oder sekundär durch Harnstauung,

3. durch primäre Insuffizienz der Glomeruli, da jeder geschädigte Glomerulus eine Degeneration des zugehörigen Harnkanälchens im Gefolge hat.

Die Polyurie wird dementsprechend je nach der Zahl der noch funktionstüchtig zurückgebliebenen Glomeruli in ihrer Stärke variieren. Sie ist in diesem Sinne als eine „kompensatorische Polyurie" aufzufassen. Es kann also die Konzentrationsstörung der Niere, soweit eine Mehrleistung des glomerulären Apparates möglich ist, kompensiert werden. Ist die Akkommodationsbreite der Niere herabgesetzt, wir sprechen dann auch von einer Hyposthenurie, so wird eine derartige Niere, um die Schlacken entfernen zu können, mehr Wasser bedürfen, es kommt zur Polyurie, vorausgesetzt, daß die Glomerulusfunktion dazu noch ausreicht. Solche Individuen klagen über dauerndes starkes Durstgefühl. Die Polydipsie ist aber keineswegs primär, denn auch im Durstversuch wird bei derartigen Kranken ein polyurischer Harn entleert. Die Niere braucht eben mehr Wasser zur Entfernung der Schlacken, und wenn es exogen nicht zugeführt wird, so mobilisiert sie Gewebewasser, infolgedessen kommt es unter diesen Umständen zu Gewichtsabnahmen. Das Primäre ist also die Polyurie, und diese ist nicht nur kompensatorisch, sondern auch eine „Zwangspolyurie“. Wir haben schon früher davon gesprochen, daß die gesunde Niere nicht dauernd als Ganzes arbeitet, sondern nur ein Teil der Glomeruli durchblutet wird. Es scheinen also für die gesunde Niere gewisse Ruhepausen jeweils einzelner Teile gegeben zu sein. Die zwangspolyurische Niere ist dagegen ununterbrochen maximal belastet, und so ist es verständlich, daß sie auch vorzeitig erlahmen muß. Ist, wie bei ausgedehnten Erkrankungen der obengenannten Gruppe 3, eine Kompensation durch den Glomerulusapparat nicht mehr möglich, so wird eine derartige Niere dauernd einen Urin mit einem spezifischen Gewicht um 1010 herum ausscheiden, also eine blutisotonische Flüssigkeit, wir sprechen dann auch von Isosthenurie. Die Leistung einer derartigen Niere ist also nach oben hin, Konzentration, und nach unten hin, Verdünnung, sozusagen fixiert. Sie ist eigentlich nur noch ein starres Filter. Wir haben damit den höchsten Grad der Niereninsuffizienz vor uns. Jede Niereninsuffizienz muß je nach ihrem Grade zu einer mehr oder weniger starken Anhäufung von Schlacken im Organismus führen. Man kann nun auch derartige Retentionsprodukte im Blut nachweisen. Da die Kohlehydrate und Fette intermediär zu Kohlensäure und Wasser verbrennen, handelt es sich bei diesen Retentionsprodukten vor allem um Eiweißabkömmlinge, also um stickstoffhaltige Körper. Hier kommt an erster Stelle der Reststickstoff des Blutes in Betracht. Wir verstehen darunter denjenigen Teil des Stickstoffs, der nach vollständiger Entfernung der koagulablen Eiweißkörper im Filtrat zurückbleibt. Diese Reststickstoffraktion besteht vorwiegend aus Harnstoff, ferner enthält sie von wichtigen Bestandteilen Aminosäuren, Kreatin, Kreatinin, Harnsäure, Purinbasen, Hippursäure, Ammoniak und Indikan. Es ist nun die Frage, inwieweit der Grad der Retention bei der Niereninsuffizienz der Höhe des Blutreststickstoffes entspricht. Die N-Retention im Blute wird als Azotämie bezeichnet. Es kann kein Zweifel darüber sein, daß diese Schlacken vom Gewebe aufgenommen werden. Das haben Lichtwitz[1] und v. Monakow[2] nach Eingaben von Harnstoff nachgewiesen. Die Untersuchungen von Rosenberg[3] und von Becher[4] haben aber doch den Nachweis erbracht, daß die Rest-N-Aufnahme im Blut und Gewebe annähernd gleich groß ist und daß ein bestimmtes Speicherungsorgan nicht besteht. Man kann also doch den Grad der Niereninsuffizienz nach der Höhe des Reststickstoffes im Blut einschätzen. Dabei geht bei zunehmender Azotämie der prozentuale Anteil des Harnstoff-N am Rest-N auf Kosten der übrigen Rest-N-Bestandteile in die Höhe.

Von besonderem Wert für die frühzeitige Erkennung einer Niereninsuffizienz ist die Erhöhung des Blutindikans[5]. Bei chronischen Nierenerkrankungen steigt nämlich das Indikan früher an als der Harnstoff- resp. Rest-N. Bei der akuten Niereninsuffizienz ist das jedoch nicht der Fall. Dasselbe trifft

---

[1] Klinische Chemie. Berlin 1918.   [2] Dtsch. Arch. klin. Med. **115/119** (1924).
[3] Arch. f. exper. Path. **79** (1916); **86** (1920) — Dtsch. Arch. klin. Med. **123** (1917).
[4] Dtsch. Arch. klin. Med. **135** (1920).
[5] Zusammenfassende Darstellung bei Baar, Indikanämie. Berlin-Wien 1922.

für die Zunahme des Kreatinins zu. Es steigt nach Rosenberg bei der akuten Azotämie der Harnstoff zuerst, dann das Kreatinin und zuletzt das Indikan an. Während bei der chronischen Azotämie zuerst die Hyperindikanämie und Hyperkreatininämie auftreten, wobei das Indikan die relativ größte Erhöhung zeigt, weil es sich weit mehr im Blute als in den Geweben anreichert[1]. Auch die Harnsäure nimmt an dieser Steigerung, aber in weit geringerem Umfange, teil. Die folgende Tabelle gibt von den hauptsächlichsten Retentionssubstanzen die Normalwerte und die unter pathologischen Bedingungen auftretenden Maximalwerte im Blute nach Rosenberg wieder.

Nach Becher[2] treten bei der Niereninsuffizienz der Schrumpfnieren Blutphenole frühzeitig und stark vermehrt, oft auch in

Substanz	Normalwert %	Maximalwerte %
Rest-N . . .	15—40 mg	400—500 mg
Harnstoff . .	15—40 ,,	500—700 ,,
Indikan . . .	0,04—0,107 mg	6— 7 mg
Kreatinin . .	0,6—20 mg	30—40 ,,
Harnsäure .	2—4 ,,	10—20 ,,

freier Form auf. Auch die Oxysäuren zeigen sich vermehrt und fanden sich zu einem erheblichen Teil in freier Form. Nach Becher lassen sich auf Grund des Harn- und vor allem des Blutbefundes zwei verschiedene Formen von Niereninsuffizienz trennen. Bei der ersten Form hat der Harn seine normale Farbe, und das spezifische Gewicht kann hoch sein. Bei der zweiten Form besteht helle Harnfarbe und Isosthenurie. Im Blut findet man bei der ersten Form nur eine Vermehrung des Rest-N, des Harnstoffs und der Harnsäure. Bei der zweiten Form sind außerdem noch die Darmfäulnisprodukte stark erhöht. Die erste Form zeigt sich bei der akuten Nephritis und auch bei der Stauungsniere, die zweite Form findet sich bei der Schrumpfniere. Bei der ersten Form handelt es sich um eine partielle, bei der zweiten Form um eine generelle Funktionsstörung. Wir geben zur besseren Orientierung die Tabelle von Becher im folgenden wieder.

	I. Form	II. Form
	der Niereninsuffizienz	
Harn:		
Menge	vermindert	vermehrt
spez. Gewicht	oft hoch	um 1010—1012 fixiert
Konzentrationsfähigkeit . . .	meist erhalten	gestört bis aufgehoben
Verdünnungsfähigkeit	renal und extrarenal gestört	renal gestört bis aufgehoben
Harnfarbe	normal oder dunkel	hell
Urobilin und Urochrom . . .	vorhanden	erheblich vermindert bis fehlend
Chromogene	wie in der Norm, spärlich	reichlich
Blut:		
Rest-N	erhöht	erhöht
Harnstoff	erhöht	erhöht
Harnsäure	erhöht	erhöht
Kreatinin	wenig und spät erhöht	erhöht
Indikan	wenig und spät erhöht	meist früh und relativ stark erhöht
Phenol und Phenolderivate . .	wenig und spät erhöht	meist früh und relativ stark erhöht
Chromogene	wenig und spät erhöht	meist reichlich
freier und gebundener Amino-N	normal	kann vermehrt sein
Chlor	normal	kann vermindert sein
Neigung zu Pseudourämie . .	besteht	kann bestehen
Neigung zu echter Urämie . .	gering	groß

<hr>

[1] Becher, Dtsch. Arch. klin. Med. **129** (1919); **134** (1920).
[2] Zbl. inn. Med. **16** (1925) — Z. klin. Med. **104** (1926) — Münch. med. Wschr. **1926**, Nr 41.

Man hat nun auch versucht, die Harnstoffausscheidung im Urin in Beziehung zum Harnstoffgehalt des zirkulierenden Blutes zu bringen. Ambard hat aus solchen Überlegungen heraus seine Konstante aufgestellt (la constante uréo-sécretoire). Die Ambardsche Formel lautet:

$$\frac{Ur}{\sqrt{\dfrac{D \cdot 70 \cdot \sqrt{c}}{p \cdot 5}}} = 0{,}07\,.$$

Ur bedeutet Blutharnstoff in Gramm pro Liter, D die in 24 Stunden ausgeschiedene Harnstoffmenge in Gramm, c die Harnstoffkonzentration des Urins in Gramm pro mille, p das Körpergewicht der untersuchten Person in kg, 70 ist das durchschnittliche Normalgewicht und 5 die Quadratwurzel aus der durchschnittlichen normalen Konzentration des Urinharnstoffes in Gramm pro mille. Wegen der Einzelheiten muß auf die Ambardschen Arbeiten[1] verwiesen werden. Über den klinischen Wert dieser Konstante besteht eine zahlreiche, zum Teil zustimmende, zum Teil ablehnende Literatur[2]. Schon der von Ambard bestimmte Normalwert von 0,07 scheint beträchtlichen Schwankungen zu unterliegen, von etwa 0,04—0,09. Je höher der Wert liegt, desto schwerer scheint im allgemeinen die Niereninsuffizienz zu sein. Von McLean wurde dann ein Urea Index aufgestellt. Er nimmt als Konstante der Ambardschen Formel 0,08, und legt diesen Wert seinem Index als 100 zugrunde. Der normale Wert des Urea-Index schwankt zwischen 80—200. Liegt er unter 80, so bedeutet es Niereninsuffizienz. Nach den Angaben der Literatur hat sowohl die Ambardsche Konstante als auch der McLeansche Urea-Index sehr viele Fehlerquellen, und vor allem gibt es sehr viele Versager, so daß zur Kontrolle andere Methoden mit herangezogen werden müssen. Da die letzteren viel einfacher sind, so verzichtet man meines Erachtens von Anfang an besser auf die komplizierten Berechnungsmethoden.

Stockt die Urinabsonderung völlig, liegt also eine Anurie vor, so kommt es zum höchsten Grade der Niereninsuffizienz. Man unterscheidet verschiedene Formen der Anurie, je nachdem dieselbe renal oder extrarenal bedingt ist. Die renale Anurie sehen wir bei schweren akuten Glomerulonephritiden und bei der Sublimatniere. Der Abfluß des Harns kann mechanisch verhindert sein schon innerhalb der Niere, wenn durch große Blutmassen die Kanälchen verstopft werden (z. B. beim Schwarzwasserfieber und nach Verbrennungen). Das Hindernis kann aber auch im Nierenbecken, Urether (Steine) oder in der Nachbarschaft der Niere (Tumoren durch Kompression wirkend) gelegen sein. Man spricht dann von subrenaler Anurie, und schließlich wären die reflektorischen Anurien verschiedenster Ätiologie zu erwähnen.

Es kommt nun in diesen Fällen zu einem typischen klinischen Bild, das in seinen Symptomen dem der echten Urämie, dem Nierensiechtum, gleicht. Es ist höchst eigenartig, daß trotz völliger Anurie die Symptome sich meist nur langsam entwickeln, es kann tagelang völliges Wohlsein bestehen, und es sind Anurien von wochenlanger Dauer bekannt geworden. Der Blutdruck steigt allmählich zu sehr hohen Werten an, und es entwickelt sich relativ rasch eine Herzhypertrophie. Bemerkenswert ist aber, daß dagegen die Unterbindung beider Nierenarterien zu keiner Blutdrucksteigerung führt. Sehr starke Reten-

---

[1] C. r. Soc. Biol. Paris **1910** — J. Physiol. et Path. gén. **12** (1910) — Physiol. normale et pathol. des reins. Paris 1920 — Presse méd. **1925**.

[2] Guggenheimer, Biochem. Z. **99** (1919) — Z. exper. Path. u. Ther. **21** (1920) — Dtsch. Arch. klin. Med. **137** (1921). — McLean, J. of exper. Med. **22** (1915); **26** (1917) — J. amer. med. Assoc. **66** (1916).

tionserscheinungen finden sich bei der Anurie im Blute. Dabei sind die höchsten Reststickstoffwerte bis über 300 mg% beobachtet worden. Weiterhin ist aber auffallend, daß es trotz starker Hydrämie und Kochsalzretention erst spät und dann nur in geringem Umfange zu Ödemen kommt, und daß höchst selten eine eigentliche Krampfurämie auftritt.

Die Pathogenese der Urämie [1].

Unter Urämie, „Harnvergiftung", verstehen wir ein sehr vielseitiges klinisches Symptomenbild mit vorwiegend nervösen Vergiftungserscheinungen, wie sie im Verlaufe von Nierenerkrankungen auftreten können. Dabei wurde, wenn auch vielfach in sehr umschriebener Form, der Begriff „Urämie" dahin verstanden, daß die urämischen Erscheinungen als eine Folge der Erkrankung der Harnorgane aufzufassen seien. „Es kennzeichnet derselbe eine Reihe von Erscheinungen, die bei Krankheiten und Schädigungen der Niere und ihrer ableitenden Wege den Widerhall der lokalen Schädlichkeit auf den Gesamtorganismus bedeuten", so schreibt Ascoli in seiner ausgezeichneten, auch heute noch lesenswerten Monographie. Es kann an dieser Stelle nicht meine Aufgabe sein, das experimentell und klinisch in allen Einzelheiten gar nicht mehr übersehbare Gebiet der Urämie auch nur einigermaßen zusammenfassend darzustellen. Nur das Wenige, das historisches Interesse hat, soll zunächst Berücksichtigung finden. „Wer die Geschichte der Urämieforschung kennt, wird dafür stimmen, daß auf diesem Gebiete, einem Tummelplatz von Theorien, Hypothesen und Spekulationen, in dem auch bis heute das Entscheidende noch unbekannt ist, die Namengebung und Begriffsbildung nur auf der Basis des Wissens, aber nicht auf dem unsicheren Grunde einer gerade herrschenden Lehrmeinung vorgenommen wird", sagt noch in jüngster Zeit Lichtwitz, einer der erfahrensten Kliniker auf diesem Gebiete.

Das Fehlen greifbarer Läsionen der funktionell beteiligten Organe ließ eine anatomische Theorie der Urämie wenig aussichtsreich erscheinen: um so mehr trat von Anfang an, und im Hinblick auf die Vorstellung einer Retention giftiger Stoffwechselschlacken durch die mangelhafte Nierentätigkeit, die chemische Theorie der Urämieentstehung in den Vordergrund. Von Wilson wurden die Harnstoffanhäufung im Blute, von Frerichs und Jaksch das Ammoniak resp. kohlensaure Ammoniak als ursächliche Momente für die Auslösung des urämischen Anfalls angeschuldigt. Dann wurden einzelne Harnbestandteile, gerade vom Standpunkt der Retentionstheorie aus, pathogenetisch besonders betont, so die Extraktivstoffe des Harns, vor allem das Kreatinin durch Jaccoud, ferner haben Feltz und Ritter die Retention der giftigen Kalisalze ursächlich herangezogen, obwohl das Bild der Kalivergiftung wesentlich andere Symptome zeigt als die eigentliche Urämie. Bouchards bekannte Lehre von den Autointoxikationen beeinflußte lange Zeit das Urämieproblem. Bouchard entzog durch Adsorption an Tierkohle einerseits und durch Alkoholextraktion andererseits verschiedene toxische Substanzen dem Urin, die Pupillenverengerung, Krämpfe, narkotische Wirkungen und Speichelabsonderung im Tierexperiment hervorriefen. Die Toxizität des Gesamtharns setzt sich also aus Teilgiften zusammen, die zum Teil antagonistisch wirken können. Bouchard sah deshalb in der

---

[1] Zusammenfassende Darstellung bei Ascoli, Vorlesungen über Urämie. Jena 1903. — Frey, W., Erg. inn. Med. **19** (1921). — Lichtwitz, Die Praxis der Nierenkrankheiten. Berlin 1925. — Richter, P. F., Handb. von Kraus-Brugsch **7** (1920). — Strauss, H., Die Nephritiden. Berlin-Wien 1916 — Berl. klin. Wschr. **1915**, Nr 15. — Volhard, Handb. d. inn. Med. von Mohr-Staehelin **3** (1918).

Urämie einen Zustand summarischer Vergiftung, wobei die entsprechenden Gifte sowohl aus der Nahrung stammen, als auch endogen im Körper entstanden sein könnten. Bouchard konnte auch dartun, daß die Giftigkeit des Harnes bei Nierenkranken geringer ist als bei Gesunden, während die Toxizität des Blutes zunimmt. Es zeigte sich aber in der Folge, daß Retention von Stoffwechselschlacken und Urämie keineswegs parallel gehen, und damit entfiel auch der Bouchardschen Lehre die Beweiskraft. Später wurden dann durch H. Strauss die Retentionserscheinungen im Blute Nierenkranker, vor allem auf Grund der Reststickstoffbestimmungen, in ausgedehnten und grundlegenden Untersuchungen auf eine sichere diagnostische Basis gestellt, und auch dadurch, daß in dieser Schlackenanhäufung Eiweißabkömmlinge erkannt wurden, das ätiologische Moment genauer präzisiert.

Neben diesen sog. chemischen Theorien der Urämiegenese trat schon früh eine andere Anschauungsweise hervor, die mechanische Faktoren in den Vordergrund stellte. Traube sah das ursächliche Moment der nervösen Erscheinungen der Urämie in einem Hirnödem, das durch Kompression der Hirngefäße zu einer Anämie des Gehirns führen sollte. Es ist ohne Zweifel, daß ein derartiges Ödem die zentral nervösen Symptome der Urämie sehr gut erklären kann, aber, und das ist seit Cohnheim bis auf unsere Zeit die Streitfrage, das Vorkommen eines solchen Ödems wird für die Mehrzahl der Fälle von Urämie bestritten. Wir werden später darauf noch zurückkommen, da gerade in neuester Zeit die Traubesche Lehre in etwas modifizierter Form erneut zur Diskussion gestellt wurde. Auch die Tatsache der Vergesellschaftung von Kreislaufsymptomen und Urämie ließ den Gedanken eines gemeinsamen Giftes, das sowohl die Blutdrucksteigerung als auch die urämischen Symptome bedingen sollte, aufkommen (Fr. Müller). Schon Riegel sah in den Angiospasmen der Nierenkranken nicht nur das ursächliche Moment der Herzhypertrophie, sondern auch einen wesentlichen ätiologischen Faktor für die Auslösung des eklamptischen Anfalls. Diese Anschauung wurde dann weiterhin durch Osthoff, Forlanini und Pal ausgebaut. Die Tatsache der Häufigkeit des Vorkommens funktioneller Gefäßstörungen bei Nierenkranken, die gar nicht seltene präurämische „kritische" Blutdrucksteigerung, ließen an eine Bedeutung dieser „Gefäßkrisen" (Pal) auch für die Entstehung zerebraler Herdsymptome im Bilde der Urämie denken. Letzten Endes vermutete man dabei auch wieder als Causa movens ein „Urämiegift", das seine Entstehung in dem in schweren Urämiefällen nachgewiesenen gesteigerten Eiweißzerfall oder in der erkrankten Niere selbst (Nephrolysine u. ä.) haben sollte.

Suchen wir nun auf Grund dieser verschiedenen Theorien uns das bunte klinische Bild der Urämie verständlich zu machen, so drängt sich zunächst die Frage auf, ob überhaupt eine einheitliche klinische Rubrizierung dessen, was wir Urämie nennen, möglich ist. Man hat früher je nach dem Vorwiegen einzelner Organstörungen im Gesamtbilde der Urämie von nervöser, psychotischer, gastrointestinaler, viszeraler, eklamptischer, asthenischer usw. Urämie gesprochen. Auch eine akute und eine chronische Urämie wurden unterschieden. Es ist klar, daß auf diese Weise eine Zusammenfassung klinischer Typen nicht möglich ist, so lange nicht pathogenetische Gesichtspunkte zugrunde gelegt werden. Hier hat nun Volhard in klassischen Untersuchungen den Versuch unternommen, charakteristische klinische Typen begrifflich herauszuschälen. Vor allem hat Volhard die fraglos klinisch wichtigste Seite des Urämieproblems dahin präzisiert: Gibt es eine Urämie nur bei Niereninsuffizienz oder auch solche Fälle, wo die Nieren funktionell nicht geschädigt sind? Beide Fragen sind zu bejahen. Wir sehen die Urämie bei schwer geschädigten Nieren, wo also die früher besprochenen Erscheinungen der Niereninsuffizienz im Sinne der Schlackenretention voll ausgeprägt sind. Wir finden aber das klinische Bild der Urämie auch in Fällen, wo deutliche Symptome einer Niereninsuffizienz fehlen. Nur für die erste Kategorie will Volhard den Namen Urämie gelten lassen. Er unterscheidet dementsprechend: 1. die echte Urämie, das Nierensiechtum, auf Grund einer Niereninsuffizienz, und 2. die Pseudourämie, die ätiologisch mit einer Nierenstörung nichts zu tun hat. Die Pseudourämie zerfällt wieder in a) die akute, eklamptische, und in b) die chronische Form. Diese drei klinischen Typen haben auch symptomatologische Eigenheiten. Bei der echten Urämie steht der geistige und körperliche Verfall im Vordergrund. So variabel die psychischen Veränderungen im einzelnen von Fall zu Fall sein können, so haben sie doch im Gesamtbilde vielfach gemeinsame Züge. Solche Kranke zeigen eine Teilnahmslosigkeit, Schläfrigkeit, sie dösen dauernd vor sich hin. Trotzdem mangelt ihnen ein wirklicher Schlaf. Sie klagen über dumpfe Kopfschmerzen. Die Haut ist trocken und spröde, und infolge eines quälenden Juckreizes von zahlreichen Kratzwunden bedeckt. Nicht nur eine Alteration der Gefäßwände, sondern auch eine schlechte Gerinnbarkeit des Blutes bedingt die Neigung zu Blutungen. Häufig besteht eine Stomatitis mit Foetor ex ore. Davon verschieden ist der Foetor azotämicus, ein charakteristisches Zeichen einer Niereninsuffizient, wobei es infolge der Schlackenretention zur Ausatmung flüchtiger Eiweißabbauprodukte (Ammoniak) kommt, auch bei völlig intakter Mundschleimhaut. Das Gesicht des Urämikers ist blaß auf Grund einer echten Anämie. Immer besteht Übelkeit und Erbrechen, öfters kommt es zu Ulzerationen des Magen-Darmkanals. Diese Flüssigkeitsverluste, verbunden mit der Zwangspolyurie, führen meist zu einem quälenden Durst. Häufig zeigt die Atmung den Typus der großen Kussmaulschen Atmung, sub finem vitae tritt dann ein Cheyne-Stokes'sches Atmen auf. Der Blutdruck ist hoch, kann aber ante mortem absinken. Meist besteht eine Muskelunruhe, ein eigenartiges Wühlen der Muskulatur, sehr selten treten aber bei der echten Urämie wirkliche Krämpfe auf. Dieses typische Bild der echten Urämie finden wir bei der genuinen und sekundären Schrumpfniere. Es tritt nur bei Niereninsuffizienz auf, und es ist eine Schlackenretention im Blute immer deutlich nachweisbar. Auch unsere eigene Erfahrung spricht im Sinne Volhards, daß bei der echten Urämie der Reststickstoff des Blutes immer erhöht ist. Diese Erhöhung braucht aber nicht parallel der Schwere des Falles zu gehen.

Ganz anders gestaltet sich das klinische Bild der akuten oder eklamptischen, vielfach auch als Krampfurämie bezeichneten Form. Sie tritt am häufigsten im Beginn der Glomerulonephritis und bei der Schwangerschaftsniere auf, selten bei der Schrumpfniere. Wir finden sie dementsprechend häufig in jugendlicherem Alter. Gewöhnlich bestehen starke Kopfschmerzen, Erbrechen, gespannter Puls und eine auffallende Gedunsenheit des Gesichts. Der Anfall, dem öfters eine „kritische" Steigerung des schon hohen Blutdruckes vorausgeht, setzt meist plötzlich ein und gleicht klinisch völlig dem epileptischen Insult. Die Pupillen sind weit. Es besteht völlige Bewußtlosigkeit. Nach Abklingen des Anfalls zeigen sich nicht selten psychische Störungen. Häufig tritt die eklamptische Amaurose auf, auch Mono- und Hemiplegien können sich zeigen. Auch ohne eigentliche Krampfanfälle können derartige Ausfallserscheinungen vorkommen, als sog. „eklamptische Äquivalente". Die Reflexe sind gesteigert, meist ist ein Babinskisches Phänomen auslösbar. Im Gegensatz zur echten Urämie finden sich häufig Temperatursteigerungen. Meist ist auch der Lumbaldruck erhöht. Die eklamptische Urämie ist unabhängig vom

Funktionszustand der Niere, sie tritt deshalb auch bei guter Diurese auf und kann sich ebenso im Stadium der Ausschwemmung von Ödemen zeigen. Dementsprechend ist der Reststickstoffgehalt des Blutes meist normal.

Die chronische Form der Pseudourämie findet sich bei Atherosklerotikern, vor allem bei vorwiegender Lokalisation der Sklerose im Gehirn und den Nieren. Diese Form wird deshalb von Lichtwitz als „Urämie bei Sklerose" bezeichnet. Meist bestehen überhaupt Zeichen allgemeiner Angiospasmen auf Grund der Gefäßveränderungen, Parästhesien verschiedenster Art, Kältegefühle, intermittierendes Hinken, Koronarsklerose u. a. Neben dem hartnäckigen Kopfschmerz stehen die psychischen Störungen, bedingt durch die zerebrale Sklerose, im Vordergrund. Sie zeigen sich zum Teil in einer leichten Reizbarkeit, zum Teil in einer Desorientiertheit resp. in gemütlichen Depressionen, Halluzinationen und Verfolgungsideen, Erregungszuständen und Tobsucht. Auch hier finden wir häufig transitorische Herderscheinungen, wie Amaurose, Mono- und Hemiplegien, so daß das klinische Bild vielfach dem der eklamptischen Urämie ähnelt. Gar nicht selten bleiben die erwähnten Herderscheinungen auch bestehen als Ausdruck einer eingetretenen organischen Läsion. Immer besteht eine Hypertonie. Das Auftreten dieser Symptome ist unabhängig von dem Vorhandensein einer Niereninsuffizienz, wie auch dasselbe Bild bei Nichtnierenkranken, so z. B. bei Herz- und Gefäßkrankheiten, beobachtet wird. Die Atmung zeigt gewöhnlich nichts Charakteristisches. Die häufige Dyspnoe ist vielfach kardialen Ursprunges.

Nach Volhard entspricht nun diesen drei klinischen Typen, die selbstverständlich vielfach Übergänge, d. h. Mischformen, darbieten können, auch eine differente Pathogenese. Er greift auf die alte Traubesche Theorie zurück und sieht die Ursache der eklamptischen Form der Pseudourämie in einem Hirnödem. „Es ist nicht — entgegen der Widalschen Lehre — die Schwängerung der kortikalen Zentren mit Chloriden, sondern ihre ödematöse Durchtränkung, genauer gesagt, ihre Volumzunahme im abgeschlossenen Raume, die den wesentlichen Vorgang darstellt." Es ist also nach Volhards Ansicht vorwiegend ein mechanischer Faktor das auslösende Moment für die Krampfurämie. Das Hirnödem führt zu einer Ischämie und bedingt damit einen Sauerstoffmangel im Gehirn, der letzten Endes die zerebralen Erscheinungen bedingt. Dabei kann die Reaktion in ihrem Ausmaß variieren, je nachdem die mechanische Störung plötzlich oder mehr allmählich sich entwickelt.

Für die chronische Form der Pseudourämie bei Sklerosen sind nach Volhard angiospastische Zustände ätiologisch verantwortlich zu machen, wie sie ja für andere Formen lokalisierter Sklerosen, z. B. das intermittierende Hinken, als auslösendes Moment der Schmerzattacken allgemein angenommen werden. Letzten Endes ist es auch hier wieder die durch die Gefäßkrämpfe bedingte Hirnischämie, welche die Störungen auslöst. Wir betrachten danach die zerebralen transitorischen Herdsymptome bei dieser Form als durch lokale Gefäßspasmen hervorgerufen. Ein Teil der Symptome kann weiterhin, wie wir schon betont haben, durch eine zugleich bestehende kardiale Insuffizienz verschuldet sein. Das wesentliche pathogenetische Moment dieser beiden Pseudourämieformen wäre also nach Volhard ganz allgemein in Zirkulationsstörungen gelegen, die lokal oder allgemein, dauernd oder vorübergehend, plötzlich oder mehr allmählich sich entwickeln können. Diese Störungen können, je nachdem, ob mehr das Moment der Gefäßdurchlässigkeit oder der Angiospasmus im Vordergrund steht, in der besprochenen Weise die Formen der Pseudourämie bedingen. Jedenfalls ist für ihr Zustandekommen die Funktion der Niere von untergeordneter Bedeutung, und dementsprechend verlaufen

sie meist ohne Zeichen der Schlackenretention. Die echte Urämie dagegen
ist eine ausgesprochene Toxikose, die nur auf dem Boden der Niereninsuffizienz entsteht, wobei die Art des Giftes oder der Gifte zunächst unentschieden bleibt. Sicher handelt es sich um Eiweißabkömmlinge, sei es, daß
eine Retention normaler Eiweißspaltprodukte vorliegt, sei es, daß der bei der
echten Urämie immer bestehende gesteigerte Eiweißzerfall die Veranlassung zur
Entstehung solcher Gifte gibt.

Diese Formulierung Volhards ist nicht ohne Widerspruch geblieben; so
wurde von Fr. Müller[1] die klinische Rubrizierung Volhards abgelehnt, vor
allem aber hat Lichtwitz in sehr beachtenswerten Argumenten dazu Stellung
genommen. Lichtwitz verwirft die Ödemtheorie Volhards für die Genese
der eklamptischen Urämie. Vor allem die Periodizität des Symptomenbildes
erscheint ihm durch ein Hirnödem nicht erklärbar. Es ist durchaus einleuchtend,
wenn er sagt: „oder soll die Meinung gelten, daß das Hirnödem 20—100 mal in
24 Stunden kommt und wieder verschwindet, und daß jedes Neueintreten einen
eklamptischen Anfall auslöst?" Auch das Fehlen der eklamptischen Urämie
gerade bei Nephrosen mit ihren ausgesprochenen Ödemen spricht nicht
für die Volhardsche Auffassung. Ebensowenig die Möglichkeit der Auslösung
eines eklamptischen urämischen Anfalls durch starke Gemütserregung. Lichtwitz sieht, gerade im Hinblick auf die sicher angiospastische Genese der Urämie
bei Sklerosen, das ätiologische Moment der akuten und chronischen Urämie in
den Gefäßveränderungen, denn die „Hypertonie, Vasokonstriktion und
lokaler Angiospasmus sind offenbar nahe verwandte und ganz zusammengehörende Zustände". Es ist auch gar keine Frage, daß durch eine Ischämie
auf angiospastischer Grundlage ein Hirnödem entstehen kann. Jede Sauerstoff-
drosselung eines Organs führt zu einer Säuerung und damit zu einer vermehrten
Quellung. Dabei muß immer berücksichtigt werden, daß, wie die mehrfach
erwähnten Kroghschen Untersuchungen gezeigt haben, eine Änderung des
Lumens der Kapillaren auch eine solche der Permeabilität derselben mit sich
bringt. Also auch die Hirndrucksymptome sind allein auf Grund von Angiospasmen sehr wohl in ihrer Entstehung erklärbar. Auch die günstige Wirkung
der Lumbalpunktion in vielen Fällen von eklamptischer Urämie spricht keineswegs gegen das primäre Moment des Angiospasmus. Lichtwitz hat zweifelsohne Recht, daß die Druckentlastung unbedingt dilative Gefäßreaktionen im
Gefolge haben muß. Lichtwitz kommt so zu einer unitarischen Auffassung
der Pathogenese der Urämie, die sehr viel für sich hat. „Ich sehe weder eine
Notwendigkeit noch die Berechtigung, die akute und die chronische Urämie
auf verschiedene pathogenetische Bedingungen zurückzuführen. Solange wir
über die Chemie und die Angriffsweise des Giftes oder der Gifte nichts wissen,
sind alle Erscheinungen in der einheitlichen Auffassung unterzubringen, daß
ein auf die Arterien und auf die Ganglienzellen wirkendes Gift bei akutem Einfallen andere Krankheitserscheinungen macht als bei langsamem Einschleichen."
Es ist fraglos, daß in dieser einfachen Formulierung von Lichtwitz etwas Be-
stechendes liegt und viele Tatsachen dafür sprechen. Es ist auch ebenso zuzugeben, daß ein und dasselbe Gift, je nachdem es rascher oder langsamer zur
Wirkung gelangt, verschiedene nervöse Zustandsbilder erzeugen kann. Wir
kommen darauf später wieder zurück. Nun ist es ganz selbstverständlich, daß
jede Gefäßreaktion, auch darin stimme ich Lichtwitz unbedingt zu, eine
„stoffliche Grundlage" haben muß. Damit kommen wir wieder zur Frage der

---

[1] Verh. Ges. dtsch. Naturforsch., Meran 1905 — Bezeichnungen und Begriffsbestim-
mungen auf dem Gebiet der Nierenerkrankungen. Berlin 1917.

Urämiegifte. Von Pfeiffer[1] wurde auf die Ähnlichkeit der Symptomenbilder des anaphylaktischen Shocks, des Verbrennungstodes, der Pepton- und Hämolysinvergiftung und der photodynamischen Lichtschädigung mit der Urämie hingewiesen. Bei allen diesen Vorgängen kommt es zur Entstehung von Plasmagiften und eines gesteigerten parenteralen Eiweißzerfalls. Man hat in diesem Sinne die Urämie als eine Eiweißzerfallstoxikose bezeichnet. Sichere Beweise dafür liegen aber nicht vor. Andererseits wissen wir, daß gerade die bei der Urämie vorhandene Harnstoffstauung zu einer Stoffwechselsteigerung führt. Auch ist bekannt, daß bei der Umkehrbarkeit vieler intermediärer Prozesse die Verschiebung nach einer Seite zu die Stoffwechsellage aus dem Gleichgewicht bringen kann in der Weise, daß Nebenwege des Abbaues beschritten werden. So könnte es bei dem Eiweißabbau zu einer Störung der Desaminierung kommen und zur Bildung giftiger Amine. Sicher ist der gesteigerte Eiweißzerfall, der immer bei der echten Urämie nachweisbar ist, und den raschen Muskelschwund bedingt, für die Entstehung der Urämie nicht bedeutungslos. Auch scheint der Harnstoff doch nicht so ganz ungiftig zu sein, bezogen auf die Mengen, wie sie bei der Urämie vorkommen, als vielfach geglaubt wird[2]. Der Harnstoff wird, um so mehr, wenn er im Blute vermehrt ist, durch den Schweiß, Speichel, Magen-Darmsaft und die Galle ausgeschieden. Becher denkt an eine bakterielle Umwandlung desselben im Darm in das giftige kohlensaure und karbaminsaure Ammon, und sieht in dieser Zersetzung des Harnstoffs das Wesentliche seiner Giftwirkung.

Die wertvollen Untersuchungen Bechers[3] aus der Volhardschen Klinik haben die Bedeutung der Darmvorgänge für die Urämie in ein neues Licht gestellt. Schon früher haben wir öfters Gelegenheit gehabt, auf diese ausgezeichneten Arbeiten Bechers zu sprechen zu kommen. Becher konnte zeigen, daß gerade bei der chronischen Niereninsuffizienz schon frühzeitig Phenol, Indol und andere aromatische, im Darm entstehende Abbauprodukte beträchtlich im Blut und in den Geweben, nicht aber im Liquor retiniert werden. Ganz anders verhält sich die Niereninsuffizienz der akuten Nephritis, hier sind bei hohem Reststickstoff- und Harnstoffgehalt die Blutphenole und Indikan gar nicht oder kaum vermehrt. Auch die Harnfarbstoffe, bei denen es sich größtenteils um aromatische Körper handelt, werden bei der akuten Nephritis ausgeschieden, bei der chronischen Nephritis aber in Form ihrer Chromogene zurückgehalten. Deshalb findet man bei der chronischen Niereninsuffizienz eine deutliche Diazo- und Urochromogenreaktion im Blute. Die chronisch erkrankte Niere scheidet also die Farbstoffe nicht nur nicht genügend aus, sondern sie hat auch die Fähigkeit verloren, die Chromogene in die eigentlichen Farbstoffe umzuwandeln. So entsteht der sehr helle, kaum gefärbte Schrumpfnierenharn. Becher konnte bei chronischer Niereninsuffizienz im Blut Phenol, Kresol, Diphenole und aromatische Oxysäuren nachweisen — der größere Teil des Gesamtphenols bestand aus p-Kresol —, während diese Stoffe im normalen Blute nicht oder in weit geringerer Menge vorhanden sind. Der Parallelismus zwischen Blutphenolen und echt urämischen Symptomen ist nach Becher strenger als zwischen letzteren und dem Harnstoff, der Harnsäure und dem Kreatinin, d. h. dem Reststickstoff. Zudem zeigt das Bild der chronischen Phenolvergiftung sehr viel Gemeinsames mit dem der echten Urämie. Becher konnte auch zeigen, daß im Blute bei chronischer Niereninsuffizienz flüchtige Amine vorhanden sind. Die stark

---

[1] Zit. nach Volhard.
[2] Becher, Zbl. inn. Med. **1924**, Nr 13 — Dtsch. Arch. klin. Med. **128** (1918).
[3] Zusammenfassung im Zbl. inn. Med. **1925**, Nr 17.

toxische Wirkung solcher Amine ist bekannt, und zwar schon in kleinen Gaben. Die Amine müßten sich in der Reststickstoffreaktion nach Abzug des Harnstoffs vorfinden, dem sog. Residualstickstoff. Da sie schon in sehr kleinen Mengen wirksam sind, braucht ihre Anwesenheit, wenn wir auch Amine nicht flüchtiger Natur annehmen, sich nicht in einer deutlich nachweisbaren Erhöhung des Rest-N auszudrücken. Es wäre so letzten Endes nach Becher die echte Urämie eine „intestinale Autointoxikation", für die, abgesehen vom Harnstoff, die Retention der bakteriellen Abbauprodukte der Aminosäuren, vor allem der im Darm entstehenden aromatischen Fäulnisprodukte, an erster Stelle verantwortlich zu machen sein würden. „Das Coma uraemicum könnte man ein Coma aromaticum im Gegensatz zum Coma aliphaticum oder diaceticum bei Diabetes nennen." Es handelt sich also zweifellos um eine Vielheit von Urämiegiften. Inwieweit darunter auch solche sind, welche die Blutdrucksteigerung hervorrufen, ist unentschieden, für die phenolartigen Körper scheint es nach Becher nicht zuzutreffen. Daß aber unter den Aminen Stoffe mit derartiger Wirkung vorhanden sein können, ist durchaus möglich.

Wie mannigfaltig die Pathogenese der Urämie sich gestaltet, geht weiter daraus hervor, daß auch Änderungen des Stoffwechsels nachgewiesen sind. Nach den Untersuchungen Zondeks und seiner Mitarbeiter[1] ist der Blutkalk bei der Urämie vermindert, und nach Fetter[2] sind die anorganischen Phosphate im Blute stark vermehrt. Derartige Verschiebungen in den Mineralbestandteilen des Blutes sind sicher für die Urämie nicht bedeutungslos, wissen wir doch, wie gerade die Tätigkeit des Zentralnervensystems durch die Relation einzelner Ionen regulatorisch nachhaltig beeinflußt wird. Auch die Untersuchungen von H. Straub[3] und seiner Schule über das Vorhandensein einer Azidose bei schweren Nierenerkrankungen sind von besonderer Wichtigkeit. Bei Urämischen kann die alveoläre Kohlensäurespannung so stark abfallen, wie im diabetischen Koma. Es handelt sich also um eine Störung des Säure-Basen-Gleichgewichts. Es kommt zu einer Verdrängung des Bikarbonations durch nicht flüchtige Säuren. Diese Azidose bedingt die große Atmung. Bei derartig dekompensierten Nierenkranken hat die Niere nicht mehr die Fähigkeit, sich der verschiedenen Zusammensetzung der Nahrung entsprechend durch Änderung der Urinreaktion anzupassen. Infolgedessen wird die Blutreaktion abhängig von der Nahrungszufuhr und dem Stoffumsatz, die Konstanz des Säure-Basen-Gleichgewichts geht verloren, ein Zustand, den Straub als Poikilopikrie bezeichnet. Dabei sind zweierlei Typen zu unterscheiden. Straub und Meier fanden in zahlreichen Fällen von Nierenerkrankungen eine herabgesetzte Kohlensäurebindungsfähigkeit des Blutes, eine Hypokapnie, also eine Verschiebung der Blutreaktion nach der sauren Seite. In diesen Fällen ist die Dyspnoe durch die primäre Blutveränderung bedingt, es handelt sich also um eine „hämatogene Dyspnoe". Gerade diese Form der Dyspnoe durch Hypokapnie ist nach Straub die eigentliche „urämische Dyspnoe". Im Gegensatz dazu gibt es aber Fälle, in denen durch starke Überventilation bei Herabsetzung der Kohlensäurespannung die Kohlensäurebindungskurve hyperkapnisch verläuft, also sogar eine Verschiebung der Blutreaktion nach der alkalischen Seite vorhanden ist. Diese Form der Dyspnoe, bei der also durch die Atmungsregulation die Azidose kompensiert oder sogar überkompensiert ist, bezeichnet Straub als „zerebrales Asthma der Hypertoniker". Sie muß also durch Kreislaufstörungen, im Bereiche des Atemzentrums bedingt, aufgefaßt werden. Welcher Art die

---

[1] Z. klin. Med. **99** (1923).   [2] Arch. int. Med. **31** (1923).
[3] Zusammenfassende Darstellung in Erg. inn. Med. **25** (1924).

Säuren sind, die in den Fällen von Hypokapnie zu einer Verdrängung von Bikarbonat und Chloriden aus dem Blute führen, ist nicht sicher bekannt. Nach Becher spielen hierbei die Oxysäuren und vor allem die Phosphorsäure die Hauptrolle. Es handelt sich also bei der echten Urämie um eine summarische Vergiftung, deren einzelne Komponenten nur zum Teil wahrscheinlich gemacht sind. Als solche pathogenetische Momente kommen in Betracht Veränderungen im Ionengehalt des Blutes, ein gesteigerter Eiweißzerfall, eine toxische Wirkung des Harnstoffs, durch dessen Zersetzung in karbamin- und kohlensaures Ammoniak, Gifte, welche durch bakterielle Zersetzung der Aminosäuren, im besonderen der aromatischen Aminosäuren im Darm, entstehen, damit in Zusammenhang steht das Auftreten der urämischen Azidose. Weiterhin spielt die Retention von Aminen, über deren chemische Natur wir nichts Näheres wissen, eine Rolle. Kommen wir nun auf die Lichtwitzsche Vorstellung von der pathogenetischen Einheit der Urämieformen zurück, so scheint uns auf Grund der Becherschen Untersuchungen diese Anschauung doch zweifelhaft geworden, so sehr in dieser Hinsicht eine Vereinfachung zu begrüßen wäre. Die Tatsache, daß bei der akuten Nephritis, die vorwiegend zur eklamptischen Urämie führt, eine Retention von Phenolen im Blute, im Gegensatz zur chronischen echten Urämie, nicht nachweisbar ist, spricht für die dualistische Lehre Volhards. Andererseits möchten wir auch mit Lichtwitz für den gesteigerten Hirndruck der Krampfurämie den Angiospasmus an erster Stelle verantwortlich machen, wie das im vorstehenden schon dargelegt wurde. Aber auch da geben wir Lichtwitz Recht, daß dieses mechanische Moment nicht als letzte Ursache betrachtet werden kann, sondern daß eine derartige Gefäßreaktion ein bedingendes Agens voraussetzt. Damit kommt man aber auch für die eklamptische Urämie letzten Endes ätiologisch zur Forderung eines toxischen Faktors. Stellt man sich überhaupt auf den Standpunkt von der Bedeutung extrarenaler Faktoren, so muß zugegeben werden, daß ein und dieselbe Toxikose klinisch verschieden verlaufen kann, je nachdem die Noxe rasch oder langsam einwirkt, und je nachdem eine Niereninsuffizienz vorliegt oder nicht. Damit würde man sich wieder der unitarischen Auffassung von Lichtwitz nähern. Man sieht, wie unsere noch sehr lückenhaften Kenntnisse zur Zeit noch alle Möglichkeiten zulassen. Es ist unter diesen Umständen ausgeschlossen, sich heute schon ein bestimmtes Urteil zu bilden, bevor nicht weitere Untersuchungen nach der einen oder anderen Richtung den Weg zeigen.

Über den Blutdruck, die Hochdruckkrankheit[1] und die Systematik der Nierenerkrankungen.

Der Blutdruck, und zwar interessiert uns hier nur der maximale oder systolische Druck, zeigt schon physiologischerweise erhebliche Schwankungen. Normalerweise besitzt das Gefäßsystem einen gewissen Tonus, eine

---

[1] Zusammenfassende Darstellungen: Aufrecht, Zur Pathologie und Therapie der diffusen Nephritiden. Berlin 1918. — v. Bergmann, Jkurse ärztl. Fortbildg, Febr. 1924. — Durig, Der arterielle Hochdruck. Referat Verh. dtsch. Ges. inn. Med. 1923. — Fahrenkamp, Hypertonie. Erg. Med. 5 — Die psychophysischen Wechselwirkungen bei den Hypertoniekranken. Hippokrates-Verlag 1926. — Frey, Die hämatogenen Nierenkrankheiten. Erg. inn. Med. 18 (1920). — Geigel, Die klinische Bedeutung der Herzgröße und der Blutdruck. Ebenda 20 (1921). — Glaser, Innervation der Blutgefäße, in L. R. Müller, Die Lebensnerven. Berlin 1924. — Hasebrock, Über den extrakardialen Kreislauf des Blutes. Jena 1914. — Horner, Der Blutdruck des Menschen. Wien-Leipzig 1913. — Kahler, Die Blutdrucksteigerung, ihre Entstehung und ihr Mechanismus. Erg. inn. Med. 25 (1924).

tonische Mittellage. Das Gefäßsystem paßt sich dadurch dem Blutvolumen an. Für ein tonusloses, maximal erweitertes Gefäßsystem würde die normale Blutmenge zu klein sein, und die Folge wäre, daß ein solcher Mensch sich in sein eigenes Gefäßsystem, vor allem in das mächtige Gefäßgebiet des Abdomens, verbluten würde. Diese mittlere Tonuslage scheint aber optimal, um im gegebenen Falle möglichst rasch nach beiden Seiten hin zu reagieren, sowohl im Sinne einer weiteren Verengerung als einer Erweiterung. Nach Nicolai[1] ist der Blutdruck aufzufassen als die vom Herzen erzeugte und durch das Blut übertragene Wandspannung der Arterien. Der Blutdruck ist damit zunächst vom Herzen selbst abhängig, nämlich von der Herzkraft, der Schlagfrequenz und dem Schlagvolumen, aber ebenso von der Blutmenge, und vor allem von den Widerständen in der Peripherie, die durch die Elastizität der Arterienwände und den Druck im kapillaren und venösen System jeweils gegeben sind. Ob die Viskosität des Blutes eine Rolle spielt, ist zweifelhaft. Daß physiologischerweise durch das Widerspiel dieser vielen Faktoren größere, länger dauernde Druckschwankungen vermieden werden, beruht auf einem komplizierten nervösen Regulationsmechanismus. Die Frage der Gefäßinnervation ist noch nicht eindeutig geklärt. Die Änderung der Gefäßweite untersteht vor allem dem autonomen Nervensystem. Wir wissen, daß die Verengerung der Gefäße durch sympathische Nerven erfolgt. Ob aber diesen Vasokonstriktoren antagonistisch wirkende Vasodilatatoren gegenüberstehen, ist noch keineswegs entschieden. Da die Vasokonstriktoren unter dauernder zentraler Erregung stehen, wodurch der oben erwähnte physiologische Tonus des Gefäßsystems garantiert wird, so bedingt jede Herabsetzung dieses Tonus oder die Durchschneidung eines Gefäßnerven immer eine Vasodilatation. Es ist durchaus wahrscheinlich, daß normalerweise die Gefäßerweiterung immer nur durch Nachlassen dieses Tonus erfolgt, so daß für die Forderung eigener gefäßerweiternder Nerven kein Grund vorliegt. Nun ist aber gezeigt worden, daß die Durchschneidung hinterer Rückenmarkswurzeln, und ebenso die künstliche Reizung des peripheren Stumpfes derselben, mit einer Gefäßerweiterung einhergeht. Es sind also sensible Nerven, in denen der dilatorische Reiz verläuft, und da es sich bei diesen Nerven um afferente Fasern handelt, so hat man diese Art der Erregung als antidrom bezeichnet. Die in diesen somatischen Nerven verlaufenden dilatorischen Erregungsvorgänge zeigen aber doch erhebliche Abweichungen von den bekannten Gesetzen nervöser Erregung. Sie sind charakterisiert durch eine auffallend lange Latenzzeit und eine sehr lange Nachwirkung. Es muß deshalb zweifelhaft erscheinen, ob man es wirklich mit einem physiologischen Geschehen zu tun hat und nicht nur mit durch das Experiment gesetzten künstlichen Bedingungen. Es ist auch immer zu bedenken, daß jede

— Kraus, Die Insuffizienz des Kreislaufapparates, in Kraus-Brugsch 4. Berlin-Wien 1925.
— Krehl, Pathologische Physiologie. Leipzig 1923. — Kylin, Die Hypertoniekrankheit.
Berlin 1926. — Lichtwitz, Die Praxis der Nierenkrankheiten. Berlin 1925. — Krogh,
Anatomie und Physiologie der Kapillaren. Berlin 1924. — Munk, Über Arteriosklerose,
Arteriolosklerose und genuine Hypertonie. Erg. inn. Med. 22 (1922) — Nierenerkrankungen.
Berlin-Wien 1925 — Gefäßerkrankungen mit besonderer Berücksichtigung der Arteriosklerose.
Spez. Path. u. Ther. inn. Krankh., Erg.-Bd. 1 (1928). — Münzer, Gefäßsklerosen. Erg.
Med. 4. — Pal, Gefäßkrisen. Leipzig 1905. — Ricker, Sklerose und Hypertonie der innervierten Arterien. Berlin 1927. — Romberg, Lehrb. d. Krankh. d. Herzens u. d. Blutgefäße.
Stuttgart 1925. — Siebeck, Die Beurteilung und Behandlung der Nierenkrankheiten.
Tübingen 1920. — Tigerstedt, Die Physiologie des Kreislaufes. Berlin-Leipzig 1923. —
Volhard, Die doppelseitige hämatogene Nierenerkrankung, im Handb. d. inn. Med. von
Mohr-Staehelin 3. Berlin 1918 — Referat Verh. dtsch. Ges. inn. Med. 1923. — Wenkebach, Über den Mann von 50 Jahren. Wien 1915.
[1] Nagels Handb. d. Physiol. 2 (1909).

Nervenreizung eine Beeinflussung des Zellstoffwechsels im Gefolge hat. Daß aber die dadurch bedingte Entstehung von Stoffwechselprodukten eine Gefäßreaktion auslösen kann, ist einleuchtend. Wir wissen auch durch die Untersuchungen von Dale[1], daß die Drüsensekretion eine Gefäßerweiterung bedingt, die nicht eine direkte Folge der Nervenreizung ist. Die bisher angeführten Beweise für das Vorhandensein sympathischer vasodilatatorischer Fasern können generell von diesen Gesichtspunkten aus erklärt werden. Sicher spielen derartige, im Organstoffwechsel entstehende intermediären Produkte für die Tätigkeit der Kapillaren, deren nervöse Innervation äußerst zweifelhaft ist, die Hauptrolle. Jedenfalls scheinen die Kapillaren ganz anderen Bewegungsfaktoren zu unterliegen als die übrigen Gefäße, was schon daraus hervorgeht, daß sie auf Histamin mit einer Erweiterung reagieren, während die Arteriolen sich verengern. Bis jetzt scheint mir nur ein stichhaltiger Beweis für das Bestehen gefäßerweiternder Fasern vorzuliegen. Durch Reizung der Beckennerven gelingt es nämlich, eine Erweiterung der Corpora cavernosa des Penis hervorzurufen. Es soll sich dabei um parasympathische Fasern handeln. Auch die pharmakologische Prüfung hat uns in dieser Frage kaum weitergebracht. Vor allem hat man das typische sympathische Reizgift, das Adrenalin, zur Entscheidung dieses Problems herangezogen. Im besonderen interessierte die sog. paradoxe Wirkung des Adrenalins. Ich habe zuerst mit meinem Mitarbeiter Proebsting[2] den experimentellen Beweis erbracht, daß der Grad der Wirkungsweise aller Gefäßmittel von dem jeweiligen Spannungszustand der Gefäße abhängt. Dabei konnte auch gezeigt werden, daß ein enges Gefäßsystem eine niedrige Spannung, ein weites Gefäßsystem eine hohe Spannung haben kann. Es ist also Spannungszustand resp. Tonus nicht gleichbedeutend mit Gefäßweite. Da dieser Spannungszustand über die Art der Wirkung und den Wirkungsablauf der Gefäßmittel entscheidet, so kann ein und dasselbe Mittel bei gleicher Dosis sowohl eine Gefäßverengerung als auch eine Gefäßerweiterung hervorrufen. Da wir aber keine Methode besitzen, den Spannungszustand zu messen, so leuchtet ohne weiteres ein, daß das Ergebnis des pharmakologischen Gefäßversuches niemals im Sinne einer spezifischen Nervenbeeinflussung bewertet werden kann. Wir können also zur Zeit nur so viel sagen, daß die Gefäße eine sympathische Innervation besitzen, die eine Verengerung bedingt. Die Erweiterung erfolgt in der Regel durch Nachlassen des Tonus, teilweise auch durch die Wirkung von Stoffwechselprodukten. Für das Bestehen antagonistisch wirkender Dilatatoren liegen aber bis jetzt, abgesehen von dem einen erwähnten Falle, keine zwingenden Beweise vor.

Der Gefäßtonus untersteht nun einer zentralen Regulation, und zwar bestehen mehrere zentrale Vasomotorenzentren. Eines der wichtigsten scheint in der Gegend des Hypothalamus gelegen zu sein. Jedenfalls konnte Kahler den Nachweis erbringen, daß bei Hemiplegikern, „bei welchen der Herd in der Gegend der Stammganglien oder kaudalwärts von dieser Stelle zu lokalisieren war", der Blutdruck auf der gelähmten Seite auf druckändernde Reize, im Gegensatz zur nicht gelähmten Seite, unverändert blieb. Bei höher gelegenen Herden reagiert der Blutdruck auf beiden Seiten gleich. Außerdem findet sich noch ein kortikales Vasomotorenzentrum in der Gegend der motorischen Rindenregion, auf dessen Erregung die Blutdrucksteigerung nach psychischen Affekten zu beziehen ist. Die Existenz des schon von Ludwig in den oberen Teil der Medulla oblongata verlegten Vasomotorenzentrums ist in letzter Zeit mehr als fraglich geworden, dagegen bestehen sicher im Rückenmark

---

[1] J. of Physiol. **34** (1906).   [2] Z. exper. Med. **32** (1923); **41** (1924).

vasomotorische Zentren. Wir wissen, daß die nach Halsmarkdurchtrennung gelähmten Gefäße nach einiger Zeit ihren Tonus deshalb wiedergewinnen. Auch klinisch ist es bekannt, daß nach Querschnittsläsionen in den gelähmten Gebieten noch vasomotorische Effekte auslösbar sind, ausgenommen in dem Hautgebiet, das seine Innervation aus dem Läsionsherd bezieht. Es handelt sich nämlich bei diesen spinalen Vasomotorenzentren um segmentäre Zentren für die Gefäßinnervation. Wahrscheinlich liegen die Ganglienzellen für diese Zentren im Rückenmark in der Gegend des Seitenhorns. In welchen spinalen Bahnen diese Gefäßreize verlaufen, wissen wir nicht. Diese spinalen Zentren unterstehen nun dem Einfluß des erwähnten Zwischenhirnzentrums. Wir müssen uns also vorstellen, daß dieses Zentrum auf die spinalen Zentren dauernd tonisierend einwirkt, aber je nach Bedarf diesen Tonus variierend reguliert. Kehren wir nun zunächst zur Erörterung des normalen Blutdruckes zurück, so läßt die soeben geschilderte, sehr fein abgestufte nervöse Regulation des Gefäßtonus verständlich erscheinen, daß nicht nur endogene, sondern auch exogene Reize diesen Regulationsmechanismus weitgehend beeinflussen können. Der normale Blutdruck zeigt, analog den täglichen Temperaturschwankungen, Tagesvariationen. Am tiefsten ist der Blutdruck im Schlaf, und zwar 1—2 Stunden nach dem Einschlafen, er kann bis auf Werte von 85—95 mm Hg absinken. Bezeichnenderweise verläuft die Blutdruckkurve im Schlafe sehr konstant. Auch bei Hypertonikern findet sich diese Senkung, sie kann bis 50 mm Hg gegenüber den Tageswerten betragen. Gegen die Morgenstunden steigt dann der Druck allmählich an. Während des Tages geht, auch beim ruhenden Menschen, der Druck weiter in die Höhe, so daß die Abendwerte 10—15 mm über den Morgenwerten liegen können. Körperliche Anstrengungen können den Blutdruck bis zu etwa 70 mm über den Ruhewert in die Höhe treiben. Im allgemeinen ist der Blutdruck beim weiblichen Geschlecht etwas niedriger als beim männlichen. Auch das Lebensalter ist von Einfluß. Im Kindesalter ist der Blutdruck, wenn wir Mittelwerte zugrunde legen, niedrig, und steigt dann allmählich bis zu den Entwicklungsjahren an, um nach Abschluß derselben mehrere Jahrzehnte sich auf gleicher Höhe zu halten und dann mit Eintritt der normalen Alterserscheinungen weiter zu steigen. Auch psychische Einflüsse können erhebliche kurzdauernde Steigerungen bedingen. Von besonderer Bedeutung ist aber die Konstitution. Gerade in den letzten Jahren hat dieser individuelle Faktor auch für die klinische Beurteilung der Blutdruckwerte immer mehr Beachtung gewonnen. Die Übergänge zwischen normalem und krankhaftem Verhalten sind hier fließend und die Entscheidung oft schwierig. Von einer normalen Mittellage aus betrachtet, finden wir oft tiefe Werte bei Asthenikern, hohe Werte, resp. besonders starke Ausschläge bei geringen Belastungen, bei Vasolabilen. Letztere zeigen häufig auch sonstige Stigmata einer neuropathischen Konstitution. Hier spielen sicher auch endokrine Einflüsse wesentlich mit. Und so wird die Blutdruckkurve zu einer persönlichen Gleichung, die, wie Lichtwitz sehr treffend bemerkt, „als Ausdruck der neuroendokrinen Lage" zu betrachten ist.

Als weiterer Faktor, der den Blutdruck vor allem im Sinne einer Steigerung beeinflussen kann, kommt die momentane Stoffwechsellage überhaupt in Betracht. Es ist eine alte Vorstellung, daß eine eiweißreiche Ernährung die Bedingungen zu einer Hypertonie abgeben kann. Wenn man bedenkt, daß sich gerade unter bestimmten Eiweißabbauprodukten, den aromatischen Aminosäuren, tonisierende Stoffe oder vielfach die Ausgangsprodukte zu solchen vorfinden, so wird man diesem Gedanken die Berechtigung nicht absprechen können, um so weniger, als auch die klinische Erfahrung in diesem Sinne spricht.

Besonders wichtig scheint es mir zu sein, daß die Milchsäure tonisierende Eigenschaften hat. Frey und Hagemann[1] konnten zeigen, daß kleine Mengen von Milchsäure, ebenso von Harnstoff und Ammoniaksalzen, in die periphere Zirkulation, z. B. in die Arterie des Hinterbeins eines Kaninchens eingeführt, den Blutdruck steigern. Nach Durchschneidung der zu dieser Extremität führenden Nerven blieb dieser Effekt aus. Es ist also möglich, durch einen peripheren chemischen Reflex eine Reizung der vasomotorischen Zentren hervorzurufen. Erinnert man sich, wie ubiquitär bei jedem Zellstoffwechsel, vor allem aber bei der Muskeltätigkeit, die Milchsäure als normales, intermediäres Produkt auftritt, und wie leicht sich dabei Abweichungen von der Norm zeigen können, so wird man auch dem einzelnen Organgeschehen für die Vasoregulation Bedeutung zuerkennen müssen.

Die Faktoren, welche schon normalerweise einen Einfluß auf den Blutdruck ausüben, sind also sehr mannigfaltig. Zum Teil handelt es sich nach dem Gesagten um endogene, unabänderliche Wirkungen, die durch das Individuum schlechthin gegeben sind, zum Teil um exogene, abzuändernde Beeinflussungen. Das ist für die Feststellung des Blutdruckes von Wichtigkeit. Die richtige Beurteilung desselben erfordert vom Arzte die genaue Kenntnis aller ihn variierenden Faktoren und damit sowohl die richtige Einschätzung der von Fall zu Fall gegebenen endogenen, als auch die möglichste Ausschaltung aller exogenen, variablen Einflüsse. Der Blutdruck hat also, wie alle vegetativen Funktionen, ein durchaus individuelles Gepräge. Und so folgt, daß es einen für alle gültigen Normaldruck nicht geben kann, sondern nur ein Intervall von normalen Durchschnittswerten, das auf Grund zahlreicher Messungen an Gesunden gewonnen wurde. Diesseits und jenseits dieses Intervalls schließen sich, wenig scharf abgegrenzt, die anormalen Druckwerte an, wie wir sie im Rahmen bestimmter klinischer Symptomenbilder vorfinden. Von diesen Gesichtspunkten aus sind Angaben über normale Druckwerte zu beurteilen. Im allgemeinen liegen bei gesunden jugendlichen Individuen die systolischen Drucke zwischen 95—135 mm Hg, bei Personen über 40 Jahre zwischen 145—155 mm Hg. Werte über 160 mm Hg sind nicht mehr als normal zu betrachten. Selbstverständlich muß dabei vorausgesetzt werden, daß die Messung nach allen Kautelen durchgeführt wurde. Sie muß in den Morgenstunden bei körperlicher und seelischer Ruhe und nicht direkt nach Einnahme einer Mahlzeit und womöglich im Liegen vorgenommen werden. Auch soll man sich nicht mit einem einmaligen Druckwert begnügen. Für viele vasolabile Individuen genügt schon die Manipulation der Druckmessung, um den Druck im Beginn in die Höhe zu treiben. Beruhigt sich der Patient dann während der öfteren Wiederholung der Messung, so sieht man den Druck allmählich bis zu seinem normalen Niveau absinken. Eine einmalige Messung würde also in solchen Fällen zu hohe Werte vortäuschen. Wenn bei einer akuten Nierenerkrankung ein Druck von 140 mm Hg festgestellt wird, so kann dieser Druck schon beträchtlich krankhaft gesteigert sein, wenn nämlich der betreffende Patient in gesunden Tagen nur einen Druck von 100 mm Hg hatte. Man müßte eigentlich von jedem Menschen seinen Normaldruck wissen, um den Wert unter krankhaften Bedingungen eindeutig beurteilen zu können. Die oben genannten Normalwerte sind also von Fall zu Fall mit größter Vorsicht zu betrachten. Auf die Methode und die Kritik der Blutdruckmessung kann hier nicht eingegangen werden, diesbezüglich muß auf die diagnostischen Lehrbücher verwiesen werden.

In den letzten Jahren ist durch die grundlegenden Arbeiten von Krogh und seiner Schule der Kapillarkreislauf in den Mittelpunkt des Interesses

---

[1] Z. exper. Med. **25** (1921).

gerückt. Er wird uns später noch genauer beschäftigen. Was uns hier zunächst wissenswert erscheint, das ist der Kapillardruck. Von Kylin wurde eine Methode der unblutigen Kapillardruckmessung ausgearbeitet, wir weisen diesbezüglich auf seine eingangs erwähnte Monographie hin. Die Methode arbeitet mit Fehlerquellen, die bei den gegebenen anatomischen Verhältnissen der Kapillarströmung wohl kaum vermeidbar sind. Meiner Ansicht nach leistet aber die Methode das, was man zur Zeit von ihr erwarten kann. Jedenfalls ist es klinisch von größtem Interesse, daß es chronische Hypertonien gibt, bei denen der Kapillardruck sich kaum ändert, und solche, bei denen der Druck in den Kapillaren sehr stark in die Höhe getrieben ist. Das ist pathogenetisch von ganz besonderer Bedeutung, wie wir noch sehen werden. Der Kapillardruck wird in Millimeter Wasser ausgedrückt. Die normalen Druckwerte liegen nach Kylin im Bereiche von 80—200 mm H_2O. Die Druckschwankungen sind bei ein und demselben Individuum relativ gering, und im Gegensatz zum arteriellen Druck haben Nahrungsaufnahme, Schlaf und Wachsein nach Rominger[1] keinen ausgesprochenen Einfluß auf den Druck. Es ist auch bemerkenswert, daß der Kapillardruck im Alter ebenfalls nicht in die Höhe geht. Es zeigt sich also auch darin, daß der Kapillarkreislauf biologisch eine Selbständigkeit besitzt gegenüber dem arteriellen System.

Überlegen wir nun, welche Faktoren, zunächst theoretisch betrachtet, den Blutdruck steigern können, so werden wir sagen müssen, daß die Bedingungen dazu sowohl durch Alterationen jeden Teiles des gesamten Kreislaufsystems selbst, als auch durch quantitative und qualitative Änderungen seines Inhalts gegeben sein können. Wir können so nach Kahler eine Hypertonie entstanden denken:

1. durch gesteigerte Arbeit des Herzens,
2. durch Vermehrung der Blutmenge und der Viskosität des Blutes,
3. durch Erhöhung des Widerstandes in den peripheren Gefäßen.

Eine vermehrte Herzarbeit kann eintreten durch Zunahme der Pulsfrequenz resp. des Schlagvolumens. Sicher spielen aber diese Änderungen der Herzarbeit für die Blutdrucksteigerung keine wesentliche Rolle, da sie physiologischerweise durch das Vasomotorenspiel in der Peripherie regulatorisch beantwortet werden. Mehr Bedeutung könnte in dieser Hinsicht der Vermehrung der Blutmenge zukommen. Wenn Lichtwitz Recht hat, daß vor allem im Beginn einer akuten Nierenentzündung eine echte Plethora vorkommen kann, dann ist sie wenigstens als unterstützendes Moment einer Blutdrucksteigerung, wie auch Volhard glaubt, sicher in Betracht zu ziehen. Anhaltspunkte für die Bedeutung einer Viskositätsvermehrung liegen nicht vor. Theoretisch könnte auch eine Beeinflussung des Kontraktionsvermögens des Herzens, also eine rein inotrope Wirkung, zu einer Hypertonie beitragen, nur sind wir nicht in der Lage, in diesem Sinne die Herzkraft klinisch zu bestimmen. Es ist aber doch zu bedenken, daß unter klinischen Bedingungen die Verhältnisse wesentlich anders liegen als im Experiment. In dem Moment, wo die periphere Vasomotorenregulation versagt und sich Widerstände im Kreislauf ausbilden, kann der Blutdruck nur dann ansteigen, wenn die Herzarbeit vermehrt wird. Diese Mehrleistung des Herzens als mitbedingender Faktor der Hypertonie ist jedoch dann ein sekundärer Effekt. Damit kommen wir zu dem ausschlaggebenden pathogenetischen Moment der Blutdrucksteigerung, nämlich der Widerstandsvermehrung im peripheren Kreislauf. Es leuchtet ein,

---

[1] Klin. Wschr. 1922 — Arch. Kinderheilk. 73 (1923).

daß hier wieder verschiedene Möglichkeiten gegeben sind. Zunächst kann eine Elastizitätsverminderung der Arterien den Blutkreislauf erschweren. Aber gerade bei der Arteriosklerose ist, wie Romberg betont, in der Mehrzahl der Fälle der Blutdruck normal. Es kommt sicher auf die Schwere und die Ausdehnung des Prozesses an, vor allem auch darauf, ob die kleineren Arterien, die Arteriolen, mitbefallen sind. Eine Drucksteigerung wird unter diesen Umständen besonders auftreten, wenn das Lumen dieser Gefäße verengt ist, wie das schon von Moritz[1] betont wurde. Derartige Verengerungen des Gefäßlumens können durch anatomische Veränderungen, wie Intimasklerose und Mediahypertrophie, aber ebenso durch funktionelle Momente, wie eine Tonussteigerung, verursacht sein. Gerade das letztere Moment tritt pathogenetisch immer mehr in den Vordergrund. Die früher schon betonte Tatsache, daß das Gefäßsystem unter einem konstanten Reiz von den vasomotorischen Zentren aus steht, weil für ein tonusloses Gefäßsystem unsere Blutmenge zu klein wäre, setzt für jeden Mehrbedarf an Blut, während der Tätigkeit bestimmter Organe, einen rasch sich einstellenden nervösen Reflexmechanismus voraus. Man hat so von einem „Gleichgewichtsgesetz" gesprochen in der Vorstellung eines Antagonismus zwischen Gefäßen der Haut und denen der inneren Organe. Bei Mehrforderung von Blut von seiten der inneren Organe während gesteigerter Tätigkeit sollten sich die Gefäße derselben erweitern und dementsprechend kompensatorisch die Hautgefäße verengern, um den Blutdruck normal zu halten. Dieser Reflexmechanismus ist unter entgegenstehenden Bedingungen natürlich umkehrbar. Auch andere Gefäßgebiete werden funktionell einander gegenübergestellt, so z. B. sollen die Gefäße von Haut, Gehirn und Nieren dem Gefäßgebiet des Splanchnikus gegenüber antagonistisch arbeiten. Bei Arteriosklerotikern soll vor allem dann der Blutdruck gesteigert sein, wenn das Splanchnikusgebiet mitergriffen ist. Zweifelsohne gibt es aber auch arteriosklerotische Hypertonien ohne Splanchnikussklerose. Auch eine funktionelle Verengerung der Splanchnikusgefäße wurde als besonders tonisierendes Moment herangezogen, weil im Tierexperiment der Blutdruck weitgehend vom Splanchnikus beherrscht wird. Es ist aber sehr zweifelhaft geworden, ob diese tierexperimentellen Erfahrungen voll und ganz auf die menschliche Pathologie übertragbar sind. Gerade das für solche Experimente mit Vorliebe verwandte Kaninchen mit seiner überragenden Bedeutung der Bauchorgane mahnt zur Vorsicht mit Analogieschlüssen. Auch wurde von O. Müller und Krehl auf die so sehr verschiedene Entwicklung der Hautgefäße bei den Versuchstieren und dem Menschen hingewiesen. Und so dürfte die Ansicht von Krehl wohl richtig sein, daß beim Menschen neben der Verengerung der Splanchnikusgefäße auch eine solche der Hautgefäße für die Hypertonie von Bedeutung ist.

Damit derartige Lumenverengerungen der Arterien, einerlei ob anatomisch oder funktionell bedingt, zu einer Hypertension führen, müssen sie sich aber auf das gesamte Gefäßsystem oder doch zum mindesten auf größere Bezirke desselben erstrecken. Daß unter diesen Bedingungen auch Verengerungen des Kapillarsystems für die Blutdrucksteigerung von Bedeutung sein können, ist fraglos. Wir möchten uns aber doch, vor allem auf Grund unserer eigenen oben erwähnten Untersuchungen, der Ansicht derjenigen Autoren anschließen, die in der Lumeneinengung des präkapillaren Teiles des arteriellen Systems das wesentliche Moment der Drucksteigerung erblicken. Es besteht also die zuerst von Moritz vertretene Anschauung zu Recht, daß eine Hypertension immer dann auftritt, wenn das normale Vasomotorenspiel

---

[1] Handb. d. allg. Path. von Krehl-Marchand **II 2** (1913).

regulatorisch versagt. Von diesem Gesichtspunkt aus müßte auch eine ungenügende Erweiterung zu einer Drucksteigerung führen können. Das wäre besonders dann der Fall, wenn, wie das von Hasebrock und Rehfisch geschieht, den Arterien eine aktive Systole und Diastole zugesprochen wird. Es liegen aber keine zwingenden Beweise für das Bestehen eines „peripheren Herzens" vor.

Nimmt man, wie die Mehrzahl der Autoren, als pathogenetisches Moment für die Hypertension eine allgemeine Gefäßkonstriktion an, so ist die nächste Frage nach deren Ursache. Erinnert man sich des früher über die vasomotorische Innervation Gesagten, so wird eine Hypertonie vor allem dann entstehen, wenn es zu einer Reizung der zerebralen Zentren kommt. Eine Erregung spinaler Zentren kann wegen ihrer rein segmentären peripheren Versorgung keine Drucksteigerung bedingen, vorausgesetzt, daß die periphere Regulation im übrigen noch anspruchsfähig ist. Das Postulat einer zentralen Vasomotorenerregung für die Hypertonie schließt das psychische Moment ein. Solange man jede Hypertonie ohne nachweisbaren Organbefund als renal bedingt ansah, war dafür wenig Platz. Heute stehen wir aber auf einem wesentlich anderen Standpunkt. Ich glaube nicht, daß man zuviel sagt, wenn man einen großen Teil der Fälle von „essentieller Hypertonie" als auf nervösem Wege entstanden ansieht. Die Tatsache, daß in der Regel im weiteren Verlauf dieser Hypertonieform anatomische Läsionen der Gefäße auftreten, spricht keineswegs gegen die nervöse Genese. Es wird dadurch nur bestätigt, daß frühzeitig abnorm stark funktionell belastete Organe, besonders noch, wenn sie wenig widerstandsfähig sind, auch frühzeitig Abnutzungserscheinungen zeigen. Aber ebenso wird man auch zugestehen müssen, daß diese zerebralen Zentren von der Peripherie aus reflektorisch in einen Reizzustand versetzt werden können. Dazu gehört die Hypertonie bei Schmerzanfällen (Gefäßkrisen Pals). Auch die dauernde Hypertonie bei Nephritis wird vielfach als reflektorischer Vorgang, ausgehend von der erkrankten Niere (Volhard), aufgefaßt. Die schon erwähnte Reflexhypertonie Freys gehört ebenfalls hierher. Mannigfaltig sind die Reizmöglichkeiten der vasomotorischen Zentren durch chemische Stoffe. Schon lange wissen wir das von der Kohlensäure. Auch die „Hochdruckstauung" Sahlis wurde als CO_2-Reiz des Vasomotorenzentrums infolge Versagen der Herzkraft aufgefaßt. Wir wissen aber, daß die kardiale Dyspnoe nicht generell zu einer Erhöhung der CO_2-Spannung des Blutes führt, es ist deshalb sehr fraglich, ob überhaupt die Kohlensäure bei dem Zustandekommen der Hochdruckstauung eine Rolle spielt. Viel wahrscheinlicher sind es bei diesen Stauungsprozessen Stoffwechselstörungen, die zu Produkten ungenügender Verbrennung Veranlassung geben, wobei letztere die tonisierenden Faktoren abgeben. Ihre Wirkung kann ebenso zentral wie peripher erfolgen. Bei der Suche nach chemischen Substanzen als Erreger der nephritischen Hypertonie kehren all die Stoffe wieder, die für die Ödem- und Urämiegenese herangezogen worden sind. Um Wiederholungen zu vermeiden, sei auf die entsprechenden Abschnitte verwiesen. Es ist aber bis jetzt nicht gelungen, solche pressorisch wirkenden Stoffe sicher nachzuweisen. Zunächst kann es sich um Produkte des normalen Stoffwechsels handeln, die infolge der Niereninsuffizienz zurückgehalten werden („Retentionshypertonie"), andererseits ist die Entstehung toxischer Produkte in der erkrankten Niere durchaus im Bereiche der Möglichkeit. Wahrscheinlich handelt es sich um stickstoffhaltige Körper, die aber nicht unbedingt mit der Rest-N-Fraktion identisch zu sein brauchen. Sicher spielt das Adrenalin keine Rolle. Wir glauben auch nicht an die sog. Sensibilisierung des Adrenalins durch

24*

peptonartige Stoffe, wie Hülse und Strauss[1] nachgewiesen haben wollen, weil wir aus eigener Erfahrung wissen, wie schwierig pharmakodynamisch gewonnene Resultate mit Adrenalin im Experiment zu deuten sind. Auch Veränderungen im Ionengleichgewicht des Blutes wurden ätiologisch für die Hypertonie herangezogen, ebenso die vielfach beobachtete Azidosis. Es ist durchaus möglich, daß Störungen im physikalisch-chemischen Gefüge des Plasmas auch zu Änderungen des Gefäßlumens führen, wie F. Munk annimmt. Sichere Beweise liegen dafür nicht vor. Dabei muß allerdings berücksichtigt werden, daß es sich um so geringfügige Abweichungen handeln kann, wie sie zur Zeit mit den uns zur Verfügung stehenden Methoden eben nicht faßbar sind.

Auch die Hypercholesterinämie, die bei hypertonischen Nierenerkrankungen öfters beschrieben wurde, fand als ätiologisches Moment Beachtung. Da aber die Cholesterinvermehrung im Blute weit häufiger bei anderen Erkrankungen ohne jede Blutdrucksteigerung angetroffen wird, dürfte diese Vermutung wohl kaum zutreffen. Sicher spielen die endokrinen Stoffe in der Genese der Hypertonie eine Rolle. Die Tatsache einer klimakterischen Hypertonie läßt an den Ausfall eines vom Ovarium stammenden depressorischen Hormons denken. Die Bedeutung der endokrinen Drüsen für die Entstehung der Hypertonie liegt aber vor allem in den nahen Beziehungen des innersekretorischen Systems zum vegetativen Nervensystem. So unklar und verworren die Ätiologie des arteriellen Hochdrucks im Hinblick auf das Vorhandensein bestimmter pressorischer Substanzen ist, um so deutlicher hebt sich immer mehr ein bestimmender Faktor heraus, nämlich die Konstitution. Wir werden im folgenden noch genauer darauf zu sprechen kommen.

Ist nach dem Gesagten eine ätiologische Differenzierung der verschiedenen klinischen Bilder des arteriellen Hochdruckes heute nicht entfernt durchführbar, so dürfte die pathogenetische Betrachtungsweise, wie sie von Kahler zuerst versucht wurde, aussichtsreicher sein. Dabei ist zu berücksichtigen, daß der tonisierende Reiz zentral und peripher angreifen kann, und zwar zentral, d. h. von der Großhirnrinde bis zu dem Vasomotorenzentrum in der Medulla oblongata, peripher, d. h. von der Medulla über die spinalen Zentren bis zu den Erfolgsorganen. Das Reizmoment kann psychisch-nervös direkt an den genannten Zentren einsetzen, es kann aber auch reflektorisch, an jedem Punkt der peripheren Bahn ausgelöst, über diese Zentren seinen Weg nehmen. Ebenso können Erregungen auf humoralem Wege zugeführt werden. Kahler hat nun versucht, die verschiedenen Formen des Hochdrucks nach ihrer Pathogenese einzuteilen. Er stellt das folgende Schema auf:

A. Funktioneller Hochdruck (durch Kontraktion der Gefäßmuskulatur):
    I. Zentrale Vasomotorenreizung oder Tonussteigerung:
        1. Primär:
            a) Psychisch.
            b) Mechanisch (durch Hirndrucksteigerung).
            c) Läsionell (durch organische Gehirnschädigungen in der Nähe der Gefäßzentren).
            d) Toxisch (durch chemische, pressorisch wirkende Stoffe bedingt).
        2. Sekundär: Reflektorisch (von den Gefäßen oder von bestimmten Organen aus. Hierher gehört auch die reflektorische Drucksteigerung bei Schädigung der Depressorendigungen).
    II. Periphere Vasomotorenreizung oder Tonussteigerung:
        1. Primär: Toxisch.
        2. Sekundär: Reflektorisch (durch periphere Reflexe von sämtlichen Gefäßen ausgehend).
B. Anatomischer Hochdruck (durch allgemeine oder sehr ausgedehnte Verengerung der Arteriolen).

---

[1] 35. Kongr. inn. Med. **1923** — Z. exper. Med. **30** (1923).

Kahler konnte zeigen, daß nach einer Lumbalpunktion nur dann der Blutdruck in die Höhe geht, wenn das Vasomotorenzentrum sich in einem Zustand erhöhter Erregbarkeit befindet. Er benutzte diese Tatsache vor allem zur Unterscheidung der zentral bedingten von der peripher bedingten Hypertonie. Auch die verschiedene Beeinflussung der Hypertension durch Aderlaß, Koffein, Strychnin und Atropin wurde weiterhin zur Lokalisierung derselben verwertet. Die diesbezüglichen Details müssen im Original nachgelesen werden.

Kurzdauernde Drucksteigerungen im Anschluß an psychische Affekte charakterisieren sich von selbst als zentral-psychischer Hochdruck. Vielfach genügen dazu geringfügige Anlässe, und gerade bei Neuropathen finden wir eine solche leichte Ansprechbarkeit des Vasomotorenapparates. Es ist durchaus wahrscheinlich, daß auch dauernde Hypertonien auf diese Weise entstehen können, wenn nur der psychische Reiz weiterwirkt.

Finden wir bei Hirndruck eine Hypertonie, was keineswegs immer der Fall zu sein braucht, so liegt eine zentral mechanischer Hochdruck vor. In solchen Fällen wird eine entlastende Lumbalpunktion im Gegensatz zum Aderlaß den Blutdruck absinken lassen. Derartige Hypertensionen treten auf bei Gehirnblutungen, Erweichungsherden, bei Hirntumoren und Enzephalitiden, merkwürdigerweise aber nie, worauf Kahler besonders hinweist, bei der Meningitis. Auch zu einer anderen Hypertonieform kann eine solche zerebral-mechanisch bedingte „Überhöhung" des Blutdruckes hinzukommen, wenn durch irgendein krankhaftes Geschehen der intrakranielle Druck plötzlich erhöht wird.

Krankhafte Veränderungen vor allem an den Gefäßen in der nächsten Umgebung der vasomotorischen Zentren können zu einer erhöhten Erregbarkeit derselben führen und dadurch eine Hypertonie im Gefolge haben. In solchen Fällen sehen wir dann im Anschluß an die Lumbalpunktion den Blutdruck noch mehr in die Höhe gehen. Ein Teil der Hypertensionen, die man bisher als „essentielle Hypertonie" bezeichnete, weil sichere organische Veränderungen für den Hochdruck klinisch nicht faßbar und vor allem keine oder nur unwesentliche renale Störungen nachweisbar sind, gehört hierher. Pathogenetisch würde es sich dabei nach Kahler um einen zentral läsionellen Hochdruck handeln; Munk bezeichnet diese Form der Hypertonie als „hypertonische Hirnsklerose".

Die Mehrzahl der essentiellen Hypertonien ist aber nach Kahler dem zentral-toxischen Hochdruck zuzurechnen. Er bezeichnet diese Form auch als bulbäre Form der Hypertonie. Lumbalpunktion und Aderlaß führen in diesen Fällen zu ausgesprochenem Blutdruckabfall. Und hier stoßen wir auch besonders häufig auf hereditäre Momente und konstitutionelle Anomalien. Auch bei akuten Nephritiden, vor allem im Stadium der eklamptischen Urämie, aber auch bei der echten Urämie infolge Niereninsuffizienz konnte Kahler die unter diesen Umständen auftretende „Überhöhung" der Hypertonie als zentral-toxisch ausgelöst nachweisen. Eine Stütze für die Kahlersche Auffassung ist der Nachweis von histologischen Veränderungen an den Gefäßen und Zellen der Medulla oblongata nicht nur bei der nephritischen, sondern auch bei der essentiellen Hypertonie.

Zum zentral-reflektorischen Hochdruck gehören die meist vorübergehenden Hypertonien im Anschluß an Schmerzanfälle (Gefäßkrisen Pals), so bei gastrischen Krisen der Tabiker, bei der Bleikolik. Von dauernden Hypertonien rechnet Kahler hierzu auch den klimakterischen Hochdruck.

Als Beispiel für den peripher toxischen Hochdruck wäre die Hypertonie durch Adrenalin zu erwähnen. Für die Hochdruckstauung Sahlis nimmt

Kahler Hyperadrenalinämie als Ursache an. Seine Gründe scheinen uns aber wenig überzeugend.

Den peripher reflektorischen Hochdruck finden wir in ausgesprochener Weise bei allen unkomplizierten hypertonischen Nierenerkrankungen entsprechend der jetzigen Auffassung, daß es sich dabei primär um eine allgemeine Gefäßalteration handelt.

Die anatomische Hypertension, die ihre Ursache in einer allgemeinen oder zum mindesten sehr ausgedehnten anatomischen Veränderung der Arteriolen hat, ist von den übrigen Formen schwierig abzutrennen, um so mehr, als sie sich öfters aus einer der früher genannten Formen allmählich entwickeln dürfte. Nicht unwichtig ist, daß das peripher angreifende Atropin gerade bei dieser Form wirkungslos ist, also keinen Druckabfall hervorruft. Häufig findet sich hier auch eine Hypercholesterinämie.

Ob diese pathogenetische Betrachtungsweise Kahlers in allem zutrifft, muß erst die Zukunft lehren. Unsere klinischen Untersuchungsmethoden sind noch nicht soweit fortgeschritten, um immer mit Sicherheit differentielle klinische Bilder des Hochdruckes einwandfrei abzutrennen. Das wäre wohl auch nur dann möglich, wenn in allen Fällen die Ätiologie klar zu erkennen wäre. Solange wir aber noch nicht dazu in der Lage sind, ist die Kahlersche Einteilung nicht nur von theoretischem Interesse, sondern auch der klinischen Beachtung wert.

Überlegen wir, bei welchen Krankheitszuständen der arterielle Hochdruck auftritt, so sind es, abgesehen von einzelnen Formen der Arteriosklerose, vorwiegend die verschiedenen Erkrankungen der Niere. Hier stoßen wir bei der akuten Glomerulonephritis, bei der chronischen Nephritis, bei den Schrumpfnieren und auch bei den verschiedenen Formen der Stauungsnieren auf die Hypertonie. Man hat deshalb bis vor kurzem noch jeden Hochdruck als renal bedingt angesehen. Auch bei derjenigen Hypertonieform, die man als essentielle Hypertonie bezeichnete und bei der die Hypertonie im Mittelpunkt des klinischen Bildes steht und Erscheinungen von seiten der Nieren vielfach gar nicht nachweisbar sind. Hier haben sich nun die Anschauungen gründlich gewandelt. Wir wissen heute vor allem durch die grundlegenden Untersuchungen von F. Munk und E. Kylin, daß die Hypertonie primär extrarenal bedingt ist, daß das ursächliche Moment die gestörte Vasomotorenregulation in der Peripherie ist und daß, wenn überhaupt, der Niere für bestimmte Fälle nur ein mitbestimmender, sekundärer Faktor zufällt. Zwei Formen der Hypertonie heben sich nicht nur klinisch, sondern auch ätiologisch scharf voneinander ab, nämlich die Hypertonie bei der Glomerulonephritis und die essentielle Hypertonie. Wir schließen uns im folgenden den Darlegungen von Munk und Kylin an.

Die akute Glomerulonephritis hat ihr ätiologisches Moment in einer toxischen Schädigung im Gefolge der verschiedensten infektiösen Prozesse. Weiss[1] hat zuerst auf Grund seiner Ergebnisse mit der Lombardschen Kapillaroskopie auf gewisse Veränderungen in den Kapillaren bei der akuten Glomerulitis hingewiesen. Auch der Nachweis von Beckmann[2], daß das Ödem der akuten Nephritis im Gegensatz zur Nephrose sehr eiweißreich (über 1%) ist, läßt sich nur im Sinne einer vermehrten Durchlässigkeit, also einer Schädigung der Kapillaren, deuten. Wir haben durch Krogh die Selbständigkeit des Kapillarkreislaufs kennengelernt. Und ebenso wissen wir, daß Änderungen der Kapillarweite, sei es durch mechanische, chemische, physikalische und

---

[1] Münch. med. Wschr. **1916**, Nr 26.   [2] Dtsch. Arch. klin. Med. **135** (1921).

sonstige Reize, auch die Permeabilität der Kapillaren modifizieren. Erweiterte Kapillaren lassen höher molekulare Stoffe hindurchtreten, als enge Kapillaren. Daß eine Kapillarverengerung, wenn sie weitere Gebiete umfaßt, auch den Blutdruck in nachweisbarem Maße in die Höhe treiben kann, ist nicht von der Hand zu weisen. Kylin hat nun auch mit seiner Methode der Kapillardruckmessung bei der akuten Glomerulonephritis bedeutend erhöhte Druckwerte festgestellt. Während normalerweise der Kapillardruck als Höchstwert 200 mm H_2O beträgt, finden sich bei der akuten Nephritis Druckwerte von 500 mm H_2O und darüber. In diesem Sinne spricht Kylin von „Kapillarhypertonie". Es mag dahingestellt sein, ob der gemessene Druck wirklich dem Kapillardruck entspricht oder, was wahrscheinlicher ist, dem in den Präkapillaren. Die Fragestellung ändert sich dadurch nicht. Nun mehren sich immer mehr die Beobachtungen, daß im Beginn der postinfektiösen sog. Glomerulonephritis, wenn man nur frühzeitig genug darauf achtet, Blutdrucksteigerung und Ödem früher auftreten als die Erscheinungen von seiten der Niere. Es zeigen sich also zuerst die Funktionsstörungen des kapillaren und präkapillaren Kreislaufes. In diesem Sinne spricht Munk mit Recht von einer „Kapillaritis". Es ist sehr wohl möglich, auch darin stimme ich Munk bei, daß es sich dabei um Änderungen des physikalisch-chemischen Baues der Kapillarendothelien auf toxischer Basis handelt, z. B. um eine Quellung dieser Zellen, die zu einer Lumenverengerung führt. Diese „physikalische Dekonstitution" des Protoplasmas als Antwort auf den toxischen Reiz betrifft nach Munk nicht nur die Endothelien, sondern die gesamten Körperkolloide, also auch die Körpersäfte. Es werden damit nicht nur die Stoffwechselprodukte im Innern der Zelle infolge der geänderten kolloiden Konstitution von der Norm abweichen, sondern ebenso die Vorgänge der Sekretion, Resorption und Permeabilität in andere Bahnen geleitet. Diese kolloidchemische Auffassung in ihrer universellen Gestaltung hat meines Erachtens pathogenetisch überaus aussichtsreiche Wege eröffnet, und es ist nur zu bedauern, daß die Munksche Lehre bisher nicht die Anerkennung gefunden hat, die ihr längst gebührt. Dabei handelt es sich zunächst um reversible Zustandsänderungen, und es beweist natürlich gar nichts, wenn derartige Veränderungen am histologischen Präparat nicht mehr auffindbar sind, da die üblichen Methoden der Zelldarstellung und Fixierung den Nachweis einer in vivo bestandenen kolloidchemischen Abartung illusorisch machen. Reichen derartige Veränderungen bis in das präkapillare Gebiet, und sind sie generell, so sehe ich eigentlich nicht ein, warum sie zur Erklärung der Drucksteigerung nicht ausreichen sollten. Sicher werden aber durch diese Störungen in der kapillären Funktion auch Stoffwechseländerungen bedingt, die ihrerseits wieder durch das Entstehen aphysiologischer Stoffwechselprodukte oder durch das längere Liegenbleiben normaler Stoffwechselschlacken den chemischen Reiz für eine Vasokonstriktion abgeben können. Es ist also wohl möglich, daß bei einer Läsion, die sämtliche oder wenigstens den größten Teil der Kapillaren und Präkapillaren betrifft, die Hypertonie rein peripher entsteht, dem peripher toxischen Hochdruck Kahlers entsprechend. Oder aber, und das erscheint wahrscheinlicher, die Kapillarschädigung bedingt reflektorisch einen allgemeinen Spasmus der Arteriolen, wie auch Volhard annimmt, und gibt so die Ursache für einen peripher reflektorischen Hochdruck ab. Wie dem auch sei, das Wesentliche ist die primäre Erkrankung des gesamten kapillaren und präkapillaren Systems. Dazu gehören selbstverständlich auch die kapillären Schlingen des Glomerulus. Ihre Erkrankung ist eine Teilerscheinung der allgemeinen „Kapillaritis". Damit verliert aber die sog.

Glomerulonephritis den Begriff einer eigentlichen Erkrankung der Niere. Letztere beteiligt sich nur an der allgemeinen Gefäßerkrankung, was sich, entsprechend der besonderen Funktion der Niere, auch in typischen Symptomen äußert. Kylin hat deshalb vollkommen Recht, wenn er die Bezeichnung Glomerulonephritis als irreführend ablehnt und dafür den Namen Capillaropathia universalis vorschlägt. Kylin teilt dann weiterhin die universellen Kapillarerkrankungen in die postinfektiösen Kapillaropathien und in die Schwangerschaftsniere. Es erscheint mir allerdings fraglich, ob diese Rubrizierung heute schon durchführbar ist. Gerade das Problem der Schwangerschaftsniere birgt noch so viele Rätsel in sich, daß es mir gewagt dünkt, sie nach unseren heutigen Kenntnissen schon einheitlichen pathogenetischen Gesichtspunkten einzufügen.

Wesentlich anders gestalten sich die pathogenetischen Momente bei der essentiellen Hypertonie, einer Hypertonieform, die in relativ jugendlichem Alter auftritt und bei der eine Beteiligung der Niere nicht oder nur in geringem Ausmaße nachweisbar ist. Auch hier hat die renale Genese des Hochdruckes bis noch vor kurzer Zeit im Vordergrunde gestanden. Diese Vorstellung kann jedoch heute als erledigt betrachtet werden. Es ist sicher richtig, wenn Pal sagt, daß der essentiell Hypertonische vor allem wegen nervöser Beschwerden zum Arzte kommt. Im Vordergrunde steht die psychische Reizbarkeit, die zu einer wesentlichen Einschränkung der körperlichen und geistigen Leistungsfähigkeit führt. Es kommen hinzu Klagen über Kopfdruck, Schwindel, ein Gefühl von Beengtsein auf der Brust und die verschiedensten rheumatischen Beschwerden, häufig auch Verdauungsstörungen. Besonders im Frühjahr und Herbst treten diese Erscheinungen in verstärktem Maße auf. Es ist von großem Interesse, daß, wie die Untersuchungen von Weitz[1] zeigten, diese Hypertonieform ausgesprochen erblich ist, also einen konstitutionellen Faktor birgt. O. Müller bezeichnet sie deshalb auch als „konstitutionelle Hypertonie". Häufig zeigt sich deshalb bei dieser Hypertonieform eine hereditär neuropathische Belastung mit degenerativen Stigmen, worauf Kahler besonders hinweist. Auch die Angabe Kylins, daß sich sehr häufig unter diesen Hypertonikern der asthenische Habitus vorfindet, können wir an unserem Material bestätigen. Gerade hier spielen exogene Momente ebenfalls eine besondere Rolle. Solche Individuen sind äußeren Einflüssen gegenüber weniger widerstandsfähig als Konstitutionsgesunde, nicht nur in körperlicher, sondern auch in psychischer Hinsicht. Und vor allem der letztere Punkt ist wesentlich. Sie reagieren auf kleine Anlässe mit großen Ausschlägen, und damit unterliegt auch ihr Gefäßsystem viel größeren innervatorischen Schwankungen als in der Norm. Die Paradoxie unserer Zeit mit ihrer ausgesprochenen Wellenbewegung, einerseits extremster, sorgenvollster Existenzkampf, andererseits maximale vitale Betonung, schafft die günstigsten Bedingungen, gerade konstitutionell gestempelte Individuen frühzeitig aufzubrauchen, und hier steht das Gefäßsystem an erster Stelle. Man hat deshalb nicht mit Unrecht die essentielle Hypertonie als „Zeitkrankheit" bezeichnet. Bestimmt man bei solchen Individuen den Blutdruck täglich öfters und trägt die Werte kurvenmäßig ein, so zeigt uns eine derartige Blutdruckkurve einen Ausschnitt eines Reaktionsgeschehens eines bestimmt konstitutionell gearteten Menschen gegen die Umwelt als Ausdruck vegetativer Funktionen. Betrachtet man eine solche über Tage hin durchgeführte Blutdruckkurve einer essentiellen Hypertonie, so fällt auf, daß der Blutdruck sehr starke Schwankungen zeigt. Bei erheblich

---

[1] Z. klin. Med. **96** (1923).

gesteigerten Abendwerten können die Morgenwerte normal sein. Besonders häufig sieht man meiner Erfahrung nach, daß während mehrtägiger Bettruhe vorher ausgesprochen hohe Zahlen zur Norm abfallen. Und auch bei den Fällen, wo Morgen- und Abendwerte gesteigert sind, ist die Differenz zwischen beiden auffallend groß. Unterschiede von 50—70 mm Hg sind keine Seltenheiten. Eine derartige Druckkurve erinnert an die Fieberkurve einer Sepsis. Es ist also der hohe Blutdruck bei der essentiellen Hypertonie im Beginn nicht nur nicht konstant, sondern sein Charakteristikum ist gerade seine Labilität. Und der Vorschlag Kylins, bei der Druckmessung entgegen der bisher üblichen Methode immer die Höchstwerte zu markieren, um die Schwankungen um so deutlicher zum Ausdruck zu bringen, erscheint mir beachtenswert. Ich möchte auch Fahrenkamp und Kylin zustimmen, wenn sie die Labilität der Druckschwankungen allein ohne Druckerhöhung schon der essentiellen Hypertonie nahestehend erachten. Ich vermute auch, daß diese abnormen Reaktionsausschläge des Gefäßsystems auf vegetativ neurotischer Grundlage das primäre Moment, dem die Hypertonie folgt, darstellen. Im Gegensatz zu dieser sprunghaften Blutdruckkurve der essentiellen Hypertonie zeigt der Blutdruck bei der akuten Nephritis ein viel konstanteres Verhalten. Es ist nun von besonderem Interesse, daß Kylin zeigen konnte, daß bei der essentiellen Hypertonie, im Gegensatz zur nephritischen Hypertonie, das Kapillarsystem normal und dementsprechend der Kapillardruck auch nicht erhöht ist. Es handelt sich also um eine „Arterienhypertonie". Zweifelsohne spielen in dieser Hinsicht die kleinsten Arterien, die Arteriolen, die wesentlichste Rolle. Nicht so ganz selten scheint eine Herabsetzung der Kohlehydrattoleranz vorzukommen. Über mäßige Hyperglykämien oder alimentäre Glykosurien bei essentieller Hypertonie ist öfters berichtet. In acht daraufhin untersuchten Fällen meiner Klientel ließ sich dreimal eine deutliche alimentäre Glykosurie nachweisen. Andere Autoren geben Zahlen bis zu 80% an. Kylin berichtet auch über Fälle essentieller Hypertonie ohne Glykosurie, die aber später in einen Diabetes mellitus übergegangen sind. Ob es jedoch berechtigt ist, in der essentiellen Hypertonie ein „prädiabetisches Stadium" zu erblicken, erscheint mir sehr fraglich. Das häufige Vorkommen von Hyperglykämie bei der senilen Hypertonie hat mit dieser Frage nichts zu tun. Kylin konnte dann weiterhin zeigen, daß bei der essentiellen Hypertonie die Blutkalkwerte niedriger, die Blutkaliumwerte höher als in der Norm sind. Der Quotient K/Ca, der normalerweise zwischen 1,20—2,15 liegt, steigt bei dieser Hypertonieform über den zuletzt genannten Wert. Zugleich ändert sich auch die Adrenalinkurve, indem keine primäre Drucksteigerung durch Adrenalin (sympathikotone Wirkung), sondern ein primärer Druckabfall bzw. verzögerte Steigerung (vagotone Wirkung) auftritt. Diese Abweichungen in dem Kalium-Kalziumgehalt des Blutes sind, wenn man die unvermeidlichen Fehlerquellen der Mikromethoden berücksichtigt, sehr gering. Durch die Untersuchungen von Fr. Kraus und seiner Schule haben wir die antagonistische Bedeutung des Kaliums und Kalziums für den Tonus des vegetativen Nervensystems kennengelernt. Dieser Ionenantagonismus, den wir übrigens schon seit Jacques Loeb in seiner biologischen Bedeutung kennen, wird immer mehr auch für klinische Bilder pathogenetisch ausgewertet. Es muß aber bemerkt werden, daß diesbezüglich den Hypothesen wenig Tatsachen gegenüberstehen. Die Bestimmungen der Mineralbestandteile ergeben auch immer nur die Gesamtmenge und sagen nichts über den ionisierten Anteil aus. Aber gerade letzterer ist biologisch am wichtigsten. Es erscheint mir deshalb fraglich, ob die Schlüsse, die Kylin aus diesen Ergebnissen zieht, durchaus stichhaltig sind. Was die

Umkehr der Adrenalinwirkung bei der essentiellen Hypertonie anbelangt, die von Kylin als vagotonisch aufgefaßt wird, so scheint mir auch hier Zweifel berechtigt zu sein. Nach unseren eigenen, früher erwähnten eingehenden Untersuchungen über den Mechanismus der Adrenalinwirkung besagt die Umkehr mit Bestimmtheit, daß bei der essentiellen Hypertonie ein verstärkter Gefäßtonus besteht. Wir haben in diesen Untersuchungen zuerst den Nachweis erbracht, daß der Ausfall der Adrenalinwirkung im Gefäßsystem durch dessen Tonus richtunggebend beeinflußt wird. Bei niederem Tonus wirkt Adrenalin gefäßverengend, bei hohem Tonus gefäßerweiternd.

Auch die Blutharnsäure, ebenso der Blutcholesterinspiegel scheinen bei der essentiellen Hypertonie öfters erhöht, seltener der Rest-N. Interessanterweise kommen außer der Adrenalinumkehr bei dieser Hypertonieform auch noch andere pathologische Gefäßreflexe vor. So soll nach Kaufmann[1] durch Wärme, im Gegensatz zur Norm, eine blutdrucksteigernde Wirkung ausgelöst werden, und nach den Untersuchungen von Lange[2] und Westphal[3] ist der Kapillarmechanismus nach der Methode von Müller-Lombard unter dem Einfluß der Blutsperre und Wiedereröffnung in charakteristischer Weise abgeändert. Kylin kommt auf Grund dieser Befunde auf den Krausschen Begriff des vegetativen Systems zurück, womit ein fein abgestuftes Ineinandergreifen von autonomen Systemen, Drüsen mit innerer Sekretion und Elektrolytwirkung zusammengefaßt wird. Diese Verschiebung des Kalium-Kalziumquotienten zugunsten des Kaliums, die Zunahme der Blutharnsäure, die vagotone Adrenalinkurve bei der essentiellen Hypertonie, betrachtet Kylin als einen bestimmten Typus der neurotischen Einstellung in Parallele zu ähnlich stigmatisierten Krankheitszuständen, die auch öfters zusammen mit dieser Hypertonieform beobachtet werden, wie Asthma bronchiale, Ulcus ventriculi und bestimmte funktionelle Neurosen. Ein öfteres Vergesellschaftetsein mit Asthma bronchiale und Ulcus ventriculi haben auch wir beobachtet. So wäre nach Kylin die essentielle Hypertonie eine vegetative Neurose. Man wird dieser Anschauung eine gewisse Berechtigung nicht versagen können. Damit tritt auch der endokrine Faktor mehr in den Vordergrund. Die klimakterische Hypertonie gehört hierher. Von diesen Gesichtspunkten aus betrachtet, müßte die essentielle Hypertonie wenigstens in den Anfängen therapeutisch gut beeinflußbar sein. Das ist sie auch in der Tat, wenn sie nur früh genug zur Behandlung kommt. Das sind aber sicher die selteneren Fälle, gewöhnlich sieht sie der Arzt erst dann, wenn die Hypertonie schon relativ fixiert ist. Das ist begreiflich, wenn man bedenkt, daß neben dem einen ätiologischen Faktor, der als neuro-endokrine Anlage in der Konstitution definitiv gegeben ist, auch die andere ätiologische Komponente, das exogene Moment, meist in ungünstigen beruflichen oder Familienverhältnissen u. a. gelegen ist, jedenfalls so gut wie immer in äußeren Umständen, die kaum beseitigt werden können. So kommt es dann zur „permanenten Hypertonie", deren Ausgang immer die Schrumpfniere, d. h. Niereninsuffizienz, ist.

Wir müssen also zwei Arten von arteriellem Hochdruck unterscheiden, nämlich die Hypertonie bei der Glomerulonephritis und die essentielle Hypertonie. Beide Formen sind nicht nur ätiologisch sondern auch pathogenetisch durchaus verschieden. Die Ursache der Glomerulonephritis ist ein toxisches, die Ursache der essentiellen Hypertonie ein konstitutionelles Moment. Im ersteren Falle handelt es sich um eine diffuse Erkrankung des kapillaren und präkapillaren Systems, im letzteren Falle um einen ver-

---

[1] Z. exper. Med. 43 (1924) — Münch. med. Wschr. 1924, Nr 36.
[2] Dtsch. Arch. klin. Med. 148 (1925).   [3] Z. klin. Med. 101 (1925).

stärkten Tonus, vor allem der kleineren Arterien. Für beide Hypertonieformen gilt aber, daß die Hypertonie primär extrarenal bedingt ist. Die
Erkrankung der Niere ist dem Gefäßleiden koordiniert bzw. sekundär
die Folge davon. Dabei soll nicht bestritten werden, daß eine sekundär erkrankte
Niere den schon primär erhöhten Blutdruck weiterhin im Sinne einer Steigerung
beeinflussen kann.

Wir geben im folgenden das Schema von Kylin, das die Symptome beider
Hypertonieformen übersichtlich darstellt.

Hypertonie bei Glomerulonephritis.	Essentielle Hypertonie.
Kapillarmorphologische Veränderungen sind vorhanden.	Die Kapillaren erscheinen normal.
Ödem ist vorhanden.	Ödem fehlt.
Kapillardruck erhöht.	Kapillardruck normal.
Retinitische Veränderungen sind vorhanden.	Retinitische Veränderungen fehlen in der Regel.
Tagesvariationen des Blutdruckes normal oder unbedeutend erhöht.	Tagesvariationen des Blutdruckes pathologisch (bis zu 80—100 mm Hg).
Adrenalinblutdruckreaktion normal oder erhöht.	Adrenalinblutdruckreaktion paradox.
	Abnorme Reaktion für Wärme usw. Adrenalinblutzuckerkurve abgeflacht.
Blutzuckerwerte normal.	Blutzuckerwerte oft erhöht. Blut-Ca erniedrigt, Blut-K und Cholesterin erhöht.
Keine Neigung zu Diabetes.	Kohlehydrattoleranz herabgesetzt. Blutbild oft verändert mit Vermehrung der mononukleären Elemente und oft Eosinophilie.
Akute Krankheit nach gewissen Infektionen.	Chronisch schleichendes Entstehen, oft im Zusammenhang mit dem Klimakterium (mit Neigung zu Vagotonie).
Abnorme peptonartige Stoffe im Blute.	

Kylin kommt so zu einer sehr instruktiven pathogenetischen Einteilung
der vaskulären Hypertonien, die mir beachtenswert erscheint. Sie kann folgender-
maßen schematisch dargestellt werden:

I. Einfache Arterienhypertonie (essentielle Hypertonie) =
　a) ohne oder mit nur geringer Beteiligung der Niere (benigne Nierensklerose Volhards),
　b) mit ausgesprochener Beteiligung der Niere (maligne oder permanente Hypertonie) (maligne Nierensklerose Volhards, genuine Schrumpfniere).

II. Kapillarhypertonie (Kapillaropathia)　Kapillaropathia universalis (Glomerulonephritis)

Graviditäts-Kapillaropathie　　　Postinfektiöse Kapillaropathie.

Daß zwischen diesen beiden Typen Übergänge bzw. Mischformen vorkommen,
braucht nicht besonders dargelegt zu werden.

Zum Schluß möge noch kurz auf die Systematik der Nierenkrankheiten
hingewiesen sein. Die pathologisch-anatomischen Bilder der verschiedenen
Nierenerkrankungen sind vielfach schwer zu deuten. Vor allem stoßen wir aber
klinisch wegen der häufigen Mischformen auf Schwierigkeiten. Die klinische
Einteilung der Nierenerkrankungen war deshalb immer ein sehr umstrittenes
Gebiet, um so mehr, als sich klinischer und anatomischer Befund oft nicht zur
Deckung bringen lassen. Mir scheint der Gedanke von Lichtwitz, den „pri-
mären Angriffspunkt" der Noxe, bezogen auf die anatomische Struktur der
Niere, auch für die klinische Rubrizierung heranzuziehen, am zweckmäßigsten
zu sein. Lichtwitz unterscheidet dementsprechend:

A. **Primär epitheliale Leiden** (Nephropathia epithelialis s. tubularis, Nephritis tubularis, Nephrose, tubuläre Nephrose, Epithelialnephrose).
   1. Akuter Verlauf (febrile Albuminurie [akute Nephrose], Nephritis tubularis bei Diphtherie, Cholera u. a. m., nach Vergiftungen mit Schwermetallen, Chrom u.a.m.).
   2. Chronischer Verlauf (im Anschluß an 1., bei Lues im Sekundärstadium, Diabetes mellitus, Morbus Basedowii, malignem Granulom, durch amyloide Degeneration).
   3. Schwangerschaftsniere.
   4. Lipoidnephropathie.
   (5).Tubuläre Schrumpfniere (rein degenerative Schrumpfniere, nephrotische Schrumpfniere, Nephrocirrhosis tubularis).
B. **Primär glomeruläre Leiden.**
   1. Herdförmige:
      a) akutes Stadium,
      b) chronisches Stadium.
   2. Diffuse:
      a) akutes Stadium,
      b) chronisches Stadium
         α) nicht progredient,
         β) progredient,
      c) Endstadium (chronische Glomerulonephritis mit Niereninsuffizienz, sekundäre Schrumpfniere).
C. **Primär vaskuläre Leiden.**
   1. Orthostatische Albuminurie (funktionell).
   2. Stauungsniere.
      Stauungsschrumpfniere.
   3. Embolische Schrumpfniere.
   4. Nephrosclerosis arteriosclerotica initialis s. lenta (Arteriosklerose mit Beteiligung der Nieren, essentielle oder vaskuläre Hypertonie, blande, gutartige Hypertonie, benigne Nierensklerose).
   5. Nephrosclerosis arteriolosclerotica progressa (genuine Schrumpfniere, maligne Nierensklerose).
D. **Interstitielle Affektionen.**
   1. Herdförmig:
      a) infiltrativ,
      b) abszedierend.
   2. Diffus (infiltrativ).
E. **Affektionen durch Entwicklungsstörungen.**
   1. Angeborene Zystenniere (polyzystische Nierendegeneration).
   2. Hydronephrose (hydronephrotische Schrumpfniere).
F. **Vom Nierenbecken ausgehende Leiden.**
   1. Aszendierende tubuläre Nephropathie (Harnstauungsniere).
   2. Pyelonephritis simplex.
   3. Pyelonephritis apostematosa.
   4. Pyelonephritische Schrumpfniere.

Will man die vorstehend angegebene Einteilung Kylins benützen, so ist klar, daß sie in einem Schema primärer Nierenerkrankungen nicht unterzubringen ist, da sie, von der primären Gefäßerkrankung ausgehend, die Erscheinungen von seiten der Niere als sekundäre bezeichnet. Ich halte die Ansichten Kylins für richtig. Die daraus· sich ergebenden Folgerungen sind aber klinisch noch lange nicht genügend ausgewertet, so daß mir aus didaktischen Gründen das Lichtwitzsche Schema heute noch empfehlenswert erscheint. Daß auch dieses, wie jedes Schema, seine Fehlerquellen hat, ist selbstverständlich. Eine scharfe Trennung zwischen epithelialen und glomerulären Nephropathien ist klinisch recht häufig nicht durchführbar, weil „Mischformen" auftreten. Aber nicht nur bei den sog. glomerulären Formen, sondern auch bei den epithelialen Nephrosen steht die primäre Bedeutung der Niere vielfach auf schwachen Füßen, so z. B. bei dem eigenartigen Bilde der Lipoidnephrose. Bekanntermaßen finden wir bei den epithelialen Affektionen der Nieren die höchsten Werte von Eiweißausscheidung und die stärksten Grade von Ödemen, dabei fehlen Blutdruckerhöhung, Hämaturie, Urämie und Retinitis. Charakteristisch ist aber die Veränderung der Blutzusammensetzung. Wir geben eine Gegenüberstellung von Kollert und Starlinger[1] zur Orientierung wieder:

	Gesunder	Nierenkranker (Nephrose)
Fibrinogen (g%)	0,24	0,65
Globuline (g%)	0,41	3,35
Albumine (g%)	7,76	2,23
Prozentverhältnis der Eiweißkörper . .	2,85:4,87:92,18	10,4:53,8:35,8
Gesamteiweiß (g%)	8,41	6,23
Senkungsmittelwert	415 Minuten	14 Minuten
Albuminurie (g%)	0	1,61

Wir finden also bei den Nephrosen eine starke Zunahme des Fibrinogens, der Globuline, eine entsprechend starke Abnahme der Albumine und des Gesamteiweißes im Blute. Die Blutkörperchensenkung ist stark beschleunigt. Es sinken also nach Starlinger[2] elektronegative Ladung, Hydratation, Stabilität, Dispersion und kolloidosmotischer Druck. Es tritt bezüglich des „Bluteiweißbildes" eine ausgesprochene „Linksverschiebung" (Starlinger) ein. Was diese Verschiebung für die Ödemgenese zu bedeuten hat, haben wir früher eingehend erörtert. Die im Harnsediment von F. Munk zuerst beschriebenen doppeltbrechenden Substanzen (Lipoide) brauchen nicht primär in der Niere entstanden zu sein, sondern können ebenso als eine Folge des hohen Blutlipoidgehaltes betrachtet werden, da das Blutcholesterin stark vermehrt ist.

Berücksichtigt man die Ergebnisse der Untersuchungen von Kollert und Starlinger: „die Höhe der Albuminurie bei Nierenkranken steht in einer Beziehung zu dem Verhalten und der Verteilung der Eiweißkörper des Blutplasmas", und zwar ist die Eiweißausscheidung um so stärker, je ausgeprägter die „Linksverschiebung" des „Bluteiweißbildes" ist, so muß man diesen Blutveränderungen eine zentrale Stellung in der Pathogenese der Nephrosen zusprechen. Es ist so verständlich, wenn Epstein[3] in Analogie zum Diabetes mellitus von einem „Diabetes albuminuricus" spricht, wobei das abgeartete Eiweiß sozusagen als körperfremd zur Ausscheidung gelangt. Damit wäre aber die primäre Stellung der Niere im Bilde der Nephrose erschüttert. Wir finden diese Änderungen der Blutzusammensetzung außer bei Nephrosen vor allem in den Zuständen, bei denen es zu einem toxischen Eiweißzerfall kommt, also bei akuten und chronischen Infektionen und bei malignen Tumoren, ferner bei Stoffwechselstörungen und während der Menstruation und Gravidität, selbstverständlich aber in quantitativ und qualitativ verschiedenem Ausmaß. Auch für die Nephrose ist ätiologisch das toxische Moment gegeben. Wo aber die eigentliche Störung, welche die Änderung der Blutzusammensetzung im Gefolge hat, einsetzt, das wissen wir nicht. Ob es sich dabei um eine generelle Änderung der physikalisch-chemischen Struktur der Körperkolloide handelt, wie F. Munk glaubt, oder ob eine bestimmte Stoffwechselstörung mit besonderer Betonung des Lipoidstoffwechsels vorliegt, wobei vielleicht, worauf Lichtwitz hinweist, der Leber eine Bedeutung zukäme, darüber müssen weitere Untersuchungen Klarheit bringen. Sollten diese in der einen oder anderen Richtung eine Bestätigung bringen, dann würde in der Tat auch in der Pathogenese der Nephrosen die Niere kaum eine andere Rolle spielen als beim Diabetes mellitus.

Zum Schluß möchte ich noch kurz auf die Anschauungen Martin H. Fischers[4] zu sprechen kommen. Alle Veränderungen, die den pathologischen

---

[1] Z. klin. Med. **99** (1924).　　[2] Zbl. inn. Med. **1927**, Nr 17.
[3] Zit. nach Lichtwitz, l. c.
[4] Kolloidchemie der Wasserbindung **1** u. **2**. Dresden-Leipzig 1927/28.

Zustand der Nephritis charakterisieren, sind kolloidchemische und auf eine gemeinsame Ursache zurückzuführen, nämlich auf eine abnorme Produktion oder Anhäufung von Säuren in der Niere, oder von Substanzen, „welche in ihrer Wirkung auf Proteinkolloide sich wie Säuren verhalten". Daß es bei Störungen des Zellstoffwechsels, vor allem aber unter den Bedingungen ungenügender Zirkulation, zu einer Anhäufung saurer Stoffwechselprodukte kommen kann, ist uns heute ein geläufiger Gedanke. Die Säuren können verschiedenster Provenienz sein, zweifelsohne dürfte aber den beim Kohlehydratabbau entstehenden Säuren in dieser Hinsicht sicher nicht die alleinige, aber doch eine sehr wesentliche Bedeutung zuzusprechen sein. Wichtig ist auch der Hinweis von M. H. Fischer, daß Amine physikalisch-chemisch eine den Säuren ähnliche Wirkung auf die Proteine ausüben. Die Säurewirkung besteht nun in einer vermehrten Hydratationsfähigkeit des Körpereiweißes, dadurch kommt es zu einer Quellung der Körpergewebe und ebenso natürlich auch der Nierensubstanz. Da die Zelle das Wasser nicht als solches, sondern nur in Form einer Salzlösung aufnehmen kann, sieht M. H. Fischer die Salzretention letzten Endes ebenfalls ursächlich durch die Säurequellung bedingt an. M. H. Fischer hat seine Theorie auch experimentell gut begründet. Ich habe den Eindruck, daß die vielfach angeführten Gegengründe wohl einzelne Punkte seiner Vorstellungen mit Recht zurückweisen, daß aber der Grundgedanke der M. H. Fischerschen Theorie dadurch nicht erschüttert wird. Es muß auch darauf hingewiesen werden, daß M. H. Fischer, soweit ich sehen kann, wohl der erste war, der auf Grund experimenteller und klinischer Daten das Primäre der Gefäßalteration bei den verschiedenen Nierenerkrankungen betont hat. Damals scharf angegriffen, wird heute wohl niemand mehr an der Berechtigung dieser Vorstellung zweifeln. Und es ist wirklich „eine ironische Tatsache, daß ich heute als besten Beweis für die Richtigkeit der allgemeinen Anschauungen, für die ich seit mehr als einem Jahrzehnt eingetreten bin, die Beobachtungen derselben Forscher anführen kann, welche früher die heftigsten Gegner meiner Ansicht waren". Daß in sehr vielen Fällen von Nierenerkrankungen eine Azidosis vorhanden ist, haben wir schon betont. Auch ist es eine bekannte Tatsache, daß bei Nephritiden ein sehr stark saurer Urin ausgeschieden wird, auch gemessen an der Ammoniakausfuhr. Es muß aber immer wieder betont werden, daß negative Ergebnisse in dieser Hinsicht gar nichts beweisen, da intermediäre Störungen im Beginn erfahrungsgemäß diagnostisch meist nicht faßbar sind, aber trotzdem pathogenetisch wirksam sein können. Wenn M. H. Fischer die Ursache der Albuminurie bei den Nephrosen in der Auflösung der Zellbestandteile der Niere infolge der Säurewirkung sieht, so möchte ich ihm darin allerdings nicht unbedingt zustimmen. So bizarr, wie vielfach geäußert wurde, ist diese Vorstellung allerdings nicht, da M. H. Fischer rechnerisch durchaus plausibel macht, daß bei diesen akuten Formen, auch gerade in Anbetracht der Regenerationsfähigkeit des Epithels, ein völliges Verschwinden der Niere, wie von den Gegnern behauptet wurde, keineswegs eintreten müßte. Auch wenn man, wie es wohl richtig sein dürfte, das Eiweiß im Urin als Bluteiweiß betrachtet, so muß doch bei den Nephrosen unbedingt angenommen werden, daß es pathologischerweise durch die Epithelien hindurchtritt, da es sich in diesen Fällen um rein epitheliale Erkrankungen handelt. Wir wissen nur nicht, wie dieser Vorgang zustande kommt. Daß bei den glomerulären bzw. vaskulären Formen das Eiweiß vor allem aus den geschädigten Blutgefäßen stammt, nimmt auch M. H. Fischer an.

Auch die Frage der Entstehung der Harnzylinder ist noch keineswegs geklärt. In der Regel werden sie als Produkte des Zellzerfalls betrachtet.

Auch Martin H. Fischer betrachtet sie als das Resultat des Säurezerfalls der Nierenelemente. Ich möchte mich der Auffassung von Lichtwitz anschließen, daß es sich um geronnenes Harneiweiß handelt. Gerade der saure Urin gibt die besten Bedingungen dafür ab, und wie bei allen Gerinnungsvorgängen ist ein Optimum von Säure dafür nötig. Es kommt also nicht auf die Menge des Eiweißes an, sondern auf einen bestimmten Säuregrad. So erklärt sich auch die häufig zu beobachtende Diskrepanz zwischen Eiweißmenge und Zylinderzahl. Inwieweit eine Herabsetzung der Oberflächenspannung des Harns dabei noch eine Rolle spielt, wissen wir nicht. Daß sie nicht belanglos ist, dürfte nach dem, was wir über das Auftreten von Gerinnungsprozessen wissen, sicher sein. Dafür spricht auch das häufige Vorkommen von Zylindern bei Ikterischen. Zweifelsohne geben, auch darin stimme ich Lichtwitz zu, die Veränderungen der Oberfläche der Harnkanälchen, wie sie bei Nephrosen sicher vorhanden sind, ein die Gerinnung begünstigendes Moment ab. Ist doch von der Blutgerinnung her bekannt, daß schon minimale Läsionen der Gefäßwände genügen, den Gerinnungsvorgang auszulösen.

Und um nun wieder zu M. H. Fischer zurückzukehren. Seine Vorstellungen scheinen mir nicht nur nicht widerlegt, sondern eher immer mehr an Boden zu gewinnen. Dafür sprechen vor allem seine klinischen Erfolge. M. H. Fischer hat aus seinen theoretischen Anschauungen und vor allem aus seinen experimentellen Erfahrungen, daß die Säurequellung am besten durch Salze rückgängig gemacht werden kann, die klinischen Konsequenzen gezogen. Er hat somit diätetisch ungefähr gerade das Gegenteil von dem durchgeführt, was wir seither zu tun pflegten. Er hat wasser- und salzreich ernährt. Die von ihm mitgeteilten Krankengeschichten ergeben ausgezeichnete Resultate. Ich muß diesbezüglich auf die Originalien verweisen. Sollten sich diese therapeutischen Erfolge in der Nachprüfung an einem größeren Material bestätigen, so müßten wir in vieler Hinsicht alte, festgewurzelte Ansichten, an denen zu rütteln bisher niemand gewagt hat, in der Tat endgültig aufgeben. Jedenfalls wird sich die Klinik mehr als bisher mit den Anschauungen M. H. Fischers beschäftigen müssen.

Damit schließen wir das Gebiet der Nierenpathologie, da ein weiteres Eingehen auf klinische Typen der Nierenerkrankungen den Rahmen dieses Buches überschreiten würde.

Die Physiologie und Pathologie des Blutkreislaufes.
Die Physiologie des Blutkreislaufes[1].

Wenn wir mit einer kurzen Schilderung des funktionellen Baues des Herzens beginnen, so kann es sich hier nicht darum handeln, einen Überblick über die entwicklungsgeschichtlichen Etappen und den anatomischen Bau des Herzens im einzelnen zu geben. Diese Forschungsergebnisse müssen wir als bekannt voraussetzen. Wohl aber erscheint uns gerade auch im Hinblick auf die klinische Bedeutung der unregelmäßigen Herztätigkeit eine kurze Beschreibung des „spezifischen Muskelsystems"[2] des Herzens, des Reizleitungssystems, zweckdienlich. Entwicklungsgeschichtlich handelt es sich bei diesem System

[1] Zusammenfassende Darstellung: Tigerstedt, Physiologie des Kreislaufes. 1. Aufl. Berlin-Leipzig 1921.

[2] Koch, W., Der funktionelle Bau des menschlichen Herzens. Berlin-Wien 1922. — Mönckeberg, J. G., im Handb. d. norm. u. path. Physiol. 7 I. Berlin 1926 — Ergebn. d. allg. Pathol. von Lubarsch-Ostertag 19 (1921). — Tandler, J., Die Anatomie des Herzens. Jena 1913. — Tawara, S. (Aschoff), Das Reizleitungssystem des Säugetierherzens. Jena 1906.

um einen Rest des ursprünglichen Herzschlauches, der noch völlig aus spezifischen Elementen aufgebaut ist. Je mehr sich im Laufe der Entwicklung einzelne Herzabschnitte differenzieren und die Blutzirkulation durch Ausbildung von Klappenapparaten geregelt wird, um so mehr wird das spezifische Muskelsystem auf bestimmte Lokalisationen zurückgedrängt. Am deutlichsten zeigt sich das am höchstentwickelten Herzen der Säugetiere.

Die funktionelle Bedeutung des spezifischen Muskelsystems wurzelt in der Reizbildung und Reizleitung. Die Fasern des Reizleitungssystems unterscheiden sich histologisch sehr deutlich von den gewöhnlichen Herzmuskelfasern. Es handelt sich um große blasse Muskelfasern mit großem, blasigem Kern (Purkinjesche Fasern). An zwei Stellen finden sich knotenartige Verdickungen des Systems. Und zwar liegt am Übergang der oberen Hohlvene in den rechten Vorhof der von Keith und Flack entdeckte Sinusknoten. Er hat eine Ausdehnung von 2—3 cm und wird in seinem dickeren Abschnitt als Kopfteil von dem schmäleren Stammteil unterschieden. Die Fasern des Sinusknotens gehen allmählich in die eigentliche Vorhofmuskulatur über. Eine scharfe Trennung ist nicht vorhanden. In der absteigenden Tierreihe finden wir an Stelle des Sinusknotens den Sinus venosus, eine Erweiterung der Mündung der Hohlvenen in den Vorhof, von diesem durch Ostium und Klappe abgetrennt. Der Sinus venosus kontrahiert sich rhythmisch vor den Vorhöfen. Der Keith-Flacksche Sinusknoten ist als ein Überrest des Sinus venosus aufzufassen. Auch bei den Säugetieren und dem Menschen beginnt normalerweise die Kontraktionswelle des Herzens am Sinusknoten. Man hat ihn deshalb auch als „Schrittmacher“ des Herzens bezeichnet. Die zweite knotenförmige Anhäufung von spezifischem Muskelgewebe findet sich oberhalb der Atrioventrikulargrenze in der Vorhofscheidewand vor der Einmündung des Sinus coronarius. Sie wird als Aschoff-Tawarascher Knoten (A-V-Knoten) bezeichnet. Der A-V-Knoten zerfällt in einen Vorhof- und Kammerabschnitt, letzterer ist sehr glykogenreich. Die Fasern des Vorhofabschnittes verlieren sich allmählich in der Vorhofmuskulatur. Eine direkte Verbindung des Sinusknotens mit dem A-V-Knoten durch das spezifische Muskelsystem besteht nicht. Vom Kammerteil des A-V-Knotens verläuft ein schmales Muskelbündel (Hissches Bündel) durch das Septum atrioventriculare nach vorn zur rechten oberen Grenze der Kammerscheidewand. Hier teilt es sich in die beiden Schenkel für die rechte und die linke Kammer. Beide Äste verlaufen subendokardial und splittern sich in ein feines Netzwerk auf, das zu den Papillarmuskeln und Trabekeln zieht und auf diese Weise eine überaus enge Verbindung mit der Ventrikelmuskulatur eingeht. Das Atrioventrikularsystem ist von der umgebenden eigentlichen Herzmuskulatur durch eine Bindegewebshülle getrennt. Die arterielle Versorgung[1] sowohl des Sinus als auch des A-V-Knotens scheint beim Menschen normalerweise durch Zweige der rechten Koronararterie zu erfolgen. Die Schenkel des Reizleitungssystems werden von der linken Koronararterie versorgt. Infolge der vielen Anastomosen zwischen beiden Koronarien ist aber eine absolute Trennung der Gefäßversorgung nicht möglich. Besonders bedeutungsvoll scheint mir der Nachweis von Erlanger[2] und von Ishikama und Nomura[3], daß die Fasern des Reizleitungssystems sich kontrahieren. Wir kommen später auf diese Tatsache noch zurück. Daß dem ganzen spezifischen System die Aufgabe der Reizleitung im Herzen zufällt, muß heute als erwiesen betrachtet werden.

Der mechanische Effekt der Herztätigkeit ist nur dann voll gewährleistet, wenn die Funktion der Klappen intakt ist. Verweilen wir kurz bei der Physio-

---

[1] Spalteholz, W., Die Arterien der Herzwand. Leipzig 1924.
[2] Amer. J. Physiol. **30** (1912).　　　[3] Heart **10** (1923).

logie der Herzklappen[1]. Während bei vielen Tiergattungen die Einmündungsstellen der venösen Gefäße in die Vorhöfe durch Klappen gesichert sind,
hat bei den höheren Säugetieren und dem Menschen eine Rückbildung derselben
stattgefunden, so daß während der Systole der Vorhöfe eine rückläufige Bewegung
des Blutes nach den Venen zu zunächst möglich erscheint. Es finden sich aber
auch am menschlichen Herzen an den venösen Mündungsstellen in die Vorhöfe
zirkuläre Muskelfasern, deren Kontraktion einen nahezu völligen Verschluß der
Venenmündungen bewerkstelligt. Ein merklicher Rückstrom dürfte also unter
physiologischen Bedingungen wohl kaum stattfinden.

Wesentlich anders gestalten sich die Vorgänge an der Atrioventrikulargrenze.
Die volle funktionelle Ausnützung der Ventrikelsystole setzt einen völligen
Abschluß der Ventrikel gegen die Vorhöfe während der Systole der ersteren voraus.
Nur ein vollkommener Schluß der Atrioventrikularklappen läßt den Kammerdruck systolisch zu einer solchen Höhe ansteigen, daß die Semilunarklappen
gesprengt und das Blut durch die relativ engen arteriellen Ostien ausgetrieben
werden kann. Dabei zeigt die Morphologie der Atrioventrikularklappen individuell große Verschiedenheiten. Die Mitral- bzw. Trikuspidalklappe zeigt
häufig mehr als zwei bzw. drei Klappenzipfel, was bei der elliptischen Form
der beiden Atrioventrikularostien nach Moritz schon ein „gewisses technisches
Gefühl" fordert. Die Schlußstellung der Klappen während der Ventrikelsystole
wird vor allem durch die Kontraktion der Papillarmuskel garantiert,
wobei die Sehnenfäden nicht nur an den freien Enden der Klappen ansetzen,
sondern auch an deren Unterfläche, so daß eine ausgedehnte Vorstülpung der
Klappenfläche nach dem Vorhof zu unter dem Einfluß des systolischen Kammerdruckes nicht möglich ist. Der Schluß der Klappen ist ein komplizierter Vorgang, der schon präsystolisch beginnt. Während der Diastole liegen die
Klappenzipfel der Ventrikelwand nahezu an, wenn auch nicht vollständig, da
die in ihrer Basis vorhandenen Muskelzüge die Stellung vorhofwärts begünstigen.
Zweifelsohne bedingt schon das diastolische Einströmen und der Rückprall des
Blutes von der Ventrikelwand Blutströmungen, die ein Heben der Klappen
nach dem Vorhof zu begünstigen. Die Klappen schwimmen sozusagen auf dem
immer höher steigenden Blutspiegel. Vor allem aber hört mit dem Ende der
Vorhofssystole der Blutstrom plötzlich auf, und die Druckdifferenz zwischen
Ventrikel und Vorhof löst in diesem Moment eine rückläufige Blutbewegung
nach dem Vorhof zu aus, wodurch die Klappen „gestellt" werden. Die systolische Verengerung des Atrioventrikularringes ermöglicht dann ein breiteres
Aneinanderliegen der Klappensegel, so daß unter Umständen dadurch auch
kleinere Defekte bzw. Unebenheiten der Klappenränder funktionell ausgeglichen
werden können, und die Kontraktion der Papillarmuskel schafft einen festen
Widerstand gegen den systolischen Kammerdruck. Auf diese Weise bewirken
die Atrioventrikularklappen einen völligen Abschluß gegen die Vorhöfe während
der Ventrikelsystole. Inwieweit Teile des „subvalvulär" befindlichen Blutstroms beim Klappenschluß nach dem Vorhof zu wieder zurückgedrängt werden,
ist unentschieden. Die Frage dieser „physiologischen" Insuffizienz der Klappen

---

[1] Abderhalden, Lehrb. d. Physiol. 2. Berlin-Wien 1925. — Edens, Die Krankheiten
des Herzens und der Gefäße. Berlin 1929. — Höber, Lehrb. d. Physiol. d. Menschen. 4. Aufl.
Berlin 1928. — Krehl, Pathologische Physiologie. Leipzig 1923. — Külbs, im Handb. d. inn.
Med. von v. Bergmann-Staehelin II 1. Berlin 1923. — Moritz, im Handb. d. allg. Path.
von Krehl-Marchand 2. Leipzig 1913 — Handb. d. norm. u. path. Physiol. 7 I. Berlin 1926.
— Nicolai, im Handb. d. Physiol. von Nagel 1 (1909). — Plesch, im Handb. von Kraus-
Brugsch 4. Berlin-Wien 1925. — Romberg, Lehrb. d. Krankh. d. Herzens u. d. Blutgefäße.
Stuttgart 1925. — Stadler, Erg. inn. Med. 5 (1910). — Tigerstedt, Physiologie des Kreislaufes. Berlin-Leipzig 1921.

soll deshalb hier nicht weiter erörtert werden. Selbstverständlich könnte es sich dabei nur um ganz kleine Blutmengen, höchstens um einen oder einige Kubikzentimeter handeln. Ähnliche, wenn auch weniger komplizierte Verhältnisse finden sich an den Semilunarklappen. Schon gegen Ende der Austreibungsperiode kommt es zu einer Stellung der Klappen, da im Gegensatz zu der axialen Blutströmung wandwärts in den Erweiterungen der Sinus Valsalvae Wirbelbildungen mit retrograder Strömungstendenz entstehen, welche die Klappen einander nähern. Da sich gegen Ende der Systole auch die Anfänge der großen Arterien bis nahe zu den Semilunarklappen hin systolisch verengern, wird diese Wirbelbewegung oberhalb der Klappen noch verstärkt und damit deren Schluß weiterhin begünstigt, so daß mit Beendigung der Systole und Aufhören der Strömung die durch die Druckdifferenz zwischen Ventrikel und großen Gefäßen einsetzende retrograde Blutbewegung die Klappen plötzlich vollkommen schließt. Dabei scheint nach den Untersuchungen Hochreins[1] an den Semilunarklappen eine „physiologische" Insuffizienz vorzukommen, die das Rückströmen kleinster Blutmengen in die Ventrikel schon normalerweise ermöglicht.

Nach Beendigung der Vorhofsystole beginnt die Systole der Ventrikel. Die Atrioventrikularklappen sind zu dieser Zeit schon geschlossen, die Semilunarklappen aber noch nicht geöffnet, da der Druck im Innern der Ventrikel zunächst eine solche Höhe erreichen muß, daß er den auf den Semilunarklappen ruhenden Druck übersteigt. Erst dann ist die Öffnung der Semilunarklappen möglich. In dieser Zeit, die man als Anspannungszeit bezeichnet, kontrahiert sich der Ventrikel um seinen unkompressiblen Inhalt ohne Verkürzung seiner Muskelfasern, aber mit starker Zunahme der Spannung. Der Muskel führt also eine isometrische Zuckung aus. Übersteigt der Ventrikelinnendruck den auf den Semilunarklappen lastenden Druck, so werden diese geöffnet und das Blut kann nun in die großen arteriellen Gefäße eintreten. Es beginnt die Austreibungszeit. Jetzt verkürzen sich die Muskelfasern, aber die Spannung ändert sich nicht. Der Herzmuskel führt eine isotonische Zuckung aus. Am Ende der Austreibungsperiode stellen sich, wie oben geschildert, die Semilunarklappen, um mit dem Beginn der Diastole durch ihren Schluß ein Rückströmen des Blutes nach den Ventrikeln zu verhüten.

Für die Dauer der einzelnen Herzphasen gibt Edens im Mittel bei einer Minutenpulszahl von 70 Schlägen folgende Zeitwerte:

Vom Beginn der Vorhofsystole bis zum Beginn der Kammersystole (as-vs-Intervall) 0,15 Sekunden; vom Beginn der Kammersystole bis zur Öffnung der Semilunarklappen (Anspannungszeit) 0,007—0,0085 Sekunden; von der Öffnung der Semilunarklappen bis zum Beginn der Kammerdiastole (Austreibungszeit) 0,23—0,29 Sekunden, vom Beginn der Kammerdiastole bis zum Beginn der Vorhofsystole (Kammerdiastole) 0,5 Sekunden. Die Dauer der Systole umfaßt die Zeitspanne vom Beginn des ersten bis zum Beginn des zweiten Tones, die Dauer der Diastole diejenige vom Beginn des zweiten bis zum Beginn des nächsten ersten Tones. Am meisten Schwankungen zeigt der zeitliche Ablauf der Diastole. Die häufigen Abweichungen der Pulsfrequenz, sei es, daß es sich um Bradykardien oder um Tachykardien handelt, werden fast nur durch Änderung der Diastolendauer bedingt. Eine „aktive" Diastole im Sinne einer diastolischen Saugwirkung der Ventrikel besteht nicht. Wohl aber wird die Arbeit des Herzens als zentraler Kreislaufmotor wesentlich durch peripher wirkende, kreislauffördernde Faktoren unterstützt. In dieser Hinsicht kommt dem negativen Druck in den Pleuraräumen (Dondersscher Druck) eine große Bedeutung zu. Vor allem

---

[1] Dtsch. Arch. klin. Med. **154** (1927).

inspiratorisch wird dadurch das Blut aus den großen venösen Zuflußbahnen angesaugt und damit die Füllung des rechten Ventrikels erleichtert, und ebenso der Widerstand im Lungenkreislauf durch die inspiratorische Erweiterung der Lungengefäße herabgesetzt. Auch die Schwankungen des intraperitonealen Druckes durch die Zwerchfellbewegungen[1] wirken auf die Zirkulation ein. Die mit dem inspiratorischen Tiefertreten des Zwerchfells einhergehende Zunahme des intraperitonealen Druckes hemmt den Abfluß aus den venösen Gefäßen der unteren Extremitäten. Umgekehrt wird während der Exspiration der Abfluß aus den oberen Extremitäten gebremst. Aus diesem gegensinnigen Verhalten resultiert eine Förderung der gesamten Zirkulation. Eine bekannte Tatsache ist ferner die Begünstigung der Zirkulation durch rhythmische Muskelbewegungen. Während der Kontraktionsphase preßt der Muskel Blut aus, während der Erschlaffungsphase saugt er Blut an. Desgleichen üben die pulsrhythmischen Bewegungen der Arterien auf die sie begleitenden Venen einen zirkulationsfördernden Einfluß aus. Man hat unter zusammenfassender Betrachtung dieser extrakardialen zirkulatorischen Hilfsmomente von einem „peripheren Herzen" gesprochen. Hasebroek[2] kommt das Verdienst zu, zuerst in zielbewußter Weise diese Faktoren hervorgehoben zu haben. Und gerade die neuesten Forschungen haben die Richtigkeit dieser Betrachtungsweise evident erwiesen. Vor allem die grundlegenden Untersuchungen von Eppinger und seiner Schule, auf die wir später noch eingehend zurückkommen, haben die klinische Bedeutung dieser Faktoren prägnant hervorgehoben. Dabei stehen wir erst im Beginn des Erkennens. Schon lange kennen wir den Wert der zentralen Vasomotorenregulation für die Funktion des Kreislaufes. Wie schwerwiegend Störungen in diesem nervösen Regulationsmechanismus hauptsächlich in dem großen Sammelbecken des Splanchnikusgebietes sich auswirken können, haben uns die experimentellen Untersuchungen von Romberg, Pässler[3] u. a. gelehrt. Wir verweisen ferner auf die bei Besprechung der Milzfunktion erwähnten Untersuchungen Barcrofts, die uns die Milz als normales Blutdepot aufdeckten. Zweifelsohne gibt es noch mehrere solcher Depots. Es wäre in dieser Hinsicht vor allem an die Leber, die subpapillären Plexus der Haut und die Muskulatur zu denken. Es ist klar, daß die Abführung von Blutmengen in Depots, und damit ihre Ausschaltung aus der zirkulierenden Masse, das Herz bezüglich der Größe seines Schlagvolumens, und damit den gesamten Kreislauf, wesentlich tangieren muß. Außerdem kommt aber noch ein besonders bedeutsamer Faktor, den uns die schönen Untersuchungen Eppingers aufdeckten, hinzu, nämlich der Zellstoffwechsel.

Die früher schon erwähnten Untersuchungen von Krogh haben uns gezeigt, daß die kapillare Durchblutung des ruhenden Muskels eine weit geringere ist als die des tätigen Muskels. Es scheint jeder Stoffwechselphase ein bestimmter optimaler Grad der „Kapillarisation" des betreffenden Organes zu entsprechen. Störungen in dieser Anpassungsfähigkeit des kapillaren Mechanismus an die Zellfunktion müssen zu Störungen des Stoffwechsels, zu einer Betriebsstörung im weitesten Sinne führen. Sicher ist aber auch das Umgekehrte möglich, daß ein von der Norm abweichender Zellstoffwechsel den Kreislauf in loco alterieren kann. In beiden Fällen wird es zu einer Anhäufung von Stoffwechselprodukten kommen, vielleicht auch zu pathologischen Stoffen infolge ungenügender Oxydation. Es ist auch durchaus denkbar, daß unter diesen Umständen intermediär toxische Produkte entstehen. Ich denke in dieser Hinsicht an biogene Amine. Jedenfalls wird es sich um Substanzen handeln, die als

---

[1] Hitzenberger, Klin. Wschr. **1929**, Nr 21.
[2] Extrakardialer Blutkreislauf. Jena 1914. [3] Dtsch. Arch. klin. Med. **64** (1899).

Kapillargifte wirken und ebenso reflektorisch vasomotorische Zentren beeinflussen können. Man kann sich vorstellen, daß so gegebenenfalls lokale Zellstörungen auf weitere Gefäßgebiete einwirken. So sehen wir also, daß es nicht mehr angängig ist, das Kreislaufgeschehen rein nach hämodynamischen Gesichtspunkten begreifen zu wollen, sondern daß eben so die Zellen im Organverband durch ihren Stoffwechsel als Triebfaktoren des Kreislaufsystems betrachtet werden müssen. In diesem Sinne sind Kreislauf und Stoffwechsel einander sehr nahe verbunden. Die Dynamik des Herzens folgt den Gesetzen, wie sie von Fick und von v. Kries für den Skeletmuskel aufgestellt wurden. Das zeigten für das Froschherz die Untersuchungen von O. Frank, und für das Warmblüterherz haben diesen Beweis vor allem die Arbeiten von Hermann Straub[1] am Starlingschen Herz-Lungenpräparat erbracht. Dabei gibt uns die Kenntnis von Druck und Volumen der einzelnen Herzabschnitte in ihren zeitlichen Variationen ein gutes Bild von der Leistung des Herzens. Der Druckablauf in beiden Vorhöfen und ebenso der in beiden Ventrikeln verläuft im wesentlichen gleich. Die Abb. 31, die einer Arbeit von Hermann Straub entnommen ist, gibt ein instruktives Bild über die zeitlichen Beziehungen des Druckablaufs, der Volumkurven und der Strömungskurven in den einzelnen Herz- und Gefäßabschnitten. Tritt eine Überbelastung des Herzens durch Erhöhung des arteriellen Widerstandes ein, so steigt das Maximum des Ventrikeldruckes entsprechend an. Der Druckanstieg erfolgt steiler, die Anspannungszeit bleibt also dieselbe, wohl aber verlängert sich die Austreibungszeit etwas. Wir wissen, daß auch unter normalen Bedingungen die Ventrikel sich nie völlig entleeren. Bei steigendem arteriellem Druck nimmt nun die Restblutmenge zu, und damit stellt sich der Ventrikel auf eine höhere Anfangsspannung ein. So paßt sich das Ventrikelvolumen je nach Erhöhung oder Senkung des arteriellen Widerstandes durch Vermehrung oder Verminderung der Restblutmenge den veränderten Be-

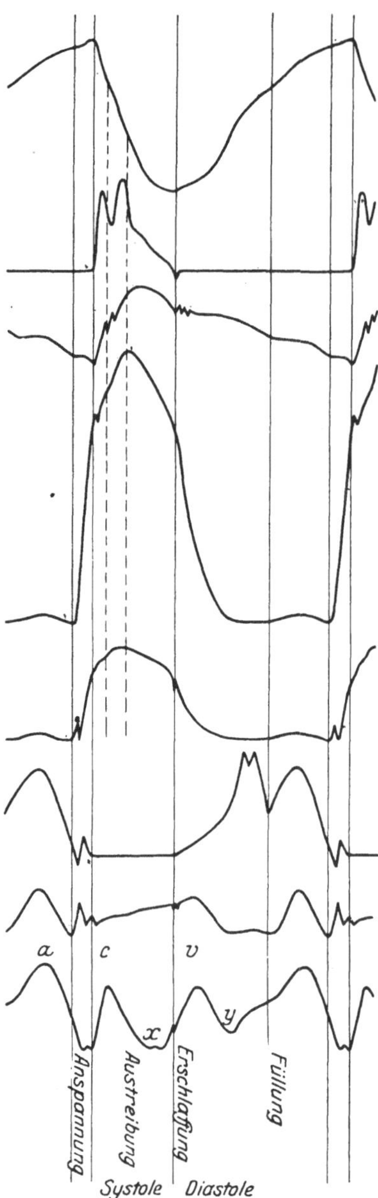

Abb. 31. Die zeitlichen Beziehungen des Druckablaufs der Volumkurven und der Strömungskurven in den einzelnen Herz- und Gefäßabschnitten. Von oben nach unten: Volumkurve der Kammer, Stromkurve der Aortenwurzel, Druckkurve der Aortenwurzel, der linken und der rechten Kammer, Stromkurve der Vorhof-Kammergrenze, Vorhofdruck und Venendruck (nach H. Straub).

[1] Zahlreiche Arbeiten im Dtsch. Arch. klin. Med. 115—133 und Handb. d. norm. u. path. Physiol. 7 I. Berlin 1926.

dingungen sofort an. Die Folge davon ist, daß auch unter wechselnden Druckwerten — soweit diese die physiologische Möglichkeit nicht überschreiten — das Schlagvolumen konstant bleibt. Das Maß der Arbeit wird also, hämodynamisch betrachtet, dem linken Ventrikel ausschließlich von dem jeweiligen funktionellen Zustand des arteriellen Kreislaufes vorgeschrieben und damit auch die Regulierung seiner Restblutmengen. Genau dieselbe Bedeutung haben für den rechten Ventrikel die venösen Zuflußbahnen. Wie beim linken Ventrikel die Vermehrung der Restblutmenge, so führt eine vermehrte Anfangsfüllung beim rechten Ventrikel zu einer gesteigerten Anfangsspannung. Es leuchtet ein, daß von diesen Gesichtspunkten aus betrachtet der Effekt der Vorhofsystole einen wesentlichen Faktor für die Leistung der Kammer bedeutet, und ebenso ist es verständlich, daß gröbere Änderungen in der peripheren Blutverteilung nachhaltig die Dynamik des Herzens beeinflussen können.

Der gesunde Herzmuskel vermag sich bekanntermaßen veränderten Ansprüchen gegenüber sofort und weitgehend in seiner Leistungsfähigkeit anzupassen. Und zwar erlangt er diese Eigenschaft dadurch, daß er, wie wir gesehen haben, z. B. bei stärkerer Belastung das Optimum der dafür benötigten Kontraktion durch Erhöhung seiner Anfangsspannung erreicht. Diese Fähigkeit zu sofortiger Mehrleistung bezeichnen wir als Reservekraft, und ihre Definition lautet nach Hermann Straub: „Die Reservekraft beruht demnach auf den Zuckungsgesetzen des Herzens, auf der durch Veränderung der Arbeitsbedingungen automatisch bewirkten vermehrten Anfangsspannung und Anfangsfüllung." Die Reservekraft des Herzens genügt nur zur Bewältigung kurzdauernder Mehrforderungen, bei einer länger dauernden Mehrbelastung versagt sie. Da kommt es dann zu morphologischen Veränderungen des Herzmuskels, vor allem zu einer Hypertrophie, welche die erhöhte Arbeitsleistung vollbringt, und schließlich zu einer Erweiterung der Herzhöhlen. Diese Erweiterung bedingt aber wieder eine vermehrte Anfangsfüllung und Anfangsspannung und erhöht damit nach dem oben Gesagten die Leistungsfähigkeit des Herzmuskels. In diesem Sinne werden Hypertrophie und Dilatation als kompensatorische Faktoren bezeichnet, die noch über längere Zeit hin die Forderung nach gesteigerter Leistung erfüllen können. Aber selbstverständlich hat jede Kompensationsmöglichkeit eine Grenze, nämlich dann, wenn es zu einer Überdehnung kommt. Dann steigt die Restblutmenge immer mehr, der systolische Enddruck sinkt und das Blut staut sich im Herzen. Wichtig ist der von Hermann Straub erbrachte Nachweis, daß vor allem die Diastole langsamer abfällt, also die Verharrungszeit verlängert und damit die Füllungszeit verkürzt wird. Es besteht „ein Kontraktionsrückstand" weit bis in die Diastole hinein, so daß die nächste Systole auf ein nicht völlig erschlafftes Herz trifft. Bezeichneten wir oben die Summe aller Faktoren, sowohl anatomischer als auch funktioneller Art, welche eine dauernde Mehrleistung des Herzens ermöglichen, als Kompensation, so sprechen wir im letzteren Falle, wenn ein Versagen dieser Faktoren eintritt, von Dekompensation.

Die Größe des Herzens unterliegt schon physiologischerweise gewissen Schwankungen. Zunächst nimmt. das Herz am Körperwachstum teil, wobei vor allem die Entwicklung der Körpermuskulatur maßgebend ist. In dieser Hinsicht bestehen gewisse Beziehungen zwischen Herzgröße und Körpergewicht auch bei erwachsenen Individuen. Bekannt ist, daß Schwerarbeiter im allgemeinen größere Herzen haben als Leichtarbeiter, und desgleichen trainierte Sportleute im Gegensatz zu nichttrainierten. Auch in der Tierreihe sehen wir vor allem bei den Warmblütern bestimmte Abhängigkeiten der Herzgröße vom Körpergewicht. Wir finden, daß bei erwachsenen Tieren derselben Art nach der Reihenregel von R. Hesse[1] bei aufsteigenden Reihen des Körpergewichts das Herzverhältnis, worunter das relative Herzgewicht im Verhältnis zum Körpergewicht verstanden wird, abnimmt. Zweifelsohne ist hierfür die Tatsache maßgebend, daß kleinere Tiere infolge ihrer größeren Oberfläche einen regeren Stoffwechsel haben als größere Tiere mit ihrer relativ geringeren Oberfläche. Im allgemeinen sind beim Menschen die absoluten und relativen Herzgewichte bei Frauen niedriger als bei Männern. Nach den Untersuchungen von Martha Gewert[2] aus dem Aschoffschen Institut ist das absolute Herzgewicht vor allem vom Körpergewicht abhängig, weniger von der Körperlänge. Ferner nimmt die Wachstumskurve des Herzens bei normalen Männern bis zum 39. Lebensjahre zu, dann tritt ein Schwanken derselben bis zum 59. Lebensjahre auf, von da ab setzt die Altersatrophie ein. Bei Frauen dagegen ist die Wachstumskurve nur bis zum 24. Lebensjahre aufsteigend und mit 65 Jahren beginnt die Atrophie. Es ist verständlich, daß die Herzgröße auch mit dem Grade der Füllung wechseln muß. Bei vertikaler Körperstellung sammelt sich vor allem in den Venen der herabhängenden Extremitäten Blut an, das Herz erhält deshalb weniger Blut als bei horizontaler Lage. Das Minutenvolumen ist im Stehen kleiner als im Liegen. Von Moritz[3] wurde zuerst an Tieren festgestellt, daß das Herz im Stehen kleiner ist als im Liegen. Daß auch beim Menschen derartige Änderungen der Blutverteilung auf die Herzgröße einen Einfluß haben, zeigten uns die Untersuchungen von Dietlen[4]. Vor allem sind aber konstitutionelle Momente zu berücksichtigen. Hier sei an das Kraussche „Tropfenherz" bei Engbrüstigen und an das „Cor pendulum" Wenckebachs infolge Zwerchfelltiefstand beim Thorax piriformis erinnert. Häufig sehen wir damit eine Hypoplasie des Gefäßapparates verbunden, vielleicht dadurch entstanden, daß der Zirkulationsapparat in der Wachstumsperiode mit dem übrigen Körper nicht Schritt hält. Inwieweit es sich dabei um Teilerscheinungen eines „Status degenerativus" oder nur um einen korrelativen Faktor handelt, soll hier nicht weiter erörtert werden. Die Schwierigkeit liegt eben in der Bestimmung der Herzgröße selbst, weil wir dafür kein exaktes Verfahren besitzen und nur ihr relatives Verhalten zu den übrigen Größenverhältnissen des Organismus Wert besitzt. Dabei gibt es fließende Übergänge vom Normalen zum Krankhaften, und im letzteren Falle ist ja bekannt, wie sehr das Herz in seiner Größe bei pathologischen Zuständen variiert; wir verweisen nur auf die Atrophie bei allen kachektischen Zuständen, vor allem bei der Phthise, auf die Hypertrophie bei Atherosklerosen und Schrumpfnieren und Erkrankungen des Herzens selbst. Daß auch in der Schwangerschaft eine Vergrößerung des Herzens auftritt, scheint nach den Untersuchungen von W. Frey[5] nicht mehr zweifelhaft. Man wird bei der physiologischen Variabilität der Herzgröße und bei den wenig scharfen Grenzen des Normalen nach dem Pathologischen hin die Frage, ob es überhaupt eine normale Größe des Herzens gibt, für berechtigt halten. Es muß aber dabei berücksichtigt werden, daß wir einerseits in der Lage sind, wenigstens einen Teil der Faktoren, die normalerweise die Herzgröße beeinflussen, bei unseren Untersuchungen zu berücksichtigen, und andererseits bedenken, daß die physiologischen Veränderungen in den Größenverhältnissen relativ gering sind. Wir können so in der Tat, wie im besonderen die Untersuchungen von Moritz und seiner Schule ergeben haben, für klinische Zwecke mit hinreichender Genauigkeit aus Durch-

<hr>

[1] Handb. d. norm. u. path. Physiol. 7 I. Berlin 1926.
[2] Veröff. Kriegs- u. Konstit.path. 5. Jena 1929.
[3] Dtsch. Arch. klin. Med. 82 (1904).   [4] Dtsch. Arch. klin. Med. 97 (1909).
[5] Herz und Schwangerschaft. Leipzig 1923 — Klin. Wschr. 4 (1926).

schnittswerten eine normale Größe des Herzens postulieren. Auch scheint mir das in neuerer Zeit von Rautmann und seinen Mitarbeitern[1] ausgearbeitete Korrelationsverfahren, das neben dem Körpergewicht auch die Körpergröße und den Brustumfang berücksichtigt, noch eine genauere Präzision der Herzgröße zuzulassen, gerade auch im Hinblick auf den Zusammenhang zwischen Variabilität und Korrelation der Innenorgane zu den entsprechenden Faktoren des gesamten Habitus. Auf die Methoden selbst kann ich hier nicht eingehen. Unter pathologischen Bedingungen sehen wir meist die Veränderungen in der Herzgröße relativ spät auftreten. Veränderungen seiner Form zeigen sich uns klinisch in solchen Fällen in der Regel früher. Für die funktionelle Betrachtungsweise ist allerdings dadurch leider nicht allzuviel gewonnen, da wir noch zu wenig Kenntnisse darüber besitzen, in welcher Weise derartige anatomische Veränderungen Energetik und Nutzeffekt des Herzens beeinflussen.

Bei der Betrachtung des Thorax sehen wir regelmäßig bei jugendlichen, weniger konstant bei älteren Individuen im fünften Interkostalraum meist etwas nach einwärts von der Mamillarlinie deutliche Pulsationen, die von der aufgelegten Hand unschwer als Vorwölbungen der Brustwand infolge der Formveränderungen des schlagenden Herzens erkannt werden. Wir bezeichnen dementsprechend diesen sicht- und fühlbaren Ausdruck des sich kontrahierenden Herzens als Herzstoß, und soweit er sich auf die Gegend der Herzspitze bezieht als Spitzenstoß. Für sein Zustandekommen sind die Form- und Lageveränderungen des Herzens während der Systole maßgebend. Die Ventrikelhöhlen gehen bei der Systole aus ihrer diastolischen elliptischen Form in die Kugelgestalt über, wodurch der Tiefendurchmesser des Herzens sich vergrößert. Außerdem bildet sich aber bei der Systole an der Vorderfläche der linken Kammer, dicht oberhalb und einwärts der Herzspitze, eine umschriebene Vorwölbung, der systolische Herzbuckel. Und durch die eigenartige Anordnung der Herzmuskelfasern wird die Spitze spiralförmig von links nach rechts, also im Sinne des Uhrzeigers, gedreht und zugleich durch von der Spitze zur Basis gerade verlaufende Muskeln gehoben. Durch diesen sehr komplizierten Vorgang wird der Herzstoß hervorgerufen. Was man fühlt, ist vor allem der systolische Herzbuckel. Der Herzstoß beginnt mit der Systole, und zwar der Verschlußzeit, und endet mit der Diastole. Seine genaue Differenzierung erfolgt mit graphischen Methoden, am genauesten mit der Frankschen Apparatur. Für die Analyse dieser Kurven (Kardiogramm) sind nicht nur die Formveränderungen, sondern ebenso die Volumveränderungen des Herzens von Bedeutung. Auf die Methoden zur Aufnahme des Kardiogramms und die Deutung der gewonnenen Kurven können wir hier nicht eingehen, um so weniger, als eine Einheitlichkeit in der Beurteilung noch nicht erzielt ist. Wir verweisen auf die entsprechende Literatur[2].

Stärke und Ausdehnung des Spitzenstoßes werden von den verschiedensten Faktoren beeinflußt, so durch die Breite, Länge und Tiefe des Brustkorbes. Bei dem langgestreckten flachen Thorax mit seinen weiten Interkostalräumen liegt der gewöhnlich deutlich fühlbare Spitzenstoß tiefer und mehr medianwärts, bei dem kurzen und tiefen Thorax ist das Umgekehrte der Fall. Auch Stand

---

[1] Rautmann, Untersuchungen über die Norm. Veröff. Kriegs- u. Konstit.path. **2.** Jena 1921 — Studien auf dem Gebiete der klinischen Variationsforschung. Z. Konstit.lehre **13** (1927).

[2] Edens, Die Krankheiten des Herzens und der Gefäße. Berlin, Julius Springer 1929. — Frey, Handb. d. norm. u. path. Physiol. **7 I** (1926). — Hess, Erg. inn. Med. **14** (1915). — Romberg, Lehrb. d. Krankh. d. Herzens u. d. Blutgefäße. Stuttgart 1925. — Sahli, Lehrb. d. klin. Untersuchungsmethoden **1** (1928). — Tigerstedt, Physiologie des Kreislaufes **1** (1921). — Weitz, Erg. inn. Med. **22** (1922).

und Form des Zwerchfells wirken auf den Spitzenstoß ein. Je höher das Zwerchfell steht, um so mehr wird der Spitzenstoß nach oben und außen gedrängt, so bei raumbeengenden Prozessen im Abdomen. Je tiefer das Zwerchfell steht, um so mehr rückt auch der Spitzenstoß nach unten und einwärts, so im Alter, bei Emphysem und Asthma. Desgleichen sehen wir durch die Atmung und durch Verlagerung des Herzens, infolge im Thorax sich abspielender pathologischer Prozesse (Ergüsse, Tumoren, Pneumothorax u. a.), den Spitzenstoß entsprechend variieren. Schließlich wird die Ausdehnung des Herzstoßes an Größe gewinnen, wenn das Herz in größerem Umfang der vorderen Brustwand anliegt, so bei Vergrößerung des Herzens selbst, bei Vorschieben des Herzens durch an seiner Hinterfläche gelegene raumbeanspruchende Prozesse und durch Retraktion der Lungenränder, während bei Überlagerung durch die Lunge das Gegenteil eintreten wird. Die Möglichkeiten, die eine Änderung des Spitzenstoßes herbeiführen können, sind also so zahlreich, daß seine Beurteilung in bezug auf das Herz selbst nur unter Berücksichtigung aller dieser Faktoren und im Hinblick auf den jeweils gegebenen gesamten Status durchführbar ist.

Normalerweise hören wir über dem tätigen Herzen zwei Töne. Rein physikalisch betrachtet handelt es sich bei diesen sog. Tönen eigentlich um Geräusche. Wenn wir trotzdem von Tönen sprechen, so geschieht es vor allem deshalb, um diese normalen von pathologischen Schallerscheinungen, die sich auch dem Ohre als Geräusche zu erkennen geben, klinisch abzutrennen. Die Frage nach der Entstehung des ersten Herztons, die durch Dezennien hindurch zu lebhaften Diskussionen führte, kann heute als abgeschlossen betrachtet werden. Es ist erwiesen, daß auch das völlig blutleere, aus dem Körper herausgenommene Herz selbst dann, wenn durch besondere Versuchsanordnung die Atrioventrikularklappen an jeder Bewegung gehindert werden, noch einen Ton im Beginn der Kammersystole wahrnehmen läßt. Es ist der während der isometrischen Zuckung der Kammermuskulatur, also in der Anspannungszeit, rasch einsetzende intraventrikuläre Druckanstieg, der zu einer plötzlichen Änderung der Gleichgewichtslage der schwingungsfähigen Teile der Herzmuskulatur führt und so den ersten Ton hervorruft. Nun ist aber der erste Ton bei blutleerem Herzen wesentlich tiefer als bei erhaltener Zirkulation. Es muß also noch ein weiterer Faktor außer dem „Muskelton“ für die Entstehung des ersten Tones hinzukommen. Das sind zweifelsohne die Atrioventrikularklappen, um so mehr, als es sich bei ihnen um besonders schwingungsfähige Membranen handelt. Wir wissen auch, daß ihre plötzliche Anspannung bei künstlicher Zirkulation am toten Herzen einen Ton erzeugt. Wir müssen also annehmen, daß der erste Herzton sich aus zwei Komponenten, aus einem Muskel- und Klappenton, zusammensetzt. Die Erklärung des zweiten Herztones stieß auf weit geringere Schwierigkeiten. Im Beginn der Diastole fällt der intraventrikuläre Druck rasch ab. Die dadurch bedingte ruckartige Anspannung der Semilunarklappen versetzt dieselben in Schwingungen und veranlaßt den zweiten Herzton. Letzterer ist also ein reiner Klappenton. Es ist möglich, daß die Bewegungsvorgänge, die sich im Beginn der Austreibungszeit in den Anfangsteilen der großen arteriellen Gefäße abspielen, ebenfalls einen Ton („Austreibungston“) hervorrufen. Wegen der kurzen zeitlichen Differenz würde dieser Ton mit dem ersten Herzton zusammenfallen und so, wie verschiedene Autoren glauben, für die Entstehung des ersten Herztones mitverantwortlich sein. Diese Frage ist aber noch sehr umstritten, sie soll deshalb hier nicht weiter erörtert werden. In vereinzelten Fällen hört man auch bei Herzgesunden noch einen dritten Herzton. Von Einthoven wurde dieser normale dritte Herzton zuerst im Elektrokardiogramm registriert. Er folgt in annähernd konstantem zeitlichem Abstand, im Mittel

0,18 Sekunden, dem zweiten Ton. Er liegt also protodiastolisch. Er fällt dementsprechend in die Zeit der Öffnung der Atrioventrikularklappen, in der das Blut unter starkem Druck in die Ventrikel hineingeschleudert·wird. Der Ansicht, daß die dadurch hervorgerufene plötzliche passive Dehnung der Kammerwände das akustische Phänomen des dritten Tones veranlasse, möchte ich mich anschließen. Das Vorkommen einer dreiteiligen Herzmelodie hat insofern in letzter Zeit eine aktuellere Bedeutung erlangt, als von verschiedenen Seiten behauptet wurde, daß sie die Regel sei. So gibt Gubergritz[1] an, daß sie in 90—93% aller normalen Personen zu hören sei. Ich selbst muß gestehen, daß ich mich von dieser Ansicht bisher nicht überzeugen konnte. Es muß allerdings bemerkt werden, daß nach dem erwähnten Autor vielfach Kunstgriffe angewandt werden müssen, um den dritten Ton hörbar zu machen, auch scheint eine gewisse Einschulung des Ohres dazu nötig zu sein. Jedenfalls hat diese Frage bedeutendes klinisches Interesse, da, wenn Gubergritz recht hat, daß der dritte Ton ein regelmäßiges normales Vorkommen ist, die bisher als physiologisch angesehene zweiteilige Herzmelodie als pathologisch betrachtet werden müßte.

Das führt uns zu einer kurzen Besprechung der Veränderungen der Herzmelodie unter von der Norm abweichenden Bedingungen, wie wir sie als gespaltene, verdoppelte und als überzählige Herztöne klinisch rubrizieren. Die Angaben in der Literatur sind hier vielfach verwirrend. Dabei sind die Bezeichnungen Spaltung oder Verdoppelung eines Tones abhängig von der zeitlich wahrnehmbaren Differenz der Schallphänomene. Man spricht demgemäß bei sehr kurzem Intervall von einer Spaltung, bei längerem Intervall von einer Verdoppelung des Tones. Während also zwischen Spaltung und Verdoppelung eines Tones ein prinzipieller Unterschied nicht besteht, ist das Auftreten eines überzähligen Tones scharf davon zu trennen. Da ja normalerweise über dem Herzen mehr Töne entstehen als wir wahrnehmen können, insofern, als alle systolischen und alle diastolischen Töne zeitlich zusammenfallen, so kann eine Störung dieser zeitlichen Harmonie in der Norm zusammengesetzte Schallerscheinungen getrennt hervortreten lassen. So können wir dann an Stelle der normalen zwei Töne drei oder sogar vier Töne über dem Herzen hören. Es handelt sich dabei nach dem Gesagten nicht um eine Neubildung von Tönen, sondern um eine getrennte Wahrnehmung physiologischerweise zeitlich zusammenfallender Schallphänomene durch Störung dieser Koinzidenz. Davon prinzipiell verschieden ist das Auftreten abnormer Töne am Herzen.

Eine Spaltung bzw. Verdoppelung des ersten Tones durch mangelnde Koinzidenz kann dann auftreten, wenn beide Ventrikel sich nicht gleichzeitig kontrahieren. Ein derartiges Ereignis kann durch Leitungsstörungen bedingt sein, wodurch der Kontraktionsreiz beiden Kammern nicht zu gleicher Zeit zufließt. Es ist aber auch möglich, daß die Spaltung bzw. Verdoppelung des ersten Tones dadurch hervorgerufen wird, daß Kammerton und Austreibungston über den großen Gefäßen getrennt wahrgenommen werden, und zwar dann, wenn die Anspannungszeit verlängert ist. Auch bei krankhaften Veränderungen an einzelnen Segeln einer Klappe kann es durch ungleichzeitige Spannung der verschiedenen Teile einer Klappe zu einer Spaltung bzw. Verdoppelung des ersten Tones kommen. In diesem Falle handelt es sich aber dann um die Neubildung eines Tones.

Häufiger findet man derartige Tonspaltungen und Verdoppelungen des zweiten Tones durch mangelnde Koinzidenz bei der Spannung der Semilunarklappen. Sowohl bei Gesunden als vor allem bei Mitralfehlern stoßen wir auf

---

[1] Z. Kreislaufforschg **1929**, Nr 3.

diesen Befund. Der zweite Ton wird, wie schon früher erörtert, durch die plötzliche Anspannung der Semilunarklappen bedingt, wobei durch die starke Drucksenkung in den Ventrikeln zu Beginn der Diastole die geschlossenen Semilunarklappen ruckartig nach dem Ventrikellumen zu vorgestülpt werden. Werden nun die Ventrikel nicht gleich rasch mit Blut gefüllt, so wird sich infolgedessen auch die diastolische Drucksenkung in beiden Ventrikeln ungleich entwickeln und damit auch die Spannung der Semilunarklappen ungleichzeitig erfolgen müssen. Während der Inspiration wird der Zufluß zum rechten Herzen begünstigt, infolgedessen wird die diastolische Drucksenkung in der rechten Kammer langsamer erfolgen und dementsprechend die Spannung der Pulmonalklappen später eintreten als die der Aortenklappen. Den gleichen Mechanismus finden wir bei der Mitralstenose. Das umgekehrte Verhalten zeigt sich bei der Mitralinsuffizienz und bei der Exspiration.

Kommt es infolge pathologischer Prozesse an den einzelnen Segeln einer Semilunarklappe zu einer ungleichen Anspannung der Teile einer Klappe, so kann ebenfalls eine Spaltung oder Verdoppelung des zweiten Tones hervorgerufen werden. Dabei handelt es sich dann, analog den Atrioventrikularklappen, um eine Tonneubildung. Dasselbe dürfte der Fall sein, wenn infolge starker arterieller Drucksenkung in der Diastole eine intensive zentripetale Reflexwelle die Arterienwände in abnorm heftige Schwingungen versetzt und eine zweite diastolische Spannung der Aortenklappen bedingt.

In allen diesen Fällen von Spaltung und Verdoppelung der Töne ist der normale Rhythmus der Herzmelodie, der $^2/_4$-Takt, erhalten.

Öfters hören wir aber diesen normalen $^2/_4$-Takt durch Einschieben eines dritten Tones in einen $^3/_4$-Takt abgeändert. Wir sprechen dann von Galopprhythmus und unterscheiden je nach der Lage des dritten Tones zu den Herzphasen einen protodiastolischen, mesodiastolischen und präsystolischen Galopp.

Den präsystolischen Galopp finden wir häufig bei Mitralstenose. Da diese Art von Galopprhythmus genetisch von einer anderen Galoppform abzutrennen ist, bezeichnet ihn Sahli als „Mitralisgalopp". Dieser dreiteilige Rhythmus ist am besten an der Mitralklappe zu hören. Nach Sahli entsteht er durch die Vorhofkontraktion, indem letztere das starre und verwachsene Mitralsegel in Schwingungen versetzt. Dieser präsystolische Galopp ist also streng von der ebenfalls bei Mitralstenosen häufig hörbaren Spaltung oder Verdoppelung des zweiten Tones zu unterscheiden. Die Lage des überzähligen Tones in der Diastole kann aber auch mehr zur Mitte oder zum Beginn derselben verschoben sein. Gerade im letzteren Falle, also bei protodiastolischem Auftreten, muß seine Entstehungsweise eine andere sein. Da er dann kurze Zeit nach dem Beginn der Kammerdiastole auftritt, so muß er mit dem Einströmen des Blutes in die Ventrikel in Zusammenhang stehen. Wir beziehen ihn auf die plötzliche passive diastolische Spannung der Ventrikelmuskulatur. Wir finden ihn dementsprechend auch bei Gesunden mit erregter Herzaktion, bei Störungen der inneren Sekretion (Morbus Basedowii) und bei Herzinsuffizienz. Es ist durchaus möglich, daß ihm letzten Endes Tonusanomalien des Herzmuskels zugrunde liegen.

Der präsystolische „Vorhofgalopp" kann dann in einen mesodiastolischen Galopp übergehen, wenn infolge von Reizleitungsstörungen die Ventrikelkontraktion später als in der Norm erfolgt. Steht man auf dem früher erwähnten Standpunkt von Gubergritz, daß die normale Herzmelodie der dreiteilige Rhythmus ist, dann stellt der Galopp in der Tat nichts anderes dar als „eine quantitative und qualitative Veränderung" des normalen dritten Tones „in bezug auf seine Intensität" mit den Möglichkeiten der verschiedensten Übergänge vom normalen zum pathologischen Rhythmus als Ausdruck des variierenden Tonus des Herzmuskels.

Unter dem Einfluß krankhaften Geschehens, seltener bei Gesunden, hören wir über dem Herzen Geräusche auftreten. Wie schon betont, sind im rein physikalischen Sinne die Herztöne ebenfalls Geräusche, bei beiden handelt es sich um aperiodische Schallschwingungen. Der Unterschied zwischen Herztönen und Herzgeräuschen bezieht sich nach Sahli „vielmehr auf die Art des Verlaufs und die Dauer, die mit der Art der Entstehung zusammenhängt. Die Töne des Herzens entstehen durch eine einmalige plötzliche Verschiebung des schallgebenden Körpers aus seiner Gleichgewichtslage, die Herzgeräusche dagegen durch während der ganzen Dauer der Schallerscheinungen sich wiederholende Anstöße". Die Gesetze der Geräuschentstehung verdanken wir vor allem den Untersuchungen von Th. Weber. Letzten Endes sind alle endokardialen Geräusche Strömungsgeräusche, bedingt durch die Bewegung des Blutes, und dementsprechend werden sie auch klinisch je nach der Herzphase, in der sie entstehen, rubriziert. Experimentelle Beobachtungen haben nun ergeben, daß beim Strömen von Flüssigkeiten in Röhren vor allem dann Geräusche entstehen, wenn das Lumen des Strombettes sich ändert, wenn also ein Übergang von einem engeren zu einem weiteren Abschnitt stattfindet, und umgekehrt. Beim Übertritt eines Flüssigkeitsstromes aus einem engen in ein weites Röhrensystem übt die Strömung an der Stelle der Lumenänderung, analog dem Mechanismus der Wasserstrahlpumpe, auf die Wandung eine Saugwirkung aus, wodurch letztere, wenn es sich um eine elastische Membran handelt, in ihrem erweiterten Teil in transversale Schwingungen versetzt wird. Der durch dieses Hin- und Herschwingen der Wand bedingte Wechsel der Strömungsgeschwindigkeit ruft nun auch in dem engen Teile des Stromgebietes ein entsprechendes Variieren des Abflusses hervor. Dadurch gerät die Wandung des engen Teiles ebenfalls in Schwingungen, die sich aber zu denen des erweiterten Teiles gleichrhythmisch, aber alternierend verhalten. Diese Schwingungen bedingen nun Geräusche, und zwar entstehen dieselben nach dem Gesagten sowohl diesseits als jenseits der Lumenänderung des Strombettes. Dieselbe Erklärung trifft auch zu, wenn es sich um den Übergang des Flüssigkeitsstromes aus einer weiten in eine enge Stelle handelt. Diese Bedingungen sehen wir nun gerade bei den Herzklappenfehlern verifiziert. Wir unterscheiden drei Arten von Klappenfehlern. Bei den eigentlichen, organisch bedingten Klappenfehlern handelt es sich um pathologische Veränderungen der Klappen selbst, wodurch der normale Klappenmechanismus gestört ist. Bei den relativen Klappenfehlern oder Dehnungsinsuffizienzen kommt es infolge der Überdehnung der Herzmuskulatur oder infolge von Elastizitätsverlusten der großen Gefäße zu einer Dehnung der Klappenansatzringe. Dabei sind die Klappen völlig intakt, aber sie sind zu klein, um bei der Überdehnung der Klappenringe noch einen völligen Klappenschluß zu bewerkstelligen. Und schließlich führen die muskulären Insuffizienzen infolge Störung der Papillarmuskelfunktion zu einer abnormen Stellung der Klappen und damit zu einer Schlußunfähigkeit derselben. Ganz einerlei, welcher Art die Klappenfehler nun sind, immer kommt es dadurch zum Durchtritt des Blutes durch eine abnorm enge Stelle in weite Räume, sei es, daß der Blutstrom in normaler Richtung, wie bei Stenosen, oder in rückläufiger, abnormer Richtung, wie bei den Insuffizienzen, fließt. So sehen wir also bei allen Klappenfehlern als maßgebenden Faktor der Geräuschentstehung die Lumenänderung des Strombettes. Damit sind aber die Bedingungen der Geräuschentstehung noch nicht erschöpft. Beim Strömen von Flüssigkeiten in

Röhren tritt auch dann ein Geräusch auf, wenn bei gleichbleibendem Lumen die Strömungsgeschwindigkeit erhöht wird. Auch dieses Moment finden wir häufig am Herzen und Gefäßsystem vor. Vor allem ist dies der Fall bei Herzgeräuschen, die mit der Klappenfunktion nichts zu tun haben und die wir als akzidentelle Geräusche bezeichnen. Diese akzidentellen Geräusche durch erhöhte Strömungsgeschwindigkeit hören wir häufig bei Gesunden bei erregter Herzaktion, ferner im Fieber und bei Störungen der inneren Sekretion. Vielfach ist allerdings in diesen Fällen nicht nur die vermehrte Herzaktion die Ursache der Zunahme der Strömungsgeschwindigkeit, sondern ebenso die Abnahme des Widerstandes in der peripheren Zirkulation durch Nachlassen des Vasomotorentonus. Wir sehen ferner sowohl bei den Klappengeräuschen als auch bei den akzidentellen Geräuschen vielfach außer den genannten Faktoren noch weitere unterstützende Momente der Geräuschbildung hinzukommen. So sind zarte und biegsame Wände besonders leicht in Schwingungen zu versetzen. Zum Teil beruhen darauf die nicht seltenen akzidentellen Geräusche bei Jugendlichen und bei konstitutionell schwachen Individuen. Auch Rauhigkeiten an der Innenwand (atheromatöse Veränderungen) eines Gefäßes können schon bei einer Strömungsgeschwindigkeit, die bei glatter Wandung kein Geräusch erzeugt, ein Geräusch bedingen. In derselben Weise geräuschfördernd wirken qualitative Veränderungen der Blutflüssigkeit selbst, indem eine dünnflüssige Beschaffenheit (Anämien) eine Strömungsbeschleunigung begünstigt. In der Regel sehen wir, daß nicht nur eines der erwähnten Momente die Geräuschbildung hervorruft, sondern daß in einer Kombination mehrerer dieser Faktoren die Ursache der Geräuschbildung gelegen ist.

Da auch das aus dem Körper herausgenommene und blutleere Herz noch lange in seiner gesetzmäßigen Weise weiterschlägt, so sprechen wir von der Automatie des Herzens. Es hat also die Fähigkeit, die Reize, die normalerweise seine Tätigkeit bedingen, in sich selbst, „autochthon", zu bilden[1]. Damit aber der Reiz eine Wirkung auslösen kann, muß der Herzmuskel noch weitere Bedingungen erfüllen. Er muß den Reiz aufnehmen können, also reizbar sein, und ihn dann physiologisch beantworten, d. h. sich kontrahieren können, und schließlich müssen bestimmte Leitungsbahnen vorhanden sein, damit der Reiz allen Teilen des Herzens zugeleitet werden kann. So kommen wir zu den von Engelmann aufgestellten sog. vier Kardinalfunktionen des Herzens: der Reizbildung, der Reizbarkeit, der Kontraktilität und der Reizleitung. Und schließlich wäre noch als nicht weniger wichtige Funktion der Tonus des Herzmuskels hervorzuheben. Die Reizbildung erfolgt in sich regelmäßig wiederholenden zeitlichen Perioden. Der Herzschlag besitzt dementsprechend Rhythmizität.

Über das eigentliche Wesen der Herzreize wissen wir so gut wie nichts. Wohl aber kennen wir zahlreiche Bedingungen, die für die Bildung der autochthonen Reize unbedingt erforderlich sind. Eine Änderung in der Frequenz der Reizbildung bedingt eine gleichsinnige Veränderung der Frequenz des Herzschlags. Dabei ist es im Prinzip einerlei, ob die Reizbildung an der normalen Stelle (nomotope Reizbildung nach Hering) oder an irgendeinem anderen Orte der Herzmuskulatur (heterotope Reizbildung nach Hering) erfolgt. Zunächst spielen physikalische Faktoren eine Rolle, so sehen wir, daß Erhöhung der Bluttemperatur, sowohl beim Kaltblüter- als auch beim Warmblüterherzen, mit einer Frequenzsteigerung einhergeht. Erniedrigung der Temperatur bewirkt das Gegenteil. Der Temperaturreiz greift bei normalem Rhyth-

---

[1] Langendorff, Erg. Physiol. I 2 (1902). — Rothberger, Handb. d. norm. u. path. Physiol. 7. Berlin 1926.

mus am Sinusknoten an. Aber auch beim atrioventrikulären Rhythmus haben die Untersuchungen von Ganter und Zahn[1] die Temperaturbeeinflussung der Reizbildung nachgewiesen. Von größter Bedeutung ist der Gasgehalt der Blutflüssigkeit für die Automatie des Herzens. Eine länger dauernde Herztätigkeit bei völligem Mangel von Sauerstoff ist nicht möglich, wohl aber liegt die Wirksamkeit des Sauerstoffdefizits auf die Reizbildung bei den einzelnen Tierarten bei verschiedenen Partialdrucken. Eine Zunahme des Kohlensäuregehaltes der Durchblutungsflüssigkeit setzt am isolierten Herzen die Schlagfrequenz herab. Es ist möglich, daß die Kohlensäure ein physiologischer Faktor für die Reizbildung ist, erwiesen ist es aber zur Zeit noch nicht. Es ist auch noch durchaus unentschieden, ob es sich um eine spezifische Anionwirkung der Kohlensäure handelt und nicht etwa um eine Beeinflussung der Reaktion der Blutflüssigkeit durch dieselbe. Ist doch bekannt, daß Änderungen in der Ionenkonzentration der Blutflüssigkeit die Schlagfrequenz des Herzens wesentlich beeinflussen. Für die normale Reizbildung ist eine annähernd neutrale Reaktion der Durchströmungsflüssigkeit mit eben angedeuteter Verschiebung nach der alkalischen Seite zu optimal. Bei zunehmender H˙-Ionenkonzentration nimmt die Schlagfrequenz ab. Es ist aber zu bemerken, daß die verschiedenen motorischen Herzzentren auch ein verschiedenes Optimum der Reaktion besitzen. Damit kommen wir zur Besprechung der chemischen Bedingungen des Herzschlages[2].

Die Entstehung der Herzreize ist an das Vorhandensein bestimmter Salze geknüpft. In erster Linie kommt das Na˙-Ion in Betracht. Setzt man in der Durchströmungsflüssigkeit des künstlich ernährten Herzens den NaCl-Gehalt herab, so vermindert sich die Schlagfrequenz. Diese Wirkung der Kochsalzverminderung kann in gewissen Grenzen durch Zusatz von Traubenzucker oder Rohrzucker, durch Wiederherstellung des normalen osmotischen Druckes, ausgeglichen werden. Ein völliger Ersatz des Kochsalzes durch eine andere Substanz ist aber nicht möglich. Andererseits kann auch das Herz durch Kochsalzlösung allein nicht dauernd in Tätigkeit erhalten werden. Sicher liegt in der Aufrechterhaltung des osmotischen Druckes nicht die alleinige Bedeutung des Kochsalzes, sondern es spielen wohl auch spezifische Beeinflussungen des Na˙-Ions eine wichtige Rolle. Dabei ist die optimale Konzentration des Na˙-Ions für die verschiedenen Reizbildungsstätten eine wechselnde.

Weiterhin haben uns die bekannten Untersuchungen W. E. Ringers gelehrt, daß außer dem Kochsalz auch Kalium und Kalzium für die normale Herztätigkeit unbedingt erforderlich sind. Dabei zeigt sich die Wirkung von Kalium und Kalzium antagonistisch. Überwiegt das Kalzium, so wird der Tonus des Herzmuskels erhöht, die Systole verlängert, und schließlich tritt systolischer Stillstand ein. Umgekehrt werden bei Überwiegen des Kaliums bzw. Kalziummangel die Systolen immer kleiner und das Herz bleibt zuletzt in Diastole stehen. Das Kalzium scheint im allgemeinen die Erregbarkeit der ventrikulären Reizbildungszentren zu steigern, während das Kalium mehr auf das motorische Zentrum im Sinusgebiet einwirkt und damit die normale automatische Reizbildung begünstigt. Kohn und Pick[3] sehen deshalb im Kaliumgehalt des Blutes einen wichtigen Faktor für die „Selbststeuerung des Herzens". Zwaardemaker[4] sieht in der Radioaktivität einen unerläßlichen Faktor für die Reizbildung im Herzen. Als Träger dieser radioaktiven Strahlung betrachtet er das Kalium. Dasselbe ist ein β-Strahler.

[1] Pflügers Arch. **145** (1912).
[2] Rihl, Rothberger u. Kisch, im Handb. d. norm. u. path. Physiol. **71** (1926).
[3] Pflügers Arch. **185** (1920).   [4] Erg. Physiol. **19** (1921).

Auch α-Strahlen haben dieselbe Wirkung. Wirken beide Strahlen zu gleicher Zeit ein, so verhalten sie sich antagonistisch, da die β-Strahlen negativ elektrisch, die α-Strahlen positiv elektrisch geladen sind. Für die Wirkung maßgebend ist in diesem Falle die Verschiebung der Gleichgewichtslage. Das Kalium läßt sich durch andere radioaktive Elemente ersetzen. Dementsprechend bleibt auch die Herztätigkeit erhalten, wenn an Stelle des Kaliums der Ringerlösung eine entsprechende Menge einer anderen radioaktiven Substanz (Uranylnitrat, Thoriumnitrat, Radiumsalz, Emanation u. a.) zugesetzt wird. Die Angaben Zwaardemakers sind jedoch nicht unwidersprochen geblieben, und vor allem liegen für das Warmblüterherz noch keine Bestätigungen vor, so daß weitere Untersuchungen für eine definitive Stellungnahme abgewartet werden müssen. Überhaupt ist die Beurteilung der Salzwirkung auf die Herztätigkeit dadurch erschwert, daß die experimentellen Ergebnisse wenig eindeutig sind. Individuelle Momente, der momentane Zustand des Herzens, können die Reaktionsweise ändern. Bei Versuchen am in situ belassenen Herzen spricht der Einfluß der extrakardialen Nerven wesentlich mit. Schon Howell konnte zeigen, daß bei Vagusreizung mehr Kalium aus dem Herzen in die Druckströmungsflüssigkeit übertritt, bei Reizung des Accelerans dagegen tritt eine Veränderung im Salzgehalt nicht ein. Fehlt Kalium in der Ringerlösung, so ist ein Effekt der Vagusreizung nicht mehr zu erzielen. Auch beim Warmblüter erzeugt eine intravenöse Injektion von Kalisalzen Pulsverlangsamung, bewirkt also eine Vagusreizung. Beim Froschherzen wird durch Verminderung des Kalziumgehaltes der Ringerlösung die Vaguserregbarkeit erhöht. Die Beziehungen zwischen Kalzium und Erregbarkeit des Accelerans sind noch wenig durchsichtig. Es scheint aber nach Untersuchungen von Rothberger und Winterberg[1], daß Kalziumzufuhr vor allem die ventrikulären Reizbildungszentren für die Acceleransreizung empfindlicher macht. Jedenfalls ist bezüglich der Wirkung auf die extrakardialen Herznerven ein strenger Antagonismus von Kalium-Kalzium nicht sicher nachgewiesen. Diese Frage wird uns noch näher beschäftigen.

Von organischen Stoffen, die für die Herztätigkeit von Bedeutung sind, soll hier nur auf die Kohlehydrate hingewiesen werden. Schon Locke hat gezeigt, daß das isolierte Herz länger in Tätigkeit bleibt, wenn der Ringerlösung Traubenzucker zugesetzt wird. Nach dem, was wir früher über die Rolle der Kohlehydrate für den Chemismus des Muskels auf Grund der Embdenschen Untersuchungen gesagt haben, wird man auch für die Tätigkeit des Herzmuskels als energieliefernde Substanz vor allem das Laktazidogen betrachten müssen Die Kohlehydrate begünstigen danach vor allem die kontraktile Funktion des Herzmuskels. Außerdem ist aber nach neueren Untersuchungen auch eine positive Beeinflussung der Reizbildung recht wahrscheinlich. Der Verbrauch der Glykose aus der Nährlösung während der Kontraktion ist nachgewiesen. Nach Neukirch und Rona[2] gilt das nicht nur für Traubenzucker, sondern auch für Galaktose, Mannose und brenztraubensaures Natrium, während Disaccharide und Lävulose nicht verarbeitet werden. Auch Klewitz und Kirchheim[3] sahen beim isolierten Kaninchenherzen eine deutliche Hebung der Herztätigkeit durch Traubenzucker. Auch in der Therapie der Herzkrankheiten spielt ja seit den Untersuchungen Büdingens[4] der Traubenzucker eine bedeutsame Rolle. Das von Büdingen aufgestellte klinische Bild der „Kardiodystrophie", in dessen Pathogenese die Hypoglykämie eine zentrale Stellung einnimmt, wird heute wohl mit Recht abgelehnt. Ich habe trotz häufiger Anwendung der intra-

---

[1] Pflügers Arch. **142** (1911).   [2] Pflügers Arch. **148** (1912).
[3] Klin. Wschr. **1922**, Nr 28.   [4] Ernährungsstörungen des Herzmuskels. Leipzig 1917.

venösen Traubenzuckerinfusion bei Herzkrankheiten einen nachhaltigen Erfolg nie gesehen. Wenn ein solcher theoretisch auch möglich erscheint und die tier-experimentellen Beobachtungen zum Teil in diesem Sinne sprechen, so sind die pathogenetischen Faktoren, wie wir sie beim Menschen vorfinden, doch wesentlich komplizierter. Man muß auch bedenken, daß die durch die Infusion bedingte Hyperglykämie rasch vorübergeht. Nach 30—60 Minuten ist sie nicht mehr nachweisbar, und sie ist von einer Hypoglykämie gefolgt. Die Infusion ruft aber nach den Untersuchungen von Nonnenbruch und Szyszka[1] starke Änderungen in der Zusammensetzung des Blutes hervor. Es kommt zu einem „ganz erhebli-chen Austausch von Wasser, Kolloiden und Salzen zwischen Geweben und Blut, wobei die Strömung sowohl aus den Geweben ins Blut als auch umgekehrt erfolgen kann. Wenn also nach intravenösen Zuckerinfusionen Besserungen subjektiver Beschwerden bei Herzkrankheiten beobachtet wurden — auch ich sah vereinzelt ein vorübergehendes Nachlassen stenokardialer Anfälle danach —, so kann das ebensogut eine Folge der erwähnten physikalisch-chemischen Än-derung der Blutflüssigkeit sein und braucht keinesfalls im Sinne Büdingens als energetischer Effekt des Traubenzuckers gedeutet zu werden.

Eine Detaillierung der einzelnen im Blute und der Gewebsflüssigkeit physiolo-gischerweise vorkommenden anorganischen und organischen Bestandteile in ihrer Beziehung zur Tätigkeit des Herzens ist heute noch nicht durchführbar. Dabei müßte auch berücksichtigt werden, daß die biologische Wirksamkeit einer Sub-stanz bezüglich ihrer Beeinflussung des Herzens die Kardinalfunktionen des Herzens getrennt zu betrachten hat, eine Aufgabe, die den Rahmen dieses Buches überschreiten würde. Ich verweise in dieser Hinsicht auf die obenerwähnte erschöpfende Darstellung dieses Gebietes durch B. Kisch. Wir versuchen nun eine kurze Darstellung der Herznervenwirkung[2] zu geben. Das Herz besitzt sowohl eine parasympathische als auch eine sympathische Innervation. Die erstere bezeichnen wir als Herzvagus, die letztere als Nervus accelerans. Der Herzvagus setzt sich meist aus verschiedenen Faserbündeln zusammen, die aus dem Nervus laryngeus superior, inferior und aus dem Brustteil des Vagus-stammes hervorgehen. Der Nervus accelerans stammt aus dem untersten Hals-und oberen Brustmark und gelangt durch die Rami communicantes zum Grenz-strang, von wo aus er in verschiedenen Zweigen über die Halsganglien das Herz erreicht. Vagus und Accelerans sind in ihrem extrakardialen Verlauf meist in gemeinsamen Nervenstämmen vollständig miteinander vereint. Sie ver-zweigen sich netzartig in der Muskulatur, so daß jede einzelne Muskelfaser des Herzens von einem Nervengeflecht umsponnen wird. Sowohl in den extrakardial gelegenen oberflächlichen und tiefen Plexus, als auch in dem intramuralen Nervensystem sind Gruppen von Ganglienzellen eingelagert. Im allgemeinen wird der Vagus als Hemmungsnerv, der Accelerans als Förderungsnerv des Herzens angesprochen. Nach Engelmann bezeichnen wir die Herznerven-wirkung nach ihrem Einfluß auf die von ihm postulierten Kardinalfunktionen des Herzens und sprechen von einer negativ und positiv chronotropen Änderung der Schlagfrequenz, einer negativ und positiv dromotropen Änderung der Leitungsgeschwindigkeit, einer negativ und positiv bathmotropen Änderung der Erregbarkeit und einer negativ und positiv inotropen Änderung der Kon-traktionsstärke.

Schwache Reizung des Vagus führt zu Pulsverlangsamung, starke Reizung bedingt einen Herzstillstand. Dabei wirkt der Vagus bei normal schlagen-

---

[1] Arch. f. exper. Path. **86** (1920).

[2] Asher, im Handb. d. norm. u. path. Physiol. **7** 1 (1926). — Müller, L. R., Die Lebens-nerven. Berlin, Julius Springer 1924.

dem Herzen vorwiegend auf das Sinusgebiet ein. Es scheint aber auch bei automatisch schlagender Kammer eine negativ chronotrope Wirkung vorhanden zu sein. Reizung des Accelerans ruft eine Beschleunigung des Herzschlags hervor. Nach den Untersuchungen von H. E. Hering[1] kann ein stillstehendes Herz durch Acceleransreizung wieder zum rhythmischen Schlagen gebracht werden. Der Accelerans scheint die Reizbildung in sämtlichen motorischen Herzzentren positiv beeinflussen zu können. Reizt man Vagus und Accelerans zu gleicher Zeit, so überwiegt die Vaguswirkung. Nach Aufhören der Reizung hält aber die Acceleranswirkung noch längere Zeit an. Es zeigt sich also bei gleichzeitiger Reizung beider Nerven eine gewisse Interferenz zwischen Herabsetzung der Schlagfrequenz durch Vagusreiz und Beschleunigung der Schlagfrequenz bei Acceleransreizung, wodurch die antagonistische Wirkung beider Nerven zum Ausdruck kommt. Diese tritt auch auf bei der Prüfung der Nervenreizung auf die Kontraktionsstärke des Herzmuskels, wobei vor allem darauf geachtet werden muß, daß sich die Schlagzahl unter den experimentellen Bedingungen nicht ändert, da sie schon allein das Ausmaß der Kontraktion nachhaltig beeinflußt. Vagusreizung wirkt negativ, Acceleransreizung positiv inotrop. Es haben uns vor allem die Untersuchungen Bohnenkamps[2] eine genauere Analyse dieser Vorgänge gegeben. Danach wirkt Vagusreizung hauptsächlich auf die diastolische Phase am Herzen ein. Die Diastole setzt früher ein, und der Kontraktionsablauf erfolgt flacher und langsamer, während bei Reizung des Accelerans vor allem die Kontraktionskurve höher und steiler ansteigt. Bohnenkamp spricht in diesem Sinne von einer negativen und positiven klinotropen Wirkung des Vagus und des Accelerans. Nach H. Straub[3] bewirkt Vagusreizung ein Nachlassen des Kammertonus. Ferner wird durch Vagusreizung die Vorhof-Kammerleitung herabgesetzt, während Acceleransreizung sie begünstigt. Diese dromotropen nervösen Einflüsse zeigen sich am deutlichsten im Elektrokardiogramm, wobei auch Unterschiede in der Höhe vor allem der P-Zacke, je nachdem Vagus oder Accelerans gereizt werden, auftreten und auch divergente Elektrokardiogramme erzeugbar sind, je nachdem die rechtsseitigen oder linksseitigen Herznerven zur Reizung herangezogen werden. Wir verweisen diesbezüglich auf die interessanten Untersuchungen von Rothberger und Winterberg[4]. Inwieweit die Erregbarkeit des Herzens, die bathmotrope Funktion Engelmanns, durch Nerveneinfluß geändert wird, ist noch nicht sicher entschieden. Es scheint mir erwiesen, daß durch Vagus- und Acceleransreizung die heterotope Reizbildung gesteigert wird. Wir haben schon erwähnt, daß durch Acceleransreizung die stillstehenden Kammern wieder Automatie erlangen, und es ist auch sehr wahrscheinlich, daß für die Pathogenese des Flimmerns der Nerveneinfluß mitbestimmend ist. Es ist aber bis jetzt nicht mit Bestimmtheit zu sagen, ob es sich um eine direkte oder indirekte Wirkung der Nervenreizung handelt. Die Entscheidung ist vor allem deshalb schwierig, weil die Vagusreizung immer zu einer Verkürzung der refraktären Phase führt.

Der rechte Vagus und Accelerans scheint vorwiegend auf den Sinusknoten, der linke Vagus und Accelerans vorwiegend auf den Aschoff-Tawaraschen Knoten und die Kammern einzuwirken.

Auch der Stoffwechsel des Herzens zeigt Änderungen unter dem Einfluß der extrakardialen Nervenreizung. Der Gaswechsel des Herzens wird unter Vagusreiz herabgesetzt, es vermindert sich der Energieumsatz[5], umgekehrt

---

[1] Pflügers Arch. **107, 108** (1905).   [2] Pflügers Arch. **196** (1922).
[3] Z. exper. Med. **53** (1926).   [4] Pflügers Arch. **135** (1910); **141** (1911).
[5] Bohnenkamp u. Eichler, Pflügers Arch. **212** (1926).

wird letzterer durch Reizung des Accelerans gesteigert. Howell und Duke[1] haben den Nachweis erbracht, daß durch Vagusreizung der Kaliumgehalt der Durchströmungsflüssigkeit des Herzens zunimmt. Von Asher und seinen Schülern[2] wurde dieser Befund bestätigt und erweitert. Reizung des Accelerans bedingt dagegen eine Vermehrung des Kalziums. Reizung des Vagus mobilisiert also Kalium, Reizung des Accelerans mobilisiert Kalzium. Auch diese chemischen Änderungen deuten auf einen Antagonismus zwischen Vagus und Accelerans hin. Die Nervenwirkung aber ausschließlich mit dieser Ionenverschiebung zu identifizieren, wäre eine zu einseitige Betrachtung. Der Wirkungsantagonismus beider Substanzen ist kein strenger. Auch bei völligem Fehlen von Kalium kann die Vaguserregbarkeit im Beginn noch erhalten oder sogar gesteigert sein, und andererseits ist auch das Kalzium für das Eintreten der Vaguswirkung unbedingt erforderlich. Wie schon früher hervorgehoben, ist die Relation zwischen Kalium-Kalzium das Wesentliche. Das folgende Schema der Kalziumwirkung, das der erwähnten zusammenfassenden Darstellung von Asher entnommen ist, möge das Gesagte nochmals illustrieren.

Nervenreiz	Normal	Wirkung Ca-Mangel	Wirkung Ca-Überschuß
Vagusreiz	diastolischer Stillstand	gesteigerte Anspruchsfähigkeit	schwach: bei faradischer Reizung gesteigerte Erregbarkeit, stark: herabgesetzte Erregbarkeit
Sympathikusreiz .	systolische Wirkung	herabgesetzte Anspruchsfähigkeit	gesteigerte Anspruchsfähigkeit

Änderungen der Temperatur haben, soweit sie nicht plötzlich einsetzen und große Differenzen bedingen, auf die Nervenerregbarkeit einen geringen Einfluß. Der Accelerans ist diesbezüglich empfindlicher als der Vagus.

Von größerer Bedeutung sind Veränderungen des Druckes der Durchströmungsflüssigkeit. Arterielle Blutdrucksteigerung ruft eine Pulsverlangsamung hervor, die durch zentral bedingte Erhöhung des Vagustonus einerseits und durch Herabsetzung des Acceleranstonus andererseits verursacht wird.

Unseren heutigen Vorstellungen über den nervösen Mechanismus autonom innervierter Organe entsprechend nehmen wir an, daß die Zentren des Vagus und Accelerans sich in einem dauernden tonischen Erregungszustand befinden. Dafür spricht auch, daß die Durchschneidung beider Vagi unter geeigneten Versuchsbedingungen eine Beschleunigung des Herzschlages hervorruft und die Durchtrennung der sympathischen Fasern eine Pulsverlangsamung bedingt. Aber, wie schon betont, überwiegt normalerweise, den Vorstellungen H. E. Herings[3] entsprechend, der zentrale Vagustonus den des Accelerans. Sehr häufig kommt es zu einer reflektorischen Beeinflussung der Herznerven durch viszeral afferente Nerven. So haben vor allem die experimentellen Studien von Carlson und Luckhardt[4] gezeigt, wie von den Lungen, vom Magen und Darm und von den Urogenitalorganen aus reflektorisch eine Hemmung der Herztätigkeit ausgelöst werden kann. Direkte Reizung des Nervus laryngeus superior, des Nervus laryngeus inferior und des Trigeminus führt zu Pulsverlangsamung, desgleichen eine Reizung der Schleimhäute von Nase, Larynx, der Trachea und der Bronchien. Schluck- und Brechakt bedingen

---

[1] Amer. J. Physiol. **21** (1908).
[2] Z. Biol. **76** (1923); **82** (1924/25) — Pflügers Arch. **205** (1924); **209** (1925); **217** (1927).
[3] Pflügers Arch. **60** (1895).   [4] Amer. J. Physiol. **55** (1921).

ebenfalls eine Hemmung der Schlagfrequenz. Jedermann geläufig ist die Wirkung seelischer Erregungen auf die Herztätigkeit. Die Bedeutung des Blutdruckes haben wir schon erwähnt. Auch die direkte Beeinflussung der zerebralen Zentren selbst, wie Sauerstoffmangel, gesteigerter Hirndruck, Hyperämie u. a., führt zur Pulsverlangsamung. Schließlich wären noch Reflexe zu erwähnen, die diagnostisch eine gewisse Bedeutung haben. Dazu gehört der von Aschner[1] aufgefundene Bulbusreflex. Starker Druck auf den Bulbus oculi oder auch auf den Nervus supraorbitalis ruft starke Verlangsamung der Herzaktion bzw. kurzen Herzstillstand hervor. Ferner wäre hier der Czermaksche Vagusdruckversuch zu nennen. Drückt man den Hals in der Höhe des Larynx auf die pulsierende Karotis zu tief ein, so kommt es zu einer starken Hemmung der Herzaktion. Da längere Herzstillstände ausgelöst werden können, darf der Versuch nur unter äußerster Vorsicht und mit einseitigem Druck durchgeführt werden. Über das Zustandekommen dieses „Karotisdruckversuches" haben uns in neuester Zeit Untersuchungen von H. E. Hering[2] aufgeklärt. Er konnte zeigen, daß Reizung der Karotiswand, an ihrer Teilungsstelle in Carotis interna und externa, Pulsverlangsamung und zugleich eine Blutdrucksenkung hervorruft. Der Vagusdruckversuch ist also ein vom Sinus caroticus ausgehender Reflex. Und zwar nimmt der Reflex seinen Weg über einen Zweig des Nervus glossopharyngeus, der im Sinus caroticus verläuft und deshalb als Sinusnerv bezeichnet wird. Normalerweise wird der Tonus des Nerven durch den arteriellen Blutdruck reguliert. Damit fällt auch der Vagusdruckversuch unter die zahlreichen reflektorischen Beeinflussungen der Herznerven, wie sie von den verschiedensten Organen und selbst von der Haut aus ausgelöst werden können.

Außer diesen zentrifugalen Herznerven, dem Vagus und Accelerans, besteht aber auch noch ein zentripetaler Herznerv, der Nervus depressor. Er nimmt seinen Ursprung von der Aortenwurzel. Reizt man sein zentrales Ende, so wird der Blutdruck gesenkt, und zugleich tritt durch reflektorischen Vagusreiz eine Verlangsamung der Herztätigkeit ein. Sein Tonus wird durch den Wechsel in der Spannung der Aortenwand variiert.

Fragen wir nun, auf welche Weise eigentlich die Herznervenwirkung zustande kommt, so betreten wir eines der meist umstrittenen Gebiete der Physiologie, das auch heute noch durchaus problematisch anmutet. Das Vorhandensein zahlreicher Nervengebilde im Herzen selbst ließ zunächst die Idee berechtigt erscheinen, Reizbildung und Erregungsleitung an diese nervösen Elemente zu knüpfen. Dieser neurogenen Lehre stellte Engelmann seine myogene Theorie gegenüber, welche die von ihm näher präzisierten Eigenschaften des Herzmuskels als spezifische Funktionen der Muskelzelle selbst betrachtete. Auf die zahlreichen Arbeiten im Streite um das Für und Wider dieser Theorie kann hier nicht näher eingegangen werden, wir verweisen auf die zusammenfassenden Literaturangaben[3]. Der bekannte Versuch von Carlson am Limulusherzen, bei dem eine Isolierung des ganglionär-nervösen Apparates experimentell gut durchführbar ist, schien im Sinne der neurogenen Theorie zu sprechen, da Carlson zeigen konnte, daß Automatie und Erregungsleitung bei diesem Tiere

---

[1] Wien. klin. Wschr. **1908.**

[2] Münch. med. Wschr. **70** (1924) — Die Karotis-Sinusreflexe auf Herz und Gefäße. Leipzig-Dresden 1927.

[3] Asher, im Handb. d. norm. u. path. Physiol. **7** I. Berlin 1926. — Carlson, Erg. Physiol. **8** (1909). — Hofmann, in Nagels Handb. d. Physiol. **1** I. Braunschweig 1905. — Langendorff, Erg. Physiol. **12** (1902); **4** (1905). — Tigerstedt, ebenda **12** (1912) — Physiologie des Kreislaufes. Berlin-Leipzig 1921.

an die Intaktheit dieser nervösen Gebilde gebunden sind. Nachuntersuchungen durch Hoshino[1] ergaben jedoch einen wesentlich abweichenden Befund. Ändert man die Carlsonsche Technik dahin ab, daß man die elastische Fixation des Herzens am Panzer des Tieres bestehen läßt, so zeigt auch das Limulusherz nach Ausschaltung der nervösen Elemente eine myogene Automatie. Die Experimente F. B. Hofmanns[2] haben weiterhin gezeigt, daß an dem von ihm angegebenen Scheidewand-Nervenpräparat des Froschherzens auch nach Entfernung aller nervösen Elemente die Sinusimpulse trotzdem noch auf die Kammer übergehen, also rein muskulär geleitet werden, und daß dementsprechend die Scheidewandganglien für die Reizbildung im Sinus nicht erforderlich sind. Lähmt man die Ganglien durch Nikotin und reizt den Vagosympathikus, so erhält man eine reine Acceleranswirkung. Daraus folgt, daß die Ganglien für den Sympathikus extrakardial gelegen sind. Die Ganglien des Herzens liegen also ausschließlich im Verlauf des Herzhemmungsnerven, des Nervus vagus. In neuerer Zeit wurde dieses Problem vor allem durch Haberlandt[3] in umfassender Weise experimentell bearbeitet. Er konnte zeigen, daß das durch die verschiedensten Eingriffe (Gefrieren, Behandlung mit konzentrierten Salzlösungen, Essigsäure- oder Chloroformdämpfen, destilliertem Wasser, Wärmestarre, spontane Totenstarre, Vergiftung mit Strychnin, Koffein, Veratrin und Chinin) gelähmte oder starr gemachte Herz durch künstliche Blutdurchströmung wiederbelebt werden kann. Aber an einem solchen wiedererweckten Herzen bleibt die Vagus-Sympathikusreizung erfolglos. Es ist also durch die erwähnten Eingriffe die Funktion des nervösen Apparates erschöpft, während trotzdem die motorische Funktion des Herzens wiederhergestellt werden konnte. Das spricht entschieden in dem Sinne, daß Reizbildung und Erregungsleitung den resistenten muskulären Elementen zufällt. Diese Ergebnisse hat Haberlandt noch durch weitere Versuche zu stützen versucht. Er hat am Froschherzen ungefähr in der Ventrikelmitte eine Klemmpinzette mit starkem Druck angelegt und damit die Herzspitze so lange abgeklemmt, bis sämtliche nervösen Apparate derselben degeneriert waren. Trotzdem zeigten derartige Herzspitzen noch normale Erregbarkeit, refraktäre Phase und Erregungsleitung. In einzelnen Fällen beobachtete er auch automatische Reizbildung. Man hat gegen die Beweiskraft dieser Versuche eingewandt, daß der histologische Nachweis der Nervendegeneration das Vorhandensein noch vereinzelter intakter nervöser Elemente nicht ausschließe. Das muß zugegeben werden. Ich glaube aber nicht, daß dadurch die große Bedeutung der Haberlandtschen Ergebnisse wesentlich eingeschränkt wird. Sie müssen trotz allem als eine starke Stütze der myogenen Theorie aufgefaßt werden. Stimmt man dieser Ansicht zu, und sie hat meines Erachtens die größte Wahrscheinlichkeit für sich, dann ist das intrakardiale Nervensystem sozusagen nichts anderes als die Fortsetzung des extrakardialen Systems, und es kommt ihm damit ebenfalls nur eine regulatorische Funktion zu. Sein Angriffspunkt wäre direkt die Muskulatur. An welchen Teilen der Muskulatur dieser Angriff stattfindet, wissen wir nicht. Es ist aber durchaus wahrscheinlich, daß Vagus und Accelerans an verschiedenen Substraten der Muskulatur endigen.

Wir unterscheiden nur zwei Arten von Nerven, solche die funktionsfördernd, und solche die funktionshemmend wirken. Damit ist der regulatorische Einfluß auf alle Funktionen des Herzens wohl erklärbar, um so mehr, als es fraglich erscheint, ob die Engelmannsche Charakterisierung der Herz-

[1] Pflügers Arch. **208** (1925).
[2] Pflügers Arch. **60** (1895); **72** (1898) — Z. Biol. **67** (1917).
[3] Zusammenfassende Darstellung in Erg. inn. Med. **26** (1924).

funktion heute noch voll haltbar ist. Jedenfalls hat Schellong[1] überzeugend nachgewiesen, daß Erregbarkeit und Reizleitung als einheitliche Vorgänge zu betrachten sind im Sinne einer Erregbarkeit räumlich nebeneinanderliegender Muskelelemente. Es ist auch bemerkenswert, daß für den Erfolg der Nervenerregung, vor allem auch bezüglich des qualitativen Ausschlages, der momentane Zustand des Herzens sehr von Bedeutung ist. Ich vermute, daß die verschiedene individuelle Anspruchsfähigkeit des Herzens auf nervöse Reize wesentlich von dem jeweiligen Tonus des Herzmuskels abhängig ist, wie ich das mit Proebsting[2] zusammen zuerst für das Gefäßsystem nachgewiesen habe.

In ganz anderer Weise suchen die Theorien von Asher[3] und von Loewi[4] die Herznervenwirkung zu erklären. Nach Asher werden bei der antagonistischen Nervenreizung in der Peripherie zwei entgegengesetzt wirkende Stoffe frei. Ganz ähnlich sind die Vorstellungen Loewis. Er konnte zeigen, daß, wenn man den Inhalt eines nervengereizten Herzens auf ein anderes, nicht gereiztes Herz überträgt, in letzterem derselbe Effekt auftritt, wie wenn die Nerven gereizt worden wären. Schaltet man den Accelerans durch Ergotamin aus, so kann man eine reine Vaguswirkung erleben. Der Vagusstoff wird auch unter Atropinwirkung gebildet. Vergiftet man nämlich ein Herz mit Atropin, so daß durch Nervenreizung eine Vaguswirkung nicht mehr erzielbar ist, so ruft der Inhalt eines derartigen Herzens trotzdem an einem nicht vergifteten Herzen eine Vaguswirkung hervor, die ihrerseits wieder durch Atropin aufhebbar ist. Atropin lähmt also nach Loewi nicht den Vagus, sondern es verhindert die Wirksamkeit der bei Vagusreiz sich bildenden Substanz. Nach Loewi besteht also eine humorale Übertragbarkeit der Herznervenwirkung. Daß diese interessanten Angaben Loewis zu einer ausgedehnten Nachprüfung führten, ist verständlich, zum Teil wurden sie bestätigt, zum Teil wurden sie abgelehnt. Es soll hier nicht auf die zahlreichen diesbezüglichen Arbeiten näher eingegangen werden. Es scheint mir aber doch bemerkenswert, daß gerade die unter besonders exakten Bedingungen durchgeführten Nachprüfungen von Bohnenkamp[5] und von Enderlen und Bohnenkamp[6] zu einem völlig negativen Ergebnis führten.

Daß auch hormonale Einflüsse für die Herztätigkeit eine Rolle spielen können, ist erwiesen. So wissen wir vom Adrenalin[7], dessen normales Vorkommen im Blute bis jetzt allerdings nicht bewiesen ist, daß es ein Sympathikusreizmittel ist. Es wirkt dementsprechend auf das Herz wie Acceleransreizung. Nach der Ansicht der Asherschen Schule[8] ist das Schilddrüsensekret „ein Aktivator des parasympathischen und sympathischen Nervensystems". Die Schilddrüse übt dementsprechend eine indirekte Wirkung auf das Herz aus insofern, als das Herz unter dem Einfluß dieses spezifischen Sekretes auf eine Reizung des autonomen Systems leichter anspricht. Auch das Sekret der Hypophyse soll vaguserregend wirken. Zum Teil dürfte diese Wirkung durch die durch das Hypophysin hervorgerufene Blutdrucksteigerung mitbedingt sein. Weiterhin haben Untersuchungen der Asherschen Schule[9] gezeigt, daß auch die Leber einen die Herztätigkeit beeinflussenden Stoff abgibt. Läßt man die Speisungsflüssigkeit des Herzens vorher die Leber passieren, so wirkt sie sympathisch fördernd. Schlagstärke und Schlagfrequenz werden erhöht. Die Vaguserregbar-

---

[1] Z. Biol. **82**, 25 (1924).   [2] Z. exper. Med. **32** (1923); **41** (1924).
[3] Z. Biol. **52** (1909) — Pflügers Arch. **136** (1910).
[4] Pflügers Arch. **189, 193** (1921); **203, 204, 206** (1924).
[5] Klin. Wschr. **1924**, 61.   [6] Z. exper. Med. **41** (1924).
[7] Trendelenburg, P., Handb. d. exper. Pharmakol. **II 2** (1924).
[8] Nakayama, Biochem. Z. **155** (1925).
[9] Takahashi, Biochem. Z. **149** (1924). — Richardet, ebenda **166** (1925).

keit wird vermindert. Nach Asher handelt es sich um eine hormonale Beeinflussung der Herztätigkeit durch die Leber in regulatorischem Sinne,
um eine „neue innere Sekretion". Ob es sich bei diesem Asherschen Stoff wirklich um ein Hormon handelt, scheint mir noch nicht erwiesen. Der Begriff
„Hormon", wie er von Bayliss und Starling zuerst aufgestellt wurde, umfaßt
Stoffe, wie sie als innersekretorische Produkte eines Organs für ganz bestimmte
Beeinflussungen anderer Organe an das Blut abgegeben werden. Die gewöhnlichen Stoffe des Zellstoffwechsels, die gleichfalls biologische Wirkungen entfalten, fallen nicht unter diese Begriffsbestimmung. Ich habe den Eindruck,
daß vieles von dem, was in letzter Zeit als Hormon angesprochen wurde, der
gegebenen Definition nicht standhält, und daß die Gefahr besteht, daß der Begriff
Hormon immer mehr verflacht. Vielleicht handelt es sich bei dem Haberlandtschen[1] „Herzhormon" wirklich um ein solches. Haberlandt konnte zeigen,
daß, wenn man den abgetrennten, blutleeren und pulsierenden Sinus des Froschherzens in Ringerlösung („Sinus-Ringer") legt und dann diese Sinus-Ringerlösung
in den abgetrennten Ventrikel bringt, eine Pulsverstärkung und eine Pulsbeschleunigung auftritt. Es gelingt auch, den stillstehenden Ventrikel damit
wieder zum Schlagen zu bringen. Dieser in dem Sinus-Ringer enthaltene „Reiz-
stoff" wirkt also auch pulsauslösend. Die Entstehung eines diesem Sinusstoff
analogen Reizstoffes im A-V-Trichter konnte Haberlandt ebenfalls nachweisen. Sinus- und A-V-Knoten bilden also im tätigen Herzen spezifische
Reizstoffe („Automatiestoffe"). Daß es sich nicht um einfache Stoffwechselprodukte handelt, ist dadurch bewiesen, daß die abgetrennte und durch künstliche Reize rhythmisch tätige Herzspitze solche Stoffe nicht produziert. Haberlandt spricht deshalb in diesem Sinne von dem „Hormon der Herzbewegung". Es ist nicht identisch mit dem Loewischen Acceleransstoff bei Sympathikusreizung, da das Haberlandtsche Hormon auch noch am mit Ergotamin
vergifteten Herzen wirksam ist. Über die chemische Natur dieses Stoffes läßt
sich zur Zeit noch nichts Bestimmtes aussagen. Er scheint hitzebeständig und
dialysabel zu sein und in Äther unlöslich. Es dürfte sich also weder um einen
Eiweißkörper noch um ein Lipoid handeln. Daß die Ursache des Herzschlages
letzten Endes in chemischen Prozessen der Muskelzelle zu suchen ist, wurde
immer vermutet. Das war auch schon deshalb anzunehmen, weil die Frequenz
des Herzschlags sich entsprechend der van't Hoffschen RGT-Regel[2] ändert.
Schon Engelmann glaubte, daß durch den Stoffwechsel der Muskelzelle sich
spezifische Substanzen bildeten, die bei genügender Menge als Reize wirkten,
und auch Langendorff sah in dem „Lebensprodukt der Zelle" das auslösende
chemische Moment des Herzschlages. Wir müßten also nach Haberlandt die
Vorstellung haben, daß dauernd im Sinus und im Aschoff-Tawaraschen
Knoten das Herzhormon gebildet wird, und auch die Herztätigkeit bedingt,
wobei die refraktäre Phase des Herzmuskels die Ursache der Rhythmizität wäre.
Die Bildung dieses Automatiestoffes findet normalerweise im Sinusknoten aus-
giebiger statt als im A-V-Knoten, deshalb erhält der Sinus die Führung. Bei
Störung des Sinusstoffwechsels kann aber die im A-V-Gebiet entstehende
Menge des Stoffes „überschwellig" werden und dann die atrioventrikuläre
Schlagfolge auslösen. Diese Vorstellungen Haberlandts haben sehr viel Über-
zeugendes, es bleibt abzuwarten, ob das „Hormon der Herzbewegung" den
Nachprüfungen standhält. Man müßte dann annehmen, daß die Herznerven
im wesentlichen regulierend auf die Produktion dieses Hormons einwirkten.

---

[1] Haberlandt, Erg. Physiol. **25** (1926) — Das Hormon der Herzbewegung. Berlin-
Wien 1927.
[2] Kanitz, Temperatur und Lebensvorgänge. Berlin 1915.

Ganz andere Gedanken finden sich in der Theorie von Kraus[1] und Zondek[2]. Nach Zondek ist die Natrium- und Kaliumwirkung der Vaguswirkung, die Kalziumwirkung der Sympathikuswirkung gleichzusetzen. Nerv und Ionenwirkung sind also identisch. Diese absolute Formulierung scheint mir jedoch noch keineswegs bewiesen. „Die Zelle bedarf der Nerven nicht, wenn eine bestimmte Ionenwirkung eintreten soll; sie bedarf aber der Ionen, wenn eine bestimmte Nervenwirkung erfolgen soll." Der Effekt der Nervenreizung bleibt nach Beseitigung der entsprechenden Kationen aus. Das vegetative Nervensystem ist also dem Elektrolytsystem des Erfolgsorgans übergeordnet. Die Nervenreizung führt zu einer Ionenverschiebung, und zwar der Vagus zu einem Übergewicht von Kalium-Natrium, der Sympathikus zu einem solchen des Kalziums.

Nach Kraus und Zondek findet sich aber im Kaliumherzen eine Vermehrung der OH^--Ionen, im Kalziumherzen eine Vermehrung der $H^{\cdot}$-Ionen.

Das Wesen der Nervenwirkung besteht also in einer Regulierung des Ionenverhältnisses. „Vegetatives Betriebsstück (das System K, Ca/Membran) und Nerv wirken auf dasselbe Ding ein, nämlich auf die $H^{\cdot}$- und OH^--Ionen des Kolloidelektrolyten" (Fr. Kraus). Dem Cholesterin-Lezithingehalt der Zellmembran scheint nach Dresel und Sternheimer[3] ebenfalls eine Bedeutung zuzukommen. Lezithin wirkt herzdiastolisch, Cholesterin herzsystolisch. Durch Kalium und Kalzium bzw. durch die Variation von OH^- : $H^{\cdot}$ kann die Wirkung derartiger Gemische gegensinnig beeinflußt werden. Damit ändern sich aber auch wieder die Membranpotentiale und in ihrem Gefolge Adsorption, Permeabilität und elektrokinetische Erscheinungen. Auf diese Weise führt die Nervenerregung im Erfolgsorgan zu Änderungen des kolloidchemischen Gefüges, zu Prozessen, die ihrer reversiblen Natur entsprechend Übergänge von metastabilen zu labilen Zuständen und umgekehrt, und dementsprechend auch sinngemäß die Rhythmizität von Lebensvorgängen bedingen.

So würde die Nervenerregung nicht nur in den chemischen Zellstoffwechsel, sondern auch in den physikalisch-chemischen Zustand der Zelle tief eingreifen. Wir sind heute noch weit davon entfernt, diese komplizierten Verhältnisse genauer zu übersehen, und so bleibt es eine Aufgabe der Zukunft, eine einheitliche Theorie der Nervenwirkung zu geben.

Der Ursprungsort der Herztätigkeit ist der Sinusknoten. Es ist ein physiologisches Gesetz, daß derjenige Teil des Herzens, der die größte Automatie besitzt, die Führung übernimmt und dem Herzen seinen Rhythmus aufzwingt. Daß dieser Ort normalerweise der Sinusknoten ist, hat eine zahlreiche experimentelle Bestätigung erfahren. In besonders eleganten Versuchen haben Rothberger und Scherf[4] diesen Beweis erbracht. Sie haben die Blutzufuhr zum Sinusknoten unterbunden und ihn dadurch funktionell ausgeschaltet. Danach trat ein atrio-ventrikulärer Rhythmus ein. Wurde durch Öffnen der Ligatur der Blutstrom wieder zugelassen, so setzte der normale Sinusrhythmus wieder ein. Auch die experimentellen Befunde von Ganter und Zahn[5] mit Änderung der Reizbildung durch Erwärmen und Abkühlen der motorischen Herzzentren zeigten die alleinige Bedeutung des Sinusknotens als normalen Ausgangspunkt der Herzreize, und schließlich haben die Untersuchungen aus dem Gartenschen Institut[6] mit Hilfe des Differentialelektrokardiogramms den exakten Beweis dafür geliefert. Bei der großen Ausdehnung des Sinus-

---

[1] Im Handb. von Kraus-Brugsch **IV 1**. Berlin-Wien 1925.
[2] Biochem. Z. **132** (1922) — Die Elektrolyte. Berlin 1927.
[3] Klin. Wschr. **1925**, 816.   [4] Z. exper. Med. **53** (1927).
[5] Pflügers Arch. **145** (1912).   [6] Z. Biol. **60** (1913).

knotens bestehen funktionelle Differenzen in den einzelnen Teilen. Es scheint der Kopfteil desselben die größte Automatie zu besitzen. Nicht so eindeutig ist die Frage zu beantworten, auf welchem Wege die Erregung vom Sinus zu dem Aschoffschen Knoten gelangt, da eine direkte Verbindung durch ein spezifisches Muskelsystem in den Vorhöfen bis jetzt nicht nachgewiesen werden konnte. Das Wahrscheinlichste dürfte sein, daß der Reiz vom Sinusknoten aus radiär nach allen Richtungen über die Vorhöfe läuft, „wie Wasser, das über eine ebene Glasfläche ausgegossen wird"[1]. Die Erregung geht jedoch nicht mit gleichbleibender Geschwindigkeit durch alle Teile des Reizleistungssystems. Es tritt vielmehr beim Übertritt vom Sinus zum Vorhof und ebenso beim Übergang vom Vorhof zur Kammer, und zwar im Aschoffschen Knoten, eine Verzögerung auf. Von da tritt die Erregung durch das schmale Atrioventrikularbündel auf die Kammern über. In diesen scheint sich der Reiz im Leitungssystem nahezu gleichmäßig auf alle Teile auszubreiten. Die zeitlichen Differenzen sind jedenfalls äußerst gering. Zuerst scheinen die Papillarmuskel und die subendokardialen Teile der Muskulatur erregt zu werden, und dann erst tritt der Reiz auch auf die äußeren Schichten der Muskulatur über.

Wir haben schon früher darauf hingewiesen, daß die Größe der Systole unabhängig von der Reizstärke ist. Der Reiz muß nur die Reizschwelle überschreiten, dann tritt eine maximale Kontraktion ein. Eine weitere Verstärkung des Reizes ergibt keine größere Systole (Alles-oder-Nichts-Gesetz von Bowditch). Eine tetanische Kontraktion des Herzmuskels gibt es nicht. Erst während der Diastole gewinnt das Herz seine Kontraktilität wieder, indem letztere zuerst rascher, dann langsamer ansteigt. Auch die Reizbarkeit folgt ähnlichen Gesetzen. Während der Systole ist das Herz für keinen Reiz zugänglich (absolute refraktäre Phase), und erst während der Diastole kehrt die Reizbarkeit wieder, indem die Reizschwelle während der Diastole zuerst rasch, dann immer langsamer sinkt. Ist die Reizschwelle so tief gesunken, daß der vom Sinusknoten kommende Reiz wirksam ist, dann beginnt die neue Systole. Auch die Reizleitung wird von diesen Gesetzen beherrscht. Die oben gegebene Formulierung des „Alles-oder-Nichts-Gesetzes", daß das Herz auf jeden wirksamen Reiz hin mit einer maximalen Kontraktion antwortet, bedarf jedoch nach neueren Untersuchungen einer Ergänzung. Hermann Straub[2] vor allem hat darauf hingewiesen, daß die systolische Arbeit des Herzens bestimmt wird durch die im Moment der wirksamen Reizung gegebene Anfangsspannung des Herzens, d. h. die Länge der Muskelfasern und den Widerstand in der Peripherie, d. h. den Blutdruck. Das Herz stellt sich also weitgehend auf den jeweiligen Zustand des Kreislaufes ein. Darin liegt ja, wie wir schon betont haben, das Wesen der Reservekraft. Es ist offensichtlich, daß in dieser Vorstellung eine wesentliche Modifikation des Alles-oder-Nichts-Gesetzes gelegen ist. Aus der graphischen Darstellung der Abb. 32, die dem Lehrbuch von Wenckebach und Winterberg entnommen ist, ergeben sich diese Verhältnisse sehr anschaulich. Die Linie BB drückt die normale mittlere Füllung der Herzkammer aus, die Systole AB die normale Größe der Systole bis zur optimalen Verkürzung AA bei vollständiger Entleerung der Kammern. Die Linie CC bezeichnet eine höhere Anfangsspannung, also eine stärkere Dehnung, auf Grund deren sich der Herzmuskel stärker kontrahiert, ebenfalls wieder bis zur vollständigen Entleerung der Kammern. Die Systole CA ist dementsprechend größer als die Systole BA, und zwar um cb. Das Herz leistet die Mehrarbeit auf Grund seiner Reservekraft cb. Damit ist die Grenze des Normalen erreicht. Die Linie DD entspricht einer Überdehnung

---

[1] Zit. nach Wenckebach u. Winterberg, Unregelmäßige Herztätigkeit. Leipzig 1927.
[2] Dtsch. Arch. klin. Med. **115/116** (1914).

des Herzmuskels. Die Systole da ist zwar noch ebenso groß wie die Systole cA, aber sie erreicht nicht mehr die optimale Verkürzung AA, d. h. die Ventrikel entleeren sich nicht mehr vollständig. Das Herz ist insuffizient. In der Linie EC sind verschieden große Systolen eingezeichnet. Man sieht, wie mit zunehmender Anfangsspannung, d. h. je später der Kontraktionsreiz in der Diastole einsetzt, auch die Größe der Systolen zunimmt. Die Systole mit ihrer Ausschaltung der Kardinalfunktionen des Herzmuskels (absolut refraktäre Phase) trägt also die Bedingungen der Erholungsphase, der Diastole, schon in sich. In dieser Ruhezeit (relativ refraktäre Phase) kehren die Eigenschaften des Herzmuskels allmählich wieder zurück. Die graphische Darstellung der Abb. 33, die ebenfalls dem

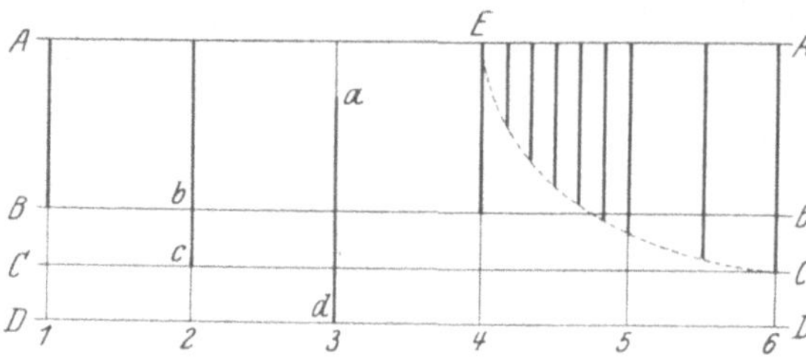

Abb. 32. Schema der Beziehung von Längsdehnung und Kontraktionsgröße (nach Wenckebach und Winterberg).
A—A = Linie der optimalen Verkürzung des Herzmuskels bei vollständiger Kammerentleerung.
B—B = Linie der normalen Dehnung des Herzmuskels in der Diastole (normale mittlere Füllung).
C—C = Linie der maximalen (physiologischen) Dehnung (Füllung) bei noch vollständiger Entleerung.
D—D = Pathologische Überdehnung (Überfüllung des Herzens; die Entleerung ist unvollständig.
E—C = Wachsen der Kontraktilität während der Diastole in Abhängigkeit von der Faserdehnung.

Buche von Wenckebach und Winterberg entnommen ist, illustriert das Gesagte sehr instruktiv. AB und A_1B_1 bedeuten zwei Systolen (absolut refraktäre Phase), BA_1 entspricht der Diastole (relativ refraktäre Phase). Man sieht, wie die Reizschwelle (*Schw.*) während der Diastole rasch tief herabsinkt und zu gleicher Zeit die Reizbildung (R), Kontraktilität (K) und Reizleitung (L) anwachsen. Der Linie R_1R_1 liegt die Annahme zugrunde, daß die Reizbildung nicht anwächst, sondern kontinuierlich in gleicher Intensität entsteht. Letztere Vorstellung erscheint mir wahrscheinlicher, wie wir schon früher bei Besprechung der Haberlandtschen Versuche angedeutet haben. Es wird dann eine Systole eintreten, wenn die Reizschwelle so nieder geworden ist, daß das Reizsubstrat eine wirksame Erregung auslösen kann. Die Kontraktionsgröße und Leitungsgeschwindigkeit im Augenblick der Systole A_1 sind durch den Wert der Ordinaten A_1K und A_1L bestimmt. Dabei ist besonders zu betonen, daß die systolische Verkürzung, die Größe der Kontraktilität, das Schlagvolumen, die geleistete Arbeit und der Sauerstoffverbrauch den Energieumsatz des Herzens anzeigen.

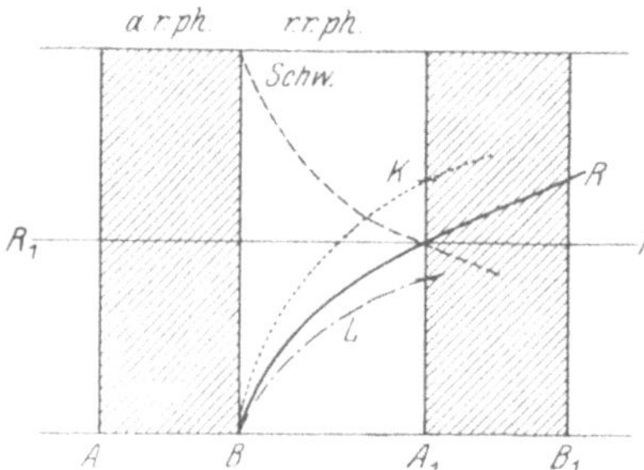

Abb. 33. Schema der Wiederherstellung der durch die Systole (A—B) reduzierten Grundeigenschaften in der Diastole und ihr Zusammenwirken in der Systole. $a.r.ph.$ = absolut, $r.r.ph.$ = relativ refraktäre Phase. *Schw.* = Reizschwelle (Größe der Erregbarkeit). R = Reizmaterial, durch die Systole vernichtet und sich wieder neubildend, oder (R_1—R_1) von der Systole unbeeinflußt in konstanter Größe vorhanden. K = Kontraktilität. L = Leitungsvermögen (nach Wenckebach und Winterberg).

Ob die von Engelmann postulierten vier Grundeigenschaften des Herzmuskels, die Reizbildung, Reizbarkeit, Reizleitung und Kontraktilität ihrem Wesen nach als selbständige Funktionen betrachtet werden können, scheint nach den schon erwähnten Untersuchungen Schellongs zweifelhaft geworden. Auch der Nachweis von Ishihara und Nomura[1], daß sich die spezifischen

---

[1] Heart 10 (1923).

Muskelfasern zuerst kontrahieren und dann erst das zu ihnen gehörige Gebiet der eigentlichen Muskelfasern, daß sich also das gesamte Reizleitungssystem auf eine Erregung hin kontrahiert und erst dieser Kontraktionswelle die Kontraktion der gewöhnlichen Herzmuskelmasse folgt, sprechen im Sinne von Schellong, daß die einzelnen Funktionen des Herzmuskels eng miteinander verkettet sind. Jedoch bedarf diese Anschauung noch weiterer experimenteller Begründung, und es schien mir deshalb aus didaktischen Gründen wünschenswert, an der alten Engelmannschen Vorstellung zur Zeit noch festzuhalten.

Besonders schwierig ist die Frage nach dem Herztonus zu beantworten. Manche Autoren stehen auf dem Standpunkt, daß ein solcher überhaupt nicht vorhanden ist. Kein Mensch zweifelt daran, daß das Gefäßsystem einen Tonus besitzt, und ebenso ist uns bei der Funktionsbetrachtung der Hohlorgane des Verdauungs- und Urogenitaltraktus der Tonus ein geläufiger Begriff. Es ist also gar nicht einzusehen, warum das Herz in dieser Hinsicht eine Sonderstellung einnehmen sollte. Ich möchte sogar glauben, daß dem Tonus des Herzmuskels funktionell, und vor allem unter pharmakologischen Gesichtspunkten, eine weit größere Bedeutung zukommt, als wir bislang vermuteten. Wir verstehen unter Tonus die Dauerverkürzung im Zustand der Ruhe des Muskels. Wir können aus dieser Definition sofort entnehmen, worin die Schwierigkeiten bezüglich des Herztonus gelegen sind. Das Herz, das ständig in Tätigkeit ist, besitzt keine so großen Ruhepausen, die uns den Nachweis des Tonus ermöglichen. Es ist einleuchtend, daß wir den Tonus nur dann versinnbildlichen könnten, wenn das Herz so lange Ruhepausen hätte, daß es bei der graphischen Registrierung der Herztätigkeit zu einem parallelen Verlauf der Kurve zur Abszisse käme. Das ist aber nur unter experimentellen Eingriffen möglich, und damit weichen wir von den physiologischen Bedingungen ab. Jedes tonusbegabte Hohlorgan wird seiner passiven Dehnung einen gewissen Widerstand entgegensetzen. Je stärker der Tonus ist, desto größer wird auch das Widerstreben gegen eine passive Dehnung sein. Die Dehnbarkeit ist aber nicht einfach ein reziprokes Maß für den Tonus. Der Tonus ist sicher mehr als Dehnbarkeit und dürfte vermutlich auch von dem momentanen Zustand des Herzmuskels abhängen und sicher auch von regulatorischen Einflüssen des extra- und intrakardialen Nervensystems. Darauf weist schon die Franksche Definition hin, nach der wir zwischen dem „wahren diastolischen Volumen", dem eigentlichen Ruhevolumen und dem Volumen des tätigen Herzens am Ende der Diastole, „dem effektiven diastolischen Volumen", zu unterscheiden haben. Interessant sind in dieser Hinsicht die Untersuchungen von Pietrkowski[1]. Er konnte zeigen, daß die Vorhofsdehnung am Froschherzen einen digitalisartigen Einfluß auf die Ventrikelmuskulatur ausübt, vor allem nimmt der Tonus stark zu. Nach Aufheben der Vorhofsdehnung bleibt die Ventrikelmuskulatur in einem Zustand latenter Tonisierung, wodurch das Herz den verschiedensten pharmako-dynamisch wirkenden Substanzen gegenüber sensibilisiert ist. Szent-Györgyi[2] nimmt auf Grund seiner experimentellen Studien im Sinus ein Tonuszentrum an. Ähnliche Ergebnisse zeigen die Untersuchungen von Amsler und Pick[3]. Ich vermute, daß der Tonus des Herzens für die Wirkungsweise der Herzmittel dieselbe Rolle spielt, wie ich es mit Proebsting für den Gefäßtonus zeigen konnte, der weitgehend die pharmako-dynamische Beeinflussung der Gefäße durch gefäßaktive Substanzen in ihrem Ausmaße beherrscht. Auf die methodischen Schwierigkeiten zum Nachweis des Herztonus haben wir schon hingewiesen. Es kommt hinzu, daß das Ausmaß der effektiven Diastole

---

[1] Arch. f. exper. Path. **81** (1917).   [2] Pflügers Arch. **184** (1920).
[3] Pflügers Arch. **184** (1929).

von verschiedenen Faktoren beeinflußt wird. Es ist nach Eismayer und Quincke[1] die „Resultante von Kontraktilität, Frequenz und Füllungsdruck". Diese komplizierten Verhältnisse tragen dazu bei, daß wir heute noch nicht in der Lage sind, uns eine genaue Vorstellung von der Tonusfunktion des Herzens zu machen, obwohl man gerade in der Klinik, wie Wenckebach und Winterberg betonen, „ohne die Annahme eines veränderlichen Tonus nicht auskommt".

Besonderes Interesse beanspruchen die Untersuchungen über die Beziehungen des Stoffwechsels zum Arbeitseffekt des Herzens. In grundlegender Weise wurde diese Frage vor allem von Erwin Rohde[2] am künstlich durchbluteten Warmblüterherzen mit Hilfe einer äußerst sinnreichen Apparatur durchgeführt. Es zeigte sich, daß für die isotonische und isometrische Kontraktion des Warmblüterherzmuskels ähnliche Gesetze gelten wie für den Skeletmuskel. Es besteht auch für den Herzmuskel ein Optimum der Anfangsfüllung für die Größe der von ihm geleisteten Volumen- und Druckänderungen. Diesseits und jenseits dieses Optimums nehmen die Kontraktionen an Größe ab. Auch der Sauerstoffverbrauch schwankt mit der Änderung der mechanischen Bedingungen. Er steigt mit zunehmender Anfangsspannung. Und zwar besteht eine annähernd einfache Proportion zwischen Druckleistung (Pulszahl und Pulsdruck) und gleichzeitigem O_2-Verbrauch. Adrenalin und Strophantin erhöhen, parallel mit der Steigerung der Herztätigkeit, auch den Sauerstoffverbrauch. Diese Proportionalität war jedoch nur unter physiologischen Bedingungen nachweisbar. Unter dem Einfluß von Giften fiel die Herztätigkeit viel rascher ab als der O_2-Verbrauch. Und je nach der Art des Giftes zeigten sich weitere Unterschiede, die beweisen, daß die einzelnen Phasen der energetischen Zellprozesse in sehr variabler Weise störbar sind. Keineswegs stehen also Stoffwechsel und Tätigkeit des Herzens in festgefügter funktioneller Abhängigkeit zueinander.

Untersuchungen von v. Weizsäcker[3] am Froschherzen ergaben größere Unterschiede im Sauerstoffverbrauch bei steigender Belastung. Der Gaswechsel ging mit zunehmender Belastung zunächst sehr rasch in die Höhe, um dann bei weiter ansteigender Herzarbeit sich auf eine annähernd konstante Höhe einzustellen. Es liegen also sicher nicht einfache Beziehungen zwischen Gaswechsel und mechanischer Leistung des Herzens vor. Es bestehen auch auffallende Unterschiede zwischen Kalt- und Warmblüterherzen. So konnte v. Weizsäcker[4] am Froschherzen durch Blausäure den O_2-Verbrauch aufheben, trotzdem war der Herzmuskel weiter tätig. Rohde hatte am Warmblüterherzen das Gegenteil nachgewiesen. Die Untersuchungen Bodenheimers[5], die am Froschherzen unter gleichen Bedingungen arbeiteten wie die obenerwähnten Versuche von Rohde am Warmblüterherzen, bestätigten die Angaben von v. Weizsäcker. Es müssen also zwischen dem Energiewechsel des Kalt- und Warmblüterherzens prinzipielle Verschiedenheiten bestehen.

Wenig übereinstimmend sind die Angaben über den Zuckerverbrauch des tätigen Herzens. Der Verbrauch von Glykose, Mannose, Galaktose und brenztraubensaurem Natrium dürfte erwiesen sein. Es scheint der jeweilige Glykogenvorrat des Herzmuskels diesbezüglich von Bedeutung. v. Weizsäcker hebt mit Recht hervor, daß viele diesbezügliche Angaben der Literatur deshalb schwer beurteilbar sind, weil auf Gleichheit der Leistungsbedingungen des Herzens keine Rücksicht genommen wurde. Vor allem ist aber

[1] Arch. f. exper. Path. **140, 141** (1929).
[2] Hoppe-Seylers Z. **68** (1910) — Arch. f. exper. Path. **68, 69** (1912).
[3] Pflügers Arch. **141** (1911).   [4] Pflügers Arch. **147** (1912).
[5] Arch. f. exper. Path. **80** (1917).

auch der Nachweis von Rona und Wilenko[1] besonders wichtig, daß die H˙-Ionen-konzentration der Nährlösung auf den Zuckerverbrauch des Herzens einen ausschlaggebenden Einfluß ausübt. „Schon eine nur wenig von der normalen Blutreaktion abweichende H˙-Ionenkonzentration nach der sauren Seite hin genügt, das glykolytische Ferment so zu beeinflussen, daß der dem Herzen von außen dargebotene Zucker nicht angegriffen wird." Daß Zusatz von Glykose zur Nährlösung einen kontraktionsfördernden Effekt hat, haben wir früher schon erwähnt.

Neuere Untersuchungen von Bohnenkamp[2] über die Wärmebildung und den Nutzeffekt der Herzsystole haben zu bemerkenswerten Ergebnissen geführt. Mit zunehmendem Anfangsdrucke und größer werdender isotonischer Kontraktion sinkt die Wärmebildung immer mehr ab. Bei isometrischer Zuckung fand Bohnenkamp überhaupt keine Wärmebildung mehr. Das würde bedeuten, daß der Nutzeffekt dieser Kontraktionsphase des Herzens 100% betrage. Rohde fand am Warmblüterherzen Nutzeffekte bis zu 22%, v. Weizsäcker am Froschherzen bis zu 36%. Die Unterschiede sind durch die Verschiedenheit der Methoden bedingt. Die myothermische Methode Bohnenkamps mißt nur die initiale Wärmebildung der Kontraktionsphase im Sinne A. V. Hills, die Sauerstoffbestimmungen Rohdes und v. Weiz-säckers umfassen die Gesamtheit der energetischen Muskelprozesse. Es ist also nach v. Weizsäcker „ein Wirkungsgrad der arbeitsliefernden und einer des oxydativen Vorganges zu unterscheiden". Und wir müssen an-nehmen, daß gerade der letztere den ersteren so beeinträchtigt, daß der Gesamt-wirkungsgrad erheblich verschlechtert wird. So ist es auch erklärlich, daß der Nutzeffekt der muskulären Prozesse in ihrer Gesamtheit bisher übereinstimmend mit maximal 30% gefunden wurde. Sehr anschaulich kommt diese Vorstellung in der „Zweimaschinentheorie" von v. Weizsäcker[3] zum Ausdruck. Sie besagt, daß wir zwei Nutzeffekte zu unterscheiden haben, von denen der niedrigere, der unökonomischere, der dem oxydativen Vorgang entspricht, dem Gesamt-geschehen seinen Stempel aufdrückt.

Ungebrauchte willkürliche Muskel atrophieren, und ihre Leistungsfähigkeit geht zurück. Es ist also die dauernde Funktion, die Ernährungszustand und Leistungsfähigkeit aufrechterhält. Ebenso können durch geeignete Übung Leistungsfähigkeit und Gewicht gesteigert werden, und zwar in besonderer Weise im wachsenden Organismus. Dasselbe trifft auch für das Herz zu. Man hat hier gerade den Wachstumsreiz in Beziehung zur geforderten Arbeits-leistung gebracht und in diesem Sinne die Hypertrophie als eine Arbeits-hypertrophie bezeichnet. Wir haben früher schon davon gesprochen, daß das Herz die Fähigkeit hat, sich wachsenden äußeren Einflüssen sofort anzupassen. Diese Eigenschaft des Herzens bezeichnen wir als seine Reservekraft. Und zwar erfolgt diese Mehrleistung — sehen wir jetzt von einer Zunahme der Schlag-frequenz ab — durch Vergrößerung des Schlagvolumens und eine dement-sprechende Erweiterung der Herzhöhlen. Es handelt sich also dabei um ein regulatorisches Prinzip, und man hat diese Art der Dilatation deshalb als kompensatorische Dilatation bezeichnet. Sie gewährleistet unter diesen Bedingungen die Suffizienz des Herzmuskels. Anders liegen die Verhältnisse, wenn es zu einer Überdehnung der Muskulatur kommt und immer größere Mengen von Restblut in den Ventrikeln zurückbleiben. Dann nimmt die Hub-höhe des Muskels ab, der Druck stromaufwärts steigt und die Schlagvolumina

---

[1] Biochem. Z. **59** (1914). [2] Z. Biol. **84** (1926) — Pflügers Arch. **212** (1926).
[3] Zusammenfassende Darstellungen in Erg. inn. Med. **19** (1920) — Handb. d. norm. u. path. Physiol. **7 I.** Berlin 1926.

werden kleiner. Klinisch zeigen sich dann die Zeichen der Insuffizienz des Herzmuskels. Man hat diese Form der Erweiterung die pathologische oder Stauungsdilatation genannt. Treffender ist die von Moritz angegebene Nomenklatur, welche die zuerst genannte Form der Dilatation als tonogene, die letztere Form als myogene Dilatation bezeichnet. Für die Bewältigung einer länger dauernden oder häufig wiederkehrenden Mehrbelastung reicht die Reservekraft des Herzens nicht aus. Wir sehen dann morphologische Veränderungen des Herzmuskels auftreten, die weniger in einer Fibrillenvermehrung als in einer Querschnittszunahme der fibrillären Substanz und des Sarkoplasmas bestehen, Veränderungen, die in ihrer Gesamtheit als Hypertrophie des Herzmuskels[1] angesprochen werden. Die Untersuchungen Schiefferdeckers[2] haben wichtige histologische Charakteristika des hypertrophen Muskels aufgedeckt. Entsprechend der Zunahme der Muskelmasse findet sich immer auch eine Vermehrung des Bindegewebes. Aber das prozentuale Verhältnis der Kernmasse zur gesamten Fasermasse verschiebt sich zuungunsten der Kernmasse. Der hypertrophe Herzmuskel verhält sich also auch anatomisch anders als der normale Muskel. Vielleicht sind dadurch schon gewisse Grenzen für die Mehrleistung des hypertrophen Muskels gegeben. Das Herz antwortet auf eine Mehrbelastung durch Muskelarbeit zunächst mit einer Vermehrung seiner Schlagzahl bei gleichbleibendem Volumen. Dadurch kann die systolische Förderarbeit in der Zeiteinheit verbessert werden. Aber nur bis zu einem gewissen Grade ist das möglich. Bei weiter zunehmender Pulszahl wird nämlich zwangsläufig die Zeit der Diastole verkürzt, und damit muß das Schlagvolumen immer kleiner werden. Diese Art der Kompensation hat also einen sehr eng begrenzten Spielraum, und sie führt dementsprechend auch in der Regel nicht zur Hypertrophie. Die dauernde Mehrleistung dagegen ist immer mit einer Hypertrophie, als Kraftquelle zur Bewältigung dieser Mehrarbeit, verknüpft. Dabei hypertrophieren nur diejenigen Herzteile, von denen diese Mehrarbeit verlangt wird, wie wir das in typischer Weise bei den Klappenfehlern sehen. Ob das hypertrophische Herz die Arbeit unter anderen Bedingungen leistet wie das normale Herz, wissen wir nicht. Verschiedene Möglichkeiten sind gegeben. Es ist durchaus denkbar, und dafür sprechen klinische Beobachtungen, daß der hypertrophe Herzmuskel allein auf Grund seiner Hypertrophie ohne vermehrte diastolische Füllung erhöhten Widerstand überwindet. Er würde also unter denselben Bedingungen wie der normale Muskel seine Arbeit leisten. Ebenso könnte er auch eine stärkere diastolische Füllung, solange der periphere Widerstand nicht steigt, ohne Steigerung seiner Kraft bewältigen. Der hypertrophe Muskel hat aber sicher auch die Fähigkeit, eine dauernde Mehrleistung auf Grund einer höheren Anfangsspannung zu bestreiten. Wird jedoch beim hypertrophen Ventrikel, wie das Romberg vermutet, die Dehnungskurve der Minima auf höhere Druckwerte eingestellt, weil sich der Ventrikel auf Grund seiner Hypertrophie nur durch höhere Füllungsdrucke diastolisch erweitern läßt, so wäre darin ein Grund dafür gelegen, daß hypertrophe Herzen oft frühzeitig versagen. Die Annahme einer verminderten Reservekraft in solchen Fällen wäre dann nicht nötig.

Es ist nun prinzipiell wichtig, was von Edens mit Recht betont wird, zwei Hauptgruppen zu unterscheiden: Herzhypertrophien, die durch Übung (Training) entstanden sind, und Herzhypertrophien, die ihre Ursache in besonderen Bedingungen des Kreislaufes (erhöhte periphere Widerstände, Klappenfehler) haben.

---

[1] Zusammenfassende Darstellung bei Dietlen, Handb. d. norm. u. path. Physiol. Bd. VII 1. Berlin 1926.

[2] Pflügers Arch. **165** (1916).

Im ersteren Falle scheint dem Herzen eine größere Reservekraft zur Verfügung zu stehen. Die Verhältnisse liegen aber hier doch komplizierter. Der funktionelle Zustand des peripheren Kreislaufes spielt auch eine Rolle, wie die Untersuchungen an Wettläufern ergeben haben (de la Camp[1]). „Auch der Blutdruck läßt sich trainieren." Gerade die besten Läufer zeigen eine geringe systolische Blutdrucksteigerung und nur eine geringe Abnahme der diastolischen Blutdruckwerte bei kaum nachweisbarer Herzvergrößerung. „Die Sieger hatten also gewissermaßen mit dem peripheren trainierten Kreislauf gesiegt." Ganz anders verhält sich die zweite Gruppe von Hypertrophien. Hier arbeitet das Herz dauernd unter ungünstigen Bedingungen. In der Mehrzahl der Fälle versagt ja die Kompensation des Klappenfehlerherzens frühzeitig. Das ist ohne weiteres verständlich in solchen Fällen, in denen die Klappenerkrankung selbst einen entzündlichen progredienten Charakter hat, oder wenn es sich um atherosklerotische Prozesse handelt, deren Fortschreiten nicht nur an den Klappen, sondern auch in der Peripherie die allmählich eintretende Dekompensation verstehen läßt. Das gleiche gilt, wenn Erkrankungen des Herzmuskels selbst hinzutreten. Aber sehen wir jetzt von solchen Ereignissen ab, so hat uns die rein energetische Betrachtungsweise Benno Lewys[2] auch das Versagen des unkomplizierten Klappenfehlerherzens verständlich gemacht. Ein Mensch, der täglich 3500 Kalorien durch die Nahrung zuführt, benötigt davon für die Außenarbeit etwa 2000 Kalorien, für die Herzarbeit etwa 133 Kalorien. Der Rest wird für die Atmung, Verdauung u. a. verbraucht. Wenn die Kompensation eines Klappenfehlers eine größere Herzarbeit erfordert, so kann diese nur auf Kosten der für die Außenarbeit zur Verfügung stehenden Kalorienmenge geschehen. Dabei wird die wohl zutreffende Annahme gemacht, daß eine dauernde Zufuhr von Nahrung über das Maß von 3500 Kalorien ohne Schädigung der Verdauungsorgane kaum möglich ist. Wäre der Klappenfehler so stark, daß das Herz, um die Arbeit zu bewältigen, die gesamte für die Außenarbeit zur Verfügung stehende Kalorienmenge benötigte, so wäre der Kreislauf nur bei völliger Körperruhe noch aufrechtzuerhalten. Nimmt man an, daß das gesunde Herz bei mäßiger Körperanstrengung das Vierfache des Ruhewertes leistet, so erhöht sich nach den Berechnungen Lewys dieser Wert für eine Aortenstenose, die drei Viertel der Lichtung verschließt, auf das Achtfache, und bei einer solchen, die neun Zehntel des Lumens verschließt, auf das Dreiundfünfzigfache des Ruhewertes. Nach diesen Berechnungen versagt also das hypertrophe Klappenfehlerherz schon aus Mangel an Brennmaterial.

Man hat sich nun gefragt: wie entsteht überhaupt die Hypertrophie? Die bis vor kurzem noch geläufige Anschauung, die Hypertrophie als eine reine Arbeitshypertrophie zu betrachten, muß heute abgelehnt werden. Schon der durch Übung trainierte Muskel zeigt Unterschiede, je nachdem es sich mehr um Kraft- oder Dauerübungen handelt. Bekannt ist die herkulische Muskulatur des Preisringers und die viel weniger massige Muskulatur von Bergsteigern und Schnelläufern. Auch sehen wir klinisch die Herzhypertrophie unter den verschiedensten Bedingungen auftreten und auch ohne daß eine äußere Mehrarbeit verlangt wird. Sehen wir jetzt von den Hypertrophien auf Grund peripherer Drucksteigerung ab, so führen auch die Klappenfehlerherzen bei völliger Bettruhe auf Grund der Dilatation zu einer Hypertrophie, und ebenso finden wir solche bei endokrinen Störungen (Morbus Basedowii) und unter anderen toxischen Einflüssen, die eine Mehrbelastung des Herzens keineswegs bedingen. Krehl hat deshalb zuerst eine Hypertrophieentstehung aus inneren,

---

[1] Rektoratsrede Freiburg i. Br. 1921.
[2] Zit. nach D. Gerhardt, Herzklappenfehler. Wien-Leipzig 1913.

im Herzmuskel selbst gelegenen Bedingungen vermutet, und von v. Weizsäcker[1] wurde diese Idee in einer besonders lesenswerten kritischen Studie im einzelnen weiter ausgearbeitet. v. Weizsäcker weist zunächst darauf hin, daß die Arbeit eines Hohlmuskels, wie des Herzens, mit der des Skeletmuskels gar nicht vergleichbar ist, da jeder optimalen Arbeit auch eine optimale Form entspricht. Es gehört also zu jeder Herzform auch eine adäquate Form der Arbeit und umgekehrt. Und wir können in diesem Sinne nicht nur von einer „Insuffizienz der Arbeitsgröße", sondern auch von einer „Insuffizienz der Arbeitsform" sprechen. Letztere kann aber durch Hypertrophie ausgeglichen werden. Wir haben schon früher bei Besprechung der normalen Herzgröße darauf hingewiesen, daß man eine Abhängigkeit derselben von der Masse der quergestreiften Muskulatur annehmen zu können glaubte, vor allem auf Grund der Untersuchungen von C. Hirsch[2]. Die Verhältnisse liegen aber doch wesentlich komplizierter. Erkennen wir jetzt verschiedene Arbeitsformen an, so werden wir ein einfaches Verhältnis zwischen Herzmasse und Masse der quergestreiften Muskulatur nicht mehr für wahrscheinlich halten. Es muß auch bedacht werden, daß das Gewicht eines Muskels niemals etwas über seine absolute Kraft pro Masseneinheit aussagen kann. Auch die früher schon erwähnten Beziehungen zwischen Stoffwechselintensität und Herzgröße sind bei näherer Betrachtung nicht eindeutig. Wenn man den Sauerstoffverbrauch als ungefähres Maß der Zirkulationsgröße betrachtet, so fällt auf, daß derselbe bei kleinen Tieren im Vergleich zu größeren Tieren unverhältnismäßig stark zunimmt. Wohl aber scheinen nach v. Weizsäcker zwischen der durch eine einzelne Kontraktion ausgeworfenen Blutmenge und dem Herzgewicht nahe Beziehungen zu bestehen. Das heißt also, „daß die Größe des Organs nicht mit der Geschwindigkeit seines Stoffwechsels, sondern mit der Größe des mit einer Kontraktion verbundenen Stoffwechsels zusammenhängt".

Die Erfahrung, vor allem an Skiläufern, Soldaten u. a., lehrt, daß körperliche Anstrengungen zu Herzvergrößerungen führen können. Die Untersuchungen von Külbs[3] haben uns auch experimentelle Belege dafür gegeben. Aber wie schon oben erwähnt, fordert die klinische Beobachtung noch andere Faktoren. v. Weizsäcker weist darauf hin, daß beim hypertrophen Herzmuskel das Verhältnis zwischen Masse und Oberfläche zuungunsten der letzteren verschoben ist. Daß damit auch Änderungen im Stoffaustausch verbunden sein müssen, ist zuzugeben. Auf die histologischen Abweichungen des hypertrophen Muskels von dem normalen Muskel haben wir schon hingewiesen. Jedenfalls ist der hypertrophe Muskel dadurch schon biologisch anders einzuschätzen als der nicht hypertrophe. Aber ebenso ist es auch möglich, daß z. B. toxische Einflüsse den Zellstoffwechsel primär schädigen. Das könnte nach v. Weizsäcker zu einer Herabsetzung der während der Kontraktion sich abspielenden gesamten energetischen Prozesse führen. Auch ein solches Herz müßte, da es weniger Arbeit infolgedessen leistet, schon um den normalen äußeren Anforderungen zu genügen, hypertrophieren. Oder aber es könnte zu einer rein thermodynamischen Störung kommen. Es würde dann ein größerer Teil der chemischen Energie als in der Norm in Form von Wärme erscheinen und der Nutzeffekt dadurch verkleinert werden. Auch ein derartiges Herz müßte kompensatorisch hypertrophieren. So würde also außer dem mechanischen auch noch ein chemischer Faktor für die Entstehung der Hypertrophie in Frage kommen. Bei derartig „schwachen Herzen" würde schon die normale Belastung zur Hypertrophie führen. In diesem Sinne sprechen auch klinische Beobachtungen.

---

[1] Erg. inn. Med. **19** (1921). [2] Dtsch. Arch. klin. Med. **64** (1899).
[3] Arch. f. exp. Path. **55** (1906) — Münch. med. Wschr. **1915**, Nr 43.

Aber einerlei, welche Art von Hypertrophie nun vorliegt, immer wird das hypertrophe Herz seine Reservekraft stärker beanspruchen als das normale Herz. Man kann das mit v. Weizsäcker so ausdrücken: „Herzen, welche dauernd in der Nähe ihrer Akkommodationsgrenze arbeiten, hypertrophieren."

Wir haben schon früher auf die bemerkenswerten Untersuchungen von Bohnenkamp und seinen Mitarbeitern, wodurch unsere Kenntnisse über den Energieumsatz des Herzmuskels wesentlich gefördert wurden, hingewiesen. Bohnenkamp[1] hat nun diese Ergebnisse auch für das Hypertrophieproblem verwertet. Auf seine rein physikalischen Ableitungen in ihrer Übertragung auf das biologische Objekt kann hier nicht eingegangen werden. Ich muß diesbezüglich auf die Originalarbeiten verweisen. Nach Bohnenkamp ist die Ursache der Hypertrophie einzig und allein die vermehrte Spannung der Muskelfaser. Es ist klar, daß eine solche Spannungszunahme unter den verschiedensten Bedingungen auftreten kann und keineswegs eine erhöhte Arbeitsforderung zur Voraussetzung zu haben braucht. Bei der Hypertrophie der Hypertoniker und derjenigen des Klappenfehlerherzens, die immer auf einer tonogenen Dilatation fußt, stößt der Gedanke einer primären Spannungszunahme der Muskelfaser als bedingendes Moment der Hypertrophie auf keinerlei Schwierigkeiten. Aber auch die erwähnten neurogen-toxischen Hypertrophien (z. B. beim Morbus Basedowii) können ebenfalls diesem Standpunkt eingefügt werden. Hier steht das Herz unter einem verstärkten Sympathikusreiz, der nach Bohnenkamp immer eine positiv klinotrope Wirkung und damit zweifelsohne eine vermehrte Spannung der Muskelfaser verursacht. Das prinzipiell Wichtige an dieser Vorstellung ist also, daß die Spannungszunahme der Muskelfaser ganz unabhängig von der Arbeitsleistung ist, sie kann eintreten bei verminderter Arbeit des Herzmuskels und selbst dann, wenn überhaupt keine Arbeit geleistet wird. Bohnenkamp weist in diesem Sinne darauf hin, daß auch ein in gedehntem Zustand eingegipster Muskel, der also vollkommen untätig ist, hypertrophiert. Die Dehnung, d. h. die Spannungszunahme, ist also das Wesentliche. Selbstverständlich darf es nicht zu einer Überdehnung mit Überschreitung der Elastizitätsgrenze des Muskels dabei kommen. Ebenso atrophiert nicht der inaktive, untätige Muskel, sondern nur der entspannte Muskel. Es gibt also ebensowenig eine Arbeitshypertrophie wie eine Inaktivitätsatrophie. Wohl ist das mechanische Moment das Maßgebende für die Herzhypertrophie, aber nur im Sinne der Spannungsvermehrung. Diese unitarische Auffassung der Herzhypertrophie von Bohnenkamp scheint mir überaus einleuchtend. Auch die Energieabgabe des Herzens scheint nach weiteren Untersuchungen desselben Autors unabhängig von der Arbeit zu sein („Gesetz der Unveränderlichkeit des freiwerdenden Energiequants"). Das, was wir als Reservekraft bezeichnen, würde damit als ein besserer Nutzeffekt bei Mehrbelastung zu bezeichnen sein. Die Energieabgabe pro Herzschlag bleibt immer dieselbe, aber bei vermehrter Arbeitsleistung wird die freigewordene Energiemenge besser, bei kleinerer Arbeit weniger gut ausgenutzt. Wird die mechanische Belastung des Herzens so weit gesteigert, daß die gesamte in Freiheit gesetzte Energiemenge zur Arbeit herangezogen wird, so daß der Nutzeffekt 100% beträgt, dann ist auch die Reservekraft verbraucht. Eine weitere Steigerung ist naturgemäß nur noch möglich, wenn die Gesamtenergie des Herzmuskels erhöht werden kann. Das soll nach Bohnenkamp durch eine stärkere Einwirkung des N. sympathicus auf den Herzmuskel möglich sein. Diese Art der Steigerung der Reservekraft bezeichnet Bohnenkamp als solche zweiter Ordnung. Reicht auch dieses Plus an Reservekraft nicht aus, so kommt es zur Überdehnung

---

[1] Klin. Wschr. **1929**, Nr 10.

des Herzmuskels mit Sinken des Schlagvolumens und der Arbeitsgröße. So überaus interessant und bedeutsam diese experimentell gewonnenen Ergebnisse sind, so stoßen sie in ihrer klinischen Auswertung heute noch auf große Schwierigkeiten, um so mehr, als unter klinischen Gesichtspunkten eine isolierte Organbetrachtung versagt. Und hier steht der periphere Kreislauf mit seinen Rückwirkungen auf das Herz im Vordergrunde. Wird doch gerade das Herz um so mehr entlastet, je anpassungsfähiger sich das gesamte Gefäßsystem den dauernd sich ändernden Organbedürfnissen zeigt. Schon E. Weber[1] konnte nachweisen, daß, wenn ein Körperteil Arbeit leistet, im Beginne derselben nicht nur lokal in dem arbeitenden Teile, sondern ganz allgemein in der Peripherie des Körpers eine Gefäßerweiterung eintritt. Ging diesem Versuche eine ermüdende Arbeit voraus, so blieb direkt danach die erwähnte Reaktion aus. Wurde zunächst eine $^1/_4$stündige Pause eingeschaltet, so verlief im folgenden Versuch die Gefäßreaktion umgekehrt. Durch Training konnte die normale Reaktion erhalten bleiben. Auch eine in Hypnose suggerierte Arbeitsvorstellung bedingte eine Gefäßreaktion wie bei wirklich geleisteter Arbeit. Wir müssen also annehmen, daß diese Gefäßreaktionen zentral, vom Gefäßzentrum aus, ausgelöst werden. Wir wissen auch, daß erzwungene Arbeit bei muskulär Ermüdeten infolge der dadurch hervorgerufenen Unlustgefühle eine Gefäßverengerung hervorruft. Wir sehen also, wie bedeutsam für die willkürliche Muskelarbeit die periphere Gefäßregulation im Sinne einer Unterstützung der Herzarbeit ist und wie sehr die Gefäßreflexe durch psychische Vorgänge beeinflußbar sind. Zweifelsohne spielen für diesen Regulationsmechanismus auch Alter, Konstitution und damit auch innersekretorische Faktoren eine Rolle. Es ist bemerkenswert, daß Külbs[2] bei Hunden die Zunahme der Herzmuskelmasse nach anstrengender körperlicher Arbeit, die sich bei normalen Tieren immer vorfindet, nicht mehr nachweisen konnte, wenn eine Kastration und Entmilzung vorgenommen worden war. Das kann nur im Sinne einer hormonalen Beeinflussung gedeutet werden. Es ist auch zu beachten, daß das Gefäßsystem in seinen verschiedenen Abschnitten nicht nur anatomisch, sondern auch funktionell different ist. Die Aorta in ihrer Funktion als elastischer Windkessel ist biologisch wenig vergleichbar mit dem relativ selbständigen Kapillarsystem, das aber trotzdem dem Herzen sowohl intensiven Widerstand als auch eine weitgehende Unterstützung bezüglich der Zirkulation gewähren kann. Zweifelsohne spielt aber auch gerade der Muskel- und Organstoffwechsel bezüglich der Regulation des peripheren Kreislaufs eine bedeutsame Rolle. Fragen, die uns im Hinblick auf die grundlegenden Untersuchungen von Eppinger und seiner Schule bei Besprechung der Kreislaufinsuffizienz noch näher beschäftigen werden. Es kommen hier dieselben chemischen und physikalisch-chemischen Faktoren in Betracht, wie wir sie bei der Darstellung des Austausches zwischen Blut- und Gewebsflüssigkeit und der Bildung der Lymphe eingehend besprochen haben. Wir müssen hier darauf zurückverweisen. Auch solche Stoffwechselstörungen im weitesten Sinne können bei genügendem Ausmaß und genügend langer Dauer oder bei häufiger Wiederholung sehr wohl den Spannungszustand des Herzmuskels belasten. Es kommt noch hinzu, daß durch die Untersuchungen von Gollwitzer-Meier[3] eine zentral nervöse Regulation des Herzminutenvolumens nachgewiesen ist, bedingt durch eine C_H-Verschiebung im Bereiche der Bulbärzentren, wobei es vor allem zu einer Zunahme des venösen Rückflusses zum Herzen kommt.

---

[1] Der Einfluß psychischer Vorgänge auf den Körper. Berlin 1910 — Münch. med. Wschr. **1910**, Nr 57.

[2] 41. Kongreß dtsch. Ges. inn. Med. **1929**.   [3] Pflügers Arch. **222** (1929).

Es scheinen also nicht nur die Arteriomotoren, sondern auch die Venomotoren ·rhythmische Impulse vom Zentralnervensystem aus zu erhalten. Damit tritt die Bedeutung zentral nervöser Einflüsse für die Genese der Hypertrophie des Herzens mindestens im Sinne einer Disposition mehr in den Vordergrund. Auch die Erfahrung der Sportärzte spricht in dem Sinne, daß die konstitutionell nervöse Einstellung für Funktion und Form des Herzens nicht gleichgültig ist. Auf die Bedeutung der Muskel- und Atembewegung für den Kreislauf haben wir ja schon früher hingewiesen. Die Faktoren, die also über den Weg einer Spannungszunahme der Muskelfaser eine Herzhypertrophie auslösen können, sind sehr vielseitig. Und es ist verständlich, wenn von diesen Gesichtspunkten aus die sog. idiopathische Herzhypertrophie heute abgelehnt wird, da sie unschwer unter die uns bekannten Ursachen eingereiht werden kann. Andererseits verstehen wir aber auch die Unmöglichkeit, das Herz als solches isoliert zu betrachten, da vor allem klinisch Herz und Kreislauf ein ungeteiltes Ganzes bilden und nur diese Gesamtheit funktionell bewertet werden kann.

Die Hämodynamik der Herzklappenfehler [1].

Unsere Kenntnisse über die Dynamik der Klappenfehler verdanken wir zum größten Teile dem akuten Experiment, da wir keine klinische Methoden besitzen, um diese Fragen am Krankenbett exakt zu beantworten. Es ist klar, daß, klinisch betrachtet, die Mechanik des Klappenfehlerherzens in ihrem funktionellen Effekt nicht allein durch den Defekt, sondern auch durch den Zustand des Herzmuskels gegeben ist und weiterhin noch weitgehend von außerhalb des Herzens gelegenen Faktoren beeinflußt wird. Wenn eine Klappenläsion eintritt, so ist das Herz auf Grund seiner Adaptationsfähigkeit in der Lage, durch die in den vorhergehenden Abschnitten schon besprochene Dilatation und Hypertrophie der von dem Klappenfehler direkt betroffenen Herzteile eine schädliche Wirkung des Klappendefekts auf die Zirkulation auszugleichen (Kompensation). Voraussetzung dafür ist, daß die kontraktile Funktion des Herzmuskels nicht geschädigt ist. Diese kompensatorische Leistung des Herzens wird ermöglicht durch Änderung der Anfangsspannung, also durch Veränderung des diastolischen Volumens. Letzteres allein bestimmt die Größe der systolischen Auswurfmenge. Das diastolische Volumen wird aber wieder durch verschiedene Faktoren beeinflußt, so durch die Frequenz des Herzschlages, d. h. durch die Zeit, die zur diastolischen Füllung zur Verfügung steht, dann durch die Kraft der Vorhofsystole, ferner durch die Größe des venösen Zuflusses und schließlich durch die mehr oder weniger vollständige Entleerung der Ventrikel. Normale kontraktile Funktion des Herzmuskels vorausgesetzt, wird letzteres Moment wesentlich durch die Größe des peripheren Widerstandes bestimmt. Diese Faktoren bedingen also bei leistungsfähigem Herzmuskel beim Eintritt

---

[1] Edens, Die Krankheiten des Herzens und der Gefäße. Berlin 1929. — Gerhardt, Herzklappenfehler. Wien-Leipzig 1913. — Henschen, Erfahrungen über Diagnostik und Klinik der Herzklappenfehler. Berlin 1916. — Krehl, Pathologische Physiologie. Leipzig 1923. — Külbs, im Handb. d. inn. Med. von v. Bergmann-Staehelin Bd. II 1. Berlin 1928. — Moritz, im Handb. d. allg. Pathol. von Krehl-Marchand 2. Leipzig 1913 — Handb. d. norm. u. path. Physiol. Bd. VII 1. Berlin 1926. — Plesch, im Handb. von Kraus-Brugsch Bd. IV 2. Berlin-Wien 1925. — Romberg, Lehrb. d. Krankh. d. Herzens u. d. Blutgefäße. Stuttgart 1925. — Stadler, Die Mechanik der Herzklappenfehler, in: Erg. inn. Med. 5 (1910). — Straub, Dtsch. Arch. klin. Med. 115, 116 (1914); 118 (1915); 121, 122 (1917); 133 (1920) — Referat Kongreß dtsch. Ges. inn. Med. 1929. — Wiggers, Die pathologische Physiologie des Kreislaufs bei Klappenerkrankungen des Herzens. Erg. Physiol. 29. München 1929.

einer Klappenläsion zwangsläufig die Kompensation des Klappenfehlers. Die Funktion des Herzbeutels dürfte dabei nur in einem gewissen Schutz gegen eine zu hochgradige Erweiterung gelegen sein. Wir sehen aber nun weiterhin, vor allem im Verlauf des Klappenfehlers, periphere Einwirkungen hinzutreten, welche die Dauerleistung des Herzmuskels wesentlich beeinflussen können, im besonderen auch dann, wenn vermehrte Leistungen von derartigen Herzen verlangt werden. Wenn der Kreislauf seine Aufgabe, alle Organe dauernd gleichmäßig mit Sauerstoff und Nährmaterial zu versorgen und die gebildeten Schlackenstoffe abzuführen, erfüllen soll, so ist die Hauptbedingung zur Durchführung dieser Forderung die annähernde Konstanz des arteriellen Druckes. Das Herz allein kann diese Leistung nicht vollbringen, sondern es bedarf der Unterstützung durch die nervöse Regulation des Kreislaufes, wie wir diese schon im vorstehenden näher geschildert haben. Es sind im wesentlichen die Schwankungen des Blutdruckes, die den nervösen Zentren die Signale übermitteln, um die Funktion von Herz und Kreislauf den jeweiligen Forderungen des Organismus anzupassen. Zum Teil handelt es sich auch um Reflexe, die vom Herzen selbst bzw. von den großen Gefäßen nach der Peripherie zu geleitet werden. Es sei in dieser Hinsicht an die schon früher besprochene Bedeutung des Nervus depressor und des Heringschen Sinusnerven erinnert. Auch die nervöse Regulation des arteriellen Tonus scheint nach der jeweiligen Höhe des arteriellen Druckes zu erfolgen. Nehmen wir doch mit guten Gründen an, daß eine Senkung des arteriellen Druckes durch eine Vasokonstriktion ausgeglichen wird. Wie wichtig die Kenntnis dieser peripheren Kreislauffaktoren auch klinisch ist, das haben uns die bekannten Untersuchungen Rombergs gelehrt, die zeigten, daß bei akuten Infekten die Kreislaufinsuffizienz vielfach primär peripher durch toxische Lähmung des Vasomotorenzentrums bedingt ist. Neuere Untersuchungen haben es aber weiterhin wahrscheinlich gemacht, daß schon physiologischerweise nicht die gesamte Blutmenge dauernd an der Zirkulation teilnimmt. Die relative Selbständigkeit des Kapillarkreislaufes gestattet den Organen, Blutmengen dem Kreislauf zu entziehen. Man hat in diesem Sinne von Blutreservoirs gesprochen, und es scheinen vor allem Leber, Milz und Muskulatur als solche in Frage zu kommen. Unter pathologischen Bedingungen, z. B. bei Stauungszuständen, können diese Reservoirs größere Blutmengen aufnehmen und damit zu einer großen Entlastung von Herz und Kreislauf beitragen. Es ist aber auch nicht von der Hand zu weisen, daß primäre Gewebestörungen in diesen Reservoirs, vor allem dann, wenn die nervösen Regulationsmechanismen des peripheren Kreislaufes geschädigt sind, die Funktion des Herzens nachteilig beeinflussen können. Sicher dürfte es dann der Fall sein, wenn der Stoffwechsel in diesen Organen von der Norm abgedrängt wird und dadurch Änderungen in der chemischen Zusammensetzung des Blutes hervorgerufen werden. Als solche kommen vor allem Abweichungen von dem normalen Sauerstoff- und Kohlensäuregehalt des Blutes und ein Auftreten größerer Mengen von fixen Säuren in Betracht, die eine Veränderung der Pufferung des Blutes bedingen. Die bei Herzkranken häufig vorhandene Zyanose glaubte man vielfach auf eine mangelhafte Sauerstoffsättigung des Blutes in den Lungen zurückführen zu müssen (echte anoxische Anoxämie nach Barcroft). Es hat sich aber gezeigt, daß das nur dann der Fall ist, wenn entzündliche oder sonstige krankhafte Veränderungen in der Lunge vorhanden sind. Ohne Vorliegen solcher Komplikationen ist auch bei zyanotischen Herzkranken die Sauerstoffsättigung des arteriellen Blutes nicht wesentlich verändert. Die Zyanose muß also andere Ursachen haben. In solchen Fällen scheint die Stagnation infolge der Kreislaufstörung ein wesentliches Moment für die Entstehung der Zyanose zu sein, indem dadurch im Gewebe eine ausgiebigere Reduktion des Blutfarbstoffes einsetzen kann (stagnierende Anoxämie nach Barcroft). Sicher wird auch die Herzfunktion durch die Anoxämie beeinflußt, und es hängt ganz von dem Grade der letzteren ab, in welcher Richtung diese Einwirkung geht. Leichtere Grade von Anoxämie scheinen die Herzfunktion zu heben durch Vergrößerung des Minutenvolumens. Länger bestehende leichte Anoxämie kann so zu einer Herzhypertrophie führen. Schwere Grade von Anoxämie setzen dagegen die Herzfunktion immer herab, es kommt zu hochgradigen Dilatationen mit Abnahme des Minutenvolumens. Der Vollständigkeit halber sei noch darauf hingewiesen, daß selbstverständlich auch jede Anämie infolge des Hämoglobindefizits zu einer Anoxämie (anämische Anoxämie von Barcroft) führen muß. Abgesehen davon, daß zu einer Blutarmut jederzeit eine Herzerkrankung hinzutreten kann, sehen wir die anämische Anoxämie vor allem bei den schweren infektiösen Formen der Endokarditis, im besonderen bei der septischen Endokarditis. Neben diesem Faktor der Anoxämie kommen aber noch andere periphere Störungen bei Herzkranken in ihrer Wirkung auf die Kreislauffunktion in Betracht. Eppinger und seine Schüler haben in eindrucksvollen Untersuchungen darauf hingewiesen. Die Anschauungen Eppingers werden uns später noch eingehend beschäftigen. Hier sei nur so viel erwähnt, daß wir sehr häufig bei Herzkranken recht erhebliche Abweichungen von der Norm im Säurebasenhaushalt vorfinden. Störungen im Gewebestoffwechsel geben das ursächliche Moment dafür ab. Infolge der Anhäufung von Milchsäure und anderen fixen Säuren kommt es zu einer Azidosis und Störung der Pufferfunktion des Blutes. Begleitende Veränderungen in der qualitativen Zusammensetzung der Bluteiweißkörper, vor allem eine Verschiebung nach der Globulinseite, wirken unterstützend mit. Andererseits kann auch eine Überventilation, verursacht durch eine Reizung des Atemzentrums, in gleicher Weise als Endeffekt einen verminderten Kohlensäuregehalt des Blutes bedingen. Treten Komplikationen von seiten der Lunge auf, so kann das Gegenteil der geschilderten Hypokapnie, also eine Überladung des Blutes mit Kohlensäure, eine Hyperkapnie, die Folge sein. Beide Zustände beeinflussen nachhaltig die Herzfunktion, und zwar in gegensinniger Weise. Wir werden bei Besprechung der Herzinsuffizienz auf diese Fragen noch genauer eingehen. Jedenfalls können wir aus dem Dargelegten die Vielheit von peripher einwirkenden Faktoren auf die Herzleistung ersehen. Eine Dynamik des Herzens allein kann uns also immer nur einen, wenn auch sehr wichtigen Teil von dem komplexen Kreislaufgeschehen klarlegen. Wir besitzen heute noch keine klinischen und ebensowenig zuverlässige experimentelle Methoden, um diese variablen Faktoren eindeutig durch ihre Resultante zu ersetzen. So bleibt als beschreitbarer Weg nur die Einzelanalyse unter verschiedenen Bedingungen. Und hier haben die experimentellen Untersuchungen am isolierten Herzen und am Starlingschen Herzlungenpräparat gerade für das Verständnis des Klappenfehlerherzens überaus Wertvolles geleistet. Daß die Ergebnisse sich nicht immer mit den klinischen Erfahrungen decken, tut ihrer Bedeutung keineswegs Abbruch. Die Unmöglichkeit einer experimentellen Reproduktion klinischer Bilder und die überaus großen Schwierigkeiten der experimentellen Methodik lassen das verständlich erscheinen. Betrachten wir nun die Dynamik der einzelnen Klappenfehler. Wir beginnen mit der Mitralinsuffizienz. In der Abb. 34 sind die Druckkurven vom linken Vorhof und der linken Kammer wiedergegeben, wie sie experimentell unter normalen und den Bedingungen des erwähnten Klappenfehlers verlaufen. Diese und die folgenden Abbildungen sind einer Arbeit von H. Straub entnommen. Bei der Mitralinsuffizienz fließt während der Systole ein Teil des Ventrikelblutes in den linken Vorhof zurück. Die Menge des Pendelblutes hängt in erster Linie von der Größe der Insuffizienz ab, aber auch von der Kraft und Schnelligkeit, mit der sich der Ventrikel zusammenzieht. Wir kommen darauf gleich noch zurück. Das Pendelblut führt nun zu einer starken Drucksteigerung im linken Vorhof und, bei Intaktsein seiner Muskulatur, zu starken systolischen Ausschlägen, wie aus der Abb. 34 sehr deutlich zu ersehen ist. Es tritt also eine Blutverschiebung nach dem kleinen Kreislauf zu ein. Aber auch die linke Kammer zeigt im Tierexperiment eine erhebliche Erweiterung, und zwar nicht etwa, wie man zunächst vermuten könnte, um den Betrag des Pendelblutes, sondern darüber hinaus. Bei näherer Überlegung wird diese Tatsache ver-

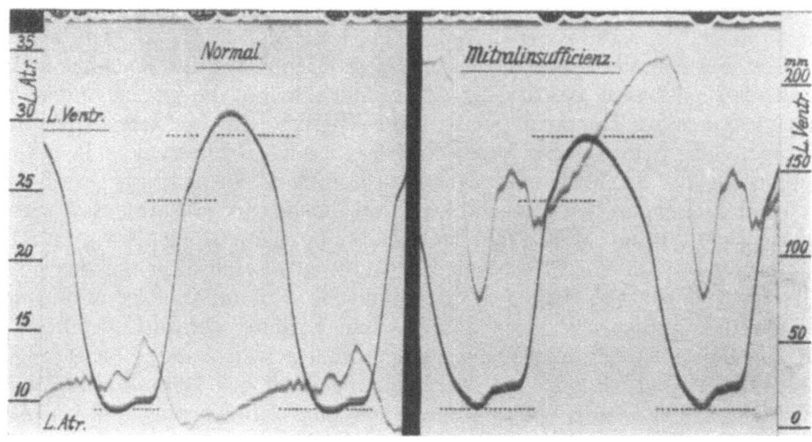

Abb. 34. (Nach H. Straub.)

ständlich. Der größte Teil des Rückflusses bei der Mitralinsuffizienz erfolgt in der Austreibungsperiode, ein kleinerer Teil in der Anspannungszeit und auch noch im Beginn der Diastole, wie Wiggers gezeigt hat. Dadurch, daß schon in der Anspannungszeit Blut durch die insuffiziente Klappe nach dem Vorhof zurückfließt, erleidet der linke Ventrikel einen Spannungsverlust, so daß er nur schwer den Druck aufbringen kann, um den Aortendruck zu überwinden und dadurch die Semilunarklappen zu öffnen. So sehen wir bei der experimentellen Mitralinsuffizienz einen deutlichen systolischen Rückstand, d. h. eine ausgesprochene Dilatation auftreten, wodurch der Ventrikel seine Anfangsfüllung und damit auch seine Anfangsspannung stark erhöht. Dadurch ist der Ventrikel in der Lage, den für die Aufrechterhaltung des Aortendruckes nötigen raschen Anstieg seiner isometrischen Zuckungskurve auszuführen. Die Kompensation des Klappenfehlers ist dadurch gegeben. Nach den Untersuchungen von H. Straub dürfte das jedoch nur bei ganz geringfügigen Insuffizienzen möglich sein. Ist der Klappendefekt größer, so verzögert sich die Druckzunahme, und damit wird die Anspannungszeit verlängert. Infolge der langsameren Druckzunahme muß aber auch die Austreibungszeit länger werden. Auch das Druckmaximum ist in diesen Fällen erniedrigt (s. Abb. 34). Das Schlagvolumen wird wesentlich durch die Verlängerung der Austreibungszeit aufrechterhalten, die erhöhte Restblutmenge bedingt auch einen dauernd erhöhten diastolischen Ventrikeldruck. Dieser begünstigt wieder die Drucksteigerung im linken Vorhof, der, wie wir oben betont haben, durch den Rückfluß dynamisch besonders belastet wird und dadurch sehr leicht in die Gefahr einer Überdehnung kommt. Das ist schon bei noch leistungsfähigem Muskel möglich, erst recht aber, wenn der Ventrikel in seiner Kontraktionskraft leidet. Eine langsame und schwache Kontraktion des Ventrikels wird den Rückfluß nach dem Vorhof noch günstiger gestalten. So stellt also die Mitralinsuffizienz, auch wenn sie kompensiert ist, große Anforderungen an die Reservekraft des Herzens, und diese experimentellen Ergebnisse bestätigen damit die klinische Erfahrung von dem meist frühen Versagen der Mitralfehlerherzen. Bemerkenswerterweise war bei den experimentellen Mitralfehlern eine ausgesprochene Erhöhung des Maximaldruckes im rechten Herzen nie nachweisbar. Für die klinisch so gut wie immer vorhandene und frühzeitig auftretende starke Beteiligung des rechten Herzens bei Mitralfehlern fehlt also eine experimentelle Begründung. Soweit hierfür nicht sekundär sich entwickelnde Veränderungen im kleinen Kreislauf verantwortlich gemacht werden können, scheint mir die Erklärung von Edens sehr beachtenswert. Er vermutet, daß durch die Erweiterung des linken Vorhofes bei Mitralfehlern die beiden Hauptäste der Arteria pulmonalis gegen den linken und rechten Bronchus, die Bifurkation und die Höhlung des Aortenbogens gedrückt werden, und dadurch, weil ein Ausweichen kaum möglich ist, eine Kompression dieser Teile eintritt, die durch die Hypertrophie des linken Ventrikels noch gefördert wird. So kommt es „zu einer gewissen Drosselung des Rück- und Zuflusses der Lunge". Diese Begründung für die frühzeitige Hypertrophie des rechten Ventrikels bei Mitralfehlern ist mir durchaus einleuchtend, und dies um so mehr, als, wie Edens mit Recht betont, dadurch auch die Tatsache, daß bei dekompensierten Mitralfehlern eine allgemeine Wassersucht ohne Lungenödem auftritt, eine sehr plausible Erklärung finden würde. Im Experiment finden wir bei der Mitralinsuffizienz eine sehr starke Dilatation des linken Ventrikels. Klinisch sehen wir beim kompensierten Klappenfehler in der Regel keine so ausgesprochene Erweiterung. Es ist allerdings zu bedenken, daß unsere klinischen Methoden zum Nachweis der Volumveränderungen des Herzens noch sehr unvollkommen sind. Rein diastolische Erweiterungen, wie sie sich in der kompensatorischen Erhöhung der Anfangsspannung ausdrücken, sind klinisch überhaupt nicht feststellbar. Und auch systolische Volumänderungen müssen schon sehr ausgesprochen sein, um klinisch faßbar zu werden, wissen wir doch, daß die durch Änderung des Schlagvolumens bedingten systolischen Volumverschiebungen sich vor allem an der Vorhof-Kammergrenze, wo ein klinischer Nachweis nicht möglich ist, abspielen. Vor allem aber lassen die akuten Bedingungen des Experimentes die klinisch bei Mitralinsuffizienzen immer vorhandene Hypertrophie des linken Ventrikels außer acht. Leider wissen wir über die Dynamik des hypertrophen Herzens noch zu wenig, um die klinischen Verhältnisse erklären zu können. Wenn der hypertrophe Herzmuskel unter den gleichen Anfangsbedingungen wie der nicht hypertrophe Muskel wirklich größere Arbeit leisten kann, also ohne daß er durch Änderung seiner Anfangsspannung dilatiert, dann wäre dadurch eine völlige Kompensation gegeben. Die bei kompensierten Mitralinsuffizienzen oft fehlende Erweiterung des linken Ventrikels spricht in diesem Sinne. Generell trifft das aber nicht zu, wie schon in dem Kapitel über Hypertrophie näher ausgeführt wurde.

Bei der Mitralstenose (Abb. 35) liegt, wie zu erwarten war, die Vorhofdruckkurve im ganzen höher als in der Norm. Der Vorhofdruck steigt sehr stark an, und es tritt dementsprechend eine ausgesprochene Stauungslunge ein. Das Volumen der linken Kammer und deren Druckkurve werden nicht verändert. Auffallend ist aber die von H. Straub experimentell festgestellte Erhöhung des diastolischen Kammerdruckes, vor allem während der Vorhofsystole

(s. Abb. 35), ohne daß es dabei zu einer vermehrten Füllung des Ventrikels kommt. Die Vorhofsystole wirft also mit großer Kraft das Blut durch die verengte Klappe in den Ventrikel hinein. H. Straub vermutet mit Recht, daß die dadurch bedingten besonderen Spannungsverhältnisse der Kammermuskulatur auch den Kontraktionsablauf beeinflussen müßten und darin vielleicht die Ursache für den paukenden Charakter des ersten Tones bei der Mitralstenose gelegen sein könnte. Klinisch zeigt der linke Ventrikel bei der Mitralstenose ein recht variables Verhalten. Die Gründe dafür sind offensichtlich. Sehr häufig ist die Mitralstenose mit einer klinisch nicht immer sicher nachweisbaren Insuffizienz kombiniert, wodurch eine Verbreiterung des linken Ventrikels bedingt wird. Man muß bedenken, daß die Spannungsverhältnisse und damit die Größe des linken Ventrikels vor allem durch das Maß von Anforderungen bestimmt werden, die an den großen Kreislauf gestellt werden. Erfordert die dem Klappenfehler meist zugrunde liegende infektiöse Noxe eine längere Bettruhe mit

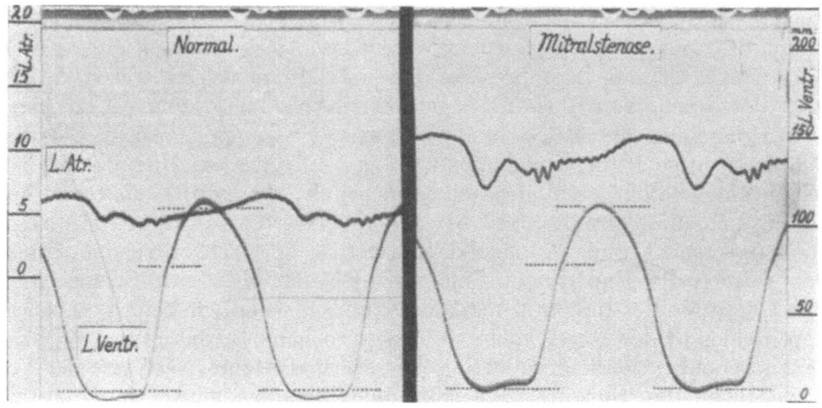

Abb. 35. (Nach H. Straub.)

äußerster körperlicher Schonung, so kann eine derartige Mitralstenose, worauf D. Gerhardt besonders hingewiesen hat, auch einen atrophischen linken Ventrikel zeigen.

Ganz kurz soll noch auf die Verschiedenheiten im Verlauf des diastolischen Geräusches eingegangen werden. Vor allem war es das so häufige präsystolische Krescendogeräusch, das bezüglich seiner Entstehung verschiedene Meinungen aufkommen ließ. Daß der Dekrescendo-Krescendocharakter des diastolischen Stenosengeräusches mit den variierenden Strömungsgeschwindigkeiten des Blutes während der Vorhofsystole zusammenhängen kann, ist einleuchtend. Es ist auch bekannt, daß, wenn bei einer Mitralstenose ein Vorhofflimmern hinzutritt, ein vorher bestandenes präsystolisches Krescendogeräusch verschwinden kann. Das tut es aber nicht immer. D. Gerhardt hat gezeigt, daß in solchen Fällen das bestehende protodiastolische Geräusch eine präsystolische Verstärkung erfahren kann, und zwar dann, wenn auf eine Systole eine zweite Systole so rasch folgt, daß deren Beginn noch in das Abklingen des vorhergehenden protodiastolischen Geräusches fällt. Damit wäre das Vorhandensein eines präsystolischen Krescendogeräusches bei Mitralstenosen mit Vorhofflimmern wohl verständlich. Nun wurde aber von Brockbank die Ansicht geäußert, und Weitz[1] glaubte sie bestätigen zu können, daß das präsystolische

______
[1] Erg. inn. Med. **22** (1922).

Krescendogeräusch mit der Vorhofsaktion überhaupt nichts zu tun habe und eigentlich ein systolisches Geräusch sei, das ausschließlich in die Systole des Ventrikels, und zwar in die Anspannungszeit, falle. Die stenosierten Klappen sollten sich im Beginn der Systole nur langsam schließen, so daß es noch vor Beginn des ersten Tons zu einem Rückstrom mit Geräuschbildung komme, die als präsystolisches Geräusch imponiere. Dieser Deutung wurde vor allem von Lewis[1] auf Grund exakter Zeitkurven widersprochen. Untersuchungen von Frey und Fromm[2] scheinen mir diese Streitfrage wesentlich geklärt zu haben. Danach sind die zeitlichen Schwankungen bei ein und demselben Fall zwischen Beginn des präsystolischen Geräusches und der Anspannungszeit recht erheblich. Das zeitliche Intervall variierte zwischen 0,06 und 0,17 Sekunden. Der Beginn des Geräusches lag sehr nahe der R-Zacke des Elektrokardiogramms, vereinzelt fiel es mit ihr zusammen. Das Geräusch muß also in der Tat als ein präsystolisches aufgefaßt werden. Es zeigte sich aber auch, daß der Beginn des Geräusches sehr selten mit der P-Zacke des Elektrokardiogramms zusammenfiel, meist begann es später, und zwar 0,02—0,07 Sekunden. Es ist damit auch

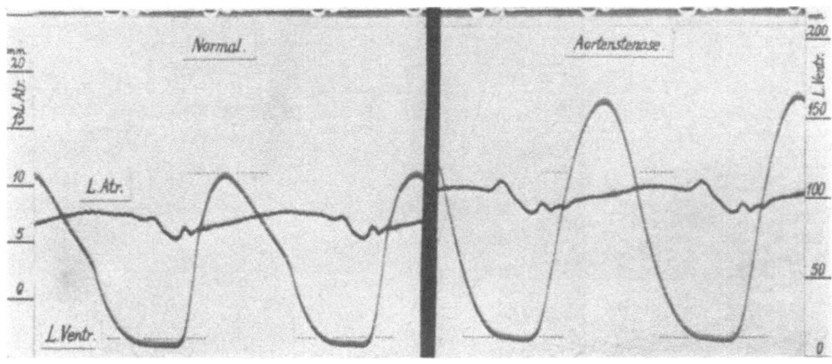

Abb. 36. (Nach H. Straub.)

sehr unwahrscheinlich, daß die Vorhofsaktion direkt mit dem Geräusch etwas zu tun hat. So glaubt Frey, daß das präsystolische Geräusch durch ein „Regurgitieren des Blutes aus dem durch die Aktion des Vorhofes maximal gefüllten linken Ventrikel" zustande kommt, aber präsystolisch. Es wäre also „seinem Beginn nach ein diastolisches Mitralinsuffizienzengeräusch". Auch bei der experimentellen Mitralstenose konnte eine wesentliche Beeinflussung der Dynamik des rechten Herzens nicht nachgewiesen werden. Eine Erklärung für diesen besonders auffallenden, den klinischen Erfahrungen widersprechenden Befund haben wir bei Besprechung der Mitralinsuffizienz schon zu geben versucht.

Bei der Aortenstenose finden wir ähnliche Änderungen in der Dynamik des linken Herzens wie bei der Hypertonie. Nur daß bei letzterer die Koronardurchblutung eine bessere ist, da bei der Stenose der Abgang der Koronargefäße peripher von der verengten Stelle gelegen ist. Im akuten Experiment müssen schon hochgradige Stenosen gesetzt werden, um eine ausgesprochene funktionelle Belastung des Herzens zu bedingen. Bei solchen Stenosen sehen wir nun, daß die Restblutmenge im linken Ventrikel steigt und somit die Anfangsspannung zunimmt. Dadurch wird die Kammer befähigt, das normale Schlagvolumen auszuwerfen. Das Maximum des Kammerdruckes wächst um so mehr, je ausgesprochener die Stenose ist (Abb. 36). Der Druckanstieg während

[1] Heart **4** (1913).
[2] Z. Kreislaufforschg **1929**, H. 18.

der Anspannungszeit erfolgt steil. Die Druckkurve fällt langsamer ab als in der
Norm. Das von der Druckkurve eingenommene Flächenareal ist größer
als in der Norm (Abb. 36). Aber auch der diastolische Kammerdruck steigt an,
und dementsprechend stellt sich die Vorhofsdruckkurve auf ein höheres Niveau
ein. Bei hochgradigen Stenosen ist die Austreibungszeit verlängert. Das
akute Experiment zeigt also auch bei der Aortenstenose Verschiedenheiten
gegenüber den klinischen Erfahrungen. Im Experiment zeigt sich eine ausgesprochene Dilatation mit Erhöhung des Druckes im linken Vorhof und damit
bedingter passiver Lungenstauung; in der Klinik finden wir bei der Aortenstenose eine mäßige Hypertrophie des linken Ventrikels ohne Erweiterung und
keine Stauung im kleinen Kreislauf. Es muß also im letzteren Falle die infolge
der allmählichen Entwicklung der Stenose sich langsam ausbildende Hypertrophie den Ventrikel in den Stand setzen, auch ohne vermehrte Anfangsspannung den Widerstand an der Stenose zu überwinden.

Bei der Aorteninsuffizienz erhält der linke Ventrikel infolge der durch
den Klappendefekt in der Diastole zurückfließenden Blutmenge bei gleich-

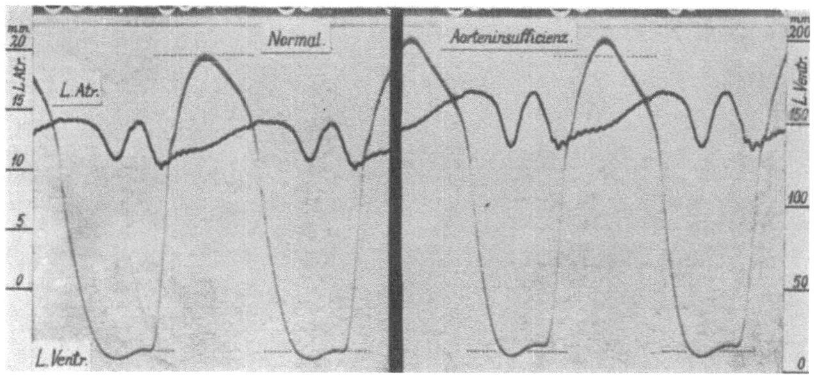

Abb. 37. (Nach H. Straub.)

bleibendem Zustrom vom linken Vorhof her eine stärkere Füllung als in der
Norm. Der linke Ventrikel wirft diese vermehrte Blutmenge in derselben Zeit
und nahezu so restlos wie unter normalen Verhältnissen in die Aorta. Das
Volumen des linken Ventrikels nimmt dementsprechend bei voller Kompensation
nur diastolisch zu, das Schlagvolumen wird entsprechend vermehrt. Der
linke Ventrikel hypertrophiert. Das Druckmaximum des linken Ventrikels
ist im Experiment deutlich erhöht (Abb. 37). Dabei steigt die Druckkurve
vor allem im Beginn der Austreibungszeit steiler an und fällt ebenso nach
Überschreiten des Maximums viel steiler ab als in der Norm. Dadurch erklärt
sich das Zustandekommen des charakteristischen Pulsus celer et altus der
Aorteninsuffizienz. Der diastolische Kammerdruck ist nur wenig erhöht, desgleichen der Druck im linken Vorhof. Die Steigerung der Anfangsfüllung und
Anfangsspannung des linken Ventrikels erfolgt nur entsprechend der Menge des
durch den Defekt rückfließenden Blutes. Die Reservekraft des Aorteninsuffizienzherzens wird dementsprechend wenig beansprucht. Theoretisch könnte die
Mehrleistung, bedingt durch die erhöhte Anfangsspannung, rein durch die Hypertrophie des Ventrikels, also ohne Dilatation, ausgeglichen werden. Damit wäre
die denkbar vollständigste Kompensation gegeben. In der Klinik sehen wir
jedoch in der Regel eine ausgesprochene Erweiterung des linken Ventrikels mit
allmählich zunehmendem Druck auch im linken Vorhof. Als Folge des reinen,

unkomplizierten Klappenfehlers dürfen diese Dilatationserscheinungen aber nicht aufgefaßt werden. Sie beruhen vielmehr auf einer Schädigung des Herzmuskels, wahrscheinlich durch dieselbe Noxe, der auch der Klappenfehler seine Entstehung verdankt. Die experimentell festgestellte Dynamik des Aorteninsuffizienzherzens erklärt sehr gut die klinische Tatsache der im allgemeinen längeren Kompensationsfähigkeit dieses Klappenfehlers, im Gegensatz zu den Läsionen der Mitralklappe.

Die Spitzenstoß- und Venenpulskurve.

Wenn man in der Herzspitzenstoßgegend mit einer entsprechenden Apparatur die durch die Herztätigkeit ausgelösten Bewegungen graphisch darstellt, so erhält man eine typische Kurve, die man Kardiogramm benennt. Auf die rein technische Seite bezüglich der Aufnahme solcher Kurven kann hier nicht eingegangen werden. Ein derartiges Kardiogramm (Abb. 38, Kurve A) zeigt verschiedene Erhebungen, die mit bestimmten Phasen der Herztätigkeit in Beziehung stehen. Die erste Welle im Kardiogramm, die in Abb. 38 kurz nach *1* einsetzt, wird durch die Vorhofsystole bedingt, und zwar insofern, als durch letztere das Blut in die erschlafften Kammern hineingeworfen und dadurch die Brustwand in der Spitzenstoßgegend vorgewölbt wird. Sie setzt zu ihrer deutlichen Darstellung eine genügend kräftige systolische Aktion des Vorhofs voraus und ebenso, daß das Herz der vorderen Brustwand anliegt. Öfters sieht man diese Welle anstatt nach oben (positiv) nach unten (negativ) verlaufen (siehe Abb. 38). Diese negative Welle wird dadurch hervorgerufen, daß durch die systolische Kontraktion der Vorhofmuskulatur die Atrioventrikulargrenze nach oben gezogen und damit die Herzspitze von der Brustwand entfernt wird. Beide gegensinnigen Faktoren für die Entstehung der Vorhofwelle können sich mehr oder weniger überdecken. Insofern ist die Vorhofwelle im Kardiogramm eine inkonstante Erscheinung. Bei *2* in Abb. 38 steigt das Kardiogramm steil an. Dieser Teil der Kurve entspricht der Anspannungszeit der Kammern, er endigt mit einer deutlichen Einknickung bei *3*. Hier öffnen sich die Semilunarklappen, es beginnt also die Austreibungszeit. Im ersten Teil dieser Phase steigt das Kardiogramm noch weiter an, um im weiteren Verlauf der Austreibungszeit in das mehr horizontale „systolische Plateau" überzugehen. Bei *4* endigt die Austreibungszeit, es beginnt die Erschlaffungsphase des Herzens, letzteres fällt in seine Ruhelage zurück (*4* bis *6*). Bei *6* beginnt die diastolische Füllung der Kammern. Eine im absteigenden Schenkel des Kardiogramms bei *5* einsetzende Zacke entspricht der Schließung der Semilunarklappen. Die Strecke *2* bis *4* im

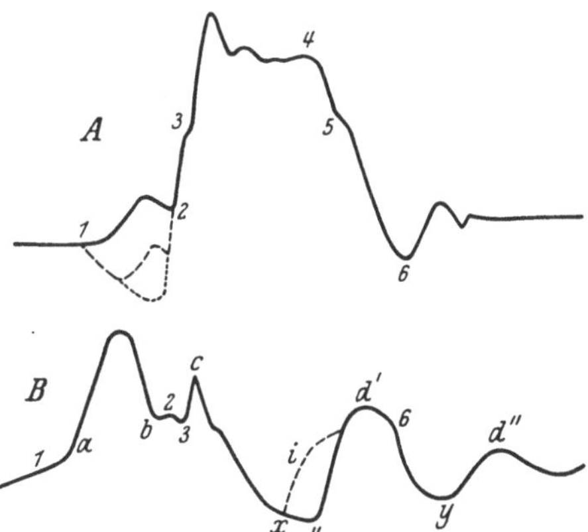

Abb. 38. *A*. Vollständiges Kardiogramm schematisiert. *1* bis *2* Vorhofsystole mit positiver oder negativer *a*-Zacke oder Kombination beider. *2* bis *3* Anspannungszeit. *3* Öffnung der Semilunarklappen. *4* Ende der Systole. *5* Schließungszacke der Semilunarklappen. *6* Ende des Zurückfallens des Herzens. Anfang der diastolischen Ventrikelfüllung. *2* bis *4* Dauer der Ventrikelsystole. *3* bis *4* Austreibungsperiode. *B*. Das Phlebogramm schematisiert. *1*, *2*, *3*, *4* und *6* entsprechen den gleichbezeichne en Punkten des Kardiogramms. *a* = Vorhofwelle, *b* = Anspannungswelle, *c* = arterielle Welle, *d'* = erste diastolische Welle, Grenzwelle, *d''* = zweite diastolische Welle, *i* = eventuelle Stauungswelle, *x* = *V*-systolische Entleerung der Venen, *y* = *V*-diastolische Entleerung der Venen (nach Wenkebach-Winterberg).

Kardiogramm entfällt also auf die Ventrikelsystole, sie zerfällt in die Anspannungszeit *2* bis *3* und in die Austreibungszeit *3* bis *4*.

Diagnostisch weit bedeutsamer ist die Venenpulskurve, das Phlebogramm (Abb. 38 *B*). Die Strömungsgeschwindigkeit des Blutes in den herznahen Venen wird durch die Herztätigkeit, vor allem durch die Vorhofbewegungen, wesentlich beeinflußt. Während der Vorhofsystole tritt eine Hemmung, während der Diastole eine Förderung des venösen Abflusses ein. Erstere ist mit einem Anschwellen, letztere mit einem Abfallen der Blutsäule in den Venen verbunden. Die Venenpulskurve ist somit eine Volumkurve. Da die Phasen der Herztätigkeit auf die Form des Phlebogramms bestimmend einwirken, so lassen sich aus den einzelnen Teilen des Phlebogramms Schlüsse auf den zeitlichen Ablauf der Bewegungsvorgänge am Herzen selbst ziehen. Das Phlebogramm wird in der Regel von der rechten Jugularis direkt oberhalb der Klavikula am liegenden Menschen aufgenommen. Wenn wir das Phlebogramm der Abb. 38 betrachten, so fallen vier Gipfelbildungen a, c, d' und d'' und zwei Talsenkungen x und y auf. Vergleicht man in der genannten Abbildung die einzelnen Teile des Venenpulses zeitlich mit denen des darüberstehenden Kardiogramms, so sieht man, daß die a-Welle des Venenpulses vor der Ventrikelsystole liegt. Die a-Welle im Phlebogramm entfällt danach auf die Vorhofsystole, und man bezeichnet deshalb den normalen Venenpuls auch als präsystolischen oder negativen Venenpuls. Während der Systole des Vorhofs findet, trotz des Fehlens von Klappen am Übergang von Cava superior in den Vorhof, ein wesentlicher Rückfluß des Blutes nicht statt, da die an der Einmündungsstelle der Cava in den Vorhof gelegene Ringmuskulatur durch ihre Kontraktion während der Systole die Mündungsstelle der Cava nahezu völlig schließt. Die a-Zacke im Venenpuls ist also vorwiegend eine Stauungszacke, da während der Vorhofsystole der venöse Abfluß gehemmt wird. In dem Augenblick, wo der Vorhof sein Blut in den Ventrikel geworfen hat und in die Ruhepause übergeht, wird der venöse Zufluß wieder frei, und damit hört auch die Stauung auf. So kommt der Abfall der a-Welle zustande. Ihr Gipfelpunkt entspricht damit dem Ende der Vorhofsystole. Mit dem Eintritt der Vorhofdiastole fällt die a-Welle, sehen wir jetzt zunächst von der Erhebung c ab, zu dem x-Tal tief ab. Diese starke Senkung nach x hat verschiedene Ursachen. An erster Stelle ist sie durch die diastolische Erschlaffung des Vorhofs bedingt, die den venösen Abfluß beschleunigt. Zu gleicher Zeit findet aber die systolische Kontraktion der Ventrikel statt. Dabei tritt ein Tiefertreten der Atrioventrikulargrenze ein, wodurch der Vorhof noch mehr erweitert wird. Auch dadurch wird das Abströmen des Blutes aus den herznahen Venen weiterhin gefördert. Dazu kommt noch, daß die systolische Verkleinerung des Herzens während der Austreibungszeit den intrathorakalen Druck herabsetzt und so die Ansaugung des venösen Blutstroms begünstigt. Durch diese drei Faktoren wird der tiefe Abfall vom Gipfel der a-Zacke nach dem x-Tal zu bedingt. Auf dem absteigenden Teil der a-Welle, in ihrem kammersystolischen Abschnitt, findet sich regelmäßig die c-Welle. Sie kommt dadurch zustande, daß bei der benachbarten Lage von Karotis und Subklavia zur Jugularis die arteriellen Pulsationen der beiden ersteren auf die Jugularis übertragen werden. Die c-Welle wird deshalb auch als Karotiswelle bezeichnet. Ab und zu tritt vor der c-Welle noch eine kleinere positive Erhebung auf (intersystolische Welle); in Abb. 38 mit b bezeichnet. Sie fällt, wie im Vergleich mit dem Kardiogramm zu sehen ist, in die Anspannungszeit der Ventrikel. Diese b-Welle wird dadurch bedingt, daß in der Anspannungszeit die geschlossenen Trikuspidalklappen nach dem Vorhof zu vorgewölbt werden. Hering nennt deshalb die b-Welle Klappenschlußwelle (vK). Meistens fällt sie jedoch mit der

c-Zacke zusammen. Die zwischen dem Beginn der a-Welle und demjenigen der c-Welle liegende Strecke des Venenpulses, das sog. a-c-Intervall, ist diagnostisch von Bedeutung, da es uns einen ungefähren Maßstab liefert für die Zeit, die zwischen Vorhof- und Kammerkontraktion liegt. Die Erhebungen d' und d'' und das zwischen beiden gelegene Tal y des Venenpulses fallen, wie aus Abb. 38 zu entnehmen ist, in die Zeit der Diastole der Ventrikel. Die d'-Welle, von Wenckebach entsprechend ihrer Genese als systolisch-diastolische Grenzwelle bezeichnet (Mackenzies v-Welle), kommt dadurch zustande, daß nach Aufhören der Systole der Ventrikel die Atrioventrikulargrenze wieder nach oben rückt, der intrathorakale Druck wieder zunimmt und das Herz aus der systolischen in die diastolische Lage zurücksinkt. Diese Faktoren bedingen zu Beginn der Diastole eine Hemmung des venösen Abflusses und damit eine Anschwellung der Jugularis. Der auf die d'-Welle folgende Abfall des Venenpulses nach dem y-Tal wird durch die diastolische Füllung der Ventrikel hervorgerufen. Wenn im Beginn der Diastole der intraventrikulare Druck kleiner geworden ist als der Druck im Vorhof, so werden die Trikuspidalklappen geöffnet und das Vorhofblut stürzt in den Ventrikel. Dadurch kommt es zu einer raschen Entleerung der herznahen Venen und zur Bildung der y-Senkung. In selteneren Fällen findet sich auf der von y zur folgenden a-Welle allmählich ansteigenden Kurve noch eine weitere Unterbrechung, die zweite diastolische Welle (d''). Sie wird nach Wenckebach dadurch hervorgerufen, daß das im Beginn der Diastole in die Kammern hereinstürzende Blut durch seinen Rückprall von der Wand die Trikuspidalklappen wieder vorhofwärts drängt, oder auch dadurch, daß die Kammer dem Druck des einströmenden Blutes zeitweise stärker nachgibt und damit der venöse Abfluß beschleunigt wird.

Nicht selten sehen wir die ventrikel-systolische Senkung des Venenpulses, das x-Tal, verkürzt, so daß x schon vor Schluß der Kammersystole endigt. Dadurch entsteht eine weitere Erhebung im Venenpuls, die meist im aufsteigenden Teile der d'-Welle gelegen ist (Abb. 38 i-Welle). Da sie immer dann auftritt, wenn eine Stauung im rechten Herzen vorhanden ist, sei es durch mangelhafte Tätigkeit des Vorhofs oder ungenügende Entleerung des Ventrikels, so hat man sie als Stauungswelle bezeichnet. Wenckebach nennt sie Insuffizienzwelle (i).

Es ist verständlich, daß auch bei einer bestehenden Trikuspidalinsuffizienz die x-Senkung verkürzt sein muß, da die durch die undichte Klappe während der Ventrikelsystole zurückfließende Blutmenge die Vorhoffüllung beschleunigt. Je größer in solchen Fällen der Rückfluß ist, um so näher rückt die i-Zacke zur c-Welle, um so kürzer wird die x-Senkung. Bei hochgradiger Trikuspidalinsuffizienz und dadurch bedingter starker ventrikelsystolischer Rückflußwelle kann die i-Zacke, und damit die x-Senkung, überhaupt verschwinden und die c- und d-Welle zusammenfallen, so daß im Venenpuls ein einziges systolisches Plateau entsteht. Wir sprechen dann von einem positiven Venenpuls, im Gegensatz zu dem normalen negativen Venenpuls.

Das Elektrokardiogramm[1].

Jede Erregung eines Muskels, und dazu gehört auch der Herzmuskel, als deren Folge eine Kontraktion des Muskels auftritt, ist mit dem Auftreten eines

[1] Boruttau u. Stadelmann, Leitfaden der klinischen Elektrokardiographie. Leipzig 1917. — Edens, Die Krankheiten des Herzens und der Gefäße. Berlin, Julius Springer 1929. — Kahn, Das Elektrokardiogramm. Erg. Physiol. **14** (1914). — Kraus u. Nicolai, Das Elektrokardiogramm des gesunden und kranken Menschen. Leipzig 1910. — Romberg, Lehrb. d. Krankh. d. Herzens u. d. Blutgefäße. Stuttgart 1925. — Weber, Die Elektrokardiographie. Berlin, Julius Springer 1926. — Tigerstedt, Die Physiologie des Kreislaufes **2**. Berlin-Leipzig 1921. — Wenckebach u. Winterberg, Unregelmäßige Herztätigkeit. Leipzig 1927.

elektrischen Stromes verknüpft. Reizt man einen Muskel an irgendeiner Stelle, so verhält sich letztere elektronegativ gegenüber allen nicht gereizten Muskelteilen. Verbindet man die gereizte mit einer nicht gereizten Muskelstelle durch einen Draht, so fließt durch diesen ein elektrischer Strom. Schaltet man außerdem noch ein Galvanometer dazwischen und reizt den Muskel vom Nerven aus, so zeigt sich, daß das Galvanometer zuerst nach der einen und dann nach der anderen Seite ausschlägt. Es tritt also ein biphasischer Aktionsstrom auf. Wird ein Muskel AB erregt, und beginnt die Erregung bei A, so tritt an dieser Stelle eine negative Spannung auf, während B sich positiv gegen A verhält. Leitet man zu einem Galvanometer von A und B aus ab, so schlägt dasselbe zunächst nach der einen Seite aus. Die Erregung schreitet nun von A nach B weiter. Ist sie in B angelangt, so ist diese Stelle elektronegativ, während A inzwischen positiv geworden ist, das Galvanometer schlägt nun nach der anderen Seite aus. Auf diese Weise kommt der biphasische Aktionsstrom zustande. Auf andere Erklärungsmöglichkeiten des Aktionsstromes[1], die mir weniger gut begründet erscheinen, kann hier nicht eingegangen werden.

Auch im Herzmuskel treten solche Aktionsströme auf, die bis zur Körperoberfläche vordringen und von dieser aus abgeleitet werden können. Zum Nachweis der Aktionsströme des Herzens dient das sehr empfindliche Saitengalvanometer von Einthoven. Die damit gewonnene Kurve des Herzaktionsstromes wird als Elektrokardiogramm (Ekg.) bezeichnet. Das Prinzip des Saitengalvanometers und die Technik der Elektrokardiographie können hier nicht erörtert werden. Es muß diesbezüglich auf die erwähnten Lehrbücher von Wenckebach und Winterberg und von Weber hingewiesen werden.

Die Ableitung der Aktionsströme des Herzens erfolgt indirekt, und zwar am besten von den Extremitäten. Man bezeichnet die Ableitung vom rechten und linken Arm als Ableitung I, die vom rechten Arm und linken Bein als Ableitung II und die vom linken Arm und linken Bein als Ableitung III. Das normale Ekg. zeigt größere und kleinere, zum Teil nach oben (positive), zum Teil nach unten (negative) gehende Zacken, die von Einthoven P, Q, R, S und T bezeichnet worden sind (s. Abb. 39). Diagnostisch von besonderer Bedeutung ist, daß sich im Ekg. die Vorhof- und Kammeraktion getrennt im richtigen zeitlichen Verhältnis darstellen. Die P-Zacke entspricht der Vorhofsystole (Vorhofschwankung), Q, R, S, T dagegen beziehen sich auf die Kammertätigkeit (Kammerkomplex). Die Form und Größe der P-Zacke zeigt normalerweise schon große Differenzen. Die Zacke kann mehr rund oder spitz sein, nicht selten ist sie auch in zwei Gipfel gespalten. Die Ausbildung der Vorhofschwankung ist verschieden je nach der Art der Ableitung. Gewöhnlich prägt sie sich in der Ableitung II am deutlichsten aus. Seltenerweise kann sie in Ableitung III auch unter normalen Verhältnissen negativ sein. Die Strecke zwischen P und Q ist meist isoelektrisch, sie verläuft also in der Regel horizontal, öfters bildet Q auch eine kleine, nach unten gehende Zacke. Der Kammerkomplex des Ekg. zerfällt in die Anfangsschwankung QRS und in die Endschwankung T. Die Strecke $S—T$ verläuft vielfach horizontal (isoelektrisch), sehr häufig aber auch allmählich zu T ansteigend, so daß sich dann die T-Zacke nicht scharf abgrenzen läßt. Die QRS-Zacke hat eine Dauer von 0,06—0,1 Sekunden. In pathologischen Fällen kann sie verlängert sein. Ein wichtiges diagnostisches Kriterium. Die R-Zacke steigt steil an und fällt ebenso rasch wieder ab. Sie ist gewöhnlich die größte Zacke des Ekg. und verleiht dem Ekg. sein charakteristisches Gepräge. In der Regel ist sie in Ableitung II am deutlichsten ausgebildet. Sie kann in

---

[1] Henriques u. Lindhard, Pflügers Arch. **183** (1920).

einzelne Gipfel gespalten sein (Aufsplitterung). Normalerweise und nicht allzu häufig ist dies jedoch nur in Ableitung III der Fall. Die der R-Zacke voran-

gehende Q-Zacke ist eine kleine, nach unten verlaufende Schwankung. Sie ist sehr inkonstant. Desgleichen zeigt die auf R folgende S-Zacke ein sehr wechselndes Verhalten. Sie fehlt häufig. Die T-Zacke des Ekgs. ist in der Regel eine ziemlich flache Erhebung, die langsam ansteigt und rascher abfällt. Ihre Größe ist sehr variabel. Auch bei gesunden Individuen kann sie in einzelnen Ableitungen fehlen oder sogar negativ, also nach unten, verlaufen. Letzteres kann in Ableitung III der Fall · sein. Seltenerweise findet sich nach T noch eine zweite flache Erhebung, die U-Zacke. Sie kann der Vorhofschwankung sehr ähnlich sehen. Wodurch sie zustande kommt, ist noch nicht sicher entschieden. Wie im Venenpuls das a-v-Intervall, so ist auch im Ekg. die Überleitungszeit, die vom Beginn von P bis zum Beginn der QRS-Gruppe gerechnet wird, diagnostisch von großer Bedeutung. Sie variiert normalerweise beträchtlich, und zwar von 0,1 bis maximal 0,18 Sekunden.

Was das zeitliche Verhalten des Ekgs. zur motorischen Funktion des Herzens anbelangt, so dürfte heute die allgemeine Ansicht sein, daß der Aktionsstrom des Herzens der Kontraktion vorausgeht. Die Zeitspanne zwischen beiden ist jedoch äußerst klein. Je empfindlicher die Registriermethode war, desto kleiner wurde die Differenz gemessen. Sie beträgt sicher nur wenige $^1/_{1000}$ Sekunden. Es liegen zwar Untersuchungen aus dem Einthovenschen Institut[1] vor,

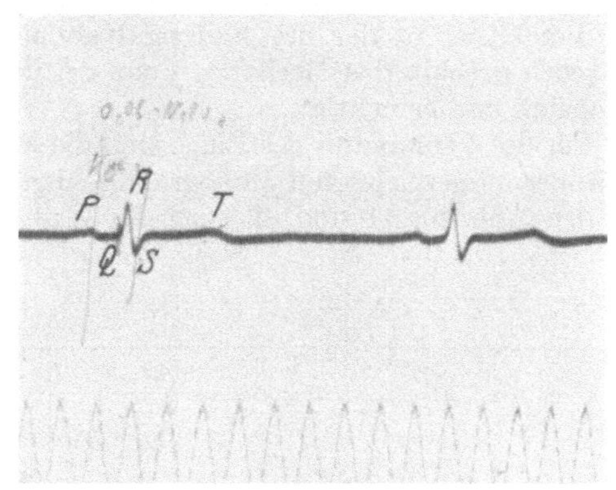

Abb. 39a. Normales Elektrokardiogramm in Ableitung I. Zeit in $^1/_{10}$ Sekunden.

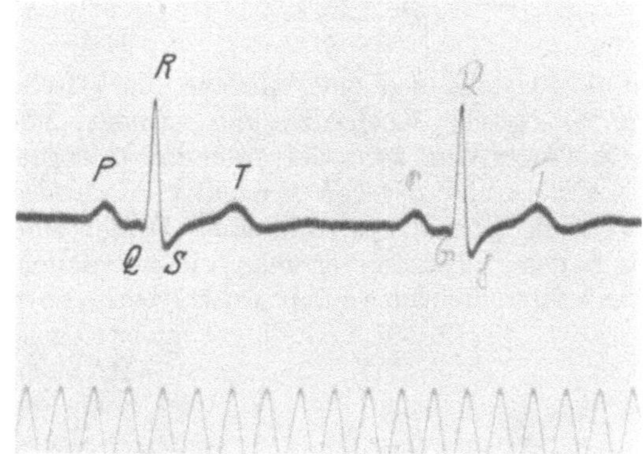

Abb. 39b. Normales Elektrokardiogramm in Ableitung II. Zeit in $^1/_{10}$ Sekunden.

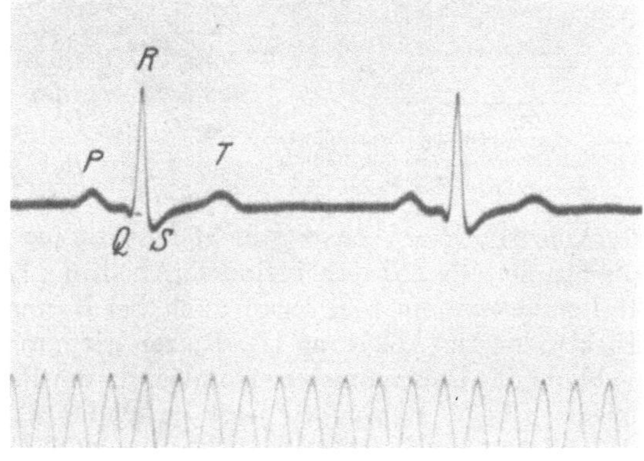

Abb. 39c. Normales Elektrokardiogramm in Ableitung III. Zeit in $^1/_{10}$ Sekunden.

---

[1] de Jongh, Internat. Physiol.-Kongr. Edinburgh 1923.

die zeigen, daß bei genügend empfindlicher Apparatur Ekg. und motorische Aktion des Herzens zeitlich zusammenfallen. Der Einwand von Weber[1], daß die Empfindlichkeit des für diese Untersuchungen verwandten Saitenmyographen im Verhältnis zu der des Saitengalvanometers zu sehr gesteigert worden sei und sich deshalb das Mechanogramm zeitlich zuungunsten des Ekgs. auswirke, erscheint mir berechtigt.

Für das Verständnis des Ekgs. sind die Modellversuche, wie sie von A. Weber in seiner ausgezeichneten Monographie angeführt sind, besonders zweckdienlich. In den Abb. 40, 41 und 42 sind die Weberschen Modelle wiedergegeben. In

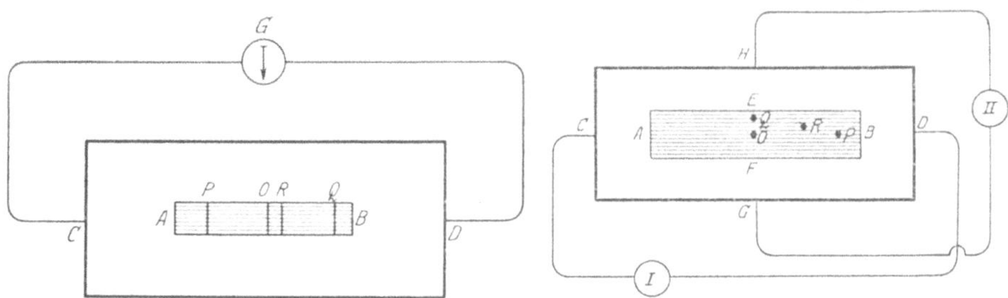

Abb. 40. Ableitung von einem eindimensionalen Gebilde (nach A. Weber).   Abb. 41. Ableitung von einem zweidimensionalen Gebilde (nach A. Weber).

Abb. 40 stellt AB eine einzelne Muskelzelle vor, die sich in einem Trog mit physiologischer Kochsalzlösung befindet. Von den beiden Schmalseiten C und D des Troges wird zum Galvanometer G abgeleitet. Reizt man den Muskel in P, so sind A und P gegen B negativ. Je weiter ein Punkt von P entfernt ist, um so weniger negativ wird er sein. Dementsprechend ist auch C gegen D negativ, und das Galvanometer zeigt einen entsprechenden Ausschlag nach der einen Seite hin. Reizt man den Muskel bei Q, so liegt die stärkere Negativität bei B,

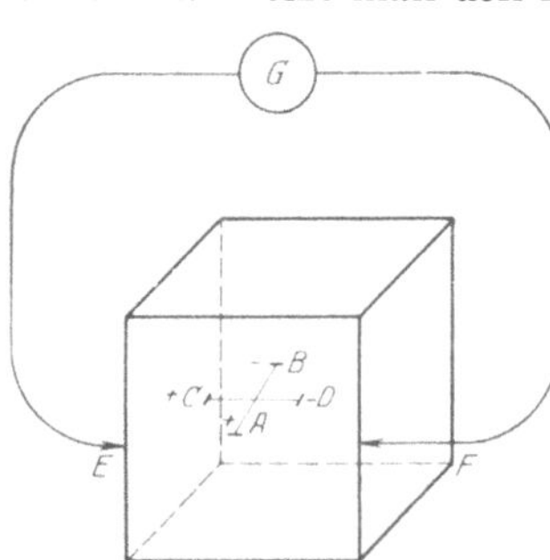

Abb. 42. Ableitung von einem dreidimensionalen Gebilde (nach A. Weber).

somit ist D gegen C negativ, und das Galvanometer muß jetzt nach der anderen Seite hin ausschlagen. Reizt man die Muskelzelle genau in der Mitte bei O, so sind A und B gleich negativ, und ebenso C und D. Es fließt deshalb kein Strom durch das Galvanometer, es schlägt überhaupt nicht aus. Je näher der Mitte der Muskelfaser gereizt wird, um so kleiner, je näher den beiden Enden der Muskelfaser zu der Reiz einsetzt, um so größer müssen dementsprechend die Galvanometerausschläge werden. Es kommt also bezüglich der Größe der Galvanometerausschläge wesentlich auf die Lage der Ableitungsstellen zum Reizort an. Betrachten wir nun ein zweidimensionales Gebilde (s. Abb. 41). Hier leiten wir nicht nur von der Schmalseite des Troges ab, in dem die Muskelzelle AB sich befindet (Ableitung I), sondern wir schalten ein zweites Galvanometer ein und legen auch bei H und G an den Breitseiten des Troges Elektroden an (Ableitung II). Reizen wir nun im Mittelpunkt O der Muskelzelle, so bleibt das Galvanometer stromlos, da der Punkt O zu beiden Ableitungen symmetrisch liegt. Reizen wir jetzt im Punkt P, so wird B gegen A negativ, und dementsprechend schlägt das Galvanometer I nach der entsprechenden Seite hin aus. Das Galvanometer II bleibt jedoch stromlos, da der Punkt P zu Ab-

---

[1] l. c.

leitung II symmetrisch liegt. Reizen wir aber im Punkt Q, so tritt das Umgekehrte ein. Jetzt bleibt Galvanometer I ruhig, während durch das Galvanometer II ein Strom fließt, da E gegen F negativ wird, indem Q zu Ableitung I symmetrisch, zu Ableitung II jedoch asymmetrisch liegt. Setzt in Punkt R ein Reiz ein, so müssen beide Galvanometer ausschlagen, da R zu Ableitung I und II asymmetrisch gelegen ist. Liegt der Punkt R im Schwerpunkt von P und von Q, so ist in diesem Falle der Ausschlag im Galvanometer I so groß, als ob in P, und im Galvanometer II so groß, als ob in Q gereizt würde. Wir können also bei einem zweidimensionalen Gebilde unter Verwendung von zwei Galvanometern, vorausgesetzt, daß nur eine Stelle Negativität besitzt, die Lage des gereizten Gebietes festlegen. Treten jedoch an mehreren Stellen eines derartigen Gebildes Negativitäten auf, so ist nur deren Schwerpunkt zu erfahren. Dieselben Überlegungen lassen sich auch auf einen dreidimensionalen Körper anwenden. In der Abb. 42 wird von der Vorderfläche eines Würfels von E und F zum Galvanometer abgeleitet. Besteht an den Enden der Linie $A B$, deren Verlängerungen auf der Würfelvorderfläche senkrecht stehen, eine elektrische Spannungsdifferenz, so bleibt das Galvanometer ruhig. Dreht man jedoch die Linie $A B$ in Richtung der Linie $C D$, so zeigt das Galvanometer einen Ausschlag, der um so größer wird, je mehr die Linie $A B$ in Parallele zu $C D$ zu liegen kommt. Liegt die Potentialdifferenz direkt parallel zur Ableitungsfläche, so sind die Galvanometerausschläge am größten. Auf entsprechende Verhältnisse stoßen wir auch bei der menschlichen Elektrokardiographie. Die dort üblichen Ableitungen geben die Frontalprojektionen der im Herzen entstehenden Spannungen. Nach Schellong[1] ist jedoch für die Größe und Richtung der Ausschläge im Saitengalvanometer nicht nur die Richtung der Ableitung im Verhältnis zur Richtung der elektrischen Achse maßgebend, sondern es kommt dafür auch der Abstand der Elektroden unter sich und von der Stromquelle in Frage. Für die Größe des Ausschlages im Ekg. ist nach Schellong nur die Stromstärke maßgebend. Er setzt den erregten Herzmuskel in Analogie mit einer nebeneinandergeschalteten galvanischen Batterie. Bei letzterer ändert sich durch diese Art der Schaltung nur die Stromstärke, nicht aber die Potentialdifferenz. So handelt es sich auch bei dem in Erregung befindlichen Herzmuskel um ein stetig fortschreitendes Nebeneinander von erregten (elektronegativen) und unerregten (elektropositiven) Muskelfasern. Den durch die Zahl der jeweilig erregten Teilchen, denen ebenso viele unerregte Teilchen entsprechen, gegebenen, aber im Weiterschreiten der Erregung immer wechselnden Widerstand nennt Schellong den „Aktionswiderstand".

So ist es auch verständlich, daß die Formen des Ekgs. in den drei Ableitungen, wie sie beim Menschen in der Regel vorgenommen werden, unter sich verschieden sind, obwohl es sich immer um denselben biologischen Vorgang handelt. Einthoven hat aber gezeigt, daß zwischen den Ergebnissen der einzelnen Ableitungen gesetzmäßige Beziehungen bestehen, die durch die Lage der Ableitungsstellen bedingt sind. Das Einthovensche Gesetz lautet: Ableitung II = Ableitung I + Ableitung III. Nach dieser Formel kann also aus zwei bekannten Ableitungen die dritte Ableitung berechnet werden. Zur Erläuterung diene das Dreieckschema von Einthoven in Abb. 43. Man kann, wie Einthoven gezeigt hat, die drei Ableitungsstellen beim Menschen, wenn man vom Ansatz der Gliedmaßen an den Stamm ausgeht, sich durch drei Linien verbunden denken, so daß annähernd ein gleichseitiges Dreieck entsteht. In Abb. 43 bedeuten R rechter Arm, L linker Arm und F die Füße. Im Mittelpunkt dieses gleichseitigen Dreiecks ist das

---

[1] Z. exper. Med. **50** (1926).

Herz gelegen. Die durch den Mittelpunkt des Dreiecks gezogene Linie ZK stellt die resultierende elektromotorische Kraft E dar, der in einem gegebenen Moment im Herzen vorhandenen Potentialdifferenzen. Ihre Richtung und Größe sind durch den Pfeil und die darauf eingetragene Strecke ZK dargestellt. Man bezeichnet die Richtung der in einem bestimmten Augenblick gegebenen elektromotorischen Kraft auch als die elektrische Achse des Herzens. Die Richtung dieser Achse bzw. ihrer Projektion auf die Frontalebene ist jederzeit durch den mit der Horizontalen RL, d. h. der Ableitung I, eingeschlossenen Winkel definiert. Dieser Winkel wird $\sphericalangle \alpha$ bezeichnet (Abb. 43). Errichtet man von den Endpunkten der Linie ZK Senkrechten auf den Dreieckseiten, so erhält man die Linien $z_1 K_1$, $z_2 K_2$ und $z_3 K_3$. Leitet man die elektromotorische Kraft ZK (E) von den drei Dreieckseiten zu je einem Galvanometer, so geht durch jedes Galvanometer ein Strom, der sich mit jedem Richtungswechsel von ZK ändert. Dabei ergibt sich, daß der größte Galvanometerausschlag gleich der Summe der beiden anderen ist. Es verhalten sich also die Galvanometerausschläge wie die

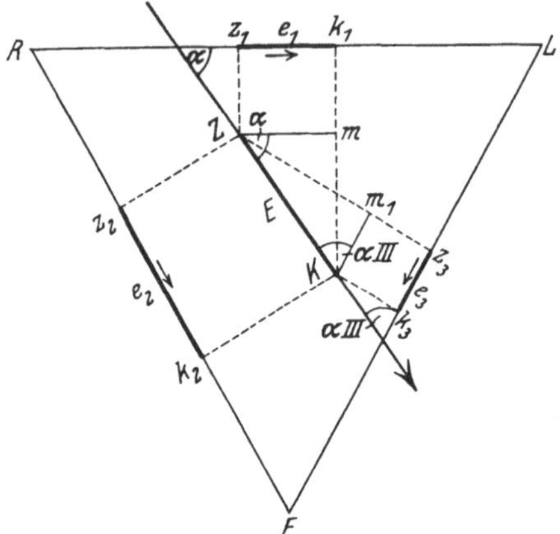

Abb. 43. Einhovens Dreieckschema. Erklärung im Text (nach Wenckebach und Winterberg).

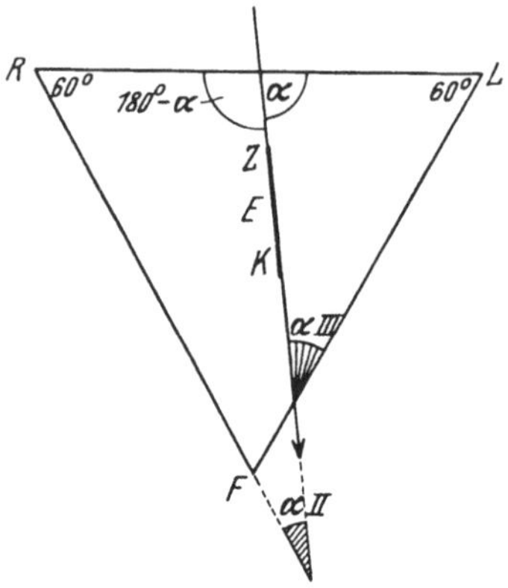

Abb. 44. Darstellung der gegenseitigen Beziehungen der Winkel, unter denen die elektrische Achse die Dreieckseiten schneidet (nach Wenckebach und Winterberg).

Projektionen e_1, e_2 und e_3 von E auf die Dreieckseiten. α wird als positiv bezeichnet für alle Winkel, welche die elektrische Achse von L bis R in der Richtung des Uhrzeigers von links nach rechts durchwandert, als negativ für die Winkel, welche die Achse gegen die Richtung des Uhrzeigers ebenfalls von links nach rechts durchmißt. Die elektrische Achse (s. Abb. 44) bildet mit Ableitung I ($R-L$) den Winkel α, mit Ableitung II ($R-F$) den Winkel α_{II} und mit Ableitung III ($L-F$) den Winkel α_{III}. Aus der Abb. 44 läßt sich, da die Summe aller Winkel in einem Dreieck 180° beträgt, leicht ableiten, daß $\sphericalangle \alpha_{II} = \alpha - 60°$ und $\sphericalangle \alpha_{III} = 120° - \alpha$ sein muß.

Man kann ferner aus zwei Projektionen von ZK auf die Dreieckseiten ZK selbst bestimmen. Wenn wir die Strecke $z_1 K_1$ auf den einen Schenkel eines Winkels von 60°, die Strecke $z_2 K_2$ auf den anderen Schenkel desselben auftragen und in den Endpunkten dieser Strecken die Senkrechten errichten, so stellt die Verbindungslinie der Schnittpunkte dieser Senkrechten die Linie ZK dar. Wir können also aus zwei Ableitungen die resultierende Richtung der gesamten elektromotorischen Kräfte des Herzens und der Größe, mit der sie sich nach außen manifestieren, bestimmen. Sie wurde von Einthoven als der manifeste Wert der im Herzen erzeugten Spannung bezeichnet. Sie ist nicht gleich der wirklich im Herzen vorhandenen Potentialdifferenz, aber sie steht in konstantem Verhältnis zu ihr und ändert sich dementsprechend parallel mit ihr. Über die Art und Weise der Feststellung der manifesten Größe und Richtung der Potentialresultante am Menschen mit Hilfe des Dreieckschemas müssen wir auf die speziellen Lehrbücher verweisen.

Auf die schon normalerweise vorhandenen Verschiedenheiten der Galvanometerausschläge in den in der Klinik üblichen drei Ableitungen haben wir schon aufmerksam gemacht. Die Ausschläge können in allen Ableitungen gleichsinnig (konkordant) oder ungleichsinnig (diskordant) erfolgen. Es ist dies leicht verständlich, wenn man sich in dem Dreieckschema die Lage der elektrischen Achse, und damit ihre Projektionen auf die Dreieckseiten, variabel denkt. Daraus folgt schon, daß auch die Herzlage auf die Form des Ekgs. von Einfluß sein muß. Drehungen des Herzens um seine sagittale und Längsachse rufen deutliche Veränderungen des Ekgs. hervor. Am ausgesprochensten ist dies beim Situs inversus der Fall. Dabei zeigen sich sämtliche Zacken des Ekgs. in Ableitung I negativ und die Ausschläge in Ableitung II am größten.

Daß die Erregung des Herzens vom Sinusknoten ihren Ausgang nimmt, ist, wie wir schon früher betont haben, sicher erwiesen. Es zeigte sich dementsprechend, daß bei punktförmiger Ableitung mit dem Differential-Ekg. nach Garten-Clement[1] der Sinusknoten am frühesten von allen Herzteilen negativ wird, und daß vom Sinusknoten aus die Erregung sowohl aufwärts nach der Hohlvene als auch vor allem abwärts zum Vorhof weiterschreitet. Dabei tritt die Erregung am linken Vorhof um wenige $^1/_{1000}$ Sekunden später auf als am rechten. Es konnte weiterhin gezeigt werden, daß die Erregung an der Oberfläche des Herzens an allen Teilen des Ventrikels nahezu gleichzeitig auftritt. Die Erregung hält sich also nicht an den anatomischen Faserverlauf der Muskulatur, so daß die Erregung etwa im Bilde einer peristaltischen Welle abläuft, sondern sie geht direkt von innen nach außen, und dadurch setzt die Kontraktion an vielen Stellen der Kammern zu gleicher Zeit ein. Wir wissen auch, daß die Endausbreitungen des Reizleitungssystems, die Purkinjeschen Fasern, sich an der ganzen Innenfläche der Kammerwände aufsplittern, wodurch die Erregung an den verschiedensten und räumlich getrennt liegenden Stellen der Kammermuskulatur zu gleicher Zeit eintreffen kann. Wie gerade die Art der Erregungsausbreitung das Bild des Ekgs. maßgebend beeinflußt, das haben in grundlegender Weise die Schenkeldurchschneidungsversuche von Eppinger und Rothberger[2] gezeigt. Wird einer von den beiden Schenkeln des Kammerreizleitungssystems durchschnitten, so wird die von der Durchschneidung betroffene Kammer nicht mehr direkt, sondern indirekt über die Septummuskulatur erregt. Ihre Aktion setzt also später ein als die des intakten Ventrikels, der mit unverletzter Reizleitung arbeitet. Durchschneidet man den rechten Schenkel des Reizleitungssystems, so entsteht ein Ekg. wie bei künstlicher Reizung des linken Ventrikels, da der linke Ventrikel unter diesen Umständen den Reiz auf dem normalen Weg empfängt (Lävokardiogramm). Umgekehrt tritt bei Durchtrennung des linken Schenkels ein Ekg. wie bei Reizung der rechten Kammer auf (Dextrokardiogramm). Nach Lewis ist das Ekg. eine Addition des Ekgs. vom linken und vom rechten Herzen. Aber nicht nur die Durchtrennung einer der beiden Hauptschenkel des atrioventrikulären Systems führt zu typischen Elektrokardiogrammen, sondern auch bei Läsionen größerer, von diesen abzweigenden Ästen treten charakteristische Veränderungen im Ekg. auf. Diagnostisch wichtig ist die bei allen Schenkelläsionen vorhandene Verbreiterung der QRS-Gruppe, deren normale Dauer zwischen 0,06 und 0,1 Sekunden variiert.

---

[1] Z. Biol. **58** (1912).   [2] Z. klin. Med. **70** (1910).

Wir haben schon darauf hingewiesen, daß mit Hilfe des Garten-Clementschen Differential-Ekgs. der Nachweis erbracht wurde, daß die Erregung an verschiedenen Stellen der Herzoberfläche nahezu gleichzeitig eintrifft und daß auch die T-Zacke des Ekgs. jedem einzelnen Muskelelement zukommt, sich also nicht etwa auf einen lokalen Vorgang eines bestimmten Herzabschnittes bezieht. Die grundlegenden Untersuchungen von Lewis und seiner Schule haben dann weitere Einzelheiten im zeitlichen Ablauf des Aktivierungsprozesses des Herzmuskels aufgedeckt. Trotz der überaus großen Schnelligkeit, mit der die Erregung den ganzen Herzmuskel ergreift, lassen sich gewisse Gesetzmäßigkeiten der Ausbreitung feststellen. Die zeitlichen Differenzen sind allerdings minimal, aber immerhin nachweisbar. Die Erregung beginnt an der Innenfläche des Herzens, und zwar setzt sie zuerst an der subendokardial gelegenen Muskulatur ein und greift von hier aus direkt auf korrespondierende Teile der Außenfläche über. Maßgebend ist die Ausbreitung des Reizleitungssystems, dessen beide Hauptschenkel zuerst in die subendokardialen Muskelschichten verlaufen und dann auf die Papillarmuskel übertreten, um sich dann netzartig in den Purkinjeschen Fasern aufzuteilen. Dementsprechend geht auch die Erregung von den subendokardialen Schichten aus auf die Papillarmuskel und dann auf die Purkinjeschen Verzweigungen über. Die Erregung pflanzt sich in den feineren Ästen mit einer Geschwindigkeit von 4—5 m pro Sekunde, in den größeren mit einer solchen von etwa 2 m pro Sekunde fort. Die Erregung beginnt im Sinusgebiet. Kurze Zeit danach, etwa 0,01 Sekunden — während dieser Zeit bleibt das Galvanometer in Ruhe, da die durch die Sinuserregung bedingte Potentialdifferenz zu klein ist —, beginnt mit dem Anstieg der P-Zacke die Erregung des rechten Vorhofgebietes und dann die des linken Vorhofes. Wenn P seinen Gipfel erreicht hat, sind die beiderseitigen Vorhöfe aktiviert, und es setzt von da ab der eigentliche Erregungsfortgang nach den Ventrikeln ein. Mit Q beginnt die Ventrikelerregung. Die QRS-Gruppe entspricht der Aktivierung des ganzen Herzens. In den Ventrikeln nimmt die Erregung, wie schon betont, ihren Anfang von den den Hauptschenkeln des Reizleitungssystems benachbarten Teilen an den Innenflächen der Ventrikel, vor allem von dem rechten Papillarmuskel und dem Septum, um dann auf die linke und rechte Spitze überzugehen. Dann greift die Erregung auf die Außenfläche des Herzens über und trifft hier zuerst an der Zentralregion des rechten Ventrikels ein, um auf die Spitze und Basis des rechten Ventrikels überzugreifen. Den linken Ventrikel trifft die Erregung zuerst in der Spitzenregion und fast gleichzeitig mit der Aktivierung der rechten Zentralregion. Irgendeine Abhängigkeit des Erregungsweges von dem Verlauf der Muskelfasern ist also nicht nachweisbar. Vielmehr folgt die Erregung den Bahnen des Reizleitungssystems und dessen Endaufteilung in den Purkinjeschen Fasern, um auf letzteren direkt von der Innenfläche nach außen zu gelangen. Es sind also für die Reihenfolge der Erregung der Muskelelemente der Herzoberfläche nach Wenckebach-Winterberg vor allem zwei Faktoren maßgebend: 1. die mehr oder weniger direkte Verbindung der betreffenden Teile mit Zweigen des Reizleitungssystems, und 2. die Dicke der Kammerwand, indem letztere um so rascher von der Erregung durchlaufen wird, je dünner sie ist. Eine zeitliche Bevorzugung einer bestimmten Herzregion, z. B. der Basis oder der Spitze, bezüglich des Beginnes der Erregung ist also nicht vorhanden. Auf der Abb. 45 sind diese zeitlichen Verhältnisse des Erregungsablaufes an den Ventrikeln instruktiv dargestellt. Man kann daraus entnehmen, daß die Erregung, nachdem sie das Septum durcheilt hat, beim Übertritt in die Ventrikel im rechten Ventrikel in umgekehrter Richtung wie im linken Ventrikel verläuft. Man hat daraus ge-

schlossen, daß während des Erregungsablaufes im Herzen eine Rotation der
elektrischen Achse stattfindet.

Zusammenfassend läßt sich also sagen, daß die resultierende Spannung in
typischer Weise das Herz durchwandert, indem durch den Verlauf des Reizleitungssystems der Weg vorgeschrieben ist. Die *P*-Zacke des Ekgs. entspricht bis zu ihrem Gipfel der Erregung sämtlicher supraventrikulär gelegener
Abschnitte des Herzens. Dann greift die Erregung auf die Ventrikel über. Die
Q-Zacke zeigt den Beginn der Ventrikelaktivierung an. Der Reiz breitet sich
jetzt im Innern der Kammerwand, im Septum, dem rechten Papillarmuskel
und nach der rechten und linken Spitze zu aus. Im aufsteigenden Teile von *R*
erreicht die Erregung die Außenfläche des Herzens, zunächst an den muskel-
schwachen Teilen am frühesten, so an der Zentralregion, dann geht sie auf Teile
der linken und rechten
Spitze, ferner auf die
Mitte des rechten und
linken Ventrikels über.
Die Spitze von *R* und
der nach *S* abfallende
Teil des Ekgs. entspre-
chen der Ausbreitung
der Erregung in der
rechten Basis und der
Konusregion, und zu-
letzt in der Basis des
linken Ventrikels. In
dem auf *S* folgenden
Abschnitt ist das ganze
Herz gleichmäßig nega-
tiv elektrisch. Mit dem
Beginn von *T* bildet
sich der Erregungszu-
stand zurück, und zwar

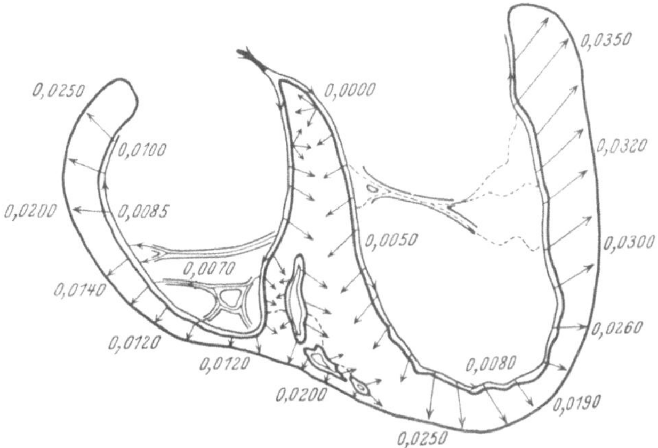

Abb. 45. Schema der Erregungsausbreitung in den beiden Kammern
des Hundeherzens. Die Zahlen bedeuten den Eintritt der Erregung an
den bezeichneten Punkten des Endo- und Epikards in Beziehung zur
Sinuserregung. Nach Lewis. (Aus Wenckebach-Winterberg: Unregelmäßige Herztätigkeit.)

an der Spitze früher als an der Basis, wodurch zwischen den Ableitungsstellen
erneut eine Potentialdifferenz entsteht. Das Ekg. entsteht also in seinen einzelnen Schwankungen nicht durch die Erregung ganz bestimmter anatomisch verbundener Muskelelemente des Herzens, sondern es resultiert
aus der Erregung mannigfaltiger, nicht in unmittelbarem Zusammenhang stehender Teile des Herzens. Der fortschreitende Aktivierungsprozeß im
Herzen erzeugt eine bestimmte resultierende, aber in jedem Augenblick
in Größe und Richtung wechselnde elektromotorische Kraft, die in einem
jeweilig proportionalen Anteil in den Ausschlägen des Saitengalvanometers sich
ausdrückt, wobei die Lage der Ableitungselektroden zur Richtung der elektrischen Achse wesentlich mitbestimmend ist.

Wir haben schon früher darauf hingewiesen, daß die Lage des Herzens
nicht gleichgültig ist für die Form des Ekgs. und daß in besonders charakteristischer Weise diese Änderungen des Ekgs. sich beim Situs inversus zeigen.
Noch physiologische Bedingungen können zu Veränderungen des Ekgs. führen.
Die Atmung beeinflußt das Ekg. insofern, als das Herz nicht nur als Ganzes,
sondern auch durch Drehung um seine sagittale Achse seine Lage dabei ändert.
Es drückt sich das vor allem in einer mit der Atmung wechselnden Größe des
Winkels α aus. Auch die manifeste Größe von *T* nimmt während der Exspira-
tion zu, zweifelsohne spielen dabei nervöse Einflüsse die Hauptrolle. Praktisch

28*

klinisch haben diese Veränderungen keinerlei Bedeutung. Dasselbe trifft auch für die Abänderungen des Ekgs. durch Zwerchfellhochstand zu. Ausgesprochener zeigt sich der Einfluß der extrakardialen Nerven auf die Form des Ekgs. Im allgemeinen findet sich bei hohem Vagustonus eine kleine P- und T-Zacke, letztere kann dabei auch negativ werden, und eine hohe R-Zacke, dagegen sind bei hohem Acceleranstonus die P- und T-Zacken groß und die R-Zacke klein.

Eine sichere Beurteilung der Herzleistung ist jedoch aus dem Ekg. nicht zu gewinnen.

Die früher gegebene Definition des Ekgs. als Addition der Ekg. beider Herzhälften läßt erwarten, daß bei pathologischen Veränderungen einzelner Herzteile, z. B. bei Hypertrophien, auch entsprechend charakteristische Ekg. auftreten. Wir können auch in der Tat bei Mitralstenosen mit Vorhofhypertrophie häufig eine Spaltung oder eine Vergrößerung der P-Zacke nachweisen. Eine gleichmäßige Hypertrophie beider Ventrikel bedingt keine wesentlichen Ände-

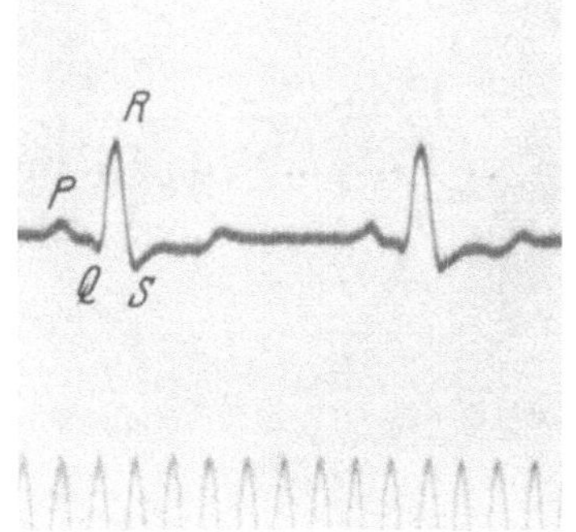

Abb. 46a. Ekg. Ableitung I. Linksüberwiegen.   Abb. 46b. Ekg. Ableitung III. Linksüberwiegen.

rungen, wohl aber zeigen sich solche, wenn durch einseitige Hypertrophie ein Ventrikel überwiegt. Das Ekg. zeigt unter diesen Umständen charakteristische Bilder sehr ähnlich denjenigen nach Durchschneidung des einen oder des anderen Hauptschenkels des Reizleitungssystems, wo, wie wir schon ausgeführt haben, immer der Ventrikel mit erhalten gebliebener Leitung das Übergewicht hat.

Kehren wir zur Klinik zurück, so werden wir bei denjenigen Herzstörungen, die eine Mehrbelastung des rechten Herzens bedingen, z. B. bei Mitral- und Pulmonalstenosen, auch im Ekg. ein „Überwiegen" des rechten Ventrikels feststellen. Physiologischerweise trifft dasselbe für das Herz des Neugeborenen zu. Dagegen zeigt sich bei Aortenfehlern mit ihrer starken Hypertrophie des linken Ventrikels auch im Ekg. ein „Überwiegen" des linken Ventrikels. Im Ekg. findet sich bei „Überwiegen" des linken Ventrikels in Ableitung I eine große R-Zacke und in Ableitung III eine sehr große S-Zacke, umgekehrt finden wir bei einem „Überwiegen" des rechten Ventrikels in Ableitung I die R-Zacke klein bzw. mehr nach unten gehend, die S-Zacke groß, in Ableitung III dagegen die R-Zacke sehr groß und die S-Zacke sehr klein. Die Abb. 46 und 47 illustrieren diese typischen Veränderungen des Ekgs. sehr deutlich.

Wir gehen nun zu einer kurzen Betrachtung der unregelmäßigen Herztätigkeit über. Gerade für dieses Gebiet kommt der elektrokardiographischen Methode eine besondere klinische Bedeutung zu, da sie in ihrer einfachen und sicheren Durchführung anderen graphischen Methoden weit überlegen ist. Eine

eingehende Darstellung dieses Gebietes würde den Rahmen dieses Buches überschreiten. Wir müssen uns auf das Wesentliche beschränken.

Die klinische Rubrizierung der Arhythmien baut sich auf den früher eingehend besprochenen Grundeigenschaften des Herzmuskels auf. Wir beginnen
dementsprechend mit den Reizbildungsstörungen und unterscheiden dabei
nomotope und heterotope Reizbildungsstörungen (H. E. Hering), je nachdem die Störung ihren Ausgangspunkt vom Sinusknoten selbst oder von einer
Stelle außerhalb der normalen Reizbildungsstätte nimmt. Die nomotopen
Reizbildungsstörungen im Sinusknoten äußern sich in einer krankhaften
Steigerung der Herzfrequenz (Sinustachykardie) oder in einer krankhaften
Verlangsamung derselben (Sinusbradykardie). Ist die Regelmäßigkeit der
Reizbildung im Sinusknoten gestört, so sprechen wir von einer Sinusarhyth-
mie. Die gegensinnige Beeinflussung der Herztätigkeit durch die extrakardialen
Nerven, wie sie sich in dem Antagonismus von Vagus und Accelerans ausdrückt,

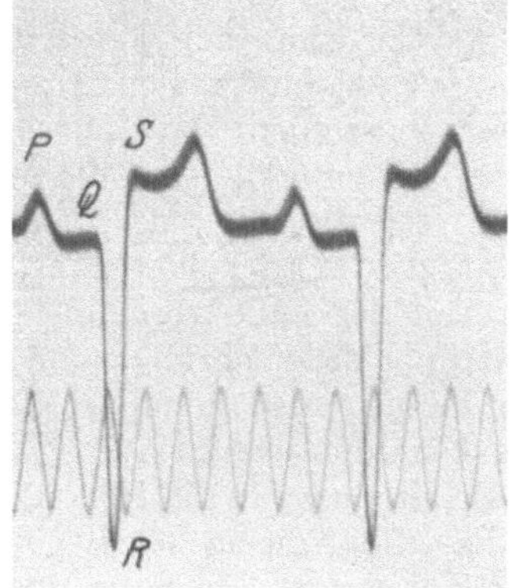

<table>
<tr><td>Abb. 47 a. Ekg. Ableitung I. Rechtsüberwiegen.</td><td>Abb. 47 b. Ekg. Ableitung III. Rechtsüberwiegen.</td></tr>
</table>

führt physiologischerweise zu einer auf die jeweiligen Bedürfnisse des Organismus exakt einstellbaren Regulation der rhythmisch-automatischen Tätigkeit des
Herzens. Jedes einseitige Überwiegen in der extrakardialen Innervation muß
zu einer entsprechenden Änderung des Herzrhythmus führen. So ist es ver-
ständlich, daß an dem dauernden Wechsel im Organgeschehen des tierischen
Organismus auch die dem Herzen zufließenden nervösen Impulse teilnehmen.
Regulation im physiologischen Sinne bedeutet niemals ein starres Maß, sondern
begreift eine gewisse Schwankungsbreite als normales Geschehen in sich.
So schlägt auch nur das von seinen extrakardialen Nerven befreite Herz im
Tierexperiment in dem ihm eigenen, absolut regelmäßigen Rhythmus.
Wenckebach sagt deshalb sehr treffend: „Sinusarhythmie ist die normale Er-
scheinung, ein starr regelmäßiger Puls bedeutet schon irgendeinen abnormen
Vorgang." Dementsprechend müssen bei der Diagnose einer krankhaften Sinusarhythmie die physiologischen Schwankungsbreiten berücksichtigt werden.
Methodisch ist für eine diesbezügliche Feststellung vor allem völlige körperliche
und psychische Ruhe erforderlich. Sehr häufig stoßen wir nun auf Puls-
unregelmäßigkeiten auch in der Ruhe, die eine deutliche Abhängigkeit
von der Atmung erkennen lassen. Die Herzfrequenz wird während der Inspiration rascher, während der Exspiration langsamer. Man bezeichnet diese
Form von Sinusarhythmie als respiratorische Arhythmie. Die Ursache ist
in einer mit den Atmungsphasen parallel gehenden und mit diesen wechselnden

Tonisierung des Vaguszentrums gelegen. Also in einer reflektorischen Beeinflussung desselben durch den Lungenvagus, derart, daß die inspiratorische Reizung zentripetaler Lungenfasern den Tonus des Vagus vermindert. Wir sehen dementsprechend auch, daß, je labiler die vagale Innervation, um so ausgesprochener die respiratorische Arhythmie ist. Wenckebach hat darauf hingewiesen, daß die respiratorische Arhythmie durch Beschleunigung der Herztätigkeit zum Verschwinden gebracht werden kann, so durch körperliche Arbeit und durch Anregung der geistigen Aufmerksamkeit. Mit irgendeiner Schädigung des Herzens hat diese Arhythmieform nichts zu tun, und es kommt ihr deshalb auch keine besondere klinische Bedeutung zu.

Die Sinustachykardie ist die häufigste Form von regelmäßiger Pulsbeschleunigung. Die Pulsfrequenz zeigt schon normalerweise je nach dem Lebensalter erhebliche Differenzen. Während in den ersten Jahren die Minutenfrequenz bei 90—100 liegt und zur Zeit der Hauptentwicklungsjahre ein Herabgehen auf 80—90 Schläge pro Minute einsetzt, stellt sich dieselbe im Erwachsenenalter auf einen relativ konstanten Wert um 70 herum über Jahrzehnte hin ein. Erst im Alter tritt wieder ein geringes Steigen ein. Bei der Sinustachykardie finden wir schon in der Ruhe Pulsminutenzahlen, die den entsprechenden Alterswert erheblich übersteigen, so im jugendlichen Alter Pulszahlen von 120, im Erwachsenenalter solche von etwa 100. Bei einem Teil der Fälle sind die ursächlichen Faktoren konstitutionell gegeben (konstitutionelle oder habituelle Tachykardie). Hier handelt es sich also um eine dauernd höhere Einstellung der Sinusfrequenz. Bei dem weitaus größeren Teil der Fälle von Sinustachykardie handelt es sich um „Reflextachykardien", die noch im Rahmen des Physiologischen sich abspielen. Hierher gehören die nervöse, orthostatische und die Arbeitstachykardie. Es ist jedem bekannt, wie leicht psychische Erregungen und körperliche Anstrengungen die Pulsfrequenz in die Höhe treiben. Es handelt sich dabei um eine physiologische Reaktion, die in der Regel nach Aussetzen der wirksamen Faktoren in kürzester Zeit wieder zur Norm abklingt. Nur wenn eine derartige Reaktion stärker einsetzt und länger andauert, als nach der auslösenden Reizstärke zu erwarten wäre, können wir von einer krankhaften Erscheinung sprechen. Auch die toxischen Tachykardien nach Zufuhr von Atropin, Nikotin, Koffein und Alkohol, nach Eindringen von Bakteriengiften, ferner die Fiebertachykardie gehören hierher. Gar nicht so selten finden wir auch im Verlaufe von Herzkrankheiten und beim arteriellen Hochdruck Sinustachykardien.

Die gegen die Norm herabgesetzte Reizbildungsfrequenz im Sinusknoten bezeichnen wir als Sinusbradykardie. Auch sie kann in einer konstitutionellen bzw. habituellen Form auftreten. Die Pulszahl in der Minute kann bis auf 40 Schläge abfallen. Diese Form der habituellen Sinusbradykardie scheint vererbbar zu sein. Auch das sportlich erstarkte Herz zeigt in der Regel eine Bradykardie. Letztere scheint unter die Bedingungen zu fallen, welche eine gute Leistungsfähigkeit des Herzmuskels ermöglichen. Reflektorisch ausgelöste Sinusbradykardien sehen wir nach dem Karotis- und Bulbusdruckversuch infolge von Vagusreizung auftreten. Pathologischerweise finden wir die Sinusbradykardie bei der Digitalisvergiftung, bei Zufuhr von Physostigmin, beim Ikterus als Wirkung der Gallensäuren und bei gesteigertem Hirndruck. Auch die postinfektiöse Bradykardie ist eine häufige Erscheinung. Im Verlaufe und vor allem während der Rekonvaleszenz der verschiedenen Infektionskrankheiten sehen wir oft eine Bradykardie auftreten. Die Rekonvaleszenten-Sinusbradykardie darf keineswegs generell als Ausdruck einer Myokardschädigung aufgefaßt werden. Meist dürfte es sich nach

Wenckebach um eine vorübergehende Steigerung des Vagustonus handeln. Eine Myokardaffektion, die zu einer Bradykardie führt, dürfte wohl kaum durch eine reine Störung der Sinusfunktion bedingt sein. In solchen Fällen sind auch noch andere Funktionsschädigungen des Herzmuskels anzunehmen.

Wir gehen jetzt zur Besprechung der heterotopen Reizbildungsstörungen über. Wie wir schon in den einleitenden physiologischen Kapiteln hervorgehoben haben, unterscheiden wir außer dem führenden Reizbildungszentrum erster Ordnung im Sinusknoten noch Reizbildungszentren zweiter und dritter Ordnung im Aschoffschen Knoten und in den Stämmen und Verzweigungen des Reizleitungssystems der Kammern. Derjenige Teil, der die höchste Automatie besitzt, übernimmt die Führung. Normalerweise ist dieser Teil der Sinusknoten, so begründet sich seine Rolle als „Schrittmacher" des Herzens. Unter bestimmten, von der Norm abweichenden Bedingungen kann aber auch jedes der anderen Reizbildungszentren zur Herrschaft gelangen und dadurch die Veranlassung zu Rhythmusstörungen geben. Eine solche Reizbildung außerhalb des Sinusknotens bezeichnen wir als heterotope (ektope) Reizbildung. Daß die heterotope Reizbildung sich gegen die im Sinusknoten normalerweise entstehenden nomotopen Reize nicht durchsetzt, führen wir auf die frequentere Reizbildung im Sinusknoten zurück, die bei ihrem Weiterschreiten durch das Reizleitungssystem die an den untergeordneten Zentren gebildeten Reize immer wieder zerstört, ehe sie quantitativ bis zu ihrer Wirksamkeit anwachsen können. Es soll nur kurz erwähnt werden, daß diese zur Zeit herrschende und fraglos experimentell und klinisch am besten fundierte Theorie nicht unwidersprochen geblieben ist. Es liegen Untersuchungen vor, die dem Aschoffschen Knoten eine größere Selbständigkeit zusprechen wollen, und vor allem in der französischen Literatur wird der Aschoffsche Knoten als führendes Zentrum angesehen und dem Sinusgebiet nur eine untergeordnete Bedeutung zuerkannt. Wir verweisen zur näheren Orientierung über diese Fragen auf das klassische Buch von Wenckebach und Winterberg.

Wir nehmen an, daß normalerweise der Sinusknoten dem ganzen Herzen seinen (nomotopen) Rhythmus aufzwingt, so daß die (heterotope) Reizbildung in den übrigen Zentren unterdrückt wird. Man wird dann vor allem unter zwei Bedingungen eine heterotope Reizbildung erwarten können, nämlich, wenn die Reizbildung im Sinusknoten so weit herabgedrückt ist oder an der Weiterleitung verhindert wird, daß die Automatie in den untergeordneten Reizleitungszentren überschwellig wird, oder aber, wenn die Reizbildung in diesen Zentren so gesteigert wird, daß sie die im Sinusknoten übertrifft. Im ersteren Falle sprechen wir von einer passiv heterotopen Reizbildung, im zweiten Falle von einer aktiv heterotopen Reizbildung. In beiden Fällen kann es sich um heterotope Einzelkontraktionen oder um rhythmisch aufeinanderfolgende Schläge (heterotope Rhythmen) handeln. Die passiv heterotope Einzelkontraktion ("escaped beats", Ersatzsystole) tritt stets nach einer längeren Herzpause auf, während der aktiv heterotope Einzelschlag (Extrasystole) vorzeitig einsetzt. Wir unterscheiden dementsprechend nach Wenckebach-Winterberg:

I. Passive Heterotopien.
   1. die heterotopen Einzelsystolen (Ersatzsystolen, escaped beats).
   2. die heterotopen Ersatzrhythmen.
      a) den atrioventrikulären Rhythmus (nodal-rhythm).
      b) die Kammerautomatie (idio-ventricular rhythm).
II. Aktive Heterotopien.
   1. die heterotopen Einzelsystolen (Extrasystolen).
   2. die heterotopen Tachykardien (gehäufte Extrasystolen und die paroxysmale Tachykardie).

Eine passive heterotope Ersatzsystole wird dann auftreten können, wenn der Sinusrhythmus sehr langsam ist. Wir treffen sie also vor allem bei der Sinusarhythmie und Sinusbradykardie, wenn wir von ihrem Vorkommen bei Leitungsstörungen hier zunächst absehen wollen. Desgleichen begünstigt die Hemmung der Sinusimpulse durch Vagusreizung ihre Entstehung. Da bei Ausschaltung des Sinusknotens der Aschoffsche Knoten bezüglich der Reizbildung am befähigtesten ist, so ist das häufige Vorkommen von atrioventrikulären Systolen unter diesen Umständen verständlich. Im Tierexperiment kann die Funktion des Sinusknotens auf die verschiedenste Weise aufgehoben werden, so durch Exzision, Abklemmen, Verschorfung, Zerstörung durch chemische Mittel, Abkühlung und durch Unterbindung der Sinusgefäße. Nervenreizung, besonders des linken Accelerans bei gleichzeitiger Vagusreizung, unterstützt das Entstehen des a-v-Rhythmus. Die Einverleibung von Atropin kann ebenfalls, und zwar auch beim Menschen, eine a-v Automatie bedingen. Das Auftreten einer derartigen Rhythmusstörung beim Menschen werden wir, wenn wir die Leitungsstörungen zunächst außer acht lassen, dann zu erwarten haben, wenn der Sinusknoten durch irgendwelche pathologischen Prozesse außer Funktion gesetzt ist, sicher kann aber das ursächliche Moment ebenso in einer rein funktionellen Schädigung auf der Basis nervöser Einflüsse gelegen sein. Wir haben schon früher darauf hingewiesen, daß die einzelnen Teile des A-v-Knotens funktionell nicht gleichwertig sind. Und so sehen wir auch, daß das graphische Bild der A-v-Automatie verschieden ausfällt, je nach der Lokalisation des Ursprungsreizes im A-v-Knoten. Wir unterscheiden dementsprechend auch den oberen, mittleren und unteren Knotenrhythmus. Das Typische des nodalen Rhythmus, die gleichzeitige Kontraktion von Vorhof und Kammer, tritt um so deutlicher in Erscheinung, wenn der Reiz von einem Punkt des A-v-Knotens ausgeht, der in der Mitte zwischen Vorhof und Ventrikel gelegen ist. Im allgemeinen trifft das beim mittleren Knotenrhythmus zu. Liegt der Reizursprung mehr nach dem Vorhof oder mehr nach der Kammer zu, so kann sich der Vorhof vor der Kammer oder auch die Kammer vor dem Vorhof kontrahieren. Immer ist in diesen Fällen das a-v-Intervall kürzer als normal, im ersteren Falle positiv, im letzteren Falle, wenn die Kammer dem Vorhof in der Kontraktion vorangeht, natürlich negativ. Ob jedoch die a-v-Automatie immer eine negative P-Zacke zur Voraussetzung hat, ist nicht ganz sicher entschieden. Die Kammerautomatie findet sich am häufigsten bei Reizleitungsstörungen. Bei der Besprechung der letzteren kommen wir darauf zurück.

Wir gehen nun zur Besprechung der aktiven Heterotopien über und beginnen mit den Extrasystolen. Wir verstehen darunter außerhalb des normalen Herzrhythmus auftretende Herzkontraktionen. Sie können als Einzelschläge in beliebigen Zwischenräumen in den normalen Rhythmus eingefügt sein oder aber auch in regelmäßigen Abständen nach einer bestimmten Anzahl von Normalschlägen auftreten. Vielfach werden die Extrasystolen auch als „vorzeitige" Systolen bezeichnet. Experimentell lassen sich Extrasystolen von allen Herzteilen aus leicht durch elektrische, mechanische, chemische und thermische Reize auslösen. Auch das Einbringen von Giften in den Kreislauf, so z. B. von Digitalis, Strophantin, Koffein, Adrenalin, Kalziumsalzen und Morphium, ebenso Drucksteigerung im großen Kreislauf durch Kompression der Aorta und Acceleransreizung rufen Extrasystolen hervor. Je nach dem Herzteile, in dem die Extrasystolen entstehen, unterscheiden wir: Sinus-, Vorhof-, atrioventrikuläre und Kammer-Extrasystolen (ES). Das Ekg. einer Sinusextrasystole (SiES) hat in der Regel dasselbe Aussehen wie das Ekg. eines normalen Schlages, nur daß die Extrasystole früher einsetzt. Da durch

die Sinusextrasystole genau wie durch einen Normalschlag das gesamte Reizmaterial im Sinus vernichtet wird, so entspricht die Zeit von der Sinusextrasystole bis zum nächsten Normalschlag einer normalen Herzperiode (in Abb. 48
= 25 Zeiteinheiten). Diagnostisch wichtig ist, daß die postextrasystolische Pause,
d. h. die Zeit bis zum Beginn der nächsten normalen P-Zacke, kürzer ist als die
entsprechende Strecke zwischen zwei Normalschlägen (in Abb. 48 statt 25 nur
23 Zeiteinheiten), da der Sinusextrareiz zum Vorhof, infolge noch nicht völliger
Erholung des letzteren, langsamer als in der Norm übergeleitet wird. Eine sehr
früh einfallende Sinusextrasystole kann den Vorhof noch refraktär vorfinden

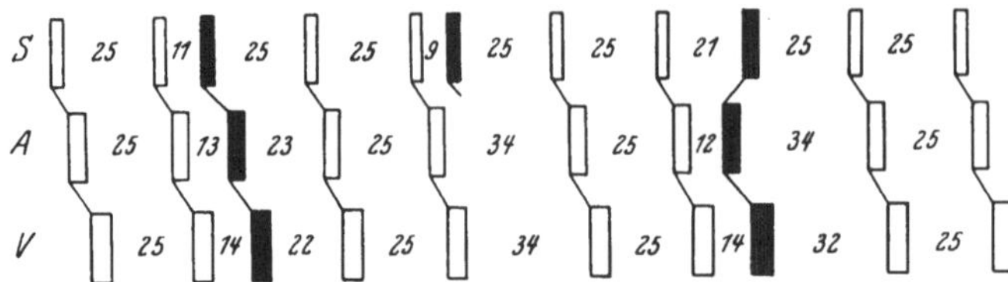

Abb. 48. Schema der Sinusextrasystole. Die erste im Sinus entstehende ES wird weitergeleitet, die zweite
blockiert. Die dritte ES entsteht im Vorhof (nach Wenckebach und Winterberg).

und deshalb nicht weitergeleitet werden. Eine derartige Blockierung ist in
Abb. 48 dargestellt. Die Vorhofperiode muß in diesem Falle, wie aus der Ab-
bildung ersichtlich ist, um die Einfallszeit der Sinusextrasystole verlängert sein.
Auch eine Blockierung an der a-v-Grenze ist möglich, die postextrasystolische
Pause ist dann gleich lang oder kürzer als eine Normalperiode. Spontane Sinus-
extrasystolen sind beim Menschen relativ selten.

Eine Vorhofextrasystole (AES) ist eine vorzeitige Systole, die ihren Ursprung außerhalb des Sinusgebietes in den Vorhöfen hat. Das Ekg. zeigt in
der Regel eine normale Ventrikelzacke, da der Extrareiz von den Vorhöfen aus
auf den Bahnen des Reizleitungssystems die Ventrikel erreicht, während die
Vorhofzacke eine von der Norm abweichende Form haben kann, vor allem dann,
wenn der Extrareiz im Vorhof an einer vom Sinus weit abgelegenen Stelle einsetzt. Die postextrasystolische Pause ist verschieden lang, je nachdem der

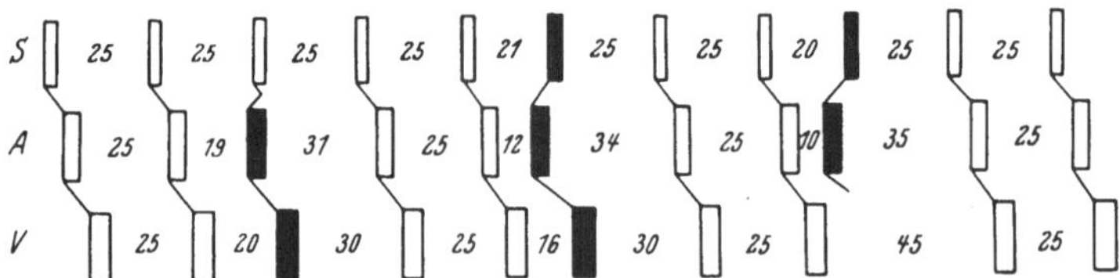

Abb. 49. Schema der Vorhofextrasystole. Die erste nicht rückläufige AES hat eine kompensatorische
Pause, nach der zweiten und dritten auf den Sinus zurückgehenden und seinen Rhythmus störenden AES
sind die Pausen verkürzt. Die dritte AES wird blockiert (nach Wenckebach und Winterberg).

Extrareiz vom Vorhof auf den Sinus zurückgreift oder nicht. Geht der Extrareiz auch auf den Sinusknoten über, so wird der Herzrhythmus gestört. Das
Reizmaterial im Sinus wird dadurch vernichtet, und der nächste Normalschlag
kann erst wieder nach Ablauf einer Normalperiode erfolgen (s. Abb. 49, die 2.
und 3. Extrasystole). In diesem Falle ist die postextrasystolische Pause länger
als eine Normalperiode. Aber die Extraperiode des Vorhofs (Abb. 49, Zeiteinheit 12) zusammen mit der postextrasystolischen Vorhofperiode (Abb. 49, Zeiteinheit 31) sind kürzer als zwei Normalperioden (Abb. 49, Zeiteinheiten 50).
Geht jedoch der Vorhofextrareiz nicht auf den Sinus über (Abb. 49, 1. AES),
so bleibt der Herzrhythmus ungestört. Der zu normaler Zeit ankommende
Sinusreiz trifft jetzt den Vorhof noch in seinem Refraktärstadium von der

Extrasystole, er wird nicht weitergeleitet, und erst der übernächste normale
Sinusreiz wird richtig beantwortet. In diesem Falle sind postextrasystolische
Pause (Abb. 49, Zeiteinheit 31) und Extraperiode des Vorhofs (Abb. 49, Zeiteinheit 19) genau so lang wie zwei Normalperioden. Eine derartige postextrasystolische Pause bezeichnet man deshalb als kompensatorisch. Setzt die
Vorhofextrasystole sehr früh ein, so kann sie, da der Ventrikel noch refraktär
ist, blockiert werden. Besteht eine Bradykardie, so kann beim Eintreffen des
nächsten Normalschlages der Vorhof sich von seiner Extrasystole schon erholt
haben, so daß der Normalschlag weitergeleitet wird. In diesem Falle ist die

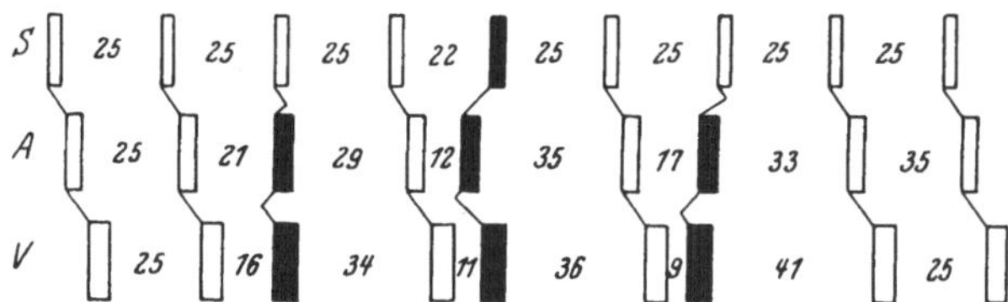

Abb. 50. Schema der atrioventrikulären Extrasystole. Die im A-V-Knoten entstehende Erregung erreicht
1. Vorhof und Kammer gleichzeitig, 2. den Vorhof früher als die Kammer oder 3. die Kammer vor dem
Vorhof (nach Wenckebach und Winterberg).

Vorhofextrasystole interpoliert. Vorzeitige Kontraktionen, die vom Aschoffschen Knoten ausgehen, werden als atrioventrikuläre Extrasystolen
(a-v ES) bezeichnet. Je nachdem der Extrareiz in der Mitte des Knotens oder
den mehr vorhof- oder kammerwärts gelegenen Teilen einsetzt, kommt es zu
einer gleichzeitigen Kontraktion von Vorhof und Kammer, oder der Vorhof
bzw. Kammer gehen einander in der Kontraktion etwas voraus (s. Abb. 50).
Charakteristisch ist in diesen Fällen die Verkürzung der Überleitungszeit.
Die P-Zacke rückt sehr nahe an die R-Zacke heran, sie kann mit ihr zusammenfallen oder ihr nachfolgen. Die postextrasystolische Pause der a-v ES zeigt
dieselbe Möglichkeit wie die der AES. Wird der Herzrhythmus gestört durch
Rücklaufen des Extrareizes auf den Sinusknoten, so ist die Pause nicht kompensierend. Bleibt der Sinusrhythmus erhalten, so tritt eine vollkompensierte Pause

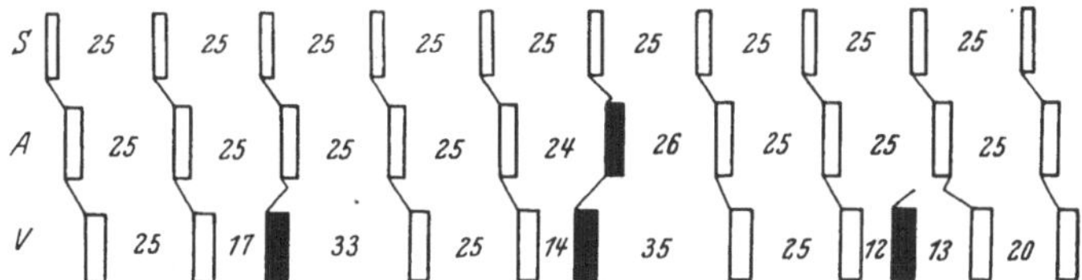

Abb. 51. Schema der Kammerextrasystole. Die erste und dritte ES bleiben auf die Kammer beschränkt,
die zweite erreicht rückläufig den Vorhof. Die zwei ersten ES verhindern das Zustandekommen einer
Normalsystole und sind von kompensatorischen Pausen gefolgt. Nach der dritten ES passiert der Vorhof-
Sinusreiz das Bündel, und die ES wird zwischen zwei Normalsystolen eingeschaltet (interpolierte ES
(nach Wenckebach und Winterberg).

auf. Die a-v ES sind beim Menschen gar nicht selten, sowohl als vereinzelte
Schläge als vor allem in längeren zusammenhängenden Reihen.
    Am häufigsten finden wir beim Menschen die ventrikulären Extra-
systolen. In den normalen Sinus-Vorhof-Ventrikelrhythmus fällt in der Diastole
eine Kammerextrasystole ein. Der nächste Normalschlag trifft die Kammer
noch in ihrer refraktären Phase von der Extrasystole her an, er fällt dementsprechend aus. Erst der übernächste Normalschlag wird wieder beantwortet. Der
Sinusrhythmus wird also nicht gestört, und dementsprechend ist die Pause eine
kompensatorische (s. Abb. 51). Seltenerweise, und dann immer nur, wenn eine
Sinusbradykardie vorhanden ist und die Extrasystole sehr frühzeitig in der

Diastole auftritt, kann der nächste normale Sinusreiz den Ventrikel nach seiner refraktären Phase von der Extrasystole erreichen. Der Reiz wird dann von dem Ventrikel beantwortet. Es tritt dann überhaupt keine kompensatorische Pause auf. Die Extrasystole ist interpoliert. Das Ekg. zeigt bei ventrikulären Extrasystolen eine ganz charakteristische, atypische Form des Kammerkomplexes, nämlich eine diphasische Schwankung, die mit dem positiven oder mit dem negativen Ausschlag beginnen kann. Die Ekg. der ventrikulären Extrasystolen gleichen denen, die wir früher als Lävo- bzw. Dextrokardiogramm beschrieben haben. Das ist auch verständlich, wenn man bedenkt, daß der Extrareiz, der irgendwo in einer Kammer entsteht, sich von da aus radiär im Myokard ziemlich langsam ausbreitet. Erst wenn er das spezifische Leitungssystem erreicht, geschieht die Fortpflanzung rascher, aber auch dann wird, wenn wir z. B. annehmen, daß der Extrareiz in der linken Kammer entstanden ist, diese vor der rechten Kammer erregt. Wir erhalten also bei einer linksventrikulären Extrasystole ein ähnliches Ekg. wie bei einem „Linksüberwiegen" bei Durchschneidung des rechtsseitigen Schenkels des Reizleitungssystems. Meist ist sowohl die Anfangsschwankung als auch die Nachschwankung im Ekg. der Kammerextrasystolen auffallend groß, und die horizontale Strecke zwischen QRS-Gruppe und T-Zacke fehlt. Vielfach finden sich auch Aufsplitterungen im auf- oder absteigenden Teile des Kammerkomplexes, und letzterer ist verbreitert. Da der Extrareiz der Kammerextrasystole primär in der Kammer entsteht, so geht selbstverständlich dem atypischen Ventrikel-Ekg. keine P-Zacke voran.

Die Frage nach dem Mechanismus der Extrasystolen hat nicht nur theoretisches, sondern auch klinisches Interesse. Sie ist in den letzten Jahren vor allem durch die Arbeiten der Wiener Schule mit Erfolg in Angriff genommen worden. Wir haben schon erwähnt, daß das Vorkommen der Extrasystolen bezüglich ihrer Häufigkeit von Fall zu Fall schon großen Schwankungen unterworfen ist. Wir finden seltene und vereinzelt stehende, aber auch häufige und ebenso gehäuft nacheinander einfallende, bald in regelmäßigem oder unregelmäßigem Rhythmus ablaufende Extrasystolen. Oft folgt die Extrasystole dem Normalschlag immer nach einem bestimmten Zeitintervall. Derartige Extrasystolen bezeichnet man als „gekuppelt". Die auf diese Weise zustande kommenden Gruppierungen sind mannigfaltig. Häufig folgt jeder Normalsystole eine Extrasystole, wir sprechen dann von einer Bigeminie. Aber ebenso können an einen Normalschlag sich drei, vier und mehr Extrasystolen (Polygeminie) anschließen. Insoweit als solche Gruppenbildungen einen gesetzmäßigen, sich also immer gleichmäßig wiederholenden Wechsel von Normalsystolen mit Extrasystolen darbieten, bezeichnet man sie als Allorhythmien. Sie können in der buntesten Weise variieren. Häufig sehen wir aber auch die Extrasystolen in ganz unregelmäßiger Weise zwischen die Normalschläge eingefügt. Wir haben oben betont, daß man die Entfernung der Extrasystole von dem vorhergehenden Normalschlag als Kupplung bezeichnet. Letztere kann nun zeitliche Schwankungen zeigen, je nach dem Zeitpunkt des Einfallens der Extrasystole in die Diastole, so daß also die Entfernung der Extrasystole von dem vorhergehenden normalen Schlag immer wechselt. Wir sprechen dann von einer gleitenden Kupplung. Es kann aber die Extrasystole auch in einem dauernd gleichen zeitlichen Abstand der Normalsystole folgen, was man als feste Kupplung bezeichnet. Kammerextrasystolen mit gleitender Kupplung können in jedem Teil der Diastole auftreten. Fallen sie frühzeitig ein, so geschieht dies meist nach Ablauf der T-Zacke. Die Extrasystolen mit fester Kupplung können von der Kammer, dem Vorhof oder dem a-v Knoten ihren Ausgangspunkt nehmen. Ist der Sinusrhythmus unregelmäßig, so nimmt auch die Extrasystole daran teil, sie behält aber trotzdem ihre zeitlich feste Kupplung an die vorhergehende normale Systole bei. Handelt es sich bei derartigen Extrasystolen um frustrane Kontraktionen, so kann eine solche kontinuierliche Bigeminie eine Bradykardie hervorrufen, wobei man sich hüten muß, letztere mit einer Leitungsstörung zu verwechseln. Gerade die kontinuierliche Bigeminie mit ihrem zeitlich feststehenden Verhältnis von Normalsystole zu Extrasystole ließ vermuten, daß der Normalschlag die Bedingungen für die festgekuppelte Extrasystole schaffe. Über die Natur des Reizes waren die Ansichten verschieden. Lewis sah in den Extrareizen unphysiologische Reize, die ihrem Wesen nach von den physiologischen im Sinus gebildeten Reizen verschieden sein sollen. Er bezeichnete deshalb die normalen Reize als homogenetisch im Gegensatz zu den heterogenetischen Extrareizen. Die Wiener Schule betrachtet dagegen Normalreiz und Extrareiz als homogenetisch, wobei vor allem eine gesteigerte automatische Reizerzeugung als auslösendes Moment für die Extrasystole angesehen wird. Diese Anschauung hat entschieden sehr viel für sich. Wenckebach weist mit Recht darauf hin, daß Kammerextrasystolen, die oft monate- und jahrelang bestehen oder die, nachdem sie längere Zeit verschwunden waren, bei ihrem Wiederauftreten immer genau dasselbe Ekg. gaben, kaum durch das ursächliche Moment pathologischer Reize auf organischer Grundlage gedeutet werden könnten. Wir sehen nun im Tierexperiment bei rhythmischer Reizung vom Vorhof und vom Ventrikel Gruppenbildungen auftreten. Dabei scheint das Vorkommen einfacher ventrikulärer Allorhythmien an das Bestehen eines einfachen Zahlenverhältnisses zwischen Normalfrequenz und Reizfrequenz gebunden zu sein. Solche ventrikuläre Allorhythmien kommen auch spontan beim Menschen vor. Die grundlegenden Untersuchungen von Kaufmann und Rothberger[1] haben uns darüber Aufklärung gebracht. Diese Autoren nehmen zur Erklärung dafür, daß der Extrareiz durch den normalen Sinusreiz nicht gestört wird, eine Schutzblockierung des Extrareizes an. Man kann diese Blockierungszone um das Gebiet des Extrareizes in einer pathologischen Veränderung des betreffenden Gewebes oder in einer funktionellen Störung im Sinne einer Reizleitungsstörung erblicken. Dadurch wird das Eindringen von Erregungen verhindert, während der Austritt der durch den Extrareiz gegebenen Erregungen gestattet wird („Eintrittsblockierung"). Für diejenigen Fälle, in denen das Extrareizbildungszentrum in höherer Frequenz, als dem normalen Rhythmus entspricht, arbeitet, nehmen Kaufmann und Rothberger eine „Austrittsblockierung" an, welche nur einen Teil der Erregungen durchläßt. Es konnte auch gezeigt werden, daß die Schutzblockade durch Reizung der extrakardialen Nerven funktionell beeinflußbar ist, und zwar in der Weise, daß sie bei erhöhtem Vagustonus zunimmt, bei Überwiegen des Acceleranstonus dagegen abnimmt. Bei starker Betonung des letzteren kann es sogar zu einem paroxysmal tachykardischen Anfall kommen. Durch Schwankungen in dem Tonus beider gegensinniger extrakardialer Nerven sind alle Übergänge möglich, von einer richtigen Gruppenbildung (Allorhythmie) bis zu ganz regellos auftretenden Extrasystolen. Nach Kaufmann und Rothberger bestehen also die Extrareizbildungszentren als besondere Reizursprungsstellen neben dem Sinusrhythmus, durch die Schutzblockade gegen letzteren funktionell getrennt, und die Autoren sprechen in diesem Sinne von einer Parasystolie bzw. einem Pararhythmus, wobei ein solcher vor allem der Genese der extrasystolischen Allorhythmien zugrunde gelegt wird. Näher kann auf diese schwierigen Fragen,

---

[1] Z. exper. Med. 7, 9, 11 (1919, 1920).

im besonderen auf die Parasystolien mit Interferenz, die „Interferenz-Dissoziation" u. a., nicht eingegangen werden. Wir verweisen diesbezüglich auf die Arbeiten von W. Frey[1], Mobitz[2] und Scherf[3] und vor allem auf das Wenckebachsche Lehrbuch.

Die Extrasystolen treten beim Menschen unter den verschiedensten Bedingungen auf. Keineswegs sind sie schlechthin das Zeichen einer organischen Erkrankung des Herzmuskels. Aber ebenso ist die Extrasystolie für die Dynamik des Herzens und des Kreislaufes kein gleichgültiges Ereignis. Je frühzeitiger der Extraschlag in die Diastole einfällt, um so kleiner wird das Schlagvolumen sein, und infolge der geringen Anfangsspannung wird auch die systolische Kraft bedeutend reduziert. Es kann unter diesen Umständen der Fall auftreten, daß das Herz überhaupt die zur Semilunarklappenöffnung nötige Druckhöhe nicht aufbringt und damit eine frustrane Kontraktion ausführt, also eine völlig nutzlose Arbeit leistet. Aber auch ohne das Auftreten frustraner Kontraktionen wirkt die Kammerextrasystole in der Mehrzahl der Fälle auf den Kreislauf ungünstig ein, da die diastolische Füllung eine ungenügende ist. Günstiger liegen die dynamischen Verhältnisse bei den Vorhofextrasystolen unter der Voraussetzung, daß sie erst dann einfallen, wenn die Entleerung der Vorhöfe nach den Ventrikeln schon begonnen hat. Kommt es jedoch zu einer Blockierung der Vorhofextrasystole, und damit zu einem Kammerausfall, oder tritt eine Vorhofpfropfung ein, wie vor allem bei a-v Extrasystolen infolge gleichzeitiger Kontraktion von Vorhof und Ventrikel, so zeigen sich auch hierbei erhebliche Kreislaufstörungen. Der Grad der Kreislaufstörung durch Extrasystolen ist also zunächst abhängig von deren Lokalisation und begreiflicherweise ebenso von der Häufigkeit und der Dauer der Extrasystolie. Die Bedingungen ihres Auftretens finden wir sowohl bei gesunden Menschen, dann bei Herzkranken und ebenso auf dem Boden psychischer Affekte. Es ist also nicht angängig, aus dem Vorhandensein von Extrasystolen ohne weiteres auf eine Myokardschädigung zu schließen. Wenckebach, der wohl die größte Erfahrung auf diesem Gebiete besitzt, weist mit Nachdruck darauf hin, daß gerade bei den schweren Myokarderkrankungen und ebenso bei den akuten und subakuten infektiösen Endokarditiden die Extrasystolie selten vorkomme. Häufiger finden wir sie bei Klappenfehlern, bei Aortensklerose, Mesaortitis luetica, Angina pectoris, Perikarditis und beim arteriellen Hochdruck. Wenckebachs Extrasystolenfälle bestanden in 55% aus Herzgesunden, wobei unter letzteren eine Anzahl Neurotiker mitinbegriffen ist. Häufig sehen wir die Extrasystolen reflektorisch ausgelöst bei Lageveränderungen des Herzens infolge von Zwerchfellhochstand, durch Meteorismus u. a., und ebenso beim Tiefstand des Zwerchfells im klinischen Bilde der Glénardschen Gastroenteroptose. Auch Erkrankungen des Magens, der Gallenblase, der Urogenitalorgane können zu einer reflektorischen Extrasystolie führen. Von Giften kommen die Digitalis, Koffein, Nikotin, ferner infektiöse Noxen und außerdem das Inkret der Schilddrüse als begünstigende Faktoren in Betracht. Wechselnd ist der Einfluß von Ruhe und körperlicher Belastung. Häufig sehen wir Extrasystolen unter dem Einfluß von körperlicher Bewegung verschwinden, um in der Ruhe wiederzukehren. Das ist verständlich, wenn man bedenkt, daß die Sinusfrequenz, wie wir schon erwähnt haben, für die Extrasystolenentstehung von Bedeutung ist. Dieses Verhalten ist aber keineswegs die Regel. Fraglos spielen aber nervöse Momente eine Hauptrolle. In diese Kategorie fällt das große Kontingent der „Herzneurotiker" und der psychisch Entgleisten im Sinne

---

[1] Zbl. Herzkrankh. **10** (1918). [2] Z. exper. Med. **34** (1923).
[3] Z. exper. Med. **51** (1926).

der Freudschen Lehre. Ein näheres Eingehen auf diese klinischen Probleme ist hier nicht möglich. Ich muß diesbezüglich auf die Spezialliteratur verweisen.

Eine Extrasystolenbildung kann also durch die verschiedensten Momente hervorgerufen werden. Sie alle bedeuten aber nur auslösende Faktoren. Die eigentliche Ursache der Extrasystolie beim Menschen kennen wir nicht. Wahrscheinlich ist sie nicht einheitlich. Es kann sich dabei um organische Läsionen, wie beim erkrankten Herzen, handeln, aber ebenso um rein neurogene Einflüsse, wie wohl beim gesunden Herzen. Auf die hämodynamische Bedeutung der Extrasystolie haben wir hingewiesen. Es ist selbstverständlich, daß diese in der qualitativen Beurteilung ihres Endeffektes für das gesunde und leistungsfähige Herz sich günstiger stellt, als für das funktionell geschädigte, kranke Herz.

Bei der paroxysmalen Tachykardie, die in der Mehrzahl der Fälle zu den aktiven Heterotopien zu zählen ist, handelt es sich um eine anfallsweise auftretende Pulsbeschleunigung auf etwa 150—200 Schläge in der Minute von verschieden langer Dauer. Der Anfall kann ganz plötzlich auftreten und ebenso rasch wieder verschwinden. Öfters gehen jedoch demselben bestimmte Symptome, wie Schmerzen in der Herzgegend u. a., voraus. Auch kann die Rückkehr zum normalen Rhythmus in einem allmählichen Absinken der Pulszahl erfolgen. Die Dauer der Anfälle kann sich auf wenige Sekunden und Stunden erstrecken, sich aber auch auf Tage und Monate ausdehnen. Auch die Häufigkeit der Anfälle zeigt große Verschiedenheit. Es sind Fälle bekannt geworden, wo nach wenigen Anfällen eine Heilung eingetreten ist, aber diese scheinen doch relativ selten zu sein. In der Mehrzahl der Fälle dürfte die paroxysmale Tachykardie eine dauernde Störung repräsentieren, die allerdings lange anfallsfreie Zeiten aufweisen kann. Wir können Fälle mit Pausen von Monaten, ja sogar von Jahren, in völligem Wohlbefinden. Diese Unsicherheit in der Prognose bezüglich der Heilung der paroxysmalen Tachykardie zeigt sich ebenso, wenn auch vielleicht nicht so ausgesprochen, in der Beurteilung des einzelnen Anfalls. Bei sehr langer Dauer eines solchen können alle Zeichen einer Herzinsuffizienz auftreten mit schließlich letalem Ausgang. Das maßgebende Moment für das Auftreten der Kreislaufstörung liegt in der Höhe der Schlagfrequenz. Bei zunehmendem Aneinanderrücken der Herzschläge kommt es schließlich zu einer Frequenz („kritische Frequenz"), bei der die Vorhofsystole eintritt, bevor die Ventrikelsystole des vorhergehenden Schlages abgelaufen ist. Der Vorhof kann sich also dann nicht in den Ventrikel entleeren, und es besteht das zuerst von Wenckebach beschriebene Phänomen der Vorhofpfropfung. Diese kritische Frequenz liegt bei etwa 180 Schlägen pro Minute. Es ist verständlich, daß eine derartige Hemmung der Schöpfarbeit des Herzens zu einer erheblichen Kreislaufstörung führen und, wenn sie länger besteht, eine Erlahmung des Herzens bedingen muß.

Der Puls ist bei der gewöhnlichen Form der paroxysmalen Tachykardie (Typus Bouveret-Hoffmann), die ohne erkennbare Ursache meist plötzlich beginnt und aufhört, regelmäßig. Man hat gerade bei derartigen Fällen bezüglich des Ausgangspunktes der paroxysmalen Tachykardie auch an eine Sinustachykardie, also an eine nomotope Rhythmusstörung, gedacht. Man wird Wenckebach wohl zustimmen müssen, daß eigentlich kein zwingender Grund vorliege, einen solchen Ursprung zu verneinen. Sichere Beweise liegen aber nicht vor, da die graphischen Methoden, das trifft auch für das Ekg. zu, sehr oft eine sichere Differenzierung der infolge der Tachykardie vielfach überdeckten Kurvenzacken nicht gestatten. Für die Mehrzahl der Fälle dürfte jedoch die Tachykardie heterotopen Ursprungs sein, wie durch das Ekg. erwiesen ist. Und zwar konnten drei Typen des Herzjagens festgestellt werden, die Vorhof-, die atrioventrikuläre und die Kammertachykardie. Vor allem bei der

Vorhoftachykardie kann es auch zu einer Unregelmäßigkeit der Herzschlag-
folge kommen, indem von den Kammern nur ein Teil der Vorhofimpulse beantwortet wird. Ebenso ist von Wenckebach der umgekehrte Fall beschrieben,
indem bei einem Anfall von Kammertachykardie die Kammern in einer Frequenz von 150 pro Minute schlugen, während die Vorhoffrequenz 110 pro Minute
betrug. Am häufigsten dürfte die Vorhofsform der paroxysmalen Tachykardie
sein. Man hat versucht, vor allem französische Kliniker, verschiedene klinische Formen der paroxysmalen Tachykardie aufzustellen. Zeichnet sich
der tachykardische Anfall des Typus Bouveret-Hoffmann vor allem dadurch
aus, daß er plötzlich, ohne irgendwelche nachweisbare Ursache und meist aus
völligem Wohlbehagen heraus, auftritt, so gibt es wiederum Fälle, bei denen
schon die geringste körperliche Anstrengung oder psychische Erregung genügt,
einen Anfall auszulösen. Entsprechend dieser ausgesprochen leichten Irritabilität
treten bei diesen Fällen die tachykardischen Anfälle sehr häufig auf, und sie
klingen meist auch langsamer ab. Eine weitere Gruppe wird als Extrasystolie
mit tachykardischen Paroxysmen abgetrennt. Meist handelt es sich dabei um
Fälle mit dauernder extrasystolischer Pulsirregularität, bei denen, ohne immer
nachweisbare Ursache, plötzlich eine gehäufte Extrasystolenbildung kürzere oder
längere tachykardische Anfälle bedingt. Ob eine derartige Abtrennung einzelner
klinischer Typen berechtigt ist, dürfte erst zu entscheiden sein, wenn uns die
Ursache der paroxysmalen Tachykardie bekannt ist. Eine einheitliche pathologisch-anatomische Grundlage fehlt. In vielen Fällen treten die Anfälle, wie
wir schon betont haben, ganz plötzlich, scheinbar ohne irgendwelche Veranlassung
auf, in anderen Fällen spielen als veranlassende Faktoren körperliche Anstrengungen oder psychische Erregungen eine Rolle, ebenso können schmerzhafte Affektionen von seiten der Unterleibsorgane oder organische und funkti-
nelle Erkrankungen des Nervensystems den den Anfall bedingenden Reflex abgeben. Aber alle diese Momente wirken nur als auslösende Faktoren, wobei
in einzelnen Fällen toxische Substanzen wie Alkohol, Nikotin oder bei Darm-
störungen enterogen gebildete Noxen und schließlich bei Infektionskrankheiten
bakterielle Toxine von Bedeutung sein mögen. Auch innersekretorische Einflüsse
(Gravidität, Hyperthyreoidismus) spielen diesbezüglich eine Rolle. Damit aber
unter diesen verschiedenen Bedingungen ein Anfall zustande kommt, bedarf es
einer Disposition, einer erhöhten Anspruchsfähigkeit der reizbildenden Zentren
des Herzens. Worauf diese aber zurückzuführen ist, wissen wir nicht. Auch
der Mechanismus des Anfalls selbst ist keineswegs geklärt. Wohl läßt uns die
Annahme einer erhöhten Anspruchsfähigkeit der heterotopen Zentren auch deren
gesteigerte Tätigkeit verstehen, aber die Plötzlichkeit des Anfalls und sein rasches
Verschwinden ist damit nicht erklärt. Wenckebach vermutet, daß die in
irgendeinem Teile der Muskulatur entstehende kürzere oder schwächere
Systole, da sie früher, als eine normale Systole ihre Erregbarkeit wieder gewinnt,
selbst die Bedingungen für einen Reizherd mit hoher Frequenz schaffe. Diese
Hypothese hat mehr Wahrscheinlichkeit als die, welche auch für die paroxysmale
Tachykardie das genetische Moment in einer „kreisenden Bewegung" der
Kontraktionswellen erblickt. Auf diese Theorie gehen wir, um Wiederholungen
zu vermeiden, hier nicht näher ein, sie wird uns später noch eingehender be-
schäftigen. Wir verweisen auf das Kapitel über das Vorhofflimmern.

Wenn wir jetzt zur Besprechung der Reizleitungsstörungen übergehen,
so erinnern wir zunächst daran, daß der Reiz vom Sinusknoten aus radiär nach
allen Seiten auf den Vorhof übergeleitet wird. Ein spezifisches Leitungssystem
ist im Vorhof bis jetzt nicht gefunden worden. Vom Aschoffschen Knoten
aus verläuft der Reiz durch das Hissche Bündel zu den Ventrikeln. Hier teilt

sich das Bündel in einen rechten und linken Hauptschenkel, welche die entsprechenden Ventrikel versorgen. Die weitere Aufteilung des spezifischen Systems in den Ventrikeln bilden die Purkinjeschen Fasern. Im Verlauf des gesamten Reizleitungssystems können Störungen der Reizleitung auftreten, wodurch letztere verlangsamt oder unterbrochen werden kann. Dabei werden Schädigungen des Systems vor allem dann zu nachhaltigen Störungen führen, wenn sie an solchen Stellen desselben auftreten, wo es einen geringen Querschnitt hat, wie z. B. im Hisschen Bündel. Wir teilen die Leitungsstörungen nach dem Sitz der Störungen ein. Wir kennen Prädilektionsstellen, als solche kommen in Betracht die Sinus-Vorhofverbindung und vor allem die Vorhof-Kammerverbindung, und zwar gerade in ihrem unpaaren Teil, dem Hisschen Bündel. Eine Zerstörung desselben kann zur völligen funktionellen Trennung von Vorhof und Ventrikel (Querdissoziation) führen. Nach der Teilung des Bündels in den linken und rechten Hauptschenkel kann durch eine Läsion eines dieser Schenkel der betreffende Ventrikel von der direkten Zuleitung der Erregung durch das spezifische System ausgeschlossen sein (Längsdissoziation). Damit Störungen in den feineren Verzweigungen des Reizleitungssystems deutlich in Erscheinung treten, müssen sie wahrscheinlich ausgedehntere Strecken desselben befallen. Der Vagus scheint eine besondere Bedeutung für die Reizleitung zu haben. Beim Hunde tritt nach Reizung des linken Vagusstammes eine Herabsetzung der Reizleitung an der a-v-Grenze ein, während Reizung des rechten Vagus die Sinusfrequenz vermindert. Wir unterscheiden dementsprechend ätiologisch betrachtet funktionell und organisch bedingte Reizleitungsstörungen. Funktionelle Reizleitungsstörungen sind solche, bei denen durch nervöse Einflüsse das anatomisch intakte Leitungssystem in seiner Leistungsfähigkeit vermindert bzw. vorübergehend völlig gehemmt wird. Auch bei den organischen Läsionen des Systems, meist handelt es sich dabei um entzündliche, degenerative oder sklerotische Prozesse, kann sich je nach der Natur der bedingenden Störung der funktionelle Ausfall wieder zurückbilden, in der Mehrzahl der Fälle liegen aber dauernde Schädigungen vor. Leider besitzen wir keine klinische Methode, um funktionelle und organische Störungen eindeutig zu trennen.

Um das komplizierte Gebiet der Reizleitungsstörungen übersichtlich zu gestalten, geben wir im folgenden ein Einteilungsschema derselben unter Zugrundelegung der Wenckebachschen Anschauungen.

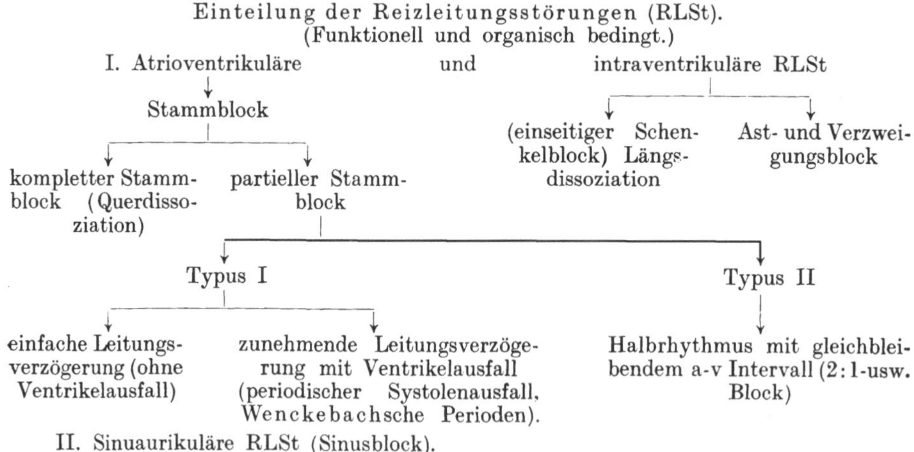

II. Sinuaurikuläre RLSt (Sinusblock).
III. Intraaurikuläre RLSt.

Den schwächsten Grad der Reizleitungsstörung repräsentiert die einfache Leitungsverzögerung des Typus I. Dabei findet man eine Verlängerung des a-v Intervalls, wobei als obere Grenze der normalen Überleitungszeit 0,2 Sekunden anzusprechen ist. Funktionell kann eine derartige Verlängerung der Überleitungszeit vom Vorhof zum Ventrikel durch Vagusreizung (Vagusdruckversuch) auch beim Menschen hervorgerufen werden. Ebenso finden wir sie funktionell bei Steigerung der Vorhoffrequenz (bei paroxysmaler aurikulärer Tachykardie und beim Vorhofflattern). Wir sehen sie ferner bei Vergiftungen (Digitalis) und selbstverständlich bei direkter Läsion des Bündels. Die physiologischerweise durch Arbeit bedingte Tachykardie ruft keine Verzögerung der Überleitung hervor, ebensowenig die durch Sympathikusreizung bedingten Sinustachykardien (z. B. bei Thyreotoxikosen). In beiden Fällen wird durch die Acceleransreizung die Leitung im Bündel verbessert. Bei der zweiten, zuerst von Wenckebach beschriebenen Form der Leitungsverzögerung des Typus I kommt es zu einer von Systole zu Systole immer mehr zunehmenden Verschlechterung der Überleitung, bis sie schließlich ganz versagt und dementsprechend eine Systole ausfällt. Nach dieser Pause hat sich das Bündel wieder erholt und der nächste Schlag wird von dem Ventrikel wieder normal beantwortet. Aber schon der darauffolgende Schlag zeigt wieder eine stark verlängerte Überleitungszeit, die nun von Systole zu Systole weiter anwächst, bis wieder ein Schlag ausfällt. So kommt es zu einer gesetzmäßigen Gruppenbildung (Allorhythmie), indem immer nach einer bestimmten Anzahl übergeleiteter Schläge eine Ventrikelsystole ausfällt. Häufig wechseln die einzelnen Gruppen in ihrer Länge. Auch finden sich Übergänge zwischen den beiden Formen des Typus I. Die einfache Verlängerung der Überleitungszeit ist in einzelnen Fällen schon durch die Auskultation des Herzens durch das Vorhandensein eines dritten Tones nachweisbar. Bei starker Verzögerung der Überleitung wird nämlich der normalerweise mit dem ersten Herzton zusammenfallende Vorhofton getrennt wahrnehmbar. Wir haben darauf schon bei der Entstehung des Galopprhythmus hingewiesen.

Beim Typus II, der partiellen Stammblockierung, kommt es zu Kammersystolenausfällen ohne Änderung des a-v Intervalls. Dabei wird häufig jede zweite, dritte oder vierte Vorhofkontraktion blockiert. Je nach der Zahl der Vorhofkontraktionen zu den Kammersystolen spricht man von einem 2:1-, 3:1-, 4:1-, 3:2-, 4:2-usw. Block. Auch bei dieser Form der partiellen Stammblockierung findet man häufig, wie beim Typus I, einen Wechsel im Grade der Blockierung, indem schwächere Grade und stärkere Grade der Leitungsstörung miteinander variieren. Das Maßgebende für diesen Wechsel von Blockierung und Deblockierung scheint in Nerveneinflüssen und in der jeweiligen Sinusfrequenz gelegen zu sein, indem im allgemeinen Frequenzsteigerung und Grad der Leitungsstörung parallel gehen. Es kommen auch Mischformen von Typus I und Typus II vor.

Den stärksten Grad der a-v Reizleitungsstörung finden wir beim kompletten atrioventrikulären Block, indem überhaupt kein Reiz vom Vorhof auf den Ventrikel mehr übergeht. Legt man beim Säugetierherzen eine Ligatur an der a-v Grenze (Stannius II), so schlagen die Vorhöfe weiter, während die Kammern zunächst eine kurze Zeit stillstehen. Nach Abklingen dieses „präautomatischen Stillstandes" kommt die den untergeordneten motorischen Zentren eigene Automatie zum Durchbruch, und die Kammern schlagen in ihrem eigenen Rhythmus, unabhängig von der Sinustätigkeit. Dieser Kammerrhythmus ist von wesentlich niederer Frequenz als der Sinusrhythmus, er beträgt in der Regel 30—40 Schläge pro Minute. Dadurch ist die bei normalem Rhythmus vorhandene regelmäßige Aufeinanderfolge von Vorhof- und Kammertätigkeit völlig aufgehoben. Vorhof- und Kammerkontraktion verschieben sich dauernd gegeneinander. Es kann die Vorhofaktion der Kammeraktion vorausgehen oder umgekehrt, oder beide können zusammenfallen. Klinisch läßt sich der totale Block meist leicht diagnostizieren, indem die seltenen Kammerkontraktionen (Herztöne, Spitzenstoß) sich sehr lebhaft gegen die viel häufigeren Undulationen der Halsvenen abheben und diese Vorhoftätigkeit auch in den Kammerpausen nachweisbar ist, als sicheres Zeichen der a-v-Blockierung. Experimentell läßt sich der totale Block sehr leicht erzeugen, nicht nur durch Abklemmung bwz. Durchschneidung des Hisschen Bündels oder seiner beiden Hauptschenkel, sondern auch durch Abkühlung des Aschoffschen Knotens, durch Vagusreizung, ferner durch Gifte, wie Digitalis, Muskarin, Veratrin, Physostigmin u. a. Beim Menschen sind es wohl immer organische Läsionen, die zu einer völligen Unterbrechung der Leitung im Hisschen Bündel bzw. dessen beiden Hauptschenkel führen. Es kann sich dabei um Blutergüsse, Tumoren, luetische Veränderungen, myokarditische Schwielen handeln. Auch kennen wir Infektionskrankheiten, die in geradezu spezifischer Weise das Reizleitungssystem bis zur völligen Blockierung schädigen können, dazu gehören die Polyarthritis rheumatica, die Diphtherie, die Influenza u. a. Auch die Thrombose derjenigen Koronaräste, welche Bündel und Aschoffschen Knoten versorgen, scheint für die Genese des totalen Blocks von Bedeutung. Der totale Block entwickelt sich meist allmählich, und so sehen wir Übergänge zwischen partiellem und totalem Block und umgekehrt auftreten. Auch hier dürfen im wesentlichen zum Teil hemmende, zum Teil fördernde nervöse Einflüsse bedingend mit im Spiele sein. Auf eine genauere Besprechung dieser Fragen müssen wir hier verzichten.

Störungen der Reizleitung, die ihren Sitz peripher von der Teilungsstelle des Hauptstammes in seinen linken und rechten Hauptschenkel und den subendokardialen Verzweigungen des Systems im Kammerseptum haben, bezeichnen wir als intraventrikuläre Reizleitungsstörungen. Handelt es sich um Läsionen ausgedehnterer Art, die beide Hauptschenkel treffen, so kann das typische Bild der kompletten a-v Dissoziation auftreten. Meist begegnen wir einseitigen Störungen der Reizleitung in einem der beiden Hauptschenkel (Längsdissoziation). Wir sprechen dann von einem rechten oder linken Schenkelblock. Unter diesen Umständen erhält nur der Ventrikel mit intakter Leitung die Sinusreize auf den normalen Bahnen zugeführt, während der blockierte Ventrikel davon ausgeschlossen ist und die Impulse von dem normal erregten Ventrikel durch das Septum zugeführt bekommt. Beide Kammern arbeiten jetzt also nicht mehr gleichzeitig, sondern nacheinander. Die Diagnose dieser Leitungsstörungen ist nur durch das Ekg. möglich. Die schon erwähnten klassischen Untersuchungen von Eppinger und Rothberger haben uns die experimentelle Grundlage dafür geschaffen. Das Ekg. des einseitigen Schenkelblockes ist vor allem durch die Verbreiterung des QRS-Komplexes charakterisiert. Seine normale Dauer von maximal 0,1 Sekunden wird überschritten. Ferner ist die Aktionsstromkurve ausgesprochen diphasisch, indem die Hauptinitialschwankung immer die umgekehrte Richtung hat wie die zugehörige Endschwankung. Die Initialgruppe ist außerdem größer als in der Norm. Das P-R-Intervall ist in der Regel verlängert. Meist finden sich auch Knotenbildungen bzw. Aufsplitterungen der Anfangsschwankung. Die Form der QRS-Gruppe wird durch den nicht lädierten Ventrikel bestimmt, wie wir das schon früher bei der Besprechung des „Überwiegens" einer Herzkammer hervorgehoben haben. Es wird also bei Blockierung des rechten Schenkels der QRS-Komplex den Typus des Links-Überwiegens zeigen und umgekehrt. Auch bei Reizleitungsstörungen in den größeren, von den Hauptschenkeln abgehenden Ästen des spezifischen Systems treten bei größerer Ausdehnung der Läsionen ähnliche Ekg. auf. Auch bei dem sog. Verzweigungsblock ("arborisation block"), wobei es sich wahrscheinlich um ausgedehntere schwielige Veränderungen in den subendokardialen Ausbreitungen des Systems im Septum des rechten und linken Ventrikels handelt, finden wir die Verbreiterung und Aufsplitterung der QRS-Gruppe, wobei aber die Größe der Anfangs- und Endschwankung im Gegensatz zum Schenkelblock in allen Ableitungen niedrig ist. Gewöhnlich kehrt die Saite auch zwischen S und T nicht zur Nullage zurück. In der überwiegenden Mehrzahl der Fälle sind die intraventrikulären Leitungsstörungen beim Menschen organisch bedingt. Schwierig ist die Frage zu beantworten, inwieweit das Ekg. uns Aufschluß über Erkrankungen des eigentlichen Myokards gibt. Da die Kammermuskulatur mit der Reizleitung nichts zu tun hat, so ist nicht zu erwarten, daß bei Myokarderkrankungen charakteristische Veränderungen des Ekgs. auftreten. Am ehesten könnte man sich vorstellen, daß solche in der Nachschwankung des Ekgs. sich zeigen müßten, da ja die T-Zacke durch den ungleichmäßigen Rückgang der Negativität des in seiner Gesamtheit erregten Myokards entsteht. In der Tat finden sich auch bei Myokarderkrankungen sehr häufig Veränderungen der T-Zacke, die sich in einer Verkleinerung oder einem Fehlen oder einem Negativwerden derselben äußern. Es muß aber betont werden, daß kleine und negative T-Zacken auch bei völlig normalen Fällen vorkommen können, aber dann in der Regel nur in Ableitung III. Die erwähnten Veränderungen der T-Zacke sind also nur dann im Sinne einer Myokarderkrankung zu verwerten, wenn sie sich regelmäßig auch in Ableitung I und II finden. Öfters zeigen sich dann auch auffallend kleine Ausschläge in allen drei Ableitungen. Es soll aber noch besonders darauf hingewiesen sein, daß die Bewertung anormaler T-Zacken in Ableitung I und II im Sinne einer Myokarderkrankung nur im Rahmen weiterer klinischer Symptome möglich ist, da auch schwerste Myokardschädigungen einen völlig normalen elektrokardiographischen Befund bieten können.

Bei den sinuaurikulären Leitungsstörungen wird eine Unterbrechung der Leitung zwischen Sinus und Vorhof angenommen. Es fällt dadurch ein ganzer Herzschlag aus. Die dadurch entstehende Herzpause ist nahezu doppelt so lang wie die für den betreffenden Fall normale Distanz zwischen zwei Herzschlägen. Da wir keine Methode besitzen, beim Menschen die Sinustätigkeit gesondert elektrokardiographisch darzustellen, so können die sinuaurikulären Leitungsstörungen nur indirekt aus dem Ausfall von Vorhof- und Kammertätigkeit erschlossen werden. Der totale Sinusblock setzt, wenn nicht ein definitiver Herzstillstand eintreten soll, das Einspringen der sekundären motorischen Zentren voraus. Wir sehen unter diesen Umständen dann eine a-v Automatie eintreten. So sicher das Vorkommen von Leitungsstörungen zwischen Sinus und Vorhof beim Menschen auch ist, so schwierig ist es, eine Erklärung dafür zu geben, da ein spezifisches Leitungssystem zwischen Sinus und Vorhof bis jetzt nicht gefunden wurde. Man ist also vorerst gezwungen anzunehmen, daß die diesen Leitungsunterbrechungen zugrunde liegenden Prozesse größeren Umfang besitzen. Dasselbe trifft für die bis jetzt sehr selten erhobenen Befunde von intraaurikulären Leitungsstörungen zu. Wir müssen darauf verzichten, diese noch wenig geklärten Fragen hier näher zu erörtern. Ich verweise diesbezüglich auf die Arbeiten von Rothberger[1] und Scherf[2].

Die ätiologischen Momente haben wir zum Teil schon bei der Genese des totalen a-v Blockes erwähnt. Sie können sehr verschiedenartig sein. Druck

---

[1] Z. exper. Med. **53** (1926).   [2] Z. exper. Med. **49** (1926).

durch Entzündungsherde, Blutungen und Tumoren können zu einer Leitungs-
unterbrechung führen. Desgleichen Sauerstoffmangel, der immer eine Gewebesäuerung im Gefolge hat. Dazu dürften auch Gefäßstörungen im Koronargebiet
zu rechnen sein, die eine Ischämie bedingen. Es wurde auch darauf hingewiesen,
daß an den hypertrophen und dilativen Prozessen des Herzens das Reizleitungssystem sich nicht beteiligt. Unter diesen Bedingungen dachte man an eine
Schädigung des Reizleitungssystems im Sinne einer „Dehnungsatrophie".
Es ist nicht sicher entschieden, ob eine solche für die Genese von Leitungsstörungen in Betracht kommt. Von toxischen Einflüssen kommen vor allem
die Digitalis und bakterielle Gifte in Frage. Von Infektionskrankheiten spielen
in dieser Hinsicht der akute Gelenkrheumatismus, die Gonorrhöe, Skarlatina,
Diphtherie, schwere Anginen, Sepsis, Influenza und vor allem die Lues eine
Rolle. Auch Alterserscheinungen, im besonderen die Atherosklerose, gehören zu
den häufigsten Ursachen der Leitungsstörungen.

Die Schädigung des Kreislaufes durch die Reizleitungsstörung ist in ihrer
Stärke wesentlich durch den Grad der Leitungsstörung bedingt. Handelt es
sich um eine einfache Verlängerung der Überleitungszeit oder auch um Gruppen-
bildungen mit relativ wenigen Ausfällen, so bedeuten die dadurch gesetzten
Kreislaufveränderungen keine wesentliche Störung. Anders liegen jedoch die
Verhältnisse bei der partiellen oder gar totalen Blockierung. Hier bedingt die
langsame Tätigkeit der Ventrikel vor allem eine Belastung des venösen Systems.
Es kommt zu einer starken Überfüllung des Herzens mit konsekutiver
Erweiterung der Herzhöhlen und dadurch zu einer vermehrten Arbeitsleistung
des Herzens. Tritt noch eine Vorhofpfropfung hinzu, so bedeutet diese nach dem
früher Besprochenen eine weitere Schädigung der Kreislaufmechanik. Das von
der Kammer ausgeworfene größere Schlagvolumen setzt überdies ein an-
passungsfähiges Gefäßsystem voraus. Sehr häufig führen aber die den
Herzblock verursachenden Schädlichkeiten, wie z. B. die Atherosklerose, zu
gleichsinnigen Veränderungen der Gefäße, so daß deren Reaktionsfähigkeit eingeschränkt ist, wodurch die arterielle Blutversorgung der Organe unter diesen
Umständen Not leidet und die Überladung des venösen Systems weiterhin
begünstigt wird. Es muß auch in Betracht gezogen werden, daß gerade beim
Blockherzen die Beeinflussung der Ventrikel durch die extrakardialen Nerven
wesentlich eingeschränkt ist. Auch damit fällt ein regulatorisches Kreislauf-
moment als Antwort auf funktionelle Mehrbelastung weg. Daß alle diese schäd-
lichen Folgen der Leitungsstörung für den gesamten Kreislauf um so gefahr-
drohender werden, je mehr die Ventrikelschlagfolge absinkt, braucht nicht näher
auseinandergesetzt zu werden. Daß der ätiologische Faktor prognostisch in die
Waagschale fällt, ist selbstverständlich. Ein luetischer Prozeß, der therapeutisch
angreifbar und damit rückbildungsfähig ist, eröffnet andere Perspektiven als
eine therapeutisch nicht mehr zugängliche atherosklerotische Schwiele.

Sowohl beim partiellen als auch beim totalen Block kann es zu plötzlichen
Herzstillständen von verschieden langer Dauer kommen. Der betreffende
Kranke bricht dabei plötzlich ohnmächtig zusammen. Die Atmung wird röchelnd,
es treten tonische und klonische Krämpfe auf. In dem Moment, wo die Ventrikel wieder zu schlagen anfangen, setzt auch die Erholung ein und das Bewußtsein kehrt wieder. Gewöhnlich erholt sich der Kranke dann sehr rasch. Nach
lange dauernden bzw. sich öfters hintereinander wiederholenden Anfällen kann
noch tagelang eine Mattigkeit bestehen bleiben. Öfters kündigt sich auch ein
Anfall kurz vorher durch Sensationen an, so daß der Kranke noch in der Lage
ist, sich vor dem plötzlichen Zusammenstürzen zu schützen. Dauert der Herzstillstand lange, so kann er den Tod herbeiführen.

Dieses charakteristische klinische Bild des plötzlich einsetzenden Herzstillstandes, der sekundär zu einer Anämie der lebenswichtigen nervösen Zentren und dadurch zu Ohnmachtsanfällen und Krämpfen führt, geht in der Literatur unter dem Namen des Morgagni-Adams-Stokesschen Symptomenkomplexes. Der Ursprung dieses Symptomenkomplexes ist in der Funktionsstörung des Herzens gelegen, und zwar handelt es sich fast immer, wenn wir von dem seltenen Vorkommen ähnlicher Zufälle beim Auftreten gehäufter Extrasystolen und paroxysmaler Flimmerzustände absehen, um Reizleitungsstörungen. Und zwar finden wir die Adams-Stokesschen Anfälle vorwiegend bei den stärkeren Graden der atrioventrikulären, seltenerweise bei denen der sinuaurikulären Leitungsstörungen. Die Herzstillstände können von verschieden langer Dauer sein, von wenigen Sekunden bis zu mehreren Minuten. Es sind Anfälle von 4—5 Minuten Dauer beobachtet worden. Ob allerdings dabei die ganze Zeit über ein völliger Herzstillstand bestanden hat, dürfte zweifelhaft sein. Im allgemeinen werden Anfälle, die länger als 1—2 Minuten dauern und wirklich durch einen kompletten Stillstand der Herzkammern hervorgerufen sind, wohl meist tödlich wirken. Die Prognose hängt nicht nur von der Schwere des einzelnen Anfalles, sondern auch von der Häufigkeit der Anfälle ab. In dieser Hinsicht gibt es alle Möglichkeiten von nur vereinzelten Anfällen mit monatelangen Pausen bzw. ihrem völligen Sistieren bis zu Hunderten von Anfällen in wenigen Tagen.

Die Pathogenese der Anfälle von Adams-Stokes ist nicht sicher geklärt, und wahrscheinlich kommen mehrere Momente als auslösende Ursachen in Frage. Am verständlichsten ist ihr Auftreten beim partiellen Block. Wir haben früher schon erwähnt, daß, wenn man am Säugetierherzen eine Stannius II-Ligatur anlegt, die Vorhöfe weiterschlagen, die Ventrikel aber erst nach einer verschieden langen Pause (präautomatischer Stillstand) ihren Eigenrhythmus gewinnen. Man wird gerade in den Fällen von partiellem Block, bei denen ein Adams-Stokesscher Symptomenkomplex auftritt, an einen präautomatischen Stillstand denken. Dabei scheinen disponierende Momente für die Entstehung der Anfälle eine Rolle zu spielen, vor allem in dem Sinne, daß sie besonders leicht dann eintreten, wenn der partielle Block unvermittelt in den totalen Block übergeht, während bei einer allmählichen Entwicklung des totalen Blockes dieses Ereignis weniger häufig eintritt. Volhard[1] hat besonders darauf hingewiesen. Es scheinen also im letzteren Falle die sekundären und tertiären motorischen Zentren leichter anzusprechen, so daß sie beim Eintritt der völligen Blockierung sofort mit ihrer Automatie beginnen. Auch tierexperimentelle Erfahrungen sprechen in diesem Sinne. Welche anatomischen Prozesse den Übergang von der partiellen zur totalen Dissoziation hervorrufen, ist im Einzelfalle schwer zu entscheiden. Es kann sich um ein Fortschreiten des die ursprüngliche Leitungsstörung bedingenden Prozesses bis zur völligen Unterbrechung des Bündels handeln. Es können auch weitere Schädigungen mehr vorübergehender Natur, wie Blutungen, Entzündungsherde u. ä., hinzutreten. Die Verschlechterung der Leitung bis zur völligen Unterbrechung braucht aber nicht immer eine organische Grundlage zu haben. Sicher spielen hierbei auch nervöse Momente eine Rolle. Die Annahme, daß die Funktion eines schon geschädigten Bündels schon durch geringfügige Anlässe völlig bremsbar ist, erscheint durchaus plausibel, und gerade in dieser Hinsicht wird man nervösen Faktoren eine gewisse Bedeutung zuerkennen müssen. Es sind also im Stadium des Überganges vom partiellen zum totalen Block die prädisponierenden Faktoren

---

[1] Dtsch. Arch. klin. Med. **97** (1909).

für den Adams-Stokesschen Symptomenkomplex gelegen. Diese Entwicklungsphase birgt auch die Zeiten ständiger Lebensgefahr für den Kranken, die, wie besonders Volhard betont hat, ihre akute Bedrohlichkeit in dem Moment verlieren, in dem der totale Block sich stabilisiert hat. Die Anschauung, die in weiter zurückliegenden Jahren die herrschende war, daß die durch Vagusreizung bedingte Herabsetzung der Reizleitung als auslösendes Moment der Adams-Stokesschen Anfälle zu betrachten ist, hat sich nach neueren Untersuchungen in ihrer Verallgemeinerung nicht aufrechterhalten lassen. Auch die wenig günstigen Resultate der Atropintherapie sprechen dagegen. Eine negativ dromotrope Vaguswirkung kann leicht durch andere leitungshemmende Faktoren vorgetäuscht werden. Und als solche scheinen gerade für die Genese des Adams-Stokesschen Symptomenkomplexes beim partiellen Block, worauf Volhard besonders hingewiesen hat, Steigerungen der Sinus- und Vorhoffrequenz eine besonders wichtige Rolle zu spielen, sei es, daß diese chronotropen Effekte durch eine lokal erhöhte Reizbildung auf toxischer Basis oder durch nervöse Erregungen hervorgerufen werden. Es mehren sich die Beobachtungen, in denen eine Vorhoftachysystolie als Ursache der Verstärkung der Leitungsstörung betrachtet werden mußte.

Auf weit größere Schwierigkeiten stoßen wir bei dem Versuche einer pathogenetischen Erklärung des Adams-Stokesschen Anfalles beim totalen Block, bei dem dieses Ereignis seltener auftritt als bei der partiellen Dissoziation. Der präautomatische Stillstand kann hier als genetischer Faktor nicht herangezogen werden, wenn man nicht die Annahme macht, daß auch beim totalen Block Zeiten mit partieller Blockierung vorkommen und dann gerade wieder in den Übergangsphasen zur totalen Dissoziation die Anfälle in Erscheinung treten. Für alle Fälle trifft diese Anschauung sicher nicht zu. Man hat deshalb die Ansicht geäußert, daß beim totalen Block die automatischen Reize im Ventrikel selbst blockiert werden und dadurch die Stillstände, die zum Adams-Stokesschen Anfall führen, bedingt würden. Man hat in diesem Sinne von einem „Block im Block" gesprochen (Volhard). Ob diese Vorstellung zutrifft, muß weiteren Untersuchungen vorbehalten bleiben. Es ist heute noch nicht möglich, diese Frage abschließend zu beantworten. Es wurde auch eine rein neurogene Form des Adams-Stokesschen Symptomenkomplexes aufgestellt. Der Anfall sollte in diesen Fällen also nicht kardialen Ursprungs, sondern primär durch nervöse Einflüsse hervorgerufen werden. Sicheres Beweismaterial dafür liegt jedoch nicht vor, so daß ein näheres Eingehen auf dieses Problem sich an dieser Stelle erübrigt.

Fragt man nach dem Wesen der Reizleitungsstörungen, so erfordert diese Frage ein kurzes Eingehen auf die Theorie der Reizleitungsstörungen. Sie bezieht sich im wesentlichen auf die partiellen Störungen der Reizleitung, da die völlige Unterbrechung des Reizleitungssystems den totalen Funktionsausfall bedingen muß, der auf Grund der Engelmannschen myogenen Theorie unter diesen Umständen eine Selbstverständlichkeit bedeutet. Wenckebach gab für die Reizleitungsstörungen des Typus I mit verlängerter Überleitungszeit folgende Erklärung. Nimmt man eine das Leitungsvermögen des Herzens im ganzen treffende Schädlichkeit an, so wird, nachdem das Leitungsvermögen während der Systole, wie es schon physiologischerweise der Fall ist, völlig aufgehoben ist, dasselbe in der Diastole sich langsamer wiederherstellen, und nicht so vollständig wie normal. Reiz und Kontraktion werden deshalb das Herz langsamer durchwandern. Dadurch verlängert sich das a-v Intervall. Die Ruhezeit des Herzens wird damit verkürzt und ebenso werden dadurch die Leitungsgeschwindigkeit und die Reizstärke immer mehr herabgedrückt, schließlich kommt es zu einem völligen Versagen der Reizleitung und dem Systolenausfall. Letzterer verschafft dem Herzen eine längere Ruhepause, dadurch wird das Leitungsvermögen wiederhergestellt und der nächste Reiz in normaler Weise übergeleitet. Da nun der beschriebene Vorgang von neuem einsetzt, kommt es zu der Gruppenbildung des Typus I. Zur Erklärung des Typus II nimmt Wenckebach eine Abnahme der Reizbarkeit bei erhaltenem Leitungsvermögen an. Gegen die Wenckebachsche Theorie von der allmählichen, von Systole zu Systole zunehmenden Verschlechterung des Leitungsvermögens haben vor allem H. Straub[1] und Mobitz[2] Stellung genommen. Nach Straub entsteht der Typus I durch eine gleichmäßige Reizabschwächung im erkrankten Bündel. Der Reiz soll aber immer gleich schnell geleitet werden. Die Kammer besitze aber dem schwächeren Reiz gegenüber eine längere Latenz und antworte verspätet. Durch Zunahme der Latenz fällt schließlich ein Reiz in die refraktäre Phase der Kammer, und es kommt zum Systolenausfall. Auch Mobitz kommt zu einer ähnlichen Vorstellung, indem er ebenfalls eine zunehmende Latenzverlängerung annimmt, dieselbe aber in den oberen Teil des Aschoffschen Knotens verlegt. Die sehr exakten Untersuchungen Schellongs[3] haben uns aber gezeigt, „daß selbst bei Herabsetzung der Erregbarkeit in der Refraktärphase eine Latenzverlängerung nicht stattfindet". Damit scheinen mir die Theorien von Straub und Mobitz widerlegt zu sein. Die Wenckebachsche Anschauung dagegen ist in ihrem wesentlichen Teile von Schellong bestätigt worden. Darüber hinaus haben uns aber die Schellongschen Untersuchungen so wertvolle neue Aufschlüsse über das Wesen der Reizleitungsstörungen gebracht, daß im folgenden kurz auf sie eingegangen werden muß.

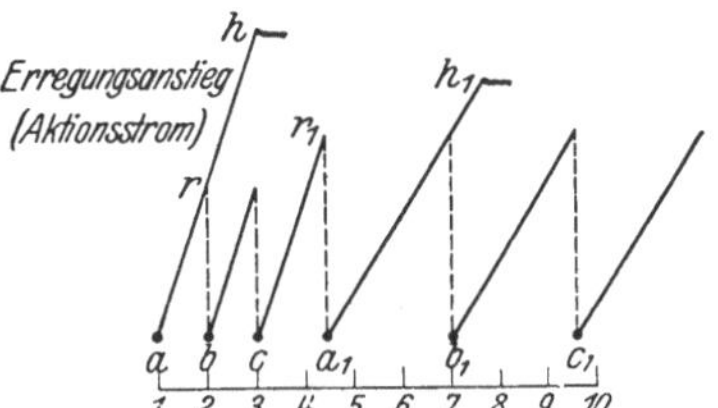

Abb. 52. Schematische Darstellung des Zustandekommens von normaler und verlangsamter Erregungsfortpflanzung (nach Schellong).

Die der Schellongschen Arbeit entnommene Abb. 52 veranschaulicht sehr klar das Wesen der normalen und herabgesetzten Erregungsleitung. Im Punkt *1* ruft der Erregungsvorgang bei normaler Erregbarkeit der Muskelfaser *a* einen steilen Anstieg bis zur Höhe *h* hervor. Da der Erregungsvorgang in einer Muskelzelle den Reiz für die benachbarte Zelle zur Tätigkeit bildet, soll im Punkte *r* der Grad der Erregung erreicht sein, der für die benachbarte Muskelzelle zum Reiz wird. Diese beginnt somit ihre Aktion im Punkt *2*. Es erfolgt in diesem Punkt nun derselbe Erregungsanstieg, und genau in derselben Weise wird die Muskelzelle *c* im Punkt *3* aktiviert. Wir nehmen nun an, daß die Faser a_1 durch irgendeine Läsion geschädigt ist. Ihre Erregbarkeit ist deshalb herabgesetzt, und es wird ein stärkerer Reiz von *c* her zu ihrer Aktivierung benötigt. Dazu bedarf es eines Erregungsanstieges bis r_1, der erst später erreicht wird, und damit erfolgt auch die Erregung der Muskelfaser a_1 verspätet. Infolge der Schädigung des Muskelelements a_1 steigt aber auch die Erregung in a_1 langsamer bis zur Höhe h_1 an, und damit werden die folgenden Muskelfasern b_1, c_1 usw. mit immer zunehmender Verspätung in Erregung versetzt. Die Änderungen der Erregbarkeit haben also gleichsinnige Änderungen der Reizleitung im Gefolge. Wenn aber, und es spricht in der Tat nach den Schellongschen Untersuchungen alles dafür, Erregbarkeit, Erregung und Leitung in direkter Abhängigkeit voneinander stehen, dann ist die alte

---

_[1] Dtsch. Arch. klin. Med. **123** (1917) — Münch. med. Wschr. **1918**.
_[2] Z. exper. Med. **41** (1924) — Z. klin. Med. **107** (1928).
_[3] Zusammenfassende Darstellung: Klin. Wschr. **1929**, Nr 41.

Engelmannsche Lehre von der gegenseitigen Selbständigkeit der vier Grundeigenschaften des Herzmuskels nicht mehr aufrechtzuerhalten. Schellong hat dann weiter diese experimentell gewonnenen Vorstellungen mit der Membrantheorie der Erregung und Erregungsleitung, wie sie vor allem durch Höber und seine Schule ausgebaut wurde, in Einklang zu bringen versucht. Die unverletzte bzw. ungereizte tierische und pflanzliche Zelle ist bekanntlich stromlos. Jede Verletzung der Zellmembran oder überhaupt irgendein genügend starker Reiz, sei er mechanischer, chemischer oder elektrischer Natur, bewirkt eine Durchlässigkeitssteigerung der Zellmembran, die im Ruhezustand nur für ganz bestimmte Ionen durchlässig ist. Durch diese „Auflockerung" der Zellmembran kommt es zu Konzentrationsänderungen an den Grenzflächen, die wiederum den Reiz für die benachbarten Zellen abgeben. So werden die Membranen weiterer Zellen, von Nachbarschaft zu Nachbarschaft, durchlässiger, während die Membranen der zuerst erregten Zellen inzwischen sich wieder verdichtet haben. So schreitet der Erregungsvorgang mit Änderung der Membranpermeabilität von Zelle zu Zelle fort, und damit läuft eine Negativitätswelle über das erregbare Organ. Erregung und Leitung sind also aneinander gekoppelt. Und diese Ionenkonzentrationsänderung an den Grenzflächen ist auch die unmittelbare Ursache für den Aktionsstrom. Die Anstiegshöhe des Aktionsstromes ist ein Maß für die Größe, die Anstiegssteilheit ein Maß für die Geschwindigkeit der mit der Membranauflockerung verbundenen Ionenverschiebung. Damit ist die Anstiegssteilheit nach Schellong ein „Ausdruck für die Stärke des natürlichen Reizes". Auf diese Weise kann man sich in der Tat ein sehr klares Bild von dem Wesen der Reizleitung unter normalen und auch unter bestimmten pathologischen Bedingungen machen. Aber eine restlose Erklärung aller Reizleitungsstörungen vermag auch diese Theorie heute noch nicht zu geben. Wenckebach weist vor allem auf die Unmöglichkeit einer Deutung des Typus II der partiellen Leitungsstörung auf Grund dieser Vorstellung hin. Diese noch ungeklärte Frage soll uns hier aber nicht weiter beschäftigen, wir müssen diesbezüglich auf die Spezialliteratur verweisen.

Schon den älteren Ärzten war eine vor allem im Endstadium von Mitralfehlern auftretende völlige Herzunregelmäßigkeit unter dem Namen des Delirium cordis bekannt. Hering[1] versuchte dann die erste Erklärung dieser Fälle im Ekg. zu geben. Er bezeichnete diese Arhythmieform als Pulsus irregularis perpetuus. Die richtige Deutung dieser Arhythmie auf elektrokardiographischer Grundlage erfolgte jedoch zuerst durch Rothberger und Winterberg[2]. Sie erkannten, daß diesen Fällen ein Vorhofflimmern[3] zugrunde liegt.

Experimentell läßt sich am Säugetierherzen durch faradische Reizung, sowohl der Vorhöfe als auch der Kammern, das Flimmern hervorrufen. Dabei gehen die ursprünglich kraftvollen Kontraktionen der entsprechenden Herzteile in ein äußerst frequentes Vibrieren über, und das vorher regelmäßige Wechselspiel von Diastole und Systole hört auf. Diese kraftlosen fibrillären Zuckungen bedingen eine schwere Kreislaufstörung, die, wenn es sich um ein Flimmern der Kammern handelt, schon nach kurzer Zeit zu einem völligen Versagen der Zirkulation führt. Das Vorhofflimmern wirkt weniger eingreifend auf die Kreislaufmechanik, da die Kammern, wenn auch sehr frequent und unregelmäßig, weiter

---

[1] Dtsch. Arch. klin. Med. **94** (1908).   [2] Wien. klin. Wschr. **1909**.

[3] Zusammenfassende Darstellungen: Winterberg, Handb. d. norm. u. path. Physiol. Bd. VII 1. Berlin 1926. — De Boer, Erg. Physiol. **21** (1923). — Rothberger u. Winterberg, Wien. klin. Wschr. **1914**. — Semerau, Erg. inn. Med. **19** (1921). — Wenckebach u. Winterberg, Unregelmäßige Herztätigkeit. Leipzig 1927.

schlagen und dadurch die unbedingt tödlich wirkende Kreislaufunterbrechung vermieden wird. Nach Aussetzen der Reizung hört das Flimmern sogleich auf. Aber erst nach einer kurzen Pause völligen Stillstandes (postundulatorische Pause) setzt das Herz dann mit normalen kräftigen Kontraktionen wieder ein.

Die Charakteristika des Vorhofflimmerns beim Menschen zeigen sich in einer absoluten Unregelmäßigkeit des Herzschlages und des Pulses und in dem vollständigen Fehlen der Vorhofsystole. Dabei tritt das Vorhofflimmern klinisch in zwei Formen auf, nämlich einer solchen mit hoher Frequenz (Tachyarhythmie) und einer weiteren mit langsamem Pulse (Bradyarhythmie). Bei der ersten Form findet man in der Regel Pulsfrequenzen von 100 bis 150 Schlägen in der Minute, wobei das vielfach gehäufte Auftreten von Herzschlägen, die sich oft gleichsam überstürzen, mit dazwischenliegenden Pausen besonders auffällt. Öfters handelt es sich bei diesen gehäuften Systolen um frustrane Kontraktionen. Diese vollständige und dauernde Unregelmäßigkeit mit häufigen Pulsausfällen im Sinne von frustranen Kontraktionen (Pulsdefizit), wobei die einzelnen Pulse auch in ihrer Größe variieren (Inäqualität), gibt dem Flimmerarhythmiepuls sein charakteristisches Gepräge. Bei der bradyarhythmischen Form des Vorhofflimmerns, bei der die Kammern in normaler, oder sogar unternormaler Frequenz schlagen, ist der erwähnte Typus der Pulsarhythmie weniger leicht zu erkennen. Ruft man jedoch in solchen Fällen eine Tachykardie durch körperliche Belastung hervor, so zeigt sich auch hier das typische Pulsbild. Das Hauptmerkmal des Vorhofflimmerns im Venenpuls ist das Fehlen der a-Welle. Der übrige Charakter des Venenpulses kann dabei sehr variieren. Es kann der Kammerkomplex völlig normal sein, so daß die c-Welle, die systolische Senkung x, die diastolische Welle d und die diastolische Senkung y gut ausgebildet sind. Offenbar wird in diesen Fällen der Ausfall der Vorhofstätigkeit durch die Kammer kompensiert, so daß keine Stauungserscheinungen auftreten. In anderen Fällen ist der systolische Kollaps nur angedeutet. Es besteht ein systolisches Plateau mit einer kleinen Einsenkung in der Mitte, als Rest des systolischen Kollapses. Dieses systolische Plateau sagt uns, daß die Stauung im venösen System schon so groß ist, daß es während der Ventrikelsystole gar nicht mehr zu einer Entleerung der Jugularvenen kommt, sondern nur noch während der diastolischen Phase. Man sieht deshalb in solchen Fällen dann im Venenpuls die diastolische y-Senkung besonders deutlich ausgeprägt. Das Phlebogramm zeigt also beim Vorhofflimmern als charakteristisches Zeichen das Fehlen der präsystolischen a-Welle, während der Kammerteil des Venenpulses, je nach dem Grade der durch das Vorhofflimmern bedingten Zirkulationsstörung, in seiner Form variieren kann. Man hat den Venenpuls bei Vorhofflimmern infolge der rudimentären Ausbildung der x-Senkung als positiven Venenpuls bezeichnet. Es muß aber betont werden, daß der „Kammervenenpuls" des Vorhofflimmerns vom positiven Venenpuls der Trikuspidalinsuffizienz genetisch durchaus verschieden ist. In unkomplizierten Fällen von Trikuspidalinsuffizienz ist die a-Welle immer vorhanden, und das x-Tal fehlt, weil durch die schlußunfähige Klappe während der Systole Blut in den Vorhof und die Venen zurückgeworfen wird. Beim Vorhofflimmern fehlt dagegen die a-Welle immer, und das x-Tal kann vorhanden oder nur angedeutet sein. Häufig sehen wir allerdings unter den Umständen, unter denen eine Trikuspidalinsuffizienz auftritt, gleichzeitig auch ein Vorhofflimmern. Dann verwischen sich selbstverständlich diese Unterschiede.

Im Ekg. kommen in der Regel die äußerst frequenten und kraftlosen Flimmerbewegungen der Vorhöfe deutlich zum Ausdruck. Man sieht dann die normale P-Zacke in eine Unzahl von kleinen P-Zacken aufgelöst, die sich auch an solchen Stellen des Ekg. zeigen, wo normalerweise die Saite in Ruhe ist. Oft finden sich diese Flimmerwellen bei der üblichen Art der Aufnahme nur in einer Ableitung oder sogar nur bei direkter Ableitung vom Thorax mittels Nadelelektroden. Die Form und Größe der Flimmerwellen kann auch im einzelnen Falle wechseln. Das Ekg. ermöglicht nun auch eine Bestimmung der Frequenz. Während im Experiment beim Vorhofflimmern bis zu 4000 Flimmerbewegungen in der Minute gezählt wurden, finden wir beim Menschen wesentlich geringere Frequenzen. Sie bewegen sich in der Regel zwischen 350 bis 600 Flimmerwellen in der Minute. Geht die Zahl unter 350 in der Minute herunter, so sprechen wir von einem Flattern der Vorhöfe. Die Grenze zwischen Flattern und aurikulärer paroxysmaler Tachykardie, rein nach der Frequenz beurteilt, ist nicht scharf. Jedoch dürfte bei spontanem Vorhofflattern die Zahl der Flatterwellen in der Minute kaum unter 200 heruntergehen. Der Kammerkomplex zeigt beim Vorhofflimmern — sehen wir jetzt von der Arhythmie ab — in der Regel ein normales Aussehen, da ja die Impulse der Kammer vom Vorhof aus auf dem normalen Wege zugeleitet werden. Treten jedoch Insuffizienzerscheinungen des Herzmuskels oder Leitungsstörungen hinzu, so können sich auch anormale Kammerkomplexe zeigen. Das unregelmäßige Schlagen der Kammern findet in den sehr schwachen, von den flimmernden Vorhöfen ausgehenden Reizen, die eben nur die Reizschwelle überschreiten, seine Erklärung. Auch experimentell läßt sich zeigen, daß die Kammer derartig schwache Reize nur unregelmäßig beantwortet. Sehr häufig finden wir beim Vorhofflimmern im Ekg. ventrikuläre Extrasystolen eingestreut. Es kann durch gehäufte Extrasystolenbildung sogar zu einer ventrikulären paroxysmalen Tachykardie kommen. Beim Rückgang des Flimmerns in den Normalzustand sehen wir im Experiment meist ein Durchgangsstadium von Flattern. Auch kann letzteres durch Vagusreizung in Flimmern übergeführt werden. Wir kennen beim Menschen auch ein Vorhofflimmern, das vorübergehend auftritt. Gelingt es, einen solchen Anfall schon von Beginn an elektrokardiographisch zu verfolgen, so können zunächst nur aurikuläre Extrasystolen vorhanden sein, die über die aurikuläre Tachykardie und Vorhofflattern bis zum Vorhofflimmern sich steigern, und beim Abklingen sehen wir dann denselben Turnus in umgekehrter Folge.

Vergegenwärtigt man sich die beiden Kardinalsymptome des Vorhofflimmerns, nämlich das Fehlen einer kraftvollen Vorhofkontraktion und die unregelmäßige Kammerschlagfolge, so sind die dadurch bedingten Kreislaufstörungen leicht einzusehen. Die kraftlosen Flimmerbewegungen der Vorhöfe kommen praktisch einer Lähmung der Vorhöfe gleich. Das Wegfallen der systolischen Kontraktion der Vorhöfe führt zu einer schlechten Füllung der Kammern, zu einem Sinken des Schlagvolumens und zu einer Stauung im venösen System. Die schlechte Füllung des arteriellen Kreislaufes wird durch die unregelmäßige Kammertätigkeit noch begünstigt, besonders bei der tachyarhythmischen Form des Flimmerns, wo die häufigen frustranen Kontraktionen eine nutzlose Arbeit des Herzens bedeuten. Auch die nervöse Innervation des Herzens leidet Not, da ja der Sinusknoten beim Flimmern funktionell ausgeschaltet ist. Oft sehen wir allerdings, daß die Kammern noch über lange Zeit hin kompensatorisch die Mehrarbeit leisten können. Für diese Frage entscheidend ist der Zustand des Herzmuskels und seines Klappenapparates. Aber ebenso verständlich ist es auch, daß bei bestehendem Mitralfehler ein hinzukommendes Flimmern die Ursache einer Herzinsuffizienz werden kann, weil das schon geschädigte Herz die weitere Kreislaufverschlechterung durch das Flimmern nicht mehr bewältigen kann. In solchen Fällen bedingt das Flimmern die Herzinsuffizienz, was schon dadurch bewiesen ist, daß, wenn es gelingt, durch therapeutische Eingriffe das Flimmern wieder zu beheben, auch die Kompensation wiederkehrt.

Wir finden das Vorhofflimmern beim Menschen, sowohl in Form von paroxysmalen Anfällen als auch als Dauerform, vor allem bei schweren Herzfehlern, und zwar am häufigsten bei Mitralvitien, ebenso bei Aortensklerosen, und dementsprechend häufig bei älteren Leuten. Auch bei der luetischen Aortitis kann Flimmern auftreten, und desgleichen beim arteriellen Hochdruck. Flimmeranfälle können sich auch im Verlauf einer akuten Infektionskrankheit, und zwar besonders bei der Grippe, zeigen. Auch beim Morbus Basedowii ist die Flimmerarhythmie keineswegs selten. Zweifelsohne können auch völlig gesunde Individuen von Flimmeranfällen befallen werden. Starke seelische Affekte scheinen dabei auslösend zu wirken. Das Vorhofflimmern ist also keineswegs ein Zeichen von Myokarditis. Und es ist, wie wir schon bemerkt haben, diagnostisch von Bedeutung, was Wenckebach besonders hervorhebt, daß gerade die akuten und subakuten Endokarditiden fast nie zu einer Änderung des normalen Herzrhythmus führen, also kaum eine Extrasystolie oder ein Flimmern bedingen.

Die Ursache des Vorhofflimmerns beim Menschen kennen wir nicht. Eine bestimmte pathologisch-anatomische Grundlage konnte bis jetzt nicht gefunden werden, obwohl sicher organische Veränderungen für die Genese des Flimmerns wesentlich sein dürften. Wahrscheinlich spielt die in den meisten Fällen von Vorhofflimmern vorhandene starke Erweiterung der Vorhöfe ätiologisch eine Rolle, vielleicht weniger die Erweiterung an sich, da letztere im Tierexperiment kein Flimmern bedingt, als insofern, daß die Erweiterung eine schlechtere Ernährung der Vorhofmuskulatur bedingt, oder daß sie überhaupt der Ausdruck eines geschädigten Muskels an und für sich ist. In ähnlichem Sinne spricht de Boer von einem „schlechten metabolen" Zustand der Vorhofsmuskulatur als ursächlichem Faktor. Wir kennen aber eine Reihe von Momenten, die das Herz in eine Flimmerbereitschaft bringen. Dazu gehören vor allem Gifte, die den Vagus erregen, so z. B. Digitalis, Physostigmin und Muskarin. Auch das Inkret der Schilddrüse wäre hier zu erwähnen. Von der Disposition der Basedowkranken zum Flimmern haben wir schon gesprochen. Sicher können bei solchen zum Flimmern disponierten Herzen schon geringfügige Reize das Flimmern auslösen. Hierzu gehören in erster Linie körperliche Belastung und psychische Erregungen. Wahrscheinlich kommt auch den aurikulären Extrasystolen ein derartig begünstigender Faktor zu. Das, was wir über die Genese des Vorhofflimmerns berichten konnten, trifft in derselben Weise auch für die Entstehung des Vorhofflatterns zu. Wir haben schon erwähnt, daß experimentell durch faradische Reizung von bestimmter Intensität Flattern erzeugt werden kann, und daß bei Flimmeranfällen, sowohl im Beginn als auch im Abklingen, vielfach ein Stadium des Flatterns durchlaufen wird. Auch kann durch Vagusreizung das Flattern in Flimmern experimentell übergeführt werden. Es ist also nicht zu bezweifeln, daß beide Erscheinungen ihrem Wesen nach als gleich zu betrachten sind. Die Flatterfrequenz beim Menschen beträgt meist 300 bis 350 Schläge in der Minute. Die Diagnose des Flatterns beim Menschen ist wesentlich schwieriger als die des Flimmerns, da die charakteristischen Pulsanomalitäten des letzteren sich bei ersterem nicht so ausgeprägt finden. Die sicherste Diagnose liefert das Ekg. Die Flatterwellen sind ausgeprägter als die Flimmerwellen, und vor allem besitzen sie — sehen wir jetzt von der geringeren Frequenz ab — in der Regel eine völlige Gleichmäßigkeit und Regelmäßigkeit. So gut wie immer sehen wir beim Flattern eine Blockierung der Reize an der a-v Grenze eintreten, wobei, je nachdem diese Blockierung regelmäßig oder unregelmäßig stattfindet, die Kammern entsprechend in regelmäßigem oder unregelmäßigem Rhythmus schlagen. Meist besteht eine Tachykardie. Im Tierexperiment läßt sich durch Acceleransreizung nicht nur die Flatterfrequenz steigern, sondern auch die Überleitung verbessern, während Vagusreizung die Überleitung blockiert und zu Kammerstillständen führt. Bei starker Vagusreizung geht, wie schon erwähnt, das Flattern in Flimmern über. Daß das Flattern die Zirkulation in ähnlicher Weise störend beeinflußt wie das Flimmern, braucht nicht näher ausgeführt zu werden. Ich kann auf das dort Gesagte verweisen.

Weit seltener als das Vorhofflimmern ist das Flimmern der Kammern. Der elektrokardiographische Nachweis des Kammerflimmerns ist bis jetzt nur in seltenen Fällen gelungen, da beim Menschen in der Regel so rasch der Tod eintritt, daß keine genügende Zeit zur graphischen Registrierung mehr vorhanden ist. Es ist sehr wahrscheinlich, daß der plötzliche Herztod (Sekundenherztod nach Hering) auf Kammerflimmern beruht. Während im Experiment beim Flimmern der Kammern des Warmblüterherzens Frequenzen bis zu 800 in der Minute beobachtet wurden, dürften beim Menschen Frequenzen von 200 bis 300 in der Minute kaum überschritten werden. Wahrscheinlich tritt das Kammerflimmern spontan häufig kurz vor dem Tode, als Absterbeerscheinung[1], auf. Häufig finden wir den Sekundenherztod bei Koronarsklerose. Es ist sehr wahrscheinlich, daß der plötzliche embolische bzw. thrombotische Verschluß eines größeren Koronararterienastes das Flimmern auslöst. In welcher Weise die Zirkulationsunterbrechung zum Flimmern (Koronarflimmern[2]) führt, ist nicht sicher entschieden. Wahrscheinlich spielen dabei saure Stoffwechselprodukte (Milchsäure u. a.), die sich in dem von der Zirkulation abgesperrten Gebiete anhäufen, eine Rolle. Es ist aber auch nicht gleichgültig, welcher Ast von der Thrombose betroffen wird. Die Wirkung wird um so schwächer sein, je rascher und besser sich ein Kollateralkreislauf entwickeln kann. Wahrscheinlich sind auch die plötzlichen Todesfälle beim Vorhofflimmern durch ein hinzugetretenes Flimmern der Kammern verursacht. In dieselbe Kategorie gehören die akuten Todesfälle bei Chloroformnarkosen, nach intravenösen Strophantininjektionen und durch den elektrischen Starkstrom. Zweifellos können auch starke psychische Affekte bei vorhandener Disposition durch reflektorisch ausgelöstes Kammerflimmern einen plötzlichen Herztod verursachen. Wahrscheinlich haben die Fälle von Synkope im Verlaufe von Infektionskrankheiten (z. B. bei Diphtherieerkrankungen) dieselbe Ätiologie.

Der Versuch, das Wesen des Flimmerns zu erklären, hat zu verschiedenen Theorien geführt, die hier nur kurz gestreift werden können. Schon Engelmann vermutete, daß beim Flimmern durch irgendwelche anormalen Bedingungen an verschiedenen Stellen der Herzmuskulatur sich Reize bilden könnten, die infolge von Interferenz ein geordnetes Zusammenwirken der Muskulatur verhinderten. Winterberg[3] nahm diese Vorstellung auf und betrachtete ebenfalls die „multiple Reizbildung" als ursächliches Moment des Flimmerns, wobei er die Rolle des Vagus dahin definierte, daß er die Ansprechbarkeit auf automatische Reize einerseits erhöhe, andererseits durch Leitungshemmung die einzelnen Reizbildungszentren voneinander sozusagen isoliere. Dadurch wird eine einheitliche Aktion der Muskulatur unmöglich gemacht. Die elektrokardiographischen Untersuchungen mittels der Gartenschen Differentialableitung von Rothberger und Winterberg[4] ergaben jedoch während des Flimmeranfalls einen völlig gleichmäßigen Verlauf der elektrischen Ausschläge. Auch Suspensions- und elektrische Kurven auseinanderliegender Punkte stimmten überein. Diese Tatsachen ließen Zweifel entstehen an der Richtigkeit einer multiplen Reizbildung beim Flimmern. So kamen Rothberger und Winterberg zur Theorie der heterotopen Tachysystolie als Ursache des Flimmerns. Flimmern und

<hr>

[1] Schellong, Z. exper. Med. **36** (1923).   [2] Hering, Der Sekundenherztod. Berlin 1917.
[3] Pflügers Arch. **117** (1907).   [4] Pflügers Arch. **160** (1914) — Z. exper. Med. **4** (1916).

Flattern werden als wesensgleich betrachtet, es handelt sich nur um verschiedene Grade ein und desselben Vorganges. Es genügt ein Zentrum, um das Flimmern bzw. Flattern auszulösen. In beiden Fällen liegt eine aurikuläre oder ventrikuläre Tachysystolie zugrunde. Infolge der hohen Frequenz der Kontraktionen werden dieselben kraftlos, und schließlich so schwach, daß sie gar nicht mehr als deutliche Zusammenziehungen mit dem Auge wahrgenommen werden können. Wesentlich für die Beantwortung der Frage, ob so hohe Frequenzen überhaupt erklärbar sind, ist die Annahme einer sehr starken Verkürzung der refraktären Phase durch Vaguswirkung, wie sie in der Tat auch experimentell nachgewiesen ist. Nach Haberlandt entstehen die automatischen, äußerst frequenten Reize, die das Flimmern bedingen, polytop im a-v Bündel. Auch Hering[2] nimmt für die Genese des Vorhofflimmerns einen mehr umschriebenen Bezirk in der Gegend des Sinus coronarius an. Kisch[3] fand bei der Differentialableitung zu zwei Galvanometern, daß gar keine Beziehungen zwischen Form, Größe und Richtung der Flimmerausschläge bestehen. Dieser Befund spricht wieder für eine polytope Reizbildung. Schließlich kommen im großen ganzen alle diese Untersuchungen zu dem Ergebnis, daß es sich beim Flimmern um einen maximal gesteigerten Zustand von Automatie handelt, wobei die refraktäre Phase äußerst verkürzt ist, weil nur so die rasche Frequenz der Kontraktionen erklärbar ist.

Diese Vorstellung wurde in den letzten Jahren durch die Theorie der kreisenden Erregung, wie sie vor allem durch die Arbeiten von Mayer, Mines[4], Garrey[5] und Lewis[6] begründet wurde, etwas in den Hintergrund gedrängt. Die Anschauung geht von Versuchen am Ringmuskel von Medusen aus. Reizt man diesen Muskel an einer bestimmten Stelle, so geht von da aus eine Kontraktionswelle nach beiden Seiten. An der gegenüberliegenden Stelle, wo beide Wellen aufeinanderstoßen, erlöschen sie. Quetscht man jedoch an einer Stelle den Muskel durch Anlegen einer Klemme und reizt nun neben dieser blockierten Zone, so läuft die Kontraktionswelle nur nach der einen Seite, da die lädierte Stelle ein absolutes Hindernis für die Weiterleitung des Reizes bildet. Hebt man jedoch die Blockierung durch Entfernung der Klemme auf, bevor die Kontraktionswelle auf ihrem Weg durch den Muskelring diese Stelle erreicht hat, so ist sie jetzt für den Reiz durchgängig, und die Kontraktionswelle schreitet nun über die vorher blockierte Zone hinweg. Inzwischen ist die refraktäre Phase der zuerst von der Kontraktionen betroffenen Muskelpartie abgeklungen, so daß die Erregung wieder beantwortet werden kann. Auf diese Weise gelingt es, die Erregung stundenlang kreisen zu lassen. Diese experimentellen Befunde wurden nun auch zur Erklärung des Flimmerns herangezogen. Die von irgendeiner Stelle im Vorhof radiär ausgehenden Kontraktionswellen sollen bei ihrem Weiterschreiten von Faser zu Faser auf immer wechselnde Blockstellen stoßen, dadurch gehemmt und in die Kreisbahn abgedrängt werden. Nach Abklingen der Leitungsstörung können vorher blockierte Muskelgebiete wieder erregt werden und ihre Kontraktion auf Nachbarfasern übertragen. Auf diese Weise kann bei stark herabgesetzter refraktärer Phase und bestimmter Geschwindigkeit der Fortleitung der Kontraktionswellen ein Flimmern entstehen. Nach Garrey spielt die Muskelmasse ebenfalls eine Rolle insofern, als größere Muskelstücke leichter ins Flimmern geraten und länger im Flimmerzustand verharren als dünne Muskelstreifen. Darauf beruht es auch, daß das Flimmern der Vorhöfe nicht auf die Kammern übergeht, da das

---

[1] Pflügers Arch. **200** (1923). [2] Münch. med. Wschr. **1914**.
[3] Z. exper. Med. **24** (1921). [4] J. of Physiol. **46** (1913).
[5] Amer. J. Physiol. **33** (1914). [6] Brit. med. J. **4** (1923).

schmale a-v Bündel — sehen wir jetzt von der Reizleitungsstörung ganz ab — schon wegen seines geringen Querschnittes den Übertritt der Flimmerwellen hemmt. Nach den Untersuchungen von Lewis und seiner Schule beruht das Flattern und Flimmern der Vorhöfe ebenfalls auf einer in einer geschlossenen Kreisbahn ablaufenden Erregung, die die obere und untere Hohlvene umgreift. Von dieser zentralen Erregungswelle aus gehen zentrifugal über die ganze Vorhofsmuskulatur Erregungen aus, wobei beim Flimmern infolge der höheren Frequenz die Leitungsstörungen zunehmen, so daß sowohl die zentrale Erregungswelle als auch die peripher ausstrahlenden Erregungen gezwungen sind, an zahlreichen Blockstellen vorbei sich ihren Weg zu bahnen. Auch für die Theorie von Lewis sind wesentliche Bedingungen die starke Verkürzung der refraktären Phase und eine Verlangsamung der Reizleitung. De Boer konnte zeigen, daß das entblutete, also schlecht ernährte Froschherz schon durch einen einzigen Induktionsschlag ins Flimmern gebracht werden kann, wenn nur die elektrische Reizung sofort nach Ablauf der Refraktärphase einsetzt. Reizt man später, wenn die Refraktärperiode schon einige Zeit vorüber ist, so erfolgt eine einfache Extrasystole. De Boer glaubt deshalb, daß eine Voraussetzung für die Entstehung des Flimmerns in dem schlechten metabolen Zustand des Herzmuskels gelegen sei. Einen weiteren begünstigenden Faktor sieht er in dem Gebundensein an die abklingende Phase der Refraktärperiode, weil in diesem Stadium des noch ungenügend erholten Muskels nur ein Teil, nämlich die funktionell schon restituierten Fasern auf den Reiz hin zur Kontraktion gelangen, ein anderer Teil der noch refraktären Muskelelemente erst nach weiter fortgeschrittener Erholung durch die zuerst aktivierten Fasern in Erregung versetzt würden. So kommt es zu einer etappenweisen Aktivierung der Muskulatur, wodurch infolge des Nebeneinanderseins von kontraktionsfähigen und refraktären Muskelfasern ein Kreisen der Erregung ermöglicht werde (Etappentheorie). De Boer konnte weiterhin zeigen, daß ein Kammerflimmern schon durch normale, vom Sinus bzw. Vorhof zugeleitete Reize ausgelöst werden kann, wenn die erwähnten zwei Bedingungen erfüllt sind, nämlich schlechter Zustand der Kammermuskulatur und Eintreffen der Erregung am Ende der Refraktärperiode der Kammern. Die Wenckebachsche Theorie sucht nach einem diesen Theorien zugrunde liegenden Faktor und sieht ihn in dem „Energieverbrauch der einzelnen Systole". Alle Funktionen des Herzens beanspruchen nach stärkerer Inanspruchnahme eine längere Erholungszeit. Je mehr also der Energievorrat des Herzens erschöpft wird, um so längere Zeit braucht das Herz für dessen Restitution. Um so länger wird auch die Refraktärperiode dauern. Man wird also auch den umgekehrten Schluß ziehen dürfen, daß, je weniger Energie in der Zeiteinheit verbraucht wird, um so rascher sich auch die Erholung vollzieht. Die Zunahme der Reizfrequenz bedingt ein Kürzerwerden der Diastole, damit muß aber auch die systolische Kontraktionsdauer kleiner werden. Die kleinstmöglichen Kontraktionen und somit die höchsten Frequenzgrade entsprechen dem Flimmern. Es ist zuzugeben, daß entsprechend der Verkürzung der Systolen auch der Energieverbrauch der einzelnen Systole abnehmen muß. Die Folge davon wird aber auch die proportional raschere Ergänzung des Energievorrates sein. So „erklärt sich die verkürzte Refraktärphase bei steigender und schließlich höchster Reizfrequenz von selbst". So ist nach Wenckebach das spontane Flimmern bzw. Flattern „ein primärer Zustand kleinster systolischer Funktion (Mikrosystolie)". Dieser Zustand trägt schon auf Grund der zwangsläufigen Verknüpfung von minimalstem Energieverbrauch mit minimalster Kontraktion und äußerst verkürzter Refraktärphase die Bedingungen zur äußerst gesteigerten Reizfrequenz in sich. Jede Stelle im Herzen, welche die Bedingungen erfüllt zur Entstehung kleinster Systolen und deren Weiterleitung auf die Umgebung, kann so zum Zentrum eines eigenen frequenten Rhythmus werden. Die Wenckebachsche Theorie ist also unabhängig von irgendwelchen Forderungen einer nomotopen oder polytopen Reizbildung und einer bestimmten Bewegungsform der Erregung. Darin erblicken wir ihren großen Wert, um so mehr noch, als sie das funktionelle Geschehen zu ihrer Grundlage macht. Wir haben hier nicht die Möglichkeit, auf eine kritische Besprechung der erwähnten Theorien einzugehen. Das würde uns zu weit führen, um so mehr, als eine abschließende Betrachtung dieses Gebietes heute noch gar nicht möglich ist. Wir sehen aber in der Wenckebachschen Formulierung einen grundlegenden Fortschritt, der den Weg zeigt, auf dem weiter gearbeitet werden muß.

Von L. Traube wurde zuerst auf eine besondere Form des Arterienpulses hingewiesen, bei der hohe und niedere Pulswellen miteinander abwechseln und die letzteren von den vorangehenden hohen Schlägen weiter entfernt sind als von den nächstfolgenden. Er nannte diesen Puls Pulsus alternans[1]. Später wurde dann das experimentell direkt beobachtete Alternieren des Herzens mit dem Pulsus alternans zusammengeworfen. Vor allem durch die Arbeiten von Hering[2] und von Volhard[3] wurde dann auf die Notwendigkeit einer Trennung beider Begriffe hingewiesen. Heute trennen wir den am Herzen selbst beobachteten Wechselschlag von dem alternierenden Verhalten, das am Gefäßsystem nachgewiesen wurde. Klinisch kommen für die Bezeichnung Pulsus alternans nur die Füllungsänderungen des Gefäßsystems und deren Folgen in Frage. Wir wissen heute, daß Herz alternans und Puls alternans nicht zwangsläufig miteinander verknüpft sind. So kann ein Pulsus alternans vorhanden sein, ohne daß eine alternierende Herztätigkeit vorliegt. Handelt es sich z. B. um eine Extrasystolenbildung im Sinne einer kontinuierlichen Bigeminie, wobei die Extrasystole jedesmal so spät einfällt, daß der Puls infolge der Extraverspätung rechtzeitig oder gar etwas verspätet eintrifft, so finden wir im Pulsbild ein Alternieren von großen und kleinen Pulsen vom Typus des Pulsus alternans, ohne daß eine analoge alternierende Herztätigkeit vorliegt. Derartige Fälle wurden von Hering als Pulsus pseudoalternans bezeichnet. Ebenso kann ein Herzalternans vorhanden sein, ohne daß er am peripheren Puls zum Ausdruck kommt, vor allem dann, wenn der kleine Herzschlag so kraftlos ist, daß er überhaupt nicht bis zur Peripherie durchdringt. Es führt unter diesen Umständen der Herzalternans zu einer Bradykardie. Wir bezeichnen deshalb nach Ausschaltung dieser differentialdiagnostischen Faktoren auf Grund der Heringschen Untersuchungen als Pulsus alternans solche Fälle, bei denen der alternierende Puls auf einer regelmäßigen, aber in ihrer Intensität wechselnden Tätigkeit des Herzens beruht. Die palpatorische Diagnose ist nicht immer leicht, da sie eine gewisse Übung im Fühlen der Pulsqualitäten verlangt. Abgesehen von den graphischen Darstellungen des Pulses ist die Diagnose am einfachsten bei der Blutdruckmessung, vor allem nach der Korotkowschen Methode, zu stellen. Bei fallendem Manschettendruck tritt der Ton der kleineren Welle später auf als derjenige des normalen Schlages. Es gelangt aber der erstere rascher zum Maximum an Lautheit, und damit wird der Minimaldruck von der kleineren Welle früher erreicht als von dem größeren Pulsschlag. Bei weiterem Abnehmen des Manschettendruckes verschwindet dann der Ton des kleineren Pulses zuerst. So charakteristisch das Sphygmogramm die Größenunterschiede der Pulswellen demonstriert,

---

[1] Zusammenfassende Darstellung bei Kisch, Erg. inn. Med. **19** (1921).
[2] Prag. med. Wschr. **27** (1902) — Verh. Kongr. inn. Med. **1906/1908**.
[3] Münch. med. Wschr. **1905**, Nr 13.

so sehr versagt in der Regel das Ekg. beim Menschen. Abgesehen von wenigen
Ausnahmen, bei denen ein Alternieren von R und T, vor allem von letzterem,
nachgewiesen werden konnte, zeigt in der Regel auch bei ausgesprochenen klinischen Fällen das Ekg. keinerlei Veränderungen.

Experimentell läßt sich Alternans vor allem durch solche Eingriffe erzeugen,
welche die Funktion des Herzens schädigen. Erschöpfung des Herzens durch
prolongierte Versuche, Behinderung des Koronarkreislaufes, Dyspnoe und partielle
Abkühlung gehören zu solchen Alternans bedingenden Faktoren. Auch Gifte
wären hier zu erwähnen, so die Digitalis, Akonitin und Veratrin. Vor allem aber
ist die Glyoxylsäure als Alternans erzeugende Substanz bekannt geworden.
Auch die Erhöhung der Schlagfrequenz und in diesem Sinne die Acceleransreizung und ebenso die Erhöhung des peripheren Widerstandes (Blutdrucksteigerung) sind unter die auslösenden Faktoren einzureihen. Am freigelegten
Herzen kann das Alternieren des Herzens direkt beobachtet werden. Man sieht,
daß einzelne Teile des Herzens dabei infolge der Kontraktion blaß werden, während
andere Gebiete, die nicht aktiv sind, rot bleiben, sich sogar vorwölben infolge des
Druckes, den die kontrahierten Teile auf den Inhalt ausüben. In solchen Fällen
handelt es sich also um eine alternierende Tätigkeit einzelner Herzteile
bzw. einzelner Muskelgebiete, um eine partielle Asystolie oder Hyposystolie. Beteiligt sich die gesamte Muskulatur an der alternierenden Aktion,
so spricht man von einer totalen alternierenden Systolie. Die Tatsache,
daß der Pulsus alternans klinisch nur bei einem kleinen Teile von Herzkranken
gefunden wird und die oben erwähnten experimentellen Beobachtungen, daß Ermüdung des Herzmuskels und dessen Schädigung durch bestimmte Gifte, Alternans hervorrufen bzw. seine Entstehung begünstigen, hat zur Aufstellung des
Begriffes einer „Alternansbereitschaft" geführt. Unter diesen Umständen
sollen schon geringfügige Änderung der Frequenz, Unregelmäßigkeiten der
Schlagfolge (Extrasystolen), Blutdrucksteigerungen u. a. das Auftreten des
Pulsus alternans bedingen können. Wir wissen zwar, daß auch das nicht geschädigte Herz bei genügend starker Störung der physiologisch aufeinander
eingestellten dynamischen Kreislauffaktoren zu einer alternierenden Aktion gebracht werden kann, aber meist handelt es sich dabei um ein vorübergehendes
Alternieren, das mit Abklingen der ursächlichen Störung verschwindet. Die
„Alternansbereitschaft", die sich wohl nicht nur auf eine Schwächung der inotropen, sondern sämtlicher Funktionen des Herzmuskels, wenn auch in graduell verschiedener Weise, bezieht, soll zum Ausdruck bringen, daß ein
derartig geschädigtes Herz nicht nur leichter eine Störung der Kreislaufdynamik
mit einer alternierenden Tätigkeit beantwortet, sondern auch diese funktionelle
Abweichung länger bzw. dauernd behält. Beim Menschen finden wir den
Pulsus alternans vor allem beim arteriellen Hochdruck, sowohl auf der Basis
einer chronischen Nierenerkrankung oder einer Atherosklerose, als auch der
essentiellen Hypertonie, ferner bei Aorten- und Koronarsklerosen und bei stark
erhöhter Schlagfrequenz, so z. B. bei der paroxysmalen Tachykardie. Auffallend
ist sein seltenes Vorkommen bei Herzinsuffizienz. Auf das Vorkommen
eines Alternierens der Vorhöfe im Tierexperiment soll hier nur kurz hingewiesen
sein. Wesentlich störende Folgen für den Kreislauf scheint der Pulsus alternans
nicht zu bedingen. Die Prognose des Pulsus alternans, die früher vor allem auf
Grund der Anschauungen Mackenzies[1] als absolut infaust galt, wird heute
weniger ernst betrachtet. Für die Beurteilung ist das Grundleiden maßgebend. Die gesamte klinische Einschätzung fällt mehr in die Waagschale als

---

[1] Lehrb. d. Herzkrankheiten. Berlin 1910.

das Symptom des Alternans. Daß sein Vorkommen bei der paroxysmalen Tachykardie keine besondere Bedeutung hat, bedarf keiner weiteren Erörterung.

Eine generell gültige Erklärung für die Entstehung des Pulsus alternans besitzen wir nicht.

Da beim alternierenden Froschherzen deutlich sichtbar ist, daß während der kleineren Systole nur ein Teil der Muskulatur tätig ist, so nahm man an, daß zwischen der großen und kleinen systolischen Kontraktion nur ein gradueller Unterschied besteht derart, daß bei ersterer sich mehr Muskelfasern an der Aktion beteiligen. Auch am Säugetierherzen wurden diese Beobachtungen gemacht, wobei nur einzelne Herzteile, wie z. B. die Basis, alternieren können oder gar ein gegensinniges Alternieren einzelner Teile vorhanden sein kann. Man sah dementsprechend in dieser schon von Gaskell aufgestellten Theorie der partiellen Asystolie bzw. Hyposystolie das Wesen des Pulsus alternans. Nun hat schon F. B. Hofmann[1] darauf hingewiesen, daß die größere Systole des Pulsus alternans eine längere Dauer hat als die kleinere Systole. Damit wird aber die der größeren Kontraktion folgende Diastole verkürzt und damit auch die Erholungszeit des Herzmuskels verkleinert. Das Umgekehrte ist nach der kleineren Kontraktion der Fall. F. B. Hofmann hat nun vor allem auch auf Grund seiner Versuche, daß durch Vagusreizung das Froschherz zum Alternieren gebracht werden kann, folgende Vorstellung entwickelt. Bei Abnahme der Kontraktilität werden Systole und Diastole verkürzt. Wird so durch irgendein Moment, z. B. durch eine plötzliche Frequenzsteigerung, eine Herzperiode kürzer, so wird die folgende Ruhepause länger. Das Herz wird sich bei regelmäßiger Schlagfolge in dieser Zeit auch besser erholen, und damit wird die nächste Systole größer werden und länger dauern. Dadurch wird aber bei gleichbleibendem Rhythmus die Erholungsphase wieder verkürzt und damit die nächste Kontraktion kleiner ausfallen und kürzer dauern. Auf diese Weise sollte ein Pulsus alternans auf Grund einer totalen alternierenden Hyposystolie zustande kommen. Eine ähnliche Anschauung hat Hermann Straub[2] geäußert. Nach ihm tritt auch bei regelmäßigen Zeitintervallen Alternans dann ein, ,,wenn der zweite Reiz eintritt zu einer Zeit, wo die Erschlaffung nach der vorhergehenden Kontraktion noch nicht genügend weit fortgeschritten ist, wenn der Reiz auf den absteigenden Schenkel der Kontraktionskurve trifft". Das wird vor allem bei hoher Frequenz der Fall sein. Und je früher die zweite Systole in den abfallenden Schenkel der vorhergehenden Systole fällt, um so kleiner wird sie sein. De Boer sieht das Wesentliche für die Entstehung des Alternans in dem schlechten metabolen Zustand der Muskulatur. Ein derartig, nicht nur bezüglich seiner Kontraktilität, sondern auch in seinen übrigen Funktionen geschädigtes Herz wird bei jeder Rhythmusänderung ins Alternieren geraten, da der lädierte Muskel in einer längeren Pause sich besser erholt und stärker und länger kontrahiert als nach einer kürzeren Diastole. Durch dieses Wechselspiel von kürzerer und längerer Diastole kommt es dann zum Alternans.

Die Theorie der alternierenden Dynamik von Wenckebach geht von ganz anderen Gesichtspunkten aus. Das Schlagvolumen ist direkt proportional der Kammerfüllung und umgekehrt proportional dem Widerstand gegen die Entleerung der Kammer, also dem zu überwindenden Blutdruck. Außerdem wird bei Abnahme des Schlagvolumens, infolge zunehmenden peripheren Widerstandes, die systolische Restblutmenge und damit die diastolische Kammerfüllung größer werden, vorausgesetzt, daß der venöse Zufluß gleichbleibt. Die

---

[1] Pflügers Arch. **84** (1904).   [2] Dtsch. Arch. klin. Med. **123** (1917).

große Systole des Pulsus alternans findet einen geringen peripheren Widerstand infolge der schlechten Füllung des arteriellen Systems durch die vorangegangene kleinere Systole. So kommt es zu einer großen und langdauernden Kontraktion. Dadurch findet die nächste Systole bei gleichbleibendem Rhythmus ein gut aufgefülltes Gefäßsystem und eine unter hohem Druck stehende Aorta vor. Die Systole und das Schlagvolumen werden deshalb kleiner ausfallen. Der Wechsel in den peripheren Widerständen bedingt also einen Wechsel in den jeweiligen Füllungen des Herzens und damit das Alternieren. Gerade unter den Bedingungen, die beim Menschen leicht zum Alternans führen, finden wir nun solche, die auch das Schlagvolumen und den peripheren Widerstand variieren können. Dazu gehört einerseits die Tachykardie, welche die Füllungszeit der Kammern vermindert, und die Hypertonie bzw. Sklerose andererseits, welche den Aortendruck erhöhen. Keine der erwähnten Theorien vermag, wie wir schon eingangs betonten, das Wesen des Alternans restlos zu erklären. Auf eine Kritik der einzelnen Anschauungen müssen wir hier verzichten. Es sei diesbezüglich nochmals auf die eingehende Studie von Kisch verwiesen. Wir können heute nur so viel behaupten, daß der schlechte metabole Zustand des Herzens, also eine herabgesetzte Leistungsfähigkeit des Herzmuskels, die sich aber nicht nur auf die Kontraktilität bezieht, ein wesentlich bedingendes Moment darstellt. Es drückt sich im Begriff der Alternansdisposition aus. Letztere hat für den Menschen ihre Grundlagen in den erwähnten pathologischen Zuständen, den verschiedenen Formen der Hypertension, der Aorten- und Koronarsklerose und der paroxysmalen Tachykardie. In diesen Fällen veranlassen schon geringfügige Störungen des Herzrhythmus das Auftreten eines Alternans, wobei es heute noch unentschieden bleibt, welche der erwähnten Theorien der Dynamik desselben zugrunde liegt.

Bei den verschiedensten pathologischen Zuständen findet man ein Kleinerwerden oder sogar ein Verschwinden des Radialpulses bei der Einatmung, während das Herz regelmäßig weiterschlägt. Dieses Phänomen wurde zuerst von Kussmaul als Pulsus paradoxus bezeichnet und als ein diagnostisches Zeichen einer Mediastino-Perikarditis betrachtet. Nach Wenckebach[1] müssen genetisch drei Formen des Pulsus paradoxus unterschieden werden, und zwar die extrathorakal bedingte Form, die dynamische Form und die mechanisch verursachte Form des Pulsus paradoxus[2]. Bei der extrathorakalen Form wird durch abnorme anatomische Verhältnisse (Thoraxdeformitäten, Halsrippe, Narben usw.) beim inspiratorischen Heben des Brustkorbes die Arteria subclavia zwischen erster Rippe und Klavikula zusammengedrückt. Durch eine Veränderung der Armlage kann der extrathorakale Pulsus paradoxus meist sofort beseitigt werden. Dieser extrathorakalen Form kommt nur differentialdiagnostische Bedeutung zu.

Zur Erklärung des Zustandekommens des dynamisch bedingten Pulsus paradoxus sei nochmals kurz an den früher schon eingehend geschilderten Einfluß der Atmungsdynamik auf den Kreislauf erinnert. Während der Einatmung wird der negative Druck im Thorax gesteigert, und der elastische Zug der Lungen auf die Nachbarorgane nimmt zu. Wegen der Unnachgiebigkeit der Rippen und der starken Gegenwirkung der mächtigen Zwerchfellmuskulatur wirkt das zuletzt erwähnte Moment besonders auf das Herz und die Gefäße ein. So kommt es während der Inspiration zu einer Ansaugung von Blut aus den Venen in das Herz und einer Blutstauung im Herzen und den erweiterten Lungen-

---

[1] Z. klin. Med. **71** (1910).
[2] Zusammenfassende Darstellung bei van der Mandele, Studien zum Problem des Pulsus Paradoxus. Wien: Julius Springer 1925.

gefäßen. Wir finden dementsprechend während dieser Hemmungsphase eine Abnahme des Schlagvolumens, eine geringere Füllung des arteriellen Systems, ein Sinken des Blutdruckes und eine stärkere Entleerung der herznahen Venen in das rechte Herz. Bei der Ausatmung muß das Umgekehrte eintreten, nämlich: Zunahme des Schlagvolumens, stärkere Füllung des arteriellen Systems, Steigen des Blutdruckes, langsames Abfließen des Blutes aus den großen Venen zum rechten Herzen. Bei gesunden Individuen und ruhiger Atmung sind diese Folgen der Atmung auf den Kreislauf zu wenig ausgeprägt, um nachgewiesen werden zu können. Unter bestimmten Bedingungen können sie aber in Erscheinung treten. Dazu gehören: forcierte maximale Einatmung, wodurch es zu plötzlichen Druckschwankungen im Thorax kommt, ferner behinderter Luftzutritt zu den Lungen. So wurde der dynamische Pulsus paradoxus von Carl Gerhardt[1] im Kruppanfall bei Kindern beschrieben und als Indikation zur Tracheotomie betrachtet. Die Behinderung des Luftzutrittes verstärkt in diesen Fällen die obenerwähnten inspiratorischen Einflüsse auf den Kreislauf. In ähnlicher Weise, nämlich durch Verkleinerung der respirierenden Oberfläche, können auch große pleuritische Exsudate, Tumoren u. a. zum dynamischen Pulsus paradoxus führen. Schließlich kann eine Atonie des Herzens und der Aortenwand, infolge zu großer Nachgiebigkeit ihrer Wandungen, dieses dynamische Pulsphänomen bedingen. Die Bedeutung dieser dynamischen Form liegt ebenfalls vorwiegend auf differentialdiagnostischem Gebiete. Der dritten Form, dem mechanisch bedingten Pulsus paradoxus, kommt größeres klinisches Interesse zu. Nach Wenckebach kommt der mechanische Pulsus paradoxus besonders in solchen Fällen von mechanischer Behinderung der Herztätigkeit vor, „bei welchen die Atmung die Arbeitsbedingungen für das Herz noch ungünstiger gestaltet oder das Zuströmen von Blut in den Thorax behindert". Es ist deshalb verständlich, daß wir ihn am häufigsten bei der adhäsiven Mediastino-Perikarditis finden. In solchen Fällen ist das Herz von schwieligen Prozessen vollkommen ummauert. Es ist nicht nur mit Pleura, Lunge und Zwerchfell verwachsen, sondern auch vorne mit der Brustwand und hinten mit der Wirbelsäule mittels dicker mediastinaler Schwielen verlötet. Systole und Diastole sind maximal behindert, die Füllung des arteriellen Kreislaufes ist ungenügend, und es besteht eine starke Stauung im venösen System. Die Atmung ist äußerst oberflächlich, oft schwellen die Halsvenen im Gegensatz zur Norm inspiratorisch an (Friedreich), der Puls wird in dieser Atemphase kleiner, im Exspirium nimmt er an Größe wieder zu. Jede Einatmung erschwert weiterhin die Aktion eines derartig von massigen Verwachsungen allseitig umschnürten Herzens. So wird in derartigen Fällen die Atmung zum Gegenteil von der Norm, sie wirkt kreislauferschwerend. Der Pulsus paradoxus ist aber nicht, wie Kussmaul glaubte, ein sicheres Zeichen einer Mediastino-Perikarditis. Wir finden ihn vielmehr nur in solchen Fällen, wo es zu einer ausgedehnten Adhäsion an die vordere Brustwand gekommen ist und meist eine Indikation für die Brauersche Kardiolyse besteht. Der Wenckebachschen Definition entsprechend wird er überhaupt dann zu erwarten sein, wenn die mechanische Behinderung des Herzens stark ausgeprägt ist. Das können nach Wenckebach auch ausgedehnte Verwachsungen mit Pleura und Zwerchfell sein, wodurch inspiratorisch eine Bewegungserschwerung des Herzens selbst oder eine Behinderung der Blutströmung in den großen herznahen Gefäßen hervorgerufen wird, und ebenso Fälle von Enteroptose mit besonders ausgesprochenem Zwerchfelltiefstand, bei denen das Herz durch die inspiratorisch wegfallende Zwerchfellunterlage in seiner Beweglichkeit wesentlich eingeschränkt wird.

---

[1] Zit. nach Wenckebach.

Die kardiale Dyspnoe und das Asthma cardiale.

Zu den regelmäßigsten und zumeist am frühesten einsetzenden Symptomen bei Herzkrankheiten zählt die Kurzatmigkeit, die Dyspnoe. Als klinisches Symptom ist die Dyspnoe vieldeutig, und dementsprechend sind auch ihre Ursachen mannigfaltig. Hier soll uns nur die rein kardiale Form der Dyspnoe beschäftigen. Die modernen Methoden der Respirations- und Blutgasanalysen haben uns wichtige Aufschlüsse über das Zustandekommen der kardialen Dyspnoe gebracht. Sie lehrten uns aber auch die Kompliziertheit dieses Problems kennen, und es erscheint fraglich, ob überhaupt eine einheitliche genetische Betrachtung des Asthma cardiale möglich sein wird. Es ist eine alte klinische Erfahrung, daß Kranke mit Mitralfehlern häufiger und stärker von Dyspnoe befallen werden, als solche mit Aortenfehlern. Da gerade bei Läsionen der Mitralklappen Störungen im Lungenkreislauf besonders leicht eintreten, so wurden Änderungen des Gasaustausches in den Lungen vorwiegend für die Entstehung der kardialen Dyspnoe verantwortlich gemacht. Traube sah in der Verkleinerung der Atmungsfläche, durch die infolge der Stauung ins Lumen der Alveolen weit vorspringenden Kapillaren, das ursächliche Moment. Die Arterialisierung sollte dadurch mangelhaft erfolgen. Von Basch kam zu einer entgegenstehenden Anschauung. Nach ihm sollten die gestauten Kapillaren den Raum der Alveolen nicht verkleinern, sondern dadurch, daß sie infolge der übermäßigen Blutfülle gestreckt werden, eher eine Erweiterung der Alveolen hervorrufen und so zu einer „Lungenschwellung" führen, die ein Tiefertreten des Zwerchfells und eine verminderte respiratorische Verschieblichkeit bedingt. Diese Volumzunahme bewirkt weiter einen Verlust an Dehnbarkeit, eine „Lungenstarre". Lungenschwellung und Lungenstarre sind für v. Basch die beiden Faktoren, die die Arterialisierung des Blutes vermindern und so die Dyspnoe verursachen. Zunächst kann durch eine forcierte Atmung unter Zuhilfenahme der auxiliären Atemmuskulatur eine gewisse Kompensation eintreten. Sind jedoch Lungenschwellung und Lungenstarre weit genug vorgeschritten, so bleibt trotz angestrengter Atmung der Nutzeffekt derselben ungenügend. Die Lehre von v. Basch wurde zunächst lebhaft bestritten. In neuerer Zeit wurde sie jedoch zum Teil bestätigt. Wenn auch eine Lungenschwellung nicht nachgewiesen werden konnte, so kann heute doch kein Zweifel mehr bestehen, daß die Lungenstarre v. Baschs ein wesentliches Moment in der Genese der kardialen Dyspnoe bedeutet.

Erinnern wir zunächst, bevor wir in der Besprechung der Genese der kardialen Dyspnoe weiterfahren, kurz an einige grundlegende Tatsachen der Atmungsphysiologie. Das Atemzentrum besitzt wie das Herz eine automatische Rhythmizität. Die Funktionsreize werden dem Atemzentrum auf dem Blutwege zugeführt. Es ist bestimmten Änderungen in der Blutzusammensetzung gegenüber äußerst empfindlich, und seine Fähigkeit regulativer Anpassung ist groß. Vor allem ist die Kohlensäure ein mächtiges Stimulans. Schon eine ganz geringe Zunahme der Kohlensäure in der Alveolarluft bedingt eine intensive Ventilationssteigerung. Dabei scheint das Maßgebende weniger die Vermehrung der Kohlensäure an sich zu sein, als nach der Theorie von Winterstein die Zunahme der Wasserstoffionenkonzentration. In diesem Sinne kann auch Sauerstoffmangel atmungserregend wirken, da ein Zuwenig an Sauerstoff eine ungenügende Verbrennung von Stoffwechselprodukten und damit eine Blutsäuerung verursacht. Man hat diese Form der Dyspnoe, welche infolge einer Blutazidosis zu einer Reizung des Atmungszentrums führt, als „hämatogene Dyspnoe" bezeichnet. Wir finden sie vor allem bei schweren

Diabetikern und bei der Urämie. Ausschlaggebend für die Entstehung der kardialen Dyspnoe dürfte sie wohl kaum sein. Wenn bei Herzfehlern eine renale Komponente hinzukommt, dann kann dieser Faktor jedoch unterstützend mitspielen. Die neuen Untersuchungen Eppingers über Stoffwechselstörungen in der Peripherie bei schweren Dekompensationen — wir werden auf diese interessanten Ergebnisse bei der Herzinsuffizienz noch genauer zu sprechen kommen — lassen die Mitbeteiligung dieser hämatogenen Stimulation des Atemzentrums auch in solchen Fällen wahrscheinlich erscheinen. Weiterhin nimmt man an, daß auch lokal begrenzte Stoffwechselstörungen im Gebiete des Atemzentrums, vor allem auf dem Boden von Zirkulationsstörungen, z. B. Gefäßspasmen, zu einer Gewebssäuerung und damit zu einer gesteigerten Atmung führen können. So erklärt man sich die häufige Dyspnoe bei Hypertonikern. Romberg spricht in solchen Fällen von einer renalen, Hermann Straub sehr treffend von einer zerebralen Dyspnoe. Als ursächliches Moment der kardialen Dyspnoe dürfte diese Form wohl kaum in Frage kommen. Schließlich wäre noch die pulmonale Form der Dyspnoe im Sinne von Hermann Straub zu erwähnen, deren Ursache in Störungen der Lungenventilation selbst gelegen ist. Sie spielt für das hier in Frage stehende Symptom eine wesentliche ätiologische Rolle. Sie ist, was keiner weiteren Begründung bedarf, soweit es sich dabei um eine Anschoppung von Kohlensäure handelt, von der hämatogenen Form nicht streng abzutrennen. Es ist aber möglich, daß, wie das von Eppinger[1] vermutet wird, das Atemzentrum auch ohne hämatogene Vermittlung von der Lunge aus reflektorisch angeregt werden kann. Sichere Beweise für einen derartigen Reflex haben wir allerdings zur Zeit nicht.

Sehr wertvolle Untersuchungen liegen nun über die Atemmechanik bei Herzkranken vor allem von Siebeck[2] vor. Bekanntermaßen kann an eine gewöhnliche ruhige Exspiration noch eine stärkere Ausatmung angeschlossen werden. Das bei letzterer herausbeförderte Luftquantum bezeichnet man als Reserveluft. Auch die gewöhnliche Inspiration kann durch eine noch stärkere Einatmung vervollständigt werden. Das dadurch gewonnene Mehr an Einatmungsluft bezeichnet man als Komplementärluft, während die von maximaler Inspiration bis zu maximaler Exspiration bewegte Luftmenge die Vitalkapazität umfaßt. Die in der Zeiteinheit geatmete Luftmenge nennt man die Atemgröße. Siebeck hat nun gezeigt, daß bei Herzkranken die Atemfrequenz und damit die Atemgröße gegenüber dem Gesunden erheblich vermehrt, während die Vitalkapazität stark vermindert ist. Außerdem konnte Siebeck nachweisen — wegen der Details müssen wir auf die Originalarbeiten[3] verweisen, — daß bei Herzkranken der Nutzeffekt der Atmung herabgesetzt ist, die Ventilation ist schlechter, und die Durchmischung der Luft in den Alveolen ist weniger gleichmäßig als bei Gesunden. Gerade das letztere Moment läßt vermuten, daß in den Bezirken der Lunge, in denen die Ventilation eine ungenügende ist, auch die Arterialisation des Blutes notleidet. Die gasanalytischen Untersuchungen des mit der Hürterschen Arterienpunktion gewonnenen Blutes ergaben nun, daß bei Herzkranken die O_2-Sättigung keine wesentliche Abweichung von der Norm zeigt, daß aber die Kohlensäurespannung des arteriellen Blutes erhöht ist. Es ist allerdings, wie Siebeck mit Recht hervorhebt, zu bemerken, daß, wenn bei der Vornahme der Punktion Schmerzreaktionen nicht ausgeschaltet wurden, Fehlerquellen sich leicht einschleichen können, da Schmerz die Atmung beeinflußt und dadurch leicht Verschiebungen der arteriellen Kohlensäurespannung hervorgerufen werden können.

---

[1] Über das Asthma cardiale. Berlin 1924.　　[2] Klin. Wschr. **1929**, Nr 46.
[3] Dtsch. Arch. klin. Med. **100** (1910); **102** (1911); **107** (1912); **111** (1913).

Es ist in dieser Hinsicht beachtenswert, daß in den Versuchen Eppingers, in denen jede Schmerzempfindung vermieden wurde, wesentliche Änderungen der CO_2-Spannung im Arterienblut nicht nachgewiesen werden konnten. Ein abschließendes Urteil ist heute in dieser Frage noch nicht möglich. Die vielfachen Widersprüche in den Ergebnissen einzelner Autoren sind zum Teil in den Schwierigkeiten gelegen, mit denen die Methoden bei schwerkranken dyspnoischen Menschen zu kämpfen haben, um so mehr, als diese Methoden eine gewisse Schulungs- und Adaptationsmöglichkeit der Kranken in technischer Hinsicht verlangen, wobei dementsprechend individuelle Momente mitspielen. Die verschiedenen Ergebnisse sind deshalb oft schwer miteinander vergleichbar. Nimmt man aber eine vermehrte CO_2-Spannung des arteriellen Blutes als erwiesen an — und die Resultate zuverlässiger Untersuchungen sprechen dafür —, so wäre darin die Ursache für die Zunahme der Atemgröße bei Herzkranken gelegen. Es würde also die Lungenstarre hervorgerufen durch die Stauung im kleinen Kreislauf, die ungleichmäßige und ungenügende Ventilation in den Alveolen und dadurch eine mangelnde Arterialisation des Blutes bedingen. Auf diese Weise kommt es zu einer erhöhten Kohlensäurespannung im arteriellen Blut, die nun die kardiale Dyspnoe, die Atemnot der Herzkranken, erzwingt. Die Lungenstarre selbst ist auf ein Nachlassen der Kraft des linken Ventrikels zurückzuführen. Häufig sehen wir die Atemnot anfallsweise auftreten. Meist handelt es sich dabei nicht um Klappenfehler mit Stauungserscheinungen von seiten des rechten Herzens, vielfach sind es Läsionen der Aortenklappen, oder es liegt diesen Anfällen eine der verschiedenen Formen des arteriellen Hochdruckes bzw. der Atherosklerose zugrunde. Charakteristisch für diese anfallsweise auftretende Atemnot ist im Vergleich zu ähnlichen Zuständen bei Angina pectoris, daß sie ohne Schmerzen einhergeht. Wir sprechen in solchen Fällen von einem Asthma cardiale. Es tritt, wie gesagt, ganz plötzlich oft während der Nacht und vor allem in den ersten Stunden des Schlafes auf. Auch psychische Erregungen, körperliche Belastung oder größere, besonders eiweißreiche Mahlzeiten können solche Anfälle auslösen. Das klinische Bild des Anfalles mit seinen äußerst qualvollen und bedrohlichen Symptomen setzen wir hier als bekannt voraus. In schweren Fällen zeigen sich fast immer die Zeichen eines Lungenödems. Auch hier sah man das ursächliche Moment in einer plötzlichen Erlahmung des linken Ventrikels. Von Eppinger und seinen Mitarbeitern[1] wurden nun grundlegende Untersuchungen mitgeteilt, die der Auslösung des Anfalles beim Asthma cardiale eine völlig neue Deutung geben. Es konnte nachgewiesen werden, daß beim Asthma cardiale die Blutgeschwindigkeit zur Zeit des Anfalles beträchtlich erhöht ist. Infolgedessen strömt dem Herzen zuviel Blut zu, die Minutenvolumina wachsen und das Herz ist nicht mehr imstande, diese Mehrarbeit zu leisten. So führt die primäre Beteiligung des peripheren Kreislaufes zu einer Insuffizienz des linken Ventrikels. Und ähnlich, wie bei einem Versagen des rechten Herzens die Leber, ob aktiv oder passiv, möge dahingestellt sein, große Blutmengen zurückhalten und so zu einer gewissen Entlastung des rechten Ventrikels beitragen kann, so sehen wir beim Asthma cardiale die großen Minutenvolumina, die der linke Ventrikel nicht mehr auswerfen kann, in den „Stauweiher" des großen kapillaren Gebietes der Lunge sich entleeren. Auch diejenigen Einflüsse, die häufig das Asthma cardiale auslösen, wie psychische Erregung und Nahrungszufuhr, steigern das Minutenvolumen. Kompliziertere Verhältnisse dürften für das Auftreten des Anfalles während des Schlafes in Frage kommen. Hier stößt die Erklärung noch auf Schwierigkeiten. Interessant sind die plethysmographischen

[1] Über das Asthma cardiale. Berlin 1924.

Kurven Eppingers von einem Falle mit Schädeldefekt, die zeigen, daß gerade während der ersten Schlafstunden ein Größerwerden der Gehirnpulse auftritt. Es ist weiterhin bekannt, daß in dieser Zeit eine Bradykardie auftritt und auch der maximale Blutdruck[1] am stärksten abfällt und nach Eppinger der Grundumsatz seinen niedrigsten Wert erreicht. Diese Tatsachen lehren doch, daß gerade in den für den nächtlichen Anfall günstigsten Zeiten, vor allem in der peripheren Zirkulation, wesentliche Umstellungen eintreten. Eppinger weist auch noch auf die Möglichkeit hin, daß die antagonistische Innervation von Vagus-Sympathikus vielleicht während der Nacht größere Schwankungen zeige, vor allem im Sinne eines Nachlassens des Sympathikus, wodurch der Tonus des Herzmuskels schwächer werden könnte. Eine sichere Erklärung des Zustandekommens der nächtlichen Anfälle ist damit noch nicht gegeben. Zweifelsohne muß aber den Untersuchungen Eppingers das große Verdienst zugeschrieben werden, die „Mitbeteiligung“ des peripheren Kreislaufes in der Genese des Asthma cardiale zum ersten Male einwandfrei erwiesen zu haben. Diese Untersuchungen geben uns auch das Verständnis für den meist günstigen therapeutischen Effekt des Morphiums und des Abbindens der Glieder beim kardialen Asthma. Beide Eingriffe setzen das Minutenvolumen und die Blutströmungsgeschwindigkeit wesentlich herab. Daß als weiterer und sehr wesentlicher Faktor für die Entstehung des kardialen Asthmas die Annahme einer Schwäche des linken Ventrikels nicht entbehrt werden kann, ist selbstverständlich und wird auch von Eppinger besonders betont.

Wir müssen nun noch kurz auf einen klinischen Begriff zu sprechen kommen, der besonders, wenn eine Herzinsuffizienz hinzutritt, mit dem Asthma cardiale verbunden sein kann, nämlich die Angina pectoris[2]. Es handelt sich dabei um Anfälle von Schmerzen in der Herzgegend, die noch in andere Gebiete, wie Arme, Schultern, Kopf, Rücken usw., ausstrahlen können und die mit einem intensiven Angst- und Beklemmungsgefühl verbunden sind, in unkomplizierten Fällen aber eine Atemnot vermissen lassen. Die Angina pectoris tritt meist in den höheren Lebensaltern auf und befällt Männer häufiger als Frauen. Eine gewisse Labilität des Nervensystems scheint das Auftreten der Anfälle zu begünstigen. Angehörige der intellektuellen und der wohlhabenderen Kreise stellen das Hauptkontingent. Menschen, die ein unruhevolles, nervenaufpeitschendes Leben führen, finden wir vielfach darunter. Ob eine familiäre Komponente mitspielt, ist unsicher. Das häufige Vorkommen der Angina pectoris bei Juden spricht für derartige dispositionelle Momente. Die anatomischen Grundlagen der Angina pectoris sind mannigfaltig. Am häufigsten sind atherosklerotische Veränderungen der Kranzarterien, wodurch beide Hauptstämme oder einzelne Zweige derselben in beliebigen Abschnitten ihres Verlaufes verengt oder einzelne Äste gar völlig thrombosiert sein können. Es gibt aber auch Fälle von Angina pectoris ohne Koronarsklerose, und umgekehrt führt nicht jede Koronarsklerose zu einer Angina pectoris. Auch bei Aortenfehlern, aber fast nie bei Mitralvitien, finden wir die Angina pectoris. Die Lues spielt ätiologisch eine Rolle, vor allem in Form der luetischen Aortitis. Auch Aortensklerosen können mit einer Angina pectoris einhergehen. Vielfach greifen diese Veränderungen erklärlicherweise auf die Abgangsstellen der Koronarien über. Aber auch für diese Fälle trifft das von der Koronarsklerose Gesagte noch in höherem

---

[1] Katsch u. Pausdorf, Münch. med. Wschr. 1922.
[2] Edens, Die Krankheiten des Herzens und der Gefäße. Berlin 1929. — Kohn, Erg. Med. 1926, Nr 9. — Külbs, Handb. d. inn. Med. Bd. II 1. Berlin 1928. — Morawitz, Dtsch. med. Wschr. 1929, Nr 48. — Romberg, Lehrb. d. Krankh. d. Herzens u. d. Blutgefäße. Stuttgart 1925.

Maße zu. Die Aortenveränderungen brauchen nicht zur Angina pectoris zu
führen, und oft findet sich letztere ohne die ersteren. Ebenso schwankend sind
die Befunde am Herzmuskel selbst. Häufig zeigt sich bei Angina pectoris eine
Blutdrucksteigerung, so daß ein bedingender Faktor darin gelegen sein mag.
Keineswegs ist aber das Vorhandensein einer arteriellen Hypertension die Regel.
Die anatomischen Befunde, als ursächliche Momente, sind also keineswegs einheitlich. Die verschiedensten Erkrankungen der Zirkulationsorgane, wie Atherosklerose, Hypertonie, Klappenfehler und Herzmuskelerkrankungen, wobei allerdings die Sklerose und Lues der Kranzarterien und der Aorta im Vordergrund
stehen, können zu einer Angina pectoris führen. Dabei scheinen noch weitere
dispositionellen Momente, wie Stoffwechselstörungen, z. B. Fettsucht, ferner
leichte nervöse Erregbarkeit und von toxischen Faktoren im besonderen der
Nikotinabusus hinzuzukommen. Auch die Momente, welche den Anfall direkt
auslösen können, sind mannigfaltig. Oft sind es psychische Erregungen oder
körperliche Belastungen, vielfach auch Kältereize, oder der Anfall tritt
nach einer reichlichen Mahlzeit oder in den ersten Stunden des Schlafes
ein. Ist es überhaupt möglich, aus dem wechselvollen Bilde anatomischer Grundlagen dispositioneller und auslösender Faktoren eine gemeinsame Grundlage für
die Genese der Angina pectoris herauszuschälen? Mit großer Wahrscheinlichkeit dürfte das doch der Fall sein. Der Erklärung am zugänglichsten sind die
Fälle, in denen ein thrombotischer Verschluß mehr oder weniger große Gebiete
des Koronarkreislaufes plötzlich ausschaltet. Aber auch in den übrigen Fällen
finden sich, wie schon betont, in der Mehrzahl anatomische Veränderungen in
den Koronargefäßen oder doch, wie so häufig bei der Aortitis, wenigstens Verengerungen ihrer Ostien. Man wird also in diesen Fällen mit Recht Zirkulationsstörungen im Koronarkreislauf annehmen dürfen. Aber zweifelsohne muß noch ein weiteres Moment hinzukommen, um den vor allem durch
seinen Schmerz charakterisierten Anfall bei Angina pectoris verständlich zu
machen. Und in dieser Hinsicht dachte man an ein funktionelles Moment,
nämlich an einen Gefäßkrampf. Letzterer wurde auch in solchen Fällen, in
denen die Koronargefäße intakt waren, für den Anfall verantwortlich gemacht.
Daß arterielle Krampfzustände mit intensiven Schmerzen einhergehen, ist eine
bekannte Tatsache, und zwar werden die Schmerzen durch eine Reizung der in
der Adventitia der Gefäße verlaufenden sensiblen Nervenfasern hervorgerufen. Alle Einwirkungen, die zu einer Irritation dieser Nerven führen, werden
also Schmerzen auslösen können. Das können Gefäßkrämpfe sein, aber ebenso
auch entzündliche Veränderungen, die bis zur Adventitia vordringen, oder Deh-
nungen der Gefäßwand, z. B. bei starker Erhöhung des Blutdrucks, oder Kompression des Gefäßes, ebenso chemisch reizende Substanzen u. a. Wir kennen
solche schmerzhafte Arterienkrämpfe in den verschiedensten Gefäßgebieten, es
sei nur an das intermittierende Hinken von Erb bei Zirkulationsstörungen der
Extremitätenarterien erinnert. In diesem Sinne spricht Bittorf auch bei der
Angina pectoris von einer Dyspraxia cordis intermittens. Wir wissen auch, daß
anatomische Veränderungen der Gefäße, besonders im Beginn, eine Neigung
zu Gefäßspasmen bedingen. Derartige Gefäße reagieren schon auf geringfügige mechanische, nervöse, toxische u. a. Reize mit Spasmen. Man könnte
sich auf diese Weise das Zustandekommen eines Anfalles von Angina pectoris
im Hinblick auf die obenerwähnten veranlassenden Momente sehr wohl erklären.
Ob jedoch ein rein funktionell bedingter Gefäßkrampf der Koronarien ohne
anatomisches Substrat als Grundlage einer Angina pectoris vasomotoria vor-
kommt, erscheint fraglich. Zum mindesten dürfte eine derartig rein vasomotorische Form äußerst selten sein. Die bei der Angina pectoris auftretenden

Schmerzirritationen in vom Herzen entfernten Körpergebieten sind reflektorische Reizerscheinungen, die vom Herzen aus auf verschiedenen Bahnen über das Ganglion stellatum teils direkt, teils über den Grenzstrang zu den Rückenmarkszentren führen; außerdem gehen aber auch noch Fasern im Vagus, die unter Umgehung des Ganglion stellatum zum Halssympathikus ziehen.

Wir sehen also mit Edens die Ursache der Angina pectoris in einer Reizung der adventitiellen Nerven der Koronarien. Diese Reizung dürfte meist durch einen Spasmus der Kranzarterien hervorgerufen sein, wobei meist anatomische Veränderungen der letzteren ursächlich mitspielen. Es soll nicht unerwähnt bleiben, daß auch noch andere Ursachen für die Pathogenese der Angina pectoris herangezogen worden sind. So dachte man an Veränderungen des Herzmuskels selbst, im besonderen an Dilatationen, krampfartige Kontraktionen und Stoffwechselstörungen desselben mit Bildung chemisch reizender Stoffe. Derartige Annahmen erscheinen mir aber nach dem vorliegenden Material wenig begründet zu sein. Andere Forscher erblickten wieder das ätiologische Moment in krankhaften Veränderungen der Aorta und identifizierten den Schmerz der Angina pectoris mit der Aortalgie. Es ist auch gar keine Frage, daß anatomische Läsionen der Aorta, vor allem die luetische Aortitis, mit Schmerzen einhergehen können. Aber das klinische Bild der Angina pectoris ist ein wesentlich anderes, abgesehen davon, daß genügend Fälle von Angina pectoris bekannt sind, bei denen die Aorta völlig intakt war. Wir glauben deshalb, daß die oben gegebene Definition des Wesens der Angina pectoris im Sinne von Edens den pathologisch-anatomischen und klinischen Tatsachen am besten gerecht wird.

Die Kreislaufinsuffizienz.

Das Versagen des Kreislaufes in seinem voll ausgeprägten klinischen Bilde läßt unschwer die Erschöpfung des Herzmuskels, seine ungenügende Leistungsfähigkeit, als zentrales Geschehen erkennen. Dabei kann dieses Nachlassen der Herztätigkeit durch die verschiedensten Faktoren ausgelöst sein, so durch Schädigung des Muskels infolge der Einwirkung toxischer Substanzen im Sinne einer Myokarditis bei infektiösen Erkrankungen, ferner durch Ernährungsstörungen bei Verengerungen der Koronarien, oder wie so häufig durch dauernde Überbelastung des Muskels, z. B. bei Klappenfehlern, ferner bei Erhöhung des peripheren Widerstandes infolge arterieller Hypertension in ihren pathogenetisch verschiedenen Formen. Auch die Fettdurchwachsung des Herzmuskels, das Mißverhältnis von Körpermasse und Muskulatur beim Fettleibigen, und starker körperlicher Verfall (Kachexie), können die Veranlassung zu einer Kreislaufschwäche werden, ebenso die mannigfaltigsten, extrakardial sich abspielenden Prozesse, z. B. pleuritische Exsudate, Pneumothorax, Emphysem u. a., deren vollständige Aufzählung hier übergangen werden kann.

Das klinische Symptomenbild der schweren Kreislaufdekompensation ist diagnostisch in der Regel leicht faßbar. Wir stoßen aber so häufig auf Schwierigkeiten, wenn wir nach dem eigentlichen Grunde der Dekompensation fragen. Auch wenn wir einen Klappenfehler feststellen können, so ist damit über die Ursache des Versagens des Herzmuskels noch nichts ausgesagt. Und — sehen wir jetzt von den Fällen von rezidivierender Endokarditis ab — wie so oft ist der klinische Befund am Herzen nahezu negativ, und nur die Symptome der Kreislaufschwäche weisen uns auf ein Nachlassen der Herzkraft hin. Und ebenso häufig stehen wir vor der Tatsache, daß die oft lange mit Erfolg durchgeführte Digitalisbehandlung plötzlich versagt, ohne daß wir eine Begründung dafür geben können. In allen diesen Fällen geben uns unsere klinischen Methoden keinerlei Aufschluß über den letzten Grund, der zur Erlahmung des Herzmuskels führt, und wir sind erstaunt, daß selbst eine so empfindliche Methode wie die Elektrokardiographie uns so oft unter diesen Umständen normale Kurven liefert. Reizbildung und Reizleitung scheinen also in solchen Fällen vielfach normal abzulaufen trotz vorhandener Dekompensation. Ja selbst das nach klinischen Zeichen eben abgestorbene Herz kann noch ein richtiges Elektrokardiogramm geben. Wenckebach hebt deshalb mit Recht sehr nachdrücklich hervor, daß bei dem Suchen nach den verschiedenen ursächlichen Faktoren der Herzschwäche es unbedingt erforderlich ist, „die Funktion der Faserverkürzung klar zu trennen von den übrigen Lebensäußerungen des Herzmuskels“. Die kontraktile Funktion des Herzens ist nur insoweit von den übrigen Funktionen abhängig, als sie den Reiz zu ihrer Auslösung benötigt. Sie kann aber von sich aus erlöschen, ohne daß dabei die übrigen Funktionen unbedingt mitbetroffen sein müssen. Diese zentral vom Herzen ausgehende, in vielen Fällen recht wenig befriedigende pathogenetische Betrachtungsweise der Herzschwäche hat dazu geführt, im Rahmen einer funktionellen Zusammenfassung von Herz und Kreislauf die ursächlichen Faktoren der Kreislaufdekompensation in einer Störung der peripheren Zirkulation zu suchen. Daß es eine primär periphere Kreislaufschwäche mit sekundärer Beteiligung des Herzens gibt, steht außer Frage. Wir wissen es seit den grundlegenden Untersuchungen Rombergs und seiner Mitarbeiter. Diese Frage hat sich aber in neuester Zeit insofern pathogenetisch verschoben, als nicht nur die Störung hämodynamischer Faktoren von der Peripherie aus ursächlich im Vordergrunde steht, sondern, nach der nun sichergestellten Selbständigkeit des Kapillargebietes, funktionelle Läsionen des Gewebestoffwechsels in ihrer Einwirkung auf die periphere Zirkulation, und damit auch bedingend für die Kreislaufschwäche, immer mehr in den Vordergrund rücken. Und schon ist die Frage aufgetaucht, ob man überhaupt noch berechtigt sei, von einer Herzschwäche als solcher zu sprechen. Das gibt uns die Veranlassung, zunächst nachzuforschen, ob bei einem Versagen des Herzens, sei es, daß es sich um eine chronisch verlaufende Kreislaufdekompensation oder um ein akutes Nachlassen der Kreislauffunktion, z. B. im Verlaufe infektiöser Prozesse, handelt, pathologisch-anatomische Veränderungen bestimmter Art feststellbar sind, die die Erlahmung des Herzmuskels erklären könnten. Am sinnfälligsten liegen die Verhältnisse bei einem plötzlichen thrombotischen Verschluß der Koronararterien, wenn der Stamm oder ein größerer Ast derselben davon betroffen wird. Die dadurch hervorgerufene Nekrose weiter Bezirke des Herzmuskels kann bestimmt zu einer akuten Herzinsuffizienz führen. Thrombosierungen kleinerer Äste mit Schwielenbildungen im Herzmuskel sehen wir jedoch gar nicht selten in mensa pathologica, ohne daß klinisch die Erscheinungen einer Herzinsuffizienz vorhanden waren. Selbst recht ausgedehnte Schwielenbildungen im Herzmuskel können klinische Erscheinungen vermissen lassen. Das trifft noch in höherem Maße für das Klappenfehlerherz zu. Es braucht nicht betont zu werden, wie häufig bei Kreislaufdekompensationen anatomische Veränderungen an den Klappen gefunden werden. Aber nicht weniger selten ist man darüber erstaunt, vom Obduzenten recht hochgradige Läsionen an den Klappen demonstriert zu erhalten, ohne daß klinisch irgendwelche Symptome einer Herzinsuffizienz vorhanden waren. Es können also nicht die Klappenläsionen an sich sein, die zur Dekompensation führen. Man hat deshalb an Schädigungen des Herzmuskels selbst gedacht und die verschiedensten anatomischen Veränderungen als Grundlage der Insuffizienz herangezogen. Daß selbst gröbere Schwielen im Muskelfleisch mit voller Leistungsfähigkeit einhergehen können, haben wir schon betont. Nun werden bei Infektionskrankheiten vielfach feinere herdförmige und diffuse Veränderungen im Herzmuskel gefunden, desgleichen bei Klappenfehler- und hypertrophen Herzen. Vor allem haben uns die grundlegenden Arbeiten von Romberg[1] und Krehl[2] darüber aufgeklärt. Auch auf die „fettige Degeneration" des Herzmuskels, wobei die Frage der Fettphanerose bzw. der Fettspeicherung hier nicht weiter berührt werden soll, hat man vielfach hingewiesen[3]. Die zahlreichen Nachuntersuchungen auf diesem Gebiete, vor allem von Aschoff und seiner Schule, haben aber doch ergeben, daß die ursprüngliche Deutung dieser Veränderungen nicht in allem aufrechterhalten werden kann, und daß im besonderen in der Mehrzahl der Fälle eine Parallelität von anatomischem und klinischem Befund keineswegs besteht. So gut die Krehl-Rombergsche Lehre, daß bei den erwähnten klinischen Bildern der Kreislaufdekompensation die Schädigung des Herzmuskels ursächlich im Mittelpunkt stehe, auch klinisch gestützt ist, so wenig befriedigend sind die Versuche einer generellen Fundierung dieser Lehre durch den pathologisch-anatomischen Befund. Und so dürfte heute wohl der Standpunkt Aschoffs[4] anerkannt sein, daß, von wenigen Ausnahmen, z. B. bei Diphtherie, abgesehen, die Ausdehnung anatomischer Veränderungen im Herzmuskel nicht hinreicht zur Erklärung der Herzschwäche, daß vielmehr deren ausschlaggebender genetischer Faktor in einer „funktionellen" Schädigung des Herzmuskels zu suchen sei. Auch die Versuche, anatomische Veränderungen der peripheren Gefäße als ätiologisches Moment heranzuziehen, führten zu keinem Ergebnis, so daß es sich erübrigt, näher darauf einzugehen. Diese auffallende Diskrepanz zwischen anatomischem Befund einerseits und klinischem Bilde der Kreislaufinsuffizienz andererseits hat nun durch die Untersuchungen von Romberg und seinen Mitarbeitern[5] speziell für die akute Kreislaufschwäche bei infektiösen Erkrankungen eine einleuchtende Erklärung gefunden. Die Autoren konnten zeigen, daß bei Kaninchen, die mit verschiedenen Bakterientoxinen vergiftet waren, durch eine Vasomotorenlähmung, vor allem im Splanchnikusgebiet, eine Anschoppung von Blut in diesem großen Blutbecken eintritt und dadurch das Herz sozusagen leerläuft. Das Versagen der Zirkulation in derartigen infektiösen Fällen wäre also nicht in einer primären Herzschwäche gelegen, sondern die Ursache der Abnahme des Stromvolumens würde sozusagen in dem Liegenbleiben des Blutes in dem maximal erweiterten, atonischen und weitverzweigten abdominellen Gefäßsystem zu suchen sein, wodurch die Hauptmenge des Blutes aus der Zirkulation gewissermaßen ausgeschlossen wird. Die Ursache der Vasomotorenstörung wird in einer Lähmung des Vasomotorenzentrums erblickt. Durch bestimmte Eingriffe, wie z. B. Massage des Abdomens, konnte in den erwähnten Experimenten dem Herzen das in den Abdominalgefäßen stagnierende Blut wieder zugeführt und die Zirkulation wieder gehoben werden. Eine Schädigung des Herzens ließ sich nicht nachweisen. Diese Rombergsche Lehre von der toxischen primären zentralen Vasomotorenlähmung wurde nun auch auf das klinische Gebiet übertragen, und für die Erklärung der akuten Kreislaufschwäche bei infektiösen Erkrankungen herangezogen, und ist bis heute wohl allgemein anerkannt. Es erscheint mir jedoch zweifelhaft, ob die Rombergsche Lehre das absolute Versagen des Kreislaufes bei Infektionskrankheiten als rein peripheres Geschehen restlos zu erklären vermag. Die akuten Experimente

---

[1] Dtsch. Arch. klin. Med. **48** (1891); **53** (1894).

[2] Dtsch. Arch. klin. Med. **46** (1890); **48** (1891); **51** (1893).

[3] Beitzke, Berl. klin. Wschr. **1907**.

[4] Aschoff-Tawara, Die heutige Lehre von den pathologisch-anatomischen Grundlagen der Herzschwäche. 1906.

[5] Romberg, Pässler, Bruhns u. a., Dtsch. Arch. klin. Med. **64** (1899).

mit ihrer recht brüsken Prüfungsmethode der Herzkraft schließen klinisch eine infektiöse Schädigung auch des Herzmuskels doch nicht ganz aus. Auch scheint mir eine so elektive hochgradige Schädigung des Vasomotorenzentrums nicht ganz sicher erwiesen und zum mindesten auch ein peripherer Angriffspunkt trotzdem denkbar. Es ist aber zweifelsohne das große Verdienst der Romberg- schen Lehre, zuerst die wesentliche funktionelle Beteiligung peripherer Kreislauf- faktoren bei der akuten Herzschwäche im Verlaufe infektiöser Erkrankungen dargetan zu haben.

Wurde nun bisher die Kreislaufschwäche, einerlei ob zentral oder peripher betrachtet, von rein hämodynamischen Gesichtspunkten aus gewertet, so haben die hervorragenden Untersuchungen von Eppinger und seinen Mit- arbeitern[1] uns mit ganz neuen Ideen bezüglich der Genese der Kreislaufinsuffi- zienz bekannt gemacht. Bei der Besprechung des akuten Anfalls bei Asthma cardiale haben wir schon Untersuchungen Eppingers erwähnt, die den Nach- weis erbrachten, daß in vielen Fällen eine schlechte Ausnützung (Utilisation) des Sauerstoffs in der Peripherie statthat. Die dadurch bedingte plötzliche Zunahme des Minutenvolumens mit Überbelastung des linken Ventrikels wurde genetisch für den Anfall beim Asthma cardiale verantwortlich gemacht. In diesem Sinne bedeutet also die Peripherie normalerweise einen gewissen Schutzfaktor gegenüber einer zu starken Belastung des Herzens. Der Nachweis eines er- höhten Sauerstoffverbrauches bei vielen Herzkranken schon in der Ruhe, vor allem aber in extremer Weise bei einer Arbeitsleistung, ließ an Änderungen des der Muskeltätigkeit zugrunde liegenden biologischen Prozesses denken, da der Mehrverbrauch an Sauerstoff zu groß war, um allein aus einer erhöhten Tätigkeit des Herzens erklärt werden zu können. Es sei nochmals kurz an die schon öfters erwähnten physiologischen Tatsachen des Muskelchemismus er- innert. Während der Muskelkontraktion bildet sich aus den Kohlehydraten anaerob Milchsäure. Nur der kleinere Teil, etwa $^1/_5$ der gebildeten Milchsäure, wird zu den Endprodukten Kohlensäure und Wasser verbrannt, der größere Teil, etwa $^4/_5$, wird wieder zu Glykogen resynthetisiert. Diese zuletzt genannten Vorgänge beanspruchen Sauerstoff. Dieser zweite Teil des Muskelstoffwechsels entspricht der Erholungsphase des Muskels. Ist der Muskel ermüdet oder irgend- wie lädiert, so fällt dieser „Resynthesekoeffizient" kleiner aus. Läßt man nun einen Menschen eine bestimmte Zeit arbeiten und dann sofort ruhen, und bestimmt während der Arbeitszeit und auch noch in der Ruhepause den Sauerstoffverbrauch, so gelingt es nach Hill, sich ein Urteil über den Resynthesekoeffizienten zu bilden. Es zeigt sich nämlich, daß während der Arbeit der Sauerstoffverbrauch stark ansteigt und daß in der Ruhe, nach plötzlicher Unterbrechung der Arbeit, der Sauerstoffverbrauch nicht sofort, sondern allmählich abfällt und erst nach 4—6 Minuten den Ruhewert erreicht. Die quantitativen Ausschläge hängen erklärlicherweise in gewissen Grenzen von der Größe der geleisteten Arbeit ab und auch von individuellen Momenten, je nachdem der betreffende Mensch mehr oder weniger muskelgeübt ist. Nach Hill bezeichnet man das während der Arbeit über den Ruhewert benötigte Mehr an Sauerstoff als „Requirement", während diejenige Sauerstoffmenge, die in der Ruhe nach der Arbeit noch be- nötigt wird, Sauerstoffschuld („Debt") benannt wird. Eppinger konnte nun zeigen, daß bei Herzkranken mit beginnender Dekompensation die Sauer- stoffschuld wesentlich größer ist und auch der Ausgangsruhewert viel später erreicht wird als bei gesunden Personen. Die Abb. 53 und 54,

---

[1] Eppinger, Kisch, Schwarz, Das Versagen des Kreislaufes. Berlin, Julius Springer 1927. — Eppinger, Verh. dtsch. Ges. Kreislaufforschg **1928**, Referat. — Eppinger, Verh. dtsch. Ges. inn. Med. **1929**.

die der Monographie von Eppinger entnommen sind, veranschaulichen diese Verhältnisse sehr instruktiv. Man kann nun die Größe der Sauerstoffschuld (Debt) als einen Maßstab für die nach getaner Arbeit zurückgebliebene Menge von Milchsäure im Muskel betrachten. Danach würde also die Ermüdung des Muskels beim Herzkranken nach geleisteter Arbeit eine weit stärkere sein als beim Gesunden, und ein sehr viel größerer Teil der Milchsäure könnte beim Herzkranken keine Verwendung zur Resynthese finden. Dementsprechend findet sich auch beim dekompensierten Herzfehlerkranken im arteriellen Blut schon nach Bewältigung einer geringfügigen Arbeit ein sehr starker Anstieg der Milchsäure, der sich noch längere Zeit auf dieser Höhe hält, während der gesunde Mensch unter den gleichen Bedingungen kaum nennenswerte Veränderungen zeigt. Auch verweilt intravenös zugeführte Milchsäure bei Herzkranken viel länger im Blut als bei Gesunden. Diese Ergebnisse Eppingers wurden durch Jahn[1] aus der Rombergschen Klinik bestätigt und noch dahin ergänzt, daß auch die perorale Zufuhr von 50 g Dextrose bei Herzkranken anormale Reaktionen auslöst. Während beim Gesunden die dadurch bedingte Hyperglykämie nach 1 bis 2 Stunden abgeklungen ist, hält sie beim Herzleidenden länger an. Besonders bemerkenswert ist aber der Nachweis, daß die durch Dextrosezufuhr beim Gesunden eintretende Senkung des Milchsäureblutspiegels beim schwer Dekompensierten ausbleibt oder sogar eine Steigerung um 30—50% einsetzt. Es handelt sich also um gesetzmäßige Reaktionsänderungen bei Kreislaufkranken. Diese Störung des Muskel-

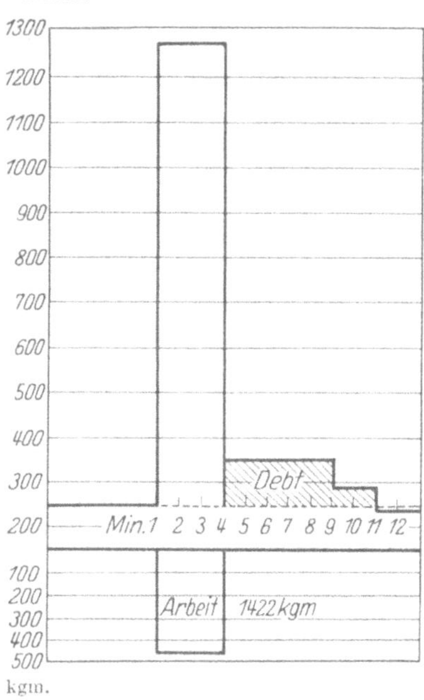

Abb. 53. Normal. Requirement: 3611 cm³ O₂. Debt = 546 cm³ = 15,1% (nach Eppinger).

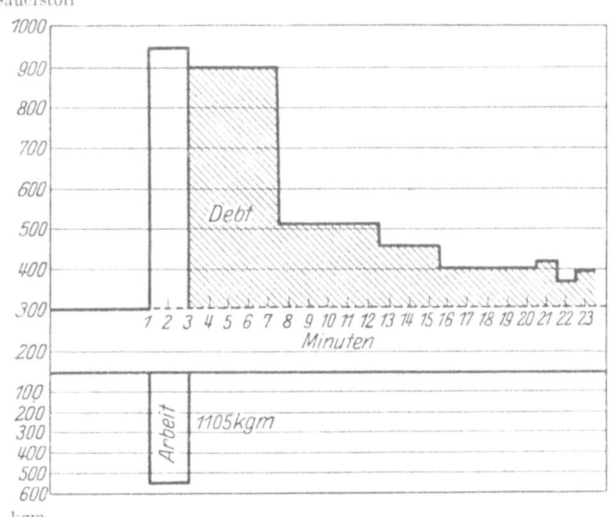

Abb. 54. Herzfehler. Requierement 6110 cm³ O₂. Debt = 4830 cm³ O₂ = 79% (nach Eppinger).

chemismus bei Herzkranken dürfte weniger qualitativer als vielmehr nur quantitativer Art sein. Es ist durchaus wahrscheinlich, daß ähnliche Änderungen

---

[1] Verh. dtsch. Ges. inn. Med. 1929.

nicht nur in der peripheren Muskulatur, sondern auch im Herzmuskel selbst vorliegen. Jedenfalls arbeitet die Muskelmaschine beim Herzkranken sehr unökonomisch. „Der Herzkranke dürfte sich bei jeder kleinsten Bewegung so verhalten wie ein Schwerarbeiter" (Eppinger). Wir verstehen so die Dyspnoe solcher Kranker oft schon in der Ruhe. Diese starke Blutsäuerung bei dekompensierten Kreislaufkranken fordert ein Versagen der normalerweise in weiten Grenzen möglichen Pufferung. Wissen wir doch, daß beim Gesunden die im Stoffwechsel und nach körperlicher Belastung auftretenden Säuren sofort so gepuffert werden, daß eine Verschiebung der aktuellen Blutreaktion nicht eintritt. Neben den Eiweißkörpern sind es vor allem die Karbonate und Phosphate, denen die Aufgabe zufällt, die normale Blut- und Gewebsreaktion aufrechtzuerhalten. Eppinger hat nun wahrscheinlich gemacht, daß beim Kreislaufkranken diese Puffersubstanzen vermindert sind. Diese Blut- und Gewebesäuerung übt naturgemäß weiterhin auf den Kreislauf ungünstige Wirkungen aus. In erster Linie kommt hier das Kapillargebiet in Betracht. Wir haben bei der Besprechung der Pathogenese des Ödems eingehend darauf hingewiesen, wie derartige Stoffwechseländerungen das Ödem begünstigen. Um Wiederholungen zu vermeiden, verweisen wir auf das dort Gesagte. Aber auch das Herz selbst dürfte dadurch in Mitleidenschaft gezogen werden. Die Verhältnisse liegen zwar sehr kompliziert und sind noch keineswegs durchsichtig. Es scheint aber aus den Untersuchungen Eppingers hervorzugehen, daß eine Azidosis, wenn sie durch CO_2 bedingt ist, z. B. im Beginne der Dekompensation, zu einer Steigerung der Blutströmung und damit zu einer schlechteren Utilisation und zu einer Vermehrung des Schlagvolumens führt. Was gerade das letztere Moment für das schon geschädigte Herz bedeutet, braucht nicht näher ausgeführt zu werden. Eine Säuerung bei Verminderung der Pufferbestände scheint dagegen eine verlangsamte Strömung und eine Abnahme des Minutenvolumens zu bedingen. Diese komplizierten Verhältnisse sind, wie schon betont, heute noch nicht im einzelnen zu analysieren. Aber so viel geht aus den Eppingerschen Versuchen mit Sicherheit hervor, daß der abgeänderte Muskelchemismus im Sinne einer gestörten Resynthese und die Abnahme der Pufferbestände der Gewebe den peripheren Kreislauf primär nachhaltig funktionell alterieren und damit auch sekundär das Herz belasten. So kann also die Peripherie unter Umständen die Dekompensation auslösen und unterhalten. Es ist in diesem Zusammenhang auch bemerkenswert, daß Digitalis die Resynthese fördert. Es kommt aber noch ein weiteres Moment hinzu. Wir haben schon früher auf die Kroghschen Untersuchungen hingewiesen, die uns lehrten, daß im ruhenden Muskel nur ein kleiner Teil der Kapillaren dem Blutstrom geöffnet ist. Erst bei der Tätigkeit kommt es zu einer Blutdurchflutung des Muskels durch Öffnung einer Unmenge von Kapillaren, die im Ruhezustand geschlossen sind. So erhält der Muskel die für seine volle Leistungsfähigkeit unbedingt nötige Sauerstoffmenge. Sauerstoffmangel führt rasch zur Ermüdung des Muskels durch Milchsäureanhäufung. Eppinger hat auf die Bedeutung einer genügenden „Kapillarisation", worunter er eine gleichmäßige Verteilung des Blutes versteht, gerade auch für die periphere Kreislauffunktion hingewiesen. Nachlassen der Herzkraft und damit Abnahme des Minutenvolumens muß zu einer Stauung und einer schlechten Kapillarisierung Veranlassung geben. Die dadurch bedingte Azidosis verschlechtert weiterhin die Kreislauffunktion. So entsteht ein Circulus vitiosus, der von der Peripherie her noch verstärkt wird. Im Beginn der Dekompensation mit noch nicht deutlich wahrnehmbarer Stauung scheinen aber nach den Eppingerschen Ergebnissen die Verhältnisse vielfach, wie schon betont, doch anders

zu liegen. Hier kann die Peripherie bei herabgesetzter Utilisation auch ein vermehrtes Schlagvolumen bedingen. Unter diesen Umständen scheinen also
noch andere Störungen Platz zu greifen, die wir im einzelnen noch nicht kennen.
Weitere Untersuchungen müssen darüber Aufschluß geben. Es ist vielfach die
Frage aufgetaucht, ob für die Entstehung der Kreislaufinsuffizienz das Versagen
des Herzens oder der Peripherie der wichtigere Faktor sei. Die Beantwortung
dieser Frage erscheint mir müßig, weil sie in dieser Form falsch gestellt ist.
Gerade Eppinger, der die wertvollsten Arbeiten über die Bedeutung des peripheren Kreislaufes für die Genese der Herzinsuffizienz geschaffen hat, warnt
vor einer einseitigen Betrachtungsweise. Herz und Peripherie sind ein Gemeinsames und in ihrem funktionellen Geschehen in feiner Regulation aufeinander
abgestimmt. Es mag sein, daß bis vor kurzem die Führerrolle des Herzens allzu-
sehr betont wurde. Hier haben die Untersuchungen Eppingers Wandel geschaffen und den peripheren Kreislauf dem Herzen gleichberechtigt an die
Seite gestellt. Vor allem liegt aber das Bedeutsame dieser Untersuchungen
darin, daß sie das Kreislaufgeschehen aus der bisher rein hämodynamischen
Betrachtungsweise herausgehoben haben, indem sie den Beweis erbrachten,
daß ebenso wie die mechanischen Faktoren die vielseitigen Phasen des Gewebestoffwechsels an der Regulation des peripheren Kreislaufes teilnehmen
und diesen maßgebend beeinflussen, und damit auch die Dynamik des Herzens
unter normalen und erst recht unter pathologischen Bedingungen.

Man wundert sich eigentlich, daß die funktionelle Verknüpfung von Kreislauf
und Gewebestoffwechsel erst in jüngster Zeit zur Diskussion gestellt wurde.
Man bedenke doch, daß Herz, arterielle und venöse Strombahn doch nur Zu-
und Abflußwege darstellen, einerseits für Sauerstoff und Nährmaterial, andererseits für Kohlensäure und sonstige Stoffwechselschlacken. Während seine
eigentliche Aufgabe und seinen eigensten Zweck der Kreislauf im Kapillarsystem,
also im Gewebe, erfüllt. Hier setzen durch die Kapillarwände und durch die
Zellmembranen hindurch in beiderlei Richtung jene gewaltigen Austausch-
ströme ein, die den Stoffwechsel bedingen und das Leben der Zellen ermöglichen.
Zwar wirkt die Propulsion, die das Blut durch die Systole des Herzens und die
Elastizität der Arterienwände erhält, noch bis in den Anfang des venösen Systems
hinein fort und bedeutet einen Faktor, aber nicht den allein ausschlaggebenden,
für die Zirkulation. Weit mächtiger dürften die im Kapillarsystem und Gewebe
hin- und herziehenden Ströme sein, die durch semipermeable Membranen hindurch nach physikalisch-chemischen Gesetzen sich bilden. Wir haben auf diese
mannigfaltigen osmotischen und Quellungsströme, auf die elektrokinetischen
Vorgänge an Membranen infolge variabler Ionenadsorption, auf den biologischen
Antagonismus bestimmter Ionen und auf das gegenseitige Bedingtsein chemischer
und kolloidchemischer Faktoren im intermediären Geschehen eingehend bei
Besprechung der Ödempathogenese hingewiesen und müssen hier auf dort verweisen. Friedrich Kraus hat in einer geistvollen Abhandlung, deren Studium
wir hier besonders empfehlen möchten, diese mannigfaltigen Gewebefaktoren
in ihren Beziehungen zum Kreislauf eingehend dargestellt und sie sehr treffend
als „Protoplasmadynamik" der Hämodynamik an die Seite gestellt. Und
Eppinger hat uns die vorstehend geschilderten experimentellen und klinischen
Beweise für die funktionelle Kupplung von zentralem und peripherem Kreislauf
gebracht. So haben wir nun auch gelernt, klinisch-therapeutisch an die Kreis-
laufperipherie auch bei der chronischen Dekompensation zu denken. Und
in vielen Fällen von chronischer Kreislaufinsuffizienz sehen wir erst durch
Stützung der Peripherie auch den Herzmuskel seine Leistungsfähigkeit wiedergewinnen. Ein Beweis mehr für die pathogenetische Bedeutung der peripheren

Faktoren für das Versagen des Herzens. Aber wir werden trotzdem in vielen Fällen bei der engen Verknüpfung von zentraler und peripherer Dysfunktion keine Entscheidung darüber treffen können, von wo der primäre Anstoß zur Kreislaufdekompensation ausging. Sicher dürfte in der Mehrzahl der Fälle die letzte Ursache im Nachlassen der Herzkraft selbst gelegen sein, aber zweifelsohne kann die gestörte „Protoplasmadynamik" zum auslösenden Faktor nachweisbarer Insuffizienzerscheinungen werden und sie durch Schließung des Circulus vitiosus unterhalten und fördern. Ob auch das Umgekehrte der Fall sein kann, wissen wir nicht. Wir möchten es aber auch nicht ganz für ausgeschlossen halten, daß auch länger dauernde, rein periphere protoplasmatische Störungen schließlich primär eine Kreislaufinsuffizienz bedingen können, um so mehr, wenn man bedenkt, daß derartige Änderungen im intermediären Geschehen zur Bildung von Substanzen führen können, die nicht nur auf die Funktion der Gefäße, sondern ebenso auf die des Herzens schädigend einzuwirken vermögen.

Wir haben zu Beginn dieses Themas darauf hingewiesen, daß die bei Herzkranken festgestellten gröberen und feineren anatomischen Veränderungen des Herzmuskels das Versagen der Herzkraft nicht zu erklären vermögen. Man hat deshalb auch auf analytischem Wege nach Abweichungen vom Normalen im chemischen Gefüge des Herzmuskels gesucht. Erst neuere Untersuchungen, vor allem von Kutschera-Aichbergen[1], haben, im besonderen bei der akuten Herzschwäche im Verlaufe von Infektionskrankheiten, sehr bemerkenswerte Resultate gezeitigt, die mir für das Verständnis des Versagens des Herzmuskels in solchen Fällen sehr wertvoll erscheinen. Kutschera-Aichbergen hat in Fällen von infektiöser Kreislaufschwäche regelmäßig charakteristische Veränderungen der Nebennieren festgestellt, und zwar ohne daß anatomisch irgendein Befund am Herzmuskel zu erheben war, der irgendwie für das Versagen des Kreislaufes verantwortlich gemacht werden konnte. Immer zeigte sich aber eine sehr starke Verminderung des Lipoidgehaltes der Nebennieren bis zu beinahe völligem Lipoidschwund. Hypotonie geht also mit Verminderung der Lipoide in der Nebenniere einher, wobei aber das relative Verhältnis der einzelnen Lipoidfraktionen gegeneinander verschoben sein kann. Bei Hypertonie findet sich das Gegenteil. Es ist zu betonen, daß die färberische Darstellung der Lipoide im histologischen Präparat uns nur einen kleinen Teil der Lipoide erkennen läßt, und zwar nur solche, die azetonlöslich und wahrscheinlich locker gebunden sind. Ein quantitatives Urteil ist also nur auf Grund einer elektiven und erschöpfenden Extraktion auf rein chemisch analytischer Basis möglich. Derartige Untersuchungen von Kutschera-Aichbergen ergaben nun ein erhebliches Schwanken des Gesamtlipoidgehaltes der Nebennieren, jedoch fanden sich die höchsten Werte beim Hochdruck und der Atherosklerose. Auch die Menge des ätherlöslichen Anteils der Lipoide, der vorwiegend die Cholesterinfraktion enthält, war beim arteriellen Hochdruck und bei Nephritiden am größten, bei Infektionen am kleinsten. Gerade das Gegenteil trifft für die Alkoholfraktion der Lipoide zu, sie zeigt bei Hochdruck die niedersten, bei Infektionen die höchsten Werte, dabei kann bei letzteren trotzdem der Gesamtlipoidgehalt stark herabgesetzt sein. Besonders bemerkenswert verlief aber die Analyse des Alkoholextraktes in bezug auf den Phosphorgehalt. Hier zeigen sich die Höchstwerte gerade bei den Infektionsfällen, die an einer toxischen Kreislaufinsuffizienz zugrunde gingen. Dabei scheint die Menge des Phosphatidphosphors im Mark der Neben-

---

[1] Über Herzschwäche. Berlin-Wien 1929.

niere größer zu sein als in der Rinde. Und beachtenswerterweise zeigten die histologisch lipoidärmsten Nebennieren chemisch den größten Phosphorgehalt. Der Autor schließt aus diesen Untersuchungsergebnissen, daß bei Infektionen mit Kreislaufinsuffizienz die ätherlöslichen, locker gebundenen Lipoide, einbegriffen die Cholesterine, der Nebenniere vermindert sind. Bei allen Zuständen, die mit einer Hypertonie einhergehen, sind sie dagegen vermehrt. Die feindispersen Lipoide, vor allem die Phosphatide, und im besonderen der gesamte Phosphorgehalt, der Nebennieren sind bei der infektiösen Kreislaufschwäche dagegen vermehrt, bei der Hypertonie aber vermindert. Es sollen dementsprechend bei der akuten Kreislaufschwäche auf toxischer Basis die Phosphatide der Nebenniere nicht mehr ausnützbar sein und so in der Nebenniere gestapelt werden. Dieser Schluß erscheint mir nicht so ganz zwingend, da sich die dargelegten Befunde auch ebenso durch eine qualitative Änderung des Lipoidstoffwechsels in der Nebenniere erklären ließen. Diese Ereignisse stützen nun in der Tat eine Anschauung, die sich immer mehr Bahn bricht, sehr gut, nämlich daß die Erscheinungen von hochgradigster Muskel- und Gefäßatonie bei Entfernung der Nebenniere nicht auf den funktionellen Ausfall des Nebennierenmarkes, sondern der Nebennierenrinde zu beziehen seien. Mit dem Adrenalin — und das möchten wir besonders betonen — hat dieses Problem also gar nichts zu tun. Vielleicht wird überhaupt in der Nebennierenrinde ein Hormon produziert, das in den Muskelstoffwechsel, den Herzmuskel inbegriffen, eingreift? So erscheint nun die Frage von besonderem Interesse, ob auch im Herzmuskel bei den in Betracht gezogenen Fällen gleichsinnige Lipoidveränderungen nachweisbar sind. Das scheint in der Tat der Fall zu sein. Es ließ sich in den Herzen von Fällen von Kreislaufinsuffizienz eine akute Verminderung des ätherlöslichen Phosphors feststellen. Ähnliche Ergebnisse wurden schon früher von Krehl mitgeteilt. Dieser Befund wurde bemerkenswerterweise nicht nur bei Fällen von infektiöser Kreislaufinsuffizienz, sondern auch bei solchen von einfacher chronischer Dekompensation festgestellt. Auch scheint vor allem der lipoide Phosphor, im Verhältnis zu den Gesamtlipoiden, vermindert zu sein. Bindende Schlüsse können daraus jedoch noch nicht gezogen werden, da die Methoden der Lipoidextraktion und -darstellung infolge der leichten Zersetzlichkeit der Lipoide noch wenig zuverlässig sind. Auch in der Gefäßmuskulatur sollen bei infektiöser Kreislaufschädigung dieselben Lipoidveränderungen nachweisbar sein. Solche Lipoidalterationen können aber sehr wohl für die Muskelfunktion von Bedeutung sein. Das wurde von Embden und seiner Schule für die Skeletmuskulatur erwiesen. Man wird dabei vor allem an Änderungen der Permeabilität durch Auflockerung der Membran an der Muskelfasergrenzschicht zu denken haben. Wir finden sie vor allem bei Ermüdungserscheinungen des Muskels, wobei neben dem Sauerstoffmangel, der Anhäufung von Säuren, der Änderung des relativen Ionenverhältnisses u. a. solche Lipoidverminderungen sicher nicht bedeutungslos sind. Es ist auch durchaus wahrscheinlich, daß beim Herzmuskel ähnliche Verhältnisse vorliegen wie beim Skelettmuskel. Auch ist ja das insuffiziente Herz schließlich nichts anderes als ein durch Überbelastung ermüdetes Herz, das eben durch die chronische Diskrepanz zwischen Arbeitsforderung und Erholungszeit erlahmt. Je rascher die Muskelkontraktionen aufeinanderfolgen und je kürzer dementsprechend die Pausen zwischen den einzelnen Kontraktionen im Verhältnis zu den Erholungszeiten (Wiederherstellungszeiten) werden, um so eher wird die Ermüdung eintreten. Man kann das durch den „Wiederherstellungsquotienten": $\dfrac{\text{Arbeitspause}}{\text{Wiederherstellungszeit}}$ nach

Kutschera-Aichbergen ausdrücken. Wird dieser Quotient kleiner als 1, so kommt es zur Ermüdung. So kommt Kutschera-Aichbergen zu einer Theorie der Herzinsuffizienz, vor allem ihrer akuten Form bei Infektionskrankheiten, die letzten Endes das Wesen derselben in einer Nebenniereninsuffizienz auf toxischer Basis erblickt, wobei aber, um das nochmals zu betonen, die letztere auf einer Störung des Lipoidstoffwechsels beruht und in keinerlei Beziehung zum Adrenalin steht. Für eine zentrale Vasomotorenlähmung im Rombergschen Sinne ist in dieser Theorie kein Platz mehr. Eine Stellungnahme Für oder Wider ist heute noch nicht möglich, sie muß weiteren Untersuchungen vorbehalten bleiben. So sehr diese neueren Arbeiten unsere Kenntnisse über das Wesen der Kreislaufinsuffizienz gefördert haben, um so verwickelter zeigt sich dieses Problem. Der Nachweis des engen Verbundenseins der Kreislaufdynamik unter normalen und pathologischen Bedingungen mit den im Kapillargebiet sich abspielenden intermediären protoplasmatischen Vorgängen zeigt, wie wichtig gerade für das Verständnis der Kreislaufinsuffizienz die Kenntnis dieser Stoffwechselvorgänge ist. Es ist nicht mehr möglich, den Zirkulationsapparat aus dem Organgeschehen herauszunehmen und gesondert zu betrachten. Hämodynamik und Stoffwechsel sind vielmehr funktionell gekuppelt und müssen in ihrer gegenseitigen Bedingtheit als Ganzes betrachtet werden. Fraglos stehen wir erst am Anfang dieses Weges, der im besonderen für die Klinik wertvolle Perspektiven eröffnen dürfte.

Die Atherosklerose[1].

Das klinische und pathologisch-anatomische Bild der Atherosklerose ist so mannigfaltig, daß wir heute noch auf die größten Schwierigkeiten stoßen, wenn wir es versuchen, auch unter Berücksichtigung der experimentellen Ergebnisse, uns von dem Wesen dieses krankhaften Prozesses eine pathogenetisch fundierte einheitliche Vorstellung zu machen. Zum großen Teil beruhen die sich vielfach widersprechenden Angaben in der Literatur, und die Unsicherheiten in der Deutung dieser pathologischen Prozesse darin, daß man Begriffe, die nichts miteinander zu tun haben, nicht scharf genug voneinander trennte und so häufig Alterserscheinungen und Atherosklerose nahezu miteinander identifizierte. Betrachten wir zunächst kurz die anatomischen Veränderungen, so ist von prinzipieller Bedeutung, den normalerweise verschiedenen Bau der Arterien zu berücksichtigen. Wir unterscheiden die Arterien des elastischen Typus, dazu gehören z. B. die Aorta, die Karotis, die Iliaka und die Arterien vom muskulären Typus, wozu z. B. die Brachialis, Femoralis und die Eingeweidearterien gerechnet werden. Bekanntermaßen spielen sich die atheromatösen Prozesse gerade an den elastischen Gefäßen ab. Die Intima der Arterien

---

[1] Aschoff, Atherosklerose. Beih. z. Med. Klin. **1914** — Vorträge über Pathologie. Jena 1925. — Benda, in Aschoffs Lehrb. d. spez. path. Anat. Jena 1923. — Edens, Die Krankheiten des Herzens und der Gefäße. Berlin 1929. — Fischer-Wasels u. Jaffé, Arteriosklerose, im Handb. d. norm. u. path. Physiol. Bd. VII 2. Berlin 1927. — Gruber, G. B., Über die sog. Alters- und Abnutzungserscheinungen an Gefäßen. Ref. Verh. dtsch. Ges. Kreislaufforschg **1929**. — Hueck, Münch. med. Wschr. **1920**. — Jores, Arterien, in Handb. d. spez. path. Anat. von Henke-Lubarsch **2**. Berlin 1924 — Wesen und Entwicklung der Arteriosklerose. Wiesbaden 1903. — Marchand, im Handb. d. allg. Path. von Krehl-Marchand **2**. Leipzig 1912 — Ref. a. d. 21. Kongr. inn. Med. **1904**. — Mönckeberg, Arteriosklerose. Klin. Wschr. **1924**. — Münzer, Gefäßsklerosen. Erg. Med. **1923**. — Munk, Gefäßerkrankungen usw. Erg.-Bd. **1** zum Handb. von Kraus-Brugsch 1928. — Ricker, Sklerose und Hypertonie der innervierten Arterien. Berlin 1927. — Romberg, Lehrb. d. Krankh. d. Herzens u. d. Blutgefäße. Stuttgart 1925. — Ref. 21. Kongr. inn. Med. **1904**.

vom elastischen Typus trägt zu innerst den Endothelbelag, dann folgt eine Bindegewebsschicht und auf diese zunächst eine Schicht zirkulärer und dann longi-
tudinaler elastischer Fasern. Den Abschluß nach der Media zu bildet die Elastica
interna. Die breite Media ist von zahlreichen zirkulären elastischen Fasern
durchsetzt. Dieser schließt sich nach außen die bindegewebige Adventitia an.
An den muskulären Arterien findet sich an der Innenfläche ebenfalls ein Endothelbelag, darauf folgt eine nur dünne Schicht zirkulär angeordneter elastischer
Fasern und dann die Elastica interna. Die Media entsteht aus zahlreichen musku-
lösen Elementen mit nur wenigen elastischen Fasern und schließt gegen die
Adventitia mit einer Elastica externa ab. Die Adventitia zerfällt in eine innere
Schicht mit zahlreichen longitudinalen elastischen Fasern und in eine äußere
bindegewebige Schicht. Diesem verschiedenartigen Aufbau beider Arterien-
typen entsprechen auch differente Leistungen, und ebenso werden wir von
vornherein vermuten, daß diesen verschiedenen funktionellen Anforderungen
gegenüber auch die pathologischen Prozesse in den beiden Gefäßtypen nicht
gleichartig verlaufen. Das voll entwickelte Gefäßsystem ist nun keineswegs
ein einmal und unabänderlich Gegebenes, sondern es nimmt an den Ent-
wicklungs- und Umbildungsprozessen des Organismus wie jedes andere
Organ teil. Aschoff unterscheidet dementsprechend eine aufsteigende
Periode, eine Höhenperiode und eine absteigende Periode des Gefäß-
lebens. In der ersten Periode findet eine Zunahme der einzelnen Schichten der
Gefäßwand statt, sie reicht nach Aschoff ungefähr bis zum 33. Jahr. In der
Höhenperiode, die ungefähr bis zum 45. Jahr reicht, besteht ein stationärer
Zustand. Von diesem Zeitpunkt ab, der absteigenden Periode, treten vor allem
in den Gefäßen vom elastischen Typus bestimmte Veränderungen auf. Die
auf das Endothel folgende Bindegewebsschicht, die subintimale Schicht, wenn
man mit Gruber das Endothel allein als Intima bezeichnet, verbreitert sich.
Das Bindegewebe nimmt also zu, es durchdringt die elastischen Intima-
schichten, und so kommt es zu buckligen Vorwölbungen nach dem Gefäßlumen zu.
Dadurch nimmt die elastische Längsspannung der Arterien ab, und umgekehrt nimmt der Widerstand gegen eine Dehnung des Gefäßes zu. Das
Gefäßrohr wird also starrer, und sowohl der Quer- als auch der Längsdurch-
messer nehmen zu, wodurch es zu einer Weitung des Lumens und zu einer
Schlängelung des Gefäßes kommt. Diese „senile Ektasie" ist also, vorausgesetzt daß sie nicht früher und stärker als gewöhnlich auftritt, eine durchaus
normale Erscheinung, „welcher kein lebendes Individuum entgeht". Sie ist
keine Erkrankung im klinischen Sinne. Sie hat nach Aschoff als „einfache
oder senile Sklerose" mit der Atherosklerose oder „destruktiven Sklerose" nichts zu tun. Wir müssen vielmehr der Atherosklerose den anatomischen
Begriff zugrunde legen, wie ihn uns vor allem die auch heute noch maßgebenden
Arbeiten von Jores kennen gelehrt haben. Nach Jores gehören zum typischen
Bilde der Atherosklerose zwei Prozesse, nämlich die „hyperplastische In-
timaverdickung" und die „lipoide Degeneration". Zu diesen degenerativen Vorgängen sind auch die schleimige Quellung, die hyaline Entartung und
die Verkalkung zu zählen. Wir sehen nun, daß all diese Veränderungen im
Hinblick auf die einzelnen Gefäßprovinzen in ganz verschiedenartiger
Weise zur Ausbildung gelangen. Das drückt sich ja vor allem auch in den
verschiedenen klinischen Verlaufsformen der Atherosklerose aus, je nachdem
die Erkrankung der Arterien des Zentralnervensystems, der Abdominalorgane
oder der peripheren Arterien im Vordergrunde steht. Es ist in dieser Beziehung
wichtig, darauf hinzuweisen, daß die verschiedene Lokalisation der krankhaften Prozesse in den einzelnen Schichten der Wand der Gefäße wesent-

lich abhängig ist vom Bau und der Funktion der Gefäße. So sehen wir die pathologischen Prozesse in den Gefäßen vom elastischen Typus sich vor allem in der Intima, in den Gefäßen vom muskulären Typus sich besonders in der Media abspielen. Bei der Mannigfaltigkeit der pathologischen Veränderungen, sowohl in qualitativer als auch in quantitativer Hinsicht, darf es nicht verwundern, wenn vielfach die Entscheidung, ob noch normale oder schon krankhafte Prozesse vorliegen, kaum zu treffen ist. Es ist auch zu bedenken, daß jede sklerotische Veränderung der Gefäßwand mit ihrer Auflockerung der Grundsubstanz die Ernährungsbedingungen der Gefäßwand selbst mehr oder weniger stark beeinflussen muß, so daß die dadurch geänderte Saftströmung nicht nur im Sinne einer Stagnation, sondern wahrscheinlich auch im Sinne einer biologischen Änderung des Plasmas selbst die Ablagerung von Fett, Kalk und hyalinen Massen in der variabelsten Weise begünstigen kann, um so mehr, als der Angriffspunkt an den verschiedenen Teilen der Gefäßwand einsetzen kann. So sieht z. B. Aschoff das Wesentliche in der Veränderung der Kittsubstanz und spricht von einer Atheromatose „der Gefäßstützsubstanzen", die er in Analogie zu ähnlichen Prozessen in anderen „Stützsubstanzen" (Knorpel, Nierenpapille, Hornhaut) setzt.

Man hat das Intimawachstum bei der einfachen senilen Sklerose vielfach als eine kompensatorische Erscheinung aufgefaßt in dem Sinne, daß dadurch die Alterektasie des Gefäßrohres ausgeglichen werden soll. Diese teleologische Betrachtungsweise besagt nicht viel. Man hat auch die Zunahme des elastischen Gewebes in den großen Arterien, die Zunahme der Muskulatur in den kleineren Gefäßen als eine Anpassung an vermehrte Leistung gedeutet. Eine Erklärung, die sicher viel für sich hat. Diese Veränderungen liegen aber noch im Bereiche des Normalen und werden erst dann krankhaft, wenn die degenerativen Prozesse hinzutreten. Man wird aber zugeben können, daß die zuerst genannten Umwandlungen der Gefäßwand zu Prozessen der letzteren Art disponieren. Auch bei diesen Degenerationszeichen sehen wir wieder eine gewisse Abhängigkeit der Lokalisation vom Bau der Gefäßwand. So finden wir bei den Gefäßen vom elastischen Typus die Verfettung in der Intima, wobei die Fetttröpfchen sowohl im Protoplasma als auch in den Saftspalten liegen können. Wahrscheinlich handelt es sich bei dieser Verfettung um einen Imbibitionsvorgang. Wir kommen darauf noch zu sprechen. Diese Fettablagerungen bestehen nach Aschoff aus den Estern des Cholesterins. Wir finden dieselben hauptsächlich am Aortenbogen, an den Abgangsstellen von Gefäßen und an den Herzklappen. Es ist möglich, daß mechanische Momente für die Lokalisation nicht ohne Bedeutung sind. Diese Verfettungen finden sich vorwiegend in der Intima, und zwar im Beginn in deren oberflächlichen Schichten, sie kommen aber auch in der Media, im besonderen der mittleren Arterien, vor. In größeren Verfettungsherden kann es zum Verfall von Gewebe mit Spaltung der Ester und Auskristallisierung von Cholesterin und schließlich zur Bildung des atheromatösen Geschwürs kommen.

In seinen Einzelheiten wenig geklärt ist der Vorgang der Verkalkung. Wir wissen aber, daß im geschädigten Gewebe sich der Kalk leicht abscheidet. Sicher spielen hier zahlreiche begünstigende Faktoren mit, die wir noch wenig übersehen, vor allem dürfte auch die lokale Gewebsreaktion von Bedeutung sein, besonders wenn spezifisch kalkbindende Substanzen anwesend sind. Auch die Kalkzufuhr ist nicht belanglos. Wir finden die Verkalkung vorwiegend in der Media der mittleren Gefäße. Die hyaline Entartung zeigt sich vor allem in den Arteriolen, und hier besonders frühzeitig nach Herxheimer in den Milzgefäßen. Klinisch dürfte es sich vorwiegend um solche Fälle dabei handeln, die mit einer ausgesprochenen Blutdruckerhöhung einhergehen. Sicher ist aber, wie Hueck mit Recht betont, die Blutdruckerhöhung der primäre Vorgang. Die schleimige Entartung der Grundsubstanz soll nur mit wenigen Worten erwähnt sein, da unsere Kenntnisse darüber sehr dürftig sind. Wahrscheinlich handelt es sich um eine chemische Veränderung der Grundsubstanz. Wir wissen zwar nichts über die chemische Zusammensetzung dieses Schleimkörpers, und zweifelsohne spielt biologisch die dadurch bedingte Änderung der physikalisch-chemischen Struktur der Grundsubstanz als auslösender Faktor für die obengenannten pathologischen Prozesse eine wesentliche Rolle. Ein näheres Eingehen auf die anatomischen Veränderungen erübrigt sich an dieser Stelle, wir müssen diesbezüglich auf die Lehrbücher der speziellen pathologischen Anatomie verweisen. Aber eine Frage soll noch kurz gestreift werden. Man hat lange darüber diskutiert, ob, auf die Gefäßwand bezogen, die verschiedenartige Lokalisation der krankhaften Prozesse, im besonderen die Mediasklerose, zur eigentlichen Atherosklerose zu zählen sei. Wir haben schon betont, daß der Bau und die Funktion für die jeweilige Lokalisation maßgebend sind. Damit beantwortet sich diese Frage eigentlich von selbst. Wir werden dementsprechend alle Veränderungen, soweit es sich einerseits um elastisch-hyperplastische, andererseits um degenerative Störungen handelt, einerlei welche Lokalisation sie einnehmen, zur Atherosklerose rechnen müssen unter Betonung der Tatsache, daß der funktionelle Aufbau des Gefäßes das Befallensein bestimmter Gefäßwandschichten richtend beeinflußt. So betrachten wir auch die klinischen Formen der Atherosklerose — sei es, daß es sich vorwiegend um Veränderungen der zerebralen, abdominalen oder der peripheren Gefäße handelt, oder sei es, daß eine Aortensklerose, eine Pulmonalsklerose, eine Arteriolosklerose oder eine Endarteriitis obliterans vorliegt — pathogenetisch als Einheit, ungeachtet der überaus variablen klinischen Ausdrucksformen dieser Prozesse.

Wenn wir uns nun das Wesen der Atherosklerose verständlich zu machen suchen, so kann das nur auf Grund der experimentellen Ergebnisse geschehen. Zunächst interessieren die sog. „Lipoidflecken", die Verfettungen. Wir finden sie an der Kammerseite des großen Mitralsegels und in der Intima der Aorta zwischen den Abgängen der Interkostalarterien. Wir sehen diese Verfettungen, und das sei besonders betont, schon im Säuglingsalter, und vor allem sehr häufig im jugendlichen Alter. Auf gewisse anatomische Unterschiede dieser Fleckungen gegenüber den atherosklerotischen Veränderungen der späteren Jahre soll hier nicht eingegangen werden. Ich verweise diesbezüglich auf die Untersuchungen von Beitzke[1]. Genetisch — und das ist das Wichtige — handelt es sich wohl um die gleichen Vorgänge und deshalb spricht auch Aschoff von einer „Säuglings- und Pubertätsatheromatose". Wir möchten nochmals auf die Häufigkeit der letzteren hinweisen und außerdem betonen, daß diese Veränderungen rückbildungsfähig sind. Die Lokalisation dieser Flecken spricht für das Mitwirken eines mechanischen Faktors. Und man wird wohl Aschoff zustimmen müssen, wenn er glaubt, daß es an diesen Prädilektionsstellen schon physiologischerweise infolge der stärkeren funktionellen Belastung zu einer Lockerung der Grundsubstanz kommt. Nimmt man mit Lange[2] und Ricker an, daß die Plasmaströmung in der Arterienwand normalerweise mit dem intravasalen Strom durch feine Öffnungen im Endothel in direkter Verbindung steht, so wird man erst recht verstehen, daß bei Lockerung des Gefüges besonders leicht eine Imbibition des Gewebes mit Plasmabestandteilen eintreten kann. Es sind also vor allem wohl physikalisch-chemische

---

[1] Virchows Arch. **267** (1928).   [2] Virchows Arch. **248** (1924).

Änderungen der Grundsubstanz, Saftstauungen, Konzentrationsänderungen des Plasmas und Ionenreaktionsverschiebungen, die dann die Ablagerung der Cholesterinester bewirken. Nun können in der Tat durch experimentelle Beeinflussung des Cholesterinstoffwechsels solche ,,Intimaverfettungen" hervorgerufen werden. So haben uns Untersuchungen von Anitschkow[1], Chalatow[2], Wacker und Hueck[3], Westphal[4] u. a. gezeigt, daß man durch Cholesterinfütterung bei Kaninchen eine Atheromatose erzeugen kann. Dabei scheint auch eine Blutdrucksteigerung aufzutreten. Bei älteren Tieren scheinen für letzteres Moment schon relativ kleine Mengen von Cholesterin zu genügen. Die Ausfällung des Cholesterins im Gewebe ist nach Westphal von bestimmten Änderungen des Verhältnisses der Eiweißfraktionen im Plasma abhängig. Es handelt sich also zweifelsohne um komplexe Vorgänge, die wir noch nicht näher kennen. Aschoff weist darauf hin, daß gerade in der Säuglingsperiode und in den Zeiten der Pubertät der Cholesterinstoffwechsel besonders rege ist. In dieser Hinsicht ist es sehr interessant, daß Murata und Kataoka[5] den Nachweis erbringen konnten, daß die Fütterungsatheromatose bei kastrierten Tieren stärker auftritt als bei normalen Tieren und daß die Kastrationsatheromatose bei Cholesterin- bzw. Lanolinfütterung durch gleichzeitige Zufuhr von Schilddrüsensubstanz verhindert werden kann. Unter diesen Bedingungen zeigt sich eine reine Mediasklerose. Es ist bekannt, daß für den Cholesterinstoffwechsel innersekretorische Momente von Bedeutung sind. Aschoff legt jedoch das größte Gewicht auf den alimentären Faktor. Daß die Blutdrucksteigerung als ätiologisches Moment nicht in Frage kommt, dürfte heute allgemein anerkannt sein. Auch bei der Intimaverfettung des jugendlichen Phthisikers denkt Aschoff an eine Störung des Lipoidstoffwechsels, ebenso bei Diabetikern. Er unterscheidet in diesem Sinne neben der alimentären eine kachektische und dyskrasische Atheromatose. Infektiöse bzw. toxische Schädlichkeiten könnten sehr wohl über die Nebennieren wirken, sehen wir doch sehr häufig unter diesen Einflüssen die letzteren bezüglich des Lipoidstoffwechsels sehr wesentlich alteriert. Auch durch chronische Adrenalininjektionen können beim Kaninchen Veränderungen in der Aorta hervorgerufen werden, die an Atherosklerose erinnern. Es scheint jedoch zweifelhaft, ob sie mit letzterer wirklich identisch sind. Diese Adrenalinversuche scheinen uns aber auch deshalb von geringer Bedeutung, da eine biologische Wertigkeit des Adrenalins noch keineswegs feststeht. Auch Überdosierung von Vigantol führt, wie Kreitmair und Moll[6] zeigen konnten, zu Verkalkungsprozessen in der Media der Gefäße. Eine Identifizierung mit der menschlichen Atherosklerose begegnet jedoch Zweifeln. Schließlich wäre noch der Einfluß des Nervensystems zu erwähnen. Ricker hat in einer besonders lesenswerten Monographie[7] eine auf nervöser Basis aufgebaute Theorie vom Wesen der Atherosklerose gegeben. Er sieht das Wesentliche in der nervösen Innervation der Gefäßbahn. Ein Nachlassen derselben bedingt nicht nur Erweiterung des Gefäßrohres, sondern führt auch zu Veränderungen der Saftströmung in der Gefäßwand selbst. Dieser ,,nerval" bedingte ,,peristatische Zustand" der Strombahn bedingt nun die degenerativen und hyperplastischen Veränderungen der Gefäßwand. Es ist heute noch nicht möglich, diese interessanten Vorstellungen Rickers eindeutig zu beurteilen. Dazu bedarf es weiterer experimenteller Untersuchungen in dieser Richtung. Daß diese Ideen vielseitige Ablehnung erfahren haben,

---

[1] Virchows Arch. **249** (1924) — Beitr. path. Anat. **59** (1914).
[2] Die anisotrope Verfettung usw. Jena 1922.   [3] Münch. med. Wschr. **1913**.
[4] Z. exper. Med. **101** (1925).   [5] Zit. nach Aschoff, l. c.
[6] Münch. med. Wschr. **1928**.   [7] Ricker, l. c.

braucht nicht zu verwundern. Ich glaube aber doch, daß sie sehr viel Richtiges enthalten. Daß nervöse Einflüsse in der Genese der Atherosklerose eine besondere Rolle spielen, wird dem Arzte immer wieder vor Augen geführt. Es ist nicht die Blutdruckerhöhung an sich, sondern die Schwankungen des Blutdruckes, sowohl in ihrer Intensität als auch in ihrer Häufigkeit, sind es, die im Vordergrunde stehen, und sie basieren auf einer Vasolabilität, die letzten Endes endokrin-neurogenen Ursprungs ist. Dabei spielen sicher auch Änderungen im Stoffwechselgeschehen mit. Es ist gerade von diesen Gesichtspunkten aus besonders bemerkenswert, daß es nun auch der Heringschen Schule geglückt ist, durch Ausschaltung der „Blutdruckzügler" einen chronisch arteriellen Hochdruck experimentell zu erzeugen. So gelang es Koch und Mies[1] nach Durchtrennung der beiden Aortennerven (Nervi depressores) und beider Karotissinusnerven, eine arterielle Hypertonie zu erzeugen. Die Beobachtung dauerte $1^1/_2$ Jahre. Ferner konnten Hammer und Mies[1] zeigen, daß bei derartigen Tieren eine Herzerweiterung und eine Verbreiterung der Aorta auftritt, verbunden mit einer diffusen Bindegewebsvermehrung im Herzmuskel und Bildung von Herzschwielen und schweren anatomischen Veränderungen in der Aorta. Nach Nordmann[2] handelte es sich in diesen Fällen anatomisch um eine Herzmuskelhyperplasie und Bindegewebsvermehrung, entweder diffus oder in Form von Schwielen, ferner um eine zum Teil sehr ausgedehnte Aortensklerose, in den Nieren um eine Glomerulusverödung und in den Lungen um eine sehr ausgesprochene Pulmonalsklerose. Es ergaben also diese Experimente eine ausgesprochene Atherosklerose, die allein durch Beseitigung der nervösen Blutdruckzügler hervorgerufen wurde. Es mag sein, daß auf die gleiche Weise auch Störungen des Stoffwechsels bedingt wurden. Das ändert aber nichts an der Tatsache einer primären „nervalen" Genese, die um so bedeutungsvoller ist, als die von den Autoren beschriebenen experimentellen und pathologischen Befunde durchaus mit dem klinischen Bilde der menschlichen Atherosklerose vergleichbar sind.

Nun hat man die Atherosklerose, um ihr häufiges Auftreten in den höheren Lebensaltern zu erklären, vielfach als eine Abnützungskrankheit, oder gar unter Identifizierung mit den Erscheinungen des Seniums, als eine Alterserkrankung bezeichnet. Letzteres ist insofern nicht richtig, als, wie wir schon betont haben, die einfach senile Ektasie etwas ganz anderes ist als die Atherosklerose und außerdem letztere auch im jugendlichen Alter sehr häufig ist, wo von Alterungserscheinungen gar keine Rede sein kann. Weniger fraglich erscheint schon die Rolle der Abnützung, wenn man darunter besonders den mechanischen Faktor versteht, wie er vor allem durch Thoma[3] näher präzisiert wurde. Für seine Bedeutung spricht schon die Lokalisation der atherosklerotischen Veränderungen an Stellen betonter funktioneller Belastung. Wesentlicher erscheint mir aber doch der durch das ganze Leben hindurch normalerweise sich abspielende „Umbau" der Gefäßwand zu sein, der schließlich zur senilen Ektasie führt. In diesem Sinne führt das Maß der geforderten Arbeit auch am Gefäßsystem zu bestimmten Anpassungserscheinungen proportional der Beanspruchung. Man kann sich auch vorstellen, daß die Atherosklerose ein Beispiel für eine ungenügende Anpassung des Gefäßsystems an die geforderte Leistung wäre. In diesem Sinne wäre die Grubersche Bezeichnung der Atherosklerose als einer „Anpassungskrankheit" zu verstehen. So käme das mechanische Moment zu seinem Recht. Aber es muß unbedingt die Stoffwechselstörung noch hinzutreten, um das Bild der Atherosklerose zu gestalten. Die Frage ist

---

[1] Krkh.forschg 7 (1929).　　　[2] Krkh.forschg 7 (1929).
[3] Virchows Arch. 245 (1923).

nur, ob es generell für alle Formen der Atherosklerose zutrifft, daß es sich um eine Beteiligung des Cholesterinstoffwechsels handelt. Daß gerade in den Fällen von Atherosklerose im höheren Alter, die ja so häufig ohne Blutdrucksteigerung einhergehen, eine Hypercholesterinämie fehlt, spricht nicht dagegen. Wissen wir doch, daß allein Änderungen des kolloidchemischen Milieus genügen, um Ausfällungen von Substanzen zu bewirken, auch ohne daß sie in vermehrter Weise im Lösungsmittel zugegen sind. Zweifelsohne bedingen aber die normalen Umbauvorgänge im Gefäßsystem solche Änderungen des kolloidchemischen Gefüges, vor allem der Grundsubstanz, die wohl geeignet sind, die physikalisch-chemischen Bedingungen dem Saftstrom gegenüber zu ändern. Treten noch Änderungen quantitativer Art des Plasmas hinzu, so werden Ablagerungen erst recht möglich sein. Erstere sind aber sicher nicht unbedingt erforderlich. Man könnte aber auf Stoffwechselstörungen allgemeiner Art verzichten und nur ein lokales Geschehen im Sinne einer reinen Ablagerung in Betracht ziehen, wenn man die nervöse Genese, in Anbetracht der erwähnten experimentellen Befunde der Heringschen Schule, in den Vordergrund stellt. Es erscheint mir durchaus möglich, daß in der sich physikalisch-chemisch während des Lebens dauernd umbauenden Gefäßwand durch nervöse Störungen gerade an den funktionell pointierten Stellen, da an ihnen nervöse Alterationen sich besonders intensiv auswirken werden, die Bedingungen zur Ablagerung von Substanzen aus dem Saftstrom in besonders günstiger Weise in Erscheinung treten. Dabei könnte man auf eine Stoffwechselstörung sui generis verzichten, wobei selbstverständlich das Hinzutreten einer solchen aber begünstigend wirken könnte. Ich sehe davon ab, eine Definition der Atherosklerose zu geben, sie ist meines Erachtens in strengem Sinne heute noch gar nicht möglich, dazu bedarf es noch weiterer experimenteller Studien, die gerade im Hinblick auf die neuesten Arbeiten weitgehende Aufschlüsse versprechen.

Die Physiologie und Pathologie der Atmung [1].

Bei der Besprechung der Stoffwechselvorgänge als Fundament jeder Organfunktion haben wir als Bedingung ihres geregelten Ablaufes die nötige Zufuhr von Nahrungsstoffen und Abfuhr von Schlackenprodukten als selbstverständlich vorausgesetzt. Soweit es sich dabei um Oxydationsprozesse handelt, bedarf der Organismus der Zufuhr von Sauerstoff und der Beseitigung der sich dabei vielfach bildenden Kohlensäure. Dazu dient die Atmung. Ihre Definition lautet nach Bethe: „Atmung ist die Zuführung von Sauerstoff bis zu den Stellen seiner Verwertung und die Abfuhr von Kohlensäure von den Stellen ihrer Entstehung bis zur Entfernung aus dem Gesamtorganismus." Ist, wie beim Menschen und den Tieren, soweit sie Lungenatmer sind, das Atmungsorgan zum Schutze in das Innere des Körpers eingebettet, so bedingt die Forderung eines möglichst ausgiebigen und raschen Gasaustausches eine Anpassung des anatomischen Baues der Lungen an diese Funktion und sonstige Hilfsmaßnahmen. Der erste Faktor wird durch eine möglichst große Oberflächenentfaltung, wie sie

---

[1] Abderhalden, Lehrb. d. Physiol. 2 (1925). — Bayer, im Hand. d. norm. u. path. Physiol. 2 (1925). — Bethe, ebenda. — Bohr, Handb. d. Physiol. von Nagel 1 (1909). — Boruttau, ebenda. — Douglas, Erg. Physiol. 14 (1914). — Felix, Handb. d. norm. u. path. Physiol. 2 (1925). — Höber, Lehrb. d. Physiol. 1928. — Langendorff, Handb. d. Physiol. von Nagel 4 (1909). — Liljestrand, Handb. d. norm. u. path. Physiol. 2 (1925). — Loewy, Handb. d. Biochemie von Oppenheimer 6 (1926). — Müller, Die Lebensnerven. 1924. — Nagel, Handb. d. Physiol. von Nagel 4 (1909). — Rohrer, Handb. d. norm. u. path. Physiol. 2 (1925). — Schenk, Erg. Physiol. 7 (1908). — v. Skramlik, Handb. d. norm. u. path. Physiol. 2 (1925).

die alveoläre Kammerung der Lungen darstellt, erfüllt. Hat man doch die dadurch
gegebene Lungenfläche auf etwa 90 qm berechnet. Ein weiteres unterstützendes
Moment ist in der reichlichen Blutdurchströmung in Form engmaschiger,
die Alveolen umgebender Kapillarnetze gegeben. Wie wir früher schon betont
haben, ist der Transport der Atemgase eine wesentliche Funktion des Zirku-
lationsapparates. Dementsprechend teilen wir die Atmung in eine äußere
und in eine innere Atmung ein. Wir verstehen unter ersterer den Gasaustausch
zwischen Außenwelt und Blutflüssigkeit durch die respiratorischen Oberflächen
der Lungen hindurch, unter letzterer den Austausch der Gase zwischen Körper-
flüssigkeit und Gewebszellen. Die weite Entfernung der Alveolen als Ort des
Gasaustausches von der atmosphärischen Luft, infolge der tiefen Lage der Lungen
im Organismus, erfordert, um den respiratorischen Gaswechsel genügend zu
gestalten, einen besonderen Atemmechanismus. Er besteht in einer Hebung
und Senkung des Rippenringes und einer gegensinnigen Bewegung des Zwerchfells, wodurch der Innenraum des Thorax vergrößert und verkleinert wird, so
daß dadurch eine bestimmte Menge Luft jedesmal eingeatmet bzw. ausgeatmet
werden kann. Die bewegliche Verbindung des Rippenringes mit der Wirbelsäule und die Drehung desselben um die Rippenhalsachse gestattet zunächst eine
Hebung und Senkung des Brustbeinendes der Rippenbogen. Da jedoch die
Rippenhalsachse weder rein frontal noch rein sagittal, sondern in einer Zwischen-
stellung verläuft, so wird das Brustbeinende des Rippenbogens bei der Einatmung
nicht nur durch Hebung nach vorne von der Wirbelsäule entfernt, sondern auch
nach der Seite hin verschoben. Der Verlauf der Rippenhalsachse wird bei den
tiefer gelegenen Rippenbogen immer mehr frontal. Dementsprechend nimmt in
den unteren Thoraxabschnitten bei der Einatmung die seitliche Weitung des
Thorax auf Kosten der sagittalen Vergrößerung des Thoraxraumes zu. Die
Starrheit des Brustbeins und die feste Verbindung zwischen Brustbein und
Rippenknorpel lassen eine Seitenbewegung des Rippenringes nur zu, wenn eine
Verlängerung des Rippenknorpels erfolgt, sei es durch Dehnung desselben, sei
es durch Abflachung des Knorpelknickungswinkels. Die Vor- und Seitenbewegung
der Rippenringe bei der Inspiration führt so infolge der gleichmäßigen Verschiebung des Brustbeins zu einer Torsion der Rippenknorpel und Rippenknochen in der Weise, daß die oberen Ränder der Rippenbogen nach der Lunge
hin, die unteren Ränder nach der Haut zu gedreht werden. Die ringförmige
Anordnung der Rippen bedingt einen Spannungszustand der Rippenbogen.
Durch die Atembewegungen des Thorax werden weiterhin elastische Kräfte
durch Spannung der Lungen und der Gelenkbänder, ferner durch Dehnung
und Torsion der Rippenknorpel und Rippenknochen geweckt, die als Unter-
stützungsmomente für die Ausatmungsphase nicht ohne Bedeutung sind. Ein
besonders wichtiger Inspirationsmuskel ist das Zwerchfell. Bei der Einatmung
entfernen sich durch die Erweiterung des Brustkorbes die Ansatzstellen des
Zwerchfells an den Rippen und dem Brustbein von dem Centrum tendineum.
Die Zwerchfellkuppen treten dadurch passiv tiefer. Das ist natürlich nur möglich,
wenn die Baucheingeweide zusammendrückbar sind und die vordere Bauchwand
dem Drucke nachgibt. Ist das nicht der Fall, so wird das Centrum tendineum
zum Punctum fixum der Zwerchfellmuskulatur, und es tritt dann dadurch eine
Hebung der unteren Rippen ein. Eine aktive Kontraktion des Zwerchfells muß
zu einer weiteren Abflachung desselben mit Tiefertreten des Centrum tendineum
führen. So erweitert das inspiratorische Tiefertreten des Zwerchfells den Thorax-
raum, und es wirkt dem elastischen Lungenzug entgegen, zugleich wird dadurch
verhindert, daß infolge der inspiratorischen Druckabnahme in der Brusthöhle
ein Empordrängen der Baucheingeweide durch den äußeren Luftdruck erfolgen

kann. Auf die Bedeutung der Zwerchfellbewegungen für den Blutkreislauf kommen wir noch zurück. Zu den Muskeln des Thorax, die sich regelmäßig an der Einatmung beteiligen, gehören ferner die Musculi intercostales externi und die Musculi intercostales interni intercartilaginei. Die ersteren ziehen im Bereiche der knöchernen Rippen von Rippe zu Rippe von hinten oben nach vorne unten, die letzteren von Rippenknorpel zu Rippenknorpel in umgekehrter Richtung. Da beide Muskeln auf die untere Rippe mit dem größeren Hebelarm einwirken, so heben sie die untere gegen die obere Rippe und wirken inspiratorisch. Zu den Hilfsmuskeln für die Einatmung zählen ferner die Musculi scaleni, der Musculus sternocleidomastoideus, der Musculus serratus posticus superior, der Musculus latissimus dorsi und die Musculi pectorales. So sehen wir, wie bei Kranken mit schwerer Atemnot durch Fixierung von Kopf und Hals durch Kontraktion der Scaleni und Sternocleidomastoidei der Thorax nach oben gezogen und durch Festlegung von Arm und Scapula durch die Pectorales und den Serratus der Thorax erweitert wird. Die Ausatmung erfolgt zum großen Teile passiv. Wenn die Inspiration beendet ist, so folgt der Thorax dem Gesetz der Schwere. Ferner kehren die bei der Inspiration gedehnten und torquierten Rippen von selbst wieder in ihre Ausgangslage zurück. Weiterhin erschlafft das Zwerchfell, und die Bauchmuskeln kehren in ihre Ruhelage zurück, dadurch werden die Baucheingeweide wieder nach oben und rückwärts gedrängt und das Zwerchfell gehoben. Als wesentliches exspiratorisches Moment kommt noch der elastische Zug der Lunge hinzu. Bei der Inspiration folgt die Lunge allseitig dem sich erweiternden Thorax, wodurch ihre elastischen Fasern gespannt werden. Bei der Exspiration kehrt nun die Lunge in ihre elastische Ruhelage zurück. Die elastischen Kräfte der Lunge kommen im Beginn der Ausatmung am stärksten zur Wirkung. Aber auch nach maximaler Exspiration ist die Lunge noch nicht völlig entspannt. Erst wenn durch eine, sei es künstlich oder durch einen krankhaften Prozeß bedingte Öffnung in der Brustwand oder Lungenoberfläche Luft in den Pleuraraum eindringt, kommt es zu einem Kollaps der Lungen. Aktiv in die Exspirationsphase greifen die Musculi intercostales interni interossei ein. Ihr größerer Hebelarm setzt an dem oberen Rippenring an. Letzterer muß also bei der Tätigkeit dieser Muskeln nach abwärts gezogen und dadurch die Exspirationsbewegung unterstützt werden. Als Hilfsmuskeln für die Ausatmung kommen vor allem die queren Bauchmuskeln in Betracht, sie ziehen die untersten Rippen und das Brustbein nach abwärts und drängen das Zwerchfell nach oben. Sie treten vor allem auch beim Hustenstoß in Aktion.

Die verschiedenen Inspirationsmuskeln können sich in variablem Ausmaße an der Atmung beteiligen. Man unterscheidet dementsprechend den abdominalen und den kostalen Atemtypus. Der erstere findet sich vorwiegend beim männlichen, der letztere hauptsächlich beim weiblichen Geschlecht.

Wie schon erwähnt, sind die elastischen Elemente der Lunge immer gedehnt, auch noch nach beendeter Ausatmung. Ihre Spannung wird aber bei der Einatmung weiterhin erhöht. Die Lunge folgt bei der Einatmung den Bewegungen der Brustwand. Die kapilläre Flüssigkeitsschicht zwischen den beiden Pleurablättern gestattet kein senkrechtes Abheben der Lunge von der Brustwand, sondern nur eine parallele Verschiebung der Pleurablätter. Die Atembewegungen des Thorax und damit der Lungen sind aber bei ruhiger Atmung keineswegs in allen Teilen gleichmäßig, sondern es beteiligen sich unter diesen Umständen fast nur die unteren Abschnitte des Thorax bzw. der Lungen und das Zwerchfell an der Atmung, während die apikalen Abschnitte so gut wie ruhig stehen. Bei vertiefter Atmung fällt jedoch die Mehrleistung vorwiegend den oberen Thorax- bzw. Lungenpartien zu. Es ist selbstverständlich, daß dementsprechend auch die Ventilationsgröße in den einzelnen Lungenabschnitten eine verschiedene sein muß. Es werden bei ruhiger Atmung vor allem diejenigen Teile der Lunge, die der Brustwand am nächsten liegen, am ausgiebigsten vom Gaswechsel betroffen, das sind die unteren Abschnitte der Lungenfelder, wie sich hinter dem Röntgenschirm durch die bei der Inspiration einsetzende Aufhellung derselben erkennen läßt. Nur bei forcierter Einatmung kommt es zu einer gleichmäßigen, alle Teile der Lunge einschließenden Ventilation. Dabei ist für die Lüftung der zentralen Teile der Lunge die respiratorische Verschiebung des Herzens, worauf schon Wenckebach hingewiesen hat, von Bedeutung. Bei tiefer Ein- und Ausatmung kommt es, wie de la Camp[1] zeigte, zu einer sehr ausgiebigen Verschiebung des Centrum tendineum des Zwerchfells und damit des Herzens. Bei tiefster Einatmung tritt das Herz tiefer und schafft dadurch Platz für die Ausdehnung gerade der mittleren und oberen Lungenpartien. Andererseits wird aber durch die Inspiration infolge des elastischen Zuges der Lunge der Mittelfellraum erweitert. Maßgebend dafür ist vor allem die Anordnung der elastischen Elemente in der Lunge. Wir werden noch darauf hinzuweisen haben, daß dieser inspiratorisch auftretende, das Mediastinum weitende elastische Lungenzug für die diastolische Füllung der Vorhöfe des Herzens nicht bedeutungslos ist. Es ist einleuchtend, daß die Atembewegungen auch auf die Form und Lage der an ihnen beteiligten Organe nicht ohne Einfluß sein können. Das wird besonders beim wachsenden Organismus der Fall sein, um so mehr, als nach den entwicklungsmechanischen Gesetzen von Roux Struktur und Gestalt im wesentlichen durch die Funktion bestimmt werden. So kommt die charakteristische Kuppelform des Zwerchfells nicht nur durch die Fixation desselben an Mediastinum und Perikard und durch den intraabdominalen Druck zustande, sondern in besonderer Weise ist dafür der elastische Lungenzug verantwortlich zu machen. In ganz ausgesprochener Weise zeigt sich dann der Einfluß der Atmung am knöchernen Brustkorb. Der im frühesten Kindesalter nahezu horizontale Verlauf der oberen Brustapertur ändert sich im Verlauf der Entwicklung derart, daß die Apertur sich immer mehr nach abwärts neigt, wodurch die Tiefe des Brustkorbs abnimmt. Der Brustkorb nähert sich also schon physiologischerweise nach Hofbauer dem „asthenischen Habitus", und er wird es um so mehr tun, je weniger tief die Atmung erfolgt. Die Rippenbogen folgen also während des Wachstums entgegen dem Zuge der Interkostalmuskeln dem Gesetz der Schwere, und so kommt es normalerweise zu einer stärkeren Neigung der Rippen gegen die Horizontale. So ist es verständlich, daß Änderungen des Atemmechanismus zu Deformationen des Thorax führen können. Die Größe der Lunge ist ebenfalls durch die Form des Thorax und vor allem die Stellung des Zwerchfells bedingt. Es zeigen sich deshalb auch bei Lagewechsel Schwankungen der Lungengröße. Die stetige Spannung der Lunge bedingt im Thorax einen negativen Druck. Derselbe beträgt beim gesunden Menschen bei ruhiger Atmung inspiratorisch —4,2 bis —5,0, exspiratorisch —2,5 bis —3,2 mm Quecksilber. Die Körperlage, vor allem der Zwerchfellstand, ist von Einfluß auf die Größe des intrathorakalen Druckes. Auch die Atembewegungen rufen „respiratorische Druckschwankungen" hervor.

Diejenige Luftmenge, die beim Erwachsenen bei ruhiger Atmung durch einen Atemzug hin- und herbefördert wird und die wir als Atem- bzw. Respirationsluft bezeichnen, beträgt nach Höber 300—800 ccm, im Mittel also 500 ccm. Durch eine tiefe Ausatmung kann noch eine weitere Menge Luft exspiriert werden, die sog. Reserveluft. Sie beträgt 1500—2500 ccm. Ebenso gelingt es, durch eine tiefste Inspiration eine weitere Menge Luft von 1500 bis

---

[1] Z. klin. Med. **1903**.

3000 ccm aufzunehmen. Dieses Quantum bezeichnet man als Komplementärluft. Die nach einer tiefen Inspiration maximal ausgeatmete Luftmenge, die wir als Vitalkapazität der Lunge bezeichnen, kann 3500—6000 ccm betragen. Auch nach maximalster Ausatmung bleibt noch ein Quantum von Luft, die Residualluft, in der Lunge zurück. Ihre Menge wird mit 800—1700 ccm angegeben. Die Mittellage oder Mittelkapazität setzt sich zusammen aus Residualluft + Reserveluft + $^1/_2$ Atemluft.

An der Leiche entweicht bei Eröffnen des Thorax durch den Kollaps der Lunge die Residualluft. Aber auch dann ist die Lunge noch nicht luftleer. Die elastischen Elemente des Lungengewebes gestatten auch an der herausgeschnittenen Lunge keinen völligen Kollaps. Auch eine solche Lunge enthält noch etwas Luft, die Minimalluft, so daß, in Wasser gebracht, die Lunge auf dem Wasser infolge ihres Luftgehaltes schwimmt. Die Zahl der Atemzüge pro Minute, die beim Erwachsenen in der Ruhe 16—20 beträgt, ist durch die verschiedensten Einflüsse variierbar. Muskeltätigkeit, Umgebungstemperatur und vor allem psychische Einflüsse u. a. erhöhen die Atemfrequenz in verschiedenem Ausmaß. Die Atemgröße, die gerade den normalen Atmungsbedarf deckt, bezeichnen wir als Eupnoe, die beschleunigte bzw. erschwerte Atmung als Tachypnoe bzw. Dyspnoe (Hyperpnoe). Nach einer Überventilation kann das Bedürfnis zu atmen auf kurze Zeit wegfallen. Diese Atempause benennt man Apnoe. Die automatische Tätigkeit des Atemapparates setzt das Vorhandensein eines Atemzentrums voraus. Dasselbe liegt am Boden der Rautengrube in der Nähe des Calamus scriptorius (Noeud vital von Flourens). Nach Gad sind beim Menschen die Ganglienzellen dieses Zentrums in den lateralen Teilen der Formatio reticularis des verlängerten Markes gelegen. Auch nach Abtrennung des verlängerten Markes sind unter bestimmten Versuchsbedingungen noch Atembewegungen zu erzielen. Diesen spinalen Zentren kommt aber bestimmt nur die Bedeutung untergeordneter Atemzentren zu. Das Hauptzentrum in der Medulla oblongata ist bilateral angelegt. Es ist nicht unwahrscheinlich, daß auch für die Exspiration, soweit die aktive Exspiration in Frage kommt, ein besonderes Zentrum in der unteren Hälfte der Rautengrube gelegen ist. Das Atemzentrum sendet nun nicht nur zentrifugal Impulse aus, sondern es erhält auch auf den verschiedensten spinalen und zerebralen Bahnen Erregungen, welche den Rhythmus der Atembewegungen modifizieren. Wir haben also neben der später noch zu erörternden wesentlichen Atmungsregulation auf dem Blutwege noch einen nervösen Regulationsmechanismus zu unterscheiden. In dieser Hinsicht kommt dem Nervus vagus als Hemmungsnerv der Inspiration eine besondere Bedeutung zu. Schaltet man den Vagus reizlos aus, so treten verlängerte und vertiefte Inspirationen auf, während die Exspiration unbeeinflußt bleibt. Trennt man die hinteren Vierhügel vom Hirnstamm ab, so zeigt sich dasselbe. Es scheint also in den hinteren Vierhügeln ein Hemmungszentrum für die Inspiration gelegen zu sein, dessen tonische Erregung denselben Effekt bedingt wie Vaguserregung. Von anderen Autoren wird dieses Zentrum in den Thalamus verlegt. Auch die klinischen Beobachtungen, vor allem bei der Encephalitis lethargica, sprechen für supranukleär gelegene, dem Oblongatazentrum übergeordnete Regulationszentren. Affektive, sensorische und sensible Reize beeinflussen die Atmung im allgemeinen derart, daß diesbezüglich schwache Erregungen die Inspiration steigern, starke Erregungen dagegen dieselbe hemmen. Hering und Breuer haben gezeigt, daß bei der inspiratorischen Dehnung der Alveolarwände die Vagusendigungen gereizt werden. Diese Vaguserregung, die auch durch das Auftreten eines Aktionsstroms in demselben nachweisbar ist, bewirkt zentral eine Hemmung der Inspiration. Ebenso führt der Lungenkollaps am Ende der Exspiration zu einer Auslösung der Inspiration. Nach Durchtrennung der Vagi fällt diese Regelung der Atembewegungen fort. Hering und Breuer sprechen deshalb von einer „Selbststeuerung der Atmung". Neben diesen Hering-Breuerschen Fasern verlaufen im Vagus auch noch afferente Bahnen vom Kehlkopf, der Trachea und der Pleura pulmonalis her. Nur von der Pleura parietalis und diaphragmatica verlaufen Bahnen der Schmerzempfindung, und zwar zusammen mit den Nervi intercostales. Der Vagus führt ferner Fasern, die eine tonische Konstriktion der Bronchien bewirken, ebenso vereinzelte, die Bronchien erweiternde Fasern. Die Hauptmasse der letzteren gehört jedoch den Nervi accelerantes an. Ob auch sekretorische Nerven für die Bronchien existieren, ist noch nicht entschieden.

Die Tätigkeit des Atemzentrums wird vom Blute aus beherrscht. Die Venosität des Blutes gibt den Hauptreiz für das Atemzentrum ab. Die Kohlensäure ist für die zentrale Regulierung der Atmung von ganz besonderer Bedeutung. Haldane konnte zuerst den Beweis dafür erbringen, daß die Kohlensäurespannung im Atemzentrum der wichtigste Faktor für die Atmung ist. Eine Kohlensäurevermehrung in der Inspirationsluft bedingt immer eine Steigerung der Atmung. Das Atemzentrum ist gegenüber einer Kohlensäurezunahme äußerst empfindlich. Schon eine Steigerung um nur 0,2% bedingt eine Ventilationserhöhung um 100% des Ruhewertes. Aber auch Sauerstoffmangel wirkt in derselben Richtung, indem die sich dabei im Stoffwechsel bildenden bzw. retinierten organischen Säuren, die sonst der weiteren Oxydation anheimfallen, den Reiz für das Atemzentrum abgeben. Auf Grund dieser Tatsachen wurde von Winterstein[1] die heute wohl anerkannte Theorie aufgestellt, daß allein die Wasserstoffionenkonzentration des Blutes die chemische Regulation der Atmung bedinge („Reaktionstheorie"). Dabei ist in dieser Abhängigkeit der Atmungstätigkeit von der H˙-Ionenkonzentration des Blutes ein wesentlicher Faktor für die Konstanthaltung der letzteren gelegen. Ob dabei auch noch der Kohlensäure eine spezifische Anionwirkung zugesprochen werden muß, ist unentschieden. Außer der schon erwähnten reflektorischen Beeinflussung der Atmung durch den Vagus, ist eine solche auch durch andere Hirnnerven, wie z. B. durch den Olfaktorius, Optikus, Trigeminus, Akustikus und Vestibularis möglich. Auch durch die verschiedensten afferenten spinalen Nerven und den Sympathikus kann eine reflektorische Wirkung auf die Atmung ausgelöst werden. Es sei in dieser Hinsicht nur an die Kälte- und Wärmereize auf die Atmung und die durch Schmerzen meist bedingte Hyperpnoe erinnert. Daß auch subkortikale und kortikale Gehirnregionen in den Steuerungsmechanismus eingreifen, ist bekannt. Es sei nur auf die Möglichkeit hingewiesen, die Atmung willkürlich zu modifizieren.

Der Lungengaswechsel unter normalen und pathologischen Bedingungen.

Betrachten wir nun den Lungengaswechsel. In den zuführenden Atemwegen Nase bzw. Mundhöhle, Larynx, Trachea und Bronchien wird die Luft zunächst von festen suspendierten Teilchen befreit, erwärmt und dann mit Wasserdampf gesättigt. Im Durchschnitt enthält die trockene Inspirationsluft 20,95% Sauerstoff, 0,03% Kohlensäure und 79,02% Stickstoff. Die Exspirationsluft enthält dagegen weniger Sauerstoff und mehr Kohlensäure, und zwar beträgt der mittlere Kohlensäuregehalt der trockenen Exspirationsluft bei ruhiger Atmung etwa

---

[1] Pflügers Arch. **138** (1911).

3,0—4,5% Kohlensäure und 17,5—16,0% Sauerstoff. Die Ausatmungsluft hat jedoch keine gleichmäßige chemische Zusammensetzung. Der zuerst ausgeatmete Teil derselben ist sauerstoffreicher und kohlensäureärmer als die gegen Ende der Exspiration ausgeatmete Luft. Das beruht darauf, daß sich nur die Alveolarluft direkt an dem Gasaustausch beteiligt. Nur ein Teil der Inspirationsluft dringt bis in die Alveolen vor, um sich mit der dort befindlichen Alveolarluft zu vermengen. Der größere Teil der eingeatmeten Luft bleibt jedoch in den zuführenden Luftwegen liegen, ohne durch die Respiration in seiner Zusammensetzung verändert zu werden. Es wird zuerst ausgeatmet, und erst darauf folgt diejenige Luft, die wirklich an der Respiration teilgenommen hat. Man bezeichnet dementsprechend auch denjenigen Teil der Atemwege, in dem die Inspirationsluft unverändert bestehen bleibt, als „toten Raum". Er beträgt beim Erwachsenen im Mittel 140 ccm. Je größer der „tote Raum" auf Kosten des gesamten Volumens einer Atmung ist, um so mehr wird sich die Exspirationsluft von der Alveolarluft unterscheiden. Bei langsamer und tiefer Atmung ist dieser Unterschied klein, er wird um so größer, je rascher und oberflächlicher die Atmung erfolgt. Der erwachsene Mensch von 70 kg Körpergewicht nimmt bei völliger Ruhe etwa 250 ccm Sauerstoff pro Minute auf, bei maximaler körperlicher Belastung kann sich der Verbrauch auf mehrere Liter Sauerstoff in der Minute steigern. In Ruhe werden etwa 4—5 Liter Luft pro Minute ausgeatmet, bei schwerster körperlicher Arbeit kann die Menge der Exspirationsluft bis auf 100 Liter in der Minute ansteigen. Zunahme oder Abnahme der Ventilation ändern auch die alveoläre Gasspannung. Vor allem zeigen sich unter diesen Umständen beträchtliche Schwankungen in der Menge der ausgeatmeten Kohlensäure und damit auch des respiratorischen Quotienten. Auf die Methoden zur Bestimmung der Zusammensetzung der Alveolarluft kann hier nicht eingegangen werden. Ihre Zuverlässigkeit ist an die Annahme gebunden, daß die Alveolarluft zu einem bestimmten Augenblick eine vollkommen gleichmäßige Zusammensetzung hat. Die Untersuchungen von Krogh und Lindhard[1] lassen jedoch diese Vermutung als zweifelhaft erscheinen. Unter bestimmten Bedingungen scheint aber der diesbezügliche Fehler klein zu sein. Die Kenntnis der alveolären Gasspannung hat nicht nur theoretisches, sondern auch klinisches Interesse. Sie gewährt uns nicht nur einen Einblick in den Gasaustausch selbst, sondern gerade die alveoläre Kohlensäurespannung ist ein wesentlicher Regulator für die Aufrechterhaltung der optimalen H˙-Ionenkonzentration des Blutes, und sie kann uns unter bestimmten Bedingungen auch einen Maßstab liefern für Veränderungen des Basen-Säuregleichgewichts im Organismus. Der Gasaustausch in den Lungen erfolgt nach den physikalischen Gesetzen der Diffusion. Danach ist die Diffusionsgeschwindigkeit umgekehrt proportional dem Quadrat des Atom- oder Molekulargewichtes des entsprechenden Gases. Es diffundiert also unter gleichen Bedingungen die Kohlensäure rascher als der Sauerstoff. Für Richtung und Schnelligkeit der Diffusion sind Konzentration und Gefälle der letzteren maßgebend. Das Gas diffundiert in der Richtung der geringeren Konzentration. Es ist klar, daß das Gasgefälle zwischen Zelle und Blut sowohl von ersterer als auch von letzterem aus beeinflußbar ist, und zwar einerseits durch Änderungen in den Verbrennungsprozessen der Zelle und andererseits durch Verschiebungen im Kohlensäure- bzw. Sauerstoffgehalt des Blutes. Letztere Verschiedenheiten können bedingt sein durch Änderungen der Atemtätigkeit, wodurch die Konzentration der Gase in der Lungenluft variiert werden kann, und durch einen Wechsel der Blutmenge, die der Zelle für die Zufuhr und Abfuhr der Gase in der

---

[1] J. of Physiol. **51** (1917).

Zeiteinheit zur Verfügung steht. Die Blutgase sind in geringer Menge im Blute physikalisch absorbiert, und zwar entsprechend ihrem Absorptionskoeffizienten. Bezüglich der Kohlensäure entspricht dieser Teil der freien Kohlensäure demjenigen, der dem Kohlensäuredruck in der Alveolarluft gleich ist. Der weitaus größte Teil der Gase findet sich im Blute jedoch in einer chemisch-dissoziablen Bindung. Freies und gebundenes Gas stehen unter einem bestimmten konstanten Verhältnis, das durch die Dissoziationskonstante ausgedrückt wird. Die Kohlensäure ist im Blute an Alkali, an die Eiweißkörper und an das Hämoglobin gebunden, während der Sauerstoff nur am Hämoglobin als Oxyhämoglobin verankert ist. Für die Dissoziationskonstante der Kohlensäure gilt die Gleichung $K = \dfrac{[\text{H}^{\cdot}] \cdot [\text{HCO}_3']}{[\text{CO}_2]}$. Wie schon betont, ist die Kohlensäure nur zum kleinsten Teil entsprechend dem Partiardruck, der durch die Gasanalyse der Alveolarluft ermittelt werden kann, frei im Blute vorhanden. Der größte Teil der Kohlensäure ist an das im Blute frei verfügbare Alkali, das man auch als Alkalireserve bezeichnet, gebunden. Es gibt also die Gleichung $K = \dfrac{[\text{H}^{\cdot}]\, a\, [\text{Bikarbonat}]}{[\text{CO}_2]}$, wobei a den jeweiligen Dissoziationsgrad des Natriumbikarbonats bezeichnet, da ja letzteres nicht völlig in Na$^{\cdot}$ und HCO$_3'$ dissoziiert ist. Durch das System Kohlensäure + Natriumbikarbonat wird die aktuelle Reaktion des Blutes, d. h. seine Wasserstoffzahl, im wesentlichen bestimmt. Das Hämoglobin hat sowohl saure als auch basische Eigenschaften. Das Oxyhämoglobin ist eine stärkere Säure als das Hämoglobin. Es wird deshalb, je mehr es sich in der Lunge mit Sauerstoff sättigt, auch um so mehr die Austreibung der Kohlensäure unterstützen. Umgekehrt wird das sauerstoffarme Blut in den Geweben den Abtransport der Kohlensäure begünstigen. Aber auch der Kohlensäuregehalt des Blutes beeinflußt wieder die Sauerstoffaufnahme, da die Sauerstoffbindung in saurem Milieu herabgesetzt ist. So wird das kohlensäurereichere Blut in der Peripherie die Sauerstoffabgabe, und umgekehrt das kohlensäurearme Blut in der Lunge die Sauerstoffaufnahme unterstützen.

Der Sauerstoff- und Kohlensäuregehalt wechselt erheblich, nicht nur bei den verschiedenen Tierklassen, sondern auch bei ein und derselben Tiergattung. Das arterielle Blut des Menschen enthält durchschnittlich 18 Vol.-% Sauerstoff. Es ist also zu etwa 95% mit Sauerstoff gesättigt. Die arterielle Kohlensäuremenge des menschlichen Blutes liegt zwischen 45 und 55 Vol.-%. Die Schwankungen in den Blutgasmengen des arteriellen Blutes haben verschiedene Ursachen. Selbstverständlich spielt diesbezüglich die Menge des Hämoglobins eine Rolle. Weiterhin ist die Körpertemperatur von Bedeutung. Sowohl die Menge des physikalisch absorbierten als des an Hämoglobin gebundenen Sauerstoffes sinkt bei steigender Temperatur. Die Dissoziationsspannung des Hämoglobins nimmt mit der Temperaturerhöhung zu. Auf die Bedeutung des Elektrolytgehaltes des Blutes haben wir schon hingewiesen. Mit Zunahme der H$^{\cdot}$-Ionenkonzentration nimmt die Sauerstoffbindung ab. Daß fernerhin mit Steigerung der Lungenventilation auch der Sauerstoffgehalt des Blutes zunehmen muß und umgekehrt, bedarf keiner weiteren Erklärung. Der Kohlensäuregehalt des arteriellen Blutes ändert sich leichter als der Sauerstoffgehalt. Dieselben Einflüsse, die wir für Variationen des Sauerstoffes angeführt haben, spielen dabei eine Rolle. Im besonderen Maße trifft das auf Änderungen in der Alkaleszenz des Blutes zu. Bei körperlicher Arbeit kann durch die dabei in größerer Menge entstehende Milchsäure ein Teil der normalerweise zur Verfügung stehenden Alkalireserve mit Beschlag belegt werden, und so tritt eine vermehrte Abdunstung von Kohlensäure durch die Lunge ein. Der respiratorische Quotient steigt infolgedessen an, um in der Erholungsphase auf Grund der nun eintretenden Retention von Kohlensäure wieder recht erheblich, unter 0,7, abzusinken. Vorübergehende Verschiebungen treten auch nach der Nahrungsaufnahme durch den Verbrauch von Chlorionen während der Verdauung auf. Die Zusammensetzung der Nahrung, ob mehr basisch oder mehr sauer, ist dabei von Bedeutung.

Die Gasmengen des venösen Blutes sind weit größeren Schwankungen unterworfen als die des arteriellen Blutes. Das ist verständlich, wenn man bedenkt, daß für die Zusammensetzung des venösen Blutes die Intensität des Stoffwechsels und die Geschwindigkeit des Blutstromes maßgebende Faktoren sind. Neben diesen endogenen kommen dafür weiterhin exogene Momente in Betracht, so die Muskelarbeit und in besonderer Weise die Stauung. Die in der Literatur niedergelegten Zahlen sind deshalb in weiten Grenzen schwankend und können hier übergangen werden. Dasselbe trifft auf die Änderungen im Gasgehalt der Kapillaren zu. Durchschnittlich entnehmen die Gewebe dem Kapillarblut beim Menschen 5,5—6,5 Vol.-% Sauerstoff. Unter pathologischen Bedingungen sehen wir häufig Änderungen im Blutgasgehalt auftreten. Es bedarf keiner weiteren Erklärung, daß bei Zunahme bzw. Abnahme des Hämoglobins sich entsprechend auch der Sauerstoffgehalt des Blutes einstellt. So sehen wir, daß bei Vermehrung des Hämoglobins, z. B. im Höhenklima und auch bei der Polyglobulie, der Sauerstoffgehalt des Blutes zunimmt. Das Umgekehrte ist bei Anämien der Fall. Gewöhnlich tritt dann in solchen Fällen, wenn das Sauerstoffdefizit eine gewisse Größe erreicht hat, kompensatorisch eine Dyspnoe mit Steigerung der Blutströmungsgeschwindigkeit ein. Dadurch wird es ermöglicht, daß das Arterienblut auch mit geringerem Sauerstoffgehalt das Bedürfnis der Gewebe an solchem befriedigt. Auch der Kohlensäuregehalt sowohl des arteriellen als auch des venösen Blutes ist unter diesen Umständen einerseits durch die vermehrte Ventilation, andererseits durch die erhöhte Strömungsgeschwindigkeit herabgesetzt. Kommt es bei Zirkulationsstörungen zu einer Verlangsamung des Blutstroms in der Peripherie, so wird dadurch die Sauerstoffausnützung in den Geweben sehr stark erhöht. Unter diesen Umständen kommt es bei normalem Sauerstoffgehalt des arteriellen Blutes zu einer starken Herabsetzung des Sauerstoffes im kapillaren und venösen Blute und zu einer starken Zunahme der Kohlensäure in diesen Gefäßgebieten. Die Blutströmungsgeschwindigkeit kann durch eine Vermehrung des Schlagvolumens des Herzens und durch Erhöhung der Pulsfrequenz und des Blutdruckes gesteigert werden. Bei einem Mehrtransport von Blutgasen, wie z. B. bei intensiver körperlicher Arbeit, läßt sich dementsprechend auch eine Zunahme des Herz-Minutenvolumens nachweisen. Wird dabei auch noch die Blutreaktion mehr nach der sauren Seite hin verschoben, so kann der dadurch bedingte leichtere Zerfall des Oxyhämoglobins die Sauerstoffausnützung verbessern. Ebenso kann eine Mehröffnung von Kapillaren in der Peripherie und damit eine Vergrößerung der gasaustauschenden Oberfläche die Sauerstoffaufnahme des Gewebes fördern, um so mehr, als dabei noch eine Strömungsverlangsamung eintritt, wenn Minutenvolumen und Blutdruck unverändert bleiben. So sehen wir bei der Herzinsuffizienz die Vorgänge des Gasaustausches sowohl in den Lungen als auch in der Peripherie gestört. Gewöhnlich ist in solchen Fällen das Schlagvolumen des Herzens verkleinert und die Zirkulation verlangsamt, wobei die ödematöse Durchtränkung der Gewebe den Gasaustausch noch weiterhin erschwert. Das Venenblut ist unter diesen Umständen abnorm kohlensäurereich, und sein Sauerstoffgehalt kann bis zu einer O_2-Sättigung von 20% abfallen. Bis zu einem gewissen Grade kann der Organismus durch eine gesteigerte Atemtätigkeit diesen Störungen entgegenwirken. Wichtig für das Ausmaß der Störung ist, inwieweit Veränderungen des Lungengewebes noch hinzutreten. So fand Hürter[1] bei kompensierten Herzfehlern und chronischen Lungenerkrankungen einen normalen O_2- und CO_2-Gehalt des arteriellen Blutes. Tritt jedoch durch entzündliche Vorgänge in den Alveolen eine Beeinträchtigung der Lungenventilation ein, so kommt es immer zu einer Erhöhung der CO_2-Spannung im Arterienblut. Es besteht dann kein Gleichgewicht mehr zwischen Alveolarluft und Arterienblut. Die CO_2-Spannung in der Alveolarluft ist niederer als im Arterienblut. Schafft die kompensatorisch eintretende Dyspnoe keinen Ausgleich, so kann die Blutreaktion nach der sauren Seite verschoben werden. Ebenso verständlich ist, daß die Ausschaltung größerer Lungenabschnitte aus der Atmung, wenn ein kompensatorischer Ausgleich nicht möglich ist, zu Änderungen des Blutgasgehaltes führen muß. Einen Ausfall größerer Lungenteile finden wir bei Atelektasen infolge eines Bronchusverschlusses, bei einem Pneumothorax, bei größeren Pleuraergüssen, bei ausgedehnten Pneumonien bzw. Bronchopneumonien usw. Nach den Untersuchungen von Le Blanc[2] ist die Auswirkung dieser Lungenveränderungen auf den Blutgasgehalt wesentlich abhängig von der für den einzelnen Fall noch gegebenen Möglichkeit der Blutversorgung der atmenden und nichtatmenden Lungenteile. In den krankhaft veränderten Lungenteilen ist die Blutzirkulation herabgesetzt und dementsprechend in den noch gesunden Teilen vermehrt. Je vollständiger diese Kompensation ist, um so besser wird auch die O_2-Sättigung des Lungenblutes sein. Unterstützend wirkt noch die Erhöhung der Ventilation. Reichen diese kompensatorischen Faktoren nicht aus, so kommt es zu einer erhöhten Kohlensäurespannung im arteriellen Blut, wobei die Bindungsfähigkeit normal sein kann. Auch die alveoläre CO_2-Spannung zeigt normale oder sogar herabgesetzte Werte. Dabei besteht eine relative Sauerstoffarmut. Auch bei Emphysematikern und Bronchitikern finden wir häufig, wenn eine Kompensation der in diesen Fällen vorhandenen Erschwerung der Ausatmung durch Erhöhung der Mittelkapazität nicht mehr möglich ist, eine Sauerstoffverarmung und Kohlensäureanreicherung im Blute. Beim Emphysematiker bedeutet außerdem noch die Starre des Thorax und der Elastizitätsverlust der Alveolarwände eine erschwerende Rolle. Auf letzteres Moment stoßen wir auch öfters bei Herzkranken. Bei asphyktischen Zuständen nimmt der Sauerstoffgehalt des Arterienblutes erklärlicherweise sehr rasch ab.

Wir haben schon öfters darauf hingewiesen, daß eine gesteigerte Lungenventilation, die meist durch vermehrte Erregung des Atemzentrums zustande kommt, eine Verminderung der Blutkohlensäure bedingt. Dabei ist zunächst die Alkalireserve im Verhältnis zur restierenden Kohlensäure vermehrt, so daß man von einer relativen Alkalosis spricht. Häufig begegnen wir aber auch einer Herabsetzung der Kohlensäure im Blute infolge einer Verminderung des normalerweise frei verfügbaren Alkalis, da letzteres von anderen Säuren mit Beschlag belegt ist. Man spricht dann von einer sog. Azidose. Zu einer solchen führt nicht nur die Einverleibung anorganischer, sondern auch organischer Säuren und saurer Salze, insoweit letztere im Organismus gespalten werden. Die in dieser Hinsicht wichtigsten Säuren sind die Azetonkörper und die Milchsäure. Letztere zeigt sich bei der Arbeit und bei Sauerstoffmangel. Die Ketonkörper treten beim Gesunden bei Hungerzuständen, unter pathologischen Bedingungen bei gesteigertem Grundumsatz, so z. B. beim Morbus Basedowii und im Fieber, vor allem aber beim schweren Diabetes mellitus auf.

Betrachten wir jetzt kurz die Bindung des Sauerstoffes an das Hämoglobin[3]. Von besonderer Bedeutung ist, daß das Hämoglobin mit dem Sauerstoff eine reversible Bindung eingeht, die also dem Massenwirkungsgesetz unter-

---

[1] Dtsch. Arch. klin. Med. **108** (1912).   [2] Beitr. Klin. Tbk. **50** (1922).
[3] Barcroft, Die Atmungsfunktion des Blutes **2**. Berlin, Julius Springer 1929.

liegt. Die Dissoziationskurve von reinen dialysierten Hämoglobinlösungen stellt eine rechtwinklige Hyperbel dar. Nimmt man jedoch Blut, so zeigt die Dissoziationskurve eine S-förmige Krümmung. Trägt man bei graphischer Darstellung (Abb. 55) die Spannungswerte als Abszisse, die Sättigungswerte als Ordinate ein, so verläuft die Kurve im Beginn konvex und dann bald dauernd konkav zur Abszisse. Die Kurve kann ihre Lage im Koordinatensystem wechseln, sie kann bald steiler, bald flacher verlaufen. Die Träger des Hämoglobins im Blute sind die Erythrozyten. Schüttelt man eine Hämoglobinlösung mit Sauerstoff, so tritt letzterer in das Hämoglobin ein in dem Verhältnis von 32 g Sauerstoff auf 56 g im Hämoglobin enthaltenes Eisen. Die Dissoziationskurve des Hämoglobins kann durch mehrere Faktoren beeinflußt werden, so durch die Temperatur, die Salzkonzentration des Lösungsmittels, die Wasserstoffionenkonzentration und durch die Konzentration des Hämoglobins selbst. Mit steigender Temperatur steigt die Dissoziationsspannung. Durch Variieren des Salzgehaltes kann die Form der Dissoziationskurve Änderungen erfahren. Es ist möglich, daß darin die Ursache gelegen ist für die verschiedenen Formen der Kurven bei verschiedenen Tierarten. Die Kohlensäure wirkt mittelbar durch Änderung der Wasserstoffionenkonzentration der Flüssigkeit auf die Sauerstoffbindung des Hämoglobins ein. Eine Zunahme der Kohlensäure setzt die Sauerstoffaufnahme des Hämoglobins herab, eine Abnahme der Kohlensäure begünstigt dieselbe. Bei gleichem Sauerstoffdruck bindet also das Oxyhämoglobin um so weniger Sauerstoff, je höher die Kohlensäurespannung des Blutes ist

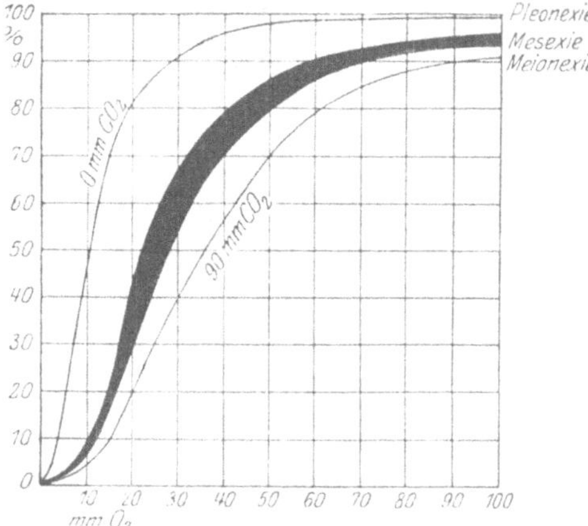

Abb. 55. Sauerstoffdissoziationskurve nach Barcroft bei verschiedenem Kohlensäuredruck. Die Kurven normalen Blutes verlaufen bei der im Arterienblute herrschenden Kohlensäurespannung in dem schwarzen Bezirk, der Mesexie anzeigt. Ordinate = prozentuale Sättigung mit O₂, Abscisse = O₂-Spannung in mm Hg (nach H. Straub).

(Meionexie) (Abb. 55). Mit Abnahme des Hämoglobins wird auch die Dissoziationsspannung des O_2 geringer. Bei Infektionskrankheiten des Menschen (Typhus, Pneumonie) scheint die Sauerstoffbindungsfähigkeit des Blutes herabgesetzt zu sein. Das dabei vorhandene Fieber soll dabei nicht wesentlich mitspielen, so lange es nicht sehr hohe Grade erreicht. Im menschlichen Blut beträgt die Sauerstoffspannung im rechten Herzen etwa 40 mm und im linken Herzen etwa 100 mm. Die Sättigung beträgt also annähernd 66 bzw. 96%.

Die Bindung der Kohlensäure im Blute ist wesentlich komplizierter als die des Sauerstoffes. Das beruht darauf, daß die Kohlensäure sowohl mit anorganischen als auch organischen Bestandteilen des Blutes dissoziable Verbindungen eingeht. Außerdem binden nicht nur die korpuskulären Elemente des Blutes, sondern auch das Plasma Kohlensäure, und zwar in wechselnder Menge, je nach der Kohlensäurespannung. Die Bindung der Kohlensäure im Blute ist auch abhängig von dem Alkaleszenzgrad, und zwar vor allem von der Titrationsazidität, weniger von der aktuellen Blutreaktion. Schon bei kurzem Stehen des Blutes außerhalb des Körpers ändert sich sein Kohlensäuregehalt infolge der rasch einsetzenden Milchsäurebildung. Auf die diesbezügliche Bedeutung des Sauerstoffgehaltes haben wir schon früher hingewiesen. Je höher der Sauerstoffgehalt des Blutes ist, um so weniger Kohlensäure wird aufgenommen. Das

reduzierte Blut enthält dementsprechend mehr Kohlensäure als das sauerstoff-
reiche Blut unter denselben Bedingungen, wobei die Blutzellen größere Unterschiede aufweisen als das Plasma beider Blutarten. Vor allem Hasselbalch[1],
Henderson[2] und Bohr[3] verdanken wir diesbezüglich grundlegende Untersuchungen. Wie schon hervorgehoben, sind das Hämoglobin und ebenso die
Plasmaeiweißkörper schwache Säuren. Die Kohlensäure teilt sich mit diesen
Körpern in das verfügbare Alkali. Das Oxyhämoglobin ist eine stärkere Säure
als das Hämoglobin und dementsprechend auch mehr dissoziiert als letzteres.
Darauf beruht der Unterschied im Kohlensäurebindungsvermögen im CO_2-armen
und CO_2-reichen Blute. Das sauerstoffgesättigte Blut (18,5 Vol.-% O_2) nimmt,
im Vergleich zum sauerstoffarmen Blute, 8,8 Vol.-% CO_2 weniger auf. Die
Blutkohlensäure ist also nicht nur an freies Alkali, sondern weiterhin an das
Hämoglobin und die übrigen Bluteiweißkörper gebunden. Diese Bindung ist
locker, so daß die gesamte Blutkohlensäure durch Auspumpen gewonnen werden
kann. Auf die Kohlensäurebindung hat die Temperatur einen großen Einfluß,
sie sinkt mit zunehmender Temperatur. Auch die Dissoziationskurve der Kohlensäure beweist, daß die Bindung derselben im Blute nicht nur an das freie Alkali
erfolgt, da sie anders verläuft wie die Dissoziationskurve des Natriumbikarbonats.
Die Bindung der Kohlensäure im Plasma ist derselben Art wie im Gesamtblut.
Nach den Untersuchungen von Hasselbalch ist jedoch im zirkulierenden Blute
die Bindung der CO_2 an die Plasmaeiweißkörper von untergeordneter Bedeutung.
Vielmehr müssen wir annehmen, daß sie im Plasma fast nur als freie CO_2, als
Bikarbonat und als HCO_3'-Ion vorhanden ist. Von Henderson[4] wurde gezeigt,
daß die H·-Ionenkonzentration des Blutes derjenigen einer Lösung von CO_2
$+ NaHCO_3$ entspricht, wenn Spannung und Konzentration der letzteren derjenigen des Blutes gleich sind. Nach Hasselbalch ändert sich die Bikarbonatmenge
im Blute mit der CO_2-Spannung, wobei aber infolge Pufferung der Bluteiweißkörper die Relation CO_2 : $NaHCO_3$ konstant bleibt. Man kann deshalb aus der
ermittelten CO_2-Spannung und Alkalireserve nach der Hasselbalchschen
Formel die H·-Ionenkonzentration des Blutes berechnen. Nach Michaelis[5]
sind von der Gesamtkohlensäure des Blutes 8,2% als freie CO_2 und 91,8% als
Bikarbonat vorhanden. Vom Bikarbonat sind 73,4% als Ion und 18,4% als
undissoziiertes Natriumbikarbonat zugegen. In den Blutkörperchen ist die
Kohlensäure zum kleineren Teil als freie Säure gelöst, zum größeren Teil an
Bikarbonat und an Hämoglobin gebunden. Letzteres hat, wie wir schon erwähnt haben, sowohl basische als saure Eigenschaften. Bei niederen CO_2-Drucken,
wie sie physiologischerweise gegeben sind, wirkt das Hämoglobin als Säure
und damit der CO_2-Bindung entgegen. Bei hohen CO_2-Drucken wirkt es als
Base und nimmt sowohl CO_2 auf, als es auch Alkali an die Kohlensäure abgeben
kann. Für letzteren Vorgang sind höhere CO_2-Drucke nötig als für ersteren.
Höhere CO_2-Drucke führen, wie vor allem die Untersuchungen Hamburgers[6]
gezeigt haben, zu einer Ionenwanderung zwischen Plasma und Blutkörperchen,
indem das Hämoglobin Cl'-Ionen aus dem Plasma aufnimmt und die Blutkörperchen CO_2 an das Plasma abgeben, wo das durch die Cl'-Wanderung freigewordene Na· zur Bikarbonatbildung zur Verfügung ist. Die H·-Ionenkonzen-
tration wird durch diese Vorgänge kaum beeinflußt.

Das arterielle Blut bindet bei der normalen CO_2-Spannung von 40 mm im
Mittel etwa 50 Vol.-% CO_2, die sich zu 60—65% auf das Plasma, zu 35—40%

[1] Biochem. Z. 78 (1916).   [2] J. biol. Chem. 41 (1920).
[3] Skand. Arch. Physiol. (Berl. u. Lpz.) 17 (1905); 22 (1909).
[4] Erg. Physiol. 8 (1909).   [5] Handb. d. Biochemie, 1. Aufl., Erg.-Bd. S. 22. Jena 1913.
[6] Osmotischer Druck und Ionenlehre 1. Wiesbaden 1902.

auf die Blutkörperchen verteilen. Beim Durchgang des arteriellen Blutes durch das Kapillargebiet nimmt der Kohlensäuregehalt im Plasma des venösen Blutes viel weniger zu als der der Blutkörperchen. Letztere scheinen also für den Transport der Kohlensäure die Hauptrolle zu spielen.

Für klinische Zwecke ist die Bestimmung der alveolären Kohlensäurespannung nach der Methode von Haldane und Priestley[1] von großer Bedeutung. Da die alveolare Kohlensäurespannung der Kohlensäurespannung im Arterienblute gleichgesetzt werden kann, so gibt ihre Ermittlung den momentanen Gehalt an freier CO_2 im Arterienblut an. Die entsprechenden Normalwerte liegen zwischen 35 bis 45 mm Hg Kohlensäurepartialdruck. Weiterhin unterrichtet uns die Kohlensäurebindungskurve darüber, wieviel Kohlensäure bei bestimmter

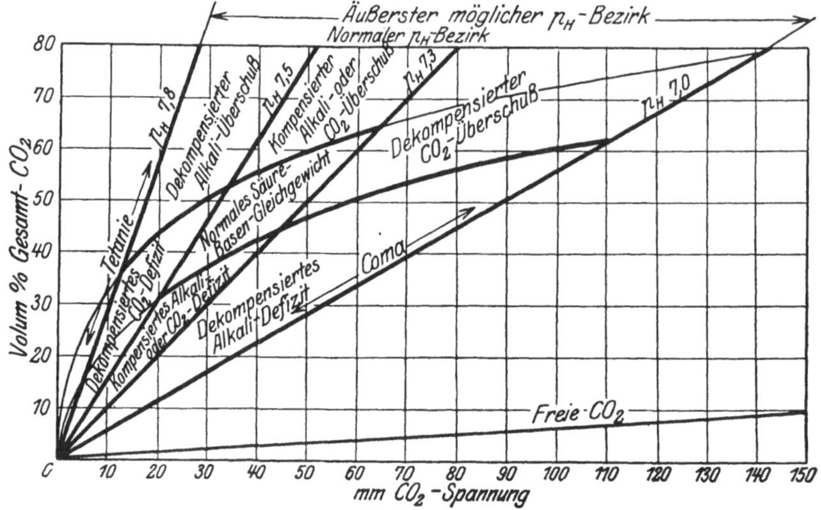

Abb. 56. Darstellung des Säure-Basen-Gleichgewichts im Arterienblute auf Grund des Kohlensäurediagramms nach van Slyke (nach H. Straub).

Kohlensäurespannung vom Blut gebunden wird. Auf Grund dieser Bestimmungen läßt sich der „Arterienpunkt" des Blutes feststellen. Derselbe gibt an, wieviel freie und gebundene Kohlensäure im Augenblick der Untersuchung in dem entsprechenden Blute vorhanden waren. Auf methodische Einzelheiten kann an dieser Stelle nicht eingegangen werden. In der Abb. 56, die der erwähnten Arbeit von Hermann Straub entnommen ist, finden sich in einem Koordinatensystem die verschiedensten Kohlensäurespannungen bei variierendem p_H eingetragen. Das Gebiet des normalen Säure-Basengleichgewichts liegt zwischen den Wasserstofflinien $p_H = 7,5$ bis $p_H = 7,3$. Diesem Bezirk entspricht auch die normale CO_2-Spannung von 35—45 mm Hg. Wenn die Kohlensäurebindungskurve in diesem Gebiet verläuft, so spricht man von Eukapnie des Blutes. Bei einer Abnahme des Kohlensäurebindungsvermögens verläuft die Kurve unterhalb dieses Bezirkes, man bezeichnet diesen Zustand als Hypokapnie. Der umgekehrte Fall, daß die Kohlensäurebindungskurve des Blutes steiler und über der normalen verläuft, wird Hyperkapnie genannt. Die außerhalb des normalen Bezirks gelegenen Kurven zeigen einen pathologischen Zustand an. Ein unterhalb des normalen Bezirkes liegender Verlauf der CO_2-Bindungskurve kann durch verschiedene Momente bedingt sein. Es kann gleichzeitig

---

[1] J. of Physiol. **32** (1905).

die CO_2-Spannung um einen entsprechenden Betrag erniedrigt sein. Die Blutreaktion wird sich dann nicht wesentlich ändern. Die Abnahme des Kohlensäurebindungsvermögens kann aber auch dadurch hervorgerufen sein, daß primär zuviel Kohlensäure entfernt wird (z. B. durch Überventilation, Aufenthalt im luftverdünnten Raum bzw. im Hochgebirge). Meist wird dabei nicht nur die freie, sondern auch die gebundene Kohlensäure herabgesetzt, und es wird zugleich das überschüssige Alkali ausgeschwemmt. Auf diese Weise bleibt der p_H des Blutes unverändert und die Kurve verläuft innerhalb der normalen Wasserstofflinien. Wir sprechen dann von einem kompensierten Alkali- bzw. Kohlensäuredefizit. Wird aber die CO_2-Spannung nicht gleichzeitig entsprechend gesenkt, so liegen die Arterienpunkte unterhalb und rechts von dem normalen Bezirk bei sauren Werten. Dann spricht man von einem dekompensierten Alkalidefizit oder von einer Azidose des Blutes im engeren Sinne (Hyperhydrie nach Winterstein). Klinisch am wichtigsten ist die diabetische Azidose, bei der die Kohlensäure durch stärkere im Blut auftretende Säuren freigemacht und nun sekundär unter Steigerung der Atmung entfernt wird. Wenn nur geringe Mengen solcher Säuren gebildet werden, so kann es zunächst zu einem neuen Gleichgewichtszustand kommen, bei dem die CO_2-Bindungskurve derjenigen bei der Überventilation gleicht, nur daß deren Genese prinzipiell von der ersteren verschieden ist. Die Bindungskurve hat unter diesen Bedingungen ihre Lage, aber kaum ihre Form geändert. Bei Anhäufung größerer Mengen dieser Säuren werden die Arterienpunkte nicht nur nach dem sauren Gebiete zu verschoben, sondern die Bindungskurve verläuft auch flacher. Die Azidose ist eben dann dekompensiert.

Kommt es zu einer starken Herabsetzung der CO_2-Spannung infolge Abrauchung von Kohlensäure durch Überventilation, ohne daß gleichzeitig das Alkali aus dem Blute entfernt wird, so liegt der Arterienpunkt unterhalb der normalen Zone und links vom normalen Reaktionsgebiet bis zu alkalischen Werten. Wir bezeichnen diesen Zustand als dekompensiertes Kohlensäuredefizit. Wird jedoch durch abnorm geringe Ventilation gleichzeitig die CO_2-Spannung vermehrt, so bleibt die Reaktion im normalen Bereich. Der Arterienpunkt liegt dann oberhalb des normalen Bindungsbezirkes, aber zwischen den Linien normaler Wasserstoffzahlen. Wir sprechen dann von einem kompensierten Alkali- oder Kohlensäureüberschuß. Tritt jedoch keine Herabsetzung der Ventilationsgröße ein und wird trotz abnorm hochliegender Bindungskurve die Kohlensäurespannung auf normale oder abnorm niedrige Werte eingestellt, so liegt der Arterienpunkt oberhalb der normalen Bindungszone und links vom normalen Reaktionsbezirk bei abnorm basischer Reaktion. Man spricht dann von dekompensiertem Alkaliüberschuß oder echter Alkalose. Wird schließlich durch unzureichende Ventilation die CO_2-Spannung auf abnorm hohe Werte getrieben, ohne daß gleichzeitig die entsprechenden Alkalimengen im Blute zurückgehalten werden, so liegt der Arterienpunkt oberhalb des Unterrandes des normalen Bindungsbezirkes und rechts vom normalen Reaktionsbereich bis zu sauren Werten, die in diesem Falle durch die Kohlensäure bedingt werden. Man nennt diesen Zustand einen dekompensierten Kohlensäureüberschuß. Nach Hermann Straub können durch die Festlegung des Arterienpunktes im Diagramm nicht nur die Art der Störung des Säure-Basengleichgewichts erkannt, sondern auch die dabei meist auftretenden Atemstörungen genetisch definiert werden.

Wir haben früher betont, daß schon unter physiologischen Bedingungen Änderungen der CO_2-Spannung des Blutes auftreten. Die während der Verdauung einsetzende Abwanderung von sauren Valenzen in den Magen und alkalischen Valenzen in den Darm bedingt eine der Azidose ähnliche Änderung der CO_2-Spannung und des Bikarbonats im Blute[1], wobei die Zusammensetzung der Nahrung noch modifizierend mitwirkt. Die aktuelle Reaktion des Blutes bleibt dabei unverändert. Schon einseitige Ernährung, im besonderen völliger Kohlehydratentzug, und der Hunger können die CO_2-Bindungsfähigkeit herabsetzen. Auf die analoge Wirkung der Muskeltätigkeit haben wir schon hingewiesen. Auch in der Schwangerschaft findet sich nach Hasselbalch[2] die Blutkohlensäurebindung vermindert. H. Straub und seine Schule[3] konnten dann zeigen, daß auch im Schlaf die CO_2-Spannung des Blutes erhöht und die Reaktion etwas nach der sauren Seite hin verschoben ist. Die Ursache dafür dürfte wahrscheinlich in einer veränderten Erregbarkeit des Atemzentrums während des Schlafes gelegen sein. Interessanterweise konnten von H. Straub auch individuelle Änderungen der CO_2-Bindungskurve in Abhängigkeit von den Jahreszeiten festgestellt werden. Im Frühjahr lag die Bindungskurve im unteren Diagrammbezirk, im Herbst bei denselben Individuen mehr in den oberen Abschnitten, zugleich stieg die Alkalireserve an. Die Schwankungen des p_H waren dabei recht ausgesprochen. Das Blut ist also in den Frühjahrsmonaten saurer als in den Herbstmonaten. Nach Straub ist die p_H-Verschiebung das Primäre. Sie wird von dem Atemzentrum individuell verschieden beantwortet. Seelische Erregungen und Schmerzen führen dagegen nach Beckmann[4] zu einer Senkung der alveolaren CO_2-Spannung durchschnittlich um 3—8 mm, wahrscheinlich durch eine erhöhte Erregbarkeit des Atemzentrums bedingt.

Auf hohen Bergen treten Störungen auf, die sich in starker Zyanose, Appetitlosigkeit, Übelkeit, Erbrechen, Schweratmigkeit, starker Dyspnoe bei Anstrengungen, Mattigkeit und geistigen Störungen äußern, die man unter dem Namen der Bergkrankheit[5] zusammenfaßt. Zweifelsohne liegt das ursächliche Moment dieser Erkrankung in dem Sauerstoffmangel und dem dadurch bedingten Abfall der O_2-Spannung des Blutes. Der nähere Mechanismus ist aber komplizierter Art, um so mehr, als der Einfluß des Sauerstoffs auf die Regulation der Atmung nicht so eindeutig ist wie derjenige der Kohlensäure. Nach den Untersuchungen von Barcroft scheint aber sicher zu sein, daß durch den Sauerstoffmangel das Säure-Basengleichgewicht im Blute verschoben wird und die Alkalireserve im Blute abnimmt. Desgleichen ist die Kohlensäurespannung des Blutes herabgesetzt. Die primäre Veränderung dürfte das Atemzentrum selbst treffen, indem es gegen Sauerstoffmangel überaus empfindlich ist. Dadurch kommt es dort zu einer lokalen Säuerung infolge Retention von unvollständigen Oxydationsprodukten, und sie bedingen durch Reizung des Atemzentrums eine Überventilation. Eine Säuerung des Blutes tritt dabei zunächst nicht auf. Wir sehen sogar im Gegenteil durch die Überventilation zu Beginn des Aufenthaltes in großen Höhen eine leichte Verschiebung der Blutreaktion nach der alkalischen Seite hin. Die Vermehrung der Atmung ist also in diesem Stadium, da die Reizprodukte sich im Atemzentrum selbst bilden, zentrogen bedingt. Allmählich tritt aber eine Gewöhnung an das Höhenklima ein. Das überschüssige Alkali wird vor allem durch die Nieren entfernt. Jetzt verschiebt sich, verstärkt durch die Säurebildung in den Geweben, die Blutreaktion etwas nach der sauren Seite. Die Überventilation besteht dadurch weiter, wodurch der Sauerstoffpartialdruck in den Alveolen

---

[1] Straub u. Mitarbeiter, Dtsch. Arch. klin. Med. **117** (1915).
[2] Biochem. Z. **68** (1915).
[3] Dtsch. Arch. klin. Med. **117** (1915) — Biochem. Z. **132** (1922); **142** (1923).
[4] Dtsch. Arch. klin. Med. **117** (1915).
[5] Barcroft, Die Atmungsfunktion des Blutes **1**. Berlin, Julius Springer 1927.

gesteigert und der Sauerstoffmangel im Bereiche des Atemzentrums behoben wird. Die Überventilation wird jetzt also durch die Blutsäuerung unterhalten. Damit ist die ursprünglich zentrogene eine hämatogene Hyperpnoe geworden. Es resultiert also schließlich im Stadium der Akkommodation an große Höhen die Hyperventilation und Erniedrigung der CO_2-Spannung, während der Sauerstoffmangel im Gehirn beseitigt ist. Diese Kompensation in großen Höhen ist um so eher möglich, je niedriger von Anfang an die alveoläre CO_2-Spannung ist, weil dann die alveolare Sauerstoffspannung um so höher getrieben werden kann und je ausgesprochener der hämatogene Faktor durch fixe Säuren in Erscheinung tritt. In dieser Hinsicht bestehen individuelle Verschiedenheiten. Die normale Gasspannung des Arterienblutes ist nur dann garantiert, wenn das Lungengewebe intakt ist. Wir sehen deshalb bei Erkrankungen der Atmungsorgane häufig Abweichungen von der Norm im Blutgasgehalt. Die Untersuchungen von Morawitz und Siebeck[1] haben gezeigt, daß bei Stenosen der oberen Luftwege die Atemmechanik sich sofort in der Weise ändert, daß die Mittellage erhöht wird. Dadurch ist eine Kompensation möglich, indem die alveoläre CO_2-Spannung ihren normalen Wert behält. Die Auslösung dieses Mechanismus scheint via Vagus zu erfolgen. Bei hochgradigen Stenosen, die zu einer Zyanose führen, zeigen sich intensivere Störungen. Es sinkt dann die alveolare Sauerstoffspannung, und damit wird die Sauerstoffsättigung des Arterienblutes ungenügend und die Kohlensäurespannung wird erhöht. Die experimentellen Untersuchungen von Bruns[2] haben dafür den Beweis erbracht. Bei der chronischen Bronchitis, dem Asthma bronchiale und dem Emphysem scheint vor allem die gleichmäßige Durchmischung der Lungenluft Not zu leiden. Derartige Kranke müssen deshalb ausgiebiger atmen. Das Ausmaß der Gaswechselstörung hängt naturgemäß wesentlich von der Schwere des Leidens ab. Der Emphysematiker mit starr dilatiertem Thorax stellt sich in dieser Hinsicht besonders ungünstig. Dasselbe ist der Fall, wenn sich der Lungenerkrankung eine Herzinsuffizienz sekundär hinzugesellt.

Wenn das Gleichgewicht der CO_2-Spannung der Alveolarluft mit dem Arterienblut nicht mehr aufrechtzuerhalten ist, kommt es zu einer Überventilation. Diese Art der Dyspnoe bezeichnen wir als pulmonale Dyspnoe. Sie führt zu einer Verminderung der CO_2-Spannung der Alveolarluft. Es kann dadurch die CO_2-Spannung in der Alveolarluft so herabgedrückt werden, daß sie niederer ist als im Arterienblut. Die Blutreaktion verändert sich dementsprechend nicht. Bei starker Dyspnoe sind die Störungen jedoch ausgesprochener. Dann ist im Arterienblut und in der Alveolarluft der Kohlensäuredruck erhöht und zugleich der Sauerstoffdruck herabgesetzt. Durch letzteres Moment wird eine Zyanose bedingt. Bei dieser Form der dekompensierten pulmonalen Dyspnoe tritt auch eine Verschiebung der Blutreaktion nach der sauren Seite zu ein. Bei der Pneumonie ist die CO_2-Spannung des Arterienblutes meist abnorm hoch, da die Entfernung der CO_2 durch die Lungen behindert ist. Dabei liegt die Kohlensäurebindungskurve meist im normalen Bezirke, vereinzelt auch darunter. So kommt es zu einer leichten Verschiebung der Blutreaktion nach der sauren Seite. Meist ist auch die Sauerstoffsättigung des Arterienblutes herabgesetzt. Die pulmonale Dyspnoe wird durch die Retention der Kohlensäure bedingt. Die Reaktion des Blutes ist meist normal. Nur bei der Pneumonie liegen die Verhältnisse anders. Hier kommt es zum Auftreten einer nicht näher bekannten Säure. Diese Azidose wird aber nicht durch eine kompensatorische Entfernung der Kohlensäure durch die Lunge ausgeglichen, da die Abdunstung

---

[1] Dtsch. Arch. klin. Med. **97** (1909).   [2] Dtsch. Arch. klin. Med. **107**, **108** (1912).

der Kohlensäure durch den entzündlichen Prozeß in der Lunge gestört ist, es kommt vielmehr zu einer Verdrängung der Chloride aus dem Blute. Dadurch wird das Säure-Basengleichgewicht wieder hergestellt. So erklärt sich durch das Abwandern der Chloride ins Gewebe das Verschwinden derselben im Blute und Harn des Pneumonikers und die reichliche Ausschwemmung der Chloride durch den Harn nach Abklingen der Erkrankung.

Wir sprechen also nach dem Vorstehenden bei einer Störung des Gasaustausches in den Lungen, die sich klinisch als Dyspnoe äußert, von einer pulmonalen Dyspnoe, wobei der Durchtritt der Gase durch die Alveolarepithelien infolge krankhafter Veränderungen derselben Not leidet. Davon ist nach H. Straub abzutrennen die Dyspnoe durch Störung der Lungenlüftung, wie sie bei mechanischen Hindernissen in den Luftwegen auftritt und dann zu einer erhöhten Leistung der Atemmuskulatur führt. Diese Form finden wir, wie oben näher ausgeführt wurde, bei Stenosen der oberen Luftwege. Die Charakteristika beider bezüglich des Atemchemismus haben wir schon auseinandergesetzt. Nach den Vorstellungen Wintersteins[1] ist für die Regulation der Atmung die $H^{\cdot}$-Ionenkonzentration, die im Atemzentrum herrscht, ausschlaggebend. Diese braucht nicht immer parallel derjenigen des Blutes zu gehen. Es ist wohl denkbar, daß auch rein örtliche Störungen des Gasaustausches zwischen Blut und Gewebe vorkommen. Es kann unter diesen Umständen rein örtlich im Atemzentrum selbst zu einer Säuerung kommen, wodurch eine veränderte Tätigkeit desselben bedingt wird, ohne daß also eine Änderung der Blutreaktion vorliegt. Die so entstehende Überventilation trotz normaler CO_2-Spannung im Blute führt dann infolge vermehrter Abrauchung von Kohlensäure zu einer Verschiebung der Blutreaktion nach der alkalischen Seite. Diese Form der Dyspnoe bezeichnen wir nach H. Straub[2] als zentrogene Dyspnoe. Sie ist also dadurch charakterisiert, daß bei abnorm niederer CO_2-Spannung in der Alveolarluft und normaler Alkalireserve und normalem Verlauf der CO_2-Bindungskurve die Blutreaktion nach der alkalischen Seite zu verschoben ist. Wir sehen sie bei organisch bedingten und funktionellen Störungen der Gehirnzirkulation und bei Nierenerkrankungen. Eine weitere Form von Dyspnoe finden wir dann, wenn im Blute das Säure-Basengleichgewicht gestört ist. Die Wasserstoffzahl des Blutes wird, wie wir schon oben ausgeführt haben, von dem Verhältnis Bikarbonat : Kohlensäure beherrscht. Wenn der Bikarbonatgehalt des Blutes, d. h. die Alkalireserve, herabgesetzt ist, dann kommt es bei normalem Kohlensäuregehalt zu einer sauren Reaktion. Nur durch eine Verminderung der CO_2-Spannung im Arterienblute ist dann die Wasserstoffzahl wieder auf die Norm herabzudrücken. Die Alkalireserve wird vermindert, wenn nichtflüchtige Säuren in vermehrter Menge ins Blut gelangen und Alkali, das für die Bindung der Kohlensäure normalerweise gebraucht wird, mit Beschlag belegen. Die dadurch bedingte Dyspnoe bezeichnen wir nach Winterstein[3] als hämatogene Dyspnoe. Wir finden sie z. B. bei der diabetischen Azidose. Dieser Vorgang kann aber auch dann eintreten, wenn Alkali in vermehrter Menge durch die Nieren oder den Darm ausgeschieden oder im Gewebe retiniert wird. Die hämatogene Dyspnoe ist also durch eine Verminderung der Alkalireserve und Senkung der Kohlensäurebindungskurve des Blutes charakterisiert. Dieser Zustand wird, wie schon erwähnt, als Hypokapnie bezeichnet. Auch die Arbeitsdyspnoe ist eine hämatogene Dyspnoe. Es kommt dabei nicht nur zu einer vermehrten Kohlensäurebildung, sondern die intensive Muskeltätigkeit

---

[1] Pflügers Arch. **138** (1911); **187** (1921) — Biochem. Z. **70** (1915).
[2] Dtsch. Arch. klin. Med. **138** (1922).   [3] Pflügers Arch. **187** (1921).

führt auch zu einer gesteigerten Milchsäurebildung, wodurch die Alkalireserve herabgesetzt wird.

Bei Anämien leichten und mittleren Grades finden sich in der Regel keine deutlichen Veränderungen des Gasaustausches. Der Kohlensäuregehalt der Alveolarluft ist normal und dementsprechend auch das Säure-Basengleichgewicht des Blutes nicht gestört. Um so ausgesprochener jedoch die Anämie ist, um so mehr finden wir Abweichungen von der Norm, ähnlich denjenigen, die wir bei Besprechung der Wirkung des Höhenklimas kennengelernt haben, da ja hier wie dort das Wesentliche der Sauerstoffmangel ist. Bei solchen schweren Anämien findet sich ein Sinken der Alkalireserve und der Sauerstoffdissoziationskurve des Blutes und eine entsprechende Abnahme der CO_2-Spannung der Alveolarluft. Die Verschiebung des Säure-Basengleichgewichts nach der sauren Seite zu deutet auf das vermehrte Auftreten fixer Säuren im Blute.

Die grundlegenden Untersuchungen von Walter[1] aus dem Schmiedebergschen Institut haben schon vor mehr als 50 Jahren die Vorgänge bei der experimentellen Säurevergiftung in noch heute gültiger Weise analysiert. Es zeigte sich unter diesen experimentellen Bedingungen ein sehr starkes Absinken der Kohlensäurespannung des Blutes. Dabei ließ sich bei Pflanzenfressern die Säurevergiftung durch viel kleinere Mengen von Säuren hervorrufen als beim Fleischfresser, dem reichliche Mengen von Ammoniak zur Neutralisierung zur Verfügung stehen. Dementsprechend konnte Walter beim Hunde eine starke Zunahme des Harnammoniaks infolge der Säurevergiftung nachweisen. Löwy und Münzer[2] stellten dann zuerst die Herabsetzung der Kohlensäurebindungsfähigkeit im Blute säurevergifteter Tiere fest, und Jaquet[3] wies auf die Abnahme der Alkalireserve hin. Unter dem Einfluß der Säurevergiftung kommt es bei Tieren zunächst zu einer gesteigerten Atmung. Allmählich wird dieselbe dann tiefer und mühsamer. Dieser Atemtyp erinnert an die von Kussmaul im Verlauf des Coma diabeticum beim Menschen auftretende große Atmung. Naunyn[4] sah deshalb das Wesen des Coma diabeticum in einer Azidosis der Körpergewebe, wobei er die Vorstellung hatte, daß durch reichliches Auftreten nichtflüchtiger Säuren das normalerweise für die Bindung der Kohlensäure benötigte Alkali weggenommen und die Kohlensäure dadurch in vermehrter Weise ausgeschieden wird. Es konnte dann auch durch die Naunynsche Schule gezeigt werden, daß tatsächlich beim schweren Diabetiker abnorme Säuren im Blute vorhanden sind und zugleich eine vermehrte Ammoniakausfuhr im Urin nachweisbar ist. Weitere Untersuchungen ergaben nun, daß beim Diabetiker die Kohlensäurespannung des arteriellen Blutes und die Kohlensäurebindungsfähigkeit des Blutes herabgesetzt ist. Es finden sich also in der Tat beim Diabetiker dieselben Änderungen im Blute, nämlich Abnahme des Pufferungsvermögens, Herabsetzung der Kohlensäurespannung und Sinken der Kohlensäurebindungskurve des Blutes, wie bei der experimentellen Säurevergiftung. Bei letzterer tritt, solange die Regulation durch Überventilation, Blutpufferung und durch Ausscheidung der Säuren durch die Nieren genügt, keine Verschiebung der Blutreaktion nach der sauren Seite zu ein. Die Azidose ist kompensiert. Versagen jedoch diese Kompensationseinrichtungen, dann kommt es zu einer Zunahme der H·-Ionenkonzentration und damit zu einer wirklichen Säuerung des Blutes, zu einer Hyperhydrie im Sinne Wintersteins. Beim Coma diabeticum des Menschen tritt dieser Zustand nur selten und dann nur kurz vor dem Exitus ein. Das, was wir in der Klinik als Azidose bezeichnen, ist also meist keine echte Säuerung, da die Wasserstoffzahl des Blutes normal ist. Die Azidose

---

[1] Arch. f. exper. Path. **7** (1877).   [2] Arch. f. Anat. **81** (1901).
[3] Arch. f. exper. Path. **30** (1892).   [4] Diabetes mellitus. Wien 1906.

zeigt sich in diesem Falle nur in einer Herabsetzung der Kohlensäurespannung, in einem Sinken der Kohlensäurebindungskurve und in einer Abnahme der Alkalireserve des Blutes bei normaler Wasserstoffzahl. Dementsprechend ist nach H. Straub[1] die Bestimmung der alveolaren Kohlensäurespannung nach Haldane beim Diabetiker von sicherem prognostischem Wert. Ein Wert unter 25 mm ist von ernster Bedeutung, und ein Wert unter 20 mm weist auf ein drohendes Koma hin. Die bei der diabetischen Azidose auftretenden Veränderungen sind also rein hämatogen bedingt.

Unter physiologischen Verhältnissen verfügt der Organismus außer der Atmungsregulation und der Pufferungsfähigkeit des Blutes noch über ein weiteres Hilfsmittel zur Aufrechterhaltung der normalen Wasserstoffzahl des Blutes. Die gesunde Niere kann sowohl einen stark basischen als auch einen stark sauren Urin sezernieren und auf diese Weise einen Überschuß von basischen oder sauren Valenzen aus dem Körper entfernen. Die Urinreaktion ist sehr wesentlich von der Zusammensetzung der Nahrung abhängig. Die normal saure Reaktion des Urins wird durch die primären Salze der Phosphorsäure bedingt. Bei reiner Fleischkost wird der Urin stark sauer durch Ausscheidung von schwefelsauren und phosphorsauren Salzen, die der starken Eiweißzersetzung infolge der reichlichen Fleischzufuhr ihre Entstehung verdanken. Bei vorwiegend vegetabilischer Kost wird die Urinreaktion stark alkalisch, da die unter diesen Umständen zugeführten Alkalisalze der organischen Säuren im Organismus verbrennen und dadurch der Organismus einen Überschuß an Alkali bekommt. Die gesunde Niere vermag sich weitgehend den exogenen Momenten in der Zufuhr saurer und basischer Valenzen durch die entsprechende Ausscheidung des Übermaßes anzupassen. Es war zu erwarten, daß die erkrankte Niere eine Einschränkung dieser Funktionsbreite zeige. Straub und Schlayer[2] konnten dementsprechend zeigen, daß bei Urämischen die alveolare Kohlensäurespannung sinkt, in besonders schweren Fällen sogar so stark wie beim diabetischen Koma. Denselben Befund erhoben Porges, Leimdörfer und Markovici[3]. Dieses Sinken der alveolaren Kohlensäurespannung zeigt sich nur bei Nierenerkrankungen mit Zeichen der Niereninsuffizienz. Nach Begun und Münzer[4] ist zugleich auch die Ammoniakausscheidung im Urin im Verhältnis zum Gesamtstickstoff vermindert. In dieser Hinsicht verhält sich der schwer Nierenkranke zum Diabetiker gegensätzlich, indem bei letzterem zwar auch die CO_2-Spannung herabgesetzt, aber die Ammoniakausfuhr vermehrt ist. Diese verminderte Ammoniakausfuhr beim Urämischen beruht nach H. Straub auf einer Ausscheidungsinsuffizienz der erkrankten Niere. Eine solche läßt sich auch bei Nierenkranken durch Zufuhr von Säuren nachweisen. Der Gesunde scheidet eingeführte Salzsäure unter Heranziehung von Ammoniak durch Absonderung eines stark sauren Urins rasch aus. Dabei ändert sich die alveolare Kohlensäurespannung nicht. Der Nierenkranke scheidet die zugeführte Säure nur äußerst langsam aus und das Harnammoniak steigt nur wenig an. Zur Neutralisation der retinierten Säure werden dementsprechend die Alkalibestände des Körpers herangezogen, was sich in einem Sinken der alveolären Kohlensäurespannung äußert. Ebenso beantwortet die gesunde Niere die Zufuhr von Alkali sehr rasch mit der Sezernierung eines stark alkalischen Urins. Bei Nierenkranken bedarf es weit größerer Mengen von Alkali, bis es zum Auftreten eines alkalischen Urins kommt. Diese Alkaliretention ist bei solchen Nierenkranken am stärksten, welche eine Erniedrigung der alveolaren Kohlensäurespannung zeigen. Sie tritt aber auch in Fällen ein,

---

[1] Erg. inn. Med. 25 (1924).   [2] Münch. med. Wschr. 1912, Nr 11.
[3] Z. klin. Med. 73 (1911).   [4] Z. exper. Path. u. Ther. 20 (1919).

die keine Zeichen einer Azidose haben. Von Beckmann[1] wurde eine Methode ausgearbeitet, mit Hilfe einer Probekost die Funktionsbreite der kranken Niere bezüglich der Säuren- und Basenausscheidung festzustellen. Diese Starre der schwer erkrankten Niere bezüglich des Ausscheidungsvermögens saurer und basischer Valenzen liegt in der gleichen Richtung wie das Unvermögen, einen konzentrierten Urin abzusondern. Beide Störungen brauchen aber einander nicht parallel zu verlaufen. Diese Unfähigkeit der erkrankten Niere, das Säure-Basengleichgewicht unabhängig von der Zusammensetzung der Nahrung konstant zu erhalten, wurde von H. Straub als Poikilopikrie bezeichnet. Die Herabsetzung der alveolaren Kohlensäurespannung bei Nierenkranken ist vielseitig bestätigt. Blutpufferung und Überventilation können in solchen Fällen eine Azidose kompensieren. Reichen jedoch diese Faktoren zur Regulation nicht mehr aus, so kommt es zu einer Verschiebung der aktuellen Reaktion des Blutes nach der sauren Seite. Die Sauerstoffdissoziationskurve verläuft dann stark meionektisch, es ist also die Sauerstoffbindungsfähigkeit herabgesetzt. Straub und Meier[2] stellten bei Nierenkranken mit Niereninsuffizienz eine abnorm tiefe Lage der Kohlensäurebindungskurve fest. Außerdem findet sich in den meisten Fällen von Nierenerkrankungen in den vorgerückteren Stadien eine Herabsetzung der Alkalireserve (Hypokapnie). In leichteren Fällen ist durch Überventilation die Kohlensäurespannung so weit vermindert, daß die Wasserstoffzahl des Blutes normal bleibt. Die Hypokapnie ist also kompensiert. In Fällen, in denen diese Kompensation jedoch nicht mehr möglich ist, kommt es zu einer Verschiebung der Blutreaktion nach der sauren Seite. Die durch die Hypokapnie bedingte Dyspnoe ist also hämatogen bedingt. Straub will nur dieser Form der Dyspnoe bei Niereninsuffizienz die Bezeichnung „urämische Dyspnoe" vorbehalten. Weiterhin konnten aber von Straub und Meier Fälle festgestellt werden, bei denen ebenfalls eine Überventilation mit Herabsetzung der Kohlensäurespannung der Alveolarluft nachweisbar war, die Kohlensäurebindungskurve verlief aber eukapnisch oder sogar hyperkapnisch. Es war also die Blutreaktion nach der alkalischen Seite hin verschoben. Hier ist die Dyspnoe als zentrogenen Ursprungs aufzufassen. Vielfach handelte es sich um Fälle im Frühstadium.

Der Entstehungsmechanismus der Hypokapnie bei der urämischen Dyspnoe ist noch nicht geklärt. Für einen Teil der Fälle kann die Hyperchlorämie dafür verantwortlich gemacht werden, indem das retinierte Chlorion das Alkali an sich zieht und damit die Kohlensäurespannung herabdrückt. In anderen Fällen mit schwerer Niereninsuffizienz handelt es sich aber um eine echte Azidose, wobei es zum Auftreten einer noch nicht bekannten pathologischen Säure kommt, wodurch die Hypokapnie hervorgerufen wird. Diese Form der nephritischen Azidose ist also zu der diabetischen Azidose in Parallele zu setzen.

Auch bei Narkosen findet sich eine Verminderung der Alkalireserve des Blutes. Raschheit des Eintritts und Tiefe der Narkose sind für das Ausmaß dieser Veränderungen von Bedeutung. Es ist noch nicht entschieden, ob die Überventilation die Ursache dieser Atmungsstörung bei Narkosen ist. Wahrscheinlich ist aber das Primäre eine echte Azidose, indem es zu einer vermehrten Bildung saurer Stoffwechselprodukte durch die Narkose kommt. Mensch und Tier scheinen sich dabei verschieden zu verhalten.

Daß auch während der Schwangerschaft normalerweise eine Azidose auftritt, die kompensatorisch zu einer Herabsetzung der Kohlensäurespannung des Blutes führt, haben wir schon erwähnt.

---

[1] Münch. med. Wschr. **1923**, Nr 14.
[2] Dtsch. Arch. klin. Med. **125** (1918); **138** (1922) — Biochem. Z. **124** (1921).

Über die Dyspnoe bei Herzkranken haben uns vor allem die Untersuchungen von Siebeck[1] Aufschluß gebracht. Die Atemfrequenz Herzkranker ist größer und damit auch die Atemgröße, d. h. die in der Minute geatmete Luftmenge vermehrt. Nach Reinhardt[2] beträgt sie etwa 10—19 Liter gegen 7—8 Liter beim Gesunden in der Ruhe. Die Vitalkapazität ist stark vermindert durch Abnahme der Komplementärluft, vor allem aber durch fast völliges Fehlen der Reserveluft. Der „schädliche Raum", dessen Definition wir früher schon gegeben haben, ist nach Siebeck eine funktionelle variable Größe, ein Wert, der von dem Nutzeffekt der Atmung abhängig ist. Er wird bestimmt durch die Atemmechanik. Siebeck bezeichnet diesen Begriff als „Reduktionsvolumen". Es ist klar, daß bei vermindertem Luftgehalt der Lungen das Reduktionsvolumen kleiner, bei vermehrtem größer werden muß. Bei dyspnoischen Kranken, bei Emphysematikern und bei Herzkranken ist es erheblich vergrößert, nämlich 200—250 ccm, gegen 140 ccm normalerweise. Die Ventilation ist also wesentlich schlechter. Weiterhin ergaben die Siebeckschen Untersuchungen, daß bei Herzkranken, und zwar um so ausgesprochener, je stärker die Dyspnoe, mehr Inspirationsluft wieder ausgeatmet wird als bei Gesunden. Der Nutzeffekt der Atmung ist also ein geringerer, und die Gasmischung in den Alveolen ist weniger gleichmäßig. Die Atemmechanik zeigt also bei Herzkranken beträchtliche Abweichungen von der Norm. Aber auch der Gasaustausch verläuft nicht in normaler Weise. Die Sauerstoffsättigung des arteriellen Blutes ist bei dekompensierten Herzkranken vielfach unvollständig. Diese ungenügende Arterialisation spielt für die Entstehung der Zyanose eine Rolle, weniger ist sie ursächlich für die Dyspnoe von Bedeutung. Besonders wichtig in dieser Hinsicht ist der Nachweis, daß die CO_2-Spannung im arteriellen Blute erhöht ist, und zwar erheblich höher liegt als in der Alveolarluft. Eine Verschiebung des Säure-Basengleichgewichts findet sich jedoch bei reiner kardialer Dyspnoe nicht. Die typische kardiale Dyspnoe ist somit nach H. Straub eine Kohlensäuredyspnoe. Durch die ungenügende und nicht gleichmäßige Lüftung der Alveolen bei Herzkranken fließt aus diesen Gebieten weniger arterialisiertes Blut den Lungenvenen und dem linken Herzen zu, wodurch im Arterienblut die Kohlensäurespannung erhöht und die Sauerstoffspannung herabgedrückt wird. Für einzelne Fälle mag auch noch eine Schädigung in der Durchlässigkeit der Alveolarepithelien für Gase im Sinne der „Pneumonose" von Brauer für die Störung des Gasaustausches mitspielen. Diese Frage ist jedoch noch unentschieden. Auch der Sauerstoffgehalt des Venenblutes ist bei dekompensierten Herzkranken abnorm niedrig. Es scheint diese starke Verminderung vor allem im Kapillargebiet infolge der Verlangsamung der Strömung einzutreten. Für die Genese der Dyspnoe spielt, wie schon betont, der Sauerstoffmangel des Blutes keine wesentliche Rolle. Nur bei einer sehr hochgradigen Herabsetzung der arteriellen Sauerstoffsättigung könnte man an eine Beeinflussung des Atemzentrums dadurch denken. Sichere Beweise dafür liegen jedoch nicht vor. Die wesentliche Ursache der Ventilationsstörung in den Alveolen sieht Siebeck mit Recht in der Lungenstarre von v. Basch. Sie wird durch die Stauung im kleinen Kreislauf hervorgerufen. Die Starre verursacht eine ungleichmäßige und ungenügende Ausdehnung und damit ungleichmäßige Lüftung der Alveolen. Diese Störungen werden sich um so mehr ausprägen, wenn ein Stauungskatarrh hinzukommt, und sie werden sich stabilisieren, sobald die braune Induration sich ausgebildet hat. Die kardiale Dyspnoe

---

[1] Dtsch. Arch. klin. Med. **100** (1910); **102** (1911); **107** (1912) — Z. Biol. **55** (1911) — Klin. Wschr. **1929**, Nr 46.
[2] Dtsch. Arch. klin. Med. **111** (1913).

kommt also dann zustande, wenn sich infolge Versagens des linken Ventrikels eine Lungenstarre ausbildet. Die dadurch bedingte ungenügende Lungenventilation, die sich nur auf einzelne Bezirke zu erstrecken braucht, setzt die Arterialisation des Blutes herab. Dadurch steigt die CO_2-Spannung im arteriellen Blute, und das Atemzentrum wird erregt. Die nun einsetzende Dyspnoe kann durch Senkung der alveolaren CO_2-Spannung eine Kompensation bedingen, so daß die CO_2-Spannung im arteriellen Blute wieder zur Norm zurückkehrt. In schweren Fällen versagt jedoch diese Regulation, so daß die arterielle CO_2-Spannung erhöht bleibt. Wahrscheinlich sind für die Auslösung der Ateminsuffizienz periphere Faktoren ebenfalls von Bedeutung. Bei Besprechung des Asthma cardiale haben wir schon eingehend die Untersuchungen von Eppinger und seinen Mitarbeitern gewürdigt. Sie konnten beim Asthma cardiale eine starke Beschleunigung der Blutumlaufszeit feststellen, wodurch eine plötzliche Überfüllung der rechten Kammer bedingt wird. Damit ist natürlich auch eine Überbelastung des linken Ventrikels gegeben.

Sehr häufig sehen wir bei Herzkranken noch Komplikationen von seiten anderer Organe auftreten. Meist handelt es sich dabei um Nieren- bzw. Gefäßerkrankungen mit oder ohne Blutdrucksteigerung. Selbstverständlich kann dann der soeben geschilderte Mechanismus der reinen kardialen Dyspnoe verwischt werden, und es können sich bezüglich der Genese der Atemstörung zentrogene und hämatogene Faktoren hinzugesellen.

Die zentrogene Dyspnoe findet sich bei Erkrankungen der Hirngefäße sowohl anatomischer als auch funktioneller Natur. Vielfach dürfte es sich nur um Störungen in der Zirkulation des zerebralen Gebietes handeln, wodurch es zu lokalen Änderungen des Gasaustausches zwischen Blut und Gewebsflüssigkeit oder zu örtlichen Anomalien des Zellstoffwechsels kommt. Neben der früher schon besprochenen hämatogenen bzw. urämischen Dyspnoe wurde diese zentrogene Form der Atemstörung von Straub und Meier bei einem großen Teil ihrer Fälle von Nierenerkrankungen gefunden. Das Charakteristische dieses Atemtypus ist die ausgesprochene Alteration der aktuellen Reaktion des Blutes im Sinne einer Verschiebung nach der alkalischen Seite.

Ein wesentlicher Zweck der Atmungsregulation ist die Aufrechterhaltung der normalen Blutreaktion. Bei der zentrogenen Dyspnoe versagt dementsprechend der zentrale Regulationsmechanismus. So führt sie bei normaler CO_2-Spannung des Blutes zu einer Überventilation mit vermehrter Abdunstung der Kohlensäure und damit zu einer alkalischen Blutreaktion. Wir finden also bei der zentrogenen Dyspnoe eine abnorm niedere CO_2-Spannung in den Alveolen und im arteriellen Blute, dabei Eukapnie, normale Alkalireserve und eine Verschiebung der aktuellen Blutreaktion nach der alkalischen Seite. Das ursächliche Moment dieser Dyspnoe liegt in lokalen Zirkulationsstörungen im Gehirn. Wir sehen diese Dyspnoe bei atherosklerotischen Nierenerkrankungen, die auch sonst häufig Zeichen zerebraler Gefäßstörungen aufweisen, auftreten. Auch Zirkulationsschädigungen funktioneller Genese, im besonderen Gefäßspasmen, können ätiologisch in Betracht kommen, und so finden wir diese zentrogene Dyspnoe häufig bei Hypertonien mit Nierenerscheinungen. Diese Dyspnoeform ist aber keineswegs an das Vorhandensein einer Niereninsuffizienz gebunden, sondern durchaus unabhängig davon. Sie kann sich deshalb auch im Frühstadium der Hypertonie zeigen. H. Straub bezeichnet deshalb diese zentrogene Dyspnoe als „zerebrales Asthma der Hypertoniker".

In dieselbe Kategorie sind die Formen der Atmungsstörung mit periodischen Schwankungen einzureihen. Hier wäre das Cheyne-Stokes'sche Atmen zu erwähnen. Dasselbe ist dadurch charakterisiert, daß die Atembewegungen zunächst eine Zeitlang an Tiefe zunehmen, um dann immer kleiner zu werden. Dann folgt eine längere Atempause. Wir finden dieses Atemphänomen hauptsächlich bei Hirnblutungen, Meningitis, bei gesteigertem intrakraniellem Drucke, bei Intoxikationen u. a. Das periodische Atmen zeigt sich aber auch bei Gesunden, so auf hohen Bergen, bei niedrigem Barometerdruck und im Schlaf. In ausgeprägter Weise vor allem im Winterschlaf der Tiere. Auch nach starker Überventilation erfolgt beim Gesunden nach Aufhören der danach folgenden Apnoe die Atmung zunächst in Perioden. Die Deutung des periodischen Atmens ist insofern schwieriger, als in diesen Fällen immer auch ein Sauerstoffmangel vorliegt. Sauerstoffmangel ist ein begünstigendes Moment für das Auftreten dieser Atemstörung. Die Wirkung dieses Sauerstoffdefizits ist jedoch eine indirekte, indem es dadurch zur Bildung saurer unvollständiger Oxydationsprodukte kommt, die einen Reiz auf das Atemzentrum ausüben. Dabei kann dieser Sauerstoffmangel ein allgemeiner, infolge Herabsetzung der alveolaren und arteriellen Sauerstoffspannung, oder ein rein lokaler sein. Im letzteren Falle dürften wieder zerebrale Zirkulationsstörungen ursächlich in Frage kommen. Außerdem kommt noch als weiter unterstützendes Moment hinzu, daß eine durch Überventilation bedingte alkalische Blutreaktion das Bindungsvermögen des Hämoglobins für Sauerstoff erhöht und damit die Abgabe des Sauerstoffs an die Gewebe erschwert. Die Empfindlichkeit des Atemzentrums auf Sauerstoffmangel ist wechselnd. Das Ausmaß der Atemstörung wird also wesentlich davon abhängen, ob der Sauerstoffmangel oder der natürliche Kohlensäurereiz die Oberhand gewinnt. Und in dieser Hinsicht dürfte der Grad der Zirkulationsstörung ausschlaggebend sein.

Die Atembewegungen üben nun weiterhin noch einen sehr bedeutenden Einfluß auf die Blut- und Säftezirkulation des gesamten Organismus aus. Am Herzen und den großen Körpervenen rufen die Atemschwankungen sichtbare Volumenänderungen hervor. So schwellen die Venen des Unterkörpers bei der Einatmung an, während die des Oberkörpers abschwellen. Bei der Ausatmung tritt das umgekehrte Verhalten ein. Die ständig vorhandene „Lungenspannung" bedingt eine dauernde Begünstigung des venösen Abflusses nach dem rechten Herzen zu. Diese Saugkraft kommt an den dünnwandigen Venen und bei dem geringen Druck im venösen System ganz besonders zur Geltung, während die dickwandigen und starren Arterienwände dadurch kaum beeinflußt werden. Während inspiratorisch die Entleerung der Vena cava superior gefördert wird, setzt, wie schon erwähnt, in den Venen des Unterkörpers während der Einatmung eine Stauung ein. Sie kommt dadurch zustande, daß die Vena cava inferior bei ihrem Durchtritt durch das Zwerchfell im Foramen quadrilaterum durch die inspiratorische Zusammenziehung des Zwerchfells abgeklemmt wird. Während der Ausatmung wird jedoch der Abfluß aus den Venen der unteren Körperhälfte gefördert, vor allem durch die Kontraktion der Bauchmuskeln. Es ist klar, daß auch die Unterleibsorgane, vor allem die Leber, durch die Atembewegungen des Zwerchfells tangiert werden. So kommt es inspiratorisch zu einer Auspressung der Leber, die sich nicht nur in einer Förderung der Zirkulation, sondern auch einer solchen des Gallenflusses äußert. Wenckebach sagt sehr treffend, daß, wenn man die Leber mit einem blutaufsaugenden Schwamm vergleicht, das Zwerchfell die Hand ist, welche den Schwamm ausdrückt. Es ist auch ohne Zweifel, daß die dauernde Lungenspannung den Lungenkreislauf begünstigt, indem sie die Lungengefäße weitet und so den rechten Ventrikel unterstützt. Auch das Herz zeigt nicht unbedeutende respiratorische Größenschwankungen. Während der Inspiration vergrößert sich der Herzschatten, während der Exspiration ist das Gegenteil der Fall. Daß auch die

Lymphströmung und die Sekretabsonderung der großen Abdominaldrüsen durch die Atmungsbewegungen eine Förderung erfahren, soll nur kurz erwähnt sein.

Das Blut[1].

Das Blut ist als ein flüssiges Organ zu betrachten, dem die mannigfaltigsten und absolut lebenswichtige Aufgaben im Organismus zufallen. Es ist nicht nur **Transportmittel**, dem die Zufuhr von Nahrungsstoffen für die Körperzellen und die **Abfuhr** von Stoffwechselschlacken derselben obliegt, sondern es ist auch der **Träger** zahlreicher, nur erst zum Teil bekannter Stoffe, die für das Zelleben sowohl unter normalen als auch pathologischen Bedingungen von allergrößter Bedeutung sind, besonders auch im Hinblick auf die **korrelativen** Organfunktionen im Organismus. Wir möchten in dieser Hinsicht die Rolle hervorheben, welche den Fermenten, Hormonen, Vitaminen und Antikörpern im gesunden und kranken Organismus zukommt. Nicht minder wichtig ist die Funktion des Blutes als regulierender **Milieufaktor**. Seine große Pufferungsfähigkeit, die wir schon in früheren Kapiteln ausführlich besprochen haben, ermöglicht die für den optimalen Verlauf der vitalen Prozesse unbedingt erforderliche Konstanz der H$^{\cdot}$-Ionenkonzentration.

Wenn das Blut aus dem Gefäßsystem austritt, so **gerinnt** es nach kurzer Zeit. Bezüglich der Gerinnungszeit bestehen zwischen den einzelnen Tierarten große Unterschiede. Einzelne Blutarten gerinnen sehr rasch, andere sehr langsam. Die Art der Entnahme, Temperatur, mechanische Läsionen der korpuskulären Elemente u. a. spielen in dieser Hinsicht eine Rolle. Am raschesten gerinnt im allgemeinen das Säugetierblut. Jedoch gelingt es z. B. beim Pferdeblut, wenn es unter strengster Vermeidung jeglichen Zutritts von Gewebssaft aufgefangen und bei 0° aufbewahrt wird, dasselbe tagelang flüssig zu erhalten. Auch Gänseblut kann — in paraffinierten Gefäßen zur Vermeidung jeder Schädigung der Blutkörperchen aufbewahrt — stundenlang flüssig bleiben. In einem solchen Blute sedimentieren sich die korpuskulären Elemente, und darüber bleibt eine klare, bernsteingelbe, schwach alkalisch reagierende Flüssigkeit, das **Plasma**, stehen. Das Blut besteht also aus **Körperchen** und **Plasma**. Bringt man ein derartig gewonnenes Plasma in Zimmertemperatur, so gerinnt es spontan und es wird, indem das Gerinnsel sich immer mehr zusammenzieht, eine klare, gelbe Flüssigkeit, das **Serum**, ausgepreßt. Das Gerinnsel besteht aus **Fibrin**, das im nativen Plasma in gelöster Form als **Fibrinogen** vorhanden ist. Das Serum unterscheidet sich also vom Plasma im wesentlichen dadurch, daß es kein Fibrinogen enthält. Läßt man das Gesamtblut in dem Auffanggefäß gerinnen, so erstarrt es zu einer festen Masse, die sich, wenn sie am oberen Rande des Gefäßes von der Wand losgelöst wird, retrahiert und das Serum auspreßt. Das feste Fibringerinnsel, welches die Blutkörperchen einschließt, wird als Blutkuchen bezeichnet. Wenn man frisch entnommenes Blut mit einem Glasstab energisch schlägt, so scheidet sich das Fibrin als faserige Masse ab

---

[1] **Abderhalden**, Lehrb. d. Physiol. **2** (1925) — Lehrb. d. physiol. Chemie **1** (1923). — **Adler**, im Handb. d. norm. u. path. Physiol. **6** (1928). — **Barkan**, ebenda. — **Bürker**, ebenda. — **Brinkmann**, ebenda. — **Fischer, H.**, ebenda — Handb. d. Biochemie **1** (1924); Erg.-Bd. (1930). — **Fonio**, Handb. d. norm. u. path. Physiol. **6** (1928). — **v. Fürth**, Lehrb. d. physiol. u. path. Chemie **1** (1925). — **Hammarsten**, Lehrb. d. physiol. Chemie. 1926. — **Höber**, Lehrb. d. Physiol. 1928 — Handb. d. norm. u. path. Physiol. **6** (1928). — **Laquer**, ebenda. — **Lipschitz**, ebenda. — **Liljestrand**, ebenda. — **Meyer, E.**, ebenda. — **Michaelis**, ebenda. — **Morawitz**, ebenda — Handb. d. Biochemie **4** (1925). — **Naegeli**, Blutkrankheiten. 1923. — **Neuschloss**, Handb. d. norm. u. path. Physiol. **6** (1928). — **Stuber-Lang**, Die Physiologie und Pathologie der Blutgerinnung. 1930.

und kann nun von der Blutflüssigkeit abgetrennt werden. Dieses defibrinierte Blut besteht dann nur noch aus Blutkörperchen und Serum, im Gegensatz zum ursprünglichen Blute, das sich aus Blutkörperchen und Plasma zusammensetzt. Die auffallendste Eigenschaft des Blutes, beim Verlassen des Gefäßsystems zu gerinnen, hat von jeher die Aufmerksamkeit der Physiologen und Kliniker erregt. Die Theorien der Blutgerinnung[1] sind daher sehr zahlreich.

Das Blut ist in dem Augenblick, in dem es das Gefäßsystem verläßt, als absterbendes Organ zu betrachten, da die zur Gerinnung führenden Prozesse, die einseitig als Abbauvorgänge ablaufen, sofort einsetzen. Es ist also gar nicht möglich, wirklich physiologisches Blut zu erhalten. Und während des Gerinnungsvorganges und auch noch nach Abschluß desselben gehen diese Veränderungen in wechselndem Ausmaße weiter. Diese Tatsache, daß sich das Blut sozusagen unter unseren Händen stetig in seiner chemischen und physikalisch-chemischen Struktur verändert, wird immer noch viel zu wenig beachtet. Daran ändert auch der Zusatz gerinnungshemmender Mittel wenig. Bekanntlich kann durch Zusatz von Neutralsalzen, z. B. von Kochsalz, Magnesiumsulfat, Zitraten, Oxalaten und Fluoriden in jeweils wechselnder Menge die Blutgerinnung verhindert werden, ebenso durch Gallensalze, Germanin, Hirudin, Peptone u. a. Diese Substanzen greifen aber alle, ohne Ausnahme, wie wir nachgewiesen haben und noch auseinandersetzen werden, in die chemischen Prozesse und größtenteils auch in das kolloidchemische Gefüge des Blutes nachhaltig ein. Also auch ein solches Blut kann niemals als physiologisch betrachtet werden. Es ist somit gewagt, aus solchen Versuchen Schlüsse auf ein vitales Geschehen abzuleiten.

Im Rahmen dieses Buches kann auf die verschiedenen Theorien nicht näher eingegangen werden. Am bekanntesten ist die Fermentlehre der Blutgerinnung. Sie ist aber auf Grund der Untersuchungen der letzten Jahre so ins Wanken geraten, daß sie nicht mehr länger aufrechterhalten werden kann. Infolge der bekannten Zähigkeit, mit der alteingewurzelte Vorstellungen in der Wissenschaft festgehalten werden, ist sie jedoch immer noch die herrschende Lehre. Sie soll deshalb kurz nur in ihren wesentlichen Zügen veranschaulicht werden. Die Fermentlehre, die von Alexander Schmidt schon vor etwa 40 Jahren begründet wurde, glaubt an ein spezifisches Gerinnungsferment, das Thrombin. Das Thrombin ist nicht als solches, sondern in einer inaktiven Vorstufe, Prothrombin oder Thrombogen genannt, im strömenden Blute vorhanden. Das Thrombogen findet sich im Blutplasma, der Lymphe und im Knochenmark. Das Thrombogen wird nun durch Kalksalze und einen kofermentartigen Körper, die Thrombokinase, in das wirksame Thrombin übergeführt. Die Kinase ist in den Blutplättchen, den weißen Blutkörperchen und den verschiedensten Gewebssäften enthalten. Durch das Thrombin wird nun das Fibrinogen des Plasmas in Fibrin übergeführt. Für die Bildung des Thrombins sind also drei Substanzen erforderlich, nämlich das Thrombogen, die Thrombokinase und Kalksalze. Die Blutgerinnung zerfällt nach dieser Vorstellung in zwei Phasen, die Aktivierung des Thrombogens zum Thrombin und die Umwandlung des Fibrinogens in Fibrin durch das Thrombin. Nur für die erste Phase, die Bildung des Thrombins, sind die Kalksalze erforderlich. Das zirkulierende Blut gerinnt nach dieser Vorstellung deshalb nicht, weil im strömenden Blute kein aktives Ferment vorhanden ist. Erst wenn das Blut aus dem Gefäß austritt und durch

---

[1] Zusammenfassende Darstellungen: Fonio, im Handb. d. norm. u. path. Physiol. Bd. VI 1. Berlin 1928. — Morawitz, im Handb. d. Biochemie von Oppenheimer 4. Jena 1925. — Stuber, Die Blutgerinnung als kolloidchemisches Problem. Kolloid-Z. **51** (1930). — Stuber u. Lang, Die Physiologie und Pathologie der Blutgerinnung. Berlin-Wien 1930. — Wöhlisch, Erg. Physiol. **28** (1929).

den Zerfall der korpuskulären Elemente die einzelnen Komponenten, die zur Thrombinentstehung nötig sind, frei werden und aufeinander einwirken können, setzt der Gerinnungsprozeß ein. Dabei kommt es zu einer so reichlichen Bildung von Thrombin, daß nach vollendeter Gerinnung das Serum noch überschüssiges wirksames Thrombin enthält, das aber nach Adsorption an Serumbestandteile zum Teil in eine unwirksame Form, Metathrombin genannt, übergeht. Durch Behandeln mit Säuren und noch besser mit Alkalien, kann das Metathrombin wieder in aktives Ferment zurückverwandelt werden. B o r d e t, der das Thrombogen als Serozym bezeichnet, läßt die Kalksalze nicht direkt auf das Serozym, sondern auf eine weitere Vorstufe, das Proserozym, einwirken. Durch Zusammenwirken dieser beiden Stoffe entsteht dann erst das Serozym, das dann durch die Thrombokinase, von ihm Zytozym genannt, in Thrombin übergeführt wird. Weiter soll auf diese Vorstellung nicht eingegangen werden. Wir geben im folgenden zur besseren Übersicht das M o r a w i t z s c h e Schema wieder.

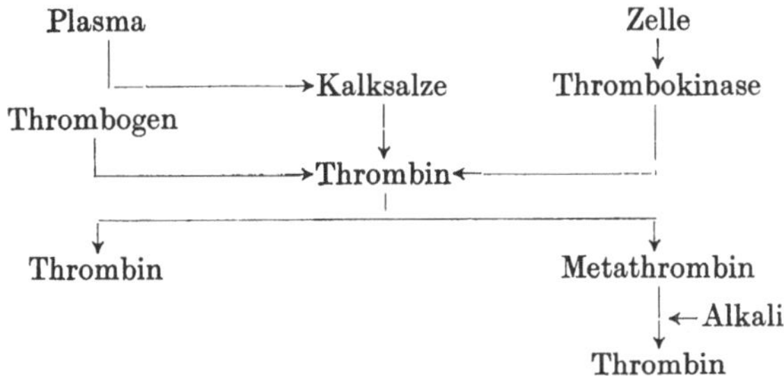

Diese Anschauung über ein angeblich s p e z i f i s c h fermentatives Geschehen beim Gerinnungsprozeß wurde weiterhin durch die Postulierung von gerinnungshemmenden Substanzen, Antikinasen und Antithrombinen, kompliziert. H o w e l l[1] setzt das H e p a r i n, einen in der Leber und angeblich auch im Blute vorkommenden, die Blutgerinnung hemmenden Stoff, in Beziehung zum Antithrombin.

Auf die verschiedenen Versuche, die Fermentlehre durch mehr oder weniger einschneidende Modifikationen zu verbessern, kann hier um so weniger eingegangen werden, als sie ebensowenig befriedigen konnten, wie die ursprüngliche Lehre selbst. Erst mit dem Eindringen kolloidchemischer Vorstellungen auch auf biologisches Gebiet konnten neue Gesichtspunkte geschaffen werden. Wir erwähnen hier nur die grundlegenden Untersuchungen H e k m a s[2]. Sie schufen eine p h y s i k a l i s c h - c h e m i s c h e Grundlage des Gerinnungsprozesses. Danach ist das F i b r i n o g e n nichts anderes als das A l k a l i h y d r o s o l des F i b r i n s. Das Thrombin ist kein Ferment, sondern ein Agglutinin. Es ist Fibrinogen + Agglutinin = Fibrin. Die Blutgerinnung ist nach H e k m a ein Agglutinationsprozeß. Es ist jetzt auch allgemein anerkannt, daß Fibrinogen und Fibrin chemisch identische Körper sind. Ihre biologische Differenz ist also nur als der Ausdruck zweier physikalisch-chemischer Varianten ein und derselben Substanz zu betrachten. Der Übergang von Fibrinogen in Fibrin ist als reiner D e h y d r a t a t i o n s p r o z e ß aufzufassen. Das Fibrin ist ein irreversibles Gel, das nur durch Peptisation wieder in Lösung gebracht werden kann. Damit drängt sich aber sofort die Frage auf: Wozu benötigt man dann noch ein spezifisches Gerinnungsferment? Durch eigene Untersuchungen und die meiner Mitarbeiter dürfte diese Frage endgültig beantwortet sein. Wir müssen wegen der Einzel-

---

[1] Amer. J. Physiol. **29** (1911); **31** (1912); **63** (1922).
[2] Biochem. Z. **62, 63, 64, 65, 73, 74, 143, 209** (1913—1929).

heiten auf unsere Monographie[1] verweisen. Unsere auf zahlreichen experimentellen und klinischen Untersuchungen basierende Theorie vom Gerinnungsprozeß zerfällt in zwei Phasen, eine chemische und eine kolloidchemische. Erstere ist die unerläßliche Voraussetzung für die letztere, denn sie schafft die Bedingungen zum Eintritt des von vornherein nicht gegebenen instabilen Zustandes der Plasmakolloide, speziell des Fibrinogens. Ist dieser instabile Zustand einmal gegeben, dann läuft die zweite kolloidchemische Phase zwangsläufig ab. Wir haben nachgewiesen, daß die erste chemische Phase mit der Blutglykolyse zu identifizieren ist. Es steht also am Beginn der Blutgerinnung ein ubiquitäres fermentatives Geschehen, nämlich die Glykolyse, aber kein spezifisches Gerinnungsferment. Die bei der Glykolyse entstehenden Produkte sind die eigentlichen auslösenden Momente des Gerinnungsprozesses. Es sind die bei der Glykolyse entstehenden Säuren, die den Mechanismus der kolloidchemischen Phase in Gang bringen. Damit reiht sich im biologischen Geschehen die Blutgerinnung zwanglos den bekannten Absterbevorgängen ein. Die Blutgerinnung kann dementsprechend ihrem Wesen nach direkt als die Totenstarre des Blutes bezeichnet werden. Die von uns als Causa movens des Gerinnungsprozesses bezeichneten Säuren (Milchsäure u. a.), die sich bei der Glykolyse bilden, müssen den physikalisch-chemischen Zustand der Bluteiweißkörper beeinflussen. Letztere sind als Anionen im Blute vorhanden, und jede Säuerung bedingt eine Abnahme ihrer negativen Ladung und somit eine Annäherung an ihren isoelektrischen Punkt. Da derjenige des Fibrinogens am nächsten der Blutreaktion liegt, so wird es auch von der Ausflockung zuerst betroffen. Die Wirkung der gerinnungshemmenden Mittel beruht in erster Linie auf der durch sie bedingten Aufhebung der Glykolyse. Diese Eigenschaft kommt generell allen derartigen Substanzen zu. Außerdem ist je nach der Art des angewandten Mittels noch ein Einfluß auf die kolloidchemische Struktur der Plasmaeiweißkörper im Sinne einer Stabilisierung derselben nachweisbar. Die gerinnungshemmende Wirkung dieser Stoffe ist also allein auf die Anwesenheit derselben im Blute zurückzuführen und nicht, wie die Fermentlehre es bisher im Hinblick auf die Zitrate und Oxalate postulierte, auf eine Kalkeliminierung. Eine Zunahme der Glykolyse geht immer mit einer Steigerung der Gerinnungsfähigkeit einher, und umgekehrt. Oberflächenaktive Stoffe begünstigen die Glykolyse, darauf beruht die gerinnungsbeschleunigende Wirkung der Thrombokinase. Das Thrombin ist ein Kunstprodukt auf Grund seiner Darstellung. Die Fibrinogen-Thrombingerinnung als künstliches System ist eine „Entwässerungsflockung", indem das quellende Thrombin dem Fibrinogen sein Hydratwasser entzieht. Diese Vorgänge im künstlichen Gerinnungsgemisch, Fibrinogen-Thrombin, haben mit der natürlichen Blutgerinnung gar nichts zu tun. Beide sind völlig ihrem Wesen nach verschieden. Die Rolle des Kalkes beim Gerinnungsprozeß ist nur darin gelegen, daß er für den normalen kolloidchemischen Zustand des Blutplasmas unentbehrlich ist. Seine Wirkung ist eine dehydratisierende entsprechend seiner Stellung in der Hofmeisterschen Reihe. Er kann dementsprechend durch andere gleichartig wirkende Stoffe ersetzt werden.

Das stärkste und physiologisch wirksamste gerinnungsbeschleunigende Mittel ist die Kohlensäure. Ihre Wirkung beruht zunächst darauf, daß sie die Glykolyse außerordentlich stark vermehrt und daß sie außerdem an und für sich als Säure die Plasmaeiweißkörper durch Verringerung ihrer elektrischen Ladung instabil macht. Die Träger des glykolytischen Fermentes sind die Blutzellen.

---

[1] Stuber-Lang, Die Physiologie und Pathologie der Blutgerinnung. Berlin-Wien 1930.

Jede Läsion derselben bedingt ein vermehrtes Freiwerden von Ferment und damit eine Auslösung bzw. Steigerung der zur Gerinnung führenden Prozesse. Im intakten Gefäßsystem gerinnt das Blut nicht, erstens, weil im strömenden Blute die Glykolyse minimal ist wegen der Intaktheit der Blutzellen, und weil zweitens die Produkte einer eventuellen Glykolyse ständig entfernt werden. Tritt Blut aus dem natürlichen Gefäßverband aus, so wird durch die Schädigung der überaus leicht lädierbaren morphotischen Elemente glykolytisches Ferment in vermehrter Menge frei. Die Produkte der Glykolyse häufen sich in dem nun absterbenden Blute an, wodurch die kolloidchemische Phase des Gerinnungsprozesses eingeleitet wird. Unsere Auffassung vom Gerinnungsvorgang gibt das folgende Schema in übersichtlicher Weise wieder:

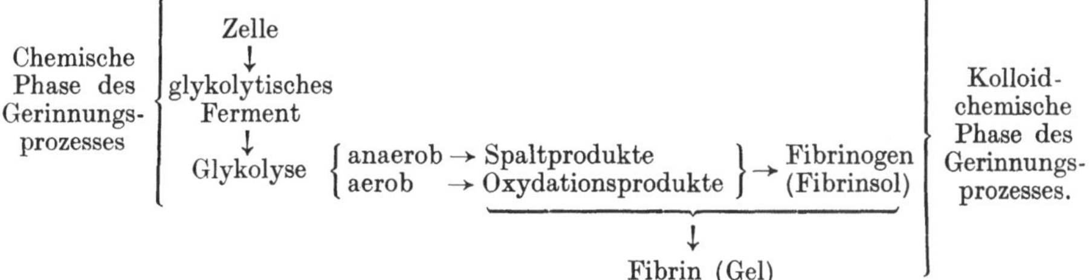

Den sichersten Beweis für die Richtigkeit unserer Theorie sehen wir in der erfolgreichen Übertragung derselben auf die pathologischen Vorgänge des Gerinnungsprozesses, worüber wir später noch berichten. Gerade diese Bestätigung durch die Klinik betonen wir besonders, da auf diesem Gebiete alle früheren Theorien völlig versagten.

Wir gehen nun zu einer kurzen Besprechung der ungefärbten Eiweißkörper des Plasmas und Serums über. Als solche sind bekannt: das Fibrinogen, Nukleoproteide, Serumglobuline und Serumalbumine. Das Fibrinogen ist ein globulinartiger Körper, der sich von anderen Globulinen durch seine leichtere Aussalzbarkeit, indem er schon bei Halbsättigung mit Kochsalz bzw. Ammoniumsulfat ausfällt, unterscheidet. Bei der Gerinnung wird es, wie schon ausgeführt, dehydratisiert und wird nun als Fibrin bezeichnet. Auf die Fehlerquellen des quantitativen Fibrinogennachweises hat W. Starlinger[1] hingewiesen und zugleich eine einwandfreie Bestimmungsmethode angegeben. Der Fibrinogengehalt des normalen Blutes ist gering und schwankt zwischen 0,2 bis 0,5%. Er kann unter pathologischen Bedingungen große Schwankungen zeigen. Nach Starlinger[2] liegen die äußersten Werte dann zwischen unwägbaren Mengen und bis 1,50 g%. Man kann sagen, daß man bei fast allen Erkrankungen, aber natürlich in jeweils verschiedenem Ausmaß, eine Vermehrung des Fibrinogens (Hyperinose), dagegen sehr selten eine Verminderung desselben (Hypinose) findet. Ein völliges Fehlen des Fibrinogens (Pseudohämophilie) wurde bis jetzt nur in zwei Fällen festgestellt[3]. Eine Verminderung des Fibrinogens zeigt sich bei degenerativen Lebererkrankungen. Ausgesprochene Fibrinogenvermehrung tritt vor allem bei akuten Infektionen, wie z. B. bei der Diphtherie, Pneumonie u. a., auf. Nur der Typhus abdominalis macht diesbezüglich eine Ausnahme. Ferner finden wir eine deutliche Zunahme bei der Phthise, bei Bronchiektasen, beim Lymphogranulom, bei der Sepsis und besonders stark bei Nephrosen. Desgleichen beobachten wir nach Röntgenbestrahlung und unter dem Einfluß

---

[1] Biochem. Z. **140, 143** (1923).   [2] Z. exper. Med. **60** (1928).
[3] Rabe u. Salomon, Dtsch. Arch. klin. Med. **132** (1920). — Opitz u. Frey, Jb. Kinderheilk. **94** (1921).

der parenteralen Reizkörpertherapie eine Steigerung des Fibrinogengehaltes des Blutes. Auch in der Schwangerschaft tritt eine deutliche Vermehrung des Fibrinogens ein. Meist ist mit der Zunahme des Fibrinogens auch eine solche des Globulins und eine Abnahme des Albumins verbunden. Jedoch handelt es sich keineswegs um eine Gesetzmäßigkeit, da auch isolierte Verschiebungen in den einzelnen Fraktionen vorkommen.

Der Ursprungsort des Fibrinogens dürfte in erster Linie die Leber sein und vielleicht auch das lymphoide Gewebe. Für die diesbezügliche Bedeutung der Leber spricht die Abnahme des Fibrinogens im Blute nach Leberexstirpation und bei der Phosphorvergiftung.

Die Serumeiweißkörper werden in Albumine und Globuline eingeteilt. Eine Klassifizierung derselben nach chemischen Prinzipien ist heute noch nicht möglich, da wir nur einen Teil der Bausteine der einzelnen Eiweißkörper kennen. Soweit solche bekannt sind, zeigen sich quantitativ recht beträchtliche Unterschiede zwischen Serumalbumin und Serumglobulin. Die folgende Zusammenstellung, die einer Arbeit von Lang[1] entnommen ist, gibt darüber Aufschluß.

Aminosäuren	Serumalbumin %	Serumglobulin %
Glykokoll	0	3,5
Alanin	4,2	2,2
Leuzin und Isoleuzin	30,0	18,7
Serin	0,6	—
Zystin	7,1	4,1
Phenylalanin	4,2	2,7
Tyrosin	5,8	6,6
Tryptophan	1,4	4,0
Asparaginsäure	4,4	2,5
Glutaminsäure	7,7	8,5
Arginin	4,8	4,5
Lysin	11,3	6,8
Histidin	3,7	1,7
Prolin	2,3	2,5
Ammoniak	1,0	1,8
Summe:	88,5	70,1

Die Abtrennung der einzelnen Eiweißkörper erfolgt deshalb nach physikalisch-chemischen Gesichtspunkten, und zwar nach dem fraktionierten Fällungsverfahren mit Neutralsalzlösungen bestimmter Konzentration von Hofmeister. Dabei wird der Konzentrationsgrad des Neutralsalzes, bei dem die quantitative Ausfällung der einzelnen Eiweißkörper erfolgt, der Einteilung in die Gruppen der Albumine und Globuline zugrunde gelegt. Die Fällungsgrenzen sind nicht scharf festzulegen, da Übergänge in den einzelnen Gruppen bestehen, indem weniger stabile Körper bei schon geringerer Salzkonzentration ausflocken. Man hat deshalb zwischen einer oberen und unteren Fällungsgrenze Gruppen zusammengefaßt. Der Einfachheit halber legen wir der Fällung die Fraktionierung mit Ammonsulfat zugrunde. Wir finden dann, daß bei Ammonsulfathalbsättigung des Plasmas die Globuline, bei Ammonsulfatganzsättigung die Albumine ausgefällt werden. Dabei sind, wie wir schon betont haben, die Grenzen keineswegs scharf zu ziehen. Wir sehen vielmehr, daß in der Gruppe der Globuline die weniger stabilen Körper, wie das Fibrinogen und Fibrinoglobulin, schon vor der Halbsättigung, nämlich bei 28 volumprozentiger Sättigung

---

[1] Arch. f. exper. Path. **145** (1929).

mit gesättigter Ammonsulfatlösung ausfallen. Man kann demnach bezüglich der Plasmaeiweißkörper mit Starlinger[1] unterscheiden:

a) die Gruppe der gerinnungsfähigen Eiweißkörper (ungefähr entsprechend dem sog. Fibrinogen);

b) die Gruppe der Eiweißkörper der Ammonsulfat-Halbsättigungsfraktion (ungefähr entsprechend den sog. Serumglobulinen);

c) die Gruppe der Eiweißkörper der Ammonsulfat-Ganzsättigungsfraktion (ungefähr entsprechend den sog. Serumalbuminen).

Die Globuline lassen sich also im wesentlichen durch ihre leichtere Fällbarkeit, ferner durch ihren sauren Charakter und ihre relative Unlöslichkeit in reinem Wasser von den Albuminen abtrennen. Man hat dann weiterhin noch die Globuline auf Grund der Untersuchungen von Fuld und Spiro[2] in ein Euglobulin und in ein Pseudoglobulin unterteilt, indem das erstere schon bei Eindrittelsättigung ausflockt. Außerdem wurde bei beiden Gruppen noch ein wasserlöslicher und wasserunlöslicher Teil differenziert. Wir sind nicht der Meinung, daß mit dieser Aufteilung viel gewonnen ist, wenn man auch die Auffassung hat, daß es eine Vielzahl von Serumglobulinen gibt. Man muß immer bedenken, daß wir mit der Aussalzungsmethode keine chemisch einheitlichen Stoffe erhalten. Es handelt sich bei diesen Eiweißgruppen immer um ein Gemisch von Eiweiß, dem höhere und niedere Abbauprodukte und auch Substanzen von anderer stofflicher Zusammensetzung anhaften, wodurch wieder die Löslichkeit dieser Eiweißgruppen mannigfach modifiziert wird. So enthält nach den Untersuchungen von Chick[3] und von Haslam[4] Euglobulin Phosphor und etwa 10% eines lezithinartigen Körpers, während das Pseudoglobulin phosphorfrei ist. Das Euglobulin wäre danach als eine Eiweiß-Lezithinadsorptionsverbindung aufzufassen. Es ist bei der Salzfällung auch auf eine optimale H·-Ionenkonzentration zu achten. Konzentrierte Eiweißlösungen müssen vor der Fällung verdünnt werden, da nach Ettisch, Ewig und Sachse[5] in konzentrierten Lösungen ein Mitreißen von Teilen der nächsten Gruppe stattfindet. Nach den Untersuchungen von Lustig[6] u. a. muß eine Vielheit von Eiweißunterfraktionen nicht nur für die Globuline, sondern auch für die Albumine angenommen werden. Bestimmt man nämlich in den einzelnen Eiweißfraktionen den COOH-Index (Gesamtstickstoff : COOH-Gruppen) und den Aminoindex (Gesamtstickstoff : Aminogruppen), so zeigen sich bei den einzelnen Gruppen erhebliche Differenzen. Es ist deshalb die Auffassung von Herzfeld und Klinger[7] nicht von der Hand zu weisen, daß es sich bei den durch Salzfällungen gewonnenen Fraktionen der Bluteiweißkörper um keine „chemischen Individualitäten" handelt, sondern daß dieselben „eine zusammenhängende Reihe bilden, deren einzelne Glieder gesetzmäßig ineinander übergehen. Die Evolution beginnt bei den niedrigst dispersen Teilchen der Fibrinogenstufe und führt über die Globuline und Albumine zu nicht mehr koagulierbaren Körpern". Sichere Beweise für derartige Übergänge liegen jedoch bis jetzt noch nicht vor. Bemerkenswert sind die Untersuchungen von Lang[8], die für die menschlichen Serumeiweißkörper den Nachweis erbrachten, daß in etwa 50% der untersuchten Fälle der gefundene Tryptophan und Schwefelgehalt nicht mit dem errechneten übereinstimmt. Dadurch dürfte erwiesen sein, daß die Serumeiweißkörper verschiedener Menschen keinen gleichen

---

[1] Die Laboratoriumsmethoden der Wiener Kliniken. Leipzig-Wien 1928.
[2] Hoppe-Seylers Z. **31** (1901).   [3] Biochemc. J. **8** (1914).
[4] J. of Physiol. **44** (1913) — Biochemic. J. **7** (1913).   [5] Biochem. Z. **203** (1928).
[6] Biochem. Z. **220, 225** (1930).   [7] Biochem. Z. **83** (1917).
[8] Arch. f. exper. Path. **145** (1929); **148** (1930).

Aufbau haben, indem bezüglich der Mengenverhältnisse der einzelnen Bausteine individuelle Schwankungen bestehen.

Was die Relation der einzelnen Plasma- bzw. Serumeiweißkörper anbelangt, so zeigen die Angaben der Literatur sowohl für die physiologischen als auch für die pathologischen Verhältnisse teilweise erhebliche Differenzen, dadurch bedingt, daß die verschiedenen analytischen Methoden nicht gleichwertig sind. Unserer Erfahrung nach gibt die von Starlinger und seinen Mitarbeitern[1] angegebene Methode die zuverlässigsten Werte. Wir beziehen uns deshalb auch im folgenden bezüglich der Zahlenwerte auf die Angaben von Starlinger und Winands[2]. Danach beträgt normalerweise das Plasmavolumen im Mittel 58% und

<pre>
das Gesamteiweiß etwa 8,0 g%
Fibrinogen   „   0,25 „ , entsprechend etwa 4%
Globulin   „   2,5 „ ,   „   „   35%
Albumin   „   5,0 „ ,   „   „   62%.
</pre>

Schon normalerweise finden sich in diesen Relationen zwischen den einzelnen Individuen erhebliche Unterschiede. Die wichtigen Untersuchungen von Lang[3] haben aber weiterhin gezeigt, daß auch bei ein und demselben Individuum im Verlauf des Tages Schwankungen auftreten. Meist nimmt während des Tages der Gesamteiweißgehalt des Serums ab, die Albuminrelation wird zugunsten der Globuline verschoben, dabei nimmt der Schwefelgehalt der Serumeiweißkörper zu, während der Tryptophangehalt häufig eine Abnahme aufweist. Besonders der letztere Befund eines im Verlauf des Tages auftretenden Variierens in den Bausteinen des Eiweißes beweist, daß das zirkulierende Eiweiß nicht immer dasselbe ist, sondern ständig einem Wechsel unterworfen ist. Noch größer sind die Differenzen unter pathologischen Verhältnissen, und zwar handelt es sich dabei in der überwiegenden Zahl der Fälle um eine Verschiebung der Albumin-Globulinrelation nach der Globulinseite. Derartige Änderungen scheinen überaus rasch vor sich zu gehen. Man muß also bestimmte Eiweißdepots im Organismus annehmen. In diesem Sinne sprechen auch die Untersuchungen von Gutzeit[4] mit dem Nachweis, daß in der Gewebsflüssigkeit die Albumin-Globulinrelation gerade umgekehrt ist wie im Blute. Ein Einstrom vom Gewebe ins Blut muß also zu einer Globulinvermehrung in letzterem führen. Wir haben schon bemerkt, daß die Globulinfraktion als labilste Gruppe sich auch immer am stärksten an derartigen Verschiebungen beteiligt, seltener die Albumin-fraktion. Meist ist mit einer Globulinvermehrung auch eine solche des Fibrinogens verbunden und eine entsprechende Abnahme des Albumins. Jedoch können auch isolierte quantitative Änderungen in den einzelnen Fraktionen vorkommen. Nach Starlinger führen akute und chronische Infekte zur Fibrinogen-Globulin-vermehrung und Albuminverminderung. Leberzellenschädigungen bedingen Fibrinogen- und Albuminverminderung, aber Globulinvermehrung. Kreislauf-dekompensation und Kachexie zeigen Fibrinogen-Globulinvermehrung, Albumin- und Gesamteiweißverminderung. Asthma bronchiale und arterieller Hochdruck rufen eine Vermehrung des Gesamteiweißes hervor. Damit sollen nur einige Beispiele angeführt sein. Desgleichen soll nur kurz darauf hingewiesen sein, daß bezüglich der Immunitätsreaktionen den Globulinen eine besondere Rolle zufällt. So soll das Diphtherie- und Tetanusantitoxin der Pseudoglobulin-fraktion angehören, während für die serologischen Luesreaktionen das Euglobulin von Bedeutung zu sein scheint. Von Pekelharing[5] wurde ferner im Serum ein Nukleoproteid nachgewiesen. Außerdem finden sich aber im Serum noch eine

<hr>

[1] Biochem. Z. **140,** 143 (1923); **160** (1925); **168** (1926).
[2] Z. exper. Med. **60** (1928).   [3] Arch. f. exper. Path. **154** (1930).
[4] Dtsch. Arch. klin. Med. **143** (1924).   [5] Zbl. Physiol. **9** (1895).

Menge anderer organischer und anorganischer Bestandteile, die hier nur kurz erwähnt werden können. Soweit es sich dabei um Substanzen handelt, die in ihrem quantitativen Verhalten für die Charakterisierung klinischer Bilder von Bedeutung sind, wurden sie schon in den entsprechenden Kapiteln abgehandelt, worauf verwiesen werden muß. Da ja das Blut als Transportmittel für die vom Verdauungskanal aufgenommenen Nährstoffe zu den Organen zu betrachten ist, so werden sich selbstverständlich diese Stoffe bzw. deren Abbauprodukte im Blute vorfinden und bezüglich ihres quantitativen und qualitativen Verhaltens von der Nahrungszusammensetzung abhängig sein. So finden wir Fette in wechselnder Menge sowohl als Neutralfett wie auch als Fettsäuren bzw. Seifen, dann Lipoide im engeren Sinne, nämlich Phosphatide und Cholesterin. Die Phosphatide scheinen größtenteils an Eiweiß gebunden zu sein. Cholesterin ist im Plasma und Serum vorwiegend als Ester vorhanden. Zucker findet sich als Glykose, und zwar zum größten Teil in frei gelöstem Zustand, wie durch Michaelis und Rona[1] gezeigt wurde. Ein kleiner Teil desselben soll nach Rusznyák und Hetényi[2] in kolloidaler Bindung vorkommen. Dabei soll betont sein, daß nach Parnas[3] Gesamtblut und Plasma den gleichen Zuckergehalt aufweisen. Außer dem Zucker finden sich im Blute noch andere reduzierende Substanzen, welche die sog. Restreduktion verursachen. Diese Stoffe sind nicht gärungsfähig. Zu ihnen gehören wahrscheinlich Kreatinin, Harnsäure und gepaarte Glykuronsäuren. Die Angaben über das quantitative Verhalten der Restreduktion sind wenig übereinstimmend, was durch die Verschiedenheit der Methoden bedingt ist. Jedoch scheint unter Ausschaltung der Fehlerquellen die Restreduktion nach den Untersuchungen von Ege[4] mit der Bangschen Methode äußerst klein zu sein. Die stickstoffhaltigen Extraktivstoffe werden in dem Reststickstoff, worüber schon bei Besprechung der Niereninsuffizienz eingehend berichtet wurde, zusammengefaßt. Wir bezeichnen damit jenen Teil des Stickstoffs, der nach vollständiger Ausfällung der koagulablen Eiweißstoffe im Serum noch zurückbleibt. Er setzt sich in erster Linie aus Harnstoff, dann weiterhin aus Kreatin, Kreatinin, Harnsäure, Purinbasen, Karbaminsäure, Hippursäure, Indikan und Ammoniak zusammen. Außerdem konnte Abderhalden[5] den Beweis erbringen, daß im Serum sämtliche Aminosäuren, die als Eiweißbausteine bekannt sind, zugegen sind. Die Farbstoffe des Serums sind verschiedenartig. Normalerweise findet sich Bilirubin. Die gelbe Farbe des Serums rührt von einem Lipochrom her. Es scheint größtenteils aus der Nahrung zu stammen.

Außerdem wurden im Plasma und Serum eine große Anzahl von Fermenten nachgewiesen, so eine Diastase, Maltase und Lipasen, ferner verschiedene proteolytische Fermente, dann ein glykolytisches Ferment, Chymosin und Nuklease, außerdem eine Oxydase, Peroxydase und Katalase. Ebenso zahlreich sind diesen Enzymen entsprechende Hemmungsstoffe im Blute aufgefunden worden. Hier wären auch noch die Toxine, Antitoxine, Hämolysine, Zytotoxine u. a. zu erwähnen. Meist werden diese Körper mit der Globulinfraktion ausgefällt. Näher kann auf diese Fragen hier nicht eingegangen werden, um so weniger, als es sich zum großen Teil um Stoffe handelt, die bis jetzt einer auch nur annähernden chemischen Charakterisierung nicht zugänglich sind und deren behauptetes Vorkommen mir auch für alle Fälle noch nicht sicher erwiesen zu sein scheint.

Sehr mannigfaltig sind die im Plasma und Serum enthaltenen Mineralstoffe, von denen ein Teil an Eiweiß gebunden sein dürfte. Der überwiegende Mineralbestandteil ist das Chlornatrium, ferner finden sich Kalksalze, Natrium-

---

[1] Biochem. Z. **14** (1908).   [2] Biochem. Z. **113** (1921).   [3] Klin. Wschr. **1922.**
[4] Biochem. Z. **107** (1920).   [5] Hoppe-Seylers Z. **88** (1913).

karbonat, Magnesium, Kalium und Spuren von Schwefelsäure und Phosphorsäure. Außerdem wurden noch kleine Mengen von Jod, Eisen, Fluor, Kupfer, Zink, Mangan und Kieselsäure nachgewiesen. Ein Teil des Alkalis ist, wie schon erwähnt, an Eiweiß gebunden. Nach Hamburger[1] ist nur 37% des Alkalis in diffusibler Form im Blute vorhanden. Auch der Kalk ist nach Rona und Taka hashi[2] zu etwa 30% am Eiweiß verankert. Auf eine genaue quantitative Detaillierung dieser Bestandteile kann hier nicht eingegangen werden. Es sei nur zur Orientierung ein Zahlenbeispiel angeführt: In 100 ccm Blut des Menschen finden sich als Mittelwerte 78,80 Wasser, 12,68 Hämoglobin, 0,22 Fibrin, 6,72 übriges Eiweiß, 0,38 Fett, 0,42 Extraktivstoffe und 0,78 Salze.

Für Blutbestandteile, die in ihrem quantitativen Vorkommen für die klinische Diagnostik besonderen Wert haben, legen wir die folgenden Angaben von Mandel und Steudel[3] zugrunde:

Reststickstoff	25 — 40	mg
Harnstoffstickstoff	10 — 18	,,
Harnsäure	1 — 3,5	,,
Kreatinin	1 — 2	,,
Kreatin und Kreatinin	5 — 6	,,
Aminosäure-N	6 — 8	,,
Glykose	60 —110	,,
Cholesterin	150 —180	,,
Chloride (NaCl)	500 —650	,,
Organischer und anorganischer Phosphor	4 — 5	,,
Anorganischer Phosphor	3,5— 4	,,
Natrium (Serum)	325 —345	,,
Kalium	19,2— 20	,,
Kalzium	9,5— 10,5	,,
Magnesium	1,8— 2,2	,,

Diese Werte beziehen sich auf 100 ccm normalen menschlichen Blutes. Die molare Konzentration des Säugetierblutes ist normalerweise sehr konstant, sie schwankt nur in ganz geringem Ausmaß. Sie beträgt auf Grund der Gefrierpunkterniedrigung $\Delta = 0,56°$.

Die Wasserstoffionenkonzentration oder die aktuelle Reaktion des Blutes liegt bei annähernd neutraler Reaktion. Sie wird mit großer Zähigkeit auf Grund der Pufferungsmöglichkeiten des Blutes festgehalten. Diese Pufferung durch die Eiweißkörper, Karbonate und Phosphate haben wir in früheren Kapiteln, so bei Besprechen der Azidose, schon so eingehend besprochen, daß wir hier, um Wiederholungen zu vermeiden, darauf verweisen müssen. Wir messen die aktuelle Reaktion des Blutes bei einer Spannung von 40 mm CO_2. Die so erhaltene Zahl bezeichnet man nach Hasselbalch als ,,reduzierte Wasserstoffzahl". Sie liegt im Blute des Menschen bei p_H 7,36.

Die bedeutsamsten Kristalloide des Plasmas, die wir im vorstehenden angeführt haben, sind die Salze, der Harnstoff und der Zucker, die wichtigsten Kolloide die Eiweißkörper. Es sei daran erinnert, daß wir schon in dem Kapitel über physikalisch-chemische Begriffe auseinandergesetzt haben, daß Kristalloide eine echte Lösung, in der sie als Ionen bzw. Moleküle zerteilt sind, bilden, daß sie ferner durch Membranen dialysieren und derartige Lösungen keine Neigung zu Aggregatbildungen haben. Dazu im Gegensatz zeigen die Kolloide Scheinlösungen mit größeren Molekülkomplexen, dialysieren dementsprechend nicht und haben eine ausgesprochene Tendenz zur Aggregatbildung. Wir wissen heute jedoch, daß jeder Stoff unter geeigneten Bedingungen in eine kolloidale Lösung

---

[1] Osmotischer Druck und Ionenlehre. Wiesbaden 1902.
[2] Biochem. Z. **31** (1911).
[3] Minimetrische Methoden der Blutuntersuchung. Berlin-Leipzig 1924.

gebracht werden kann. Die Unterscheidung Kristalloid bzw. Kolloid drückt also nur verschiedene Zustandsformen aus. Das Plasma ist nun ein kolloidales System von relativ hoher Stabilität, vor allem deshalb, weil die relativen Mengenverhältnisse der einzelnen kristalloiden und kolloiden Bestandteile optimal sich darin vorfinden. Wissen wir doch, daß die einzelnen Stoffe sich in ihrem Lösungszustand gegenseitig beeinflussen. So ist es auch verständlich, daß Änderungen in der Menge eines dieser Bestandteile zu einer Störung der optimalen Relation und damit auch des ganzen kolloidalen Gefüges des Plasmas führen müssen. Das Überwiegen der Albuminfraktion gegenüber den leichter ausflockbaren Globulinen bedingt die hohe Lösungsstabilität des Plasmas, damit verknüpft sich seine geringe relative Viskosität und sein verhältnismäßig hoher osmotischer Druck. Die Viskosität des Serums hängt in erster Linie vom Eiweißgehalt desselben ab. Naegeli[1] hat zuerst darauf hingewiesen, daß Lösungen von Serumalbumin und Serumglobulin bei annähernd gleicher refraktometrisch festgestellter Konzentration eine verschiedene Viskosität besitzen. Und zwar ist die spezifische Viskosität des Globulins weit höher als die des Albumins. Von Rohrer[2] wurde dann gezeigt, daß die Viskosität einer Albumin-Globulinmischung, z. B. des Serums, durch das Mischungsverhältnis beider Eiweißkörper bedingt ist. Die Viskositätsfrage hat dann zu weiteren zahlreichen klinischen Untersuchungen Veranlassung gegeben. In der Regel wurde dabei die gefundene Viskosität in Beziehung zu derjenigen eines Normalserums von maßanalytisch oder refraktometrisch ermitteltem gleichen Eiweißgehalt gebracht. Die auf diese Weise ermittelten Werte wurden dann als spezifische Viskosität, Viskositätsfaktor oder Zustandsviskosität u. ä. bezeichnet. Auf Einzelheiten kann hier nicht eingegangen werden, wir müssen diesbezüglich auf die Arbeiten von Rusznyák[3], Hellwig-Neuschloss[4], Spiro[5], Petschacher[6] und Hafner[7] verweisen. Nach Spiro ist die spezifische Viskosität im allgemeinen eine außerordentlich konstante Größe. Eine abnorme Erhöhung findet sich bei allen Prozessen, die mit einem vermehrten Gewebszerfall einhergehen. Eine Erniedrigung derselben scheint nicht vorzukommen. Es soll aber nicht unerwähnt bleiben, daß bindende Schlüsse aus dem verschiedenen physikalisch-chemischen Verhalten heute noch nicht gezogen werden können. Von Starlinger und seinen Mitarbeitern[8] wurde überzeugend nachgewiesen, daß viele dieser physikalischen Größen, die unter normalen Bedingungen als konstant angesehen wurden, es keineswegs sind. Das trifft sowohl auf die Viskosimetrie als ganz besonders auf die spezifische Refraktion der Eiweißkörper zu, wodurch gerade letztere als maßanalytische Methode abgelehnt werden muß. Besonders unter pathologischen Verhältnissen sind die Schwankungsbreiten derart, daß eine klinische Bewertung recht fraglich erscheint. Wie vorsichtig man in der Beurteilung von Untersuchungsergebnissen am Serum bezüglich irgendwelcher Rückschlüsse auf physiologische Verhältnisse sein muß, zeigten auch die Untersuchungen von Leendertz[9]. Er konnte dartun, daß Serum aus spontan geronnenem nativem Plasma und Serum aus spontan geronnenem Vollblut ganz verschiedene Brechungswerte hat, indem der Brechungswert des ersteren den des letzteren wesentlich übertrifft. Es treten also zweifelsohne während der Gerinnung Verschiebungen in der Konzentration der einzelnen Bluteiweißkörper, vielleicht auch qualitative Strukturveränderungen derselben ein. Auch darin gibt sich das Blut,

---

[1] Naegeli, l. c.   [2] Dtsch. Arch. klin. Med. 121 (1916).   [3] Biochem. Z. 133 (1922).
[4] Klin. Wschr. 1922, Nr 40.   [5] Arch. f. exper. Path. 100 (1923).
[6] Z. exper. Med. 41 (1924); 47 (1925); 50 (1926).
[7] Biochem. Z. 160 (1925); 183 (1927) — Z. exper. Med. 60 (1928).
[8] Starlinger u. Mitarbeiter, l. c.   [9] Dtsch. Arch. klin. Med. 140 (1922).

sobald es die natürliche Gefäßbahn verlassen hat, als absterbendes Organ zu erkennen. Dabei muß noch berücksichtigt werden, daß wir auch mit unseren empfindlichsten Methoden nur gröbere Veränderungen fassen können, sich also feinere Störungen, die sicher nicht weniger bedeutungsvoll sind, dem Nachweis entziehen. Ich habe den Eindruck, daß diese Tatsachen von den Serologen noch viel zu wenig beachtet werden. Die Serologie ist gewöhnt, das Serum als etwas Konstantes und durchaus Physiologisches zu betrachten. Wir haben zu zeigen versucht, daß beide Annahmen keineswegs zutreffen.

Wir haben schon in dem Kapitel über den Eiweißstoffwechsel darauf hingewiesen, daß die Eiweißkörper im Darmkanal zerlegt werden, um dann eine artspezifische Umprägung zu erfahren. Der Organismus kann nicht jedes beliebige Eiweiß direkt verwerten, sondern er baut sich aus den im Darm entstehenden niederen Spaltstücken sein artspezifisches Eiweiß auf. So kommt es, daß artfremdes Eiweiß unter Umgehung des Darms am besten intravenös eingespritzt, als Fremdkörper durch die Nieren wieder ausgeschieden wird. Gar nicht so selten sehen wir beim Menschen nach einer Injektion von artfremdem Serum mehr oder weniger stürmisch verlaufende Krankheitserscheinungen, so Fieber, urtikarielles Exanthem, Gelenkschwellungen, Ödeme usw. auftreten. Meist zeigen sich diese Symptome 8—14 Tage nach der Seruminjektion. Konstitutionelle Momente spielen bei dieser zuerst von v. Pirquet und Schick[1] beschriebenen „Serumkrankheit" eine wesentliche Rolle. In der Regel zeigt sich die Serumkrankheit nach einer einmaligen Injektion von Serum, seltener erst nach einer Reinjektion. Erfolgt die zweite Injektion in einem bestimmten zeitlichen Abstand, etwa 2—3 Wochen, nach der ersten Einspritzung, so können äußerst bedrohliche Erscheinungen von Überempfindlichkeit oder Anaphylaxie auftreten, die unter Umständen unter dem Bilde des „anaphylaktischen Shocks" letal verlaufen können. Das Anaphylaxieproblem[2] hat eine überaus zahlreiche Bearbeitung erfahren, da sich gezeigt hat, daß eine große Anzahl von Krankheitszuständen, so z. B. das Fieber bei Infektionen, die Reaktionen auf Tuberkulin, Toxine, bestimmte Medikamente, Nahrungsmittel, die verschiedenen Idiosynkrasien, viele Hauterkrankungen, manche Fälle von Bronchialasthma, Darm- und Gelenkerkrankungen, als Überempfindlichkeitsreaktionen aufzufassen sind. Theoretisch liegt dieser Betrachtungsweise der von v. Pirquet[3] geschaffene Begriff der „Allergie" zugrunde, worunter wir die veränderte Reaktionsfähigkeit des tierischen Organismus verstehen, die er durch Überstehen einer Krankheit bzw. durch die Vorbehandlung mit körperfremden Substanzen erwirbt. Dabei ist zu betonen, daß die körperfremden Substanzen keineswegs immer „Antigene" sein müssen, womit wir solche Stoffe bezeichnen, die befähigt sind, im Organismus die Bildung von „Antikörpern" auszulösen. Von Doerr wurde dann der Begriff der Allergie dahin erweitert, daß er darin „nicht nur die Plusabweichungen der Reaktivität (Hypersensibilität), sondern auch die Minusabweichungen (verminderte Empfindlichkeit, sog. Immunität)" mit einbegriff. Das Doerrsche Schema lautet dementsprechend:

Allergie.

I. Gegen nicht antigene Substanzen.	II. Gegen Antigene (Antigen-Antikörper-reaktionen).
a) Überempfindlichkeit (Arzneiidiosynkrasien)	1. gegen Toxine
b) Unterempfindlichkeit	2. gegen Eiweißantigene.

---

[1] Die Serumkrankheit. Leipzig-Wien 1905.

[2] Zusammenfassende Darstellungen: Doerr, Erg. Hyg. **5** (1922) — Handb. d. path. Mikroorganismen **2** (1913). — Schittenhelm, Jber. Immun.forschg **1916** — Handb. d. inn. Med. von v. Bergmann u. Staehelin **1** (1925).   [3] Allergie. Berlin 1910.

Eigenschaften der Antigene:

primär toxisch	primär atoxisch.

Antikörper:

nur Antitoxine, die ohne Komplement wirken.	verschiedene Eiweißantikörper (deren Identität jedoch wahrscheinlich ist), mit Ambozeptorcharakter.

Typische, auf der Wirkung des Antikörpers beruhende, daher auch passiv übertragbare Form der Allergie:

Unterempfindlichkeit (aktive und passive antitoxische Immunität)	Überempfindlichkeit (aktive und passive Anaphylaxie)

Atypische Form der Allergie, für welche eigene Antikörper nicht existieren, daher passiv nicht übertragbar:

Überempfindlichkeit	Partieller oder totaler Schwund der Überempfindlichkeit, also Rückkehr zur Norm („Antianaphylaxie")

Es handelt sich also nach Doerr bei den anaphylaktischen Vorgängen um eine Antigen-Antikörperreaktion, wobei die Anaphylaktogene Präzipitinogene, die anaphylaktischen Antikörper Präzipitine sind. Natives Serum, rohes Eiereiweiß usw. sind aber keine einheitlichen Anaphylaktogene, sondern Antigengemenge, dementsprechend enthalten auch die mit diesen gewonnenen Immunsera mehrere Antikörper. Dadurch erklärt sich das öfters beobachtete schubweise Auftreten der Serumkrankheit. Ein anaphylaktisches Gift existiert nicht. Das Bild der Anaphylaxie ist zellulären Ursprungs, indem die Antigen-Antikörperreaktion an bestimmten fixen Gewebszellen abläuft. Die im Blute auftretenden Veränderungen sind sekundärer Natur. Die experimentellen Untersuchungen haben den Beweis erbracht, daß bei den verschiedenen Tieren verschiedene „Shockorgane" bzw. „Shockgewebe" vorhanden sind. So wissen wir, daß beim Meerschweinchen der anaphylaktische Shock mit einem Spasmus der Bronchialmuskulatur, beim Kaninchen mit einer Kontraktion der glatten Muskulatur der Lungenarteriolen einsetzt. Daß durch letzteres Moment eine Blutstauung im rechten Herzen, eine Blutdrucksenkung und schließlich ein Herzstillstand eintreten muß, ist verständlich. Beim Hunde bedingt die Anaphylaxie eine starke Blutüberfüllung des Darmes mit blutigen Durchfällen, Tenesmen und Erbrechen (Enteritis anaphylactica). Wichtig ist ferner der Nachweis, daß vor allem in der Leber eine intensive Blutanschoppung eintritt, wobei das Organ auf das Mehrfache seines normalen Volumens anschwellen kann. Dadurch kommt es naturgemäß zu einem Leerlaufen des Herzens mit starker Blutdrucksenkung. Inwieweit für diese Leberstauung eine krampfartige muskuläre Abriegelung der Lebervenen verantwortlich gemacht werden muß, ist noch unentschieden.

Neben diesen für die einzelnen Tierarten mehr oder weniger spezifischen Organdispositionen sehen wir aber auch generell auftretende Erscheinungen, so Veränderungen der Temperatur und der Zusammensetzung des Blutes. Diese drücken sich je nach Schwere und Verlauf des anaphylaktischen Bildes in verschiedener Weise aus, so in Fieber- bzw. Kollapstemperaturen, in Leukozytosen bzw. Leukopenien. Letztere mit vorwiegendem Schwinden der Leukozyten. Ferner sehen wir eine Verminderung der Thrombozyten, Hemmung der Blutgerinnung, Zunahme der eosinophilen Zellen und — neben einer Zunahme des Gesamteiweißes — eine Verschiebung in dem relativen Verhältnis der einzelnen Bluteiweißfraktionen, die meist, je nach dem Stadium der Erkrankung, von einer Zunahme der Globulinfraktion nach einer solchen der Albuminfraktion hinüberwechselt. Die starke Tangierung des Stoffwechsels drückt sich in einer vermehrten Stickstoffausfuhr aus. Während im Beginn der anaphylaktischen Reaktion eine Steigerung der Leberproteolyse vorhanden zu sein scheint, zeigt sich im anaphylaktischen Shock eine allgemeine Lähmung der Zellfermente, die sich nicht nur auf die Fermente des Eiweißstoffwechsels, sondern in gleicher Weise auch auf die der Atmung bezieht. Dabei tritt im Blute eine echte Azidosis auf.

Ähnliche Veränderungen findet man auch im Peptonshock. Ich konnte mit meinem Mitarbeiter Lang[1] zusammen den Nachweis erbringen, daß die Ungerinnbarkeit des Blutes im Peptonshock auf einer Aufhebung der Blutglykolyse beruht. Außerdem konnten wir eine Verschiebung der Eiweißfraktionen des Blutes nach der Globulinseite und eine Zunahme des Amino-N des Blutes im Peptonshock feststellen. Die Hemmung der Blutgerinnung im Peptonshock läßt sich durch Kohlensäureatmung aufheben bzw. unterdrücken, nicht aber die Blutdrucksenkung. Beide Störungen haben also keinen genetischen Zusammenhang.

Inwieweit eine direkte Alteration nervöser Elemente in Frage kommt, ist noch unentschieden. Vieles spricht für eine sekundäre Beteiligung nervöser Elemente, besonders wenn man in Betracht zieht, daß vor allem die Gefäßendothelien der Kapillaren von der anaphylaktischen Reaktion tangiert werden.

Wir müssen also der Vorstellung Raum geben, daß die Anaphylaxie ihrem Wesen nach primär nicht etwa durch eine Änderung im Ablauf chemisch vitaler Prozesse bedingt ist, sondern daß es sich um ein physikalisch bedingtes Phänomen handelt, das sich wahrscheinlich im Sinne der Antigen-Antikörperreaktion an der Zellmembran selbst abspielt, vielleicht mit besonderer Betonung der Gefäßendothelien. Diese Störung in der physikalisch-chemischen Struktur der Gewebszelle (zelluläre Kolloidoklasie) ist das Wesentliche, während die Veränderungen des Blutes (Hämoklasie) als sekundär aufzufassen sind.

In diesem Zusammenhange muß noch auf eine andere wichtige Erscheinung hingewiesen werden, nämlich die Abderhaldensche Reaktion[2]. Wir haben schon im vorstehenden auf das Vorkommen verschiedener Fermente im Blute hingewiesen. Träger dieser Fermente sind die korpuskulären Elemente des Blutes. Abderhalden konnte nun zeigen, daß Plasma bzw. Serum gesunder Tiere in nüchternem Zustande unter bestimmten Bedingungen niemals proteolytische Fähigkeiten besitzen. Behandelt man jedoch solche Tiere parenteral mit Eiweiß-, Pepton- oder Polypeptidlösungen vor, so gewinnt das Serum dieser Tiere dadurch die Eigenschaft, diese Eiweißstoffe abzubauen, und zwar handelt es sich dabei um eine Fermentwirkung. Dieselbe ist jedoch nur insofern spezifisch, als unter den erwähnten Versuchsbedingungen nur eiweißspaltende Fermente auftreten. Ihre Wirkung umfaßt aber die ganze Gruppe der Proteine und deren höheren Abbaustoffen. Die tiefen Bausteine, die Aminosäuren, werden nicht angegriffen. Solche Abbaufermente treten jedoch nur auf, wenn körperfremdes Eiweiß parenteral zugeführt wird. Spritzt man z. B. arteigenes Blut, so bleibt jede Fermentreaktion aus. Auch andere Stoffe wie Proteine, so z. B. Rohrzucker, Nukleinsäuren, verleihen parenteral gegeben dem Serum des entsprechenden Tieres diesen Substanzen gegenüber fermentative Eigenschaften. Besonders interessant ist aber der Nachweis von Abderhalden und Wertheimer[3], daß, wenn man Tieren Hoden- bzw. Schilddrüsenpreßsaft subkutan gibt, das Serum dieser Tiere nun die Fähigkeit erlangt, diese Organe abzubauen. Entfernt man jedoch diesen Tieren vor der Injektion der Preßsäfte die Hoden bzw. die Schilddrüse, so bleibt der Organabbau durch das Serum aus. Nach

---

[1] Biochem. Z. **222** (1930).

[2] Abderhalden, Die Abderhaldensche Reaktion. Berlin 1922. — Wertheimer, Handb. d. Biochemie **4**. Jena 1925.

[3] Fermentforschg **6** (1922).

Wertheimer lassen sich also im Blute Fermente nachweisen, „die eine ganz spezifische Einstellung auf ganz bestimmte zelleigene Verbindungen haben und die aus den gleichen Zellen herstammen, aus denen jene Produkte ins Blut gelangt sind". Auf Grund dieser Befunde wurde von Abderhalden eine Methode ausgearbeitet (Abderhaldensche Reaktion), um im Organismus blutfremde Fermente nachzuweisen. So entstand zunächst die Abderhaldensche Serumreaktion zur Diagnose der Schwangerschaft. Das Serum von Schwangeren gibt mit Plazentagewebe zusammengebracht eine Abbaureaktion. Im Serum von Tumorkranken ließen sich Abbaufermente den entsprechenden Tumorzellen gegenüber nachweisen. Bei Störungen der Drüsen mit innerer Sekretion fanden sich im Serum solcher Menschen ebenfalls Fermente, die gegen diese Organe eingestellt waren. Die Bedeutung dieser Befunde für die Diagnose liegt auf der Hand. Die Abderhaldensche Reaktion hat deshalb auch eine Flut von Nachprüfungen erfahren, die zum Teil positiv, zum Teil negativ ausfielen. Ein näheres Eingehen auf diese Fragen liegt außerhalb des Rahmens dieses Buches. Ein abschließendes Urteil ist zur Zeit nicht möglich. An der Richtigkeit der Abderhaldenschen Befunde kann nicht gezweifelt werden. Inwieweit sich die Abderhaldensche Reaktion für diagnostische Zwecke eignet, ist eine andere Frage. Man gewinnt aber doch immer mehr den Eindruck, daß sie sich auch auf klinischem Gebiete zunehmende Anerkennung verschafft.

Die korpuskulären Elemente des Blutes setzen sich aus den roten und weißen Blutkörperchen (Erythrozyten und Leukozyten) und den Blutplättchen (Thrombozyten) zusammen. Auf eine morphologische Charakterisierung wird hier absichtlich verzichtet. Die Zahl der roten Blutkörperchen beträgt für das weibliche Geschlecht etwa 4,5 Millionen, für das männliche Geschlecht etwa 5 Millionen im Kubikmillimeter Blut. Die Zahl der weißen Blutkörperchen beläuft sich dagegen nur auf 5—10000 in einem Kubikmillimeter Blut. Von letzteren entfallen nach Nägeli 65—70% auf die neutrophilen Leukozyten, 20—25% auf die Lymphozyten, 6—8% auf die großen Mononukleären, 2—4% auf die Eosinophilen und 0,5% auf die Mastzellen. Die Blutplättchen betragen 5—700000 im Kubikmillimeter Blut. Es sei betont, daß dieser Wert auf Grund der neuen Zählmethode von Hofmann-Flössner[1] festgestellt ist. Da die Blutplättchen äußerst leicht lädierbar sind, können nur solche Methoden, die diesem Umstand Rechnung tragen, richtige Zahlenwerte geben. Das ist bei dem Verfahren von Hofmann-Flössner der Fall. Die früheren Methoden haben diese Fehlerquelle nicht berücksichtigt. Ein größerer Teil der leicht zerfallbaren Plättchen ist deshalb bei der Zählung nicht mit erfaßt. Die damit gewonnenen Zahlenwerte von 2—300000 im Kubikmillimeter Blut sind dementsprechend viel zu niedrig.

Die Funktion der weißen Blutkörperchen beruht auf ihrer Fähigkeit amöboide Bewegungen auszuführen, zu wandern. Dabei strecken sie, ähnlich den Amöben, Pseudopodien aus, womit sie geformte Teile umfließen und in das Zellinnere einschließen können. Dadurch werden sie zu „Freßzellen" oder „Phagozyten". Die Phagozytose[2] gehört zu den Schutzvorrichtungen des Organismus, indem die Phagozyten eingedrungene Fremdkörper, z. B. Bakterien, aufnehmen und verdauen können. Dabei muß man annehmen, daß die Phagozyten durch bestimmte, vor allem chemische Reize, nach den Orten der Gefahr hingelockt werden. Durch diese „chemotaktischen" Fähigkeiten sind die Leukozyten auch in der Lage, aus dem Gefäß durch die Endothelien hindurch ins Gewebe

---

[1] Dtsch. med. Wschr. **1926.**
[2] Hamburger, Physikalisch-chemische Untersuchungen über Phagozyten. Wiesbaden 1912.

zu wandern, wo sie sich dann als Eiterkörperchen ansammeln und nicht nur intrazellulär, sondern auch extrazellulär proteolytische Eigenschaften entwickeln. Die Phagozytose ist wesentlich abhängig von der kolloidalen Struktur des Plasmas. Ein bestimmter Grad von Viskosität scheint unerläßlich zu sein. Auch das relative Verhältnis der einzelnen Ionen ist von Bedeutung. Ca-Ionen begünstigen z. B. die Phagozytose. Ich[1] konnte auch nachweisen, daß zwischen Cholesterin und Lezithin ein Antagonismus besteht derart, daß Cholesterin die Phagozytose hemmt und Lezithin diesen negativen Einfluß des Cholesterins aufzuheben vermag.

Die Leukozyten bestehen aus Proteiden und vor allem aus Nukleinsäureverbindungen in den Kernen, außerdem enthalten sie Phosphatide, Cholesterin, Purine und Glykogen. Sie sind auch sehr fermentreich, so besitzen sie ein glykolytisches Ferment und vor allem proteolytische Enzyme, wahrscheinlich auch eine Diastase, Katalase, Nuklease und Peroxydase. In den Lymphozyten findet sich außerdem eine Lipase.

Die Zahl der Leukozyten schwankt schon unter physiologischen Verhältnissen, so steigt sie nach einer eiweißreichen Mahlzeit beträchtlich an. Unter pathologischen Bedingungen findet sich die stärkste Vermehrung der Leukozyten bei der Leukämie. Die klinische Bedeutung der sog. Verschiebung des weißen Blutbildes kann hier nicht erörtert werden. Wir müssen in dieser Hinsicht auf die diagnostischen Lehrbücher verweisen.

Die Blutplättchen treten in verschiedenen Formen auf, die von Hofmann[2] und Boshammer[3] näher charakterisiert worden sind. Zum allergrößten Teile bestehen sie aus sehr kleinen und mittelgroßen Formen. Erstere sind durch ihre besondere Labilität und geringe Resistenz ausgezeichnet. Sie sind als Jugendformen der Thrombozyten anzusprechen und beteiligen sich in erster Linie bei Regeneration derselben. Wir konnten auch zeigen, daß sie die geringste elektrische Ladung besitzen[4]. Bei allen Prozessen, die zu einer Vermehrung der Thrombozyten führen, sind sie in erster Linie beteiligt. Die Abstammung der Blutplättchen von den Megakaryozyten des Knochenmarks dürfte heute allgemein anerkannt sein. Sie beteiligen sich wesentlich bei der Blutgerinnung, nicht nur im Sinne der Glykolyse, sondern auch als gefäßdichtender Faktor. Gerade auf letzterem Moment beruht wesentlich die Blutungsneigung bei einem Mangel an Blutplättchen (Thrombopenie). Auch für den Aufbau des Thrombus sind sie von ausschlaggebender Bedeutung.

Die roten Blutkörperchen setzen sich im wesentlichen aus zwei Hauptbestandteilen zusammen, nämlich dem Stroma und dem Hämoglobin. Nach Auswaschen des Hämoglobins und der übrigen wasserlöslichen Bestandteile bleibt der wasserunlösliche Anteil, das Stroma, zurück. Dasselbe besteht zu etwa $^2/_3$ aus Proteinsubstanzen und Mineralstoffen und zu etwa $^1/_3$ aus Lezithin und Cholesterin. Außerdem enthalten die Körperchen des Menschen und einiger Tiere noch Zucker. Die roten Blutkörperchen sind fermentreich. Sie besitzen peptolytische Enzyme, ferner ein glykolytisches Ferment, eine Lipase und Katalase. Die kernlosen roten Blutkörperchen enthalten wenig Proteinsubstanzen und viel Hämoglobin, die kernhaltigen Erythrozyten dagegen mehr Protein und weniger Hämoglobin.

Die Blutkörperchen besitzen eine semipermeable Membran[5]. Bringt man Blutkörperchen in eine Salzlösung, welche denselben osmotischen Druck hat wie das Serum des entsprechenden Blutes, so behalten die Körperchen ihr

[1] Biochem. Z. **51, 53** (1913).   [2] Hofmann, l. c.   [3] Z. exper. Med. **48** (1926).
[4] Stuber-Lang, Die Physiologie und Pathologie der Blutgerinnung. Berlin-Wien 1930.
[5] Höber, Handb. d. norm. u. path. Physiol. **6** (1928).

Volumen, trotzdem auch in derartig blutisotonischen Lösungen eine allmähliche Abgabe von Stoffen an die Lösung stattfindet. In Lösungen stärkerer Konzentration, hypertonischen Lösungen, findet ein Austausch bis zum osmotischen Gleichgewicht statt, das Volumen der Körperchen wird kleiner, sie schrumpfen, umgekehrt tritt in Lösungen von geringerer Konzentration, hypotonischen Lösungen, eine Quellung durch Wasseraufnahme ein. Dabei kommt es schließlich zum Übertritt von Hämoglobin in das Lösungsmittel. Wir sprechen dann von Hämolyse. In gleicher Weise wirken auch viele organische Verbindungen, soweit sie lipoidunlöslich sind. Die Blutkörperchen sind impermeabel für Zucker, sechswertige Alkohole, Aminosäuren und Salze vieler organischer Säuren. Die menschlichen Blutkörperchen machen nur insofern eine Ausnahme, als sie für Monosaccharide durchlässig sind. Die lipoidlöslichen, oberflächenaktiven Stoffe, wie z. B. einwertige Alkohole, Aldehyde, Ketone, Äther u. a., dringen entsprechend der Overtonschen Theorie leicht in die Blutkörperchen ein und bewirken Hämolyse. Die anorganischen Salze sind im Innern der Blutkörperchen in anderen Mengenverhältnissen vorhanden als im Plasma. Von besonderer Bedeutung ist der Nachweis, daß die roten Blutkörperchen nur für die Anionen der anorganischen Salze permeabel, dagegen impermeabel für die Kationen derselben sind. Von Mond[1] wurde nun gezeigt, daß man eine elektronegative Kollodiummembran, die nur kationenpermeabel ist, durch Umladung in eine elektropositive Membran ausgesprochen anionenpermeabel machen kann. In gleicher Weise gelingt es bei Blutkörperchen durch Zusatz von OH'-Ionen die Anionenpermeabilität in eine Kationenpermeabilität umzuwandeln. Wir müssen uns also die Vorstellung bilden, daß die Membran der Blutkörperchen nicht nur aus Lipoiden aufgebaut ist, sondern außerdem noch poröse Flächen von elektropositivem Charakter enthält, die nur für Anionen permeabel sind.

Die Resistenz verschiedener Erythrozyten gegen hämolytische Einflüsse von hypotonischen Salzlösungen ist eine variable. Man bezeichnet als Minimumresistenz (obere Resistenzgröße) diejenige hypotonische Kochsalzlösung, durch welche die am wenigsten resistenten Zellen eben nicht mehr hämolysiert werden. Normal liegt diese Grenze bei 0,46% NaCl. Unter Maximumresistenz (untere Resistenzgrenze) versteht man die NaCl-Konzentration, bei welcher die am meisten resistenten Zellen gerade noch intakt bleiben. Normalerweise liegt sie bei 0,30—0,32% NaCl. Die Differenz zwischen den beiden Werten der Minimum- und Maximumresistenz entspricht der Resistenzbreite. Unter pathologischen Bedingungen variiert die Resistenz häufig. Große Resistenzbreite findet sich bei Nierenerkrankungen. Die bedeutendste Resistenzerhöhung wurde bei experimentellen Blutgiftanämien festgestellt. Diagnostisch von besonderer Bedeutung ist die Resistenzabnahme bei den hämolytischen Anämien.

Theoretisches Interesse vor allem besitzt die sog. Reversion der Hämolyse, die darin besteht, daß das aus den Erythrozyten ausgetretene, sich frei in Lösung befindliche Hämoglobin teilweise wieder in die Stromen zurückkehrt. So kann durch Hypotonie hämolysiertes, d. h. lackfarben gemachtes Blut auf Zusatz von Neutralsalzen, Schwermetallsalzen, Lauge, Säure, Zucker usw. wieder Deckfarbe annehmen. Bezüglich der Einzelheiten sei auf die ausführlichen Untersuchungen von Starlinger[2] verwiesen. Es erscheint allerdings fraglich, ob die revertierten Blutkörperchen noch als normal angesehen werden dürfen. Die Untersuchungen von Winokuroff[3] aus dem Höberschen Institut sprechen dagegen. Er konnte nämlich zeigen, daß die revertierten Körperchen

---

[1] Pflügers Arch. **217** (1927); **219** (1928). [2] Z. exper. Med. **47** (1925); **51, 54** (1926).
[3] Pflügers Arch. **222** (1929).

nicht nur, wie normalerweise, anionenpermeabel, sondern auch kationenpermeabel sind.

Eine theoretisch wie praktisch gleich wichtige Entdeckung wurde im Jahre 1900 von Landsteiner[1] gemacht. Er konnte zeigen, daß Blutkörperchen gesunder Menschen häufig durch das Serum anderer normaler Individuen agglutiniert werden. Man bezeichnet Agglutinine, die gegen die Blutkörperchen anderer Individuen derselben Art gerichtet sind, als Isoagglutinine. Sie sind Bestandteile des normalen Serums. Sie können aber auch auf immunisatorischem Wege erzeugt werden. Für das Auftreten der Isoagglutination ergaben sich nun innerhalb einer Art bestimmte Gesetzmäßigkeiten. Läßt man verschiedene menschliche Sera auf Blutkörperchen verschiedener Menschen einwirken, so zeigt sich, daß nicht alle Arten von Blutkörperchen agglutiniert werden und daß nicht alle Sera wirksam sind. Bezüglich des Menschen konnten vier Blutgruppen[2] unterschieden werden. Die Bezeichnung der Blutgruppen erfolgt für die Blutkörperchenrezeptoren und die Serumisoagglutinine entweder mit I, II, III, IV oder mit großen und kleinen lateinischen Buchstaben. Jede der vier Gruppen ist durch das Vorhandensein bestimmter Rezeptoren und Agglutinine charakterisiert. Die Sera einer Gruppe reagieren selbstverständlich niemals mit den Blutkörperchen derselben Gruppe. Beim Mischen verschiedener Sera und Blutkörperchen sind so die in der folgenden Tabelle angegebenen Möglichkeiten denkbar, wobei das Pluszeichen Agglutination, das Minuszeichen deren Ausbleiben bedeutet.

Blutkörperchen.

	I oder O	II oder A	III oder B	IV oder A B
Sera I oder O	—	+	+	+
„ II „ a	—	—	+	+
„ III „ b	—	+	—	+
„ IV „ a b	—	—	—	—

Die Tabelle läßt erkennen, daß die Sera der Gruppe I sämtliche übrigen Blutkörperchen agglutinieren, die Sera von Gruppe II agglutinieren III und IV, die Sera von Gruppe III agglutinieren die Körperchen von II und IV, die Sera von Gruppe IV enthalten überhaupt kein Agglutinin. Die Blutkörperchen von Gruppe I werden von keinem Serum agglutiniert, die Blutkörperchen von Gruppe II durch Sera I und III, die Körperchen der Gruppe III durch die Sera I und II und die Blutkörperchen der Gruppe IV durch die Sera aller übrigen Gruppen. Es besitzen also Menschen mit den wirksamsten Agglutininen die unempfindlichsten Blutkörperchen (Gruppe I), und Menschen, deren Seren kein Agglutinin enthalten, haben die empfindlichsten Blutkörperchen. Die Zugehörigkeit zu einer Blutgruppe scheint beim Menschen zeitlebens unverändert zu bleiben.

Die grundlegenden Untersuchungen von v. Dungern und Hirszfeld[3] haben die interessante Tatsache ergeben, daß sich die Gruppenzugehörigkeit, vor allem die Blutkörpercheneigenschaften A und B, nach den Mendelschen Regeln vererbt. Hirszfeld[4] stellte dann typische Unterschiede zwischen einzelnen Volksstämmen fest. Es werden drei Haupttypen aufgestellt, nämlich Rassen

---

[1] Zbl. Bakter. 27 (1900) — Wien. klin. Wschr. 1901.

[2] Hirszfeld, Erg. Hyg. 8 (1926). — Lattes, Die Individualität des Blutes. Berlin 1925. — Levine, Erg. inn. Med. 34 (1928). — Schiff, im Handb. d. Biochemie 3. Jena 1925.

[3] Z. Immun.forschg 6 (1910).   [4] Hirszfeld, l. c.

mit Vorwiegen des Rezeptors A (Westeuropäer), solche mit hoher Frequenz von B (asiatisch-afrikanische Völker) und ein intermediärer Typus (Osteuropäer). Das Verhältnis A/B wird als biochemischer Rassenindex bezeichnet. Derselbe beträgt bei den westeuropäischen Völkern 4,5—2,5, bei den Mittelmeervölkern und Osteuropäern etwa 2,0 und bei Negern und Ostasiaten unter 1,0. Von eminent praktischer Bedeutung erwies sich aber die Isoagglutininreaktion für die Bluttransfusion. Letztere stieß in der Durchführung früher immer wieder auf Schwierigkeiten, da sie keineswegs selten erheblich schädliche Folgen, ja sogar Todesfälle im Gefolge hatte, die ihre Ursache in der öfters dabei auftretenden Hämagglutination und Hämolyse hatten. Die Landsteinersche Entdeckung hat nun den Ausbau einer Methode ermöglicht, serologisch geeignete Blutspender von Fall zu Fall auszuwählen. Dadurch erst wurde die Bluttransfusion zu einem gefahrlosen und zu einem der wertvollsten therapeutischen Mittel. Auf die forensische Bedeutung der Blutgruppenuntersuchung kann hier nicht näher eingegangen werden.

Da das spezifische Gewicht der Blutkörperchen größer ist als dasjenige des Plasmas, senken sich die Körperchen im stehenden Blute. Diese Senkungsgeschwindigkeit verläuft nicht nur in den verschiedenen Blutarten verschieden, sondern auch im Blut von Individuen derselben Art. Sie zeigt ferner schon bei ein und demselben Individuum unter physiologischen und erst recht unter pathologischen Bedingungen ausgesprochene Differenzen. Die Senkungsgeschwindigkeit der roten Blutkörperchen hat eine große klinische Bedeutung gewonnen, seitdem Fåhraeus[1] zeigen konnte, daß beim Menschen im Blut von Graviden und in solchem von infektiös Erkrankten die Blutkörperchen sich rascher sedimentieren und daß damit immer eine Zunahme der Globuline im Plasma verbunden ist. Die Senkungsgeschwindigkeit ist beim weiblichen Geschlecht normalerweise etwas größer als beim männlichen. Sie ist am kleinsten beim Neugeborenen. Von großem Einfluß ist das relative Verhalten der einzelnen Eiweißkörper des Blutes zueinander. Starlinger und Frisch[2] haben zuerst gezeigt, daß Fibrinogengehalt und Senkungsgeschwindigkeit einander parallel verlaufen. Suspendiert man gewaschene Blutkörperchen in reinen Fibrinogen-, Globulin- und Albuminlösungen, so geht die Sedimentierung in der Fibrinogenlösung am raschesten, in der Albuminlösung am langsamsten vor sich. Da gerade Fibrinogenlösungen eine viel höhere Viskosität als Albuminlösungen besitzen, erklärt sich dadurch die auf den ersten Blick schwer zu deutende Beobachtung, daß die Senkung um so rascher abläuft, je visköser das Plasma ist. Bei der Sedimentierung der Blutkörperchen handelt es sich um eine Agglutination derselben. Eine solche kann natürlich nur im stagnierenden Blute einsetzen. Die Blutkörperchen lagern sich dabei in Geldrollenform aneinander. Die Suspensionsstabilität der Blutkörperchen ist durch ihre elektrische Ladung bedingt. Sie besitzen eine negative Ladung. Eine Abnahme der elektrischen Ladung begünstigt die Agglutination. Fåhraeus[3] konnte auch zeigen, daß die Senkungsreaktion um so rascher abläuft, je leichter die Blutkörperchen entladbar sind. Das Plasma hat also die Fähigkeit, unter bestimmten Bedingungen die Blutkörperchen zu entladen. Die stärkste entladende Wirkung kommt dem Fibrinogen, die schwächste dem Albumin zu. Die Blutkörperchen besitzen an ihrer Oberfläche ein elektrokinetisches Potential, das zwischen dem freien Suspensionsmittel und einer den Blutkörperchen fest anhaftenden Adsorptionsschicht des Suspensionsmittels gelegen ist. Diese Adsorptionsschicht besteht aus

---

[1] Acta med. scand. (Stockh.) **55** (1921) — Biochem. Z. **89** (1918).
[2] Z. exper. Med. **24** (1921).　　　[3] Biochem. Z. **89** (1918).

Plasmaeiweißkörpern, und es ist somit die Ladung des ganzen Systems, Blutkörperchen + Eiweißhülle, von der Ladung dieser Eiweißhülle abhängig. Je mehr nun diese Hülle aus Fibrinogen bzw. Globulin zusammengesetzt ist, um so geringer muß die negativ elektrische Ladung der Körperchen sein. Damit nimmt aber auch ihre Suspensionsstabilität ab. Es kommt noch hinzu, daß das Fibrinogen und Globulin eine größere Neigung zur Flockung besitzen als das Albumin, da ihr isoelektrischer Punkt näher der Blutreaktion liegt als der des Albumins. Eine Zunahme der Fibrinogen-Globulinfraktion schafft also schon an und für sich eine Flockungsbegünstigung. So ist es verständlich, daß gerade dann, wenn wir auf eine beschleunigte Senkungsreaktion stoßen, zugleich eine Verschiebung der Bluteiweißkörper nach der Fibrinogen-Globulinseite zu nachweisbar ist. Es wird also nach den grundlegenden Untersuchungen der Höberschen Schule[1] die negative Ladung der Erythrozyten im wesentlichen durch die quantitative Verteilung der Eiweißfraktionen im Plasma bestimmt. Interessant ist der Nachweis von Kürten[2], daß Cholesterin und Lezithin die Senkungsreaktion antagonistisch beeinflussen. Cholesterin steigert, Lezithin hemmt die Senkungsgeschwindigkeit. Die normalen Werte nach der Methode von Westergren betragen nach einstündiger Ablesung beim Manne 2—5 mm, beim Weibe (außerhalb Menstruation und Gravidität) 3—8 mm. Als oberster Grenzwert kann beim Manne 6—10 mm, bei der Frau 8—12 mm angesehen werden. Da die Senkungsreaktion von den Zustandsänderungen des Plasmas abhängig ist, solche aber unter physiologischen als auch pathologischen Verhältnissen in verschiedenem Ausmaße auftreten, so ergibt sich daraus das wechselnde Verhalten der Reaktion unter normalen und krankhaften Bedingungen. Ferner folgt daraus, daß es sich um eine unspezifische Reaktion handelt. Bezüglich der Methode muß ich auf die Literatur verweisen. Schon normalerweise finden sich ausgesprochene Schwankungen der Senkungsreaktion, so zeigt der Neugeborene eine verlangsamte Senkung. Während der Verdauung und häufig auch während der Menstruation ist die Senkung beschleunigt. Vor allem zeigt sich diese Beschleunigung in der Gravidität vom 4. bis zum 9. Monat. Unter pathologischen Bedingungen werden wir um so ausgesprochenere Steigerungen der Senkungsgeschwindigkeit finden, je mehr die Bluteiweißkörper nach der Fibrinogen-Globulinseite zu verschoben sind, so vor allem bei akuten und chronischen Infekten, im besonderen bei Eiterungsprozessen, ferner bei Anämien, malignen Tumoren, vor allem wenn sie zum Zerfall neigen, ebenso nach operativen Eingriffen und nach der parenteralen Einverleibung von Eiweiß im Sinne der Reizkörpertherapie. Besondere Bedeutung kommt der Senkungsreaktion bei der Tuberkulose zu, indem sie uns ein wertvolles Hilfsmittel sowohl in diagnostischer als auch prognostischer Hinsicht an die Hand gibt. Näher kann auf diese Fragen hier nicht eingegangen werden. Wir verweisen auf die Literatur[3].

Die Senkungsreaktion ist also eine überaus empfindliche und dabei einfach durchzuführende Methode von großer klinischer Bedeutung. Sie darf aber nicht überschätzt werden. Man muß immer bedenken, daß es sich um keine spezifische Reaktion handelt, sondern um eine Methode, die uns nur ein momentanes Zustandsbild liefert, das uns nur im Rahmen des klinischen Gesamtbildes, aber dann oft einen ausschlaggebenden Hinweis geben kann.

---

[1] Höber, Handb. d. norm. u. path. Physiol. Bd. VI 1 (1928). — Höber u. Mond, Klin. Wschr. 1922, Nr 49. — Mond, Pflügers Arch. 197 (1923).

[2] Klin. Wschr. 1924, Nr 27.

[3] Zusammenfassende Darstellung bei Katz u. Leffkowitz, Erg. inn. Med. 33 (1928).

Der wichtigste Bestandteil der Erythrozyten ist das Hämoglobin, das 90—95% der Trockensubstanz derselben ausmacht. Die Farbe des Blutes beruht auf seinem Gehalt an Hämoglobin und auf der molekularen Verbindung desselben mit Sauerstoff, Oxyhämoglobin genannt. Der Sauerstoff befindet sich im Oxyhämoglobin in lockerer, dissoziabler und reversibler Bindung. Die Hämoglobinmenge beim erwachsenen Menschen beträgt 13—14% vom Blut. Beim weiblichen Geschlecht ist der Hämoglobingehalt etwas geringer (etwa 10%) als beim männlichen. Die physiologischen Funktionen des Hämoglobins als Atmungssubstanz haben wir beim Chemismus der Lungenatmung eingehend besprochen, so daß wir, um Wiederholungen zu vermeiden, auf dort verweisen müssen.

Das Hämoglobin gehört zur Gruppe der Proteide. Als Spaltprodukte liefert es zunächst einen Eiweißkörper, das Globin, und einen eisenhaltigen Farbstoff, das Hämochromogen. Es enthält das Eisen in zweiwertigem Zustand. Den Farbstoffanteil des Hämoglobins bezeichnet man nach Küster als die „prosthetische" Gruppe. Das Hämoglobin besteht zu 96% aus Globin und nur zu 4% aus dem Farbstoff. Das Hämochromogen wird bei Gegenwart von Sauerstoff zu Hämatin oxydiert. Wahrscheinlich gibt es verschiedene Hämoglobine, da das Hämoglobin verschiedener Tierarten eine verschiedene Zusammensetzung, Löslichkeit und Kristallform zeigt. Die Sauerstoffaufnahme des Hämoglobins ist eine Funktion seines Eisengehaltes, der 0,33—0,40% beträgt. Bei Sättigung des Hämoglobins mit Sauerstoff entspricht 1 Atom Eisen im Hämoglobin = 1 Mol. Sauerstoff. Bei steigendem Sauerstoffpartiardruck nimmt das Hämoglobin mehr Sauerstoff auf, bis bei völliger Sättigung 1 Mol. Hämoglobin 1 Mol. Sauerstoff gebunden hat. Bei vermindertem Sauerstoffdruck dissoziiert Sauerstoff ab, und es tritt eine Rückbildung zu Hämoglobin ein.

Das Gleichgewicht zwischen Oxyhämoglobin, Hämoglobin und Sauerstoff entspricht gemäß dem Massenwirkungsgesetz der Formel $Hb + O_2 \rightleftarrows HbO_2$. Über die Dissoziationskurve des Hämoglobins orientieren die Abb. 55 und das dort Gesagte. Bei der Zersetzung des Blutes, bei Einwirkung von Kaliumpermanganat, Ozon, Chloraten, Nitriten u. a. bildet sich Methämoglobin[1]. Es enthält nur die Hälfte der Sauerstoffmenge des Oxyhämoglobins und in nicht dissoziierbarer Form. Wir finden beim Menschen Methämoglobin in bluthaltigen Transsudaten, bei Hämaturien, dann im Blut und im Harn von Vergiftungen mit Kaliumchlorat und Nitriten. Wird Blutfarbstoff in Gegenwart von Salzsäure bzw. Chloriden zersetzt, so bildet sich Hämin (Teichmanns Kristalle). Eine weitere Zerlegung des Hämins durch Einwirkung von Jod- bzw. Bromwasserstoffsäure führt unter Reduktion desselben und unter Abspaltung von Eisen zu Pyrrolfarbstoffen, den Porphyrinen. Die Blutfarbstoffchemie hat gerade in den letzten Jahren durch die grundlegenden Arbeiten von William Küster, und vor allem durch die klassischen Untersuchungen von Hans Fischer, eine weitgehende Klärung erfahren. Wir beziehen uns im folgenden auf die Arbeiten Hans Fischers[2].

Wenn man Blut in heißen, mit Kochsalz gesättigten Eisessig gießt, so kristallisiert Hämin aus, der Farbstoffbestandteil des Hämoglobins. Hämin enthält außer Kohlen-, Wasser-, Sauer- und Stickstoff noch Eisen und Chlor, und zwar letzteres nur auf Grund der Darstellung. Entfernt man aus dem Hämin oder Hämochromogen das Eisen, so entsteht Porphyrin. Je nach der Art der

---

[1] Heubner u. Mitarbeiter, Arch. f. exper. Path. **72** (1913); **100** (1923).
[2] Handb. d. Biochemie **1** (1924); Erg.-Bd. (1930) — Ber. dtsch. chem. Ges. **60** (1927) — 91. Versamml. Ges. dtsch. Naturforsch., Königsberg 1930, in Naturwiss. **18** (1930).

Säure, die zur Abspaltung des Eisens verwandt wird, entstehen verschiedene Porphyrine. Im Hämin sind 4 Pyrrolringe vorgebildet. Das Eisen hängt am Stickstoff. Ferner enthält das Hämin 2 Karboxylgruppen. Das Hämin ist eine ungesättigte Verbindung. Die von **Küster** schon 1912 aufgestellte Konstitutionsformel des Hämins ist durch die von **Hans Fischer** jüngst durchgeführte Synthese desselben endgültig bewiesen. Wir geben diese Formel im folgenden wieder:

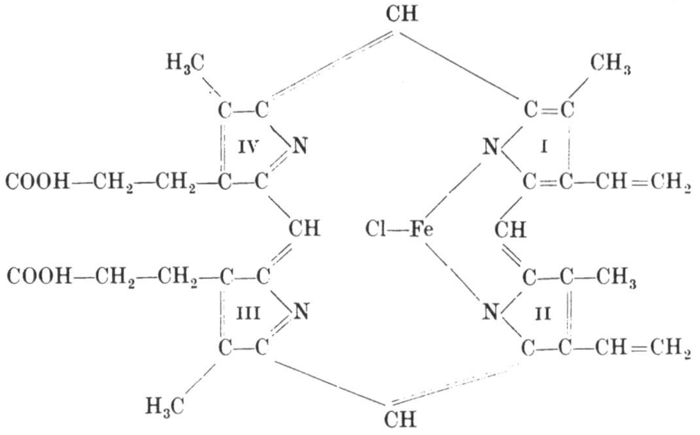

Es sind danach 4 Pyrrolkerne durch 4 Methingruppen vereinigt. Die Gruppe FeCl ist, 2 NH-Gruppen substituierend, ins Molekül komplex eingetreten. Das Eisen ist in dreiwertigem Zustande enthalten. Beim Übergang von Hämin in Hämochromogen wird eine Wertigkeit frei, damit ändert sich auch die Stabilität in der komplexen Bindung des Eisens. Während das Eisen im Hämin sehr fest verankert ist, läßt es sich aus Hämochromogen sehr leicht abspalten. Außer Eisen lassen sich auch andere Metalle komplex einführen, so z. B. Kupfer, Mangan u. a. Das Hämin hat ein wenig charakteristisches dreibandiges Spektrum, während das Hämochromogenspektrum sehr scharf ist.

Wie schon erwähnt, entstehen aus dem Hämin durch Einwirkung von Brom- oder Jodwasserstoffsäure unter Reduktion und Abspaltung des Eisens die Porphyrine. Letztere sind also eisenfrei. Sie haben basische Eigenschaften und bilden mit Metallen Komplexsalze. Die Basizität beruht auf den vier im Hämin vorgebildeten Pyrrolringen. Die Porphyrine sind jedoch nicht als viersäurige, sondern nur als zweisäurige Basen zu betrachten. Das besagt, daß 2 Pyrrole am Stickstoff nicht mehr substituierbar sind. Außer diesen basischen Eigenschaften haben die Porphyrine infolge der im Hämin präformierten 2 Karboxylgruppen auch noch saure Eigenschaften (Esterbildung). Durch reduktive Spaltung des Hämins bzw. der Porphyrine entstehen die Hämopyrrolbasen (Hämopyrrol, Kryptopyrrol, Phyllopyrrol, Opsopyrrol) und die entsprechenden Karbonsäuren. Bei der oxydativen Spaltung entsteht die **Küster**sche Hämatinsäure und Methyläthylmaleinimid.

Reduktive Spaltprodukte des Hämins.

Hämopyrrolbasen.

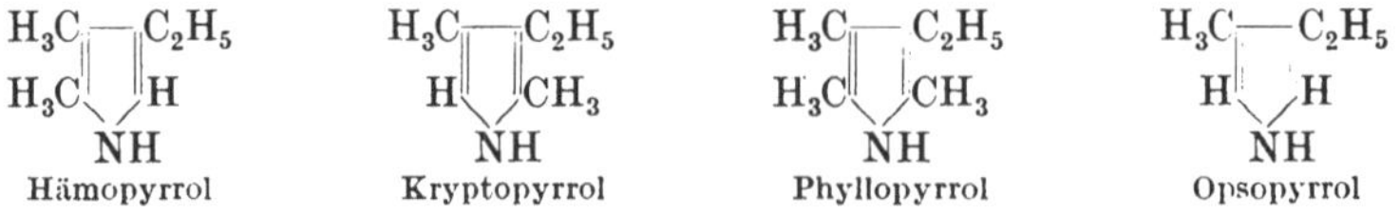

Hämopyrrol   Kryptopyrrol   Phyllopyrrol   Opsopyrrol

Hämopyrrolsäuren.

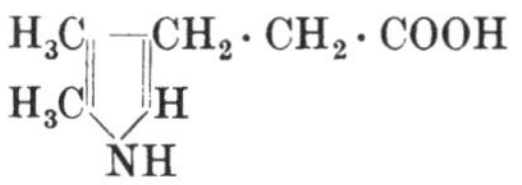

$$H_3C \cdot CH_2 \cdot CH_2 \cdot COOH$$
$$H_3C \quad H$$
$$NH$$
Hämopyrrolkarbonsäure

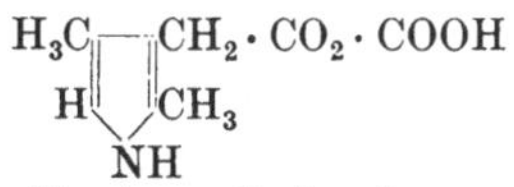

$$H_3C \cdot CH_2 \cdot CO_2 \cdot COOH$$
$$H \quad CH_3$$
$$NH$$
Kryptopyrrolkarbonsäure

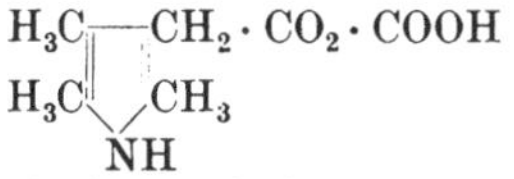

$$H_3C \cdot CH_2 \cdot CO_2 \cdot COOH$$
$$H_3C \quad CH_3$$
$$NH$$
Phyllopyrrolkarbonsäure

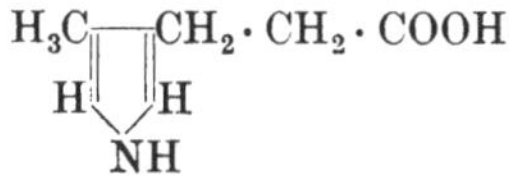

$$H_3C \cdot CH_2 \cdot CH_2 \cdot COOH$$
$$H \quad H$$
$$NH$$
Opsopyrrolkarbonsäure

Oxydative Spaltprodukte.

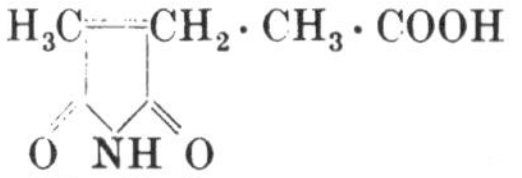

$$H_3C \cdot CH_2 \cdot CH_3 \cdot COOH$$
$$O \quad NH \quad O$$
Hämatinsäure

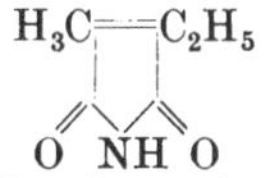

$$H_3C \cdot C_2H_5$$
$$O \quad NH \quad O$$
Methyläthylmaleinimid

Durch gelinde Reduktion des Hämins mit Jodwasserstoff erhält man Meso-
porphyrin. Bei Reduktion mit Natriumamalgam entsteht aus Mesoporphyrin
durch Aufnahme von 6 Wasserstoffatomen das farblose Mesoporphyrinogen.
Läßt man Ameisensäure und Eisenpulver auf Hämin einwirken, so entsteht
Protoporphyrin bzw. „Kämmerers Porphyrin". Benutzt man jedoch zur
Eisenabspaltung Eisessig-Bromwasserstoff, so bildet sich Hämatoporphyrin.
Dekarboxyliert man Mesoporphyrin, so erhält man das sauerstofffreie Ätioporphyrin, die Grundsubstanz der Porphyrine. Es ist von besonderem Inter-
esse, daß Willstätter[1] aus den Porphyrinen der Chlorophyllreihe denselben
Körper erhalten hat, woraus auf den gleichen Aufbau von Blut- und Blattfarb-
stoffen geschlossen werden kann.

Die „natürlichen" Porphyrine sind in der Natur weit verbreitet. Sie
finden sich unter pathologischen Bedingungen beim Menschen unter dem Bilde
der sog. Hämatoporphyrinurie. Wie Hans Fischer zeigte, wird dabei
jedoch kein Hämatoporphyrin, sondern das Uroporphyrin, eine achtbasische,
und das Koproporphyrin, eine vierbasische Säure, ausgeschieden. Man
spricht deshalb besser von einer „Porphyrie". Wenn man Hefe statt in Bier-
würze in künstlichen Nährböden züchtet, so läßt sich in solchen Kulturen eine
sehr starke Zunahme von Koproporphyrin („Kopro-Hefe") nachweisen. Auch
Hämin ist bemerkenswerterweise in der Hefe aufgefunden worden. Interessant
ist, daß sich bei der Autolyse der Hefe reichlich Koproporphyrin bildet, ohne
daß der Hämingehalt sich ändert. Das Kupfersalz des Uroporphyrins, das
Turazin, wurde in den Schwungfedern bestimmter Vogelarten (Turakusarten)
festgestellt. In der Perlmuschel wurde ein monokarboxyliertes Koproporphyrin,
das Konchoporphyrin, entdeckt. In den gefleckten Eierschalen von im Freien
brütenden Vögeln findet sich Ooporphyrin. Hijmans van den Bergh hat
bei einem Porphyriekranken ein Porphyrin nachgewiesen, das mit Uro- bzw.
Koproporphyrin nicht identisch war.

Auch auf künstlichem Wege können Porphyrine erzeugt werden. So hat
Kämmerer durch einen bestimmten Bakteriensynergismus Blutfarbstoff in
Porphyrin (Kämmerers Porphyrin) übergeführt. Bei monatelanger Fäulnis
entsteht ein anderes Porphyrin, das Deuteroporphyrin. Ooporphyrin, Protoporphyrin und Kämmerers Porphyrin haben sich als identisch erwiesen.
Hans Fischer ist es gelungen, alle bisher bekannten Porphyrine und das Hämin
synthetisch aufzubauen. Das Grundsystem, von dem sich alle Porphyrine ab-

---

[1] Liebigs Ann. **400** (1913).

leiten, bezeichnet H. Fischer mit „Porphin". Es ist eine Vereinigung von
4 Pyrrolkernen durch 4 Methingruppen. Die Pyrrolkerne werden im Sinne des
Uhrzeigers mit I, II, III und IV numeriert und die β-Substituenten fortlaufend
von Pyrrolkern I ab, wie die folgende Formel des Ätioporphyrins erkennen läßt:

$$
\begin{array}{ccccc}
& & \mathrm{CH} & & \\
\mathrm{H_5C_2 \cdot C \underset{1\ 2}{\square} C \cdot CH_3} & & & & \mathrm{H_5C_2 \cdot C \underset{3\ 4}{\square} C \cdot CH_3} \\
\mathrm{C}\;\underset{I}{\|}\;\mathrm{C} & & & & \mathrm{C}\;\underset{II}{\|}\;\mathrm{C} \\
\mathrm{NH} & & & & \mathrm{N} \\
\mathrm{HC} & & & & \mathrm{CH} \\
\mathrm{NH} & & & & \mathrm{N} \\
\mathrm{C}\;\underset{IV}{}\;\mathrm{C} & & & & \mathrm{C}\;\underset{III}{}\;\mathrm{C} \\
\mathrm{H_3C \cdot C \underset{8\ 7}{\square} C \cdot C_2H_5} & & & & \mathrm{H_3C \cdot C \underset{6\ 5}{\square} C \cdot C_2H_5} \\
& & \mathrm{CH} & &
\end{array}
$$

Denkt man sich in dieser Formel des Ätioporphyrins die Äthyl- und Methyl-
reste durch Wasserstoff ersetzt, so kommt man zum Grundsystem „Porphin".
Die 4 Äthyl- und die 4 Methylreste in der Formel des Ätioporphyrins können in
vierfacher Weise eingesetzt werden, d. h. es sind vier verschiedene Isomere des
Ätioporphyrins je nach der Stellung der Methyl- und der Äthylreste möglich.
Die Synthese des Hämins ergab nun, daß es sich von dem gleichen Ätioporphyrin
ableitet, wie das Protoporphyrin und Deuteroporphyrin, während das Uro- und
Koproporphyrin auf eine andere isomere Variation des Ätioporphyrins zurückzuführen sind. „Es existiert also ein Dualismus der Porphyrine", dagegen ist
ein solcher der Hämine bis jetzt nicht festgestellt. Auf welche Weise im Organismus die Synthese des Hämins stattfindet, wissen wir nicht. Was wir aber bestimmt
behaupten können ist, daß der Organismus die Fähigkeit hat, die Pyrrole zu
synthetisieren.

Zur besseren Übersicht und Charakterisierung geben wir im folgenden die
tabellarische Aufstellung von Hans Fischer wieder:

1. Hämine und einige Blutfarbstoff-Porphyrine.

Name	Formel	Vorkommen in der Natur	Darstellung	Seitenketten
Hämin	$C_{34}H_{32}N_4O_4FeCl$	Farbstoffkompo-nente des Hämo-globins; in Hefe und Pflanzen	Eisessig-Kochsalz	4 Methyl-, 2 Propionsäure-reste und 2 Vinylgruppen
Protoporphyrin . .	$C_{34}H_{34}N_4O_4$	In den Eierscha-len (Ooporphy-rin), bei Blut-fäulnis, Kämme-rers Porphyrin (in Hefe) usw.	Ameisensäure und Eisen	dgl.
Hämatoporphyrin .	$C_{34}H_{38}N_4O_6$	—	Eisessig-Bromwasserstoff	Statt 2 Vinyl-2 α-Oxäthylreste
Mesoporphyrin . .	$C_{34}H_{38}N_4O_4$	—	Eisessig-Jodwasserstoff	Statt Vinyl-Äthylreste
Ätioporphyrin. . .	$C_{32}H_{38}N_4$	—	Brenzreaktion	4 Methyl- und 4 Äthylreste
Mesoporphyrinogen	$C_{34}H_{44}N_4O_4$	—	Eisessig-Jodwasserstoff. Jodphosphonium kalt auf Hämin. Amalgamreduk-tion des Meso-porphyrins	Statt Vinyl-Äthylreste

2. Natürliche Porphyrine.

Name	Formel	Vorkommen in der Natur	Darstellung	Seitenketten
		a) Primäre.		
Uroporphyrin. . .	$C_{40}H_{38}N_4O_{16}$	Bei Porphyrie Cu-Salz = Turazin	Aus Porphyrieharn. Nach Estermethode	4 Methyl- und 2 Methylmalonsäure- und 2 Bernsteinsäurereste
Koproporphyrin I .	$C_{36}H_{38}N_4O_8$	Bei Porphyrie in Harn und Kot. In Hefe	Aus Porphyrieharn und Kot. Autol.-Hefe. Nach Estermethode	4 Methyl- und 4 Propionsäurereste
Konchoporphyrin .	$C_{37}H_{38}N_4O_{10}$	Aus Perlmuschelschalen	Nach Estermethode	4 Methyl-, 3 Propionsäure- und 1 Bernsteinsäurerest
Koproporphyrin III	$C_{36}H_{38}N_4O_8$	Bei einem Porphyriefall von H. van den Bergh isoliert	dgl.	4 Methyl- und 4 Propionsäurereste
Ooporphyrin . . .	$C_{34}H_{34}N_4O_4$	In Eierschalen	dgl.	4 Methyl-, 2 Propionsäure- und 2 Vinylreste
		b) Sekundäre.		
Kämmerers Porphyrin	$C_{34}H_{34}N_4O_4$	Bei Blutfäulnis, in Hefe	—	4 Methyl-, 2 Propionsäurereste u. 2 Vinylgruppen
Deuteroporphyrin .	$C_{30}H_{30}N_4O_4$	Protrahierte Blutfäulnis	Bromeinwirkung auf Hämatoporphyrin u. Reduktion, Resorzinschmelze von Hämin nach Schumm und Enteisenung	Ersatz der Vinyle durch H
Deuterohämin . .	$C_{30}H_{28}N_4O_4FeCl$	dgl.	dgl.	dgl.

Die Lehre von den biologischen Oxydationen, wir verweisen diesbezüglich auf die S. 37—41 erörterten Theorien von Warburg und von Wieland, hat durch die Entdeckung des Zytochroms durch Keilin[1] einen wichtigen Fortschritt erfahren. Es scheint sich dabei um einen in allen aerob atmenden Zellen vorkommenden Farbstoff zu handeln. Eine Abtrennung des Zytochroms in Substanz ist bis jetzt nicht gelungen. Es gibt ein hämochromogenähnliches Spektrum. Das Spektrum zeigt 4 Banden. Dieses 4-Bandenspektrum gibt das Zytochrom im reduzierten Zustand. Durch Oxydation des Zytochroms (beim Liegen an der Luft oder durch Oxydationsmittel) geht es in ein 2-Bandenspektrum über. Die Oxydation wird durch $^n/_{10\,000}$-KCN gehemmt, auch durch H_2S, die Reduktion wird dadurch nicht beeinflußt. Letztere wird bei -2 bis $-4°$ aufgehoben, sie hat ihr Optimum bei $30—39°$ und wird bei $52°$ wieder völlig gehemmt. Narkotika hemmen die Reduktion, aber nicht die Oxydation. Im Organismus besteht ein Gleichgewicht zwischen oxydiertem und reduziertem Zytochrom. Das Zytochrom ist komplexer Natur, es ist wahrscheinlich aus

---

[1] Proc. roy. Soc. Lond. **104** (1929).

3 Hämochromogenspektren zusammengesetzt. Hämochromogen wird als die Vorstufe des Zytochroms betrachtet. Das Zytochrom fällt unter den Begriff des „Atmungsferments" von Warburg. Es wird durch den durch die Dehydrasen im Sinne von Wieland und Thunberg aktivierten Wasserstoff reduziert und durch die Indophenoloxydase oxydiert. Es wirkt also als „Akzeptor" „zwischen den beiden Typen respiratorischer Enzyme, den Dehydrasen, die den Wasserstoff aktivieren, und den Oxydasen, die den Sauerstoff aktivieren"[1].

Zweifelsohne besitzen die Zellen Stoffe, die es ihnen ermöglichen, sowohl Wasserstoff als auch Sauerstoff zu aktivieren. Nach der Wielandschen Lehre wird durch spezielle Enzyme, die Dehydrasen (Dehydrogenasen), der Wasserstoff aktiviert. Dieser Wasserstoff reagiert dann mit dem Sauerstoff. Zum Teil verläuft diese Reaktion spontan, zum Teil bedarf es aber noch der Milhilfe besonderer Mechanismen. Ein solcher scheint das System Zytochrom + Zytochromoxydase (Indophenoloxydase) zu sein. Die Zytochromoxydase aktiviert den Sauerstoff der Atmosphäre, während das Zytochrom die Reaktion des so aktivierten Sauerstoffs mit dem durch die Dehydrasen aktivierten Wasserstoff vermittelt. Dabei variiert das Zytochrom zwischen Oxydations- und Reduktionsform. Nach Dixon sind 2 Arten von Dehydrasen zu unterscheiden. Die eine Art aktiviert den Wasserstoff so, daß er mit inaktivem Sauerstoff in Reaktion treten kann (oxytrope Dehydrasen nach Thunberg[2]). Die andere Art macht den Wasserstoff reaktionsbereiter, aber doch nicht so, daß er direkt mit inaktivem Sauerstoff reagieren kann (anoxytrope Dehydrasen nach Thunberg). Der letztere, durch die anoxytropen Dehydrasen aktivierte Wasserstoff bedarf nun der Mithilfe des Zytochroms und der Zytochromoxydase, um mit dem Sauerstoff in Reaktion treten zu können, es entsteht Wasser. Bei der direkten Reaktion des durch die oxytropen Dehydrasen aktivierten Wasserstoffs mit inaktivem Sauerstoff wird Wasserstoffsuperoxyd gebildet. Letzteres wird durch die Katalase in gewissem Umfang gespalten. Zum Teil beteiligt es sich unter Einfluß der Perhydrasensysteme der Zellen an oxydativen Prozessen. Schließlich kann das Wasserstoffsuperoxyd auch als Wasserstoffakzeptor wirken, wobei Wasser gebildet wird.

Diese verschiedenen Reaktionsmechanismen sind am übersichtlichsten in dem folgenden Schema von Dixon-Thunberg dargestellt.

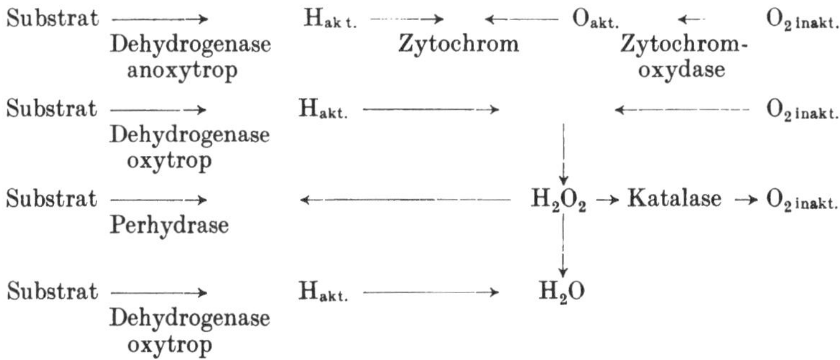

Während Warburg in seinen früheren Arbeiten das anorganische Eisen als einen die Oxydationen vermittelnden Katalysator betrachtete, ist er in neueren Untersuchungen[3] zu der Auffassung gelangt, daß die Eigenschaften des „Atmungsferments" an eine organische Eisenstickstoffverbindung geknüpft seien,

[1] Fischer u. Treibs, Handb. d. Biochemie, Erg.-Bd. Jena 1930.
[2] Handb. d. Biochemie, Erg.-Bd. Jena 1930.
[3] Biochem. Z. **193**, **202** (1928); **204**, **207**, **214** (1929).

und zwar an eine Eisen-Pyrrolverbindung. Die Reaktion zwischen Atmungsferment (RFe) und Sauerstoff wird als reversibel gedacht und in folgender Formel ausgedrückt:

$$RFe + O_2 \rightleftarrows RFe\,O_2$$

Wird die zu oxydierende organische Substanz mit A bezeichnet, dann lautet die Formel:

$$RFe\,O_2 + 2\,A = RFe + 2\,AO$$

Besonders bemerkenswert ist der Nachweis von Warburg, daß das Atmungsferment durch Kohlenoxyd und durch Licht verschiedener Wellenlängen gehemmt wird. Kohlenoxyd wirkt also direkt hemmend auf die Atmung. Die Wirkung ist in ihrem Ausmaß, abgesehen vom Partiardruck des Kohlenoxyds, auch vom Sauerstoffdruck abhängig. Je höher letzterer, um so geringer die Wirkung des Kohlenoxyds. Das Kohlenoxyd geht wie der Sauerstoff eine dissoziable Verbindung mit dem Atmungsferment ein. Wenn man Zellen im Dunkeln mit einem die Atmung herabsetzenden Gemisch von Kohlenoxyd-Sauerstoff ins Gleichgewicht bringt und dann belichtet, so wird die Atmung wieder normal, um in der Dunkelheit wieder gehemmt zu werden. Belichtet man mit Licht gleicher Intensität, aber verschiedene Wellenlängen, so hat Blau die stärkste, Rot gar keine Wirkung. Da eine photochemische Lichtwirkung nur möglich ist, wenn das Licht absorbiert wird, so ist nach Warburg das Kohlenoxyd-Atmungsferment eine Verbindung von roter Farbe ähnlich dem Kohlenoxyd-Hämoglobin.

Die Störungen des Blutstoffwechsels [1].

Die kernlosen roten Blutkörperchen des Menschen stammen von kernhaltigen Zellen, den Erythroblasten, ab. Beim Erwachsenen finden sich dieselben normalerweise im roten Knochenmark. Letzteres ist beim gesunden Erwachsenen jetzt allgemein als Entstehungsort anerkannt. Bevor die Erythroblasten in die Blutbahn gelangen, geht ihr Kern durch intracelluläre Auflösung zugrunde. Erythroblasten von der Größe der normalen roten Blutkörperchen werden als Normoblasten bezeichnet. Außer diesen findet sich aber noch eine zweite Art von Erythroblasten, die Megaloblasten, die wesentlich größer als die Normoblasten sind und sich vor allem durch eine andere Struktur und Färbbarkeit ihres Kernes von ihnen unterscheiden. Beide Erythroblastenarten sind prinzipiell verschieden, als der megaloblastische Typus sowohl onto- als auch phylogenetisch der ältere ist. Die Erythropoese findet beim Embryo nicht nur im Knochenmark, sondern auch in der Leber und Milz statt. Im Laufe der Entwicklung treten jedoch diese Organe als Stätten der Blutbildung zugunsten des Knochenmarkes immer mehr zurück. Werden große Anforderungen an die Blutregeneration gestellt, so beteiligen sich auch beim Erwachsenen größere Knochenmarkbezirke an der Neubildung. Während beim gesunden Erwachsenen nur die Wirbel, Rippen und Skapula rotes Mark besitzen, tritt dann unter den erwähnten Bedingungen auch in den langen Röhrenknochen an Stelle des normalerweise dort vorhandenen Fettmarks rotes Mark auf. Bei sehr schweren Anämien mit Auftreten von Megaloblasten im Blut können sich dem Embryonal-

[1] Brugsch-Pappenheim, im Handb. d. spez. Path. u. Ther. von Kraus-Brugsch 8. Berlin 1920. — Faber, ebenda Erg.-Bd. 1 (1928). — Jagić, ebenda. — Meyer, E., im Handb. d. norm. u. path. Physiol. 6 (1928). — Morawitz, im Handb. d. inn. Med. von v. Bergmann u. Staehelin 4 (1926). — Naegeli, Blutkrankheiten. 5. Aufl. Berlin, Julius Springer 1931. — Seyderhelm, Erg. inn. Med. 21 (1929). — Thannhauser, Stoffwechsel und Stoffwechselkrankheiten. München 1929.

leben ähnliche Verhältnisse entwickeln, indem nun auch Leber und Milz ihre blutbildende Funktion wieder aufnehmen. Man hat direkt von einem Rückschlag ins embryonale Leben in solchen Fällen gesprochen. Eine Blutarmut, die wir klinisch mit dem Sammelbegriff „Anämie" bezeichnen, kann nun dadurch zustande kommen, daß entweder zu wenig Blutfarbstoff gebildet wird, oder aber daß zu viel Blutfarbstoff abgebaut wird, worunter ein vermehrter Untergang von roten Blutkörperchen zu verstehen ist. Schon normalerweise findet dauernd ein Blutzerfall statt. Die durchschnittliche Lebensdauer eines roten Blutkörperchens beträgt 30 Tage. Die Zerstörung der Blutkörperchen findet physiologischerweise vor allem in der Milz und ferner im Knochenmark und in der Leber statt. Der Eisengehalt dieser Organe resultiert aus diesem Zerfall. Ein Teil des Abbaumaterials, und zwar der eisenhaltige, wird wieder für die Regeneration benützt, ein anderer Teil wandelt sich, wie wir schon ausgeführt haben, in Gallenfarbstoff um. Auf dieser Tatsache beruht die von Eppinger zuerst ausgedachte Methode zur quantitativen Bestimmung des Gesamturobilinogens als zahlenmäßiger Ausdruck des Blutzerfalls. Wir unterscheiden bei den Anämien eine Verminderung der Zahl der roten Blutkörperchen und eine solche des Hämoglobins und bezeichnen erstere als Oligozythämie, letztere als Oligochromämie. Das Serum kann dabei seine normale Zusammensetzung haben, häufig ist es jedoch abnorm wasserreich (Hydrämie). Eine Verminderung der Gesamtblutmenge (Oligämie) dürfte nach Naegeli, wenigstens auf längere Zeit hin, kaum vorkommen, da auch nach großen Blutverlusten der Zustrom aus dem Gewebe sofort kompensierend einsetzt. Man kann die Anämien nach dem morphologischen Verhalten des Blutes in solche mit embryonalem und solche mit postembryonalem Typus der Erythropoese einteilen. Ersterer ist gekennzeichnet durch das Auftreten von Megaloblasten, Megalozyten und durch hohen Färbeindex, letzterer durch normale bzw. kleine und hämoglobinarme rote Blutkörperchen. Anämien mit postembryonalem Typus sind die Chlorose, die posthämorrhagischen Anämien, Karzinom-, Ulcus- usw. Anämien.

Das klassische Beispiel der Anämie vom embryonalen Typus ist die perniziöse Anämie (Biermer). Sie ist charakterisiert durch das Auftreten von Megaloblasten und einem hohen Färbeindex. Neben der Reduktion des Hämoglobins ist die Zahl der roten Blutkörperchen herabgesetzt. Das Blutkörperchenvolumen ist gegenüber dem Plasmavolumen vermindert, aber das Volumen des einzelnen Blutkörperchens ist erheblich erhöht, und der Farbstoffgehalt des Körperchens ist meist größer als derjenige eines normalen. Bei ausgeprägten Bildern kann die Zahl der roten Blutkörperchen bis auf einige 100000 im Kubikmillimeter, und der Hämoglobingehalt bis auf 10% absinken. Das Serum zeigt infolge seines reichlichen Bilirubingehaltes dunkelgoldgelbe Farbe. Im Urin, und vor allem in den Fäzes, findet sich reichlich Urobilinogen. Weitere diagnostisch wichtige Symptome der Biermerschen Anämie sind die Entzündung und Atrophie der Zungenschleimhaut, die Achylie und vielfach degenerative Prozesse im Zentralnervensystem mit Beteiligung vor allem der Hinterstränge und dadurch bedingten tabesähnlichen Symptomen. Die Frage nach der Ätiologie der perniziösen Anämie ist noch keineswegs geklärt. Die Tatsache, daß durch den Botriocephalus latus eine Anämie hervorgerufen werden kann, die dem Bilde der perniziösen Anämie völlig gleicht und die nach Abtreibung des Wurmes wieder ausheilt, hat den Gedanken an eine toxische Genese der Biermerschen Anämie aufkommen lassen. Man glaubte auch in einem Cholesterinölsäureester[1] die hämolytisch wirkende Substanz des Botriocephalus gefunden zu haben. Nach

---

[1] Faust u. Tallqvist, Arch. f. exper. Path. **57** (1907).

neueren Anschauungen können diese Befunde nicht mehr als stichhaltig betrachtet werden. Andererseits liegen aber eine große Anzahl von Beobachtungen vor, die für eine intestinale Resorption von Giftstoffen bei der Biermerschen Anämie als ätiologisches Moment sprechen. Von Knud Faber wurde schon vor langer Zeit auf die abnorme Dünndarmflora bei Achylie gerade bei der perniziösen Anämie hingewiesen. Van der Reis[1] hat dann im Dünndarm bei an Biermerscher Anämie Erkrankten massenhaft Eiweißfäulnisbakterien nachgewiesen. Bogendörfer[2] fand bei derartigen Patienten im ganzen Dünndarm Kolibakterien, Streptokokken und andere Keime, also in Darmabschnitten, die sonst keimfrei sind. Es treten also bei der perniziösen Anämie im Dünndarm bis zum Duodenum hinauf Keime auf, die normalerweise nur im Dickdarm angetroffen werden. Der Dünndarm ist also im bakteriologischen Sinne zum „Dickdarm" geworden. Zum Teil handelt es sich dabei um anaerobe Eiweißfäulniserreger. Eine Resorption von giftigen Abbauprodukten im Sinne von Aminen ist durchaus denkbar, um so mehr, als die Resorptionsbedingungen im Dünndarm sehr günstig sind. In diesem Sinne sprechen auch interessante Untersuchungen von Macht[3], der toxische Substanzen im Blute von Kranken mit perniziöser Anämie nachweisen konnte. Er konnte zeigen, daß Pflanzensamen und Keimlinge durch das Serum von derartigen Patienten in ihrem Wachstum gehemmt werden. Nimmt man auch eine toxische Ätiologie der perniziösen Anämie an, so ist immer noch die Frage zu beantworten, ob die Toxinwirkung primär am Knochenmark einsetzt und dadurch die Blutfarbstoffbildung hemmt, wie Naegeli, Hirschfeld u. a. glauben, oder ob die Toxine an den Organen, denen normalerweise die Zerstörung der roten Blutkörperchen obliegt, also in der Peripherie, angreifen, wie Eppinger vermutet. Der von Morawitz[4] unlängst erbrachte Nachweis, daß die Erythrozyten des Perniziös-Anämischen hinfälliger, minderwertiger als die normalen Blutkörperchen sind, spricht für eine vorwiegende Schädigung der Orte der Blutbildung. Morawitz neigt deshalb jetzt auch mehr der Naegelischen Auffassung zu. Die Untersuchung von Minot und Murphy[5], die zeigen konnten, daß durch Leberverfütterung die perniziöse Anämie günstig beeinflußt werden kann, haben der Ätiologiefrage einen neuen Anstoß gegeben. Der wirksame Leberstoff ist auch in wässerigen, eiweißfreien Extrakten der Leber enthalten. Es ist bis jetzt noch nicht gelungen, den Stoff rein darzustellen und einer Analyse zugänglich zu machen. Wahrscheinlich handelt es sich um einen N-haltigen Körper, vielleicht von Polypeptidcharakter. Der Stoff ist gegen hohe Temperaturen empfindlich. Es gelingt, durch Zufuhr dieses Stoffes das perniziös-anämische Blutbild wieder normal zu gestalten. Ob Dauerheilungen damit erzielbar sind, ist noch ungewiß. Die degenerativen Erscheinungen des Zentralnervensystems werden aber durch den Leberstoff nicht beeinflußt. Übrigens fördert die Zufuhr auch von anderem Organeiweiß, z. B. Nieren, Muskeln, Magen, die Blutregeneration. Man hat die Wirkung des Leberstoffes darin gesucht, daß er den Aufbau der Erythrozyten begünstige. Das Wesen der perniziösen Anämie müßte dann in einem Mangel an Aufbaumaterial für die Stromata der roten Blutkörperchen zu suchen sein. Man hat auch daran gedacht, daß es sich bei dem Leberstoff um ein Vitamin handeln könne, um so mehr, als die Zufuhr vitaminreicher Kost bei Anämien günstig wirkt. Es ist heute noch nicht möglich, das ätiologische Moment der perniziösen Anämie klarzustellen. Es ist überhaupt fraglich, ob eine einheitliche Ätiologie vorliegt. Daß es sich um eine toxische Genese handelt, ist wahrschein-

---

[1] Klin. Wschr. **1922** — Arch. exper. Med. **35** (1923).
[2] Dtsch. Arch. klin. Med. **140** (1922).   [3] J. amer. med. Assoc. **89** (1927).
[4] Dtsch. Arch. klin. Med. **159** (1928).   [5] J. amer. med. Assoc. **87** (1906).

lich, und sehr viel spricht auch für deren intestinalen Ursprung. Inwieweit dabei noch konstitutionelle Faktoren mitspielen, soll hier wegen der Unzulänglichkeit unseres diesbezüglichen Wissens nicht erörtert werden. Man könnte sich dann auch vorstellen, daß durch die toxische Schädigung der Leber eine für die Blutregeneration notwendige Substanz ausfällt, die aber durch Zufuhr des Leberstoffs ersetzt werden kann.

Bemerkenswert sind in dieser Hinsicht Untersuchungen von Seyderhelm und Tammann[1]. Diese Autoren konnten zeigen, daß normalerweise mit der Galle Substanzen in den Darm gelangen, die nach ihrer Rückresorption die Blutbildung günstig beeinflussen. Leitet man nämlich die Galle durch eine komplette Gallenfistel beim Hunde nach außen ab, so tritt eine Anämie ein, die durch Verabreichung von Galle und auch durch aktiviertes Ergosterin geheilt werden kann. Entfernt man außerdem noch die Milz, so kommt es zu einer progredienten tödlichen Anämie. Das Vitamin D ist also für die Blutregeneration von Bedeutung. Die durch sein Fehlen bedingte Anämie wird aber durch den Leberstoff nicht beeinflußt. Beide Substanzen sind also bezüglich ihres Wirkungsmechanismus betreffs der Blutneubildung verschieden.

In diesem Zusammenhange ist von Interesse, daß von den Velden und Nipperdey[2], ebenso Lichtwitz und Francke[3] zeigen konnten, daß durch perorale Milzzufuhr eine Anämie bedingt werden kann. Dieser Befund erinnert an die Eppingersche Vorstellung, daß die Erythrozyten in der Milz so verändert werden, daß sie in der Leber leichter zerstört werden können. Fällt nun der antagonistisch wirkende Leberstoff aus, so bekommt die Milzfunktion das Übergewicht. Solange wir jedoch über den Mechanismus des Leberstoffes nichts Sicheres aussagen können, ist es zwecklos, sich in weitere Hypothesen zu verirren.

Zu den Anämien, bei denen eine ungenügende Blutfarbstoffbildung vorliegt, gehört die Chlorose. Der Blutbefund ist charakterisiert durch eine normale oder nur wenig verminderte Zahl von Erythrozyten, aber eine ausgesprochene Herabsetzung des Hämoglobingehaltes und damit einen niederen Färbeindex. Typisch für eine Chlorose ist auch die überaus prompte und günstige Wirkung der Eisentherapie. Die Chlorose findet sich nur beim weiblichen Geschlecht, und zwar kurz nach den Pubertätsjahren. Patientinnen mit Chlorose klagen vor allem über allgemeine Mattigkeit und leichte Ermüdbarkeit. Gar nicht selten treten auch Ödeme auf. Es besteht im Gegensatz zur perniziösen Anämie eine Neigung zu Thrombosen. Die Kranken zeigen allerlei nervöse Beschwerden, Schwindel, Kopfschmerzen und vielfach eine ausgesprochene Vasolabilität. Es ist eine unentschiedene Frage, inwieweit diese Beschwerden auf die Anämie zurückzuführen sind. Man hat deshalb auch von larvierten Chlorosen gesprochen, worunter man Fälle versteht mit den erwähnten Beschwerden Chlorotischer bei relativ normalem Blutbefund. Vielfach sind solche Fälle ebenfalls durch die Eisentherapie günstig beeinflußbar. Morawitz weist besonders auf den Gegensatz hin: einerseits die perniziöse Anämie mit hochgradig anormalem Blutbefund und geringen Beschwerden, andererseits die Chlorose mit einer Unzahl subjektiver Klagen und fast normalem Blutstatus. Morawitz neigt mehr der Auffassung zu, Blutbefund und übrige Störungen bei der Chlorose einander koordiniert zu betrachten, während für Naegeli der erwähnte Blutbefund eine conditio sine qua non für die Diagnose bedeutet und das konstitutionelle Moment stark betont wird. Warum die Chlorose in den letzten Jahren so überaus selten geworden ist, ist nicht sicher bekannt. Zum Teil dürfte dies auf das Fortschreiten der diagnosti-

---

[1] Klin. Wschr. **1927** — Z. exper. Med. **57** (1927).
[2] Dtsch. med. Wschr. **1928**.   [3] Klin. Wschr. **1929**.

schen Methoden zu beziehen sein, indem so manche leichte Anämie, die früher unter der Diagnose Chlorose rubriziert wurde, heute als beginnende Tuberkulose oder ein Ulcus ventriculi erkannt wird. Man hat die Ätiologie der Chlorose auf eine Unterfunktion der Keimdrüsen bezogen. Es ist recht wahrscheinlich, daß innersekretorische Faktoren mitspielen. Wissen wir doch, daß inkretorische Einflüsse für die Blutbildung von Bedeutung sind. So wurden bei bekannten Störungen der inneren Sekretion, wie z. B. beim Myxödem, beim Morbus Addisonii, bei Erkrankungen der Hypophysis, Anämien vom Typus der Chlorose beobachtet. Naegeli betont auch die auffallende Pigmentarmut und den virilen Knochenbau Chlorotischer. Es erscheint aber doch fraglich, ob man das ätiologische Moment in der Störung nur eines einzigen inkretorischen Systems erblicken darf. Man müßte wohl eher, wie Naegeli vermutet, das Wesentliche in einer „Dysharmonie innerer Organkorrelationen", im besonderen innersekretorischer Drüsen, suchen. Auf dem Boden einer solchen „Gleichgewichtsstörung" entstünde dann die Chlorose als „hormonale Störung der Knochenmarksfunktion".

Die Anämie beim hämolytischen Ikterus ist durch eine vermehrte Zerstörung von roten Blutkörperchen bedingt. Sie ist gekennzeichnet durch einen Ikterus ohne Bilirubinurie und durch einen derben Milztumor. Das charakteristische diagnostische Merkmal ist die verminderte Resistenz der roten Blutkörperchen gegen hypotonische Kochsalzlösung. Nach Eppinger liegt das ursächliche Moment in einer Überfunktion der Milz („Hypersplenie"). Die oben geschilderten Untersuchungen über die Wirkung eines „Milzstoffes" sprechen sehr im Sinne der Eppingerschen Anschauung. Im übrigen verweise ich auf das über den hämolytischen Ikterus im Kapitel „Ikterus" (S. 255) Gesagte.

Eine gesteigerte Blutbildung finden wir bei den Polyglobulien (Erythrämien). Wir sehen die Polyglobulie zunächst rein symptomatisch bei den verschiedensten Zuständen auftreten, vor allem dann, wenn ein Sauerstoffmangel besteht, so bei Zyanosen auf Grund von Herz- bzw. Lungenleiden, ferner im Höhenklima, dann bei Hypertonien und auch auf toxischer Basis (Phosphor, Alkoholismus u. a.). Als gesondertes Krankheitsbild wurde die Polyglobulie zuerst von Vaquez unter dem Namen der Polycythaemia rubra beschrieben. Es handelt sich dabei um eine dauernde starke Zunahme der Erythrocyten bis auf Werte von 10—12 Millionen pro Kubikmillimeter, während die Steigerung des Hämoglobingehalts meist weniger ausgesprochen ist, in der Regel liegt er zwischen 100—120%. Vielfach besteht eine Leukocytose bei auffallend geringen Lymphozytenzahlen. Unter den roten Blutkörperchen finden sich im Gegensatz zu den symptomatischen Polyglobulien auch kernhaltige Blutkörperchen. Die Blutmenge ist vermehrt. Auch das Aussehen der Patienten deutet auf eine Plethora hin. Vielfach zeigt sich auch eine Milzvergrößerung. Das Erythrozytenvolumen ist nach Seyderhelm[1] abnorm groß. Häufig besteht eine Nephritis. Die Ursache dieser Erkrankung sieht Eppinger in einer verminderten Zerstörung von Erythrozyten. Von anderer Seite wird das ätiologische Moment in einer primären Hyperfunktion des myeloischen Gewebes erblickt. Die therapeutischen Erfolge durch perorale Zufuhr des obenerwähnten „Milzstoffes" sprechen aber entschieden im Sinne der Auffassung von Eppinger.

Die Hämatoporphyrinurie führt, wie wir schon betont haben, ihren Namen zu Unrecht. Nach den Untersuchungen von Hans Fischer werden bei der erwähnten Krankheit Uro- und Koproporphyrin, aber kein Hämatoporphyrin ausgeschieden. Man spricht deshalb besser von Porphyrinurie.

---

[1] Verh. Ges. Verdgskrkh., VII. Tagung, Wien 1927.

Wahrscheinlich entstehen die Porphyrine im intermediären Stoffwechsel. Über die Muttersubstanzen ist nichts Sicheres bekannt. Eine enterogene Entstehung nach Hämoglobinzufuhr unter dem Einfluß von Darmbakterien ist nicht sicher erwiesen. Normalerweise kommt Koproporphyrin im Urin und Kot nur in Spuren vor. Es sei nochmals betont, daß Hämatoporphyrin im menschlichen Organismus überhaupt nicht auftritt. Alle diesbezüglichen Angaben müssen nach Hans Fischer auf Uro- bzw. Koproporphyrin bezogen werden. Der Harn von Porphyrinuriekranken hat meist eine tiefrote Farbe. Er kann jedoch bei geringem Gehalt an Porphyrinen auch mit normaler Farbe entleert werden. Die rote Färbung tritt dann erst nach einiger Zeit beim Stehen an der Luft auf. In solchen Fällen wird nur Porphyrinogen ausgeschieden, das sich erst unter dem Einfluß des Luftsauerstoffs in Porphyrin umwandelt. Durch Verharzung der Porphyrine können sich auch noch andere dunkle Farbstoffe im Urin bilden. Die Porphyrine geben eine besonders starke Aldehydreaktion. Wir unterscheiden bei der menschlichen Porphyrie nach Günther[1] eine akute (genuine und toxische) und chronische Formen. Zu letzteren gehört die kongenitale Porphyrie. Nur bei den letzteren Formen besteht als hervorstechendstes Symptom eine Lichtüberempfindlichkeit der Haut. Diese photosensibilisierende Wirkung der Porphyrine beruht auf ihrer Eigenschaft zu fluoreszieren. Diese Eigenschaft ist um so ausgeprägter, je größer die Zahl der Karboxylgruppen der Porphyrine ist. Das karboxylreiche Uroporphyrin wirkt deshalb am stärksten. Die Photosensibilisierung führt zu starker Hyperämie der Organe, zu Kapillarblutungen und Hautödem. Bei den chronischen Porphyrien sind die toxischen und photodynamischen Wirkungen der Porphyrine am charakteristischsten. Die an den dem Licht ausgesetzten Hautstellen auftretenden Blasen führen meist zu Vereiterungen mit tiefer Narbenbildung, wodurch schließlich hochgradige Verstümmelungen entstehen können. Die Narben sind stark pigmentiert, auch Knochen und Zähne zeigen eine tief braunrote Färbung. Es können schwere polyneuritische Symptome und psychische Störungen hinzutreten. Die akuten Formen lassen die Lichtüberempfindlichkeit vermissen, bei ihnen stehen Magen-Darmsymptome, Koliken, Erbrechen und Obstipation im Vordergrund. Während des Anfalls zeigt der Urin tief braunrote Farbe. Die Ätiologie der genuinen Form ist unbekannt. Die akute toxische Form zeigt sich vor allem nach Schlafmitteln, wie Sulfonal und Trional. Konstitutionelle Faktoren spielen dabei mit. Auch nach sonstigen Giften, wie Chloroform, Novocain, Blei u. a., sind akute Porphyrinurien beschrieben worden. Bezüglich der Pathogenese der Porphyrie haben die anatomischen und experimentellen Untersuchungen von Borst und seiner Schule[2] wesentliche Fortschritte gebracht. Besonders wichtig ist der Nachweis von porphyrinführenden Erythroblasten bei der menschlichen Porphyrie. Bei gesunden Erwachsenen und Kindern ließen sich in den Blutbildungsstätten Porphyrine nicht nachweisen. Bei neugeborenen Tieren konnten jedoch protoporphyrinführende Erythroblasten festgestellt werden und ebenso ließ sich bei menschlichen Embryonen (von 6 Wochen bis 8 Monaten) ein ausgeprägter Porphyrinstoffwechsel aufdecken. In der Leber solcher Feten fanden sich porphyrinführende Erythroblasten mit Übergängen zu Hämoglobingehalt. Es scheint hier also der Aufbau des Hämoglobins über die Porphyrine zu erfolgen. Auch bei schweren Anämien fanden sich als Ausdruck des Rückschlages in embryonale Zustände im Knochenmark Erythro- und Megaloblasten mit Porphyringehalt. Mit der vollen Entwicklung des Gallenfarbstoffwechsels, also

---

[1] Erg. Path. **20** (1922).

[2] Borst-Königsdörfer, Untersuchungen über Porphyrine. Leipzig 1929 — 91. Versammlung Ges. dtsch. Naturforsch., Königsberg 1930.

postembryonal, zeigen sich normalerweise nur noch selten porphyrinführende Zellen. Man muß also zwischen einem embryonalen und postembryonalen Hämoglobinstoffwechsel unterscheiden. Ersterer geht über die Porphyrinstufen, letzterer benutzt die Gallenfarbstoffderivate zur Hämoglobinsynthese. Knochenmark und Leber sind demnach beim Embryo die Bildungsstätten der Porphyrine. In den Knochen menschlicher Feten und von Kindern wurden Porphyrine gefunden, ebenso bei jungen Tieren im ganzen Skelet, ebenso in sämtlichen Organen menschlicher Embryonen. Eine Abhängigkeit der Synthese der Organporphyrine vom Hämoglobinstoffwechsel besteht nicht. Die Porphyrine treten also einerseits selbständig, unabhängig vom Hämoglobinstoffwechsel, als Organporphyrine auf, andererseits werden sie als Bausteine für das Hämoglobin herangezogen. Für einen Abbau des Hämoglobins über Porphyrine zu Gallenfarbstoff liegen keine Beweise vor. Dabei scheinen sich die Erythroblasten vorwiegend an der Porphyrinsynthese zu beteiligen. Auch bei der menschlichen Porphyrie fanden sich, wie erwähnt, porphyrinführende Erythroblasten. Es ist so nach Borst die kongenitale Porphyrie „ein Persistieren onto- und phylogenetisch begründeter physiologischer Prozesse im Knochenmark". Die Hämoglobinsynthese erfolgt dabei zum Teil nach dem embryonalen Typus. Es handelt sich also bei der kongenitalen Porphyrie um einen Atavismus.

Die Störungen des Blutgerinnungsprozesses [1].

Störungen im Ablauf des Gerinnungsprozesses müssen sich entweder in einer verlangsamten oder in einer beschleunigten Gerinnung äußern. Die erstere Erscheinung zeigt sich klinisch in einer Neigung zu Blutungen bzw. in der geringen Tendenz einer eingetretenen Blutung, zum Stillstand zu kommen. Wir finden sehr häufig dieses Symptom, und zwar bei den verschiedensten Zuständen, die unter den Sammelbegriff der hämorrhagischen Diathesen fallen. Wenn wir jedoch in solchen Fällen die Gerinnungszeit bestimmen, so zeigt sich in einem großen Teil der Fälle, daß diese kaum von der Norm abweicht, trotz bestehender Blutung bzw. Blutungsneigung. In derartigen Fällen findet sich dann eine verlängerte Blutungszeit bei normaler Gerinnungsfähigkeit, so z. B. bei der Thrombopenie. Die verlängerte Blutungszeit beruht hier auf dem Mangel an Blutplättchen, denen neben ihrer Beteiligung an der chemischen Phase des Gerinnungsprozesses vor allem eine gefäßdichtende Funktion zufällt. Es ist verständlich, daß unter diesen Umständen eine blutende Wunde infolge ungenügender Abdichtung wegen des Plättchenmangels längere Zeit weiter bluten muß, trotzdem das Gerinnungsvermögen des Blutes keine wesentliche Abweichung von der Norm zeigt. Auch die gar nicht selten zu beobachtende hämorrhagische Diathese bei schweren Ikterusfällen beruht nicht auf einer verminderten Gerinnungsfähigkeit des Blutes und auch nicht auf einem Defizit an Blutplättchen, sondern wir müssen hier eine toxische Schädigung der Kapillarendothelien, vielleicht durch eine Anhäufung von Gallensäuren im Blute, als Ursache der Blutungsneigung betrachten. Die Gallensäuren hemmen erst bei so hohen Konzentrationen die Gerinnung, wie sie selbst unter pathologischen Bedingungen niemals denkbar sind. Von derartigen Beispielen scheinbarer Gerinnungsstörungen im Sinne einer verlangsamten Gerinnung ließe sich noch eine lange Reihe anführen, sie sollen aber hier nicht weiter berücksichtigt werden. Wir betrachten hier nur die eigentliche Gerinnungsstörung, die dadurch charakterisiert ist, daß der Ablauf des Gerinnungs-

---

[1] Stuber-Lang, Die Physiologie und Pathologie der Blutgerinnung. Berlin-Wien 1930.

prozesses in irgendeiner Phase nachweisbar so von der Norm abweicht, daß die Gerinnung gehemmt ist. Das ist bei der Hämophilie der Fall.

Gerinnungsbeschleunigungen sind erst dann klinisch von Bedeutung, wenn sie zu einer Gerinnselbildung im intakten Gefäß Veranlassung geben. Diese Fragen werden uns bei der Pathogenese der Thrombose noch genauer beschäftigen.

Auf die Methoden der Blutgerinnung kann hier nicht näher eingegangen werden. Sie haben zum Teil recht erhebliche Fehlerquellen. Nach unserer langen und ausgedehnten Erfahrung auf diesem Gebiete glauben wir die Methode von Heubner und Rona[1] wegen ihrer Einfachheit und Zuverlässigkeit empfehlen zu müssen. Es sei aber betont, daß vergleichbare Werte nur dann zu erhalten sind, wenn die Untersuchungen immer mit ein und derselben Methode durchgeführt werden.

Die normalen Schwankungsbreiten der Blutgerinnung sind nicht unerheblich. Zwar zeigt sich bei ein und demselben Individuum die Blutgerinnung ziemlich konstant. Die Nahrungsaufnahme ist ohne Einfluß. Aber schon normalerweise zeigen sich zwischen den einzelnen Individuen und erst recht zwischen verschiedenen Arten bedeutende zeitliche Differenzen. Besonders interessant ist der von uns erbrachte Nachweis, daß regionale Einflüsse eine Rolle spielen. Wir haben wahrscheinlich gemacht, daß dafür der schwankende Fluorgehalt des Blutes verantwortlich zu machen ist. Wegen Einzelheiten verweisen wir auf unsere Monographie.

Die Hämophilie[2] ist das klinisch markanteste Beispiel einer echten Gerinnungsstörung. Das Wesen der Hämophilie war bisher völlig ungeklärt. Die Thrombinlehre versagte völlig, da das hämophile Blut alle Komponenten, die nach dieser Lehre zur Gerinnung nötig sind, enthält. Trotzdem gerinnt das hämophile Blut nur äußerst langsam. Wir verzichten deshalb auch an dieser Stelle auf eine Wiedergabe der verschiedenen Theorien der Hämophilie, da sie nur aus Hilfshypothesen aufgebaut sind. Wir beziehen uns im folgenden nur auf eigene Untersuchungen, die jedoch nur kurz referierend wiedergegeben werden können. Die hämophile Gerinnungsstörung erschien uns der beste Prüfstein für die Richtigkeit unserer vorstehend schon geschilderten theoretischen Vorstellungen über den Gerinnungsvorgang. Wir konnten nun zeigen, daß im hämophilen Blut die Blutglykolyse unmeßbar klein ist. Es konnte damit unsere Anschauung von der Parallelität der Blutglykolyse und Blutgerinnungszeit und die darauf begründete Anschauung von der Bedeutung der Glykolyse als auslösendes Moment des Gerinnungsprozesses, an der klassischen Gerinnungsstörung, der Hämophilie, bestätigt werden. Wir sehen damit in dieser Hemmung der Blutglykolyse die eigentliche Ursache dieser Gerinnungsstörung. Wir konnten ferner zeigen, daß auch das hämophile Blut, in Übereinstimmung mit unseren experimentellen Befunden, durch Kohlensäurezufuhr sein Gerinnungsvermögen wieder erhält, entsprechend tritt eine Zunahme der Blutglykolyse ein. Als wahrscheinliche Ursache der Hemmung der Blutglykolyse im hämophilen Blute konnten wir einen auffallend hohen Fluorgehalt desselben nachweisen. Normalerweise finden sich nur Spuren von Fluor im Blute des Menschen. Bei Hämophilen fanden wir einen etwa zehnfach erhöhten Wert. Die starke Hemmung der Glykolyse durch Fluor ist bekannt. Wir ver-

---

[1] Biochem. Z. **130** (1922).

[2] Morawitz, im Handb. d. inn. Med. von v. Bergmann u. Staehelin **4** (1926). — Opitz, Über Hämophilie. Erg. inn. Med. **29** (1926). — Schlössmann, Die Hämophilie. Neue dtsch. Chir. **47** (1930). — Stuber-Lang, Die Physiologie und Pathologie der Blutgerinnung. Berlin-Wien 1930. — Wöhlisch, Erg. Physiol. **28** (1929).

muten damit das Wesen der Hämophilie in einer Störung des **Fluorstoff-wechsels**. Interessant ist, daß wir auch bei einer Frau, die als Konduktor die hämophile Gerinnungsstörung vererbte, selbst aber keine manifesten Erscheinungen von Hämophilie zeigte, einen hohen Blutfluorwert feststellen konnten. Da das eigenartige klinische Bild der Hämophilie durch die Gerinnungsverzögerung allein nicht erklärbar ist, wurde allgemein außerdem noch an eine **zelluläre Abart**, sowohl der Gefäßendothelien als auch der morphotischen Blutelemente, gedacht. Wir konnten nun in einem Falle von Hämophilie den Nachweis erbringen, daß **die hämophilen Blutplättchen im Vergleich zu den Plättchen von einer sehr großen Anzahl von gesunden und kranken Menschen weitaus die höchste elektrische Ladung besitzen**. Damit war zum ersten Male für die vermutete zelluläre Anomalie bei einem Hämophilen eine zahlenmäßig festlegbare Unterlage gegeben. Hohe elektrische Ladung bedeutet aber große Suspensionsstabilität, geringe Neigung zur Agglutination.

Bei einzelnen Vogelarten, z. B. bei Gänsen, findet sich schon physiologischerweise eine so stark verlängerte Gerinnungszeit, wie sie beim Menschen nur bei der Hämophilie beobachtet wird. Wir konnten nun den Beweis erbringen, daß

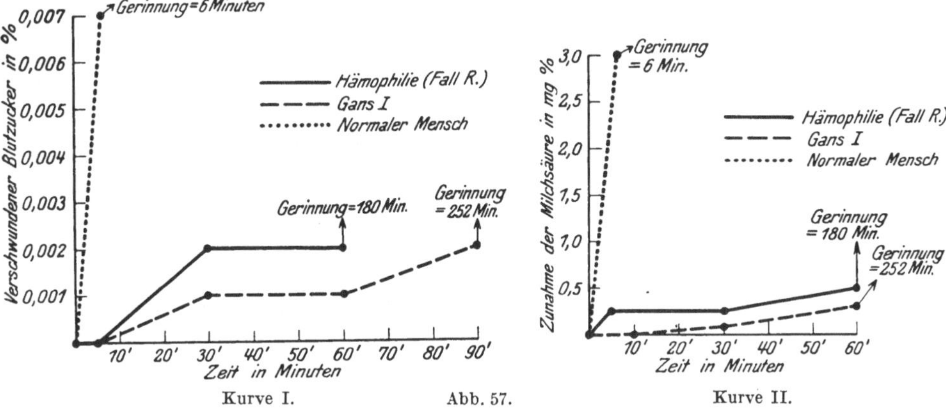

Kurve I.   Abb. 57.   Kurve II.

das Gänseblut bezüglich der Glykolyse und der Blutgerinnungszeit dieselben Verhältnisse zeigt wie das Hämophilenblut. Ebenso konnten wir im Gänseblut hohe Fluorwerte feststellen. **Die physiologische Hämophilie der Gänse ist also ihrem Wesen nach der pathologischen Hämophilie des Menschen gleichzusetzen.** Zur Illustrierung des Gesagten geben wir in Abb. 57 eine graphische Darstellung vom Verlauf der Glykolyse in einem normalen, einem hämophilen und einem Gänseblut. Die Kurve I demonstriert den Zuckerschwund, die Kurve II die entsprechende Milchsäurezunahme. Es erhellt daraus die Parallelität von Glykolyse und Gerinnungszeit und das gleichsinnige Verhalten von Hämophilen- und Gänseblut. Wir sehen damit in unseren Untersuchungen über Hämophilie eine wertvolle klinische Stütze und Bestätigung unserer experimentell fundierten Anschauung vom Wesen der Blutgerinnung im Sinne einer Parallelität von Glykolyse und Blutgerinnung.

Die **Thrombose**[1] in die Besprechung der Gerinnungsstörungen mit einzubeziehen war bisher nicht üblich, da die Thrombinlehre keinerlei Änderungen

---

[1] Aschoff, Vorträge über Pathologie. Jena 1925. — Benda, Handb. d. spez. path. Anat. u. Histol. von Hencke-Lubarsch. Berlin 1924. — Beneke, Handb. d. allg. Path. von Krell-Marchand **2**. Leipzig 1913. — Stuber-Lang, Die Physiologie und Pathologie der Blutgerinnung. Berlin-Wien 1930. — Tannenberg u. Fischer-Wasels, Handb. d. norm. u. path. Physiol. Bd. VII 2. Berlin 1927.

des Gerinnungsvorganges in ihrem Sinne bei der Thrombose feststellen konnte. Wir werden im folgenden zeigen, daß zwischen Blutgerinnung und Thrombose in der Tat viel engere Beziehungen bestehen als man bisher vermutete.

Im allgemeinen wurden drei Faktoren für die Pathogenese der spontanen Venenthrombose in den Vordergrund gestellt, nämlich die Blutstromverlangsamung, die Veränderung der Gefäßwand und die Schädigung des Blutes selbst. Es ist erwiesen, vor allem durch die Untersuchungen Aschoffs, daß dem ersten Faktor eine hervorragende Bedeutung zukommt. Dabei darf die Stromverlangsamung keineswegs immer mit einer Kreislaufinsuffizienz identifiziert werden. Es sind vielmehr auch rein lokale Zirkulationsstörungen in dieser Hinsicht von gleicher Bedeutung. Durch die Dietrichschen Untersuchungen[1] wissen wir auch, daß unter dem Einfluß sowohl allgemeiner als auch streng lokalisierter Infektionen ausgeprägte Kreislaufstörungen im Sinne der Stromverlangsamung auftreten. Durchaus hypothetisch ist die pathogenetische Bedeutung einer Schädigung der Gefäßwand. Man hat dabei die Vorstellung entwickelt, daß das Endothel vor allem unter dem Einfluß toxischer Noxen reaktive Stoffe absondere, welche die Thromboseentstehung fördern. Es ist aber unentschieden, inwieweit es sich dabei um primäre oder sekundäre Vorgänge handelt. Über den dritten Faktor, die chemischen und physikalischen Veränderungen des Blutes, ist wenig Sicheres bekannt. Wir haben nun in eigenen Untersuchungen[2] gerade die letztere Frage experimentell aufgegriffen. Unterbindet man ein Blutgefäß doppelt, so gerinnt das darin enthaltene Blut nicht. Dementsprechend konnten wir auch zeigen, daß in dem Blute des doppelt ligierten Gefäßes die Glykolyse minimal ist. Weiterhin ließ sich eine erhebliche Kohlensäurezunahme, die unter Umständen bis zu einer p_H-Verschiebung führt, nachweisen und eine Abnahme der elektrischen Plättchenladung. Ein derartig schlecht gerinnendes Blut in einem doppelt unterbundenen Gefäß kann man rasch zum Gerinnen bringen, wenn man einen Fremdkörper einbringt. Wir konnten dann gleichzeitig das Auftreten einer starken Glykolyse nachweisen.

Den charakteristischen histologischen Aufbau des Thrombus mit dem typischen Balkengerüst von Blutplättchen setze ich als bekannt voraus. Dieser Aufbau ist mechanisch betrachtet nur in einer verlangsamten Blutströmung möglich, weil nur darin eine Agglutination der Plättchen eintreten kann. Für letzteres Moment ist aber nach Starlinger[3] die elektrische Ladung der Plättchen von besonderer Bedeutung. Die Thrombozyten besitzen eine negative elektrische Ladung, die kleiner als diejenige der Erythrozyten ist. Die Ladung ist abhängig von der Relation der Eiweißfraktionen des Blutes derart, daß eine Zunahme der labileren Globulin-Fibrinogenfraktion zu einer Abnahme der Ladung führt. Eine Verminderung der Ladung bedeutet aber eine leichtere Agglutination, da die elektrische Ladung die Stabilität einer Suspension bedingt. Wir fanden nun im Gegensatz zur Hämophilie bei spontanen Thrombosen und bei Thrombophlebitiden wesentlich geringere Werte für die Plättchenladung, als dem Durchschnitt entsprach. Es stehen sich also hinsichtlich der Plättchenladung die Hämophilie und die Thrombose diametral gegenüber. Welche Momente setzen nun, außer der erwähnten Verschiebung der Bluteiweißkörper nach der Fibrinogen-Globulinseite zu, die Plättchenladung herab? Das tut jede Säuerung, da der isoelektrische Punkt der Plättchen im sauren Gebiete liegt. Das Gegenteil bewirkt Alkalisierung. Wir konnten nun zeigen, daß der Kohlensäure in dieser Hinsicht, und überhaupt für die Pathogenese der Throm-

---

[1] Krkh.forschg **6, 7** (1928, 1929).   [2] Arch. f. exper. Path. **154** (1930).
[3] Klin. Wschr. **1927**.

bose, eine überragende Bedeutung zukommt. Sie wirkt in vivo als Säure entladend auf die Plättchen, darin wird sie noch durch die gleichzeitige Fibrinogen-Globulinvermehrung unterstützt. Außerdem wird ihr Effekt noch dadurch verstärkt, daß sie zu einer ausgesprochenen Vermehrung gerade der kleineren und labileren Thrombozyten führt. Sie fördert ferner die Glykolyse und damit die Gerinnung. Auf Grund dieser Vorstellungen und deren experimentellen Verifizierung ist es uns auch gelungen, zum ersten Male bei Hunden im völlig intakten Gefäß und ohne Infektion typische Plättchenthromben zu erzeugen. Es ließ sich auch zeigen, daß, wenn man unter diesen experimentellen Bedingungen ein Gefäß doppelt unterbindet, das Blut nicht wie normal flüssig bleibt, sondern richtig gerinnt. Bezüglich der Einzelheiten müssen wir auf unsere Originalarbeit verweisen. Wir konnten damit den Beweis erbringen, daß es die gleichen chemischen Faktoren sind, welche das eine Mal die Entstehung eines Thrombus, das andere Mal eine echte Blutgerinnung hervorrufen. Welche von diesen beiden Möglichkeiten eintritt, hängt lediglich von mechanischen Momenten ab. Im schnell fließenden Blute geschieht gar nichts, im langsam fließenden Blute kommt es zu einer Thrombose und bei völliger Sistierung des Blutstromes zu einer echten Gerinnung. Zur Entstehung eines Thrombus müssen also zwei Momente zusammenwirken, nämlich eine Stromverlangsamung, sie kann generell den gesamten Kreislauf betreffen, oder auch nur lokaler Art sein, und weiterhin die von uns näher charakterisierten chemischen und physikalisch-chemischen Änderungen der Blutflüssigkeit und der korpuskulären Elemente. Von fundamentaler Bedeutung in dieser Hinsicht ist die Säuerung, die sich in den meisten Fällen auf eine Anhäufung von Kohlensäure zurückführen läßt, und die Verminderung der elektrischen Plättchenladung. Diese Veränderungen werden in gewissem Umfang durch die Stromverlangsamung allein bedingt, wobei der Grad der letzteren ausschlaggebend ist. Trifft aber die Stromverlangsamung schon auf einen aus anderen Gründen veränderten Blutchemismus, so z. B. auf eine verminderte Kolloidstabilität des Blutes, also auf eine vermehrte Fibrinogen-Globulinfraktion, so werden die obigen Faktoren noch verstärkt. Denn eine herabgesetzte Kolloidstabilität bedingt an sich schon eine Verminderung der Plättchenladung, andererseits ist durch sie die Pufferungsmöglichkeit des Blutes verschlechtert. Durch diese letztere Tatsache aber wird wiederum die Säuerung des Blutes begünstigt und dadurch weiterhin die Plättchenladung herabgedrückt. Diese Verhältnisse finden sich aber gerade bei der Kreislaufinsuffizienz und auch postoperativ, also unter den Umständen, bei denen Thrombosen häufig auftreten. Dasselbe trifft auch für die infektiöse Thrombose zu. Auf die weiterhin von uns nachgewiesene, eine Thromboseentstehung begünstigende Wirkung der intravenösen Zuckerinfusion und den günstigen therapeutischen Effekt des Germanins bei Thrombosen soll nur hingewiesen sein.

Die Physiologie und Pathologie der Wärmeregulation[1].

Die Körpertemperatur des Menschen, der Säugetiere und der Vögel ist weitgehend unabhängig von dem Wechsel der Umgebungstemperatur. Auch großen

---

[1] Dresel, in der Spez. Path. u. Ther. von Kraus-Brugsch **10 III** (1924). — Freund, im Handb. d. norm. u. path. Physiol. **17** (1926) — Erg. inn. Med. **22** (1922). — Grafe, Handb. d. Biochem. **9** (1927) — Erg. Physiol. **21** (1923). — Höber, Lehrb. d. Physiol. (1928). — Isenschmid, Handb. d. norm. u. path. Physiol. **17** (1926). — Krehl, Handb. d. allg. Path. von Krehl-Marchand **4** (1924). — Pfeiffer, Allgemeine und experimentelle Pathologie. 1927. — Richter, Handb. d. Biochemie **7** (1927). — Toenniessen, bei L. R. Müller, Die Lebensnerven. 1924 — Erg. inn. Med. **23** (1923).

diesbezüglichen Schwankungen gegenüber bewahrt sie annähernd ihre Konstanz. Das ist nur möglich auf Grund eines abstufbaren Regulationsmechanismus, der um so feiner ausgebildet ist, je höher der betreffende Organismus in der Tierreihe steht. Wissen wir doch, daß der geregelte Ablauf vitaler Prozesse im höheren tierischen Organismus an ein bestimmtes konstantes Temperaturoptimum gebunden ist. Ausmaß und zeitlicher Ablauf der zellulären Prozesse sind weitgehend abhängig von der Temperatur des Milieus. Auch hier gilt im allgemeinen das van't Hoffsche Gesetz, das eine Temperatursteigerung um 10° den Ablauf der chemischen Reaktionen um das Zwei- bis Dreifache beschleunigt. So sehen wir beim Menschen und den höheren Wirbeltieren die optimalen Körpertemperaturen bei 37—39° liegen und allen äußeren Einflüssen gegenüber zähe festhalten. Wir bezeichnen deshalb diese Organismen als homoiotherm im Gegensatz zu niederen Tieren, denen diese Fähigkeit abgeht und bei denen deshalb die Körpertemperatur und damit auch die Intensität ihrer vitalen Prozesse mit der Temperatur des umgebenden Mediums wechselt. Wir sprechen in diesen Fällen von poikilothermen Tieren. Beim Homoiothermen dagegen führt ein stärkeres Abfallen unter und ebenso ein höheres Hinaufgehen über die optimale Körpertemperatur zu mehr oder weniger ausgesprochenen Krankheitserscheinungen.

Die homoiothermen Organismen besitzen eine Körpertemperatur, die, abgesehen von wenigen Ausnahmen in bestimmten Klimaten, immer über den Umgebungstemperaturen liegt, dazu sind sie imstande durch ihr Warmeregulationsvermögen. Wir verstehen dabei unter Wärmeregulation nach Isenschmid „die Gesamtheit der Vorgänge, welche dieses Gleichbleiben der Körpertemperatur gewährleisten, trotz des Wechsels der Temperaturverhältnisse des umgebenden Mediums und trotz der mit den Lebensvorgängen verknüpften fortwährenden Veränderung der Wärmebildung im Organismus". Zur Erreichung dieses Zieles besitzen diese Organismen zwei Einrichtungen, nämlich die chemische und die physikalische Wärmeregulation. Beim Menschen stellen wir die Körpertemperatur, worunter wir die Temperatur im Körperinnern verstehen, durch Einführen eines Thermometers in den Mastdarm fest. Wird in den Achselhöhlen gemessen, so liegen die Temperaturen in der Regel etwa $^1/_2$°, bei Messung in der Mundhöhle etwa 0,2—0,3° tiefer als im Rektum. Man muß aber bedenken, daß die verschiedenen Organe des Körpers nicht durchweg eine gleiche Temperatur besitzen. Die Wärmebildung und die Wärmeabgabe ist in den einzelnen Organbezirken verschieden. Im Innern des Körpers sind die Unterschiede sicher klein, da durch die Blutzirkulation ein rascher Ausgleich geschaffen wird. Deutlicher sind die Differenzen da, wo die Wärmeentziehung ausgesprochen ist, so an den Extremitäten und der Haut.

Die Durchschnittstemperatur beim Menschen beträgt 37,0—37,1°. Sie zeigt, abgesehen von den ersten Lebenstagen, Tagesschwankungen, indem die niedrigsten Werte auf die Stunden nach Mitternacht fallen und dann in den Morgenstunden ein allmähliches Steigen einsetzt bis zu den höchsten Werten, die in den Nachmittagsstunden zwischen 13—20 Uhr erreicht werden. Man hat die Ursache für diese Temperaturzunahme während des Tages in der tagsüber stattfindenden Nahrungsaufnahme und Muskeltätigkeit erblickt. Sicher spielen diese Faktoren mit, ausschlaggebender dürfte aber die Wacheinstellung der nervösen Regulationsmechanismen sein. Doch davon später.

Unter chemischer Wärmeregulation verstehen wir die Anpassung der Wärmebildung an den Bedarf. Beim Homoiothermen steigt bei niederer Außentemperatur die Wärmebildung in seinem Körperinnern, und umgekehrt werden bei Wärmezufuhr von außen bzw. bei fehlendem Wärmeentzug die wärmeliefernden oxydativen Prozesse eingeschränkt. Dabei zeigt sich, wie die grundlegenden Untersuchungen Rubners[1] gelehrt haben, dieser Regulationsmechanismus bei kleinen Tieren besonders ausgesprochen, da sich bei abnehmender Körpergröße das Körpervolumen nach der 3. Potenz, die den Wärmeentzug bedingende Oberfläche aber nur nach der 2. Potenz verkleinert. Bei allen Homoiothermen finden wir dementsprechend bei niedrigen Außentemperaturen die Sauerstoffaufnahme und die Kohlensäureabgabe im Vergleich zu höheren Außentemperaturen gesteigert, und zwar um so deutlicher, je kleiner das Tier ist. Bei steigender Außentemperatur nehmen Sauerstoffaufnahme und Kohlensäureausscheidung ab, aber nur bis zu einer bestimmten Temperaturgrenze, die bei kleinen Warmblütern bei 25—30° liegt. In diesem Temperaturbereich zeigt sich ein Minimum von Stoffumsatz und Wärmebildung. Bei höheren Außentemperaturen kann infolge von Überhitzung die Kohlensäureausscheidung wieder zunehmen. Die Ursache ist in der bei diesen Temperaturen auftretenden Polypnoe und der damit verbundenen vermehrten Aktion der Atemmuskulatur zu suchen. Von maßgebendem Einfluß auf das Ausmaß der Wärmebildung bei Tieren ist neben deren Größe auch ihre Behaarung. Diese Angaben beziehen sich auf das ruhende und hungernde Tier. Am eindeutigsten zeigt sich der Einfluß der chemischen Wärmeregulation bei Tieren, bei denen operativ die physikalische Wärmeregulation ausgeschaltet wird, wie in den Versuchen von Freund und Grafe[2]. Hier zeigen sich recht beträchtliche Umsatzerhöhungen bei niederen Außentemperaturen. Auch trat schon bei 20—22° ein Versagen der chemischen Wärmeregulation mit Absinken der Körpertemperatur ein.

Wesentlich andere Ergebnisse finden sich bei gefütterten Tieren infolge der spezifisch-dynamischen Wirkung der Nahrung, im besonderen bei Eiweißfütterung. Die unter diesen Umständen im Überschuß gebildete Wärme wird zu Zwecken der Wärmeregulation benützt. Dasselbe trifft auf die unter dem Einfluß von Muskelarbeit gebildete Wärme zu. Damit spart der Organismus an Kräften (Kompensationstheorie von Rubner). Die chemische Wärmeregulation bei Tieren wird sich auch unter diesen Bedingungen um so deutlicher zeigen, je niederer die Außentemperatur und je kleiner das Tier ist.

Sehr umstritten ist die Frage, ob auch beim Menschen eine chemische Wärmeregulation besteht. Die darauf gerichteten Versuche sind deshalb nicht eindeutig, da bei niederen Temperaturen beim Menschen in der Regel ein Zittern eintritt. Es ist damit nicht zu entscheiden, ob die gesteigerte Wärmeproduktion auf der vermehrten Muskeltätigkeit oder auf einer wirklichen Wärmeregulation beruht. Es soll deshalb auf die diesbezüglichen Untersuchungen nicht näher eingegangen werden. Im allgemeinen dürfte aber die Ansicht vorherrschen, daß auch beim Menschen eine chemische Wärmeregulation vorhanden ist, weil kaum verständlich wäre, daß eine gerade bei den hochentwickelten Tieren gut ausgebildete Funktion beim Menschen fehlen sollte. Wenn sie beim Menschen weniger in Erscheinung tritt, so liegt es daran, daß der Mensch die verschiedensten Möglichkeiten hat (Kleidung, Heizung u. a.), seine Wärmeregulation auf künstliche Weise zu befriedigen, außerdem kommt noch hinzu, daß die physikalische Wärmeregulation beim Menschen besonders gut ausgebildet ist.

Die chemische Wärmeregulation ist sowohl nach oben wie nach unten hin begrenzt. Bei allzu tiefen Außentemperaturen wird schließlich die Abkühlung so groß, daß die Körpertemperatur sinkt, und damit nehmen notgedrungen auch die Oxydationen ab. Bei hohen Außentemperaturen tritt der kritische Punkt, wie wir gesehen haben, dann ein, wenn das Stoffwechselminimum erreicht

---

[1] Die Gesetze des Energieverbrauchs bei der Ernährung. Leipzig-Wien 1901.
[2] Pflügers Arch. **168** (1917) — Arch. f. exper. Path. **93** (1922).

ist. Das ist in der Regel bei 25—30° der Fall. Wir haben ausgeführt, daß mit steigender Temperatur Sauerstoffaufnahme und Kohlensäureabgabe zurückgehen, bis zum Minimum im kritischen Punkt. Dann setzt wieder eine Steigerung ein, die aber auf die mit der Überhitzung auftretende Polypnoe zu beziehen ist. Bringt man nun derartig überhitzte Tiere durch Abkühlung auf Normaltemperatur, so zeigt sich der Grundumsatz erheblich niederer noch als im Minimum des kritischen Punktes. Plaut und Wilbrand[1] sprechen deshalb von einer „zweiten chemischen Wärmeregulation". Danach soll also die Überhitzung eine weitere Herabminderung der Wärmebildung hervorrufen, die nur durch den obenerwähnten entgegenwirkenden Faktor überdeckt wird. Die Existenz einer solchen zweiten chemischen Wärmeregulation ist aber noch keineswegs gesichert. Die Zunahme der Wärmebildung bei sinkender Außentemperatur beruht auf dem Muskelstoffwechsel. Die Muskeln machen beim Menschen beinahe die Hälfte des Körpergewichts aus und sie besitzen auch in der Ruhe einen lebhaften Stoffwechsel, auf den der größere Teil der gesamten Wärmebildung bezogen werden muß. Das ist in noch weit stärkerem Ausmaß bei der Tätigkeit der Muskeln der Fall. Wir können dann zwar nicht mehr von einer chemischen Wärmeregulation im Sinne Rubners sprechen, da mit diesem Begriff nur die Vorgänge umfaßt werden, welche die Eigentemperatur durch Vermehrung der Wärmebildung beim ruhenden Tier erhalten. Auch das Muskelzittern beim Frieren ruft eine Steigerung der Wärmebildung hervor. Man hat deshalb auch die Frage aufgeworfen, ob auch der ruhende Muskel an der chemischen Wärmeregulation beteiligt ist. Das scheint in der Tat der Fall zu sein. Es ließ sich nämlich zeigen, daß auch mit Kurare vergiftete Tiere, wodurch die quergestreifte Muskulatur gelähmt wird, noch eine deutlich nachweisbare chemische Wärmeregulation besitzen. Neuere Arbeiten[2] haben es nun wahrscheinlich gemacht, daß dem Muskel außer seiner cerebrospinalen noch eine vegetative Innervation zukommt. Man hat dabei vor allem an die tonische Muskelkontraktion gedacht. Besonders interessant sind in dieser Hinsicht die Untersuchungen von Freund und Janssen[3], die zeigen konnten, daß die Extremitätenmuskulatur von Katzen, wenn die periarteriellen Nerven entfernt werden, ein völlig poikilothermes Verhalten zeigt, während die Muskulatur der intakten Extremität auch nach Durchschneidung der motorischen Nerven eine deutliche chemische Wärmeregulation aufwies. Es dürften sich also in der Tat die Muskeln auch bei völliger Ruhe an der chemischen Wärmeregulation beteiligen, und zwar scheint der nervöse Impuls dazu auf vegetativen Bahnen zu laufen. Wahrscheinlich nimmt überhaupt jedes Organ im Ausmaß seines Stoffwechsels an der chemischen Wärmeregulation teil. Der Leber fällt dabei naturgemäß eine bedeutsame Rolle zu.

Auf das Begrenztsein der chemischen Wärmeregulation nach beiden Seiten hin haben wir schon hingewiesen. Sie ist bei großen Tieren und beim Menschen innerhalb eines breiten Bezirkes („Behaglichkeitsgrenze") überhaupt nicht nachweisbar. Das ist nur möglich, weil hier eine zweite Form der Wärmeregulation eingreift, nämlich die physikalische Wärmeregulation. Durch sie wird die Wärmeabgabe den wechselnden Verhältnissen des Körpers angepaßt. Beim Menschen spielt gerade diese Regulationsform die Hauptrolle. Die physikalische Wärmeregulation wird auf verschiedene Weise durchgeführt, nämlich durch Veränderung der Hautdurchblutung (vasomotorische Wärmeregulation), ferner durch Veränderung der Wasserabgabe durch die Haut (Schwitzen)

---

[1] Z. Biol. **74** (1921); **76** (1922).
[2] De Boer, Pflügers Arch. **190** (1921). — Frank, Berl. klin. Wschr. **1919** — Klin. Wschr. **1922**. — Kuré u. Mitarbeiter, Z. exper. Med. **46** (1925).
[3] Pflügers Arch. **200** (1923).

und durch die **Luftwege** (Wärmepolypnoe). Auch spielen bestimmte Wärmeschutzeinrichtungen der Haut (Haare, Federn, Fettschicht) diesbezüglich eine Rolle. Bekannt ist die rasch einsetzende deletäre Wirkung niedriger Temperaturen bei geschorenen Tieren.

Die vasomotorische Wärmeregulation kann auf verschiedene Weise ausgelöst werden. Zunächst kann die Einwirkung auf die Blutgefäße direkt erfolgen. Ein bekanntes Beispiel ist die Änderung der Hautdurchblutung durch direkten Kälte- bzw. Wärmeeinfluß auf die Blutgefäße, aber ebenso können solche Einflüsse auch reflektorisch über Gehirn und Rückenmark zur Geltung gelangen. Auch vermag das Blut, wenn Änderungen seiner Temperatur eintreten, dadurch sowohl zentral als auch peripher den Regulationsmechanismus in Gang zu setzen. Letzterer drückt sich vorwiegend in einer Änderung der Gefäßweite aus, im besonderen der Arterien und Kapillaren. Bei sehr starker Wärmebildung, vor allem auch bei hoher Außentemperatur, genügt die Wärmeabgabe durch Strahlung und Leitung nicht mehr, jetzt versagt die vasomotorische Wärmeregulation und es setzt nun die Wärmeabgabe durch Wasserverdunstung ein. Letztere kann durch die Haut in Form des Schwitzens oder durch gesteigerte Atmung (Wärmepolypnoe) erfolgen. Es ist selbstverständlich, daß beim Menschen die Art der Bekleidung die physikalische Wärmeregulation sehr wesentlich ändern kann.

Ein so komplizierter Mechanismus wie die Wärmeregulation bedarf zu seinem geordneten Funktionieren unbedingt einer zentral übergeordneten Stelle. Damit gehen wir zur Besprechung des **nervösen Mechanismus der Wärmeregulation** über.

Aronson und **Sachs** gelang es im Jahre 1884 beim Kaninchen durch Einstechen einer Nadel in den medialen freien Rand des Nucleus caudatus ein mehrere Stunden dauerndes Fieber zu erzeugen (Wärmestich). Bei derartigen Tieren zeigte sich die Wärmebildung gesteigert, und auch die Stickstoffausscheidung nahm zu. Das Fieber war bei gut ernährten Tieren ausgesprochener als bei hungernden, ohne daß jedoch eine direkte Abhängigkeit vom Glykogengehalt der Leber bestanden hätte. Diese Versuche wurden von den verschiedensten Autoren bestätigt und zum Teil modifiziert. So führte Unterkühlung der betreffenden Stelle des Gehirns zu einer Temperaturerhöhung, Erwärmung bewirkte das Gegenteil. Die Einführung der verschiedensten Ätzgifte rief ebenfalls Fieber hervor. Man nahm im allgemeinen an, daß die verschiedensten Eingriffe, mit denen der Wärmestich durchgeführt wurde, zu einer Reizung eines Zentrums, dem die Wärmeregulation obliege, führe und dadurch das Fieber hervorgerufen werde. Dabei wurde zunächst eine genauere Abgrenzung des nervösen Zentrums nicht durchgeführt. Man begnügte sich damit, das Corpus striatum als denjenigen Gehirnteil zu bezeichnen, von dem aus die zentrale Regulation des Wärmehaushaltes erfolge. Spätere Untersuchungen zeigten dann, daß beim Kaninchen auch nach Abtrennung von Hemisphären und Corpus striatum die Wärmeregulation noch erhalten ist. Damit konnte die ursprüngliche Anschauung von der Lokalisation des Wärmeregulationszentrums nicht mehr aufrechterhalten werden. Eine genaue Lokalisation dieses Zentrums gelang erst **Isenschmid** und **Krehl**[1] und **Isenschmid** und **Schnitzler**[2]. Sie konnten zeigen, daß das Zentrum der Wärmeregulation im Zwischenhirn ventral vom Thalamus opticus, und zwar im **Tuber cinereum**, gelegen ist. Es ist bilateral angelegt. Schaltet man diese Gehirnteile aus, so ist keine Wärmeregulation mehr möglich. Diese Tiere werden poikilotherm. Das Tuber cinereum und seine nächste Umgebung

---

[1] Arch. f. exper. Path. **70** (1912). [2] Arch. f. exper. Path. **76** (1914).

scheint ein überaus bedeutsames vegetatives Zentrum zu sein. Wissen wir
doch, daß außer der Wärmeregulation die Atmung, die Vasomotoren, die Schweißsekretion und der Gesamtstoffwechsel von diesen Stellen aus beeinflußbar ist.
Zweifelsohne besitzen auch die Großhirnhemisphären einen gewissen Einfluß
auf die Körpertemperatur. Es sind zahlreiche Beispiele bekannt, daß bei Reizung
bzw. Verletzung und pathologischen Veränderungen der Rinde Temperatursteigerungen auftraten. Auch ist die Existenz eines „psychogenen Fiebers"
sicher erwiesen, seitdem es Eichelberg[1] gelang, durch hypnotische Suggestion
ein „hysterisches Fieber" hervorzurufen. Sicherlich handelt es sich dabei nicht
etwa um ein Zentrum der Wärmeregulation in der Hirnrinde, wissen wir doch,
daß auch nach völliger Entfernung der Rinde die Wärmeregulation intakt bleibt.
Wir möchten uns der Ansicht von L. R. Müller anschließen, daß eigentliche
Zentren für vegetative Funktionen in der Hirnrinde überhaupt nicht vorhanden
sind. Das besagt natürlich keineswegs, daß von dort aus die Zentren im Zwischenhirn nicht beeinflußbar sind. Es muß vielmehr angenommen werden, daß in
den sehr zahlreichen Bahnen, die von der Rinde zu den vegetativen Zentren im
Zwischenhirn führen, die mannigfachsten Impulse ablaufen. Über den Verlauf
der Wärmeregulationsfasern vom Tuber cinereum zur Medulla wissen wir nichts
Sicheres. Es ist sehr wahrscheinlich, daß einzelne Fasern zum Vaguskern ziehen
und weiter im Vagus verlaufen. Der größte Teil der Fasern verläuft aber in der
Medulla nach abwärts. Im Halsmark stoßen wir auf diese Fasern. Es ist schon
lange bekannt, daß Tiere durch Halsmarkdurchschneidung ihr Wärmeregulationsvermögen verlieren. Die Arbeiten von Graf Schönborn[2], Freund und Strass-
mann[3] und Freund und Grafe[4] haben uns dann darüber nähere Aufschlüsse
erbracht. Danach werden Tiere nach unterer Halsmarkdurchschneidung
poikilotherm. Ihr chemisches Regulationsvermögen fällt also aus. Findet die
Rückenmarksdurchtrennung 1—2 Segment tiefer, im oberen Brustmark,
statt, so wird nur die physikalische Wärmeregulation aufgehoben. Der
Verlust wird aber durch starke Anspannung der chemischen Regulation ausgeglichen. Daraus folgt, daß die entsprechenden Fasern zwischen diesen Schnitten
das Rückenmark verlassen, um zu den Erfolgsorganen zu gelangen. Über den
weiteren Verlauf der Fasern ist nichts Sicheres bekannt. Zum Teil scheinen sie
über die unteren Halsganglien zu den Gefäßen, zum größeren Teil wahrscheinlich
zur Leber zu ziehen. Auf die Bahnen, die periarteriell zur Muskulatur verlaufen,
haben wir auf Grund der Untersuchungen von Freund und Janssen oben
schon hingewiesen. Nach Dresel hemmt der Sympathikus die Wärmeabgabe
und steigert die Wärmebildung, dagegen steigert der Parasympathikus die
Wärmeabgabe und hemmt die Wärmebildung. In derartig strenger Form besteht
aber dieser Antagonismus sicher nicht. Kombiniert man die Brustmarkdurchschneidung mit einer subdiaphragmalen Vagusdurchtrennung, so geht die chemische Wärmeregulation ebenfalls verloren. Dagegen hat die Durchschneidung
beider Vagi am Hals keinen wesentlichen Einfluß.

Wir müssen uns also vorstellen, daß der Temperaturreiz von der Körperoberfläche dem Wärmeregulationszentrum im Tuber cinereum zugeleitet
wird, dort eine Umsetzung erfährt, um dann denjenigen peripheren Organen
zugeführt zu werden, die den Zwecken der Wärmeregulation dienen. Von letzteren
kommt, wie wir schon betont haben, betreffs der physikalischen Regulation vor

[1] Z. Nervenheilk. **68, 69** (1921).
[2] Z. Biol. **56** (1911) — Arch. f. exper. Path. **69** (1912).
[3] Arch. f. exper. Path. **69** (1912.
[4] Arch. f. exper. Path. **70** (1912) — Pflügers Arch. **168** (1917) — Arch. f. exper. Path.
93 (1922).

allem die Haut in Frage. Sie kann durch Leitung, durch Strahlung und durch
Wasserdampfabgabe Temperaturänderungen bedingen. Maßgebend dafür ist
der Zustand der Gefäße. Vasodilatation begünstigt, Vasokonstriktion hemmt die
Wärmeabgabe. Die Wasserdampfabgabe beruht wesentlich auf der Tätigkeit der
Schweißdrüsen.

Die chemische Wärmeregulation ist vorwiegend an den Muskelstoffwechsel gebunden. Und zwar wissen wir, daß weder die motorische Funktion
des Muskels noch der Muskeltonus (Spannungszustand) dafür in Frage kommen.
Die chemische Wärmeregulation ist vielmehr unabhängig von der eigentlichen
Funktion des Muskels, sie ist allein bedingt durch den „chemischen Tonus"
des Muskels, das haben die erwähnten Untersuchungen von Freund und Janssen
sicher erwiesen. An zweiter Stelle kommt die Leber für die chemische Wärmeregulation in Betracht. Entnervung der Leberarterie bedingt eine ausgesprochene
Störung der chemischen Wärmeregulation. Wir müssen also annehmen, daß
sympathische, periarteriell verlaufende Nerven die chemische Regulation
in den Organen hervorrufen, wahrscheinlich in allen Organen, wobei jedoch
den Muskeln und der Leber die Hauptrollen zufallen.

Nach den Anschauungen von H. H. Meyer[1] bestehen im Corpus striatum
zwei räumlich getrennte Zentren, ein Wärmezentrum und ein Kühlzentrum,
wobei das erstere sympathischen, das letztere parasympathischen Bahnen übergeordnet sein soll. Sichere Beweise für diese Vorstellung liegen jedoch bis jetzt
nicht vor, so daß sich ein weiteres Eingehen darauf erübrigt. Man hat nun auch
die Drüsen mit innerer Sekretion in nähere Beziehung zur Wärmeregulation
gebracht, vor allem die Schilddrüse. Das war auch ohne weiteres verständlich,
da wir sicher wissen, daß die Schilddrüse den Gesamtstoffwechsel mächtig anregt
und damit natürlich auch die Wärmebildung. Es ist auch eine bekannte klinische
Tatsache, daß Menschen mit Hyperfunktion der Schilddrüse eine Neigung zum
Fiebern besitzen, und das Gegenteil zeigt das Myxödem. Auch kann durch Zufuhr
von Schilddrüsenpräparaten bei Menschen öfters Fieber hervorgerufen werden.
Am eindrucksvollsten sind die Versuche von Adler[2] an winterschlafenden Säugetieren. Es gelang durch Injektion von Schilddrüsenextrakt solche Tiere unter
starker Temperatursteigerung zu erwecken. Da dieser Erfolg auch nach opera-
tiver Entfernung des Regulationszentrums auftrat, so nahm Adler einen peripheren Angriffspunkt des Hormons in den Geweben für die Wärmeregulation an.
Diese Versuche sind übrigens nicht unwidersprochen geblieben. Ein weiteres
Eingehen auf diese Frage können wir uns auch insofern ersparen, als zahlreiche
einwandfreie Untersuchungen den Beweis erbrachten, daß auch schilddrüsenlose Tiere noch ihr volles chemisches Wärmeregulationsvermögen besitzen.
Von einem maßgebenden Einfluß der Schilddrüse in dieser Hinsicht kann also
keine Rede sein, wohl aber scheint durch die Tätigkeit der Thyreoidea die Wärmebildung unterstützt zu werden. Ein Eingreifen derselben in den Regulationsmechanismus findet aber nicht statt.

Daß auch die Nebenniere den Wärmehaushalt nachhaltig beeinflußt, ist
sicher. Nach doppelseitiger Nebennierenexstirpation gehen die Tiere zugrunde,
und kurz vor dem Tode tritt ein tiefer Abfall der Körpertemperatur ein. Das
Adrenalin spielt in dieser Hinsicht bestimmt keine Rolle. Zwar wirkt Adrenalin
in kleineren und mittleren Dosen temperatursteigernd. Das ist bei seiner intensiven Wirkung auf das vegetative System und im besonderen auf die Blutgefäße
nicht weiter verwunderlich. Aber ganz abgesehen von der recht zweifelhaften
biologischen Bedeutung des Adrenalins konnte nachgewiesen werden, daß die

---

[1] Referat a. d. 30. Kongreß f. inn. Med., Wiesbaden 1913.
[2] Arch. f. exper. Path. **86, 87** (1920).

Ausfallserscheinungen nach Nebennierenentfernung, und also auch der Temperaturabfall, vermieden werden können, wenn man ein kleines Stück Nebennierenrinde zurückläßt. Der Nebennierenrinde kommt also die vitale Bedeutung zu und nicht dem Adrenalin. Es ist auch nicht nötig, daß die zurückgelassene Nebenniere, um die Ausfallserscheinungen zu vermeiden, irgendwelche nervösen Verbindungen hat. Man kann sie vielmehr davon befreien und an einer anderen Körperstelle einpflanzen, der Erfolg bleibt derselbe. Es muß sich also schon um eine hormonartige Wirkung der Nebennierenrinde auf humoralem Wege handeln. Über den näheren Mechanismus wissen wir nichts. Ob die Hypophyse Beziehungen zur Wärmeregulation hat, ist nicht sicher bekannt. Dasselbe trifft auf die übrigen Inkretdrüsen zu.

Von den **Störungen der Wärmeregulation** beansprucht das **Fieber** das größte Interesse. Biologisch betrachtet müssen wir jede Temperaturerhöhung, die durch eine Störung der gesamten Wärmeregulation zustande kommt, als Fieber bezeichnen. Die verschiedenartigsten Reize können im Wärmezentrum temperatursteigernd wirken. Die folgende Zusammenstellung der bekanntesten diesbezüglichen Reize beruht auf den Angaben von Toennissen.

1. „Aktive“ mechanische Reize: der „Wärmestich“.

2. Elektrische Reizung.

3. Thermische Reizung. Wichtig ist, daß die Bluttemperatur als Reiz auf das Wärmezentrum wirkt.

4. Druck auf das Infundibilum.

5. Chemische Reize durch Einbringen bestimmter Stoffe in den 3. Ventrikel.

6. Lokalisierte Anaphylaxie im Sinne der zellulären Anaphylaxie von Schittenhelm und Weichardt.

7. β-Tetrahydronaphthylamin.

8. Infektionserreger durch ihre Abbauprodukte.

9. Abbauprodukte von körpereigenem Eiweiß. Die „Frühgifte“ von Freund, die bei der Gerinnung des Blutes durch den Zerfall der korpuskulären Elemente, vor allem der Blutplättchen, entstehen.

10. Feinste Paraffinsuspensionen.

11. Intravenöse Injektionen von destilliertem Wasser, Kochsalzlösungen.

12. Schütteln von ungiftigem (arteigenem oder artfremdem) Serum mit Kaolin, Kieselgur verleiht dem Serum pyrogene Eigenschaften durch Veränderung kolloidaler Gleichgewichtszustände (Schittenhelm).

13. Produkte der inneren Sekretion: Adrenalin, Schilddrüsen- und Thymusextrakte. Extrakte aus Pankreas, Epiphyse und Mamma sollen unwirksam sein.

14. Einige pharmakologisch und chemisch bekannte Stoffe, in erster Linie β-Tetrahydronaphthylamin, Kokain, Koffein, Diuretin, Oxyphenyläthylamin, Phenyläthylamin, Nikotin.

Viele von diesen pyrogenen Stoffen rufen, wenn sie in sehr großen Dosen einverleibt werden, das Gegenteil hervor, nämlich Temperatursenkung und Kollaps, so z. B. Bakterientoxine, Adrenalin u. a. Im Kollaps sinkt die Körpertemperatur, desgleichen die Wärmebildung, die Haut ist kühl und blaß und die Wärmeabgabe verringert. Wir finden also gerade die gegenteiligen Symptome, wie beim Fieber. Trotzdem müssen Fieber und Kollaps ihrem Wesen nach als identische Vorgänge angesehen werden.

Nur temperatursenkend wirken:

1. Extrakte aus dem Zwischen- und Hinterlappen der Hypophyse.

2. Substanzen, welche erregend auf die parasympathischen Zentren wirken (die „bulbären Krampfgifte“), wie Pilokarpin, Pikrotoxin, Santonin, Akonitin, Veratrin, Digitalin, Kampfer, Anilin, Phenol.

3. Die typischen Allgemein-Narkotika und Anästhetika: Chloralhydrat, Amylenhydrat, Alkohol, Äther, Chloroform, Urethan, Veronal, Magnesium, Morphium. Diese Stoffe setzen die Erregbarkeit des gesamten Zentralnervensystems herab und damit auch die der wärmeregulierenden Zentren.

4. Die spezifischen Narkotika des Wärmezentrums, also die eigentlichen „Antipyretika": Antipyrin, Azetanilid, Pyramidon, Salizylderivate u. a.

5. Die Nitrite.

6. Das Chinin.

Die mannigfaltigsten Faktoren kommen also ätiologisch für eine Temperaturerhöhung in Betracht. Trotzdem spielt klinisch das Fieber als Symptom einer Allgemeinerkrankung die wesentliche Rolle. Immer ist die Ursache der Temperatursteigerung im Fieber in einer zentralen Störung gelegen, wodurch die Wärmebildung vermehrt und die Wärmeabgabe vermindert ist bzw. mit der gesteigerten Wärmebildung nicht Schritt hält. Der Gesamtstoffwechsel ist im Fieber stets gesteigert. Ein Parallelismus zwischen Höhe der Temperatur und Oxydationssteigerung besteht jedoch nicht. Wenn bei angestrengter Muskelarbeit des Gesunden trotz dadurch bedingter intensiver Steigerung der Verbrennungen kein Fieber auftritt, so liegt das daran, daß beim Fiebernden die chemische Wärmeregulation nicht allein gestört ist, sondern auch eine relative Insuffizienz der physikalischen Wärmeregulation vorliegt. Der respiratorische Quotient ist im Fieber nicht verändert. Daraus muß geschlossen werden, daß beim Fiebernden der Stoffwechsel dieselben Wege geht wie beim Gesunden, selbstverständlich unter Berücksichtigung des Ernährungszustandes und bei gleicher Art der Ernährung. Die Steigerung der Wärmeproduktion im Fieber variiert in den einzelnen Stadien des Fiebers, sie ist am höchsten im Schüttelfrost, sie sinkt dann im Verlauf länger dauernden Fiebers, um beim Abfallen der Temperatur weiter herunterzugehen. Ernährungszustand, Konstitution und wahrscheinlich auch Art der Infektion sind auf das Ausmaß der Oxydationssteigerung nicht ohne Einfluß. Bei asthenischen Individuen zeigt sie sich geringer. Regelmäßig zeigt sich eine Erhöhung des Eiweißstoffwechsels im Fieber. Für die Höhe des Ausschlages ist die Art der Infektion maßgebend. Auch der Kohlehydratverbrauch ist im Fieber gesteigert. Das Leberglykogen nimmt im Fieber rasch ab, in der Regel nimmt dabei der Blutzuckergehalt zu. Rosenthal, Licht und Freund[1] konnten experimentell Fieber durch Insulinhypoglykämie beseitigen. Sozusagen den umgekehrten Fall konnte ich klinisch beobachten. Ein schwerster jugendlicher Diabetiker, dessen Kohlehydratverwertung minimal war und der außerdem eine ausgedehnte doppelseitige kavernöse Lungenphthise hatte, fieberte nur während der Insulinbehandlung. Sobald mit letzterer ausgesetzt wurde, war er ganz fieberfrei. Mit Insulin stiegen die Temperaturen täglich bis auf 39°.

Wir haben schon früher betont, daß die Stichhyperthermie bei reichlichem Glykogengehalt der Leber leichter auftritt. Nach Grafe ist die Glykogenolyse im Fieber, da sie nach Entnervung der Leber wegfällt, zentral bedingt. Auch bezüglich des febrilen Eiweißstoffwechsels hat Grafe ähnliche Ideen. Zweifelsohne spielt die Temperaturerhöhung für die Entstehung des Eiweißzerfalls im Fieber eine Rolle. Der hochgradige Eiweißverlust, den wir aber oft im infektiösen Fieber sehen, kann damit nicht restlos erklärt werden. Es kommt hinzu, daß eine Parallelität zwischen Temperaturhöhe und Eiweißzerfall nicht besteht. Wir kennen Fälle mit mäßigem Fieber und trotzdem sehr erheblichem Eiweißzerfall. Auch das Herabdrücken des Fiebers durch Antipyretika ändert an der Eiweiß-

---

[1] Arch. f. exper. Path. **103** (1924).

einschmelzung nichts. Ein weiterer Faktor, der hier hereinspielt, ist die In-anition, die an und für sich schon einen vermehrten Eiweißzerfall bedingt. Der Fiebernde ist ja meist unterernährt. Die Untersuchungen von Grafe, die den Eiweißstoffwechsel in Beziehung zu dem Gesamtstoffwechsel setzen, ergaben, daß das Eiweiß bei mäßig Fiebernden sich zu 15—20% am Gesamtumsatz beteiligt, bei hohem Fieber und schwererer Infektion steigt aber diese Quote bis auf etwa 30% an. Derartige Zahlen können nun mit dem Hungerzustand nicht mehr erklärt werden. Man hat nun versucht, durch reichliche Ernährung das Eiweißgleichgewicht zu erreichen. In erster Linie kommen hierfür Kohlehydrate in Betracht, da anscheinend die eiweißsparende Wirkung des Fettes im Fieber herabgesetzt ist. Auf diese Weise gelingt es auch in vielen Fällen, den vermehrten Eiweißzerfall, soweit er durch die Inanition bedingt ist, auszugleichen. Bei Schwerinfektiösen und Hochfiebernden ist das jedoch auch nicht möglich. Hier müssen noch andere Faktoren für den Eiweißverlust verantwortlich gemacht werden. Nach Grafe sind nun an der febrilen Steigerung des Eiweißumsatzes beteiligt: „Hunger bzw. Unterernährung, rascher Glykogenschwund, die Tem-peraturerhöhung als solche, Störungen der Wärmeregulation und evtl. noch besondere tosische Einwirkungen auf das Protoplasma direkt." Für leichtere Fieberfälle reichen zur Erklärung des Eiweißverlustes die drei zuerst genannten Faktoren nach Grafe aus. Für schwer toxische, hochfiebernde Fälle muß jedoch der Einfluß des Nervensystems mit berücksichtigt werden. Die che-mische Wärmeregulation ist nach Grafe „sehr nahe verknüpft mit der Steuerung des Eiweißumsatzes". Sowohl bei maximaler Belastung der chemischen Wärme-regulation, experimentell durch Brustmarkdurchschneidung erreichbar, als auch ganz besonders bei Ausschaltung der chemischen Wärmeregulation durch Hals-markdurchschneidung, finden wir neben der starken Erhöhung des Gesamt-stoffwechsels eine gleich intensive Steigerung des Eiweißstoffwechsels. Da beim Fieber nun gerade das Zentrum der chemischen Wärmeregulation gestört ist, nimmt Grafe an, daß im schweren infektiösen Fieber neben diesem Wärme-zentrum ein damit irgendwie verknüpftes Eiweißzentrum geschädigt wird. Vorerst ist allerdings ein solches noch nicht gefunden, trotzdem scheinen mir aber die Vorstellungen Grafes überaus wahrscheinlich zu sein. Damit dürfte auch die Frage des toxogenen Eiweißzerfalls im Fieber ihre Erledigung finden, indem auch sie in dem Komplex der zentralen Regulationsstörungen aufgeht.

Man hat auch vielfach die Ansicht geäußert, daß der Temperaturerhöhung als solcher gerade beim infektiösen Fieber ein gewisser Heilwert zukomme. Ich kann mich in dieser Hinsicht kurz fassen und das Urteil von Krehl anführen, auf dessen Darstellung in seinem eingangs erwähnten Handbuch hier nach-drücklich hingewiesen sein soll als der zur Zeit besten Übersicht über die Fieber-lehre. „Somit vermag ich — so gern ich das auch meinen Neigungen nach tun möchte — nicht zuzugeben, daß irgendwie gesicherte Tatsachen für einen Nutzen des Fiebers zur Heilung von Krankheiten, speziell von Infekten, sprechen; zum mindesten kann man es nicht behaupten für die Wirkung der Temperatur-erhöhung als solcher."

Auf die verschiedenen ätiologischen Faktoren, die für die Entstehung des Fiebers in Frage kommen, sind wir vorstehend an Hand der Toenniessenschen Aufstellung schon zu sprechen gekommen. Es soll aber hier noch kurz auf ein pathogenetisches Moment speziell hingewiesen werden, das, wie ich glauben möchte, in Zukunft immer mehr an Bedeutung gewinnen wird, nämlich die Freundschen „Frühgifte"[1]. Nach den Freundschen Untersuchungen führt

---

[1] Freund, Referat Verh. dtsch. pharmak. Ges. in Königsberg **1930**, s. Arch. f. exper. Path. **157** (1930).

jeder Zellzerfall zur Entstehung pyrogener Substanzen. Dazu gehören auch die fiebererzeugenden Gifte des defibrinierten Blutes. Diese „Frühgifte" sind auch in den verschiedensten Organen (Muskel, Niere, Leber, Lunge, Milz, Pankreas und Herzmuskel) nachweisbar, wie Freunds Schüler Zipf[1] zeigen konnte. Bemerkenswert ist, daß sie auch in Organpräparaten, wie Lakarnol, Hormokardiol und Eutonon, enthalten sind, Präparaten, denen vielfach Hormoncharakter zugesprochen wird. Zipf konnte nun weiterhin den Nachweis erbringen, daß das „Frühgift" nicht, wie man vermutete, mit Histamin etwas zu tun hat, sondern Nukleotidnatur besitzt, und zwar handelt es sich um Adenylsäure. Wahrscheinlich existiert eine Vielheit von solchen „Frühgiften". Diese pyrogenen Substanzen Freunds haben nun neben ihrer Kreislaufbeeinflussung eine ausgesprochene Wirkung auf die Kapillarendothelien. Sie sind Kapillargifte. Daß sich diese Stoffe als Zellzerfallsprodukte gerade unter den Bedingungen des Fiebers bilden können, ist einleuchtend. Man wird deshalb der Vorstellung Freunds unbedingt Rechnung tragen müssen, daß ein großer Teil der Fiebergifte nur „mittelbar wirken und erst im Organismus die Bildung pyrogener Stoffe auslösen". Und in dieser Hinsicht scheint den Kapillarendothelien eine besondere Bedeutung zuzukommen, sowohl bezüglich ihrer Stoffwechselvorgänge als auch bezüglich ihrer phagozytären Eigenschaften. Wissen wir doch, daß die Endothelien in dem Abwehrsystem des Organismus von großer Bedeutung sind und alles Blutfremde in sich aufnehmen und Abbauvorgänge auslösen. Damit ist auch das Fieber mit den Abwehrvorgängen im Organismus in Beziehung gebracht. „Das Fieber ist der Indikator dafür, daß durch die Abwehrtätigkeit Stoffe entstanden sind, welche an den wärmeregulatorischen Zentralfunktionen zur Temperatursteigerung führen." Es ist auch zu betonen, daß diese intermediär entstehenden pyrogenen Stoffe außer ihrer fiebererzeugenden Wirkung noch die verschiedensten anderen pharmakologischen Angriffspunkte haben können. Weiter auf diese interessanten Untersuchungen einzugehen, ist hier nicht möglich, zweifelsohne sind sie aber dazu angetan, das Fieberproblem in sehr aussichtsreiche neue Bahnen zu lenken.

Nach der alten Auffassung von Liebermeister reguliert der Fieberkranke wie der Gesunde, nur daß er auf ein höheres Niveau eingestellt ist. Diese Vorstellung wird auch heute noch zum großen Teil als richtig anerkannt. Wir nehmen auch heute an, daß das Fieber durch eine gesteigerte Erregung und Erregbarkeit sowie durch einen gesteigerten Tonus der wärmeregulierenden zentralen Stellen charakterisiert ist. Dabei kann dieser Erregungszustand von den verschiedensten Stellen des Gehirns aus ausgelöst werden, um von da zu den eigentlichen Regulationsstellen zu gelangen, wobei man sich bezüglich der letzteren vielleicht besser nicht allzu sehr auf ein ganz eng umschriebenes Zentrum versteift. Das Wärmestichfieber ist den übrigen Fiebern seinem Wesen nach gleichzusetzen. Auf die verschiedene Ätiologie und die Vielheit von pyrogenen Stoffen haben wir schon hingewiesen. Die verschiedenen Fiebertypen bei einzelnen Krankheiten sind zum Teil dadurch bedingt. Es kommt aber auch ebenso auf die Erregbarkeit der regulierenden Zentren an. Hier spielen wieder individuelle und konstitutionelle Faktoren eine Rolle. Die heutige Auffassung betrachtet demnach im Fieber die wärmeregulatorischen Zentren in einem Erregungszustand. Die Regulation ist keineswegs aufgehoben, aber das Zusammenspiel der einzelnen regulierenden Faktoren ist gestört, inkoordiniert, einzelne Teile funktionieren abnorm.

Hier möchte ich nochmals einen Ausspruch von Krehl anführen, der mir nicht nur im Hinblick auf die Genese des Fiebers, sondern auch allgemein biolo-

[1] Arch. f. exper. Path. **157** (1930).

gisch besonders wichtig erscheint, „ein Vorgang, der wie nur irgendeiner der vegetativen Seite der Körperfunktionen dient, wird vom Nervensystem aus einheitlich geleitet, sogar im Sinne eines Planes, der eingehalten wird“. Zum Schluß soll nur noch auf die von dem Dargelegten wesentlich abweichende Stellung Freunds hingewiesen sein. Freund geht von der vielfach experimentell belegten Vorstellung aus, daß im allgemeinen das Nervensystem einen hemmenden Einfluß auf den Ruhestoffwechsel der Organe ausübe. Unter dem Einfluß der Fiebergifte komme es nun zu einer Schwächung dieses Nerveneinflusses und damit zu einer Steigerung der Wärmebildung. Vorerst ist das Beweismaterial für die Freundsche Theorie noch nicht genügend, um definitiv dazu Stellung nehmen zu können. Mir selbst sind die Vorstellungen Freunds überaus plausibel.

Die Hormone[1].

Unter Hormonen verstehen wir nach der ursprünglichen Anschauung von Starling und Bayliss Stoffe, die in bestimmten Organen produziert werden und vom Blutstrom zu einem anderen Organ weitergetragen, dort ihre Wirkung entfalten. Man hat die Hormone auch als „chemische Boten“ bezeichnet, deren Hauptaufgabe darin besteht, eine chemische Korrelation der Funktionen des Organismus auf dem Blutwege zu bewerkstelligen. Die Hormone wirken schon in minimalster Konzentration. Die Drüsen, welche Hormone produzieren, bezeichnen wir als „Hormon“- oder „inkretorische Drüsen“. Sie geben die Hormone direkt an das Blut ab. Die Hormone üben gewaltige Wirkungen im Körper aus, nicht nur auf den Stoffwechsel und die nervösen Regulationen, sondern auch auf den morphologischen Aufbau und die psychischen Funktionen. Das konstitutionelle Moment und das individuelle Gepräge des Einzelnen, Faktoren, die klinisch immer mehr an Bedeutung gewinnen, beruhen, wie ich glaube, weniger auf einem streng gesetzmäßigen Antagonismus einzelner, als vielmehr auf einer geregelten, aufeinander abgestimmten Zusammenarbeit aller Hormondrüsen derart, daß ein funktionelles Defizit einer dieser Drüsen die gesamte Korrelation in Unordnung bringt.

In neuerer Zeit hat sich immer mehr die Gewohnheit eingebürgert, fördernde oder hemmende Wirkungen von Organextrakten auf Hormonwirkungen zurückzuführen. Daraus kann nur eine Verwischung des Hormonbegriffes resultieren, die abzulehnen ist. Wir wissen heute, daß in jedem Organ durch den Zellzerfall pharmakodynamisch aktive Substanzen entstehen. Damit ist aber noch keineswegs gesagt, daß es Hormone sind. Die Mitteilungen über die Auffindung solcher „Hormone“ häufen sich bedenklich. Wir erwähnen sie hier absichtlich nicht und halten uns in unseren Darlegungen an die oben gegebene Definition der Hormone.

Über das Hormon der Bauchspeicheldrüse, das Insulin, haben wir schon Seite 59 ausführlich berichtet. Trotzdem in der Zwischenzeit die Insulin-

---

[1] Abderhalden, Erg. Physiol. **24** (1925). — Bauer, Innere Sekretion. 1927. — Biedl, Innere Sekretion. 1922. — Claus, Erg. Path. **20** (1922). — Dickens u. Dodds, The chemical and physiological properties of the internal secretions. London 1925. — Falta, Die Erkrankungen der Blutdrüsen. 1928. — Gley, Les grands problèmes de l'endocrinologie. Paris 1926. — Grafe, Erg. Physiol. **21** (1923). — Guggenheim, Die biogenen Amine. 1924. — Im Handb. d. Biochemie **9** (1927) die Arbeiten von Grafe, Hirsch, Lesser, Peritz und Thomas. Im Erg.-Bd. desselben Handbuchs (1930) die Arbeiten von Dohrn, Laquer, Mauer, Reiss, Scharrer und Zondek. — Laquer, Hormone und innere Sekretion. 1928. — Macleod, Kohlehydratstoffwechsel und Insulin. 1927. — Trendelenburg, Die Hormone **1** (1929). — Zondek, Die Krankheiten der endokrinen Drüsen. 1926.

literatur enorm angeschwollen ist, sind einschneidende neue Tatsachen über das Insulin nicht bekannt geworden. Die Darstellungsmethoden sind bezüglich Reinheit und Wirksamkeit des Insulins wesentlich verbessert worden. J. J. Abel[1] ist es gelungen, das Insulin kristallinisch zu gewinnen, indem Rohinsulinlösungen nach Reinigung durch Bruzinazetat mit Pyridin gefällt wurden. Das Präparat gibt alle Eiweißreaktionen. Von Aminosäuren wurden vor allem Zystin und Tyrosin gefunden. Abel hält das Insulin für ein Polypeptid. Freudenberg und Dirscherl[2] konnten durch Azetylierung das Insulin inaktivieren. Durch Digerieren mit Natronlauge bestimmter Konzentration ist eine Regeneration möglich. Die Autoren nehmen eine azetylierbare OH- bzw. NH-Gruppe im Insulin an. Meinem Mitarbeiter Lang und mir[3] gelang es unter bestimmten Bedingungen zu Kondensationsprodukten des Insulins mit Cholsäure und Desoxycholsäure zu gelangen. Wahrscheinlich handelt es sich dabei um eine Säureamidbindung. Diese Cholylinsuline wirken peroral und subkutan gleich stark. Jedoch ist die Wirkung im Vergleich zum Ausgangsinsulin so stark herabgesetzt, was übrigens auch bei dem azetylierten Insulin von Freudenberg der Fall ist, daß eine praktische Verwertung nicht in Frage kommt. In weiteren Untersuchungen zeigten Freudenberg und sein Mitarbeiter[4], daß kristallisiertes Insulin mit Formaldehyd ebenso rasch reagiert wie eine Substanz mit freien Aminogruppen oder Peptidbindungen. Insulin ist ein Eiweißkörper, in dem die wirksame prosthetische Gruppe nur wenige Prozente des Moleküls ausmacht. Versucht man sie abzutrennen, so wird sie unwirksam. Die Angaben Abels, daß mit zunehmender Reinheit des Insulins sein Schwefelgehalt steigt, werden bestätigt. Er beträgt beim kristallisierten Insulin etwa 35%. Ebenso nimmt mit der Wirksamkeit der Anteil an labilem Schwefel zu. Die Eiweißkette des kristallisierten Insulins enthält etwa 12% Zystin. Kristallisiertes Insulin verliert durch verdünntes Alkali, zugleich mit der Wirksamkeit, Ammoniak oder primäres Amin. Mit dem Verlust der Wirksamkeit kommt auch das optische Drehungsvermögen zum Stillstand. Freudenberg berechnet das durchschnittliche Molekulargewicht des Insulins zu etwa 8000. Freudenberg vermutet in dem Insulin eine Substanz, „die eine säurefeste, aber alkaliempfindliche Iminogruppe in Nachbarschaft zu mindestens einem asymmetrischen Kohlenstoffatom enthält und an derselben Stelle leicht hydrierbar ist". Ob es sich bei dem kristallisierten Produkt wirklich um Insulin handelt, ist noch keineswegs sicher. Man muß immer noch mit der Möglichkeit rechnen, daß das Insulin an die Kristalle nur adsorbiert ist. Nach den Untersuchungen von Glaser und Halpern[5] ist das Insulin im Pankreas zum Teil in inaktiver Form enthalten, die durch ein Koferment aktiviert werden kann. Als solche Kofermente erwiesen sich die Kinase des Dünndarms und Hefepreßsaft. Nach Felix und Waldschmidt-Leitz[6] wird Insulin durch Pepsin und Trypsin irreversibel zerstört. Von Erepsin wird es dagegen nicht angegriffen. In allen Organen konnte Insulin nachgewiesen werden, auch im Blute. Die Organe von Diabetikern enthalten ebenfalls Insulin, aber nur in geringer Menge. Was die Theorie der Insulinwirkung anbelangt, so dürfte die früher schon angeführte Anschauung Lessers, daß unter der Einwirkung von Insulin eine Zunahme der Glykogenbildung bei gleichzeitiger Steigerung der Zuckerverbrennung stattfindet, den Tatsachen auch heute noch am meisten gerecht werden. In dieser Hinsicht scheint mir die Vorstellung von Thannhauser besonders bemerkenswert. Er sieht in dem Glykogenmolekül selbst die sog. Reaktionsform des Zuckers. Er weist sehr mit Recht

---

[1] J. of Pharmacol. 25 (1925); 31 (1927).   [2] Hoppe-Seylers Z. 175 (1928).
[3] Naturwiss. 1929, H. 27.   [4] Hoppe-Seylers Z. 187 (1930).
[5] Biochem. Z. 177 (1926).   [6] Ber. dtsch. chem. Ges. 59 (1926).

darauf hin, daß es sonst schwer verständlich wäre, daß der Organismus die pflanzliche Stärke erst abbaue, um sie zu einem neuen Stärkemolekül in der Leber wieder aufzubauen, wenn damit nicht bestimmte biologisch bedeutsame strukturelle Veränderungen verknüpft wären. Damit dient dann auch die Glykogensynthese in der Leber nicht nur der Stapelung, sondern der viel bedeutsameren stofflichen Umformung. Hat die Leber nicht mehr die Fähigkeit zur Glykogensynthese, wie im schweren Diabetes, so sind die der Leber zufließenden Bausteine, die Monosaccharide, für sie unbrauchbar. Hier setzt eben dann das Insulin ein. Dadurch, daß es die Leber wieder zur Glykogensynthese befähigt, wird der Zucker für den Stoffwechsel wieder verwertbar. Da die Verbrennung gewisser Aminosäuren und der Fettsäuren an den Zuckerabbau in der Leber gebunden ist und letzterer nur bei der Möglichkeit der Glykogensynthese stattfinden kann, so sehen wir beim Diabetiker mit dem Wiederauftreten der Glykogenbildung in der Leber unter dem Einfluß des Insulins auch die Ketonurie verschwinden. Etwas anders liegen die Verhältnisse in der Muskulatur. Hier dienen die Kohlehydrate vorwiegend energetischen Zwecken. Auch hier erfolgt die Kohlehydratverbrennung zum großen Teil über Glykogen. Es steht aber noch ein zweiter Weg, nämlich über das Laktazidogen, zur Verfügung. In der Muskulatur verläuft also nach Thannhauser der Kohlehydratabbau „zweigleisig", sowohl über das Glykogen als auch auf kürzerem Wege über den Kohlehydratphosphorsäureester. Es besteht hier also eine doppelte Sicherung.

Insulin hat auch einen direkten Einfluß auf den Flüssigkeitsaustausch zwischen Blut und Gewebe. Darauf beruht die unter Insulinbehandlung beobachtete Wasserretention und Ödembildung. Ebenso bedingt Insulin eine Abnahme des Phosphorsäuregehaltes des Blutes und der Kaliumionen im Blute. Desgleichen nimmt unter Insulin die Wasserstoffionenkonzentration des Blutes ab. Auch für das Ausmaß der Insulinwirkung ist das Ionenverhältnis nicht bedeutungslos. Nach Kylin[1] verstärkt das Kaliumion die Insulinwirkung, während das Kalziumion sie abschwächt. Ein Einfluß des Nervensystems auf die Wirkung des Insulins ist nicht nachweisbar, wohl aber auf die Insulinkrämpfe, die nach Dekapitierung, wie die Versuche von Ohnstedt und Logan[2] zeigten, nicht mehr auftreten. Auch über die antagonistische Wirkung des Insulins anderen Hormonen gegenüber liegen zahlreiche Arbeiten vor. So konnten Bornstein und Griesbach[3] die durch Adrenalin bedingte Zuckerbildung in der Leber hemmen. Poll[4] konnte bei Ratten und Mäusen nach großen Insulindosen histologische Veränderungen in den Nebennieren nachweisen. Ferner kann das Hypophysenhinterlappenhormon die Insulinkrämpfe beseitigen. Auch die Uteruswirkung der Hypophyse kann durch Insulin aufgehoben werden. Nach Okumara[5] wird die stoffwechselsteigernde Wirkung der Schilddrüse durch Insulin gehemmt. Aus diesem Grunde wurde Insulin auch therapeutisch beim Morbus Basedowii empfohlen. Schilddrüsenlose Tiere sollen gegen Insulin empfindlicher sein. Die durch Insulin bedingte Wasserretention läßt sich nach eigener Erfahrung durch kleine Mengen von Schilddrüsensubstanz sofort beseitigen. Nach Untersuchungen aus dem Bickelschen Institut[6] werden beim Hunde durch Insulin avitaminotische Symptome zum Teil behoben. Die Versuche, ein peroral voll wirksames Insulin darzustellen, sind bis jetzt alle ohne Ausnahme ergebnislos geblieben.

Das spezifische Hormon der Schilddrüse, das Thyroxin, wurde zuerst von Kendall[7] rein dargestellt. Die Konstitution des Thyroxins wurde von

---

[1] Med. Klin. **1925**.   [2] Amer. J. Physiol. **66** (1923).
[3] Z. exper. Med. **43** (1924).   [4] Med. Klin. **1925**.
[5] Biochem. Z. **176** (1926).   [6] Dtsch. med. Wschr. **1923**.
[7] J. of biol. Chem. **39, 40** (1919); **43** (1920); **59** (1924); **63** (1925); **72** (1927).

Harrington[1] ermittelt und seine Synthese von Barger und Harrington[2] durchgeführt. Danach ist das Thyroxin der Dijodoxyphenyläther des Dijodtyrosins. Seine Formel ist:

$$\text{HO}\langle\bigcirc\rangle\text{O}\langle\bigcirc\rangle\text{CH}_2\cdot\text{CHNH}_2\cdot\text{COOH}.$$

Da ungefähr nur 15% des in der Schilddrüse enthaltenen organischen Jods als Thyroxin zu gewinnen sind, muß mit der Wahrscheinlichkeit gerechnet werden, daß die Schilddrüse noch weitere jodhaltige, spezifisch wirkende Substanzen enthält. Wir wissen noch nicht, wo in der Schilddrüse das Thyroxin gebildet wird, es ist aber wahrscheinlich, daß im Kolloid der Jodeiweißkörper enthalten ist. Nach Courrier[3] läßt sich durch Schilddrüsenfütterung eine starke Vermehrung des Kolloids erzielen. Schon Baumann, der Entdecker des Jods in der Schilddrüse, hat mit eigener analytischer Methode den verschiedenen Jodgehalt in normalen und pathologischen Schilddrüsen festgestellt. Das genaueste Verfahren stammt von v. Fellenberg[4]. Damit gelingt es noch $^1/_{1000}$ mg $= 1\,\gamma$ Jod nachzuweisen. Der Jodgehalt der Schilddrüse ist großen Schwankungen unterworfen. Er variiert nach Alter, Geschlecht, Ernährung und Jahreszeit. Die Schilddrüse ist Stapelungsorgan des Körpers für Jod. Die ausgedehntesten und wohl einwandfreiesten Analysen über das Vorkommen des Jods in der belebten und unbelebten Natur aus neuester Zeit stammen von v. Fellenberg. Darauf kann hier nicht näher eingegangen werden, es sei auf die zusammenfassenden Darstellungen von v. Fellenberg[5], von Spiro[6] und Abelin und Scheinfinkel[6] verwiesen. Bezogen auf die Schilddrüse, scheint Jod in anderen Organen nur in Spuren vorzukommen. Veil[7] stellte bei einfacher Struma einen herabgesetzten, bei Basedowstruma einen vermehrten Jodgehalt des Blutes fest. Das analytisch gewonnene, ebenso das synthetisch hergestellte Thyroxin sind Razemkörper. Es gelang die Trennung in die l- und d-Form. Erstere ist im biologischen Experiment viel wirksamer als die letztere. Auch nach unserer klinischen Erfahrung ist die Gesamtdrüse dem Thyroxin sowohl bezüglich der Stoffwechselwirkung als auch bezüglich des diuretischen Effekts überlegen. Als biologisches Testobjekt ist die von Gundernatsch[8] zuerst entdeckte Beeinflussung der Kaulquappenmetamorphose durch das Inkret der Schilddrüse zu erwähnen. Es hat sich aber gezeigt, daß auch andere organische Jodverbindungen, ja sogar unter bestimmten Bedingungen anorganisches Jod, die vorzeitige Metamorphose von Kaulquappen hervorrufen können. Die Gundernatschsche Methode ist also keineswegs für das Schilddrüseninkret spezifisch. Ein anderes Testverfahren stammt von Reid Hunt[9]. Er konnte zeigen, daß Tiere durch Schilddrüsenfütterung gegen Azetonitril resistent werden. Der Nachweis von Zwehl[10] jedoch, daß auch Tyrosinfütterung denselben Erfolg bedingt, läßt die Brauchbarkeit der Reid Huntschen Methode verneinen.

Die physiologischen Wirkungen des Schilddrüsenhormons zeigen sich vor allem in einer Steigerung des Gesamtstoffwechsels und in einer Beeinflussung des Wasserwechsels zwischen Blut und Gewebsflüssigkeit. Die zuerst von Friedr. Müller[11] und Magnus-Levy[12] nachgewiesene Steigerung des Grundumsatzes bei Hyperthyreosen ist auch heute noch die sicherste Methode

---

[1] Biochemic. J. 20 (1926).   [2] Biochemic. J. 21 (1927).
[3] C. r. Soc. Biol. Paris 91 (1924).   [4] Biochem. Z. 139 (1923); 152 (1924); 174 (1926).
[5] Erg. Physiol. 25 (1926).   [6] Erg. Physiol. 24 (1925).
[7] Münch. med. Wschr. 1925.   [8] Arch. Entw.mechan. 35 (1912).
[9] J. amer. med. Assoc. 57 (1911).   [10] Arch. Entw.mechan. 107 (1926).
[11] Dtsch. Arch. klin. Med. 51 (1893).   [12] Z. klin. Med. 33 (1897).

zum Nachweis einer gesteigerten Funktion der Schilddrüse. Auch das Thyroxin erhöht den Gaswechsel, aber nicht so ausgesprochen wie die Gesamtdrüse. Diese Schilddrüsenwirkung zeigt sich in stärkster Weise bei arbeitenden Tieren. Ob bezüglich der spezifisch-dynamischen Wirkung des Eiweißes die Schilddrüse neben der Hypophyse auch noch eine Rolle spielt, ist unentschieden. Auf die Untersuchungen von Adler, die zeigten, daß es mit Schilddrüsenextrakten gelingt, Tiere aus dem Winterschlaf zu erwecken, haben wir im Kapitel über den Wärmehaushalt schon hingewiesen. Schilddrüsenlose Tiere sollen gegen Abkühlung empfindlicher sein als normale Tiere. Nach Asher und Streuli[1] sind schilddrüsenlose Tiere Sauerstoffmangel gegenüber resistenter. Wichtig ist der Nachweis von Abderhalden[2], daß die Art der Ernährung für das Ausmaß der Wirkung des Schilddrüseninkrets bei Tieren von Bedeutung ist. Nach Mark[3] und nach Abelin[4] wird durch Schilddrüsenzufuhr die Kreatinausscheidung vermehrt. Bei Myxödem soll dementsprechend das Kreatin vermindert, bei Hyperthyreosen vermehrt sein. Ich[5] konnte den Nachweis erbringen, daß bei Hunden, Kaninchen und Katzen die Methylierung der Guanidinessigsäure zu Kreatin eine spezifische Funktion der Schilddrüse ist. Schilddrüsenzufuhr begünstigt ferner das Auftreten von Hyperglykämie und Glykosurie. Von besonderer Bedeutung war der Nachweis von Eppinger[6], daß durch Schilddrüsenzufuhr eine beschleunigte Kochsalz- und Wasserausscheidung einsetzt. Seither hat sich die Schilddrüsentherapie bei Ödemen, vor allem bei Nephrosen, klinisch vielfach bewährt. Sicher sind auch die starken Gewichtsabnahmen bei längerem Schilddrüsengebrauch zum Teil auf Wasserverlust zu beziehen. Wir sind bei Besprechung der Diurese auf die Versuche Eppingers und ihre Erklärung genauer eingegangen und verweisen deshalb darauf. Wir glauben, in dem dort angedeuteten Sinne Eppinger zustimmen zu müssen, daß bezüglich dieser diuretischen Wirkung des Schilddrüseninkrets der Angriffspunkt im Gewebe zu suchen ist. Vielleicht nicht ausschließlich, es ist sehr wohl möglich, daß die Schilddrüse auch noch direkt an der Stelle, wo der Austausch der Flüssigkeit zwischen Blut und Gewebe stattfindet, also an der Kapillarwand, angreift. Jedenfalls handelt es sich bei dieser Beeinflussung des Wasserwechsels um eine sehr bedeutsame normale Funktion der Thyreoidea. Auch für die Relation der einzelnen Ionen im Blute scheint die Funktion der Schilddrüse nicht gleichgültig zu sein. Nach Schilddrüsenexstirpation fällt der Kalkgehalt des Blutes ab. Nach Asher[7] ruft die Injektion von Schilddrüsenextrakten durch Knochenmarkreizung eine Leukozytose hervor, und nach Fleischmann[8] soll die phagozytäre Eigenschaft an die Funktion der Schilddrüse wesentlich gebunden sein. Das typische Zeichen der Schilddrüsenüberfunktion, die Tachykardie, scheint das Thyroxin nur bei intravenöser Einverleibung hervorzurufen. Asher kommt auf Grund seiner zahlreichen Untersuchungen zu der Vorstellung, daß das Schilddrüseninkret die Nervenendigungen der Gefäßnerven sensibilisiere. Die Nervi laryngii sollen die Sekretionsnerven der Schilddrüse sein. Ihre Reizung ruft die Sekretion des Sekretes ins Blut hervor, wodurch es zu einer Sensibilisierung der sympathischen wie der parasympathischen Nervenendigungen und ebenso des Herzvagus kommt. Besonders betonen möchte ich, daß es Takane[9] gelungen ist, bei Tieren durch Schilddrüsenzufuhr und Jod eine Myokarditis hervorzurufen.

---

[1] Biochem. Z. **87** (1918).　　　　[2] Pflügers Arch. **208** (1925); **213** (1926).
[3] Pflügers Arch. **209** (1925); **211** (1926).　[4] Klin. Wschr. **1927**.
[5] Biochem. Z. **143** (1923); **191** (1927).
[6] Zur Pathologie und Therapie des menschlichen Ödems. Berlin 1917.
[7] Z. Biol. **71** (1920).　　[8] Pflügers Ah. **215** (1926).
[9] Virchows Arch. **259** (1926).

Sehr viele Arbeiten, zum Teil in den Ergebnissen widersprechend, liegen über die Beziehungen der Schilddrüse zu den übrigen Drüsen mit innerer Sekretion vor, im besonderen aus dem Asherschen Institut[1]. So soll die Adrenalinwirkung durch die Tätigkeit der Schilddrüse verstärkt werden. Nach gleichzeitiger Entfernung von Thymus und Schilddrüse soll die Kohlensäureproduktion im Gaswechselversuch besonders intensiv vermindert sein. Auch soll durch Exstirpation der Schilddrüse die Involution der Thymusdrüse beschleunigt werden. Auf etwaige Beziehungen zur Hypophyse kommen wir später noch zurück. Über den Antagonismus von Insulin- und Thyroxinwirkung haben wir beim Insulin schon gesprochen. Die ganze Frage der Wechselwirkung der einzelnen Drüsen ist noch durchaus unklar. Man kann sich aus den vorliegenden, keineswegs übereinstimmenden Untersuchungsergebnissen noch kein klares Bild machen.

Die Folgen des Ausfalls der Schilddrüsenfunktion, wie wir sie beim Myxödem bzw. der Cachexia strumipriva und am ausgesprochensten bei den Formen des endemischen Kretinismus beim Menschen finden, sollen nur kurz erwähnt sein. Sie zeigen sich in einem Zurückbleiben des Wachstums, in einer Hypoplasie der Sexualorgane bei persistierender Thymusdrüse, in einer Hypertrophie des drüsigen Anteils der Hypophyse, außerdem in eigenartigen trophischen Störungen der Haut und in einer typischen ödematösen Schwellung derselben bei aufgehobener Schweißsekretion. Dazu kommt noch eine mehr oder weniger ausgeprägte Idiotie und allgemeine Kachexie. Es ist erwiesen, daß durch Fütterung von Schilddrüsensubstanz diese Ausfallserscheinungen beseitigt werden können. Weniger günstig sind die Erfolge der Transplantation, anscheinend weil die völlige Einheilung des Transplantats, wenigstens auf die Dauer, nicht gelingt. Das Thyroxin soll nach Kendall ebenfalls eine Heilwirkung auf den Kretinismus und das Myxödem ausüben. Außer dem Thyroxin finden sich in der Schilddrüse noch andere jodhaltige globulinartige Eiweißkörper, so daß Jodthyreoglobulin und das Jodothyrin von Baumann. Ersteres dürfte bezüglich seines therapeutischen Effekts dem Thyroxin gleichzusetzen sein, während das Jodothyrin den thyreopriven Ausfallserscheinungen gegenüber versagt. Es ist auch sicher als solches in der Schilddrüse nicht vorgebildet, sondern es handelt sich höchstwahrscheinlich um ein unter dem Einfluß von Säure entstandenes Spaltungsprodukt des Jodthyreoglobulins. Ich verweise diesbezüglich auf die kritische Darstellung von Oswald[2], der sich um die Schilddrüsenforschung besonders verdient gemacht hat. Die klinische Erfahrung, daß die beste therapeutische Wirkung immer mit der Gesamtdrüse zu erreichen ist, legt den Gedanken nahe, daß die volle Schilddrüsenwirkung an die jodierten Eiweißkörper der Schilddrüse gebunden ist und daß sowohl das Jodthyreoglobulin als auch das Thyroxin zu diesen Eiweißkörpern gehören, daß damit aber der Gehalt der Schilddrüse an solchen noch nicht erschöpft ist. Die Existenz von jodfreien wirksamen Schilddrüsenstoffen ist nicht sicher erwiesen. Die krankhafte Vergrößerung der Schilddrüse, die wir als Kropf (Struma)[3] bezeichnen, hat gerade in den letzten Jahren infolge einer allgemein beobachteten Zunahme, vor allem bei Kindern, erhöhtes Interesse gefunden. Dabei sei betont, daß die Vergrößerung der Schilddrüse an und für sich noch keineswegs besagt, daß ihre Funktion sowohl nach der positiven als auch nach der negativen Seite zu verändert ist. Die Ätiologie des Kropfes ist auch heute noch umstritten. Man hat zum Teil das Trinkwasser, zum Teil eine Infektion angeschuldigt. Die schon erwähnten Untersuchungen von v. Fellenberg, die uns mit dem Kreislauf des Jods in der Natur bekanntgemacht haben, lassen aber meines Erachtens gar keinen Zweifel mehr darüber,

---

[1] Biochem. Z. **80, 87, 105, 106, 155, 167** (1917—1926). [2] Klin. Wschr. **1925/1926.**
[3] Kocher, in Spez. Path. u. Ther. von Kraus-Brugsch XI (1927).

daß der Jodmangel das Ausschlaggebende ist. Kröpfe entstehen überall da,
wo die Jodzufuhr für den Organismus zu gering ist. Man darf nur nicht einseitig
an das Wasser denken, sondern ebenso an ein Defizit in der Luft und in der
Nahrung. Denn die Hauptaufnahme von Jod geschieht mit der Nahrung, sei es
in tierischer oder pflanzlicher Form. v. Fellenberg konnte zeigen, daß in
kropffreien Gegenden auch Erde, Gesteine und Nahrungsmittel einen hohen
Jodgehalt aufweisen, das Umgekehrte ist in Kropfgegenden der Fall. Dementsprechend wurde auch in kropfreichen Gegenden dem gewöhnlichen Kochsalz
eine minimale Menge Jodid zugefügt und dieses „Vollsalz" an die Bevölkerung
von Staats wegen abgegeben. Soweit man sich bis jetzt ein Urteil erlauben kann,
sind die Erfolge damit sehr günstig. Wenn man also auch für einen großen,
vielleicht überwiegenden Teil der Kröpfe das ätiologische Moment in einem Jodmangel erblicken muß, so besteht doch noch die Möglichkeit einer nicht einheitlichen Ätiologie. Sicher spielen in dieser Hinsicht auch endogene Faktoren eine
Rolle, dafür spricht unzweideutig das gar nicht selten zu beobachtende Auftreten von Strumen in der Pubertät, Schwangerschaft und Menopause.

Die Darreichung von Jod birgt aber auch Gefahren in sich. Wir wissen, daß
durch langdauernde Fütterung von Jodpräparaten Tachykardien, nervöse
Störungen, Exophthalmus, Diarrhöen, Alterationen des Stoffwechsels (Abmagerung, Polyphagie, Polydipsie, Glykosurie) verbunden mit einer Vergrößerung
der Schilddrüse auftreten können. Also ein Symptomenbild, wie wir es vom
Morbus Basedowii her kennen. Es bedarf zur Auslösung eines derartigen, mehr
oder weniger ausgeprägten Symptomenkomplexes oft nur kleiner Jodmengen.
In dieser individuellen Komponente liegt die große Schwierigkeit der Jod-
therapie. Es gibt sicher Schilddrüsen, die schon auf ganz kleine Jodmengen mit
einer relativ erheblichen Ausschwemmung von Inkret reagieren. Ich habe das
gerade bei symptomlosen Kröpfen in der Freiburger Gegend häufig gesehen.
Man kann also bei der Jodmedikation nur tastend vorgehen.

Das Gegenstück der Kachexia strumipriva ist der Morbus Basedowii, der in
seiner klassischen Form vor allem durch die Struma, den Exophthalmus und die
Tachykardie charakterisiert ist, außerdem durch die psychisch-nervöse Labilität,
Abmagerung u. a. Dem stark herabgesetzten Gaswechsel beim Myxödem entspricht eine beträchtliche Steigerung beim Morbus Basedowii. Die Assimilations-
grenze für Zucker ist herabgesetzt. Der Jodgehalt des Blutes ist, wie wir schon
hervorgehoben haben, vermehrt. Im allgemeinen dürfte die Ansicht vorherrschend
sein, daß die Ursache dieser Erkrankung in einer Überfunktion der Schilddrüse
zu suchen ist. Dafür sprechen in erster Linie die chirurgischen Erfolge mit
Reduktion des Schilddrüsengewebes bzw. Unterbindung eines Teiles der arteriellen Zufuhr. Je mehr man aber Basedowfälle zu sehen bekommt, desto
zweifelhafter wird man in dieser Anschauung. Es scheint doch viel dafür zu
sprechen, daß es sich bei der Basedowschen Krankheit um eine pluriglanduläre Affektion handelt. Die Thymusdrüse dürfte diesbezüglich eine Rolle spielen.
Auch gibt das überwiegende Auftreten der Erkrankung beim weiblichen Geschlecht,
gar nicht so selten im Anschluß an die Gravidität, in dieser Hinsicht zu denken.

Die eng benachbarte Lage der Nebenschilddrüsen (Epithelkörperchen)
zur Schilddrüse — beim Hunde sind zwei von den vier Epithelkörperchen direkt
in die Schilddrüse eingebettet — brachte es mit sich, daß bei Entfernung der
Schilddrüse auch die Nebenschilddrüsen vielfach mit entfernt wurden. Ein
Teil der dadurch bedingten Ausfallserscheinungen (Tetanie, Veränderungen in
den Knochen und Zähnen) ist durch den Funktionsausfall der Epithelkörperchen[1]

---

[1] Zusammenfassende Darstellungen: Jacobson, Erg. Physiol. **23** (1924). — Blum,
Studien über die Epithelkörperchen. Jena 1925.

bedingt. Von besonderer Bedeutung für die Physiologie der Nebenschilddrüsen war der von McCallum und Voegtlin[1] erbrachte Nachweis, daß bei einer Unterfunktion derselben der Kalkgehalt des Blutes herabgesetzt ist. Damit war eine einfache Testmethode zum Nachweis des Hormons gegeben. Gerade die Entwicklung der Hormonlehre zeigt uns besonders markant, wie wichtig für das Auffinden von Hormonen eine einfach auszuführende Testmethode ist. So gelang es Collip und seinen Mitarbeitern[2] an Hand von Blutkalkbestimmungen wirksame Extrakte aus Epithelkörperchen herzustellen, die den Blutkalk erhöhen. Am ausgesprochensten tritt diese Wirkung bei parathyreoidektomierten Tieren mit ihrem stark gesenkten Blutkalk in Erscheinung. Bezüglich der Extraktdarstellung sei auf die Originalarbeiten verwiesen. Man bezeichnet als Einheit $^1/_{100}$ der Dosis, die bei einem 20 kg schweren Hunde innerhalb fünf Stunden einen Anstieg des Blutkalks von 5 mg bedingt. Bei Überdosierung kommt es zu einer Hyperkalzämie mit Vergiftungserscheinungen, wie Erbrechen, Durchfälle und allgemeine Atonie. Dieselben Symptome zeigen sich auch durch Zufuhr zu großer Kalkmengen. Für Versuchszwecke zur Dosierung des Extraktes werden am besten Hunde verwandt. Kaninchen, wie überhaupt Pflanzenfresser, reagieren auf die Hormonzufuhr inkonstant. Es kommt noch hinzu, daß gerade Kaninchen meist mehrere akzessorische Epithelkörperchen besitzen, so daß Exstirpationsversuche oft auf Schwierigkeiten stoßen. Die Art der Ernährungen ist also für die Wirkungsweise des Hormons von Bedeutung. Über die Natur des Hormons ist nichts bekannt. Nach Collip handelt es sich um einen albumosenartigen Körper. Seine Wirkung wird von Pepsin und Trypsin aufgehoben. Durch Kochen mit starker Salzsäure (10%) bzw. Natronlauge wird er zerstört. In 5% Salzsäure bleibt die Wirkung auch in der Hitze erhalten. Auf diese Weise gelingt die Extraktion des Hormons aus der Drüse. Nach Ausfällen der Eiweißkörper kann das Hormon durch Aussalzen gewonnen werden. Die wesentliche Funktion der Epithelkörperchen besteht in einer Beeinflussung des Mineralstoffwechsels. So finden wir sowohl nach Entfernung der Epithelkörperchen als auch beim funktionellen Ausfall derselben, der Tetanie, einen stark erniedrigten Blutkalkspiegel. Daß es sich bei dieser Abnahme vor allem um eine Verminderung der Kalziumionen handelt, konnten Trendelenburg und Goebel[3] durch Prüfung der Sera von Tetaniekranken am Froschherzen nachweisen. Bei der reinen Tetanie sind die Phosphorsäurewerte im Blute normal oder leicht erhöht, im Gegensatz zur Rachitis. Durch Phosphate soll der Blutkalk herabgedrückt und damit die Tetanie begünstigt werden. Die Störung des Mineralstoffwechsels nach Epithelkörperexstirpation erklärt die danach beobachtete Wachstumsverzögerung und das Schlechtwerden der Zähne. Durch Einverleibung von Kalk können die Tetaniesymptome, sowohl der kindlichen als auch der Erwachsenentetanie, rasch beseitigt werden. Die Hormontherapie hat jedoch bisher keine sicheren Erfolge gezeitigt. Dagegen sind noch eine Anzahl anderer therapeutischer Maßnahmen bekannt, die einen günstigen Einfluß auf die Tetanie ausüben, so reine Kohlehydratfütterung, Verabreichung von Ammoniumchlorid, ferner von Lebertran und Bestrahlung.

Den primären Anstoß zur Tetanie in einer einseitigen Störung des Kalkstoffwechsels zu erblicken, wird heute wohl allgemein abgelehnt. Die zuerst von Wilson[4] festgestellte Änderung des Säure-Basengleichgewichts im Sinne einer Alkalose wurde dann vor allem von Freudenberg und György[5] als eigentlich ätiologisches Moment der Tetanie angesprochen. Jedoch dürfte auch in dieser

---

[1] Bull. Hopkins Hosp. **19** (1908). [2] J. of biol. Chem. **62, 63, 64, 66, 67** (1925, 1926).
[3] Arch. f. exper. Path. **89** (1921). [4] J. of biol. Chem. **23** (1916).
[5] Münch. med. Wschr. **1922**.

Frage im allgemeinen die Meinung dahin gehen, daß die Alkalose nicht als die Ursache, sondern als ein sekundäres Symptom angesehen werden muß. Von Noel Paton[1] wurde dann die Entgiftungstheorie bezüglich der Funktion der Epithelkörperchen aufgestellt und in Deutschland vor allem von Frank[2] weiter ausgebaut. Danach fällt den Epithelkörperchen die Hauptaufgabe zu, bestimmte Giftstoffe unschädlich zu machen, und zwar soll es sich um eine Entgiftung methylierter Guanidine handeln. Bei der Tetanie sollen Guanidine in vermehrter Weise im Blute und im Harn nachweisbar sein. Bei der Tetanie des Menschen gelang es, aus dem Harn 0,1—0,2 g eines Gemisches von Mono- und Dimethylguanidin zu isolieren. Guanidine rufen auch im Experiment tetanieartige Symptome hervor. Auch der Kalkgehalt des Blutes soll bei der Guanidinvergiftung herabgesetzt sein. Alle diese Angaben sind jedoch nicht unwidersprochen geblieben. Noether[3] konnte bei der experimentellen Tetanie von Katzen im Urin keine Guanidinvermehrung feststellen. Vor allem sind aber die Einwände von Greenwald[4] und von White[5] schwerwiegend, daß die Methode des Guanidinnachweises fehlerhaft ist und die isolierten Produkte gar keine Guanidine seien. Nach Blum entstehen die Tetaniegifte aus eiweißhaltigen Nährstoffen im Darm. Sie werden nach ihrer Resorption normalerweise durch die Epithelkörperchen entgiftet. Funktionsausfall derselben führt so zur Tetanie. Fleischdiät begünstigt Tetanie, wie überhaupt fleischfressende Tiere leichter daran erkranken. Sichere Beweise für diese Theorie liegen jedoch nicht vor.

Wir werden somit den Tatsachen am ehesten gerecht, wenn wir die Funktion der Epithelkörperchen in der Regulation des Ionenmilieus erblicken. Bei einer Funktionsstörung kommt es zu einem Übergewicht der Na-+ und K+-Ionen, von denen wir ja wissen, daß sie die Erregbarkeit des Nervensystems steigern. Dadurch wird bei der Tetanie der Blutkalkspiegel herabgedrückt. Als Begleiterscheinung tritt dabei eine Alkalose auf.

Die Hypophysis[6] besteht aus vier Teilen: der Pars anterior, der Pars intermedia, der Pars neuralis und der Pars tuberalis. Beim Menschen macht der Vorderlappen die Hauptmasse des Gesamtgewichtes der Drüse aus, ungefähr $^{7}/_{10}$, etwa 20% kommen auf den Hinterlappen. Die Pars tuberalis umschließt den Hypophysenstiel und wächst bis unter das Tuber cinereum vor. Sehr inkonstant verhält sich die Pars intermedia. Bei einzelnen Tiergattungen (Vögeln) fehlt sie ganz, bei anderen wieder (Amphibien, Reptilien) ist sie besonders stark entwickelt. Beim Menschen ist ihr Vorkommen unsicher. Der histologische Aufbau der einzelnen Abschnitte der Hypophysis zeigt schon charakteristische Unterschiede. Der Vorderlappen ist reich mit Blutgefäßen versorgt und besteht aus verschiedenen Epithelzellen, unter denen die eosinophilen Zellen überwiegen. Die Zellen zeigen öfters Lipoidtropfen, und es findet sich häufig Kolloid zwischen ihnen. Die Pars intermedia, die mit der Pars neuralis (Hinterlappen) verbunden ist, hat dagegen wenig Gefäße und besteht aus Epithelzellen von basophilem Charakter. Sie ist vielfach kolloidreich. Auch finden sich hier hyaline Schollen, die durch die Pars neuralis hindurch in den Liquor cerebrospinalis übertreten sollen. Die Pars neuralis selbst enthält keine Epithelzellen, sondern neurogliaartige Elemente mit zahlreichen Fibrillen. Letztere sollen Nervenfasern sein, die aus dem Tuber cinereum stammen. Die Pars neuralis besitzt nur wenige

---

[1] Edinburgh med. J. **31** (1924) — Quart. J. exper. Physiol. **16** (1927).
[2] Klin. Wschr. **1922, 1925** — Arch. f. exper. Path. **115** (1926).
[3] Arch. f. exper. Path. **111** (1926).   [4] Quart. J. exper. Physiol. **16** (1927).
[5] J. of biol. Chem. **71** (1926).
[6] Bailey, Erg. Physiol. **20** (1922). — Biedl, Ref. 34. Kongr. inn. Med., Wiesbaden 1922. — Cushing, The pituitary gland as now known. Lancet **1925**. — Frommherz, Klin. Wschr. **1925**. — Trendelenburg, Erg. Physiol. **25** (1926).

Blutgefäße. Die Pars tuberalis, die wieder blutreich ist, enthält basophile Epithelzellen. Während also der vordere Teil der Hypophyse seinem Aufbau nach ausgesprochenen Drüsencharakter zeigt, läßt der hintere Teil der Drüse einen
solchen vermissen. Nach Greving[1] haben die Pars neuralis und die Pars intermedia enge Beziehungen zu den Zwischenhirnzentren, während die Pars
anterior durch vegetative Nerven aus dem Karotidengeflecht innerviert wird.
Die nervösen Faserzüge der Pars neuralis und Pars intermedia treten dagegen
durch den Hypophysenstiel in die Hypophyse ein. Der Ursprung dieser Fasern
ist in dem Nucleus supraopticus gelegen, der sich bis in die mittleren Gebiete
des Tuber cinereums erstreckt. Dieses durch das Tuber cinereum zum Hypophysenstiel ziehende Faserbündel, das sich nach Eintritt in die Hypophyse im
Hinterlappen aufteilt, bezeichnet Greving als Tractus supraoptico-hypophyseus.
Es scheint also der Nucleus supraopticus das innervatorische Zentrum des
Hypophysenhinterlappens zu sein und von da aus die Hormonproduktion reguliert zu werden. Aber auch eine weitere, dicht am 3. Ventrikel gelegene Zell-
gruppe scheint daran noch beteiligt zu sein, die als Nucleus paraventricularis
bezeichnet wird. Jedenfalls konnte Greving Faserzüge nachweisen, die von
dort nach dem Nucleus supraopticus ziehen und die er Tractus paraventricularis
cinereus benennt. Vegetatives Zwischenhirnzentrum und Hypophyse bilden also
eine funktionelle Einheit, und zwar scheint dieses „Zwischenhirn-Hypo-
physensystem" phylogenetisch schon sehr alt zu sein. Der blutgefäßreiche
Vorderlappen gibt sein Sekret wahrscheinlich direkt an die Blutbahn ab.
Für den gefäßarmen Hinterlappen wird jedoch allgemein eine Abgabe des
Sekretes in den 3. Ventrikel angenommen. Dafür spricht, daß in der Tat
wirksames Sekret im Liquor biologisch nachgewiesen werden konnte.

Auf die verschiedenen klinischen Bilder, die auf Veränderungen der Hypophysis beruhen, kann hier nicht näher eingegangen werden, sie sollen nur kurz
gestreift werden. Pierre Marie hat zuerst im Jahre 1886 mit Beschreibung der
Akromegalie auf die Bedeutung der Hypophysis für diese Wachstumsstörung
hingewiesen. Meist findet sich in diesen Fällen ein Adenom des Vorderlappens
der Hypophysis. Man postuliert eine Überfunktion des Vorderlappens. Auch der
familiäre Riesenwuchs dürfte hierher gehören. Eine Unterfunktion des
Vorderlappens bedingt den Zwergwuchs. Ob es sich bei der von Simmonds
zuerst beschriebenen hypophysären Kachexie um eine isolierte Störung der
Hypophysenfunktion handelt, ist ungewiß. Vieles spricht dafür, daß dabei eine
pluriglanduläre Schädigung mitspielt. Meist findet sich zwar in diesen Fällen
eine Zerstörung des Hypophysenvorderlappens. Auch bei der von Fröhlich
zuerst klinisch charakterisierten Dystrophia adiposogenitalis finden sich
häufig Tumoren der Hypophysis, sowohl im Vorder- als auch im Mittel- bzw.
Hinterlappen. Auf die Bedeutung der Hypophysis für die Genese des Diabetes
insipidus haben wir in dem entsprechenden Kapitel schon eingehend hingewiesen. Wir verweisen auf dort. Die Entfernung der Hypophysis bedingt bei
Amphibien eine Wachstumshemmung. Bei Kaulquappen bleibt die Metamorphose aus. Sie bleiben dauernd hell gefärbt, da die Melanophoren sich nicht
mehr ausbreiten können. Bei hypophysenlosen Fröschen besteht außerdem eine
Neigung zu Wasserretention. Die Aufhellung ist bei Amphibien an die Entfernung der Pars intermedia geknüpft. Die Hemmung der Metamorphose und des
Wachstums setzt die Exstirpation des Vorderlappens voraus. Auch bei Säuge-
tieren haben die neueren Operationsmethoden gezeigt, daß die Entfernung der
Hypophysis kein unbedingt letal verlaufender Eingriff ist. Die Tiere können am
Leben erhalten werden, sie zeigen aber, besonders in der Wachstumsperiode,

---

[1] Klin. Wschr. **1928.**

schwere Störungen. Dabei ist allerdings zu berücksichtigen, daß eine restlose Entfernung der Hypophyse nicht möglich ist. Die Rachendachhypophyse und diejenigen Teile der Pars tuberalis, die unter dem Tuber cinereum liegen, sind nicht faßbar. Derartige ihrer Hypophyse beraubten Tiere zeigen nun starke Wachstumsstörungen. Das Wachstum sistiert völlig. Und zwar beruht diese Hemmung auf dem Ausfall des Vorderlappensekrets. Ferner zeigt sich bei diesen Tieren eine starke Fettsucht. Auch dafür ist das Fehlen des Vorderlappensekrets verantwortlich zu machen. Charakteristisch ist weiterhin die Atrophie der Genitalorgane und Minderentwicklung der sekundären Geschlechtsmerkmale. Auch diese Ausfallserscheinungen sind auf das Fehlen der Vorderlappensekretion zu beziehen. Häufig, aber nicht regelmäßig, tritt eine Polyurie nach Entfernung der Hypophysis auf. Sie ist auf den Wegfall der Funktion des Hinterlappens zurückzuführen. In der Regel findet sich auch eine erhebliche Verminderung des Grundumsatzes. Die öfters beobachteten Glykosurien scheinen mit dem Wegfall der Hypophysisfunktion nichts zu tun zu haben. Sie dürften eine Folge des operativen Eingriffs sein. Ob in der Tat diese Veränderungen alle durch den Ausfall des Hypophysensekretes allein bedingt sind, ist zweifelhaft geworden. Es hat sich nämlich gezeigt, daß auch Verletzungen am Boden des 3. Ventrikels eine Polyurie bedingen können. Nach Trendelenburg und Sato[1] wird nämlich nach Abtragung der Hypophyse bei Hunden im Tuber cinereum und auch in den Corpora mammillaria eine antidiuretisch wirkende Substanz gebildet, die bei normalen Tieren an diesen Stellen nur in viel geringerer Menge nachweisbar ist. Es scheint also das den Wasserhaushalt regulierende Hormon nicht nur in der Hypophyse gebildet zu werden, sondern auch, und besonders bei Ausfall der Hypophysenfunktion, in den erwähnten Teilen der Gehirnbasis. Wahrscheinlich trifft dies auch auf die oben erwähnten Ausfallserscheinungen in der Genitalsphäre und auf die Fettsucht zu.

Das wirksame Prinzip des Vorderlappens wurde zuerst von Robertson[2] darzustellen versucht. Das von ihm gewonnene Präparat, Tethelin genannt, sollte wachstumsfördernde Eigenschaften haben. Die Nachuntersuchungen konnten diesen Befund jedoch nicht bestätigen. Das Tethelin ist wahrscheinlich ein unreines Gemisch ohne deutliche spezifische Wirkung. Vorderlappenauszüge von einwandfreier Wirkung haben dann zuerst Evans und Long[3] erhalten. Der Extrakt fördert bei Kalt- und Warmblütern das Wachstum sowohl bei normalen Tieren als auch bei solchen, denen die Hypophysis entfernt worden war. Von besonderer Bedeutung ist aber die Wirkung des Extraktes auf das Ovarium. Zunächst hindert das Hormon bei erwachsenen jungen Tieren das Reifwerden der Follikel und fördert die Umwandlung in Luteingewebe. Außerdem ruft es bei noch nicht geschlechtsreifen Tieren die frühzeitige Reifung der Follikel hervor. Es bildet sich, genau wie bei Implantation von Vorderlappengewebe, eine Pubertas praecox aus. Die Tiere werden brünstig. Die Eierstöcke vergrößern sich stark, ebenso der Uterus. Die Scheide bildet sich um, und in ihrem Sekret treten Epithelschollen auf. Es kommt also unter dem Einfluß des Hypophysenvorderlappeninkrets zu einer gesteigerten Hormonbildung des Ovariums, und dadurch erlangen die Tiere in wenigen Tagen die Geschlechtsreife. Daß in der Tat eine innere Sekretion des Ovariums vorliegt, ist dadurch bewiesen, daß nach Entfernung der Ovarien diese Erscheinungen nicht eintreten. Wir müssen also annehmen, daß das Hypophysenvorderlappenhormon

---

[1] Klin. Wschr. **1928** — Arch. f. exper. Path. **131** (1927).

[2] J. amer. med. Assoc. **66** (1916) — J. of biol. Chem. **24** (1916) — Biochemic. J. **17** (1923).

[3] Anat. Rec. **21** (1921) — Proc. nat. ass. soc. U. S. A. **8** (1922) — Harvey lectures **19** (1924).

diejenigen Vorgänge, die die Pubertät auslösen, regulatorisch beeinflußt und daß ebenso das Ausbleiben der Ovulation nach eingetretener Gravidität durch eine Steigerung der Vorderlappenfunktion bedingt wird. Bei alten Mäusen mit erloschener Ovarfunktion konnte durch Vorderlappenextrakt diese wieder angeregt werden. Es trat wieder Follikelreifung und die Bildung von Corpora lutea ein, und es zeigten sich wieder Brunstzyklen. Auch bei jungen männlichen Tieren bewirkt der Vorderlappenextrakt eine prämature Reifung des Hodens. Nach Kastration fehlt diese Wirkung. Für therapeutische Zwecke ist das Vorderlappenhormon unter dem Namen „Prolan" im Handel.

Dem Hypophysenhinterlappen fallen verschiedene Funktionen zu. Extrakte aus demselben steigern den Blutdruck, rufen Uterusbewegungen hervor, fördern bzw. hemmen die Harnsekretion, begünstigen die Milchsekretion und die Ausbreitung der Melanophoren der Amphibienhaut. Die blutdrucksteigernde Substanz scheint mit derjenigen, welche die Harnsekretion beeinflußt, identisch zu sein. Dagegen ist es gelungen, die auf den Uterus wirkende Substanz abzutrennen. Auch die melanophorenausbreitende Substanz konnte von den soeben genannten Stoffen gesondert werden. Nach unseren heutigen Kenntnissen müssen wir also im Hinterlappen drei verschiedene Stoffe annehmen. Eine Reindarstellung ist aber bis jetzt nicht gelungen. Bei den bisher beschriebenen Kristallisationsprodukten handelt es sich nicht um reine Stoffe, sondern um unwirksame Niederschläge, die die wirksamen Substanzen adsorbiert halten. Auf die zahlreichen Arbeiten über die Isolierung und Reindarstellung der Stoffe kann hier nicht eingegangen werden. Am weitesten gelangten in dieser Hinsicht Kamm und seine Mitarbeiter[1]. Sie erhielten äußerst stark wirksame Präparate. Auch gelang es ihnen, die uteruserregende und blutdrucksteigernde Substanz zu trennen. Erstere wird Oxytocin, letztere Vasopressin genannt. Die wirksamen Stoffe sind leicht adsorbierbar, z. B. durch Kohle, Talkum u. a. Sie sind sehr alkaliempfindlich. In schwach saurer Lösung sind sie lange haltbar. Starke Säuren zerstören sie jedoch. Trypsin vernichtet die Wirksamkeit, Pepsin dagegen hat keinen Einfluß. Über die chemische Natur der Stoffe ist nichts bekannt. Mit Histamin haben sie nichts zu tun. Die Eichung der Auszüge erfolgt nach Voegtlin-Einheiten. Voegtlin hat eine Azeton-Trockenmethode frischer Hypophysenhinterlappen angegeben. 1 g dieses Trockenpulvers entspricht 6,4 g frischer Hinterlappensubstanz und hat eine Uteruswirksamkeit, die 7 g frischer Substanz entspricht. Die Auszüge werden mit $^1/_4$% Essigsäure hergestellt. Eine Einheit bezeichnet die Wirksamkeit, die in 0,5 mg dieses Trockenpulvers enthalten ist. Die Hinterlappenauszüge wirken nach Trendelenburg ganz allgemein auf die autonom innervierten Organe, aber nicht in dem Sinne einer elektiven Wirkung auf Sympathikus oder Parasympathikus. Nervendurchtrennung hebt den Einfluß nicht auf. Die Substanzen greifen also an den Organzellen selbst bzw. an den dort gelegenen Nervenendigungen an. Bemerkenswert ist, daß bei vielen Organen eine „Immunisierung" möglich ist in der Weise, daß eine der ersten wirkungsvollen Applikation in kurzer Zeit folgende zweite Einwirkung keinen oder nur einen sehr schwachen Effekt auslöst. Ebenso auffallend und beachtenswert ist der Einfluß der Narkose. Letztere kann die Wirkung der Hinterlappenauszüge direkt umkehren. Eine Erklärung für beide Phänomene liegt bis jetzt nicht vor. Die wirksamen Substanzen scheinen im Darm zerstört zu werden, da sie peroral so gut wie keinen Einfluß haben.

Auf die spezielle Pharmakologie der Hinterlappensubstanzen kann hier nicht ausführlich eingegangen werden, es sei diesbezüglich auf das schon erwähnte

---

[1] J. amer. chem. Soc. **50** (1928).

ausgezeichnete Buch von Trendelenburg hingewiesen. Der Blutdruck wird durch Hinterlappenauszüge gesteigert, und zwar ist die Ursache eine periphere Gefäßkontraktion. Die gleichzeitig einsetzende Bradykardie ist zum Teil auf Erregung des Vaguszentrums zu beziehen, da sie auf Atropin abgeschwächt wird. Das Minutenschlagvolumen des Herzens sinkt stark ab. Nach großen intravenösen Dosen kommt es zu einer starken Überfüllung des Lungenkreislaufs und zu Lungenödem. Auch das Lebervolumen nimmt ab. Die Atmung wird nach größeren Dosen auch beim Menschen periodisch. Der Darm wird erregt. Die gefüllte Gallenblase wird zu lebhaften Kontraktionen angeregt. Auch die Blasenentleerung wird begünstigt. Bewegung und Tonus des Uterus werden durch Hinterlappenauszüge stark erregt. Der Angriffspunkt ist peripher, da diese Wirkung am ausgeschnittenen Uterus ebenfalls auftritt. Weitgehend gereinigte Extrakte sollen noch in einer Verdünnung von 1 : 20 Milliarden wirksam sein. Die Harnmenge wird vermindert. Wir haben schon betont, daß beim narkotisierten Individuum die Wirkung umgekehrt ist, es zeigt sich Polyurie. Auch diese Wirkung ist peripher bedingt, da sie nach den Untersuchungen von Janssen[1] auch nach Halsmarkdurchtrennung und doppelseitiger Vagotomie vorhanden ist. Die Diuresehemmung kommt in erster Linie durch einen extrarenalen Faktor zustande, indem der Flüssigkeitsaustausch zwischen Blut und Gewebe gestört wird, aber außerdem scheint noch eine direkte Beeinflussung der Nierentätigkeit dabei eine Rolle zu spielen. Mit der Diuresehemmung nimmt die molare Konzentration des Urins zu. Vor allem handelt es sich dabei um einen Anstieg der Cl-Werte auch im Blute. Auch bei nierenlosen Tieren findet nach Miura[2] dieses Ansteigen statt. Es kann sich also nur um einen Gewebefaktor handeln. Auf die starke melanophorenausbreitende Wirkung der Hinterlappenauszüge soll nur kurz hingewiesen sein. Die Beeinflussung des Stoffwechsels durch Hinterlappenextrakte ist nicht ausgesprochen. Nach sehr großen Mengen soll es zu einer Glykosurie kommen. Die Hypophysis besitzt ausgesprochene Wechselbeziehungen zu anderen Inkretorganen. Bei Kaltblütern übt der Vorderlappen eine fördernde Wirkung auf die Schilddrüsenfunktion aus. Beim Warmblüter tritt nach Entfernung der Schilddrüse immer eine Vergrößerung der Hypophyse ein, und zwar beziehen sich diese Veränderungen auf den Vorderlappen. Dementsprechend findet man auch beim Menschen bei Hypo- bzw. Athyreosen meist eine vergrößerte Hypophyse.

Ferner zeigt sich nach Hypophysenexstirpation regelmäßig eine Atrophie der Nebennierenrinde. Das Nebennierenmark wird nicht beeinflußt. Bei Akromegalie ist dementsprechend die Nebennierenrinde hypertrophiert, bei der Simmondsschen Kachexie ist sie verkleinert.

Die antagonistische Wirkung der Hinterlappenauszüge zum Insulin haben wir dort schon erwähnt. Die Insulinhypoglykämie, und vor allem die hypoglykämischen Krämpfe, werden durch große Hinterlappenextraktmengen beseitigt. Nach Hypophysenexstirpation werden Tiere insulinempfindlicher. Ob jedoch physiologischerweise ein solcher Antagonismus besteht, ist zweifelhaft, da nach Entfernung der Hypophysis keine nennenswerte Erniedrigung des Blutzuckers eintritt, was sonst zu erwarten wäre.

Von dem stark fördernden Einfluß des Hypophysenvorderlappens auf die Inkretfunktion der Keimdrüsen haben wir schon eingehend berichtet. Aber auch die Ovarhormone wirken auf den Vorderlappen der Hypophyse ein. In der Gravidität vergrößert sich der Vorderlappen, und es treten die Schwangerschaftszellen auf. Auch die Injektion von Plazentaextrakten[3] soll bei Tieren

---

[1] Arch. f. exper. Path. **135** (1928). [2] Arch. f. exper. Path. **107** (1925).
[3] Berblinger, Klin. Wschr. **1928**.

denselben Erfolg haben. Auch nach der Kastration tritt in der Regel eine Vergrößerung der Hypophysis ein. Transplantiert man jedoch die Keimdrüsen, dann bleibt die Vorderlappenhypertrophie aus. Wahrscheinlich ist das gesteigerte Wachstum der Kastraten auf diese vermehrte Vorderlappenfunktion zu beziehen. Ob die Hypophysenhinterlappenhormone normalerweise an dem Eintritt der Wehen am Ende der Schwangerschaft beteiligt sind, ist ungewiß, da auch hypophysenlose Tiere einen völlig normalen Geburtsverlauf zeigen.

Unsere Kenntnisse über die Sexualhormone[1] haben gerade in den letzten Jahren sich wesentlich erweitert. Obwohl der Einfluß der Keimdrüsen auf die körperliche und geistige Entwicklung des Menschen und der Tiere seit Urzeiten bekannt ist, ist doch die Kastration ein Verfahren, das schon seit Jahrtausenden geübt wird, so hat doch erst die aufsehenerregende Mitteilung von Brown Séquard im Jahre 1889, daß die Einspritzung von Hodensaft eine verjüngende Wirkung ausübe, das wissenschaftliche Interesse für diese Fragen allgemein wachgerufen. Dabei lagen ausgezeichnete diesbezügliche experimentelle Untersuchungen schon vor, die bis dahin nur wenig Beachtung fanden. So hat der Göttinger Physiologe Berthold schon im Jahre 1849 in technisch einwandfreier Weise bei kastrierten Hähnen Transplantationen vorgenommen und aus seinen experimentellen Ergebnissen als erster eine innere Sekretion des Hodens abgeleitet. Näher kann auf diese historischen Fragen hier nicht eingegangen werden.

Wir besprechen zunächst das weibliche Sexualhormon. Die Anatomie und Histologie des Ovariums setzen wir als bekannt voraus. Dagegen wollen wir kurz die Lehre von der Ovulation und ihre Beziehungen zu anatomischen und physiologischen Veränderungen im gesamten Genitaltraktus, wie sie im Hinblick auf den Menschen, vor allem durch die grundlegenden Arbeiten von R. Meyer[2] und R. Schröder[3] ausgebaut wurde, erwähnen. Mit der[4] Ovulation, d. h. der regelmäßigen Abstoßung eines Eies, steht die Menstruation in einem gewissen zeitlichen Zusammenhang. Aber nicht etwa so, daß beide Vorgänge zeitlich zusammenfallen, sondern die Ovulation findet zeitlich ungefähr in der Mitte zwischen der vorangegangenen und der dieser folgenden Menstruation statt. Zu Beginn der Menstruation hat der gelbe Körper seine volle Ausbildung erreicht. In den folgenden 10 Tagen reifen die neuen Follikel allmählich heran. Die gelben Körper bilden sich immer mehr zurück. Während der Eireifung nehmen Uterus- und Vaginalschleimhaut erheblich an Dicke zu bis zur nächsten Menstruation. Ungefähr 14 Tage nach dem Follikelsprung zerfällt dann die aufgebaute Uterusschleimhaut unter starkem Blutaustritt. Während bei dem Menschen und den meisten domestizierten Tieren sich diese zyklischen Vorgänge an den Geschlechtsorganen das ganze Jahr hindurch abspielen, tritt bei den wild lebenden Säugetieren die Brunst (Oestrus) im Laufe des Jahres nur einmal bzw. einige wenige Male auf. Die Dauer der einzelnen Zyklen ist bei den einzelnen Säugetieren verschieden. Sie ist bei den kleinen Säugern am kürzesten. Dazwischen liegen Zeiten der geschlechtlichen Inaktivität. Die anatomischen Veränderungen der Sexualorgane beim Brunstzyklus kleiner Nagetiere (Ratte, Maus) haben nun gerade in den letzten Jahren besonderes Interesse erregt, als sie von Allen und Doisy[5] zu einer einfachen und zuverlässigen Eichungsmethode des Ovarialhormons ausgebaut worden sind.

---

[1] Harms, Körper und Keimzellen. Berlin 1926. — Mikulicz-Radecki, Naturwiss. **14** (1926).

[2] Zbl. Gynäk. **44** (1920); **48** (1924).   [3] Z. Geburtsh. **83** (1921).

[4] J. amer. med. Assoc. **81** (1923); **85** (1925) — Proc. Soc. exper. Biol. a. Med. **21** (1924); **22** (1925); **24** (1927).

Es zeigen sich nämlich mit dem Auftreten der Brunst Veränderungen im gesamten Genitaltraktus, vor allem auch im Scheidenepithel dieser Tiere. Es können auch im Scheidensekret die einzelnen Stadien des Brunstzyklus genau festgestellt werden. Damit war die Möglichkeit gegeben, am lebenden Tier auch in fortlaufenden Untersuchungen die Hormonwirkung des Ovariums zu verfolgen. Während der Brunstruhe sind Scheidenschleimhaut und Uterus dünn. Im Ovarium finden sich neben vielen kleinen Follikeln große wachsende gelbe Körper. Das Scheidensekret enthält Schleim und vereinzelte Epithelien und Leukozyten. Mit Beginn der Brunst (Phase I) verdickt sich die Vaginalschleimhaut, der Uterus wächst. In den Ovarien finden sich große Follikel. Die Vulva schwillt an. Das Scheidensekret enthält nur kernhaltige Epithelzellen. In der nun folgenden II. Phase des Brunstzyklus erreicht die Uteruszunahme ihren Höhepunkt, das Scheidenepithel verhornt. Die Follikel sind nun reif. Im Scheidensekret sind jetzt massenhaft verhornte Epithelzellen. In der III. Phase setzt die Ovulation ein. Die Scheidenhornschicht schwindet, das Uterusepithel degeneriert. Jetzt treten im Scheidensekret neben verhornten Epithelien Leukozyten auf. In der letzten, IV. Phase bilden sich diese Erscheinungen zurück. Es entstehen neue gelbe Körper. Die verhornten Epithelien im Scheidensekret verschwinden. Diese Veränderungen des Vaginalsekretes können in einfachen Ausstrichpräparaten nachgewiesen werden. Das Wesentliche ist, daß auf der Höhe der Brunst im Sekretabstrich Leukozyten und kernhaltige Epithelzellen fehlen und nur massenhaft kernlose verhornte Plattenepithelien vorhanden sind. Von Allen und Doisy wurden nun diese Veränderungen des Vaginalsekretes für eine quantitative Bestimmungsmethode des Ovarialhormons verwertet. Sie bezeichnen die kleinste Menge Hormon, die imstande ist, bei der kastrierten Maus die volle Brunst auszulösen, nachzuweisen an dem alleinigen Vorhandensein der kernlosen verhornten Plattenepithelien im Vaginalausstrich, als eine Mäuseeinheit (M.E.). Bei Ratten soll für denselben Effekt ungefähr die vierfache Menge von Hormon benötigt werden.

Hat eine Befruchtung stattgefunden, so sistieren die zyklischen Sexualvorgänge. Der gelbe Körper erreicht nun während der Gravidität seine größte Ausdehnung. Gegen Ende der Schwangerschaft setzt seine Rückbildung ein. Entfernt man bei jugendlichen Säugetieren die Ovarien, so bilden sich den männlichen Kastraten ähnliche Züge aus. Man hat von einem ungeschlechtlichen Neutraltypus gesprochen, wie er sich ja in ganz besonderer Weise unter diesen Bedingungen bei Vögeln (Kapaunentypus) zeigt. Die Kastration nach erlangter Geschlechtsreife führt zu einer Rückbildung der Geschlechtsorgane zur infantilen Form. Ebenso fallen nach der Kastration die zyklischen Vorgänge an den Sexualorganen aus und die sekundären Geschlechtsorgane bleiben unterentwickelt. Der Grundumsatz geht nach Entfernung der Eierstöcke meist zurück. Die gesamten Ausfallserscheinungen nach Kastration können durch Ovartransplantation beseitigt werden. Diese Tatsache war ein Beweis für die innere Sekretion des Ovariums. Es zeigte sich auch, daß nach der parenteralen Zufuhr von Ovarextrakten die Kastrationserscheinungen verschwinden. Auch der Geschlechtstrieb tritt wieder auf. Ebenso finden sich danach die obenerwähnten charakteristischen Brunstveränderungen des Scheidensekretes. Und zwar nicht nur bei geschlechtsreifen Tieren, sondern sie treten auch bei alten Tieren wieder auf, deren Brunstzyklus schon erloschen war, und auch bei jungen Tieren, die noch gar nicht die geschlechtliche Reife erlangt hatten. Es ist sicher erwiesen, daß das Brunsthormon aus dem Follikel stammt. Injiziert man Tieren Follikelflüssigkeit — dabei ist es einerlei, ob es sich um jugendliche oder kastrierte oder senile Tiere handelt —, so zeigen sich im Vaginalsekret die typischen Brunsterscheinungen. Wir wissen auch, daß bei Tieren, wenn Follikelzysten persistieren, ein Zustand von Dauerbrunst eintritt. Auch das Wachstum von Uterus und Scheide wird durch den Follikelinhalt gefördert. Das Follikelhormon bewirkt beim Menschen den der Menstruation vorausgehenden typischen Aufbau der Uterusschleimhaut. Die Menstruation tritt aber erst nach Aufhören der Hormonwirkung ein. Das Hormon schafft also nur die Voraussetzungen zum Auftreten der Menstruation. Der Eintritt der letzteren ist normalerweise erst mit dem Nachlassen der Hormonwirkung möglich.

Das Corpus luteum enthält nur minimale Mengen von Brunsthormon, dagegen fallen ihm andere bedeutsame hormonale Regulationen zu, die dem Follikel fehlen. Das Corpus luteum bewirkt die Fixation des befruchteten Eies in der Uterusschleimhaut und die Deziduabildung. Das Ei selbst wirkt dabei lediglich als Fremdkörper. Wird bei Tieren dementsprechend kurz nach der Befruchtung der dem geplatzten Follikel entsprechende gelbe Körper entfernt, so kommt es zu keiner Eieinbettung, und die Schwangerschaft bleibt aus. Für einen geregelten Ablauf der Gravidität in den ersten Schwangerschaftsmonaten ist die Funktion des gelben Körpers unentbehrlich. Entfernt man ihn zu dieser Zeit, so tritt ein Abort ein. Das Wachstum von Uterus und Scheide wird durch Extrakte aus Corpus luteum besonders stark gefördert. Auch die Rückbildung des Uterus nach der Geburt ist an das Verschwinden des gelben Körpers gebunden, sie wird verzögert durch Einpflanzung eines solchen. Das Wachsen der Milchdrüse während der Gravidität wird ebenfalls durch das Corpus luteum bedingt. Bleibt der gelbe Körper länger als normal bestehen, so verzögert sich der Eintritt von Brunst und Ovulation. Die Tiere sind so lange steril. Denselben Erfolg hat die Injektion von Extrakten aus dem Corpus luteum. Man kann sogar bei Tieren durch dauernde Einverleibung eines solchen Extraktes dauernde Sterilität erzeugen. Während also das Follikelhormon für das Auftreten der zyklischen Brunstvorgänge maßgebend ist, dürfte dem Hormon des Corpus luteum die Aufgabe zufallen, einesteils die Follikelreifung regulatorisch zu beeinflussen und anderteils diejenigen Vorgänge in ihrem ungestörten Ablauf zu gerantieren, die, vor allem in der ersten Zeit der Gravidität, die Entwicklung des befruchteten Eies ermöglichen. Auf die Vorstellungen von Steinach bezüglich der Bedeutung des interstitiellen Gewebes der Keimdrüsen kommen wir später noch zu sprechen.

Das weibliche Sexualhormon kommt nicht nur im Ovarium vor. Besonders reich an solchem ist die Plazenta. So enthält sie weit mehr Follikelhormon als beide Eierstöcke zusammen. Plazentarextrakte rufen die typischen Brunstveränderungen des Scheidensekretes hervor, und auch auf das Wachstum der sekundären Geschlechtsorgane wirken sie stark fördernd ein. Auch kann die erwähnte, Sterilität bedingende Wirkung von Auszügen des Corpus luteum ebenso durch Plazentarextrakte hervorgerufen werden. Das Vorkommen des Follikelhormons im Hoden ist umstritten. Dagegen ist es im Blute von Frauen prämenstruell und in der Gravidität nachweisbar. In größerer Menge findet sich das Hormon im Harn und im Kot von schwangeren Frauen, und zwar vom fünften Schwangerschaftsmonat an. Viel früher, schon kurz nach Eintritt der Gravidität, zeigt sich im Harn von Frauen eine Substanz, die das Follikelwachstum bei noch nicht geschlechtsreifen Tieren begünstigt. Also ähnlich wie das früher besprochene Hypophysenvorderlappenhormon eine Pubertas praecox hervorruft. Ihre Identität mit dem Hypophysenvorderlappenhormon, so wahrscheinlich sie ist, ist aber noch nicht erwiesen. Ihr Nachweis im Mäuseversuch ist einfach und die Grundlage der von Zondek und Aschheim[1] ausgebauten Schwanger-

[1] Klin. Wschr. **1928**.

schaftsdiagnose. Es sei übrigens noch erwähnt, daß ähnlich wie beim Insulin Stoffe mit follikelhormonartiger Wirkung auch in Pflanzen (Keimlingen, Blüten) aufgedeckt worden sind, so in der Hefe, im Mehl und Reis. Es ist damit natürlich nicht gesagt, daß sie mit dem Follikelhormon identisch sind.

Die Eierstockshormone sind nicht streng spezifisch auf die weiblichen Sexualorgane eingestellt. Sicher ist, daß sie auch auf die männlichen Geschlechtsorgane einwirken, und zwar im Sinne einer Hemmung. Wir kommen darauf noch zurück.

Für die Wirkung der Ovarialhormone ist die Art der Einverleibung maßgebend. Sie sind, peroral gegeben, so gut wie wirkungslos, wenn nicht sehr hohe Dosen verwandt werden. Subkutan wirken sie besser als intravenös. Die standardisierten Hormonpräparate des Handels haben verschiedene Namen (Follikulin, Menformon, Progynon, Unden u. a.).

Über die Wechselbeziehungen zwischen Ovarialhormonen und anderen Hormonen liegen wenig sichere Angaben vor. Daß während der Menstruation während der Gravidität und zu Beginn der Pubertät häufig Vergrößerungen der Schilddrüse vorkommen, haben wir schon erwähnt. Aber ebenso haben wir auch darauf hingewiesen, daß eine Vergrößerung dieses Organs noch keineswegs eine funktionelle Schädigung bedeutet. Da auch bei den erwähnten Veränderungen in der weiblichen Genitalsphäre ausgesprochene Stoffwechseländerungen bisher nicht nachgewiesen werden konnten, so ist eine Tangierung der Schilddrüsenfunktion unter diesen Bedingungen recht fraglich. Auf die Beziehungen zum Hypophysenvorderlappen sind wir schon ausführlich eingegangen. Bei geschlechtsreifen Tieren ruft die Injektion von Vorderlappenextrakten eine starke Entwicklung von Follikeln hervor, die jedoch, ohne zu platzen, sich in Corpora lutea verwandeln. Es entsteht dadurch Sterilität. Bei noch nicht geschlechtsreifen Tieren führen Vorderlappenextrakte zu einer Pubertas praecox. Entfernt man die Hypophysen, und zwar kommt es dabei nur auf den Vorderlappen an, so atrophieren Eierstöcke und sekundäre Geschlechtsorgane. Die Ausscheidung des Vorderlappenhormons im Urin schwangerer Frauen haben wir schon erwähnt. Es tritt schon wenige Wochen nach Beginn der Gravidität im Urin auf und schwindet kurz nach der Geburt. Im Urin nichtschwangerer Frauen und von Männern ist es nicht nachweisbar. Sichere Beziehungen des Hinterlappens der Hypophyse zu den Genitalfunktionen bestehen nicht.

Nach Entfernung der Ovarien und während der Gravidität findet sich häufig eine Hypertrophie der Nebennierenrinde. Auffallend ist, daß schwangere Tiere die doppelseitige Nebennierenexstirpation länger überleben als nichtschwangere bzw. männliche Tiere. Bei der erwähnten Nebennierenhypertrophie ist das Mark nicht beteiligt. Über Beziehungen des Ovariums zum Pankreas und den übrigen inkretorischen Drüsen liegen gesicherte Beobachtungen nicht vor.

Die Reindarstellung des Follikelhormons scheint in der Tat gelungen zu sein. Einen großen methodischen Fortschritt brachte der Nachweis von Zondek[1], daß das Hormon wasserlöslich ist. Inzwischen glückte es Doisy[2], Laqueur[3], Marrian[4] und Butenandt[5], zu kristallinischen Produkten zu gelangen. Letzterer erreichte auch eine weitgehende chemische und physikalische Charakterisierung seines kristallisierten Follikelhormons. Als Ausgangsmaterial zur Darstellung wurde Schwangerenharn benützt. Auf die Methode kann hier nicht eingegangen werden. Das Hormon kristallisiert in verschiedenen Kristallformen (Nadeln, rhombischen Blättchen). Der Schmelzpunkt liegt bei $250-251°$ (Korr.).

[1] Klin. Wschr. **1926, 1928.**   [2] J. of biol. Chem. **86, 87** (1930).
[3] Dtsch. med. Wschr. **1930.**   [4] Biochemic. J. **24** (1930).
[5] Hoppe-Seylers Z. **191** (1930).

Das Hormon zeigt bezüglich der Löslichkeit ausgesprochenen Lipoidcharakter. Es ist leicht löslich in Alkohol, Azeton, Chloroform, Benzol, schwerer in Äther und Essigester, sehr schwer in Petroläther. Die Wasserlöslichkeit des kristallisierten reinen Hormons in neutraler Lösung ist gering. 1,5 mg lösen sich in 100 ccm Wasser. Das Hormon dreht die Ebene des polarisierten Lichtes stark nach rechts. Das Hormon gibt keine charakteristischen Farbenreaktionen. Das kristallisierte Hormon ist leicht oxydabel. Auch in alkoholischer Lösung tritt im Verlauf von 2 Monaten ein Nachlassen der Wirkung ein. Die Molekularformel ist wahrscheinlich $C_{18}H_{22}O_2$. Das eine Sauerstoffatom ist als leicht veresterbare Hydroxylgruppe, das andere in einer Karbonylgruppe vorhanden. Der Konstitution nach ist das Hormon also ein Oxyketon. Das Hormon enthält wahrscheinlich drei Doppelbindungen.

Bei Besprechung der hormonalen Wirkung der männlichen Sexualorgane können wir uns wesentlich kürzer fassen, da über dieselbe nur wenig Sicheres bekannt ist. Vor allem liegt das daran, daß wir hier kein so einfaches Testobjekt besitzen wie bei den weiblichen Sexualhormonen. Die Theorie von Steinach[1], die auch praktische Konsequenzen im Gefolge hatte, hat vor einiger Zeit bei ihrem Bekanntwerden großes Aufsehen erregt. Steinach sieht nicht in den Keimzellen des Hodens die für die innere Sekretion verantwortlichen Elemente, sondern in den Zwischenzellen (Leydigsche Zellen). Diese Vorstellungen gehen auf Bouin und Ancel[2] zurück, die zuerst diese Theorie aufgestellt haben und in diesem Sinne von einer „interstitiellen Drüse" sprechen. Auch im Ovarium finden sich interstitielle Zellen. Es ließ sich nun zeigen, daß man durch geeignet dosierte Röntgenbestrahlung die Keimzellen des Hodens und den ovariellen Follikelapparat zerstören kann. Derartige Tiere sind natürlich steril. Das interstitielle Gewebe aber bleibt intakt, es kann sogar hypertrophieren. Derartige Tiere zeigen aber auch nicht die Kastrationsatrophie der Geschlechtsorgane. Unterbindet man den Ductus deferens, so kommt es zu einer Atrophie des Hodens, wovon nur die Keimzellen betroffen werden, während die Zwischenzellen eher eine Zunahme erfahren. Derartige Tiere erfahren auch keine Reduktion ihrer sekundären Geschlechtsmerkmale, und der Geschlechtstrieb bleibt erhalten. Nach Steinach gelingt es sogar, bei senilen Tieren durch diesen Eingriff eine Verjüngung zu erreichen. Derartige Operationen wurden dann auch beim Menschen ausgeführt, zum Teil mit, zum Teil ohne Erfolg. Steinach erblickt jedenfalls in dem Ergebnis seiner Versuche den Beweis für die Hormonbildung in dem interstitiellen Gewebe der Keimdrüsen und bezeichnet es in diesem Sinne als „Pubertätsdrüse". Die Steinachschen Versuche haben lebhaften Widerspruch ausgelöst. Eine sichere Entscheidung ist heute noch nicht zu fällen. Man wird aber doch der Wahrheit am nächsten kommen, wenn man zugesteht, daß das interstitielle Gewebe an der inneren Sekretion beteiligt ist, aber sicher nicht in maßgebender Weise. Die Hauptaufgabe in dieser Beziehung fällt den spezifischen Parenchymzellen der Keimdrüsen zu.

Die Entfernung der Hoden bei Säugetieren und beim Menschen vor Eintritt der Geschlechtsreife bedingt eine Unterentwicklung der Geschlechtsorgane und der sekundären Geschlechtsmerkmale. Der Geschlechtstrieb erlischt, oder ist zum mindesten stark herabgesetzt. Das Körperwachstum wird begünstigt. Eunuchen sind meist abnorm groß. Das gesteigerte Wachstum betrifft vor allem die Extremitäten. Bezüglich der sekundären Geschlechtsmerkmale tritt eine

---

[1] Arch. Entw.mechan. **46** (1920) — Pflügers Arch. **210** (1925) — Verjüngung durch experimentelle Neubelebung der alternden Pubertätsdrüse. Berlin 1920.
[2] C. r. Soc. Biol. Paris **61** (1906); **88, 89** (1923).

Verschiebung nach dem weiblichen Typus hin auf. Der Grundumsatz liegt im allgemeinen bei Kastraten etwas unter der Norm. Durch Überpflanzen von Hoden gelingt es, die Kastrationsfolgen bei Tieren und beim Menschen zum Verschwinden zu bringen. Dagegen ist es bisher noch nicht einwandfrei geglückt, durch Zufuhr von Hodenextrakt einen Erfolg bei Kastraten bezüglich der Ausfallserscheinungen zu erzielen.

Was die Wechselbeziehungen der männlichen Keimdrüse zu den übrigen Inkretdrüsen anbelangt, so steht hier an erster Stelle die Schilddrüse. Die Entfernung bzw. Unterfunktion der Schilddrüse bedingt eine Unterentwicklung des Hodens, Sistieren der Spermatogenese, Verminderung des Geschlechtstriebes und Minderentwicklung der Geschlechtsmerkmale. Der Hypophysenvorderlappen fördert die Entwicklung des Hodens. Nach Hodenentfernung vergrößert sich jedoch der Vorderlappen der Hypophyse. Der Hoden scheint also selbst auch einen hemmenden Einfluß auf die Hypophyse auszuüben.

Nach Hodenexstirpation hypertrophiert die Nebennierenrinde. Bei Auftreten von Hypernephromen in jugendlichem Alter kann es zu einer Pubertas praecox kommen. Es ist aber noch völlig unklar, ob die Nebenniere ein die Sexualorgane förderndes Hormon abgibt. Wenn überhaupt, so käme nur die Nebennierenrinde in Frage.

Auch bei Veränderungen der Epiphyse, meist handelt es sich um Tumoren, wurden im jugendlichen Alter ausgesprochene Zeichen sexueller Frühreife festgestellt. Die Fälle betrafen immer Knaben. Die experimentellen Befunde nach Entfernung der Hypophyse ergaben aber bis jetzt keine eindeutigen Resultate. Auch über die Beziehungen des Thymus zur männlichen Keimdrüse liegen bis jetzt nur Vermutungen vor. Wir wissen nur, daß bei Kastraten der Thymus lange persistiert.

Es ist bis jetzt nicht gelungen, die wirksame Substanz des Hodens zu isolieren. Das ist nicht verwunderlich, wenn man bedenkt, wie wir schon betont haben, daß es bisher noch nicht mal möglich war, die Kastrationserscheinungen durch Injektion von Hodenextrakten zu beeinflussen. Die in Hodenextrakten aufgefundene Base Spermin hat die Zusammensetzung $C_{10}H_{26}N_4$. Ihre Konstitution ist ermittelt, sie ergab: $NH_2(CH_2)_3NH(CH_2)_4NH(CH_2)_3NH_2$. Sie hat aber mit dem Hormon bestimmt nichts zu tun.

Die innersekretorische Bedeutung der Nebenniere wurde zuerst von dem englischen Kliniker Thomas Addison erkannt, indem er im Jahre 1855 die jetzt nach ihm benannte Erkrankung beschrieb und ursächlich mit der dabei von ihm festgestellten Zerstörung der Nebennieren in Zusammenhang brachte. Das Adrenalin, das Inkret der Nebenniere, war dann der erste innersekretorische Stoff, der in seiner chemischen Struktur erkannt worden ist. Kaum eine zweite, im Organismus vorkommende Substanz dürfte eine derartig vielseitige experimentelle Bearbeitung erfahren haben wie das Adrenalin. Dementsprechend sind wir über die biologische Wirkung desselben auch gut orientiert. Die kaum mehr zu übersehende Literatur kann hier nur in Bruchstücken berücksichtigt werden, wie ich mich auch in der Besprechung dieser Frage auf das Wesentliche beschränken muß. Es sei diesbezüglich auf die ausführlichen Darstellungen verwiesen[1]. Besondere chemische Reaktionen des Nebennierenmarks sind schon seit der Mitte des vorigen Jahrhunderts bekannt, so die Grünfärbung durch Eisenchlorid und die Braunfärbung mit Chromsäure, die zu einer Zusammenfassung aller diesbezüglich reagierenden Gewebe unter dem Namen des

---

[1] Fromberg, Klin. Wschr. **1927**. — Gley, Rev. Méd. **40** (1923). — Guggenheim, Die biogenen Amine. 1924. — Reiss, Handb. d. Biochemie, Erg.-Bd. (1930). — Trendelenburg, Erg. Physiol. **21** (1923) — Die Hormone. 1929.

„chromaffinen Systems" die Veranlassung gab. Im Jahre 1895 wurde dann durch Oliver und Schäfer[1] die blutdrucksteigernde Wirkung von Nebennierenextrakten erkannt. Takamine[2] gelang dann die kristallinische Darstellung des wirksamen Stoffes und Friedmann[3] die Konstitutionsermittlung. Das Adrenalin ist ein Methylamino-Äthanol-Brenzkatechin von der Formel:

$$\text{OH}$$
$$\text{OH}$$
$$\text{CH(OH)} \cdot \text{CH}_2\text{NH} \cdot \text{CH}_3.$$

Dieser chemische Aufbau wurde durch die von Stolz zuerst durchgeführte Synthese gesichert. Das synthetische Adrenalin ist ein Razemkörper, während das natürliche Adrenalin linksdrehend ist. Die Spaltung des Razemkörpers in seine aktiven Komponenten ist gelungen, dabei zeigt sich das linksdrehende Adrenalin viel stärker wirksam als das rechtsdrehende. Es wurde eine große Anzahl von chemischen Methoden[4] zum Nachweis des Adrenalins angegeben. Es soll darauf nicht weiter eingegangen werden, da sie für biologische Zwecke eine zu geringe Empfindlichkeit haben und deshalb gar nicht in Frage kommen. In dieser Hinsicht kommen nur die pharmakologischen Auswertungsmethoden am biologischen Objekt (Blutdrucknachweis, Gefäßstreifen, Frosch- bzw. Kaninchenohrdurchströmung, an der Iris des Frosch- bzw. des Warmblüterauges, am ausgeschnittenen Darm bzw. Uterus) in Betracht. Bezüglich dieser Methoden müssen wir auf die Darstellung von Trendelenburg verweisen.

Bei den höheren Wirbeltieren liegt das chromaffine Nebennierenmark im Innern der Nebenniere und wird von der bezüglich ihrer Epithelanordnung in drei Schichten gegliederten Rinde umschlossen. Die Nebennieren sind sehr reichlich mit Blutgefäßen versehen. Von den durch die Kapsel eintretenden Arterien versorgt die eine nur die Rinde, die andere nur das Mark. Der überwiegend größte Teil des Blutes fließt durch die Zentralvene ab. Die Nebennieren besitzen eine sympathische Innervation. Die Fasern ziehen von den Nervi splanchnici maiores durch den Plexus suprarenalis zur Nebenniere. Es handelt sich um präganglionäre Fasern, da sie nach Durchschneidung des Splanchnikus bis zu ihren Endverzweigungen degenerieren. Nur bei Fischen (Selachiern) findet sich eine völlige räumliche Trennung des Interrenalgewebes vom Adrenalgewebe. Letzteres ist bei Säugetieren nicht nur auf die Nebenniere beschränkt, sondern auch in anderen sympathischen Ganglien kommt chromaffine Substanz vor. Auch bezüglich der Nebennierenrinde ist das Vorkommen von akzessorischem Rindengewebe außerhalb der Nebennieren bei vielen Säugetieren sicher festgestellt.

Die Entfernung beider Nebennieren verläuft immer tödlich, und zwar in wenigen Stunden bzw. Tagen. Wird nur eine Nebenniere exstirpiert, so hypertrophiert die zurückgelassene, und zwar nimmt an dieser Hypertrophie nur die Rinde teil. Derartig operierte Tiere bleiben am Leben. Entfernt man nun nach einiger Zeit auch diese zweite Nebenniere, so bleiben solche Tiere länger am Leben als nach einzeitiger Exstirpation beider Nebennieren. Der Grund dafür liegt in der inzwischen eingetretenen Hypertrophie akzessorischen Rindengewebes. Das ist auch der Fall, insoweit die Tiere die doppelseitige Exstirpation überleben. Es bestehen in dieser Hinsicht große Unterschiede zwischen den einzelnen Tieren. Hunde und Katzen haben selten, Kaninchen und

---

[1] J. of Physiol. **16** (1894); **17, 18** (1895).   [2] J. of Physiol. **27** (1902).
[3] Hofmeisters Beitr. **8** (1906).
[4] Stuber, Russmann u. Proebsting, Z. exper. Med. **32** (1923).

Ratten fast immer akzessorische Nebennieren. Die letzteren Tiere sind deshalb für Exstirpationsversuche wenig geeignet. Jedenfalls wissen wir heute sicher, daß die Entfernung beider Nebennieren, wenn kein akzessorisches Rindengewebe vorhanden ist, einerlei ob einzeitig oder zweizeitig operiert wird, immer den Tod verursacht. Und zwar ist das Maßgebende der Ausfall der Rindenfunktion. Auch das kann heute bestimmt behauptet werden. Das haben die Versuche von Biedl[1] und von Kisch[2] mit alleiniger Entfernung des Rindengewebes bei völligem Intaktlassen der Marksubstanz an Selachiern eindeutig erwiesen. Derartig operierte Tiere gehen immer in wenigen Tagen zugrunde. Biedl konnte auch zeigen, daß, wenn bei Hunden nur ein winzig kleines Stückchen Rindengewebe zurückgelassen wird, der letale Ausgang vermieden werden kann. Zwar ist es unmöglich, das Markgewebe wegen der immer vorhandenen adrenalinbildenden Ganglienzellen quantitativ zu entfernen. Aber es konnte gezeigt werden, daß auch das Intaktlassen des Markes nach Entfernung der Rinde den Tod nicht aufzuhalten vermag. Die Symptome nach doppelseitiger Nebennierenexstirpation beziehen sich also immer auf den Funktionsausfall der Rinde. Sie äußern sich vor allem in einer zunehmenden Bewegungsschwäche, einer zunehmenden Asthenie und Adynamie. Die Atmung wird verlangsamt. Der Tod erfolgt durch Atemstillstand. Darauf beruht auch die starke Empfindlichkeit solcher Tiere gegen Sauerstoffmangel. Ein markantes Symptom nach Rindenausfall ist bei Torpedo das Erblassen der Haut durch Ballung der Hautmelanophoren. Es zeigt sich bei derartig doppelseitig nebennierenexstirpierten Tieren kurz vor dem Tode auch immer ein starker Abfall von Blutzucker, Blutdruck und Temperatur. Dieses Sinken von Blutzucker und Blutdruck hat aber mit dem Wegfall der Adrenalinwirkung nichts zu tun. Es setzt immer erst geraume Zeit nach der Exstirpation ein. Trendelenburg weist mit Recht darauf hin, daß bei der flüchtigen Wirkung von Adrenalin auf Blutzucker und Blutdruck das Aufhören der Adrenalinsekretion sich sofort in einem Abfall von Blutzucker und Blutdruck äußern müßte. Das ist aber nie der Fall. Auch das Stoppen der Adrenalinzufuhr durch Unterbinden der Nebennierenvenen veranlaßt keine Drucksenkung. Ebenso bleiben bei Tieren, die nach zweizeitiger Entfernung der Nebennieren lange überleben, Blutzucker und Blutdruck dauernd auf normaler Höhe. Dasselbe zeigt sich, wenn man bei Tieren das Mark mit dem Paquelin zerstört, die Rinde aber intakt läßt. Erst wenn auch letztere entfernt wird, kommt es zum Heruntergehen von Blutdruck und Blutzucker. Beide Symptome haben also keinerlei Zusammenhang mit der Adrenalinsekretion, sondern sind allein auf den Funktionsausfall der Rinde zu beziehen.

Aus welcher Vorstufe das Adrenalin im Körper aufgebaut wird, wissen wir nicht. Mit Wahrscheinlichkeit kommt als solche das Tyrosin in Frage. Bloch[3] nimmt das Dioxyphenylalanin als Vorstufe an. Er konnte zeigen, daß in ausgeschnittenen Hautstücken, wenn man sie in eine Lösung von Dioxyphenylalanin (von ihm Dopa genannt) einbringt, Pigmentationen auftreten. Die bisher keiner Erklärung zugängliche Pigmentvermehrung beim Morbus Addisonii deutet Bloch so, daß infolge der Nebenniereninsuffizienz eine Anhäufung des Dioxyphenylalanins als Vorstufe des Adrenalins in der Haut stattfindet und dadurch die Veranlassung zu abnormer Pigmentbildung gegeben sei. Das Dioxyphenylalanin wurde von Guggenheim[4] in den Hülsen von Vicia faba, von Przibram und Schmalfuß[5] in den Flügeldecken des Maikäfers und den Kokons des Nacht-

---

[1] Innere Sekretion. 3. Aufl. 1916.   [2] Pflügers Arch. **219** (1928).
[3] Arch. f. Dermat. **124** (1917) — Hoppe-Seylers Z. **98** (1917) — Dtsch. Arch. klin. Med. **121** (1917).
[4] Guggenheim, l. c.   [5] Biochem. Z. **187** (1927).

pfauenauges als Pigmentbildner nachgewiesen. Andererseits hat Rapper[1] im Mehlwurm ein Ferment gefunden, das aus Tyrosin Dioxyphenylalanin bildet.

Die Formulierung Tyrosin → Dioxyphenylalanin → Adrenalin hat also viel Wahrscheinlichkeit für sich, bewiesen ist sie aber nicht.

Das Adrenalin wirkt auf alle vom Sympathikus innervierten Organe, und zwar in seinem Effekt wie ein Sympathikusreiz. Hemmt der Sympathikus die Funktion eines Organs, so tut es auch das Adrenalin, fördert er die Funktion, so wirkt Adrenalin in gleichem Sinne.

Der Angriffspunkt des Adrenalins ist die Peripherie, die Zelle selbst, da es auch noch nach Degeneration der sympathischen Nerven seine volle Wirkung ausübt. An welchem Teile der Zelle es angreift, ist unbekannt. Der Adrenalineffekt kann durch das Ergotoxin, ein Alkaloid des Mutterkorns, aufgehoben werden.

Die Wirkung des Adrenalins ist nach Trendelenburg dadurch charakterisiert, daß sie sofort ohne meßbare Latenzzeit einsetzt, daß sie abhängig ist von der Konzentration, und daß sie sofort nach Entfernung desselben aufhört. Das Adrenalin ist demnach ein Konzentrationsgift.

Die Kreislaufbeeinflussung ist sehr wesentlich abhängig vom Tonus[2]. So konnten wir zeigen, daß die scheinbar paradoxe Umkehrwirkung des Adrenalins am Gefäßpräparat auf Tonusschwankungen beruht. Bei geringem Tonus wirkt Adrenalin konstriktorisch, bei hohem Tonus dilatorisch. Es scheint auch wahrscheinlich, daß die Abbauprodukte des Adrenalins seinen Effekt beeinflussen können, zum Teil in hemmendem, zum Teil in stark sensibilisierendem Sinne. Bei der überaus leichten Zerstörbarkeit des Adrenalins ist dieser Faktor sicher von Bedeutung. Weiterhin ist erwiesen, daß die sympathisch innervierten Organe nach Durchtrennung dieser Nerven auf Adrenalin weit stärker ansprechen. So ist am entnervten Auge die pupillenerweiternde Wirkung des Adrenalins wesentlich stärker als an dem intakten Auge. Von dieser Empfindlichkeitssteigerung wird zum biologischen Nachweis des Adrenalins häufig Gebrauch gemacht. Auch der Ionengehalt des umgebenden Milieus scheint für das Ausmaß des Adrenalineffektes auf die Zelle eine Rolle zu spielen. Die Angaben widersprechen sich aber vielfach. Ich verweise diesbezüglich auf die Monographie von Trendelenburg. Peroral gegebenes Adrenalin hat nur eine minimale Wirkung, weil es wahrscheinlich nach der Resorption in der Leber zerstört wird. Dafür spricht, daß der Effekt bei rektaler Einverleibung ein besserer ist. Die subkutane Resorption erfolgt zeitlich ungleichmäßig, intramuskulär geht sie rascher vor sich. Die intravenöse Injektion bedingt eine rasche, aber enorm flüchtige Wirkung. Die Zerstörung des Adrenalins setzt rasch ein, ob sie in den Kapillaren erfolgt, ist unsicher, wahrscheinlich kommt der Leber in dieser Hinsicht eine Bedeutung zu. Eine Zerstörung des Adrenalins im Blut wird im allgemeinen abgelehnt, da Adrenalinlösungen zugesetztes Blut bzw. Serum die Oxydation des Adrenalins sogar verzögert. Derartige Versuche besagen aber meines Erachtens nichts. Wir haben bei der Physiologie des Blutes schon darauf hingewiesen, daß Blut, sobald es das Gefäßsystem verläßt, ein absterbendes Organ ist, in dem durch die sofort einsetzende Säuerung weitgehende chemische und kolloidchemische Veränderungen vor sich gehen, die einen Rückschluß auf das zirkulierende Blut nicht zulassen. Die rasche Zerstörung des eingeführten Adrenalins im Kreislauf spricht unbedingt für eine Begünstigung der Oxydation des Adrenalins im strömenden Blute. Eine

---

[1] Biochemic. J. **20** (1926); **21** (1927).
[2] Stuber, Russmann u. Proebsting, Z. exper. Med. **32** (1923); **41** (1924).

Resorption des Adrenalins direkt in die Nervenbahnen, wie sie von Lichtwitz[1] vermutet wird, ist bis jetzt nicht bewiesen.

Nach Splanchnikusreizung wird Adrenalin in vermehrter Menge ans Blut abgegeben. Umgekehrt nimmt nach Splanchnikusdurchtrennung der Adrenalingehalt des Nebennierenvenenblutes ab. Die Wirkungen des Adrenalins auf die einzelnen Organe können hier nur kurz gestreift werden, auch sollen nur die Warmblüterorgane Berücksichtigung finden.

Adrenalin bewirkt am Herzen eine Frequenzsteigerung und eine Pulsvolumvermehrung. Der Blutdruck steigt nach nicht zu kleinen Mengen. Der Puls ist zunächst beschleunigt, aber mit steigendem Druck kommt es zu einer Bradykardie und häufig zu einer Extrasystolenbildung. Die Pulsverlangsamung beruht auf einer reflektorischen Erregung des Vaguszentrums, da sie durch Atropin beseitigt werden kann. Die Ursache der Blutdrucksteigerung beruht in erster Linie auf einer Kontraktion der Arteriolen, wahrscheinlich sind aber auch die Kapillaren daran beteiligt. Adrenalin dichtet ferner die Kapillarwand. Entzündliche Reize, die sonst zu Ödem führen, können abgeschwächt werden. An der Gefäßreaktion des Adrenalins beteiligen sich vor allem die Mesenterialgefäße und die Extremitätengefäße, sehr wenig die Gehirngefäße. Die Koronargefäße des Herzens erweitern sich auf Adrenalin. Am Auge ruft Adrenalin eine Mydriasis, Öffnen der Lidspalte und Hervortreten des Bulbus hervor. Der Angriffspunkt ist peripher, da auch nach Entnervung des Auges derselbe Effekt auftritt, ja sogar, wie wir schon bemerkt haben, in wesentlich gesteigerter Weise. Auf das Bronchiallumen — die Bronchialmuskulatur besitzt sympathische Dilatatoren — wirkt Adrenalin ausgesprochen erweiternd. Von dieser Bronchospasmus lösenden Wirkung wird bei der Adrenalintherapie des Asthmas mit großem Erfolg Gebrauch gemacht. Die Bewegungen des Magen-Darmkanals werden im allgemeinen gehemmt. Auch die Gallenblase und der Oddische Sphinkter erschlaffen. Die Milz nimmt nach Adrenalin an Volumen ab durch Kontraktion der Trabekel. Über die Beeinflussung der Blasenfunktion lauten die Angaben verschieden, es wird zum Teil über Hemmung, zum Teil über Förderung berichtet. Die Uterusbewegungen werden in der Regel gefördert. Die Haarschaftmuskeln werden durch Adrenalin erregt. Bei den quergestreiften Muskeln nimmt die Erregbarkeit bei indirekter Reizung zu, vor allem aber wird der ermüdete Muskel günstig beeinflußt. Auch über kontrakturlösende Wirkung des Adrenalins wird berichtet. Die Speichel- und Tränensekretion wird gefördert. Daß die Schweißsekretion durch Adrenalin unterdrückt wird, dürfte auf die gleichzeitige Kontraktion der Hautgefäße zurückzuführen sein.

Der Grundumsatz wird durch Adrenalin erheblich gesteigert. Es ist nicht sicher bekannt, worauf diese Tatsache zurückzuführen ist, wahrscheinlich ist die Leber daran beteiligt. Die Hyperglykämie ist nicht das Maßgebende. Im Jahre 1901 entdeckte Blum[2], daß nach Adrenalinzufuhr eine Glykosurie auftritt. Seither haben die Beziehungen des Adrenalins zum Kohlehydratstoffwechsel eine kaum mehr übersehbare Literatur hervorgerufen. Wir verweisen auf das früher beim Kohlehydratstoffwechsel Gesagte. Die Adrenalinhyperglykämie wird durch eine Zuckermobilisierung in der Leber hervorgerufen, nach neueren Untersuchungen[3] wird aber auch das Muskelglykogen abgebaut. Auch nach dem Zuckerstich wurde eine vermehrte Adrenalinabgabe festgestellt. Die Zunahme ist aber sehr klein. Sicher spielt für das Zustandekommen der Hyperglykämie nach dem Zuckerstich neben der Adrenalinmobilisierung auch eine direkte Reizung der Lebernerven eine Rolle. Die Fettverbrennung scheint durch

---

[1] Arch. f. exper. Path. **58** (1908); **65** (1911).   [2] Dtsch. Arch. klin. Med. **71** (1901).
[3] Ohara, Tohoku J. exper. Med. **6** (1925).

Adrenalin begünstigt zu werden. Die Stickstoffausfuhr soll unter dem Einfluß von Adrenalin vermehrt sein. Auch die Körpertemperatur soll durch Adrenalin gesteigert werden, wobei unentschieden ist, ob der Angriffspunkt zentral oder peripher ist.

Die Adrenalinsekretion kann durch die verschiedensten Faktoren beeinflußt werden, und zwar im Sinne einer Steigerung durch sensible Reize, psychische Erregungen, durch Unterkühlung, durch Muskelarbeit, durch Sauerstoffmangel und durch Narkose. Auch verschiedene Pharmaka wirken in derselben Richtung, so Morphin, Strychnin, Nikotin, Koffein u. a.

Die Adrenalinkonzentration im Nebennierenvenenblut beträgt in der Ruhe auf Grund zuverlässiger neuerer Untersuchungen[1] 1 : 10 Millionen. Das ist eine Konzentration, die auf Blutdruck und Blutzucker ohne Einfluß ist. Im arteriellen Blute ist die Adrenalinmenge noch weit geringer. Nach den Untersuchungen von Schlossmann[2] ist der Adrenalingehalt des peripheren Arterienblutes unter normalen Bedingungen geringer als 1 : 1 Billion. Es ist also praktisch adrenalinfrei. Nach zentraler Erregung der Sekretionstätigkeit der Nebennieren (peritoneale Reize, Zuckerstich, Strychnininjektion) kann man im Karotisblut Adrenalin nachweisen. Die Konzentration liegt aber immer noch unter 1 : 10 Milliarden. Bei direkter Einwirkung auf die Nebennieren kann der Adrenalingehalt des Blutes bis auf 1 : 50 Millionen gesteigert werden. Schlossmann nimmt an, daß im strömenden Blute immer eine bestimmte Adrenalinmenge in eine unwirksame Form übergeführt wird. Daß diese minimalen Mengen von Adrenalin, die unter diesen verschiedenen Bedingungen im Blute gefunden wurden, keine physiologische Bedeutung haben, braucht nicht weiter erörtert zu werden. Zieht man noch in Betracht, daß, wie wir schon ausgeführt haben, die Exstirpation der Nebennieren keinerlei Anhaltspunkte für die Lebensnotwendigkeit des Adrenalins ergeben hat, so wird man sich mit Recht fragen, ob das Adrenalin überhaupt als ein Hormon zu betrachten ist, dem biologische Aufgaben zufallen. Es ist deshalb auch verständlich, daß von verschiedenen Seiten, so vor allem von Gley[3], die Ansicht geäußert wurde, daß das Adrenalin ein zufälliges Stoffwechselprodukt, also mehr oder weniger ein Exkretstoff, sei. Die Ansicht ist zwar nicht bewiesen, da es bis jetzt nicht gelang, eine totale Exstirpation des chromaffinen Systems auszuführen, sie ist aber auch nicht widerlegt. Ich möchte sogar glauben, daß Vieles für diese Anschauung spricht. Aber wenn man dieser Auffassung auch nicht zustimmt und in dem Adrenalin ein lebensnotwendiges Hormon zur Regulierung von Organfunktionen, die unter dem Einfluß des Sympathikus stehen, erblickt, so kann es sich meines Erachtens aber nicht um einen dauernd tonisierenden Einfluß des Adrenalins handeln. Es wäre dann nur ein Bereitschaftsstoff, um bei einer Mehrbeanspruchung die Funktionssteigerung des Organs rasch in Gang zu setzen. Cannon sprach in diesem Sinne von einer „Notfallfunktion" des sympathiko-adrenalen Systems.

Wir haben schon im vorstehenden auseinandergesetzt, daß die Nebennierenrinde im Gegensatz zum Mark ein absolut lebensnotwendiges Organ ist und daß die Ausfallserscheinungen nach doppelseitiger Entfernung der Nebennieren nur auf den Wegfall der Rindenfunktion bezogen werden müssen. Um so auffallender ist es, daß wir über die Funktionen der Rinde noch sehr ungenau unterrichtet sind. Es hat dies zum großen Teil seinen Grund darin, daß die relativ frühe Auffindung und Reindarstellung des Adrenalins das experimentelle Arbeiten wesentlich erleichterte und das Interesse vorwiegend ihm zuwandte.

---

[1] Zit. nach Trendelenburg.   [2] Arch. f. exp. Path. **121** (1927).
[3] Die Lehre von der inneren Sekretion. Bern 1920.

Von diesem Standpunkt aus hat die Entdeckung des Adrenalins deshalb unsere Fortschritte in der Erkenntnis der Funktion der gesamten Nebenniere eher gehemmt.

Über die nach doppelseitiger Nebennierenentfernung auftretenden Ausfallserscheinungen haben wir schon gesprochen. Im Vordergrund stehen die Muskelschwäche, die Hyperpnoe, das Abfallen von Blutdruck, Temperatur und Blutzucker. Außerdem zeigt sich noch eine Verminderung des Grundumsatzes und regelmäßig eine starke Eindickung des Blutes mit einer leichten Azidosis. Gesamt-N, Rest-N und Harnstoff im Blute sind stark vermehrt. Auch die Phosphate und Sulfate nehmen zu. Die Angaben über das Verhalten der Blutlipoide sind nicht eindeutig. Die Anschauung Bornsteins[1], daß die Ausfallserscheinungen nach Nebennierenexstirpation vor allem durch die dabei auftretende starke Lungenventilation bedingt seien, ist durch Trendelenburg[2] widerlegt worden. Man hat dann auch die Funktion der Nebennierenrinde in einer Entgiftung gesehen derart, daß toxische Stoffwechselprodukte in der Nebenniere oder durch einen dort gebildeten Stoff im Blute unschädlich gemacht werden sollten. Bis jetzt liegen aber keine sicheren Tatsachen zugunsten dieser Entgiftungstheorie vor. Vielmehr spricht alles dafür, daß die Nebennierenrinde ein Hormon absondert, dessen Wegfall die erwähnten Ausfallserscheinungen bedingt. Nur wissen wir darüber noch wenig. Es ist zwar gelungen, wirksame Rindenextrakte darzustellen, deren Einverleibung bei nebennierenlosen Tieren eine sehr deutliche Lebensverlängerung hervorruft. Es ist aber bis jetzt noch nicht geglückt, den wirksamen Stoff rein zu gewinnen. Auch über den Mechanismus der Hormonwirkung sind wir bis jetzt völlig im Dunkeln. Das auffallendste Ausfallssymptom nach Nebenniereninsuffizienz ist die Muskeladynamie. Eine Störung des Muskelstoffwechsels ist naheliegend. Veränderungen desselben wurden aber bis jetzt nicht festgestellt. Vielleicht können hier eigene Untersuchungen Aufklärung bringen. Ich konnte mit meinem Mitarbeiter Lang feststellen[3], daß bei nebennierenlosen Tieren der Phosphagengehalt des Muskels rapide schwindet. Bei der großen Bedeutung des Phosphagens für den Muskelstoffwechsel wäre damit die Adynamie bei nebennierenlosen Tieren sehr wohl verständlich. Weitere Untersuchungen müssen darüber Aufklärung bringen. Jedenfalls müssen wir aber in der Nebennierenrinde ein lebenswichtiges Organ erblicken, das ein lebensnotwendiges Hormon an den Organismus abgibt.

Über die Wechselwirkungen der Nebennieren zu anderen Inkretorganen soll nur kurz berichtet werden. Sowohl bezüglich der Keimdrüsen, der Hypophysis, als auch der Schilddrüse sind die einzelnen Befunde so widersprechend, daß bestimmte Angaben nicht gemacht werden können. Zum Teil haben wir derartige Beziehungen bei Besprechung der anderen Inkretorgane mit Vorbehalt erwähnt. Vom Insulin wissen wir, daß es die Adrenalinhyperglykämie vermindert. Daß aber das Adrenalin hemmend auf die Pankreasfunktion einwirkt, ist falsch. Adrenalin wirkt auch noch nach Entfernung des Pankreas! Die Insulinhypoglykämie führt zu einer stärkeren Ausschüttung von Adrenalin. Die übrigen Adrenalineffekte werden aber durch Insulin nicht antagonistisch beeinflußt.

Die Funktion der Thymusdrüse ist noch völlig unklar. Nach Exstirpation des Thymus sollen, vor allem wenn sie im Wachstumsalter durchgeführt wird, erhebliche Störungen am Skelet auftreten im Sinne einer Schädigung der endochondralen Ossifikation. Nach Entfernung des Thymus soll die Frakturheilung unvollkommen und verzögert erfolgen. Umgekehrt soll die Kallus-

---

[1] Z. exper. Med. 37 (1923).   [2] Zit. nach Trendelenburg.
[3] Noch unveröffentlichte Untersuchungen.

bildung durch Thymusfütterung begünstigt werden. Von amerikanischen Autoren[1] wird jedoch bestritten, daß die Thymektomie irgendwelche Ausfallserscheinungen bedinge. Nach Asher[2] hat der Thymus einen fördernden Einfluß auf das Knochenmark. Nach Milzentfernung blieb dieser Effekt aus. Bekanntlich hört nach Eintritt der Geschlechtsreife das Wachstum des Thymus auf. Es wurden deshalb immer Beziehungen des Thymus zu den Sexualorganen vermutet. Nach Entfernung des Thymus soll ein stärkeres Wachstum des Hodens eintreten. Auch Wechselwirkungen mit der Schilddrüse und Nebenniere wurden vielfach angenommen. Nitschke[3] erhielt mit Thymusextrakten beträchtliche Senkungen des Blutkalkspiegels, und zwar so stark, daß es zu Tetaniesymptomen kam. Daraus wird auf eine antagonistische Funktion zu den Epithelkörperchen geschlossen. Dieselbe Wirkung erhielt Nitschke auch mit Extrakten aus Milz und Lymphdrüsen. Das deutet auf nahe biologische Beziehungen dieser verschiedenen Organe hin. Es ist also nicht möglich, auf Grund der vorliegenden Untersuchungen sich eine klare Vorstellung von der Funktion des Thymus zu machen. Auch die Beziehungen des Thymus zu klinischen Bildern bedürfen noch der Klärung, besonders bezüglich des von Paltauf beschriebenen „Status thymicolymphaticus". Henke[4] unterscheidet einen Status thymicus von dem eigentlichen Status thymicolymphaticus. Für den letzteren nimmt er einen konstitutionellen Faktor an, wodurch der Organismus gegen exogene Schädlichkeiten weniger widerstandsfähig sei. Auch sei darauf hingewiesen, daß bei plötzlichen Todesfällen öfters ein persistierender Thymus beobachtet wurde. Es soll zum Schluß noch besonders vermerkt werden, daß von dem erfahrensten Autor auf diesem Gebiete, Hammar[5], die physiologische Bedeutung des Thymus wesentlich reduziert und dessen Lebensnotwendigkeit direkt verneint wird. Danach sollen thymektomierte Tiere unter günstigen Bedingungen keine Gesundheitsschädigung zeigen. Ungünstigen hygienischen Verhältnissen gegenüber sollen sie jedoch weniger widerstandsfähig sein. Außerdem soll der Thymus die Fähigkeit haben, die Wirkungen gewisser bei der Muskelermüdung entstehender schädlicher Stoffe zu mildern bzw. aufzuheben, während ein Einfluß des Thymus auf das Wachstum und die Sexualorgane bezweifelt wird.

Ähnlich steht es mit unseren Kenntnissen betreffs der Funktion der Zirbeldrüse. Physiologischerweise zeigt die Zirbeldrüse Veränderungen während der Gravidität, indem es zu vermehrten Kalkeinlagerungen kommt und die lipoidhaltigen Vakuolen in den Zellen und der Zwischensubstanz zunehmen. Dann fanden sich bei krankhaften Veränderungen der Zirbeldrüse vor allem im Kindesalter, meist handelte es sich um Tumoren, Entwicklungsanomalien der Genitalorgane. Häufig trat sexuelle Frühreife auf. Nach Marburg ist die Zirbeldrüse eine Drüse mit innerer Sekretion, die auf die Entwicklung der Sexualorgane in der Weise einwirkt, daß sie hemmt und dadurch eine sexuelle Frühreife verhindert. Wahrscheinlich bestehen in dieser Hinsicht Wechselbeziehungen zur Schilddrüse und Hypophyse. Die experimentellen Untersuchungen auf Grund von Exstirpationsversuchen sind in ihren Ergebnissen so wenig übereinstimmend, daß sie hier übergangen werden können.

In neuerer Zeit ist noch eine weitere Anzahl von Hormonen beschrieben worden, so Kreislaufhormone, Leber- und Milzhormone. Einzelne derselben, wie das Herzhormon, ferner das Sekretin, sind früher bei den entsprechenden Kapiteln schon besprochen worden. Ebenso haben wir schon darauf hingewiesen,

---

[1] Park u. McClure, Amer. J. Dis. Childr. **18** (1919). — Renton u. Robertson, J. of Path. **21** (1917). — Allen, J. of exper. Med. **43** (1920).
[2] Biochem. Z. **121, 123** (1921).   [3] Z. exper. Med. **65** (1929).
[4] Dtsch. med. Wschr. **1920**.   [5] Klin. Wschr. **1929**.

daß der Begriff Hormon wohl definiert ist und daß ein großer Teil der in neuester Zeit den Hormonen zugerechneten Stoffe nichts mit Hormonen zu tun hat, sondern daß es sich dabei um pharmakologisch aktive Substanzen handelt, wie sie durch jede Organextraktion gewonnen werden können. Das trifft meines Erachtens auch auf die zuletzt genannten Stoffe zu, deren Hormonnatur erst noch zu erweisen ist. Wir gehen deshalb absichtlich nicht weiter darauf ein. Aus diesem Grunde wird hier auch von einer Besprechung des Cholins im Sinne eines Hormons Abstand genommen.

Die Chemie des zentralen und peripheren Nervensystems[1].

Die großen methodischen Schwierigkeiten, die sich der chemischen Analyse der Nervensubstanz entgegenstellen, bringen es mit sich, daß unsere Kenntnisse über die chemische Zusammensetzung des Gehirns und der Nerven, trotz der gerade in den letzten Jahren erzielten Fortschritte, noch recht lückenhaft sind. Man hat, was von vornherein zu erwarten war, in den nervösen Elementen dieselben Hauptgruppen von Stoffen gefunden, wie man sie überall im Protoplasma vorfindet. Also Eiweißkörper, Lipoide, Kohlehydrate, Salze und Wasser. Die Eiweißkörper der Nervensubstanz sind in Wasser bzw. Neutrallösungen teilweise löslich, teilweise unlöslich. Zu letzteren gehört das Neurokeratin. Es ist äußerst widerstandsfähig gegen chemische Agenzien, so z. B. gegen Alkali und gegen Fermente, wie Pepsin und Trypsin. Es hat in dieser Hinsicht mit dem Keratin der Haut große Ähnlichkeit. In der weißen Substanz ist es zu 1,12%, in der grauen Substanz zu 0,31% und im Nervus ischiadicus zu 0,6% enthalten. Unter den löslichen Eiweißstoffen finden sich Globuline und ein Nukleoproteid. Letzteres enthält nach Halliburton[2] 0,5% Phosphor und gerinnt bei 55—60°. Es ist in der grauen Substanz in größerer Menge enthalten als in der weißen. Nach Levene[3] liefert es als Spaltprodukte Adenin und Guanin. Von Globulinen wurde von Halliburton ein α- und ein β-Neuroglobulin nachgewiesen. Ersteres ist schon durch relativ geringe Mengen von Neutralsalzen ausfällbar und gerinnt bei 47°. Letzteres gerinnt dagegen erst bei 70—75°. Im Gehirn des Frosches findet sich noch ein Globulin, dessen Gerinnungstemperatur schon bei 39—40° liegt. Von Halliburton wurde schon auf die interessante Tatsache hingewiesen, daß die Gerinnungstemperaturen der Neuroglobuline mit den Temperaturen der ersten Hitzekontraktion der Nerven der verschiedenen Tierklassen zusammenfallen. So erlischt die elektrische Erregbarkeit des Nerven beim Frosch bei 40°, beim Säugetier bei 48—49°. Das spricht dafür, daß das Erlöschen der Reizbarkeit des Nerven durch die Gerinnung seiner Eiweißstoffe verursacht ist. Wir müssen annehmen, daß im zentralen und peripheren Nervensystem dieselben Eiweißstoffe zugegen sind. Abderhalden und Weil[4] haben verschiedene Teile der frischen nervösen Substanz (graue und weiße Substanz, Rückenmark und peripherer Nerv) auf ihren Gehalt an einzelnen Aminosäuren untersucht und dabei festgestellt, daß die Ausbeuten an einzelnen Bausteinen bei den vier verschiedenen Teilen des Nervensystems untereinander eine gute Übereinstimmung zeigen. Glykokoll wurde in keinem der Gemenge gefunden. Bei dieser Analyse des Nervengewebes

---

[1] Abderhalden, Lehrb. d. physiol. Chem. 1 (1923). — Hammarsten, Lehrb. d. physiol. Chemie. 1926. — Schmitz, Handb. d. norm. u. path. Physiol. 9 (1929). — Schulz, Handb. d. Biochemie 1 (1924).

[2] Erg. Physiol. 4 (1905).   [3] J. of biol. Chem. 28 (1917).

[4] Hoppe-Seylers Z. 81 (1912); 83, 84 (1913).

entdeckten die Autoren eine neue Aminosäure, nämlich die α-Amino-n-Kapronsäure (Norleuzin genannt).

Von Kohlehydraten finden sich im Gehirn Glykogen und Galaktose. Letztere hauptsächlich als Baustein der Zerebroside.

Neutralfett scheint unter normalen Verhältnissen im Gehirn nicht vorhanden zu sein. Nach den Untersuchungen von Berberich und Bär[1] finden sich physiologischerweise Triglyzeride in geringen Mengen nur in den Gefäßwänden. Bei krankhaften Veränderungen des Gehirns ist jedoch Neutralfett auch in den Nervenzellen anzutreffen.

Von den Bausteinen der Nervensubstanz stehen quantitativ an erster Stelle die sog. Gehirnlipoide, welche die drei Gruppen des Cholesterins, der Phosphatide und Zerebroside umfassen. Das Cholesterin kommt nur in freiem Zustand im Gehirn vor. Von den Phosphatiden ist, quantitativ betrachtet, das Kephalin zuerst zu nennen, außerdem finden sich Lezithin, Sphingomyelin, der Dilignoceryldiglykosaminmonophosphorsäureester von Fränkel und noch verschiedene andere, noch nicht sicher definierte Phosphatide. Das Cholesterin, Kephalin und Lezithin haben wir schon S. 83 besprochen. Um Wiederholungen zu vermeiden, verweisen wir darauf.

Das Sphingomyelin ist wahrscheinlich ein Diaminomonophosphatid. Es findet sich in reichlicher Menge in dem später noch zu erwähnenden sog. Protagon, außerdem kommt es noch in der Leber, Niere, im Fischsperma und Eigelb vor. Es enthält zwei Basen, das Cholin und das Sphingosin, und zwei Fettsäuren. Über die Natur der letzteren besteht noch Unsicherheit, wahrscheinlich handelt es sich um die Lignozerinsäure und eine Oxystearinsäure. Es steht aber noch keineswegs fest, ob das Sphingomyelin überhaupt eine einheitliche Substanz ist.

Der Dilignoceryldiglykosaminmonophosphorsäureester wurde von Fränkel und Kafka[2] aus dem Gehirn dargestellt. Es ist ein Diaminophosphatid, das bei der Hydrolyse Diglykosamin liefert und dessen beide Aminogruppen mit je einem Lignozerinsäurerest substituiert sind. Die Phosphorsäure ist nur mit einer Hydroxylgruppe verestert, deshalb zeigt das Phosphatid saure Eigenschaften. Weitere, vor allem von Fränkel und seinen Mitarbeitern aus Gehirn isolierte Phosphatide können hier übergangen werden, da sie noch keine sichere Charakterisierung gestatten.

Eine besondere Bedeutung unter den Gehirnlipoiden beanspruchen die Zerebroside. Sie finden sich zwar auch in anderen Organen des Körpers, der weitaus überwiegende Ort ihres Vorkommens ist aber die Nervensubstanz, und zwar nicht nur das zentrale, sondern auch das periphere Nervensystem. Sonst sind sie in kleineren Mengen noch im Herzen, in der Niere, der Retina, der Nebenniere, der Milz, in den Keimdrüsen u. a. nachgewiesen worden. Von den eigentlichen Phosphatiden unterscheiden sie sich durch das Fehlen der Phosphorsäure, dafür findet sich in ihnen als Baustein die d-Galaktose. In ihren physikalischen Eigenschaften stehen sie aber den Phosphatiden sehr nahe. Mit dem Sphingomyelin haben sie die Base Sphingosin und ein Fettsäureradikal gemein. Die Zerebroside wurden von Thudichum entdeckt, der ihnen auch den Namen gab. Neuere Erkenntnisse verdanken wir vor allem Thierfelder und seiner Schule. Die weiße Substanz ist reicher an Zerebrosiden als die graue. Die Reindarstellung der Zerebroside ist schwierig. Es sei diesbezüglich auf die methodischen Ausführungen Thierfelders[3] verwiesen. Die Zerebroside liefern bei der Hydrolyse die stickstoffhaltige Base Sphingosin, Galaktose und eine Fett-

---

[1] Münch. med. Wschr. **1925**. [2] Biochem. Z. **101** (1920).
[3] Handb. d. physiol. Arbeitsmeth. **1** (1922).

säure, die bei den einzelnen Zerebrosiden verschieden ist. Auch in Löslichkeit und optischem Verhalten zeigen die einzelnen Glieder Unterschiede. Wahrscheinlich kommen stereoisomere Zerebroside vor. Der Gesamtgehalt an Zerebrosiden des frischen Gehirns beträgt 1,6%. Bis jetzt ist die Reindarstellung von drei Zerebrosiden gelungen, sie sind bekannt als: Phrenosin (Zerebron), Kerasin und Nervon.

Das Phrenosin wurde von Thierfelder[1] isoliert und näher definiert. Es hat die Formel $C_{48}H_{93}NO_9$ und gibt bei der Hydrolyse Galaktose, Sphingosin und Zerebronsäure. Es ist rechtsdrehend. Das Kerasin hat die Bruttoformel $C_{47}H_{91}NO_8$. Bei der Hydrolyse zerfällt es in Sphingosin, Galaktose und Lignozerinsäure. Es dreht die Ebene des polarisierten Lichtes nach links. Es ist in Alkohol und Äther leichter löslich als das Zerebron. Das Nervon, von Fränkel und Kafka zuerst nachgewiesen, wurde von Thierfelder und Klenk[2] näher definiert. Seine Formel ist $C_{47}H_{89}NO_8$. Bei der Spaltung werden Sphingosin, Galaktose und eine ungesättigte Fettsäure $C_{24}H_{46}O_2$, als Nervonsäure bezeichnet, erhalten. Das Nervon ist linksdrehend. Die Zerebronsäure $C_{25}H_{50}O_3$ und die Lignozerinsäure (Thierfelders Kerasinsäure) $C_{24}H_{48}O_2$ haben insofern sehr nahe Beziehungen zueinander, als die letztere durch Oxydation aus der ersteren entsteht.

Bei der Darstellung dieser Stoffe wird von einer Substanz ausgegangen, die von Liebreich im Jahre 1865 unter dem Namen Protagon beschrieben wurde. Der lange Streit, ob es sich bei dem Protagon um eine einheitliche Substanz handelt oder nicht, dürfte nun durch neuere Untersuchungen entschieden sein. Danach scheint es so gut wie sicher zu sein, daß das Protagon ein schwer trennbares Gemisch von Zerebrosiden und Phosphatiden ist. An letzteren dürfte vor allem das Sphingomyelin beteiligt sein. Auch schwefelhaltige Phosphatide (Sulfatide) sind aufgefunden worden. So beschrieb Koch[3] ein Sulfatid, in dem ein Zerebrosid- und ein Phosphatidmolekül durch Schwefelsäure verbunden sein sollen. Levene[4] berichtet ebenfalls über ein Sulfatid, das aber phosphorfrei war, und Fränkel[5] konnte im Gehirn zwei solche Stoffe nachweisen, die Schwefel und Phosphor im Verhältnis von 1 : 1 enthalten. Die eine Substanz, die Hirnsäure, ist in Petroläther löslich, die andere, die Hypohirnsäure, ist darin unlöslich. Die Spaltung ergab, daß aller Stickstoff als Aminoäthylalkohol darin enthalten ist. Außerdem wurde eine Fettsäure aufgefunden, die wahrscheinlich eine Oxydecansäure ist. Als Extraktivstoffe wurden in der Nervensubstanz nachgewiesen: Kreatin, Purinbasen, Inosit, Cholin, d-Milchsäure und Harnsäure. Von Fermenten finden sich: Katalase, Peroxydase, Dehydrogenase, Lipase, Amylase, glykolytisches Ferment, Nuklease, proteolytische Enzyme und ferner ein Ferment, das die Phosphatide unter Abspaltung von Phosphorsäure zerlegt. Das frische Gehirn hat alkalische Reaktion. Es setzen jedoch sofort autolytische Prozesse ein, wodurch die Reaktion sauer wird. Der Aschegehalt des gesamten Gehirns wird zu 1,47—1,58% der frischen Substanz angegeben. Von Kationen sind nachgewiesen: Kalium, Natrium, Kalzium, Magnesium, Eisen, Lithium und Mangan; von Anionen: Chlor, Phosphat und Sulfat. Das Eisen soll sich hauptsächlich in den Teilen des Gehirns finden, die dem extrapyramidalen motorischen System entsprechen.

Bezüglich des Wassergehalts ergaben die Analysen von Abderhalden und Weil im Mittel für die graue Substanz 81.4%, für die weiße Substanz 71,3%, für das Rückenmark 64,4% und für den peripheren Nerven 65,9% Wasser. Beim

[1] Hoppe-Seylers Z. **30, 43, 44, 46, 49, 68, 74, 77, 89, 91** (1900—1914).
[2] Hoppe-Seylers Z. **145** (1925).   [3] Hoppe-Seylers Z. **53** (1907).
[4] J. of biol. Chem. **13** (1913).   [5] Biochem. Z. **124** (1921); **157** (1925).

Neugeborenen finden sich keine wesentlichen Unterschiede im Wassergehalt der verschiedenen Gehirnteile, er beträgt für das Gesamtgehirn 88,7%. Im Laufe der Entwicklung verliert also die weiße Substanz am meisten Wasser, infolge der Einlagerung von Lipoiden. Der Eiweißgehalt der grauen und der weißen Substanz beträgt nach Abderhalden und Weil 6—8%. Sie berechnen weiter, daß von dem Stickstoff der grauen Substanz 64%, von dem der weißen Substanz 56% auf Aminosäuren entfallen. Am meisten interessieren die Angaben über das quantitative Verhalten der Lipoide. Aber gerade hier gehen die Zahlen der einzelnen Untersucher so weit auseinander, daß genaue Daten nicht angeführt werden können. Es liegt dies daran, daß die quantitativen Methoden keine genaue Trennung der einzelnen Lipoide gestatten. Nur für das Cholesterin trifft das nicht zu. Hier besitzen wir in der Digitoninfällung eine sehr exakte Methode. Das Rückenmark scheint der lipoidreichste Teil des ganzen Nervensystems zu sein. Der Neugeborene enthält in seinem Gehirn ungefähr nur die Hälfte der Lipoide wie der ausgewachsene Organismus. Der Lipoidgehalt steigt also während der Entwicklung an, und zwar betrifft diese Zunahme vor allem die Zerebroside, die beim Neugeborenen noch fast ganz fehlen. Man muß deshalb schon eine synthetische Bildung derselben im Organismus annehmen. Während beim Neugeborenen graue und weiße Substanz annähernd den gleichen Lipoidgehalt haben, ist beim Erwachsenen die weiße Substanz doppelt so reich an Lipoiden als die graue. Vom Ernährungszustand ist die chemische Zusammensetzung des Gehirns völlig unabhängig. Wir wissen, daß selbst im Hungerzustand der Gehalt an Lipoiden im Gehirn sich nicht ändert. Es ist auch gar nicht möglich, durch eine bestimmte Variierung einzelner Nahrungsbestandteile darauf einen Einfluß auszuüben. Nur bei dem Mangel an B-Vitamin in der Nahrung sind bis jetzt Änderungen in der Zusammensetzung der Gehirnlipoide aufgefunden worden. Bei beriberikranken Tieren kommt es zu einer Gehirnatrophie mit Abnahme des Lezithins und Kephalins, während das Cholesterin zunimmt. Letzteres soll zum Teil dann auch in Esterform auftreten, während es normalerweise nur als freies Cholesterin vorhanden ist. Auf die biologische Bedeutung des lipozytischen Quotienten: $\dfrac{\text{Cholesterin}}{\text{Lezithin}}$, der dadurch sehr einschneidend verschoben wird, haben wir schon Seite 87 hingewiesen. Solche Veränderungen treten auch bei Degeneration der Nerven auf und sind auch bei verschiedenen Erkrankungen des Zentralnervensystems (progressive Paralyse, Dementia praecox, Tollwut u. a.) beschrieben worden. Im allgemeinen findet man dabei immer eine Zunahme des Cholesterins, des Wassers und der Eiweißkörper, während die Phosphatide, Zerebroside und Sulfatide beträchtlich abnehmen.

Der Stoffwechsel des peripheren Nervensystems[1].

Die Funktion des peripheren Nerven ist von der Blutzufuhr abhängig. Die Gefäßversorgung der Nerven ist dementsprechend auch eine sehr ausgiebige. Es gelingt deshalb auch nicht, einen normal durchbluteten Nerven in einer Stickstoffatmosphäre oder durch Chloroformdämpfe zu ersticken. Die Erregbarkeit eines Nerven erlischt nach dem Tode eines Tieres sehr rasch, schon nach etwa $^{1}/_{4}$ Stunde. Bringt man aber einen derartigen Nerven in feuchte Luft oder in Ringerlösung, so ist eine Erholung nach mehreren Stunden noch möglich. Die Ursache des Erlöschens der Erregbarkeit nach Aufhören der Blutzirkulation ist in dem

---

[1] Peritz, Handb. d. Biochemie **8** (1925). — Winterstein, Handb. d. norm. u. path. Physiol. **9** (1929).

Sauerstoffmangel zu suchen, denn wir wissen, daß auch der ausgeschnittene Nerv bei genügender Sauerstoffversorgung stundenlang seine Erregbarkeit behält bzw. die erloschene Erregbarkeit durch Sauerstoffzufuhr wiederkehren kann. Die Erstickung des Nerven in einer sauerstofffreien Atmosphäre tritt nach den Untersuchungen von v. Bayer[1] um so rascher ein, je höher die Umgebungstemperatur ist, und die Erholung wird im gleichen Sinne um so unvollständiger. Im Beginn der Erstickung zeigt sich eine kurze Zeit anhaltende Steigerung der Erregbarkeit. Bei einem bestimmten Grad der Erregbarkeitsherabsetzung hört beim erstickten bzw. narkotisierten Nerven die zunächst nur allmählich sinkende Leitfähigkeit plötzlich auf. Nach Gottschalk[2] erfolgt die Erholung eines erstickten Nerven in sauerstoffhaltiger isotonischer Lösung rascher als in gasförmigem Sauerstoff. Der Grund liegt darin, daß im ersteren Fall schädliche Stoffwechselprodukte durch Diffusion entfernt werden. Es ist also für die völlige Erholung nicht nur Sauerstoff nötig, sondern ebenso die Entfernung von nicht oxydabeln bzw. nicht flüchtigen Ermüdungsstoffen.

Eine große Anzahl von Untersuchungen beschäftigte sich mit dem Gasstoffwechsel des Nerven in Ruhe und unter dem Einfluß der Reizung, wobei letztere durch elektrische, chemische und mechanische Einwirkungen hervorgerufen wurde. Trotz der erheblichen Differenzen in den Ergebnissen hat sich aber doch gezeigt, daß jede Reizung mit einer beträchtlichen Steigerung des Ruhestoffwechsels, nachweisbar in einer vermehrten Kohlensäureabgabe und ebensolchen Sauerstoffaufnahme, verknüpft ist, und zwar besteht nach den Untersuchungen von Winterstein und Hirschberg[3] eine Parallelität zwischen Größe des Reizstoffwechsels und der Reizintensität. Nach den Untersuchungen von Gerard und Meyerhof[4] bildet der ruhende Nerv in Sauerstoff keine Milchsäure, wohl aber in Stickstoff. Dabei nimmt die stündliche Milchsäurebildung zunächst bis zur zweiten Stunde zu, um von der vierten Stunde an abzufallen. Dieser Abfall beruht auf Kohlehydratmangel, da durch Suspension in traubenzuckerhaltiger Ringerlösung die Milchsäurebildung für mehr als 30 Stunden konstant erhalten werden kann. Anhäufung von Milchsäure hemmt die Glykolyse nicht, aber ebensowenig verschwindet die einmal gebildete Milchsäure in Sauerstoff. Sie wird nicht resynthetisiert und kaum oxydiert. Die Reizung in Stickstoff bewirkt keine wesentliche Steigerung der Milchsäurebildung im Gegensatz zu einer Reizung in Sauerstoff. Neben der Kohlehydratspaltung ist noch eine Ammoniakbildung nachweisbar, die in Ruhe gering ist, aber bei Reizung des Nerven in Sauerstoff erheblich ansteigt. Der respiratorische Quotient der Ruheatmung beträgt 0,8 und ändert sich durch Zuckerzusatz nicht. Er kann also nicht auf eine Kohlehydratverbrennung zurückgeführt werden. Bei der Reizung tritt eine Steigerung des respiratorischen Quotienten auf 1 ein, wobei unentschieden ist, ob diese Erhöhung auf einer Oxydation von Kohlehydraten oder Eiweißstoffen beruht. Sicher ist aber der Erregungsvorgang mit einer Oxydation verknüpft.

Über den Umsatz der organischen Nährstoffe im Nervensystem sind wir hauptsächlich durch die Arbeiten von Winterstein und seiner Schule[5] unterrichtet. Dabei zeigte sich, daß im Zentralnervensystem und im peripheren Nerven dieselben chemischen Vorgänge sich abspielen, nur daß in letzterem im Vergleich zu ersterem die Umsetzungen wesentlich geringer (etwa $^1/_3-^1/_2$) sind. Der Ruheumsatz der Kohlehydrate wird durch eine Temperaturerhöhung um 10° für Dextrose um das Doppelte erhöht. Besonders bei Reizung tritt eine

[1] Z. allg. Physiol. **2** (1903).   [2] Z. allg. Physiol. **16** (1914); **18** (1920).
[3] Pflügers Arch. **216** (1927).   [4] Biochem. Z. **191** (1927).
[5] Hoppe-Seylers Z. **108** (1919) — Biochem. Z. **156, 159** (1925).

sehr starke Vermehrung des Kohlehydratumsatzes ein. Auch die im Nerven selbst enthaltenen Kohlehydrate werden im Ruhestoffwechsel verbraucht. Durch Zufuhr von Zucker kann dieser Abbau verhindert werden, ebenso durch Narkose mit 1% Urethan. Ebenso ließ sich ein Fettumsatz im ruhenden und eine wesentliche Steigerung desselben im gereizten Nerven nachweisen. Der Stickstoffumsatz beträgt für den N. ischiadicus des Frosches pro 1 g und 24 Stunden nach Winterstein im Mittel 1,6 mg. Durch Reizung des Nerven wird er um das Zwei- bis Dreifache erhöht. Diese Eiweißzersetzung konnte durch Zucker, am besten durch Dextrose, weniger gut durch Lävulose und Galaktose, unterdrückt werden. Auch Blut bzw. Serum waren wirksam, desgleichen von Aminosäuren Alanin. Auch Phosphatide und Zerebroside wirkten eiweißsparend. Tashiro[1] hat zuerst nachgewiesen, daß im Stoffwechsel des Nerven sich Ammoniak bildet. Diese Versuche wurden von Winterstein bestätigt Die Abgabe von Ammoniak erreicht beim gereizten Nerven den zwei- bis dreifachen Betrag des Ruhewertes. Sie kann durch Urethannarkose völlig unterdrückt werden. Da der Vorgang der Nervenleitung mit einer Umsetzung von chemischer Energie verbunden ist, so war der Gedanke einer damit auftretenden Wärmebildung naheliegend. Nach vielen vergeblichen Versuchen, diese nachzuweisen, ist in letzter Zeit das Vorhandensein einer solchen von Hill und seinen Mitarbeitern[2] mit Hilfe einer überaus empfindlichen thermoelektrischen Methode auch erwiesen worden. Wie beim Muskel, so zeigt sich auch beim Nerven die Wärmebildung in zwei Phasen. Sie betrug für die initiale Phase im Mittel $7,6 \cdot 10^{-6}$ cal pro Gramm und Sekunde Reizung. Weiter ergab sich, daß die „initiale" Wärmebildung während einer Reizung konstant bleibt und nach Aufhören derselben sofort abfällt, während die „verzögerte" Wärmebildung im Verlauf einer Reizung von mehreren Sekunden bis zu einem Maximum ansteigt und dann ganz langsam im Verlauf von 10 Minuten zum Nullwert absinkt. Jedenfalls tritt etwa 90% der Gesamtwärme erst nach Ablauf der Erregung in Erscheinung. Bei Sauerstoffmangel nimmt die Wärmebildung ab, es bleibt aber das Verhältnis der initialen zur verzögerten Phase annähernd normal. Im ruhenden Nerven beträgt die Wärmebildung nur ungefähr ein Drittel von derjenigen bei Reizung.

Der Stoffwechsel des Zentralnervensystems läuft qualitativ in derselben Weise ab wie der des peripheren Nervensystems, so daß wir uns, um nicht allzuviel zu wiederholen, auf das Wesentlichste beschränken können. Die Unterschiede zeigen sich in ausgesprochener Weise in quantitativer Hinsicht, indem die Stoffumsätze bedeutend größer sind als im peripheren Nerven. Schon die reichliche Blutversorgung des Zentralnervensystems deutet auf die Bedeutung des Sauerstoffs für seine Tätigkeit hin. Nach Winterstein[3] bleibt die Erregbarkeit des isolierten Rückenmarks in einer Sauerstoffatmosphäre bei gewöhnlicher Temperatur bis zu 2 Tagen erhalten, während sie in einer Stickstoffatmosphäre schon nach $^3/_4$—2 Stunden erlischt. Führt man dann wieder Sauerstoff zu, so kann die Erregbarkeit wieder völlig hergestellt werden. Die peripheren Ganglien scheinen ein geringeres Sauerstoffbedürfnis zu haben als die zentralen. Die Temperatur ist von bedeutendem Einfluß. Bei höheren Temperaturen tritt bei Sauerstoffentzug die Erstickung früher ein, auch wächst das eben noch zur Erhaltung der Funktion nötige Sauerstoffminimum. Der einfache Sauerstoffmangel führt nach Bethe[4] zunächst zu einer Erregbarkeitssteigerung. So können bei strychninvergifteten Fröschen im Abklingen der Vergiftung erneut Krämpfe auftreten, wenn sie in eine Wasserstoffatmosphäre gebracht werden.

[1] Amer. J. Physiol. **60** (1922).   [2] Proc. roy. Soc. Lond. **100** (1926).
[3] Z. allg. Physiol. **6** (1907).   [4] Erg. Physiol. **5** (1906).

Man hat auch versucht, Änderungen des Gesamtstoffwechsels während der gesteigerten Tätigkeit des Zentralnervensystems, vor allem während angestrengter geistiger Arbeit nachzuweisen. Winterstein weist mit Recht darauf hin, daß die Aussichten, ein positives Ergebnis zu erhalten, von vornherein nicht sehr günstig sind, da das Gehirn beim Menschen kaum 2% der Gesamtmasse des Körpers ausmacht, so daß selbst Ausschläge um 100% leicht entgehen können, da sie noch innerhalb der Fehlergrenzen der Methode liegen. Dementsprechend sind auch die Resultate zum Teil negativ, zum Teil positiv ausgefallen. Kestner und Knipping[1] konnten unter den erwähnten Bedingungen eine deutliche Steigerung des Energieumsatzes nachweisen. Auch Grafe[2] konnte unter dem Einfluß hypnotisch suggerierter Affekte mäßige Erhöhungen feststellen. Es ist aber kaum zu entscheiden, inwieweit diese Veränderungen auf die Tätigkeit des Gehirns zu beziehen sind.

Die Versuche, aus den Differenzen im Gasgehalt des arteriellen und venösen Blutes des Gehirns Schlüsse auf den Stoffwechsel desselben zu ziehen, sind nur dann quantitativ verwertbar, wenn zugleich die Blutströmungsgeschwindigkeit bekannt ist. Solche Untersuchungen stoßen auf große experimentelle Schwierigkeiten. Bemerkenswert sind die Angaben von Jensen[3], daß die Strömungsgeschwindigkeit im Gehirn 138 ccm/Min. gegen 12 ccm/Min. im Muskel beträgt. Das Gehirn ist also weitaus das am besten blutdurchströmte Organ. Diese Tatsache allein schon läßt auf einen besonders intensiven Stoffwechsel schließen. Auf Grund der Untersuchungen von Alexander und Mitarbeitern[4], Jamakita[5] u. a. gibt Winterstein den mittleren O-Verbrauch des Gehirns auf 9,5—10 ccm pro 100 g und Minute an. Er übertrifft also den des Muskels um mehr als das Zwanzigfache. Auch am isolierten Zentralnervensystem konnte von Winterstein die intensive Steigerung des Gaswechsels nach elektrischer Reizung, wenn es dabei zur Auslösung von Erregungsvorgängen kam, feststellen. Dabei war die Sauerstoffaufnahme des Gehirns größer als die des Rückenmarks. Bei Warmblütern war der Stoffwechsel nahezu doppelt so groß wie bei Kaltblütern. Es zeigte sich eine annähernde Parallelität zwischen Reizstärke und Stoffwechselintensität, wenn die Reizung direkt erfolgte. Wurde jedoch das Rückenmark reflektorisch vom zentralen Ischiadikusstumpf aus erregt, so verlief die Stoffwechselsteigerung unabhängig von der Reizstärke. Die zuletzt genannte Methode entspricht zweifelsohne mehr den physiologischen Verhältnissen als die erstere. Die Stoffwechselvorgänge im Zentralnervensystem laufen also unter physiologischen Bedingungen wesentlich anders ab als bei künstlichen, lokal gesetzten Reizen. Der Gasstoffwechsel ist an die normale Struktur des Zentralnervensystems gebunden. Am isolierten Rückenmark konnte Winterstein mit seinen Mitarbeitern[6] einen starken Zuckerverbrauch nachweisen, der in seinem Ausmaß von der Sauerstoffzufuhr und Temperatur abhängig war. Besonders intensiv war der Zuckerumsatz nach elektrischer Reizung, er stieg dabei auf etwa das $2^1/_2$fache des Ruhewertes. Durch Narkose wurde er herabgesetzt. Durch Zerstörung der Struktur des Rückenmarks wurde er infolge Vergrößerung der Berührungsfläche zwischen Nervensubstanz und Zuckerlösung und vermehrten Freiwerdens von glykolytischem Ferment ebenfalls erhöht. Dagegen war unter diesen Bedingungen die elektrische Reizung völlig ohne Wirkung, was nach dem oben Gesagten auch nicht anders zu erwarten war. Im Ruhestoffwechsel werden Traubenzucker, Fruchtzucker und Galaktose annähernd gleich verwertet. Die Mehrleistungen nach Reizung werden weitaus

---

[1] Klin. Wschr. **1922** — Z. Biol. **77** (1922).   [2] Erg. Physiol. **21** (1923).
[3] Pflügers Arch. **103** (1904).   [4] Biochem. Z. **44** (1912); **53** (1913).
[5] Tohoku J. exper. Med. **3** (1922).   [6] Hoppe-Seylers Z. **100** (1917).

am besten durch Traubenzucker gedeckt. Insulin in kleinen Dosen bewirkt eine Zunahme des Zuckergehalts des Gehirns, vor allem des Glykogens und der Zerebroside. Größere krampferregende Insulindosen bedingen das Gegenteil.

Nach den Untersuchungen von Jungmann[1] in Wintersteins Laboratorium wird auch in dem isolierten Rückenmark Milchsäure gebildet und in das umgebende Medium abgegeben. Besonders deutlich ist diese Abgabe in einer sauerstoffarmen Lösung. Eigenartigerweise vermindert Reizung die Milchsäurebildung. Insulin in kleinen Dosen setzt die Milchsäurebildung ebenfalls herab.

Weiterhin ließ sich ein starker Umsatz von stickstoffhaltigen Substanzen nachweisen. Elektrische Reizung rief eine besonders intensive Steigerung hervor, die diejenige der Kohlehydrate noch übertraf. Narkose bewirkt das Gegenteil. Auch die beim peripheren Nerven erwähnte Ammoniakbildung zeigt sich ebenso beim Zentralnervensystem, aber mit dem bemerkenswerten und noch nicht erklärbaren Unterschied, daß der Ammoniakruhewert bei Reizung des Rückenmarks sich kaum verändert.

Der Fettumsatz des Zentralnervensystems ist ebenfalls recht beträchtlich und wird durch Reizung so stark in die Höhe getrieben wie der Eiweißstoffwechsel. Sauerstoffmangel vermindert ihn erheblich, ebenso Narkose. Wahrscheinlich entfällt der hohe Fettumsatz zum großen Teil auf die Phosphatide und Zerebroside. Dafür spricht, daß das isolierte Rückenmark reichlich Phosphor an die umspülende Lösung abgibt. Auch dafür ist die Sauerstoffzufuhr von Bedeutung, und Narkose hebt die Abgabe auf. Die eiweiß- und fettsparende Wirkung des Traubenzuckers zeigte sich auch am Zentralnervensystem, besonders während der Reizung. Bei der Galaktose trat diese Wirkung vor allem deutlich im Ruhestoffwechsel auf. Das ist verständlich, wenn man bedenkt, daß sie Baustein der Zerebroside ist, während der Traubenzucker überwiegend Betriebsstoff ist. Von Aminosäuren war die sparende Wirkung von Alanin wieder am ausgesprochensten. Die besten Resultate bezüglich der Einsparung sämtlicher Nährstoffe ergab eine Mischung von Phosphatiden und Zerebrosiden. Es gelang sogar damit einen geringen P-Ansatz zu erzielen. Die Versuche zwecks Nachweis einer Wärmebildung im Zentralnervensystem sowohl in Ruhe als besonders nach Erregung, lassen zur Zeit noch keine sicheren Schlüsse zu. Wir haben bei Besprechung der einzelnen Organfunktionen die zum Teil hemmenden, zum Teil fördernden nervösen Impulse, vor allem von Seiten des autonomen Nervensystems, schon kennengelernt. Über den näheren Wirkungsmechanismus liegen verschiedene Theorien vor. Bei Erörterung der Theorien der Reizleitungsstörungen des Herzens und der Herznervenwirkung sind wir ausführlich auf diese Fragen, vor allem die zur Zeit im Vordergrund des Interesses stehenden Theorien von Kraus-Zondek und von O. Loewi, eingegangen. Um Wiederholungen zu vermeiden, verweisen wir darauf.

Nachtrag zu den chemischen Vorgängen im Muskel
(zu Seite 44 u. f.).

Die Untersuchungen der letzten Jahre über die mit der Muskeltätigkeit verbundenen chemischen Vorgänge haben zu überaus wichtigen und interessanten Tatsachen geführt, wodurch dieses schwierige Problem noch weiterhin kompliziert wurde. Wir können hier nur die wesentlichsten Gesichtspunkte hervorheben

---

[1] Biochem. Z. **201** (1928).

und müssen wegen der Einzelheiten auf die Literatur[1] verweisen. Die Kohlehydrat-Phosphorsäureester sind als unerläßliche Zwischenprodukte beim Abbau der Kohlehydrate erwiesen. Dabei scheint je nach der Art des zur Spaltung benutzten Fermentpräparates und ebenso des Milieus, der Ablauf der einzelnen Reaktionen zu variieren. Wir kennen dementsprechend auch verschiedene „natürlich vorkommende" Kohlehydratester. Am längsten bekannt ist die Harden-Youngsche Hexosediphosphorsäure, die aus Hefepreßsaft dargestellt wurde. Dann gelang es Harden und Robison aus gärendem Hefemazerationssaft eine Hexosemonophosphorsäure (Robison-Ester) zu isolieren. Neuberg erhielt durch partielle Säurehydrolyse der Hexosediphosphorsäure und auch auf fermentativem Wege im Hefeextrakt ebenfalls eine Hexosemonophosphorsäure (Neuberg-Ester). Den Embden-Ester, das „Laktazidogen", haben wir schon früher erwähnt. Ursprünglich aus mit Fluorid versetztem Muskelpreßsaft dargestellt, erwies sich derselbe identisch mit der Harden-Youngschen Hexosediphosphorsäure. Später konnte dann Embden den Nachweis erbringen, daß im normalen Muskel eine Hexosemonophosphorsäure (Embden-Ester) vorhanden ist, auf die der Name „Laktazidogen" dann übernommen wurde. In neuester Zeit gelang es dann Lohmann unter ganz bestimmten Bedingungen im Muskelextrakt zwei neue Hexosediphosphorsäuren (Lohmann-Ester I und II) nachzuweisen. Beide Ester unterscheiden sich von den zuerst genannten durch eine größere Säurestabilität, geringere Reduktionskraft und größere Löslichkeit ihrer Barium- und Bleisalze. Im lebenden Muskel scheint nur der Embdensche Monoester vorzukommen. Dagegen dürften sich im Muskelextrakt und Muskelbrei auch die Hexosediphosphorsäuren bilden. Die Hexosephosphorsäure hat für die anaerobe Kohlehydratspaltung im Muskel dieselbe Bedeutung wie für die alkoholische Gärung der Hefe. Die früheren Angaben von Embden und seinen Mitarbeitern über den Laktazidogengehalt der Muskulatur sind jedoch inzwischen widerlegt. Die damals geübte Bestimmung des Laktazidogens aus der Zunahme des anorganischen Phosphats bei der Bikarbonatautolyse des Muskels ist fehlerhaft. Lohmann[2] konnte zeigen, daß das auf diese Weise nachgewiesene Phosphat überwiegend aus dem Adenylpyrophosphat des Muskels stammt, das fermentativ zu Orthophosphat und Adenylsäure bzw. Inosinsäure aufgespalten wird. Der größere Teil des bei der Autolyse im Muskel gebildeten Phosphates ist also auf die Pyrophosphatfraktion zu beziehen. Im Froschmuskel entsprechen nur $0,1-0,2$ mg P_2O_5 dem Embden-Ester. Im Kaninchenmuskel ist dieser Betrag größer, nämlich $0,7$ mg P_2O_5. Lohmann konnte weiterhin zeigen, daß bei länger dauernder Reizung des Muskels nicht das Laktazidogen, sondern die Pyrophosphatfraktion unter Freiwerden von Orthophosphat zerfällt. Der Gehalt des Muskels an Monoester ist vor und im Beginn des Tetanus gleich, er nimmt erst nachträglich zu, um in der Ermüdungs- bzw. in der oxydativen Erholungsphase wieder abzunehmen. Die Vielheit von Estern, die bei der Gärung bisher aufgefunden wurde, beruht zweifelsohne auf den jeweils verschiedenen Versuchsbedingungen. Nach Meyerhof bedingt „die Ablösung des Ferments von der Zellstruktur" eine „Störung der Koordination der Teilprozesse der Zuckerspaltung". In der lebenden Muskelzelle zwingen die gegebenen Strukturverhältnisse die Tätigkeit des veresternden Fermentes in eine spezifische Richtung, so daß es nur zur Bildung ein und desselben Esters kommt. Fallen diese strukturellen Bedingungen weg, wie z. B. im Muskelbrei, so kann die Veresterung verschiedene Wege einschlagen. Es ist aber nach Meyerhof wahrscheinlich,

---

[1] Zusammenfassende Darstellung: a) bei Lohmann u. Nachmansohn im Handb. d. Bioch. von Oppenheimer, Erg. Bd. (1930). b) Meyerhof, Die chem. Vorgänge im Muskel, Berlin (1930).　　　　[2] Biochem. Z. **202, 203** (1928).

daß der Monoester, den wir bisher beim Spaltprozeß isoliert haben, nicht das eigentliche Intermediärprodukt ist, sondern vielmehr ein „aktiver", der im Status nascens sofort wieder zerfällt. Der Embden-Ester wäre dann als eine „Stabilisierungsform" zu betrachten, die vor allem dann entsteht, „wenn überschüssiges Veresterungsprodukt aus dem raschen Zerfallsvorgang herausgedrängt wird". Es dürfte sicher sein, daß die ersten Stufen des Zuckerabbaues und der Milchsäurebildung die gleichen sind. Sowohl bei der Milchsäurebildung als auch bei der alkoholischen Gärung finden wir nach Meyerhof dasselbe Koferment, desgleichen benötigen beide Vorgänge anorganisches Phosphat, das im weiteren Verlaufe verestert wird. Bei beiden Prozessen stoßen wir auf dieselben Hexosephosphorsäuren und ebenso wird die Milchsäurebildung und die Vergärung durch Arsenat beschleunigt und durch Fluorid gehemmt. Das Koferment der Milchsäurebildung des Muskels besteht nach Meyerhof[1] aus einem autolysablen und einem nichtautolysablen Bestandteil. Der erstere ist die Adenylpyrophosphorsäure. Nach neuesten Ergebnissen von Lohmann[2] ist der nichtautolysable Teil ein Magnesiumsalz. „Das System: dialysierter Muskelextrakt + anorganisches Phosphat + Adenylpyrophosphat + Magnesiumsalz ist zur Spaltung des Glykogens in Milchsäure fähig, dagegen nicht beim Fehlen eines dieser Bestandteile."

Embden und Zimmermann[3] haben zuerst das Vorkommen der Adenylsäure im Muskel erwiesen. Von Lohmann[4] wurde dann gezeigt, daß der größte Teil des fermentativ hydrolysierbaren säurelöslichen Phosphors aus Pyrophosphat besteht, das aus der leicht zerfallenden Adenin-nukleotid-pyrophosphorsäure (Adenylpyrophosphorsäure) abgespalten wird. Letztere findet sich in allen Zellen, am reichlichsten jedoch in der quergestreiften Muskulatur. Im Muskelbrei wird die Adenylpyrophosphorsäure rasch fermentativ gespalten. Im intakten Muskel scheint dies jedoch, abgesehen von den verschiedenen Formen der Muskelstarre, nicht der Fall zu sein. Ihre Rolle bei der Kohlehydratspaltung ist noch nicht klargelegt. Sie scheint aber für den geregelten Ablauf derselben nötig zu sein. Sie ist nach Meyerhof „als Bestandteil des Kofermentsystems, als Komplement, anzusehen".

Sowohl der ruhende als auch der tätige Muskel geben dauernd kleine Mengen von Ammoniak ab. Vor allem die Untersuchungen von Embden[5] und von Parnas[6] haben uns nähere Aufschlüsse darüber gebracht. Die Quelle des Ammoniaks ist die Adenylsäure, die dabei zu Inosinsäure desaminiert wird. Sowohl bei der Tätigkeit des Muskels als auch bei der traumatischen Schädigung desselben stimmt nach Parnas die gebildete Ammoniakmenge mit dem durch Adeninnukleotidschwund gebildeten Hypoxanthinnukleotid überein. Bei dem in Sauerstoff tätigen Muskel trifft dies jedoch nicht mehr zu. Unter diesen Bedingungen übertrifft nach Parnas die Ammoniakbildung die Spaltung der Adenylsäure. Anscheinend kommt es dabei zu einer Reaminierung der Inosinsäure, aber nach Parnas unter oxydativer Desaminierung von Aminosäuren und nicht unter Einbeziehung des abgespaltenen Ammoniaks. Letzteres verschwindet nicht mehr.

In jüngster Zeit wurde nun eine zweite chemische Reaktion bei der Muskeltätigkeit entdeckt, die der Kohlehydratspaltung an Bedeutung gleichkommt. P. und G. P. Eggleton[7] fanden im quergestreiften Muskel eine säurelabile Phosphatverbindung, die bei der Tätigkeit des Muskels gespalten wird. Sie nannten sie „Phosphagen". Fiske und Subbarow[8] erkannten dann,

[1] Biochem. Z. **193** (1928).　　[2] Naturwiss. 8 (1931).　　[3] Hoppe-Seilers Z. **167** (1927).
[4] Biochem. Z. **202, 203** (1928).　　[5] Hoppe-Seilers Z. **167** (1927), **179** (1928).
[6] Biochem. Z. **184, 188** (1927), **206** (1929).　　[7] Biochemec. J. **21** (1927).
[8] J. of biol. Chem. **81** (1929).

daß die Verbindung äquimolekulare Mengen Phosphat und Kreatin enthält und daß der größte Teil (ca. 75%) des vermeintlich anorganischen Phosphats im Muskel auf diese leicht spaltbare Verbindung zurückzuführen ist. Das Phosphagen findet sich in den quergestreiften Muskeln aller Wirbeltiere. Bei den Wirbellosen fehlt es, da deren Muskulatur kein Kreatin enthält. Meyerhof und Lohmann[1] konnten zeigen, daß bei letzteren das Arginin die Rolle des Kreatins übernimmt. Letzteren Autoren gelang auch der Nachweis der Konstitution der Phosphagene. Das Wirbeltierphosphagen ist eine einmolekulare Kreatinphosphorsäure, das Wirbellosenphosphagen dementsprechend eine Argininphosphorsäure.

$$
\begin{array}{ll}
\begin{array}{l}
\quad\quad\quad \diagup OH \\
HN-P{=}O \\
\quad\quad\quad \diagdown OH \\
\ \ \ \vert \\
\ \ \ C{=}NH \\
\ \ \ \vert \\
\ \ \ N\cdot CH_3 \\
\ \ \ \vert \\
\ \ \ CH_2 \\
\ \ \ \vert \\
\ \ \ COOH
\end{array}
&
\begin{array}{l}
\quad\quad\quad \diagup OH \\
HN-P{=}O \\
\quad\quad\quad \diagdown OH \\
\ \ \ \vert \\
\ \ \ C{=}NH \\
\ \ \ \vert \\
\ \ \ NH \\
\ \ \ \vert \\
\ \ \ (CH_2)_3 \\
\ \ \ \vert \\
\ \ \ CHNH_2 \\
\ \ \ \vert \\
\ \ \ COOH
\end{array}
\end{array}
$$

Kreatinphosphorsäure   Argininphosphorsäure

Bezüglich der Isolierung und Reindarstellung der Verbindungen verweisen wir auf die Arbeit von Lohmann[2]. Die Phosphagene sind wasserlöslich und sehr unbeständig. Schon durch verdünnte Säuren, auch in der Kälte, werden sie gespalten. Bei stärkeren Säurekonzentrationen zeigen sich zwischen den beiden Phosphagenen Unterschiede. Bei alkalischer Reaktion nimmt die Spaltungsgeschwindigkeit ab. Bei p_H 8,5 ist sie praktisch 0. In der glatten Muskulatur fehlen die Phosphagene. In der quergestreiften Muskulatur ist der Phosphagengehalt dem des Kreatins proportional. Dementsprechend enthalten die weißen Skeletmuskeln mehr Phosphagen als die roten, und letztere wieder mehr als der Herzmuskel. Das Phosphagen zerfällt bei der Tätigkeit des Muskels, um in der oxydativen Erholungsphase resynthetisiert zu werden, und zwar ist im Beginn der Phosphagenzerfall wesentlich größer als die Milchsäurebildung. Bei fortgeschrittener Ermüdung überwiegt, da der größte Teil des Phosphagens gespalten ist, die Milchsäurebildung den Phosphagenzerfall. Der Phosphagenzerfall steht nicht in direktem Zusammenhang mit der Größe der Spannungsleistung des Muskels. Ein Teil des Phosphagens kann auch anaerob resynthetisiert werden. Nach Nachmansohn[3] besteht keine Parallelität zwischen Arbeitsleistung des Muskels und Phosphagenspaltung, wohl aber zwischen letzterer und der Geschwindigkeit des Erregungsablaufes im Muskel, der Chronaxie. Von besonderer Bedeutung sind die Untersuchungsergebnisse von Lundsgaard[4]. Er konnte zeigen, daß im Monojodessigsäure-vergifteten Muskel bei länger dauernder Reizung und intensiver Spannungsentwicklung keine Milchsäurebildung auftritt, daß dabei aber die Kreatinphosphorsäure, und nach neuesten Untersuchungen auch die Argininphosphorsäure[5], rascher zerfällt als im unvergifteten Muskel. Der Zerfall ist im vergifteten Muskel der Spannung proportional. Die anaerobe Resynthese bleibt jedoch aus. Das bei der Spannung sich abspaltende Phosphat wird nachträglich zu Hexosephosphat verestert. Danach scheinen die Phosphagene bei der Muskelkontraktion die direkt energieliefernden Substanzen zu sein. Die Energie der Kohlehydratspaltung würde dann normal erst über die Phosphagene für die Arbeitsleistung nutzbar gemacht werden.

---

[1] Biochem. Z. **196** (1928).   [2] Biochem. Z. **194** (1928).   [3] Biochem. Z. **213** (1929).
[4] Biochem. Z. **217** (1930).   [5] Biochem. Z. **230**(1931).

Sachverzeichnis zu Teil I—III.

KLINISCHE PHYSIOLOGIE

VON

PROF. DR. BERNHARD STUBER

DIREKTOR DER STÄDTISCHEN KRANKENANSTALT KIEL

MIT 57 ABBILDUNGEN
UND 9 TABELLEN IM TEXT

MÜNCHEN · VERLAG VON J. F. BERGMANN · 1931

ISBN-13: 978-3-642-90450-9   e-ISBN-13: 978-3-642-92307-4
DOI: 10.1007/978-3-642-92307-4

Vorwort.

Naturforscher und Transzendental-
Philosophen. Feindschaft sei zwischen
Euch! Noch kommt das Bündnis zu
frühe; wenn ihr im Suchen euch trennt,
wird erst die Wahrheit erkannt.

(Schiller.)

Das vorliegende Buch verdankt seine Entstehung Vorlesungen über patho-
logische Physiologie, die ich seit Jahren an der hiesigen Universität halte. Die
Bedeutung der pathologischen Physiologie für unser ärztliches Denken am
Krankenbett braucht heute nicht mehr begründet zu werden. Wir befinden
uns in einem Übergangsstadium. Die rein morphologische Denkungsart des
Pathologen, die makro- und mikroskopische Formulierung eines Seins, weicht
immer mehr der experimentellen Analyse eines Geschehens. Experimentelle
Laboratoriumsarbeit und klinische Beobachtung reichen sich die Hand. ,,Die
experimentelle Arbeit drängt sich dem Kliniker geradezu auf, der Kranken-
saal ist die fruchtbarste Quelle für Themen der normalen und pathologischen
Physiologie.'' Diese Worte Bernhard Naunyns sind für mich führend. Nur
die allerengste Verbindung von Klinik und Laboratorium kann uns das vielseitige Geschehen im gesunden und kranken Organismus enträtseln helfen.
In diesem Sinne ist und sollte die pathologische Physiologie ein klinisches Fach
bleiben. Ich habe deshalb diesem Buche absichtlich den Namen ,,Klinische
Physiologie'' gegeben. Es soll damit schon äußerlich die enge Verbindung
von Experiment und Klinik zum Ausdruck gebracht werden. Unsere Zeit
drängt nach umfassender Betrachtungsweise. Und gerade der zentrale Punkt
medizinischen Denkens, die innere Medizin, bedarf ihrer, wenn nicht ein Aus-
einanderfallen in ein seelenloses Spezialistentum sie materialisieren soll. Damit
weitet sich aber das streng medizinische Gebiet und greift tief in chemische,
kolloidchemische und physikalische Probleme hinein. Daß ein derartig kom-
plexes Wissensgebiet heute von einem einzelnen nicht mehr in seinem vollen
Ausmaße beherrscht werden kann, brauche ich nicht näher zu begründen.
Nur eine umrißartige Darstellung scheint noch möglich, ob mir das gelungen
ist, wage ich nicht zu entscheiden. Eine klinische Physiologie umschließt eigentlich auch therapeutische Fragen. ,,Die pathologische Physiologie trägt eine
Klinik, die alles in allem ist, weil sie die drei großen Aufgaben der Klinik in
sich schließt: Die Erkennung, das Verständnis und die Behandlung der am
kranken Menschen vorkommenden Erscheinungen.'' Es wäre verlockend,
diese Gedanken unseres Meisters Ludolf Krehl aufzunehmen, es scheint mir
aber für eine theoretisch fundierte Darstellung des therapeutischen Handelns
die Zeit noch nicht gekommen zu sein. Ich erinnere nur an die in ihrem Wirkungsablauf noch so unklare, aber um so hypothesenreichere Reizkörpertherapie.
Eine klinische Physiologie, so wie ich sie mir denke, kann nur auf einer streng
naturwissenschaftlichen Darstellung beruhen. Dieser Hinweis scheint mir

deshalb berechtigt, da unter dem Einfluß der zur Mystik neigenden Zeit-
strömung der Nachkriegsjahre vielfach eine philosophische Betrachtung natur-
wissenschaftlicher Probleme um sich greift. Ich sehe darin einen Rückschritt
zu den Zeiten Hufelands. Die Fesseln der Naturphilosophie haben die Medizin
lange am Weiterschreiten verhindert, und erst der feste Boden experimentell
naturwissenschaftlichen Denkens hat den stolzen Aufbau unserer Wissenschaft
ermöglicht. Ich habe zu viel Glauben an sie in mir, um dem beizustimmen,
daß das „Ignoramus" von heute zugleich ein „Ignorabimus" der Zukunft in
sich trage.

Die Literaturangaben können bei der Größe des Stoffumfanges naturgemäß
nicht auf Vollständigkeit Anspruch machen. Nur das von mir Benützte ist
angeführt. Daß ich betreffs der einzelnen Kapitel in den bekannten Hand-
und Lehrbüchern der Chemie, Kolloidchemie, Physiologie und inneren Medizin,
vor allem auch in der grundlegenden pathologischen Physiologie von Krehl
immer Belehrung suchte, darf ich wohl als selbstverständlich voraussetzen.
Um ständige Wiederholungen zu vermeiden, wurde das nicht bei den einzelnen
Abschnitten immer erneut hervorgehoben.

Freiburg i. Br., Oktober 1925.

Bernhard Stuber.

Inhaltsübersicht.